마음의
그림자

마음의 그림자:
과학이 놓치고 있는 의식에 대한 탐구

로저 펜로즈 지음

노태복 옮김

승산

추천의 말

이 책을 읽는 것은 정신을 드넓게 확장시키는 멋진 경험이 된다. 평균적인 과학 독자는 그의 헤아릴 길 없는 사유의 폭과 방대한 분야에 현기증을 느낄 것이다.

《네이처》

우아하고…… 훌륭하며 논리가 탄탄한 책.

《로스앤젤레스 타임스》

도발적인 책.

《아메리칸 사이언티스트》

로저 펜로즈는 생존해 있는 가장 위대한 수리물리학자 중 한 사람이다. 놀랍기 그지없이 드넓은 분야와 풍부함으로 가득한 저서다. 이 책의 독자는 분명 새로운 형이상학적 전망에 한껏 고무될 것이다.

《월스트리트 저널》

이 책은 펜로즈의 이전 저서인 『황제의 새마음(The Emperor's New Mind)』을 상당히 발전시키고 있다. 특히 그가 의식의 바탕으로서 찾고 있는 비컴퓨팅적 과정이 실제 생물체에서 어떻게 발현되는지에 대해 구체적인 내용들을 소개하고 있다. 그가 풀어내는 방대한 양의 물리학 지식과 정보는 그의 주장에 동의하지 않는 사람들에게도 이 책이 흥미롭게 읽힐 수 있는 요소가 된다.

*

멋진 프롤로그와 에필로그를 담고 있는 이 책은 고유하고 재미있는 방식으로 현대 물리학의 다양한 주제들을 다룬다. 이전 저서들의 연장선상에서 펜로즈는 인공지능 분야의 많은 이들이 거부할지 모르는, 두뇌 기능과 의식에 관한 논의를 확장시킨다. 그가 주장하는 핵심은 인간의 마음은 아무리 복잡한 디지털 컴퓨터로도 결코 시뮬레이션할 수 없다는 것이다.

*

로저 펜로즈 경이 쓴 『마음의 그림자』는 읽기 쉬운 책은 아니다. 누구나 읽을 수 있도록 쓰지도 않았다. 수학과 물리학에 상당한 배경지식을 요구하는 책이다. 하지만 이 책을 읽은 독자는 그 보답으로서 인간 의식에 관한 과학의 경이로운 정점에 서게 된다.

*

로저 펜로즈는 인간이 가지는 이성이 작용하는 패턴을 규명하려는 수많은 노력을 초월하는 책을 써냈다. 만약 당신이 마음을 열고 읽는다면, 그리고 과학과 인간의 의식에 대해서 진정한 궁금함을 품고서 이 책을 읽는다면, 당신에게 이 책은 『황제의 새마음』을 보충해 줄 아주 적절한 책이 되어줄 것이다.

*

단순히 『황제의 새마음』을 읽었기 때문에 이 책을 선택할 것이 아니라, 인지 신경 과학과 마음 철학, 그리고 인공지능 관련 분야에 관심 있는 사람이라면 누구나 반드시 읽어야 한다. 이 책의 가장 매혹적인 점은 우리의 존재가 수학적으로 얼마나 특별한지를 열역학 제2법칙을 통해 설명한다는 점이다.

『마음의 그림자』는 마음과 두뇌를 다루는 가장 흥미로운 책으로 꼽을 만하다. 그가 인간의 두뇌를 탐구할 때 두뇌는 컴퓨팅이나 양자 모델의 문제에 국한되지 않는다. 그는 두뇌에 대해서 우리에게 가장 필요한 지식을 탐구하여 제공해준다. 철학과 종교 문제뿐 아니라 여러 학문들을 총체적으로 아우르며 두뇌와 마음에 대한 탐구를 흥미롭게 진행해 나간다.

*

로저 펜로즈 경의 신작 『마음의 그림자』는 그의 전작 『황제의 새마음』에서 펼친 주장을 보완하면서 시작한다. 그는 과학이 종래의 방법으로 설명하지 못했던 두뇌와 의식이라는 거대한 퍼즐을 심도있게 탐구해 나가면서 그것에 대한 힌트에 접근한다. 이 책은 우리가 알지 못했던 물리적 세계의 다양한 측면을 흥미롭게 탐구함으로써 의식이라는 주제에 대한 해답을 우리에게 던져준다.

서문

어떤 면에서 이 책은『황제의 새마음(The Emperor's New Mind, 이하 ENM이라고 한다)』에 대한 속편으로 보일지 모른다. 비록 ENM에서 처음 제시했던 주제를 이어가긴 하겠지만, 이 책의 내용은 전작과는 완전히 별개라고 할 수 있다. 원래 이 주제를 다시 다루게 된 까닭은 ENM에서 제기한 여러 주장을 놓고서 다양한 분들이 숱하게 제기한 질문과 비판에 자세히 답할 필요를 느낀 탓도 있다. 하지만 이 책에서 나는 그 자체로서 완결성을 띠는 주장을 펼치며, 이를 바탕으로 ENM을 훌쩍 넘어서는 새로운 아이디어를 탐구한다. ENM의 주요 주제 가운데 하나로, 나는 인간의 의식을 활용함으로써 어떠한 부류의 컴퓨팅 활동보다 더 뛰어난 작업을 수행할 수 있다고 주장했다. 하지만 ENM에서는 이 발상이 잠정적 가설 수준에 지나지 않았고, 과연 어떤 유형의 절차가 '컴퓨팅 활동'인가는 다소 모호했다. 이번 책에서는 내가 보기에 예의 포괄적 결론을 훨씬 더 든든하고 엄밀하게 뒷받침할 주장을 제시했는데, 이는 어떠한 유형의 컴퓨팅 과정에도 적용된다. 게다가, ENM에서보다 상당히 그럴듯하게 두뇌 기능의 메커니즘에 대한 견해도 제시한다. 비컴퓨팅적인(non-computational) 물리 작용이 우리의 의식적 행동 양식의 바탕을 이룰 수 있다고 보는 견해이다.

나의 논지는 두 갈래이다. 하나는 본질적으로 부정적이다. 즉, 우리의 의식
— 의식이 드러나는 온갖 표현 방식들을 포함하여 — 을 컴퓨팅 모델로 모조리
파악할 수 있다는 흔한 관점에 단호히 반대한다. 내 추론의 나머지 한 갈래는
긍정적인데, 왜냐하면 굳건한 과학적 사실이라는 틀 안에서 진정한 한 가지 수
단을 제시하기 때문이다. 이를 통해, 과학으로 설명 가능한 두뇌는 대체로 베
일에 싸인 미묘한 물리적 원리들을 활용하여 비컴퓨팅적인 활동을 수행할 수
있을지 모른다.

이러한 구분에 따라, 이 책의 주장들은 별개의 두 부분으로 나누어 제시된
다. 1부에서는 의식이 '이해'라는 인간의 특별한 능력을 발휘할 때에는 단순한
컴퓨팅으로는 불가능한 무언가를 해낸다는 나의 주장을 확고히 지지하는 내
용을 자세히 다룬다. 여기서 '컴퓨팅(computing)'이라는 용어는 잘 알려진 특정
한 알고리듬 절차에 따라 돌아가는 '하향식' 시스템과, 경험을 통한 학습이 가
능하게끔 느슨하게 프로그래밍된 '상향식' 시스템, 이 두 가지를 함께 아우름을
밝혀둔다. 제1부의 여러 논의에서 중심을 차지하는 내용은 아무래도 저 유명
한 괴델(Gödel)의 정리이고, 괴델의 정리에 깃든 여러 의미에 대해서도 자세히
다룬다. 이로써 괴델뿐 아니라 네이글(Nagel)과 뉴먼(Newman) 그리고 루카스
(Lucas)가 전개했던 이전의 여러 논의를 대폭 확장했으며, 또한 내가 알고 있는
온갖 다양한 반대 주장들에 대해 상세히 답했다. 또한 이와 관련하여 (하향식
시스템도 마찬가지지만) 상향식 시스템이 과연 진정한 지능에 이를 수 있는지
에 대해서도 자세히 논의한다. 나의 결론은 의식적 사고가 가능하려면 단순한
컴퓨팅으로는 흉내조차 낼 수 없는 요소를 실제로 반드시 갖추어야 하고, 더구
나 컴퓨팅 그 자체만으로는 의식적 감정이나 의도가 생겨날 수 없다는 것이다.
그러므로 마음이란 실제로 그 어떤 종류의 컴퓨팅 용어로도 기술할 수 없는 것
임에 틀림없다.

제2부에서는 분야를 바꾸어 물리학과 생물학을 다룬다. 1부의 엄밀한 논

의에 비해 분명 잠정적인 대목들도 있지만, 여기에서의 추론 방향은 과학적으로 이해 가능한 물리 법칙을 통해 어떻게 그러한 비컴퓨팅적인 작용이 생길 수 있는지 이해하자는 시도이다. 양자론을 모르는 독자를 위해 양자역학의 기본 원리를 소개한다. 이 주제에 속한 여러 난제들, 역설들 그리고 수수께끼들을 심도 있게 분석한다. 이를 위해 비국소성(non-locality)과 반사실성(counterfactuality) 그리고 양자 얽힘이라는 현상에서 비롯되는 심오한 여러 사안들이 양자론에서 차지하는 중요한 역할을 시각적으로 보여줄 참신한 사례들을 살핀다. 또한 나는 현재의 양자역학적 세계관에는 어떤 특정한 수준에서의 근본적인 변화가 필요하다고 주장한다. (이런 발상은 지라르디(Ghirardi)와 디오시(Diósi) 등의 최근 연구와 밀접한 관계가 있다.) 내가 이 책에서 주장하려는 내용과 ENM에서 제시했던 내용은 상당히 다르다.

나는 이 수준에서 (의식 행위의 컴퓨팅 불가능성(non-computability)을 설명하는 데 필요한) 물리적 컴퓨팅 불가능성이 개입된다고 생각한다. 따라서 이 물리적 컴퓨팅 불가능성이 현저하게 드러나는 그 수준이 두뇌 작용에 분명 중요한 의미를 갖는다고 본다. 이 책에서 내가 주장하려는 바가 ENM의 내용과 뚜렷이 다른 지점이 바로 이 지점이다. 즉 뉴런을 따라 흐르는 신호는 고전적이며 결정론적인 사건과 같은 행동을 보일지 모르나, 두 뉴런 사이의 시냅스 연결은 더 깊은 수준에서 제어되며 그 층위에서는 양자역학과 고전역학의 경계를 넘나들면서 중요한 물리적 활동이 일어날 것으로 예상된다. 내가 제시하는 특정한 주장이 성립하려면 뉴런의 세포골격 속에 있는 미세소관 안에서 (프뢸리히(Fröhlich)가 제시한 이론에 따라) 대규모 양자 결맞음 행동이 일어나고 있어야 한다. 내 주장은 이러한 양자론적 활동이 해머로프(Hameroff)와 그의 동료들이 미세소관에서 이루어진다고 주장했던 '컴퓨팅 유사 활동'과 사실은 비컴퓨팅적으로 관련되어야 한다는 것이다.

이 책에서 내가 제시하는 주장에 의하면, 다분히 현재의 관점들은 인간의 의식을 과학적으로 설명하기에 한참 모자란다. 그렇다고 해서 의식이라는 현상이 과학적 설명의 범주 바깥에 머무를 수밖에 없다는 뜻은 아니다. ENM에서와 마찬가지로, 나는 정신적 현상을 이해할 수 있는 과학적인 길이 분명 존재하며 그 길은 물리적 실재 자체의 속성을 더욱 깊이 이해하는 데서 시작한다고 확신한다. 나로서는 중요하다고 여기는 바가 한 가지 있다. 즉, 물질로 이루어진 물리적 세계를 바탕으로 하여 마음과 같이 이상한 현상을 어떻게 이해할 수 있는지 알고 싶어 하는 결의에 찬 독자라면, 물리적 세계의 그 '물질'을 실제로 지배하는 법칙들이 얼마나 이상한지를 어느 정도 이해해야만 한다는 것이다.

어쨌거나 이해야말로 과학의 모든 것이다. 과학은 의식이 관여하지 않는 컴퓨팅과는 차원이 다른 활동이다.

옥스퍼드   로저 펜로즈
1994년 4월

감사의 말씀

이 책을 쓰는 데 많은 분들이 도움을 주었다. 그 분들께 크나큰 은혜를 입었다. 설령 그분들의 이름을 빠짐없이 기억한다 해도 너무 많아 일일이 감사드릴 수 없을 정도다. 하지만 초고의 몇몇 부분을 읽고 비평해준 귀도 바치아갈루피와 제레미 버터필드에게 특히 고마운 마음을 전한다. 그 비평 덕분에 당시의 추론 전개 과정에 있던 중요한 오류가 드러나 바로잡았다. 3장에 속하는 내용이다. 아울러 아브헤이 아쉬테카, 메리 벨, 브라이언 버치, 지오프 브루커, 데이비드 차머스, 프랜시스 크릭, 데이비드 도이치, 솔로몬 페퍼먼, 로빈 간디, 수전 그린필드, 앤드루 호지스, 디판카 홈, 에지오 인시나, 댄 아이작슨, 로저 제임스, 리처드 조자, 존 루카스, 빌 매콜, 클라우스 모저, 그레임 미치슨, 테드 뉴먼, 올리버 펜로즈, 조너선 펜로즈, 스탠리 로즌, 레이 작스, 그레임 시걸, 아론 슬로먼, 리 스몰린, 레이 스트리에이터, 발레리 윌로비, 안톤 차일링거, 그리고 특히 아르투르 에커트에게도 고마운 마음을 전한다. 이 분들로부터는 갖가지 정보 제공과 도움을 받았다. 나의 전작인 『황제의 새마음』에 대해 편지나 구두로 논평해주신 분들도 아주 많았는데, 이참에 그 분들께도 감사드린다. 비록 대다수가 아직 나의 답장을 기다리고 있겠지만 말이다! 전작에 대한 그 분들의 다양한 견해를 접한 덕택에 나는 또 다른 책을 집필하는 벅찬 작업에 덤벼들 수 있었다. 그분들이 아니었다면 엄두도 내지 못할 일이었다.

코넬 대학교의 메신저 렉처스, 세인트 앤드루스 대학교의 기포드 렉처스, 뉴질랜드의 포더 렉처스, 에이버리스트위스 대학교의 그레기노그 렉처스를 주최하시는 분들과, 파이브 칼리지스, 애머스트, 매사추세츠에서 유명한 강좌 과정을 진행하는 분들, 그 밖에도 세계 곳곳에서 숱한 '단발성' 강연을 주최하신 분들께도 고마운 마음을 전한다. 이 기회를 통해 나는 나 자신의 견해를 발표하고 청중들로부터 소중한 반응을 접할 수 있었다. 케임브리지의 아이작 뉴턴 연구소에도 감사드리고, 또한 시러큐스 대학교와 펜실베이니아 주립 대학교는 각각 필자에게 수학·물리학 객원 특훈교수직과, 수학·물리학 프랜시스 R. 펜츠 앤드 헬렌 M. 펜츠 특훈교수직을 수여해주셨는데 그 호의에 감사드린다. 또한 PHY 86-12424와 PHY 43-96246 약정으로 지원해주신 내셔널 사이언스 파운데이션에도 감사드린다.

끝으로 특별히 감사드릴 세 분이 있다. 앵거스 매킨타이어는 2장과 3장에서 내가 수학적 논리에 대해 편 주장을 검토하고 필요한 참고 문헌을 제공하는 등 헌신적인 도움과 지원을 해주었는데, 무척이나 유용했다. 이분께 특별한 감사를 드린다. 스튜어트 해머로프는 (두 해 전만 해도 내가 이런 것이 존재하는 지도 몰랐던!) 세포골격과 그 안의 미세소관에 대해 가르쳐주었다. 이런 소중한 정보를 주신 점, 그리고 7장의 주요부를 검토하는 데 도와주신 것에 크게 감사드린다. 새로운 세계의 경이에 눈 뜨게 해준 그분의 은혜를 언제까지나 잊지 않을 것이다. 내가 감사드리는 다른 분들과 마찬가지로, 이 책에 틀림없이 남아 있을 오류는 결코 그의 잘못이 아님을 밝혀둔다. 그리고 누구보다도, 사랑하는 나의 바네사에게 특별히 고마움을 전한다. 이 책의 몇몇 곳을 다시 써야 하는 까닭을 설명해 준 점, 참고 문헌 관련 작업을 도와준 덕분에 나를 지옥에서 건져내주어 특별히 고맙다. 그녀가 보여준 사랑과 인내 그리고 속 깊은 이

해 — 특히 내가 집필에 매이는 시간이 약속했던 것보다 자꾸 길어질 때! — 에
도 감사드린다. 아 참, 또한 내가 지어낸 짧은 이야기 속에 등장하는 상상의 인
물인 제시카의 모델이 되어준 점 — 본인은 모르고 있으나 — 도 감사드린다.
그 또래였을 때 실제로 어땠는지 알지 못해서 안타깝긴 하지만!

그림에 대한 감사의 말씀

그림을 싣도록 허락해준 아래 출처에 감사를 드린다.

그림 1.1   A. 니먼/사이언스 포토 라이브러리.

그림 4.12   J. C. 매더 외(1990),『애스트로피직스 저널(Astrophys. J.)』, **354**, L37.

그림 5.7   A. 애스펙트, P. 그랜지어(1986),『공간과 시간 속에서의 양자론적
　　　　　　개념(Quantum concepts in space and time)』(로저 펜로즈와 C. J. 아이
　　　　　　샴 편)(옥스퍼드 대학교 출판부), pp. 1-27.

그림 5.8   애쉬몰리언 박물관, 옥스퍼드.

그림 7.2   R. 위치터먼(1986),『짚신벌레의 생물학(The biology of paramecium)』
　　　　　　(제2판)(플레넘 출판사, 뉴욕)

그림 7.6   에릭 그레이브/사이언스 포토 라이브러리.

그림 7.7   H. 바일(1943),『대칭성(Symmetry)』, ©1952 프린스턴 대학교 출판
　　　　　　부.

그림 7.10   N. 히로카와(1991),『뉴런의 세포골격(The neuronal cytoskeleton)』(R.
　　　　　　D. 버고인 편)(와일리-리스, 뉴욕), pp. 5-74.

목차

PART 2
마음을 이해하려면 어떤 새로운 물리학이 필요한가?: 마음의 비컴퓨팅적 물리학을 찾아서

독자에게 드리는 말씀

　　이 책의 내용 가운데 몇몇 곳은 관련된 전문적 내용의 수준 면에서 다른 책들과 아주 많이 다르다. 이 책에서 가장 전문적인 부분이라면 부록 A와 C를 들 수 있는데, 대다수 독자들은 부록 전체를 건너뛰어도 무방할 것이다. 2장 가운데 비교적 전문적인 내용 그리고 3장 가운데 그런 내용이 나오는 대목도 마찬가지다. 이 두 대목은 주로 인간의 이해에 대한 갖가지 순전히 컴퓨팅적 모델에 맞서 내가 펴는 주장을 자세히 살피길 바라는 독자들을 위한 설명이다. 반면 좀 덜 까다로운(또는 성급한) 독자라면, 비교적 손쉬운 길로 이 주장의 핵심에 다가가고 싶을 수도 있다. 그런 독자라면 가상의 대화로 이루어진 §3.23을 읽으면 되는데, 그에 앞서 1장과 §2.1~§2.5, §3.1을 읽어두면 더욱 좋겠다.

　　이 책의 본격적인 수학적 내용 가운데 일부는 양자역학을 다루는 곳에서 나온다. 이런 점은 특히 §5.12~§5.18에서 힐베르트 공간을 기술할 때 그리고 특히 밀도 행렬 — 더 향상된 양자역학 이론이 결국 필요한 이유를 이해하는 데 매우 중요한 개념! — 을 중심으로 이야기를 풀어나가는 §6.4~§6.6에서 두드러진다. 수학과 친하지 않은 독자들에게 한마디 조언하자면(방금 짚은 점에 대해서라면 수학에 관심 있는 독자들에게도 마찬가지이다), 무서워 보이는 수식이 등장하거든 그냥 건너뛰기 바란다. 아무리 들여다봐도 기적적으로 더 깊이 이해하기는 어렵겠다 싶으면 곧바로 건너뛰는 편이 상책이다. 양자역학의 오묘함을 제대로 간파하려면 아름다우면서도 불가사의한 수학적 바탕과 조금은 친숙해져야 하는 게 사실이나, 어느 정도 맛보기만 하는 정도라면 관련된 수학을 완전히 건너뛰어도 큰 무리는 없다.

아울러 이것과는 별개의 문제에 대해서도 독자에게 양해를 구한다. 가령 나는 독자의 성별을 예단하는 듯 느껴지도록 인칭대명사를 사용한다면 독자께서 마땅히 이의를 제기할 수 있음을 잘 알고 있으며, 따라서 결코 그렇게 하지 않을 것이다! 하지만 이 책에서 자주 마주치게 될 부류의 논의에서는 '관찰자'라든가 '물리학자'와 같이 추상적인 어떤 인물을 상정해야 할 때가 있다. 그런 인물의 성별을 굳이 한정할 이유야 없겠지만, 아쉽게도 영어에는 성별과 무관한 3인칭 단수 대명사가 없다. '그 또는 그녀' 같은 표현을 자꾸 써대는 것도 참 어색한 노릇이고, 그렇다고 요즘의 경향을 따라 '그들이'나 '그들을', '그들의' 같은 표현을 단수 대명사처럼 쓰자니 문법을 망가뜨리는 기분인 데다, 비인칭 또는 비유적 인물을 가리킬 때 '그녀'와 '그'를 번갈아가며 쓰는 방법 또한 문법적으로나 문체상으로, 또는 인도적인 면에서 좋지 않다고 본다.

따라서 이 책에서 추상적인 인물을 가리킬 때에는 일상적으로 '그가'나 '그를', '그의'라는 표현을 쓰기로 했다. 이 표현에 그 인물의 성별을 한정하려는 의도는 조금도 없다. 그를 남성으로 여기자는 뜻이 아니고, 여성으로 여기자는 뜻도 아니다. 하지만 그가 지각 있는 존재라는 전제가 깔리는 때도 있으므로 그를 '그것'으로 부르기는 알맞지 않은 듯하다. 그러니 §5.3과 §5.18, §7.12에서 나는 알파센타우리 출신으로 눈이 셋 달린, 나의 (추상적인) 동료를 '그'라고 부르거나, 또는 §1.15과 §4.4, §6.5, §6.6, §7.10에서 온전히 비인칭인 인물을 가리키는 데 이 대명사를 썼다 하여 여성 독자가 서운해 하지는 않으리라 믿는다. 그리고 이와 반대로, §7.7의 영리한 거미와 §8.6의 헌신적이고 섬세한 코끼리에게 여성형 대명사를 쓴 점(이 경우엔 둘 모두 실제로 여성이므로 당연한 귀결)이나, §7.4의 복잡하게 행동하는 짚신벌레를 여성형으로 지칭한 점(온전한 이유는 못 되지만, 직접 자신과 같은 종을 번식시킬 수 있기에 여성으로 간주했다), 그리고 §7.7에서 대자연(Mother Nature)에 여성형 대명사를 쓴 점을 두고 남성 독자가 섭섭해 하지는 않으리라 믿는다.

끝으로 한마디 더 보태자면, 『황제의 새마음』의 쪽수를 참조할 때에는 늘 원래의 하드커버 판을 염두에 두었음을 밝힌다(본 책에서는 1996년 이화여자대학교 출판부에서 출간한 국내판을 기준으로 쪽수를 표기하였음—편집자). 미국 국내용으로 출간한 페이퍼백 판(펭귄 출판사)은 애당초 내용이 똑같지만, 미국 이외의 나라를 위해 나온 페이퍼백 판(빈티지 출판사)은 쪽 매김이 다른데, 대략 다음과 같은 공식을 따른다.

$$\frac{22}{17} \times n$$

여기서 n은 이 책 내용에 등장하는 하드커버 판의 쪽수를 가리킨다.

프롤로그

제시카는 늘 동굴의 이 부분에 들어설 때면 살짝 긴장했다. "아빠? 저 위의 바윗덩이 있잖아요. 저게 지금은 다른 바위들 사이에 끼어 있어서 괜찮은데, 만약 틈이 벌어져 굴러 떨어지면 나갈 길이 막혀 우리는 영영 집에 못 가는 거 아니에요?"

"그렇겠지, 하지만 그럴 리는 없어." 아버지는 약간 시큰둥하게 그리고 왠지 무뚝뚝하게 대꾸했다. 갖가지 식물 표본들이 동굴 속의 가장 구석진 곳의 눅눅하고 컴컴한 상황에 어떻게 적응하고 있는지에 더 관심이 쏠려 있는 눈치였다.

"왜 그런데요, 아빠?" 제시카가 따지고 들었다.

"저 바윗덩이는 수천 년은 저기 끼어 있었을 거야. 하필 우리가 여기 왔을 때 굴러 떨어질 리는 없어."

그래도 제시카는 전혀 마음이 놓이지 않았다. "그야 그렇지만, 언젠가는 굴러 떨어질 거라면, 오래 끼어 있었을수록 지금 당장 떨어질 가능성이 더 높잖아요?"

제시카의 아버지는 식물을 살피던 눈길을 거두었다. 얼굴에 살며시 미소를 머금고서 제시카를 바라보았다. "아니, 전혀 그렇지가 않아." 얼굴의 미소는 더 뚜렷해졌지만, 아빠는 좀 더 자신의 내면을 들여다보고 있는 듯한 표정이었다. "실은 말이다, 그 자리에 오래 있었을수록 우리가 여기 왔을 때 떨어질 가능성은 더 낮아지는 거야." 더 이상 설명할 필요도 없다는 듯 아버지는 다시 식물 쪽으로 눈길을 돌렸다.

이런 모습을 내비쳐도 제시카는 아빠가 싫지는 않았다. 늘 아빠를 사랑했으니까, 그 무엇보다도 어느 누구보다도. 하지만 아빠가 이런 태도를 보이지 않았으면 싶었다. 과학자니까 그럴 수도 있겠다고 여겼지만 그래도 여전히 납득이 되지 않았다. 제시카는 자기도 언젠가는 과학자가 되고 싶었지만 설령 과학자가 되더라도 저러진 말아야겠다고 다짐했다.

어쨌거나 제시카는 바윗덩이가 정말 굴러 떨어져 동굴이 막힐 수 있다는 걱정은 접었다. 아빠가 전혀 걱정하지 않으니까, 그런 확신 덕분에 제시카도 덩달아 안심이 되었던 것이다. 아빠의 설명이 이해되지는 않았지만 그런 일에는 아빠 생각이 늘 옳았으니까! 사실 언제나 그렇지는 않았지만 적어도 거의 늘 옳았으니 말이다. 언젠가 뉴질랜드의 시계를 두고서 아빠 엄마가 옥신각신한 적이 있었다. 엄마가 이렇다고 하니까 아빠는 그 반대라고 우겼다. 말다툼이 끝나고 세 시간 후 아빠가 서재에서 나오더니 미안하다, 자기가 틀렸다, 처음부터 엄마가 옳았다고 인정했다! 내겐 특별한 기억으로 남아 있는 사건이었다! "마음만 먹었으면 엄마도 틀림없이 과학자가 될 수 있었을 거야"하고 제시카는 속으로 생각했다. "엄마라면 아빠처럼 과학자랍시고 삐딱해지진 않았을 텐데."

제시카는 좀 더 조심스레 다음 질문을 꺼냈다. 아빠가 하던 일을 마치고 다음 일을 시작하기 전 잠깐 시간이 났을 때였다. "아빠? 저 바윗덩이가 굴러 떨어지지 않는다는 건 알겠어요. 그래도 일단 저게 그냥 떨어졌다고 상상해 봐요. 그래서 우리 둘 다 여기 갇혀 죽게 생겼다고요. 그럼 동굴 전체가 아주 캄캄해질까요? 숨은 쉴 수 있을까요?"

"정말이지 암울한 상상이네!" 제시카의 아버지가 중얼거렸다. 그리고는 바윗덩이의 생김새와 크기에 이어서 동굴 입구까지 자세히 살펴보았다. 곧 이렇게 말했다. "으음, 그래, 저 바윗덩이라면 동굴 입구를 꽉 막아버리겠네. 하지만 공기가 드나들 틈은 분명 있을 테니까 질식하지는 않겠어. 그럼 빛은 어떨까? 꼭대기에 둥그스름한 작은 틈이 있어서 빛도 조금은 들어오겠지만, 무척 어둡긴 할 거야. 지금보다 훨씬 더. 그래도 일단 눈이 어둠에 익숙해지면 주위를 보는 데 별 문제는 없을 거야. 안타깝게도 그리 즐거운 환경은 아니겠지! 하지만 한 가지는 말할 수 있어. 만약 아빠가 여기서 죽을 때까지 누군가와 함께 지내야 한다면, 이 세상 누구보다도 우리 어여쁜 제시카랑 함께라면 좋겠어. 물론 엄마도 함께 하면 좋겠고."

제시카는 아빠를 사랑하지 않으래야 않을 수가 없었다. "그럼 이번에는 엄마도 여기 있다고 상상해 봐요. 이번에는 저 바윗덩이가 제가 태어나기도 전에 굴러 떨어졌고 아빠랑 엄마가 이 동굴 안에서 저를 낳았다고 상상해 볼래요. 그리고 전 여기서 아빠 엄마랑 함께 지내면서 자라고…… 아빠가 키우시는 희한한 식물들을 먹으면서 살아갈 수 있다고 치면요."

아버지는 조금 이상하다는 듯 제시카를 바라볼 뿐 아무 말이 없었다.

"그럼 저는 이 동굴 안에 있는 것 외에는 다른 생명체는 전혀 모를 거예요. 그렇다면 저 바깥의 진짜 세상이 어떤지 어떻게 알 수 있나요? 나무와 새 그리고 토끼 등이 있다는 사실을 제가 알 수 있을까요? 물론 엄마 아빠가 제게 그런 것들을 말해줄 수야 있겠죠. 여기 갇히기 전에 알고 계셨던 것들일 테니까요. 하지만 저는 어떻게 알 수 있나요? 그러니까 제 스스로 어떻게 진짜로 알 수 있나요? 엄마 아빠 이야기를 그냥 믿는 것 말고요."

아버지는 몇 분쯤 곰곰이 생각에 잠기더니 이렇게 말했다. "글쎄, 때때로 화창한 날에 새 한 마리가 해와 돌 틈을 잇는 일직선 위를 날아갈 때도 있을 테고, 그러면 저 뒤 동굴 벽에 비친 새의 그림자를 볼 수 있을 거야. 물론 벽이 울퉁불

툴하니까 약간 이지러진 모양이겠지만, 그걸 감안해서 바로잡는 법을 익힐 수 있을 거야. 돌 틈이 충분히 작고 둥글다면 새 그림자가 꽤 또렷하고 깔끔하게 비칠 수도 있어. 그렇지 않다면 다른 보정을 더 해야 할 테지만. 그리고 이 새가 여러 번 날아온다면, 실제로 어떻게 생긴 새인지, 어떻게 날아다니는지 등을 꽤 잘 파악할 수 있을 거야. 그림자만 보고도 말이지. 마찬가지로 해가 하늘에 낮게 걸렸을 때 마침 거기에 나무가 있어서, 해와 돌 틈 사이 딱 알맞은 곳에서 나뭇잎을 살랑거리고 있을지도 몰라. 그럼 이번에도 그림자만 보고서 이 나무가 어떤 건지 파악할 수 있지. 그리고 때로는 토끼가 돌 틈 쪽으로 폴짝폴짝 뛰어오르기도 할 거야. 그러면 역시 그림자를 통해 토끼 모습을 짐작해 볼 수도 있지."

"재미있어요." 제시카는 이렇게 대답한 후 잠시 말이 없다가 다시 입을 열었다. "이 동굴 속에 갇혀 지내더라도 진짜 과학적인 발견을 해낼 수 있을까요? 바깥 세상에 관한 대단한 발견을 한 가지 했다고 쳐요. 그리고 아빠가 참석하시는 거창한 학회가 이 안에서 열린다고 상상해 봐요. 우리가 옳다는 걸 다른 모든 사람들에게 설득하는 거예요. 물론 학회의 다른 모든 사람들도 (아빠도 마찬가지고요.) 이 동굴 속에서 자랐어야 하겠지요. 그렇지 않으면 반칙인 셈이니까요. 모두가 이 안에서 자랐을 수 있어요. 왜냐하면 아빠한테는 신기한 식물들이 아주 많아서 모두들 그걸 먹고 살면 되니까요!"

이번에 아버지는 당혹스러운 표정을 지었지만 여전히 말이 없었다. 한참 동안 곰곰이 생각하더니 이렇게 말했다. "맞아. 가능하긴 할 거야. 하지만, 뭐랄까, 애당초 바깥세상이 있다는 사실을 사람들에게 설득시키는 자체가 가장 어려울 거야. 그들이 알고 있는 정보라고는 그림자가 때때로 어떻게 움직이고 달라지는지뿐일 테니까. 그들에게 세상이란 동굴 벽에 비쳐 기묘하게 어른거리는 그림자와 벽에 붙어 있는 것들이 전부거든. 따라서 우리 이론이 설명하려는 바깥세상이 실제로 있다는 사실을 사람들에게 설득시키는 일도 아울러 해야

해. 사실 그 두 가지는 함께 진행될 거야. 바깥세상에 대한 훌륭한 이론을 갖춘다면 그런 세상이 진짜로 있음을 사람들이 더 잘 받아들일 테니까 말이야."

"맞는 말씀이에요, 아빠. 그런데 그게 어떤 이론인데요?"

"그리 급할 게 뭐니?…… 잠깐만…… 자 그래, 지구는 태양 주위를 돈다!"

"그건 별로 새로운 이론이 아니잖아요."

"그렇지. 사실 이천 삼백 년 전쯤에 나온 거니까, 저 바윗덩이가 동굴 입구 근처에 끼어 있던 세월만큼이나 오래된 이야기지! 하지만 지금 우리가 하는 상상 속에서는 모두 평생을 이 동굴에서 살아 온 사람들이니까 사람들은 애당초 그런 이론을 들어본 적이 없을 거야. 우리는 그 사람들에게 태양이라는 것이 정말로 있다고 설득해야 하는 상황이야. 지구에 대해서도 마찬가지고. 요점을 말하자면, 우리가 제시하는 이론이 빛과 그림자의 온갖 미세한 움직임을 단순하면서도 멋지게 설명해내면 학회의 사람들 대다수는 결국 동굴 바깥에서 실제로 무척 밝게 빛나는 것, 즉 '태양'이 있음을 받아들이게 될 테고, 지구가 늘 자전축을 따라 자전하면서 태양 주위를 꾸준히 공전한다는 사실을 이해하게 될 거야."

"설득하기가 아주 어려울까요?"

"당연히 어렵겠지! 사실 우리는 상반된 두 가지 일을 해내야만 해. 첫째로, 동굴 벽을 따라 움직이는 밝게 빛나는 반점과 그림자들에 관한 자질구레한 데이터가 산더미처럼 많을 텐데, 우리는 단순한 이론으로 그 데이터를 아주 정확히 설명할 수 있음을 입증해 보여야 해. 그렇게 해서 설득되는 사람들도 있겠지만, 태양이 지구 주위를 돈다고 보는 편이 훨씬 더 '상식적'이라고 지적하는 사람들도 있을 거야. 꼼꼼히 뜯어보면 그런 설명은 우리가 내놓는 설명보다 더 복잡하겠지. 하지만 그 사람들은 자신들의 복잡한 설명을 고집하고 싶어 할 거야. 그럴 만도 하지. 우리 이론대로라면 이 동굴이 얼추 시속 수십만 킬로미터의 속력으로 움직이고 있어야 하는데, 그 사람들은 그런 가능성을 도저히 받아들일 수 없을 테니까."

"세상에! 이 동굴이 진짜로 그렇게 움직여요?"

"그래, 그런 셈이란다. 이제 두 번째 주장을 하자면, 완전히 새로운 방법을 써야 할 거야. 학회에 모인 숱한 사람들은 그게 이론과 무슨 관계가 있는지 어리둥절해 하겠지만 말이야. 가령, 길을 내놓고 그 위로 공을 굴린다든가 진자를 흔들어 본다든가 말이야. 동굴 내부 전체가 어느 방향으로든 어떤 속력으로 움직이든 동굴 속에 있는 것들의 행동을 지배하는 물리 법칙은 달라지지 않음을 보여주는 거야. 그러면 사람들은 동굴이 굉장히 큰 속력으로 움직여도 자신들은 실제로 아무 것도 느끼지 못한다는 사실을 깨닫겠지. 바로 갈릴레오가 입증해야 했던 중요한 점들 가운데 하나이기도 해. 아빠가 준 책에 나온 갈릴레오 이야기 기억나니?"

"그럼요! 그런데 아빠, 방금 하신 이야기는 엄청 복잡해요. 우리 학회에 온 사람들은 분명 잠들어버릴 걸요. 진짜 학회에서 아빠가 설명할 때도 보니까 많이들 자던 것처럼요."

아버지는 얼굴이 대번에 빨개졌다. "네 말대로일 거야! 맞아, 안 됐지만 그래도 과학이란 때로 그렇기도 하단다. 산더미처럼 온갖 자질구레한 것들이 쌓여 있는데 대부분 무척 지루해 보이기 십상이고, 때로는 설명하려는 전체 모습과 거의 아무런 관련이 없어 보이기도 하지. 결국에는 파악한 내용이 놀랍도록 간결한데도 말이야. 지구가 태양 주위를 공전하면서 자전하고 있다는 생각도 그랬잖니. 어떤 사람들은 이미 그럴듯한 이론인데 온갖 자세하고 지루한 점들을 뭐 하러 구석구석 짚고 있냐고 여길 수도 있어. 그렇지만 진짜 꼼꼼한 사람이라면 하나도 빠짐없이 다 살펴보고 싶어 하겠지. 혹시 빈틈은 없나 하면서 말이야."

"고마워요 아빠! 아빠가 이런 이야기 해주실 때마다 참 좋아요. 얼굴이 온통 새빨개지면서 흥분하실 때 말이에요. 그건 그렇고, 이제 나가면 안 돼요? 날도 어두워지는데 지치고 배고파요. 좀 춥기도 하고요."

"그러자꾸나." 제시카의 아버지는 겉옷을 벗어 딸의 어깨에 둘러주었다. 소지품을 챙겨 든 채, 딸의 어깨를 감싸 안고 바야흐로 어둑어둑해지는 동굴 입구 밖으로 딸을 데리고 나왔다. 동굴을 빠져나가면서 제시카는 바윗덩이를 다시 올려다보았다.

"있잖아요? 아빠. 아빠 말이 맞는 것 같아요. 저 바윗덩이는 앞으로도 이천삼백 년이 지나더라도 저 위에 그대로 있을 거예요!"

미래의 컴퓨터는

실제로 마음을 지니게 될까?

의식이 존재하게 되면

실제로 컴퓨터의 작동 방식이

어떻게든 영향을 받게 될까?

과학의 용어로 이런 내용을

이야기한다는 것이 타당할까?

아니면 인간의 의식에 관한

사안을 다루는 데 과학은

아무짝에도 쓸모없는 것일까?

1부

마음을 이해하려면

왜 새로운 물리학이 필요한가?

: 의식적 사고의 컴퓨팅 불가능성

1
의식과 컴퓨팅

1.1 마음과 과학

과학의 궁극적인 영역은 어디까지일까? 다만 과학의 방법으로 잘 들어맞는 우주의 물질적 속성만을 다룰 뿐이기에, 우리의 마음은 영원히 과학의 바깥에 머물 수밖에 없을까? 아니면 언젠가는 신비의 베일에 싸인 마음마저도 과학적으로 이해하게 될까? 인간의 의식이라는 현상은 과학적 탐구의 영역 너머에 놓인 그 무엇일까? 아니면 과학적 방법의 힘 덕분에 언젠가는 의식적 자아인 인간의 마음이라는 문제를 풀어낼 수 있을까?

우리가 실제로 의식을 과학적으로 이해하는 날이 머지않았다고 믿는 이들이 있다. 의식이라는 현상이 신비로울 것이 없고, 심지어 핵심 구성 요소는 이미 모두 드러나 있는지도 모른다는 것이다. 이들의 주장에 따르면, 지금 우리가 인간의 마음을 이해하는 데 제약이 따르는 까닭은 단지 우리 두뇌가 지극히 복잡하고 구성이 정교하기 때문이라고 한다. 이 복잡성과 정교함은 분명 녹록지 않은 문제여서 만만히 볼 수 없기는 하지만, 현재 우리의 과학 수준을 넘어서 앞으로 나아가는 데 원리적으로는 문제가 없다는 말이다. 이런 주장의 정반대쪽에는 감정을 배제한 과학의 차가운 계산 절차 따위로는 마음과 정신 ―

그리고 바로 인간의 의식에 얽힌 신비 — 의 문제를 결코 제대로 밝혀낼 수 없다는 사람들이 있다.

이 책에서 나는 과학의 관점에서 의식의 문제를 살핀다. 그러면서도 우리의 과학이 현재 파악하고 있는 세계는 한 가지 핵심 요소가 빠져 있다고 (과학적 논의를 바탕으로) 힘주어 말하고자 한다. 빠뜨린 이 요소는 인간의 마음에 관한 주요 사안들이 일관된 과학적 세계관 안에서 제자리를 찾으려면 꼭 필요할 것이다. 나는 이 요소가 애초부터 과학의 범주를 벗어나 있지 않다고 줄곧 주장할 참이다. 실제로 그 요소는 우리가 필요로 하게 될 확장된 과학적 세계관의 한 부분이 아닐 수 없다. 책의 제2부에서는 현재의 물리적 우주관을 그처럼 넓히는 데 목표를 두어 명백히 그런 방향으로 독자를 안내하고자 한다. 그 방향으로 나아가려면 우리가 아는 물리 법칙의 가장 밑바탕에 중대한 변화가 일어나야 하는데, 나는 이 변화의 속성과 더불어 그런 변화가 우리 두뇌의 생물학적 작용에 어떻게 적용될 수 있는지를 아주 구체적으로 다루고자 한다. 우리가 지금껏 놓쳐 온 이 요소의 성질에 대한 이해는 아직 제한적이나, 그 정도만으로도 이 요소가 어디에서 중요한지 짚어보는 실마리가 된다. 그리고 이 요소가 우리의 의식적 정서와 사고의 밑바탕에서 어떻게 결정적인 역할을 하는지도 비로소 헤아려볼 수 있다.

내가 주장하려는 내용 가운데에는 이해하기가 그리 만만치 않은 것들도 있겠지만, 되도록이면 초보적인 개념만 활용하여 가능한 한 쉽고 간략하게 이야기를 풀어나가려 애썼다. 어떤 대목에서는 수학적인 전문 내용을 끌어들이는 곳도 있으나, 꼭 필요하든지 아니면 논의를 좀 더 뚜렷이 하는 데 도움이 될 때에만 그렇게 했다. 내가 내놓는 이런 유형의 주장을 모든 이가 납득하기를 바랄 수야 없겠지만, 그렇더라도 나로서는 독자들이 이 주장들을 꼼꼼하고 차분히 살펴주기를 바란다. 결코 무시해서는 안 될 내용이기 때문이다.

의식적 마음이라는 주제를 깊이 있게 다루지 못하는 과학적 세계관이라면 결코 완결성을 지닌 세계관이라고 내세울 수 없다. 의식은 우주의 일부이므로 의식이 차지해야 할 자리를 올바로 찾아주지 못하는 물리 이론이라면 이 세계를 제대로 기술한다고는 말할 수 없다. 나는 물리학이나 생물학, 컴퓨팅 이론 가운데 어느 하나도 아직까지 우리의 의식과 그로부터 비롯하는 지능을 설명해내는 문제의 해결에 가까이 다가가지는 못했다고 여긴다. 그렇다고 해서 그런 설명을 찾으려는 노력을 포기해서는 안 된다. 이 책에서 제시하는 주장에는 바로 그런 간절한 염원이 자리 잡고 있다. 아마 언젠가는 여러 아이디어를 잘 엮어 빈틈없이 완전한 묶음을 이루게 될 테고, 그런 날이 오면 우리의 철학적 관점은 심오한 변화를 맞지 않을 수 없을 것이다. 하지만 과학적 지식이란 늘 양날의 칼이어서, 우리가 과학적 지식으로 과연 무엇을 할지는 또 다른 문제이다. 그러니 이제부터 과학과 마음에 대한 견해가 우리를 어디로 이끌지 살펴보자.

1.2 로봇이 이 어지러운 세계를 구해낼 수 있을까?

신문을 펼쳐 읽거나 텔레비전 화면을 보고 있노라면, 언제나 우리는 인류의 어리석음이 빚어낸 결과에 아연실색하고 만다. 나라끼리 또는 한 나라 안의 각 지역끼리 서로 대립을 일삼다가, 심지어는 가끔씩 끔찍한 전쟁의 불꽃이 치솟곤 한다. 과도한 종교적 열정이나 국수주의, 상이한 인종적 이해관계, 또는 그저 언어나 문화 차이, 아니면 몇몇 정치꾼들의 야심 따위가 끊임없는 불안과 폭력을 낳는다. 때로는 사태가 극단으로 치달아 차마 입에 담기도 끔찍한 참상에 이른다. 암살과 고문의 방법으로 국민들을 통제하면서 권력을 유지하는 독재 정권들이 아직도 존재한다. 하지만 그처럼 억압받는 가운데 다들 같은 목표를 추구할 법한 사람들끼리도 흔히 서로 다투는 데 혈안이 되어 있기도 하며, 오랜 세월 빼앗겼던 자유를 손에 쥐게 되면 그 자유를 지독히도 자멸적인 방향으로 남용해버리는 일마저 종종 있는 듯하다. 그리고 번영과 평화, 민주적 자유를 누리는 운 좋은 나라에서도 자원과 인력을 누가 봐도 터무니없는 곳에 헛되이 낭비해 버리곤 한다. 이렇게 보자면 인간이란 대체로 어리석다는 점이 분명히 드러나지 않는가? 우리는 스스로가 동물계에서 가장 뛰어난 지능을 지녔다고 믿지만, 사회에서 우리가 끊임없이 맞닥뜨리는 갖가지 문제들을 다루는 데는 안타깝게도 이 지능이란 것이 그다지 적합하지 않은 듯하다.

하지만 우리의 지능이 이룬 긍정적인 성취를 부정할 수는 없다. 특히 두드러진 성공을 거둔 과학과 기술이 그런 성취의 사례들이다. 하지만 인정하지 않을 수 없게도, 이 기술의 성과 중에는 숱한 환경 문제와 기술로 인해 초래된 전 세계적 재앙에 대한 심각한 공포가 증명하듯 장기적인 (또는 단기적인) 가치가 명백히 의문스러운 것들도 있다. 그러나 우리로 하여금 현대 사회의 편리함을 만끽하게 해주고, 그 안에서 대체로 두려움이나 질병 또는 물질적 결핍 없이 살아갈 수 있게 해줄 뿐 아니라 지적·심미적 영역의 확장과 아울러 세상을 하나로 잇는 전 지구적인 의사소통을 가능하게 해주는 것 역시 기술이다. 기술이 그토록 많은 가능성들을 실현시켰고 어떤 면에서는 우리 개개인의 신체적 활동 분야와 능력마저 향상시켰다면, 앞으로 다가올 미래에는 더 큰 기대를 품어볼 수 있지 않을까?

우리의 감각은 고금의 여러 기술 덕분에 엄청나게 확장되었다. 시각 기능은 안경, 거울, 망원경, 현미경이라든가 비디오카메라, 텔레비전 따위의 도움으로 그 능력이 엄청나게 향상되었다. 청각 기능은 나팔 보청기가 보조 수단으로 예전부터 사용되었으나 오늘날에는 조그만 전자 장치로 발전했고, 전화와 무선 통신, 인공위성 덕분에 이전보다 한껏 넓어졌다. 우리는 태생적으로 미약한 이동 능력을 자전거와 기차, 자동차, 배, 비행기로 보완하고 또한 그 한계를 뛰어넘는다. 우리의 기억 능력은 인쇄한 책과 필름 — 그리고 천차식 컴퓨터의 방대한 저장 용량 — 으로부터 도움을 받는다. 우리의 계산 작업 능력 또한, 간단하고 일상적인 것이든 대규모 내지 까다롭고 정교한 것이든 현대식 컴퓨터의 능력 덕분에 대단히 확장되었다. 이처럼 우리의 기술은 우리 개개인의 신체적 활동 영역을 엄청나게 넓혀주었을 뿐만 아니라, 숱한 일상적 작업에 대한 수행 능력까지 크게 개선함으로써 우리의 청신적 능력도 확장해준다. 그렇다면 일상적이지 않은 정신적 작업, 즉 진정으로 고도의 지능이 필요한 작업은 어떤가? 그런 활동도 컴퓨터가 이끄는 기술의 도움을 받게 될까라는 의문이 자연스레 생긴다.

내가 보기에, 우리가 살아가고 있는 (대체로 컴퓨터가 이끄는) 기술 사회에는 지능 향상을 통해 엄청난 잠재력을 발휘할 방향이 실제로 적어도 한 가지는 있음을 믿어 의심치 않는다. 여기서 나는 우리 사회의 교육적 가능성을 이야기하고 있는데, 이를 통해 다방면에서 기술의 혜택을 많이 누릴 수 있을 것이다. 그러나 기술을 이용하기에 앞서 섬세함과 이해가 반드시 뒷받침되어야 한다. 기술은 잘 만든 책과 영화, 텔레비전, 컴퓨터가 제어하는 갖가지 인터랙티브 시스템을 통해 잠재력을 제공한다. 이들과 그 밖의 다양한 발전을 통해 우리 마음을 넓혀 갈(또는 반대로 찌부러뜨릴) 숱한 기회가 열린다. 인간의 마음은 으레 주어지는 기회보다 훨씬 더 큰 일을 해낼 수 있다. 그러나 슬프게도 이런 기회마저 헛되이 놓쳐 버릴 때가 아주 많고, 젊은이든 나이 든 사람이든 간에 그들의 마음은 마땅히 얻어야 할 기회를 더 이상 얻지 못한다.

그러나 많은 독자들은 이렇게 물을 것이다. 정신적 능력을 엄청나게 확장시킬 또 다른 가능성, 즉 컴퓨터 기술의 비상한 진보를 바탕으로 갓 떠오르기 시작한 새로운 전자 '지능'이 있지 않은가? 과연 그렇다. 우리는 이미 지적인 도움을 받으려 자주 컴퓨터에 기대곤 한다. 인간의 지능만으로는 갖가지 선택지가 제각기 어떤 결과를 낳을지 제대로 평가할 수 없는 상황이 많고, 그와 같은 온갖 결과는 인간의 계산 능력의 범위를 상당히 벗어날 때도 있다. 그렇다보니 미래에는 컴퓨터의 이러한 역할이 크게 늘어나서, 컴퓨팅으로부터 이끌어낸 확실한 정보가 인간의 지능에 귀중한 도움을 줄 것을 기대해 마지 않는다.

하지만 컴퓨터가 이 정도에 그치지 않고 훨씬 더 큰 성취를 이룰 수는 없을까? 많은 전문가들의 주장에 의하면, 적어도 원리상으로 컴퓨터에는 결국 우리의 지능을 능가할 인공 지능의 가능성이 있다고 주장한다.[1] 이들의 주장에 따르면, 컴퓨터로 제어되는 로봇들이 일단 '인간과 대등한' 수준으로 올라서고 나면, 이내 우리 자신의 보잘것없는 수준을 엄청나게 앞지르게 되리라고 한다. 이 전문가들 말로는, 또한 그때에야 비로소 우리는 충분한 지능과 지혜 그리고 이해에 바탕을 둔 권위를 손에 넣어 인류가 초래한 이 세상의 온갖 골칫거리들을 해결할 수 있으리라고 한다.

이처럼 행복한 시절이 오려면 얼마나 세월이 흘러야 할까? 전문가들 사이에서도 의견이 명확히 일치하지는 않는다. 어떤 이들은 몇 세기나 남았다고 보는가 하면, 인간과 대등한 그런 수준은 몇십 년 내에 가능하다고 주장하는 이들도 있다.[2] 후자 쪽에서는 컴퓨터의 능력이 무척 빠르게 '지수적으로' 커지고 있음을 지적하면서, 한편으로는 뉴런의 활동이 비교적 느리고 허술한 반면에 트랜지스터의 연산 속도와 정확성은 나날이 향상되고 있음을 그런 예측의 근거로 든다. 실제로 전자 회로는 두뇌 속의 뉴런이 발화(firing)하는 속력보다 이미 백만 배 이상 더 빠르고(트랜지스터의 경우 스위칭 속도가 대략 $10^9/s$이고 뉴런은 겨우 $10^3/s$ 정도에 그친다*), 타이밍과 동작의 정확성 면에서 뉴런은 도저히 따라가지 못할 만큼 엄청난 정밀도를 갖추었다. 더욱이 두뇌의 '배선'은 상당히 무작위적이기에 전자 회로의 계획적이고 정밀한 구성을 통해 훨씬 더

---

* 인텔 펜티엄 칩의 경우 엄지손톱 정도 크기의 '실리콘 조각' 위에 3백만 개가 넘는 트랜지스터가 집적되어 있고, 개별 칩은 매초마다 1억 1300만 건씩 명령을 수행해낼 능력을 지녔다.

향상시킬 수 있을 듯 보인다.

두뇌의 뉴런 구조가 오늘날의 컴퓨터보다 수적으로 우위를 차지하는 영역도 일부 있기는 하다. 비록 그런 우위가 그리 오래 가지는 않겠지만 말이다. 뉴런의 전체 개수(몇 천억 개)를 놓고 보면, 컴퓨터의 트랜지스터 개수와 견주어 당장은 인간의 두뇌가 컴퓨터보다 앞선다고들 이야기한다. 더욱이 연결이라는 측면에서 볼 때는 평균적으로 한 컴퓨터 내의 트랜지스터들 사이의 연결보다 서로 다른 뉴런 사이의 연결이 훨씬 더 많다. 특히 소뇌의 조롱박 세포(Purkinje cell)에서는 세포 하나마다 8만 개까지 시냅스 말단(뉴런 사이의 연결 지점)이 뻗어나갈 수 있는 반면, 컴퓨터의 경우 이에 상응하는 연결의 개수는 대략 서너 개가 고작이다. (소뇌에 대해서는 나중에 이야기할 내용이 몇 가지 있다. §1.14, §8.6 참고) 게다가 오늘날의 컴퓨터에서 대다수 트랜지스터는 단지 기억 저장소의 역할을 할 뿐 컴퓨팅 활동과 직접적인 관계가 없는 반면에, 두뇌에서는 실제로 그런 컴퓨팅 활동이 더 광범위하게 일어나고 있을지도 모른다.

두뇌의 이러한 일시적 우위는 미래에는 손쉽게 극복될 수 있을 텐데, 특히 대규모 '병렬' 컴퓨팅 시스템이 더욱 발달할 때 그렇다. 컴퓨터에서는 다양한 유닛을 한데 묶어 점점 더 큰 유닛을 구성할 수 있다는 장점이 있으므로, 트랜지스터 총 개수는 원리상으로 거의 무한히 커질 수 있다. 뿐만 아니라 우리가 현재 사용하는 컴퓨터의 배선과 트랜지스터를 적절한 광학 (레이저) 장치로 바꾸는 등의 기술 혁신이 앞으로 이어지면, 아마도 속도와 처리 능력, 소형화 측면에서 컴퓨터는 엄청나게 향상될 것이다. 더욱 근본적인 측면을 보자면, 우리 두뇌는 거의 우리가 현재 알고 있는 규모에 머무를 테고, 그 밖에도 더 큰 제약이 많다. 가령 세포 한 개로부터 출발하여 성장해야 한다는 점이 그런 제약의 한 예다. 반면 컴퓨터는 향후로도 필요한 점을 모두 충족하도록 계획적으로 만들어낼 수 있다. 지금껏 살펴본 내용 안에서는 미처 고려하지 못하고 있는 몇 가지 중요한 요인(가장 두드러지는 것으로 뉴런의 핵심을 이루는 상당히 중요한 수준의 활동)을 뒤에 지적하겠다. 지금으로선 컴퓨팅 능력만 생각할 경우, 컴퓨터가 아직 두뇌보다 우위에 있지 않다손 치더라도 머지않아 확실히 그렇게 되리라고 충분히 장담할 수 있다.

따라서 인공지능 지지자 가운데 가장 급진적인 이들의 가장 과격한 주장을 믿는다면 그리고 컴퓨터와 컴퓨터가 제어하는 로봇이 결국 (어쩌면 심지어 머지않은 장래에) 모든 인간의 능력을 뛰어넘으리라는 점을 인정한다면, 컴퓨터의 능력은 우리의 지능을 다만 보조하는 수준을 뛰어넘어 엄청난 일을 해낼 수 있을 것이다. 그런 컴퓨터라면 실제로 누구도 넘볼 수 없는 굉장한 지능을 지니게 될 것이다. 그러면 우리는 이렇듯 우월한 지능에 기대어 모든 고민거리에 대해 조언을 구하고 권위 있는 답을 들을 수 있을 테다. 인류가 빚은 세상의 모든 문제들이 마침내 해결될 수 있을지도!

그러나 이와 같은 발전 가능성에 수반되는 또 하나의 논리적 결과가 더 있는 듯하다. 이 또한 놀라지 않을 수 없는 결과인데, 뭐냐하면, 그런 컴퓨터 때문에 결국 인간 자체가 불필요해지지는 않을까? 가령 컴퓨터로 제어되는 로봇이 모든 면에서 우리보다 우월해진다면, 언젠가는 로봇이 우리 도움 없이 스스로 세계를 더 잘 꾸려갈 수 있음을 깨닫지 않을까? 그런 날이 오면 인류 자체가 쓸모없어진다. 아마 운이 따라준다면, 언젠가 에드워드 프레드킨(Edward Fredkin)이 이야기했듯 그들이 우리를 애완용으로 데리고 있을지도 모른다. 또는 우리가 영리하다면, 한스 모라벡(Hans Moravec)이 지난 1988년에 낸 문헌에서 주장했듯, 우리의 '자아'를 이루는 '정보의 패턴'을 로봇 속에 옮겨 넣을지도 모른다. 혹 이도 저도 아니라서 우리가 딱히 운도 없고 썩 영리하지도 않는다면……

1.3 컴퓨팅과 의식적 사고의 $\mathscr{A}, \mathscr{B}, \mathscr{C}, \mathscr{D}$

하지만 이것과 관련된 사안이 다만 컴퓨팅 능력, 또는 속도, 정확도, 혹은 메모리, 또는 어쩌면 여러 구성 부분들이 어쩌다가 서로 '배선으로 연결된' 세부적 방식뿐일까? 아니면 두뇌에선 컴퓨팅의 용어로는 결코 설명할 수 없는 어떤 일들이 일어나고 있지는 않을까? 우리에게 생기는 의식적 인식 ─ 행복, 고통, 사랑, 미적 감수성, 의지, 이해 등 ─ 의 느낌들이 어떻게 컴퓨팅 관점에 들어맞을 수 있단 말인가? 미래의 컴퓨터는 실제로 마음을 지니게 될까? 의식이 존재하게 되면 실제로 컴퓨터의 작동 방식이 어떻게든 영향을 받게 될까? 과학의 용어로 이런 내용을 이야기한다는 것이 타당할까? 아니면 인간의 의식에 관한 사안을 다루는 데 과학은 아무짝에도 쓸모없는 것일까?

내가 보기에, 이 문제를 바라볼 때 사람들이 취할 만한 합리적 관점은 적어도 다음과 같이 서로 다른 ─ 어쩌면 극단적으로 다른 ─ 네 가지[3]인 듯하다.

$\mathscr{A}$. 사고란 모두가 컴퓨팅이고, 특히 의식적 인식의 느낌들은 단지 적절한 컴퓨팅을 수행함으로써 생겨날 뿐이다.

$\mathscr{B}$. 인식이란 두뇌의 물리적 활동의 한 특징이다. 그리고 물리적 활동은 모두 컴퓨터로 시뮬레이션할 수 있지만 컴퓨터 시뮬레이션 그 자체만으로는 인식이 생겨나지 않는다.

$\mathscr{C}$. 두뇌의 적절한 물리적 활동으로부터 인식이 생겨나지만, 컴퓨팅으로는 이 물리적 활동을 제대로 시뮬레이션하는 것조차 불가능하다.

$\mathscr{D}$. 물리학적 용어, 컴퓨팅 용어 내지 그 어떤 과학적 용어로도 인식을 설명할 수는 없다.

𝒟에 표현된 견해는 물리주의(물리학의 언어가 과학의 보편적 언어라는 주장. 즉, 사회과학을 포함한 모든 과학적 언어는 관찰 가능한 사물의 특성들을 가리키는 술어(述語)로 구성되어 있고, 심리적-정신적 현상을 가리키는 말들도 궁극적으로는 물리적 언어로 설명될 수 있다는 과학적 경험주의의 주장이다―옮긴이)의 입장을 전면 부정하고 과학의 용어로는 마음을 결코 설명할 수 없다는 말인데, 이는 신비주의의 관점이다. 그리고 적어도 𝒟의 일부 요소는 종교적 교의를 받아들이는 문제와 관련이 있어 보인다. 내 견해를 말하자면, 마음에 관한 여러 의문들은 오늘날의 과학적 이해로는 결코 순순히 풀리지는 않지만 결코 과학의 영역을 완전히 벗어나 있다고는 보지 않는 편이다. 마음에 얽힌 여러 문제를 두고 과학이 아직 내놓을 만한 의미 있는 이야기가 아직 그다지 많지 않다면, 과학은 기필코 그런 문제들을 담아낼 수 있도록 자신의 영역을 넓혀 나가야만 하며 어쩌면 과학의 절차 자체를 손질해야 할 수도 있다. 지식의 확장을 위한 과학적 기준을 부정한다는 이유에서 나는 신비주의를 거부하지만, 과학과 수학을 넓혀 가다보면 그 안에서도 신비로운 점이 나타날 테고, 결국 여기에는 마음의 신비까지도 포함될 것이다. 이런 발상의 어떤 측면들은 이 책에서도 나중에 더 살펴보겠다. 지금으로서는 다만 내가 𝒟를 거부한다는 점과 더불어 과학이 애초에 우리 앞에 열어 보였던 그 길을 따라 가겠다는 점을 밝혀둔다. 가령 표현은 조금 다르더라도 𝒟가 옳으리라고 굳게 믿는 독자가 있다면, 그 생각을 잠깐 접어두고 과학의 길을 따라 어디까지 나아갈 수 있는지 지켜봐 주시기를 ― 그리고 이 길이 결국 어디에 닿을지 나와 함께 가늠해 보시기를 ― 부탁드린다.

이제 반대쪽 극단인 듯 보이는 관점을 살펴보자. 바로 𝒜이다. 흔히 강한 AI(강한 인공 지능) 또는 하드 AI(hard AI)나 기능주의(functionalism)라고도 일컫는 입장을 고수하는 이들[4]이라면 이런 관점을 지지하게 마련이다. 어떤 사람들은 '기능주의'라는 용어를 𝒞의 어떤 변종까지도 포괄할 수 있도록 사용할 수도 있지만 말이다. 온전히 과학적 태도란 오로지 𝒜만 허용될 뿐 그 외의 다른 관점은 있을 수 없다고 여기는 사람들이 있지만, 𝒜가 터무니없는 관점인 탓에 진지하게 관심을 둘 가치가 거의 없다고 보는 이들도 있다. 관점 𝒜에는 다양한 버전이 분명 많이 있다. (슬로먼(Sloman)의 1992년 문헌에 이런저런 컴퓨팅적 관점들을 길게 열거한 목록이 실려 있다.) 이 버전들 가운데 일부는 어떤 유형의 행위를 '컴퓨팅' 또는 컴퓨팅을 '수행하는 것'으로 볼 것인지에 대한 입장이 다를지 모른다. 𝒜를 고수하면서도 스스로는 결코 '강한 AI'의 지지자가 아니라고 말하는 사람들도 실제로 있다. 왜냐하면 이들은 '컴퓨팅'이라는 용어의 해석에 관해 전통적인 AI 개념(에델만(Edelman)의 1992년 문헌 참고)과 다른 견해를 갖고 있기 때문이다. 이 문제에 대해서는 §1.4에서 좀 더 충실히 다루겠다. 지금으로서는 이 용어를 단순히 평범한 범용 컴퓨터가 해낼 수 있는 유형의 행위를 뜻하는 것으로 여기면 충분할 것이다. 𝒜의 지지자 중에는 그 밖에도 '인식'이나 '의식'이라는 낱말의 뜻을 해석하는 방법이 다른 이들도 있다. '의식적 인식'이라는 현상이 있다는 자체를 아예 부정하는 쪽이 있는가 하면, 이 현상의 존재는 인정하나 수행하는 컴퓨팅의 복잡성(정밀성 내지 자기참조성 또는 뭐라 부르든 간에)이 충분히 크면 늘 뒤따르게 마련인 일종의 '창발적 속성'(§4.3과 §4.4의 내용도 참고)일 뿐이라 여기기도 한다. '의식'과 '인식'이라는 용어에 대한 나의 해석은 §1.12에서 제시한다. 지금으로선 이런 해석상의 차이점은 우리가 살펴볼 내용에 그리 중요하지 않을 것이다.

강한 AI 관점에 속하는 𝒜는 내가 ENM에서 펼친 논의 가운데서 가장 구체적으로 반대했던 것이다. 그 책의 분량만 보아도 확연히 드러나듯이 나는 𝒜가 옳다고 믿지는 않지만 그래도 그 견해는 진지하게 고려해볼 만한 매우 진지한 주제라고 여긴다. 𝒜에는 과학에 대한 고도의 조작주의적 태도(조작주의(operationalism)란 과학적 개념은 그 개념을 측정한 구체적 절차나 정신적 조작에 의하여 규정되어야 한다는 견해를 가리킨다. 조작주의의 목적은 모호한 용어에 대하여 명확한 조작 절차를 제시함으로써 용어의 의미를 정확히 하는 것이다-옮긴이)가 담겨 있고, 그렇게 생각하면 물리적 세계도 온전히 컴퓨팅적 조작을 따른다고 본다. 이런 견해를 극단까지 밀어붙일 경우, 우주 자체를 사실상 거대한 컴퓨터로 보아[5] 이 컴퓨터가 수행하는 적절한 하위 컴퓨팅으로부터 우리의 의식을 이루는 '인식'의 느낌이 생겨난다는 결론에 이르기도 한다.

이런 관점, 즉 물리계를 그저 컴퓨팅적 실체로 여기는 관점은 20세기 현대 과학에서 컴퓨터 시뮬레이션이 상당한 역할을 맡게 되면서 그 중요성이 점점 커지는 경향 때문에 생기기도 하고, 아울러 물리적 대상 자체가 어떤 면에서는 컴퓨팅적·수학적 법칙을 따르는 '정보의 패턴'이라는 믿음으로부터 파생되기도 하는 듯하다. 그리고 보면 우리의 몸과 두뇌를 이루는 물질은 대다수가 지금 이 순간에도 꾸준히 교체되는 중이고, 지속되는 것은 그 물질이 형성하는 패턴뿐이다. 더욱이 물질 자체도 다른 형태로 이리저리 바뀔 수 있으니 그저 일시적으로만 존재할 뿐인 듯하다. 심지어 물질로 이루어진 몸의 질량 — 몸에 들어 있는 물질의 양을 물리적으로 정확히 측정하게 해주는 양 — 조차 어떤 적절한 상황에서는 (아인슈타인의 유명한 공식 $E = mc^2$에 따라) 순수한 에너지로 바뀔 수 있다. 그러니 물질적 실체조차 이론적·수학적 실재성만 띠는 다른 형태로 변환될 수 있는 듯하다. 한술 더 떠서, 양자론에서는 물질 입자가 그저 정보의 '파동'이라고 말하는 듯하다. (이런 주제는 2부에서 더 면밀히 검토한다.) 이렇듯 물질 자체가 애매모호하고 일시적이므로, '자아'의 지속성은 실제 물질 입자보다 패턴의 보존과 더 관련이 깊다고 보는 견해도 결코 비합리적이지 않다.

우주를 단순히 컴퓨터라고 보는 입장이 적절하다고 여기지 않더라도, 우리는 조작주의에 따라 관점 $\mathscr{A}$에 끌릴 수도 있다. 컴퓨터로 제어되는 로봇이 있고 로봇에게 질문을 던지면 인간을 상대로 질문했을 때 나올 법한 것과 완전히 똑같은 답이 나온다고 가정해보자. 가령 기분이 어떠냐는 질문에 로봇이 내놓은 대답은 실제로 그것이 감정을 지니고 있다고 볼 수 있을 만큼 인간의 감정 표현과 흡사하다. 로봇은 자신이 의식을 지니고 있고 자신이 행복이나 슬픔을 느끼고 자신이 '붉은색'을 지각할 수 있으며, 나아가 자신의 '마음'과 '자아'에 대한 여러 의문 때문에 고민이라고까지 말한다. 심지어 로봇은 자신이 느낀다고 주장하는 의식과 비슷한 상태를 다른 존재들(특히 인간)도 지녔다고 보아야 마땅하다는 점을 인정할지 말지 당혹스럽다고까지 말한다. 우리는 확실한 근거는 별로 없지만 어쨌거나 자기 외의 다른 인간들이 의식을 지녔다는 점을 인정하긴 한다. 그렇다면 로봇 자신이 인식하고, 궁금해 하고, 즐거워하고 또는 고통을 느낀다고 주장하는 마당에 그 말을 믿지 않을 까닭이 있을까? 비록 완전히 결론을 내릴 수는 없지만, 조작주의적 주장은 상당히 위력적인 듯하다. 컴퓨팅에 의해 완전히 제어되는 시스템이 의식을 지닌 두뇌의 여러 외적 징후 — 끊임없는 질문에 대한 대답도 포함하여 — 를 정말로 완전히 흉내 낼 수 있다면, 그와 같은 시뮬레이션에는 내적 징후 — 의식 그 자체 — 도 더불어 존재함을 받아들일 충분한 이유가 있는 셈이다.

튜링 테스트[6]라 일컫는 방법과 근본적으로 같은 이런 유형의 주장이 본질적으로 𝒜와 𝐵를 구별 짓는다. 𝒜에 따르면, 컴퓨터가 제어하는 어떤 로봇이든 기나긴 질문 과정을 거치면서 마치 정말로 의식을 지니고 있다는 듯이 행동한다면 실체로 의식이 있다고 여겨야 한다. 그러나 𝐵에 따르면, 로봇은 스스로가 실제로는 아무런 정신적 자질을 지니지 않고서도 의식을 지닌 사람이 보일 법한 행동과 똑같도록 완벽하게 행동할 수 있다. 𝒜와 𝐵는 둘 다 컴퓨터로 제어되는 로봇이 의식을 지닌 사람이 하듯 그럴싸하게 행동할 수 있음을 인정하지만, 관점 𝐶는 컴퓨터가 제어하는 로봇으로는 의식을 지닌 사람을 실질적으로 완전히 시뮬레이션해낼 가능성을 애당초 인정하지 않는다. 따라서 𝐶에 따르면, 충분히 장기간에 걸쳐 조사를 해보면 로봇에는 의식이 없다는 점이 결국 당연히 드러나게 된다. 실제로 𝐶는 𝐵보다 훨씬 더 조작주의적인 관점이며,

그런 면에서는 $\mathscr{B}$보다 $\mathscr{A}$에 더 가깝다.

그렇다면 $\mathscr{B}$는? 아마 이것이 '과학적 상식'이라고 여기는 이들이 많으리라고 본다. 이 관점을 가리켜 약한(또는 소프트) AI라고도 한다. $\mathscr{A}$와 마찬가지로 이 관점도 이 세계의 물리적 대상들은 모두 과학에 따라 움직이게 마련이며 원리상으로 과학을 활용하여 이들의 움직임을 컴퓨터로 시뮬레이션할 수 있다고 단정 짓는다. 한편 이 관점은 겉에서 보아 의식을 지닌 듯이 행동하는 존재라면 실제로 의식을 지녔다고 보아야 한다는 조작주의적 주장을 강하게 부정한다. 철학자 존 설(John Searle)이 강조했듯,[7] 물리적 과정에 대한 컴퓨터 시뮬레이션과 실제 과정 자체는 엄연히 서로 다르다. (예컨대 허리케인에 대한 시뮬레이션은 분명히 허리케인이 아니다!) 관점 $\mathscr{B}$에 따르면 의식의 존재 여부는 실제 물리적 대상이 무엇을 '생각하고 있는지' 그리고 그 대상이 수행하는 물리적 활동이 구체적으로 무엇인지에 따라 크게 달라진다. 그런 활동과 관련될지 모르는 특정한 컴퓨팅을 고려하는 일은 부차적인 문제일 것이다. 따라서 생물학적 두뇌의 활동으로부터 의식이 생겨날 수는 있으나, 전자회로를 가지고 그 활동을 정확히 시뮬레이션하더라도 의식은 물론 생기지 않는다. 관점 $\mathscr{B}$에서 이러한 구분이 생물학과 물리학 사이의 차이점일 필요는 없다. 다만 여기서 매우 중요한 점은 해당 대상(이를테면 두뇌)의 실제 물질적 구성에서 의식이 비롯되지 그 대상의 컴퓨팅 활동에서 비롯되지 않는다는 것이다.

내가 볼 때 가장 진리에 가깝다고 믿는 관점은 바로 $\mathscr{C}$이다. 이 관점은 $\mathscr{B}$보다 더 조작주의적 입장이다. 왜냐하면 컴퓨터의 외적 징후와는 다른, 의식을 지닌 대상(이를테면 두뇌)의 외적 징후가 있다고 단언하기 때문이다. 달리 말해, 의식에서 비롯되어 겉으로 드러나는 결과를 컴퓨터로 올바르게 시뮬레이션할 수는 없다고 여긴다. 내가 이 관점이 옳다고 믿는 까닭은 적절한 때에 밝히겠다. 물리주의의 입장에서 보면 마음은 어떤 물리적 대상(두뇌. 물론 꼭 두뇌로 국한할 필요는 없지만)의 행동에 따른 징후로서 생겨나는데, $\mathscr{B}$와 마찬가지로 𝒞도 그런 물리주의적 견해와 부합한다. 그렇다고 보면 𝒞는 컴퓨터로 적절하게 시뮬레이션해내지 못할 물리적 활동도 있음을 시사하는 셈이다.

현재의 물리학은 컴퓨터로 시뮬레이션하기가 원리상으로 불가능한 활동이 존재할 가능성을 허용할 수 있을까? 만일 수학적 진술처럼 엄밀한 대답을 듣고자 한다면, 나로서도 확실한 답을 내놓을 수는 없다. 이 사안을 빈틈없는 수학적 정리의 형태로 다룬 사례는 의외로 드문 편이다.[8] 하지만 그러한 비컴퓨팅적 활동이 현재 우리가 알고 있는 물리 법칙의 바깥에 자리 잡은 물리학 영역에서 언젠가는 발견될 것이라고 나는 과감하게 주장한다. 앞으로 이야기를 풀어 나가며 거듭 말하겠지만, 양자 법칙이 지배하는 '극미' 수준과 고전 물리학에서 다루는 '일상적' 수준의 가운데 영역을 새롭게 이해할 필요가 있다고 볼 만한 (그리고 물리학 자체에서 비롯되는) 이유들이 충분히 존재한다. 그런데도 현재의 물리학자들은 그처럼 새로운 물리 이론이 필요하다는 견해를 널리 받아들이고 있지 않다.

그러므로 𝒞의 부류에 속할 수 있는 매우 상반되는 관점이 적어도 두 가지 존재한다. 𝒞를 믿는 이들 가운데 일부는 현재의 물리학적 이해가 완벽하게 적합하며 앞으로 컴퓨팅으로 완전히 도달할 수 있는 영역을 넘어서는 영역으로 나아갈지 모를 미묘한 행동 유형들을 살펴보아야 한다고 주장한다. (이런 행동 유형들의 예로는 나중에 살펴보겠지만, 카오스적 행동(§1.7), 이산적 활동과 반대인 연속적인 미묘한 활동들(§1.8), 양자적 무작위성 등이 있다.) 반면 오늘날의 물리학은 비컴퓨팅성의 영역에 대해서는 어떠한 합리적 설명도 실제로 할 수 없다고 주장하는 이들도 존재한다. 나는 좀 더 강하면서도 근본적으로 새로운 물리학의 도입을 요청하는 바로 이 관점에서 𝒞를 받아들여야 한다고 본다. 왜 그래야 하는지에 관한 몇 가지 설득력 있는 이유들을 나중에 제시하겠다.

이런 견해는 의식이라는 현상을 어떻게든 설명해내려면 우리가 알고 있는 과학의 테두리 너머를 살펴야 한다는 주장이므로 사실 𝒟 진영에 해당한다고 말하는 이들도 있었다. 그러나 *C*의 강한 버전과 관점 *D* 사이에는 한 가지 본질적으로 다른 점이 있다. 특히 방법론 측면에서 그렇다. *C*에 따르면 의식적 인식이라는 문제는 확실히 과학의 틀 안에 있다. 이 문제를 풀어내기에 알맞은 과학을 우리가 아직 마련하지 못했더라도 그 점은 바뀌지 않는다. 나는 이 관점을 확고히 지지한다. 우리가 스스로 답을 추구할 때에는 틀림없이 과학적 방법론을 따라야 한다고 나는 믿는다. 물론 다방면으로 과학의 틀을 넓혀야 할 테고, 과연 어느 쪽으로 넓혀야 할지 현재로서는 어쩌면 실마리 정도만 겨우 엿볼 수 있을 정도라도 말이다. 바로 이 점이 *C*와 *D*가 서로 크게 갈리는 곳이고, 각 관점에서 현재의 과학이 갖춘 능력을 바라보는 견해 사이에 닮은 점이 아무리 많더라도 이 차이만은 고스란히 남는다.

*A, B, C, D*라는 네 관점을 이처럼 정의한 의도는 개개인이 스스로의 선택에 따라 취할 수 있는 갖가지 입장의 여러 극단을 제시하려는 것이다. 사람에 따라서는 자신의 관점이 이 네 가지 분류 기준 가운데 하나에 딱 들어맞지는 않고 아마도 이들 사이의 어디쯤에 위치할 것이다. 또는 아예 이런 기준을 넘어선다고 느끼는 이도 있을 법하다. 예컨대 *A*와 *B*만 두고 보더라도 분명히 다양한 신념의 스펙트럼이 나타날 수 있다(슬로먼의 1992년 문헌 참고). 심지어 *A*와 *D*의 조합(또는 어쩌면 *B*와 *D*의 조합)으로 볼 수 있음직한 견해도 심심치 않게 들리곤 한다. 이 가능성은 사실 우리가 뒤에 찬찬히 짚어나갈 내용에서도 상당한 부분을 차지한다. 이 관점에 따르면 두뇌의 활동은 실제로 컴퓨터와 같으나, 그 복잡도가 어마어마하게 커서 인간과 과학의 능력으로 두뇌를 흉내 내기란 불가능하고, 따라서 두뇌는 신 — '이 업계 최고의 프로그래머'[9] — 의 피조물일 수밖에 없을 테다!

1.4 물리주의 대 심리주의

         $\mathscr{A}$, $\mathscr{B}$, $\mathscr{C}$, $\mathscr{D}$라는 네 가지 관점에서 비롯하는 갖가지 사안과 관련하여 서로 반대되는 입장을 기술하는 용어로 흔히 등장하는 '물리주의'와 '심리주의'라는 표현의 쓰임새에 대해 간략히 다루고 지나가도록 하자. $\mathscr{D}$는 물리주의를 완전히 부정하는 견해이므로, $\mathscr{D}$를 믿는 이들은 분명히 심리주의자라고 보아야 할 것이다. 하지만 $\mathscr{A}$, $\mathscr{B}$, $\mathscr{C}$라는 나머지 세 관점도 함께 놓고 보았을 때 물리주의와 심리주의를 가르는 선을 어디에 그어야 할지 나로서는 단정하기가 어렵다. 관점 $\mathscr{A}$에 해당하는 이들은 대개 물리주의자로 묶을 수 있겠고, 그들 대다수도 틀림없이 그렇게 자처하리라고 본다. 하지만 여기에는 다소 모순되는 점이 도사리고 있다. $\mathscr{A}$에 따르면, 생각하는 장치의 물질적 구성은 중요하지 않다. 이 장치의 심리적 속성은 전적으로 그 장치가 수행하는 컴퓨팅이 결정할 따름이다. 이 컴퓨팅이란 추상적인 수학의 영역으로서, 물질로 이루어진 특정 물체와 어떤 식으로든 엮여 있을 까닭은 없다. 그러니 $\mathscr{A}$에 따르면 심리적 속성 자체는 물질적 대상과 관련되지 않은 채 존재하므로 '물리주의'라는 용어는 조금 알맞지 않다고 볼 수도 있다. 한편 관점 $\mathscr{B}$와 $\mathscr{C}$에서는 어떤 대상의 실제 물리적 구성이 확실히 그 대상에 진짜 마음이 깃들어 있는지의 여부를 결정하는 데 무척 중요한 역할을 맡는다. 그리고 보면 $\mathscr{A}$보다는 오히려 이들 쪽이 물리주의의 입장을 대표한다는 주장도 얼마든지 나올 수 있다. 하지만 용어를 실제로 그렇게 정의한다면, 흔히 $\mathscr{B}$와 $\mathscr{C}$를 '심리주의'라는 용어로 묶곤 하는 보통의 쓰임새와는 동떨어지게 된다. 보통의 용례에서 이 두 관점은 다양한 심리적 속성을 '실재적인 것'으로 여기며 (특정한 유형의) 컴퓨팅을 수행할 때 우연히 생겨날 수 있는 '부수 현상'으로 치부하지 않는다. 이처럼 혼동을 낳을 여지가 있으므로, 앞으로는 '물리주의'와 '심리주의'라는 용어를 되도록 피하고자 하며, 대신 좀 더 구체적으로, 앞에서 정의한 관점 $\mathscr{A}$, $\mathscr{B}$, $\mathscr{C}$,

$\mathscr{D}$를 쓰겠다.

1.5 컴퓨팅: 하향식 절차와 상향식 절차

§1.3에서 $\mathscr{A}$, $\mathscr{B}$, $\mathscr{C}$, $\mathscr{D}$를 정의하면서도, '컴퓨팅'이라는 용어가 뜻하는 바를 아직까지 뚜렷이 밝히지는 않았다. 컴퓨팅이란 과연 무엇일까? 간단하게 말하자면, 평범한 범용 컴퓨터에서 나타나는 활동을 가리킨다고 이해할 수도 있다. 더 정확하게 이야기하자면, 이상적으로 개념화된 설명을 들고 나와야 한다. 즉 컴퓨팅이란 튜링 기계(Turing machine)의 활동을 가리킨다고 할 수 있다.

그렇다면 튜링 기계란 무엇일까? 이 용어는 온전히 수학의 입장에서 이상적인 컴퓨터(현대식 범용 컴퓨터의 이론적 전신)를 가리킨다. 여기서 이상적이라는 말은 결코 그 어떤 실수도 저지르지 않고 필요하다면 얼마든지 계속 작동할 수 있으며 저장 공간의 크기에도 제약이 없다는 뜻이다. 튜링 기계를 정확히 어떻게 규정할 수 있는지에 대해서는 §2.1과 부록 A에서 좀 더 구체적으로 다루고자 한다. (흥미를 느껴 더 자세히 알아보고 싶은 독자가 있다면, 예컨대 ENM의 2장에서 설명한 내용이나, 클린(Kleene)의 1952년 문헌 또는 데이비스(Davis)의 1978년 문헌을 참고하기 바란다.)

튜링 기계의 활동에 대한 술어로서 '알고리듬(algorithm)'이라는 용어를 자주 쓴다. 이 책에서는 '알고리듬'을 '컴퓨팅'과 완전히 같은 뜻으로 여긴다. 이에 대해서는 잠깐 짚고 넘어갈 필요가 있다. '알고리듬'이라는 용어를 좀 더 좁은 의미로 받아들이는 이들도 있기 때문이다. 그런 의미일 때라면 나는 더 구체적으로 '하향식 알고리듬'이라는 표현을 쓴다. 이제 컴퓨팅이라는 맥락 안에서 '하향식(top-down)' 및 그 반대의 뜻인 '상향식(bottom-up)'이라는 용어가 무엇을 뜻하는지 살펴보도록 하자.

어떤 컴퓨팅 절차가 하향식 구조라고 말한다면, 그 말은 곧 훌륭한 정의와 명확한 이해를 바탕으로 고정된 컴퓨팅 절차(미리 할당해둔 지식 저장소가 그 안에 포함될 수도 있다)에 따라 구성되었다는 뜻이다. 이 경우 해당 절차는 당면한 어떤 문제에 대해 명백한 해답을 구체적으로 내놓는다. (하향식 알고리듬의 간단한 사례로는, 두 자연수의 가장 큰 공통 인수*를 찾아내는 유클리드의 알고리듬(ENM 31쪽(국내판 67, 68쪽) 참고)을 들 수 있다.) 이와 대조적으로 상향식 구조의 경우, 지식 저장소 및 뚜렷이 정의한 여러 조작 규칙을 그처럼 미리 정해두지 않으며, 대신 해당 시스템이 '학습'하면서 '경험'에 따라 수행 결과를 개선해 나가도록 하는 절차를 갖추어둔다. 따라서 상향식 시스템에서는 그런 조작 규칙이 계속 바뀌게 마련이다. 이런 시스템은 꾸준히 들어오는 데이터 입력을 바탕으로 스스로의 활동을 수행하면서 숱하게 실행을 거듭할 수 있도록 해줘야 한다. 이 시스템은 실행을 한 번씩 마칠 때마다 (아마도 시스템 자체적으로) 평가를 내리고, 평가 결과에 따라 출력의 품질을 개선하는 쪽으로 자신의 조작 규칙을 변경한다. 가령, 어떤 시스템에 사람들의 얼굴 사진 여러 장을 디지털로 적절히 변환하여 입력 데이터로 넣어주고 그 사진을 개인별로 분류하라는 과제를 맡길 수 있다. 이 경우 한 번 실행을 마칠 때마다 시스템의 수행 결과를 올바른 답과 비교하여, 다음번 실행에서 시스템의 수행 결과를 개선할 수 있는 방향으로 조작 규칙을 변경한다.

어떤 특정한 상향식 시스템이 그런 개선을 구체적으로 어떻게 이루어내는가 하는 점은 지금 우리에게는 중요하지 않다. 그런 방안은 이미 많이 나와 있다. 상향식 유형으로 가장 널리 알려진 시스템 중에는 이른바 컴퓨터 학습 프로그램인(또는 전자 장치를 써서 실물로 제작된) 인공 뉴럴 네트워크(때로는

---

* 미국의 독자들에게는 '최대공약수' 또는 'GCD'가 더 친숙할 수 있겠다.

간단히 '뉴럴 네트워크'나 '뉴럴 네트'라고도 하는데, 이런 표현에는 오해를 낳을 여지가 좀 있다)가 있으며, 이 시스템은 두뇌 속에서 여러 뉴런이 서로 연결되어 이루는 시스템의 구조가 경험을 쌓아감에 따라 개선되어가는 방식에 관한 다양한 아이디어에 바탕을 두고 있다. (두뇌에서 뉴런끼리의 상호 연결로 이루어진 시스템이 실제로 어떻게 자기 자신을 수정하는가라는 의문은 이 책에서도 뒤에 중요하게 다룬다. §7.4와 §7.7을 참고하자.) 하향식과 상향식이라는 두 가지 구조에서 조금씩 구성 요소를 떼어다가 한데 조합하여 컴퓨터 시스템을 만들어내는 것도 역시 충분히 가능하다.

지금 우리의 목적에 비추어 중요한 점은 하향식과 상향식 컴퓨팅 절차 둘다를 범용 컴퓨터에 담아낼 수 있다는 사실이고, 따라서 이 두 가지 모두는 내가 컴퓨팅적 및 알고리듬적이라고 지칭하는 주제 안에 묶어 넣을 수 있다. 이처럼 상향식(또는 조합식) 시스템에서도 해당 시스템이 스스로의 절차를 변경하는 방식 자체는 시간적으로 미리 규정된 완전히 컴퓨팅적인 과정에 의해이루어진다. 바로 이런 까닭에 해당 전체 시스템이 실제로 일반적인 컴퓨터에서 구현될 수 있다. 상향식(또는 조합식)과 하향식 시스템의 본질적 차이를 말하자면, 상향식 시스템의 경우 컴퓨팅 절차에 이전의 수행 결과('경험')에 대한 '기억'이 들어 있어야 한다는 점이 핵심이다. 그래야 이 기억을 뒤이은 컴퓨팅 활동에 반영할 수 있기 때문이다. 지금으로서는 이와 관련된 자잘한 내용이 그다지 중요하지 않으므로, §3.11에서 더 깊이 살펴보도록 하자.

인공 지능(Artificial Intelligence, 줄여서 'AI') 분야에서는 컴퓨팅 수단들을 통해 어떤 수준에서든 지능적 행동을 흉내 내려고 애쓰고 있으며, 이 포부를 위해 하향식과 상향식 구조 모두를 자주 활용해왔다. 처음에는 하향식 시스템이 가장 유망해 보였으나,[10] 이제는 인공 뉴럴 네트워크 유형의 상향식 시스템이 특히 인기를 끌기에 이르렀다. 가장 성공적인 AI 시스템을 만들어내고자 한다면 지금으로서는 하향식과 상향식 구조를 잘 조합한 유형이어야 할 듯하다. 이 두 방법에는 제각기 나름의 장점이 있다. 하향식 구조가 성공을 거둔 분야는 대체로 데이터와 조작 규칙을 뚜렷이 기술하고 잘 정의할 수 있는 컴퓨팅 유형에 속한다. 이를테면 어떤 특정한 수학적 문제를 다루거나 체스를 두는 컴퓨터 시스템, 또는 말하자면, 널리 통용되는 의학적 절차를 바탕으로 다양한 질병을 진단해낼 규칙 집합이 제공되는 의료 진단 시스템 등을 들 수 있다. 상향식 구조는 결정을 내리는 데 필요한 기준이 그다지 정확하지 않거나 그에 대한 이해가 빈약할 때 쓰임새가 커지는데, 가령 얼굴 인식이나 음성 인식, 또는 때로 광맥 탐사처럼 근본적으로 행동 기준 자체가 경험에 따라 수행 결과를 개선해 나가는 식일 때에 그렇다. 그런 경우에는 하향식과 상향식 구조의 요소가 함께 존재하는 사례도 많다. (이를테면 스스로의 경험으로부터 학습하는 체스 컴퓨터나, 또는 광맥 탐사를 돕는 컴퓨팅 장치에 지질학 이론에서 확립된 내용을 반영했다든가 하는 경우를 예로 들 수 있다.)

내가 보기에, 컴퓨터가 인간보다 상당히 우위를 보이는 경우란 하향식(또는 주로 하향식인) 구조의 몇몇 경우뿐이라고 말해도 타당한 듯싶다. 가장 알기 쉬운 사례는 간단한 숫자 계산일 텐데, 이 경우에는 이제 컴퓨터가 손쉽게 인간의 능력을 뛰어넘는다. 이는 '컴퓨팅적' 게임에서도 마찬가지로, 체스 또는 체커 같은 게임이 그런 경우에 해당하며, 이런 게임에서 가장 뛰어난 기계를 상대로 이길 수 있는 인간은 무척 드물리라고 본다. (이에 대해서는 §1.15와 §8.2에서 좀 더 다룬다.) 한편 상향식 (인공 뉴럴 네트워크) 구조에서 컴퓨터의 능력이란 잘 훈련받은 평범한 인간과 비슷한 수준에 이른 제한적 사례가 몇 건 있을 뿐이다.

다양한 유형의 컴퓨터 시스템을 가르는 또 다른 기준은 직렬과 병렬이라는 아키텍처의 차이이다. 직렬 기계는 마치 사람이 걸을 때 한 걸음씩 내딛듯 한 번에 하나씩 차례로 컴퓨팅을 해나간다. 반면 병렬 기계는 수많은 독립적 컴퓨팅을 동시에 하며, 그런 숱한 컴퓨팅의 결과를 적절한 개수의 컴퓨팅 결과가 모두 나왔을 때 비로소 하나로 모은다. 이 경우에도 두뇌는 어떻게 조작을 수행하는가에 얽힌 다양한 이론이 병렬 시스템을 개발하는 데 중요한 역할을 해온 바 있다. 하지만 한 가지 강조해두어야 할 점은, 바로 직렬 기계와 병렬 기계는 원리 면에서는 딱히 서로 구별되지는 않는다는 사실이다. 직렬보다 병렬 쪽이 컴퓨팅 시간 등의 측면에서 더 효과적으로 풀어낼 수 있는 유형의 문제가 있기는 하나(그러나 결코 모든 문제가 그렇지는 않다), 그렇더라도 병렬적 활동은 얼마든지 직렬 방식으로 시뮬레이션해낼 수 있다. 이 책에서는 주로 원리에 얽힌 주제를 다루려 하므로, 병렬과 직렬 컴퓨팅 사이의 구별은 별로 중요하지 않다.

1.6 관점 𝒞는 처치—튜링 명제에 어긋나는가?

다시 떠올려보자면, 관점 𝒞는 의식을 지닌 두뇌는 하향식이나 상향식, 또는 그 밖의 어떤 식이든 컴퓨터로 시뮬레이션해내지 못할 방식으로 작동한다고 보는 견해다. 𝒞에 대해 의구심을 품는 어떤 사람들은 𝒞가 (일반적으로 인정되는) 이른바 처치 명제(Church thesis)(또는 처치—튜링 명제(Church-Turing thesis))와 모순될 것이라는 주장을 부분적인 근거로 삼아 의문을 제기할지 모른다. 처치 명제란 무엇인가? 미국의 논리학자 알론조 처치(Alonzo Church, 1903~1995)가 1936년에 제시한 이 명제의 원래 형태는 다음과 같다. 즉, 어떤 프로세스를 '순전히 기계적인' 수학적 프로세스 — 가령, 알고리듬적인 프로세스 — 라고 불러도 합당하다면, 그 프로세스는 처치가 발견한 람다 미적분학(λ-미적분학)이라 부르는 특정한 기법 안에서 이루어질 수 있다.[11] (이 기법은 우아함과 개념의 절제미가 돋보인다. ENM 66~70쪽(국내판 124~132쪽)의 간략한 소개글을 참고하자.) 그 후 얼마

지나지 않아 1936년에서 1937년에 걸쳐 영국의 수학자 앨런 튜링(Alan Turing)
이 알고리듬적 프로세스를 기술하는 훨씬 더 설득력 있는 방법을 독자적으로
찾아냈는데, 지금 우리가 튜링 기계라고 부르는 이론적 '컴퓨팅 기계'의 활동을
고찰한 덕분이다. 그보다 조금 후에는 폴란드 태생인 미국의 논리학자 에밀 포
스트(Emil Post)의 1936년 문헌에서도 튜링의 기법과 얼마간 비슷한 내용을 이
끌어냈다. 뒤이어 곧 처치와 튜링은 각각 독립적으로 처치의 미적분학이 튜링
의(그리고 또한 포스트의) 튜링 기계 개념과 등가임을 증명해보였다. 더욱이
현대식 범용 컴퓨터가 발달하기 시작한 바탕에는 상당 부분 튜링이 제시한 바
로 그 개념이 자리 잡고 있기도 하다. 앞에서 이야기했듯, 튜링 기계란 사실 동
작 측면에서 현대식 컴퓨터와 완전히 동일하다. 이상적인 컴퓨터라면 원리상
으로 무제한의 저장 공간을 지녀야 한다는 점 한 가지만이 다를 뿐이다. 그러
므로 처치가 원래 내놓은 명제를 지금 돌이켜본다면, 수학적 알고리듬이란 바
로 이상적인 현대식 컴퓨터가 수행할 수 있는 작업이라는 언명일 따름이다. 지
금 흔히 통용되는 '알고리듬'이라는 낱말의 정의를 염두에 둔다면 이 말(이상
적인 현대식 컴퓨터-옮긴이)은 그저 비슷한 말을 되풀이하는 데 지나지 않는
다. 처치의 명제를 이런 형태로 받아들인다면 𝒞와도 분명 어긋나지 않는다.*

   하지만 튜링 스스로는 마음속으로 좀 더 나아간 생각을 지녔을 수도 있다.
곧 임의의 물리적 장치의 컴퓨팅 능력도 (이상적으로는) 튜링 기계의 동작과
분명 동일하다고 말이다. 그와 같은 언명은 처치가 처음에 품었을 법한 의도를
꽤 멀리 넘어서게 된다. 튜링이 '튜링 기계'라는 개념을 이끌어낸 내적 동기는
인간이라는 계산기가 원리상으로 달성해낼 수 있는 한계는 무엇인가에 대한

---

* 수학적인 논의를 하다 보면 이따금, 튜링 기계나 람다 미적분학적 조작의 유형으로 어떻게 표현해야 할지는
퍼뜩 떠오르지 않으나 성질상 '명백하게' 알고리듬적인 어떤 절차와 맞닥뜨릴 때가 있다. 그런 경우에는 '처치
의 명제'에 따라 그런 조작이 실제로 틀림없이 존재한다고 보아도 좋다. 예컨대 커틀랜드(Cutland)의 1980년 문
헌을 참고하자. 이렇게 전개하더라도 문제는 없고, 𝒞와도 확실히 아무런 모순이 없다. 실제로 3장의 논의에서
는 처치의 명제를 이런 식으로 활용한 곳이 많다.

그 자신의 생각에서 비롯되었다. (하지스(Hodges)의 1983년 문헌 참고) 그는 물리적 작용 전반 — 인간 두뇌의 활동도 포함하여 — 을 모두 튜링 기계가 수행하는 어떤 활동으로 환원할 수 있다고 여겼을지도 모른다. 이와 같은 (물리적) 언명을 (순전히 수학적인) '처치의 명제' 원형에 담긴 언명 — $\mathscr{C}$와 조금도 모순되지 않는 — 과 구별하려면 아마도 '튜링의 명제'라고 달리 불러야 할 수도 있겠다. 이 책에서는 실제로 이처럼 용어를 규정하고자 한다. 따라서 관점 $\mathscr{C}$와 어긋나는 쪽은 처치의 명제가 아니라 바로 튜링의 명제이다.

1.7 카오스

 '카오스(chaos, 혼돈이라는 뜻. 이 책에서는 실제 사용 관례를 따라 현상을 뜻하는 chaos는 '카오스'라고 옮기고, 계를 뜻하는 chaotic system은 '혼돈계'라고 옮긴다–옮긴이)'라는 이름으로 불리는 수학적 현상이 근래 몇 년 동안 부쩍 많은 관심을 모았는데, 이 분야를 들여다보노라면 마치 물리계가 거칠면서도 예측할 수 없도록 행동하는 것이 가능한 것처럼 보인다(**그림 1.1**). $\mathscr{C}$의 관점을 뒷받침하는 데 필요한 비컴퓨팅적인 물리학적 근거를 카오스 현상으로부터 마련할 수 있을까?

 혼돈계란 역동적으로 진화하는 물리계나 그런 물리계에 대한 수학적 시뮬레이션을 가리킬 수도 있고, 또는 그 자체로서 연구 대상이 되는 여러 수학적 모델을 뜻하기도 한다. 어쨌거나 혼돈계에서는 초기 상태가 아주 미세하게 달라지더라도 해당 계의 미래 행동에 극단적으로 큰 차이가 나타나곤 한다. 보통의 혼돈계는 원리상으로는 온전히 결정론적이고 컴퓨팅적이지만, 실체로는 전혀 결정론적이지 않은 듯한 행동을 나타내 보이기도 한다. 해당 계의 미래 행동을 결정론적으로 예측하려면 초기 상태를 알아야 하는데, 이때 상상을 초

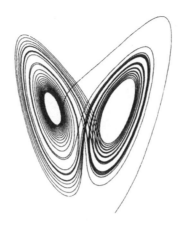

그림 1.1 로렌츠 끌개(The Lorenz attractor) — 혼돈계에 대한 초기의 사례. 선을 따라가노라면 왼쪽 날개 (lobe)와 오른쪽 날개 사이를 마치 마구잡이로 오가듯 넘나들게 되고, 주어진 어떤 순간에 어느 쪽 날개에 있게 될지는 출발점이 어디인지에 따라 크게 달라진다. 그렇긴 하지만 이 곡선은 간단한 수학(미분) 방정 식으로 정의할 수 있다.

월할 정도로 높은 정확도가 요구되기 때문이다.

그런 점을 이야기하고자 할 때 흔히들 인용하는 사례가 바로 장기간에 걸 친 상세한 일기예보다. 공기 분자의 운동을 지배하는 법칙은 물론이고 그 밖 에 날씨를 계산해내는 데 관련 있다고 여겨지는 여러 물리량을 지배하는 법칙 들까지도 완벽히 알려져 있다. 하지만 초기 조건이 아주 미세하게만 달라져도 고작 며칠 뒤의 날씨 패턴이 실제로는 초기계산과 아주 크게 달라진다. 그리고 믿을 만한 기상예측을 하는 데 필요한 초기 조건을 정확히 측정해내는 일 또한 불가능하다. 물론 그런 컴퓨팅을 수행할 때 주어져야 할 매개변수의 개수 또한 어마어마할 테니, 이 경우에 예측이 실제로는 거의 불가능하다고 밝혀지더라 도 그다지 놀랄 일은 아니다.

한편 이와 같은 이른바 카오스 행동은, 가령 고작 입자 몇 개만으로 이루어 진 계처럼 무척 간단한 곳에서도 일어날 수 있다. 이런 경우를 상상해보자. 당

구대 위에 당구공 다섯 개를 조금씩 비뚤어지게* 한 줄로 늘어놓되 공 사이사이는 서로 넉넉하게 거리를 띄워둔다. 이 공들을 차례로 A, B, C, D, E라 할 때, 큐로 A를 쳐서 E를 포켓에 넣어야 한다. 즉 A를 큐로 치면 A가 B를 때리고, B는 C를, 뒤이어 C가 D를, D는 끝으로 E를 때려 포켓에 빠뜨리는 식이다. 이런 재주를 부리는 데 필요한 정확도는 일반적으로 그 어떤 스누커(snooker, 공 하나를 쳐서 다른 공들을 일정한 순서대로 포켓에 넣는 당구 경기의 일종-옮긴이) 전문 선수라도 도저히 감당해낼 수 없는 수준이다. 만약 공이 20개라면, 공 하나하나가 완벽한 탄성체이고 정확한 구형이더라도 그리고 현대 기술로 만들어낼 수 있는 가장 정확한 기계 장치를 동원한다손 치더라도 마지막 공을 포켓에 넣기란 지극히 어려울 테다. 공의 행동을 지배하는 뉴턴 법칙은 수학적으로 온전히 결정론적이고 원리상으로 유효하게 컴퓨팅해낼 수 있는데도, 늘어선 공 가운데 뒤쪽 공들의 행동은 결과적으로 마구잡이가 되고 만다. 그 어떤 컴퓨팅으로도 늘어선 공 가운데 뒤쪽 공들의 실제 행동을 예측해낼 수는 없으며, 그 까닭은 그저 큐의 실제 초기 위치와 속도, 또는 앞쪽 공들의 위치를 충분히 높은 정확도로 알아낼 수가 없기 때문이다. 뿐만 아니라 이웃 도시에 사는 어떤 사람의 숨쉬기 행동처럼 지극히 작은 외부 영향조차도 이 정확도를 크게 교란시킬 수 있는 터라, 이런 경우에는 그런 컴퓨팅이 아예 무용지물이 되고 만다.

　결정론적으로 예측하는 데에는 비록 그처럼 엄청난 어려움이 따르지만, '혼돈(chaotic)'이라는 말이 붙는 보통의 모든 계들은 내가 '컴퓨팅적'이라고 부르는 대상에 속함을 분명히 밝혀두어야겠다. 어째서 그럴까? 앞으로 접하게 될 다른 상황에서도 마찬가지이지만, 어떤 절차가 컴퓨팅적인지를 판단할 때에

---

* 이 책의 초기 원고에는 이 '비뚤어지게'라는 낱말이 들어 있지 않았다. 직접 시험해보니 공들을 모두 정확히 직선으로 늘어놓으면 뜻밖에도 이 묘기도 꽤 쉬워진다는 점을 깨닫게 되었다. 정렬이 정확할 때에는 우연히 안정성이 나타나지만, 일반적인 경우에는 그런 행운이 따르지 않는다.

는 이렇게 묻기만 하면 된다. 일반적인 범용 컴퓨터로 다룰 수 있는가? 위 사례의 경우 이 질문의 답은 명백히 '그렇다'이다. 수학적으로 기술된 혼돈계를 실제로 컴퓨터 상에서 연구하는 점만 보더라도 자명한 일이 아닌가!

물론 컴퓨터로 시뮬레이션을 수행하여 한 주에 걸쳐 나타날 유럽지역의 상세 날씨 패턴을 예측하려들거나, 또는 스누커 공 20개를 똑바로 정렬하지 않고서 서로 충분히 떨어뜨린 상태로 늘어놓은 채 첫 공을 잽싸게 큐로 치고 난 후에 공들이 차례로 충돌하는 상황을 예측하고자 한다면, 그 결과는 실제로 벌어지는 일과는 조금도 비슷하지 않으리라고 거의 확신할 수 있다. 혼돈계의 성질이 본디 그렇다. 혼돈계에서 실제로 나올 결과를 컴퓨팅적으로 예측하기란 불가능하다. 그렇지만 전형적인 결과라면 얼마든지 시뮬레이션해낼 수 있다. 예측한 날씨는 당연히 실제 날씨와 다를 수 있지만, 충분히 있을 수 있는 날씨들 가운데 하나! 마찬가지로, 스누커 공들이 실제로는 컴퓨팅 결과와 꽤 다른 모습을 보일지라도, 그 예측 결과 또한 가능한 결과 가운데 하나로서 온전히 받아들일 수 있는 것이다. 이런 조작들이 결국에는 완벽한 컴퓨팅적 성질을 갖고 있을 뿐임을 뚜렷이 보여주는 측면을 한 가지 더 살펴보자. 그게 무엇이냐면, 이전과 똑같은 입력 데이터를 가지고 해당 컴퓨터 시뮬레이션을 다시 실행할 경우, 앞서 나왔던 결과와 정확히 똑같은 결과를 다시 내놓는다! (컴퓨터 자체는 오류를 저지르지 않는다고 가정했을 때의 이야기이다. 하지만 어쨌거나 현대식 컴퓨터가 실제로 컴퓨팅에서 오류를 내는 경우는 무척 드물다.)

인공 지능이라는 맥락 안에서는, 실상 어느 특정 개인의 행동을 시뮬레이션하려고 하지는 않는다. 다만 임의로 선택된 한 개인에 대한 시뮬레이션만으로도 충분히 만족스러울 것이다! 따라서 내가 취하고 있는 관점은 결코 비합리적이라고 볼 수 없다. 바로 우리가 '컴퓨팅적'이라 이야기하는 대상 안에 혼돈계 또한 틀림없이 포함된다는 관점 말이다. 그와 같은 계에 대한 컴퓨터 시뮬레이션은 정말로 완벽히 타당한 '전형적 경우'를 드러내줄 것이다. 결과적으로 그 어떤 '실제의 경우'와도 들어맞지 않을 수는 있겠지만 말이다. 만약 인간의 지능에서 비롯하는 외적 징후가 어떤 역동적이고 카오스적인 진화 — 방금 기술한 바와 같은 관점에서 보아 컴퓨팅적이라 할 수 있는 진화 — 의 결과라면, 관점 $\mathcal{A}$와 $\mathcal{B}$에는 잘 들어맞겠지만 $\mathcal{C}$와는 맞지 않을 것이다.

물리적인 두뇌의 내적 활동 속에서 카오스라는 현상이 일어난다고 할 때, 우리 두뇌가 튜링 기계의 컴퓨팅 가능한 결정론적 활동과는 다르게 보이는 듯한 행동 — 앞에서 강조했듯, 엄밀히 말하자면 사실은 컴퓨팅적이지만 — 을 하는 까닭은 바로 이 카오스라는 현상 때문이지 않겠느냐는 의견이 때때로 나오곤 했다. 이 사안은 뒤에 다시 짚어보아야 하겠지만(§3.22 참고), 지금 당장은 내가 '컴퓨팅적' 또는 '알고리듬적'이라고 이야기할 때 그 안에는 혼돈계도 들어 있다는 점만 분명히 밝혀두면 되겠다. 과연 실체로 시뮬레이션해낼 수 있는가 여부에 관한 질문은 지금 다루는 원리상의 여러 사안과는 별개의 문제이다.

1.8 아날로그 컴퓨팅

지금까지는 현대식 디지털 컴퓨터만 염두에 두면서 '컴퓨팅'을 다루었다. 또는 더 정확히 이야기하자면, 그런 컴퓨터의 원리상의 전신인 튜링 기계만을 염두에 두었다. 그러나 특히 과거에 주로 쓰였으나 지금껏 명맥을 이어오고 있는 다른 유형의 컴퓨팅 장치도 있다. 이런 장치에서는 디지털 컴퓨팅에서와는 달리 이산적인 '켜짐/꺼짐' 상태가 아니라 연속성을 띠는 물리적 매개변수를 바탕으로 갖가지 조작이 표현된다. 그런 장치 가운데 가장 친숙한 물건으로 계산자를 꼽을 수 있다. 계산자의 경우 (자의 길이 방향으로의) 직선상의 거리가 물리적 매개변수 노릇을 하여, 곱하거나 나눌 온갖 수의 로그 값을 나타내는 데 쓰인다. 아날로그 컴퓨팅 장치도 매우 다양한 유형들이 있는

데, 가령 시간이나 질량, 전위(電位)처럼 (거리와는) 다른 종류의 물리적 매개변수를 활용하기도 한다.

아날로그 시스템까지 생각하기 시작하면 이내 기술적 난점과 맞닥뜨리게 된다. 그 난점이란, 컴퓨팅 및 컴퓨팅 가능성에 관한 표준적 개념은 엄밀히 말해 ('디지털' 조작의 바탕을 이루는) 이산적인 시스템에서만 통할 뿐, 기존 고전 물리 이론의 단골손님이라 할 수 있는 거리나 전위 따위의 연속적인 시스템에는 적용할 수 없다는 점이다. 그러므로 이산(또는 '디지털') 매개변수가 아니라 연속 매개변수를 가지고 기술해야 하는 어떤 계에 컴퓨팅에 대한 일반적인 관념을 적용하고자 한다면, 자연히 어림값에 기대게 된다. 실제로 대개 물리계를 컴퓨터로 시뮬레이션할 때는 고려 대상인 연속 매개변수를 모두 이처럼 이산적으로 어림하곤 한다. 하지만 그러다 보면 오차가 생기게 마련이기에, 어림값의 정확도를 어떤 특정한 수준으로 정해놓았을 경우 그런 정확도는 어떤 물리계에서 충분하지 않을 수도 있다. 그런 이유로 이산적 컴퓨터 시뮬레이션은 시뮬레이션 대상인 연속적 물리계의 행동에 대해 그릇된 결론을 이끌어낼지도 모른다.

원리상으로만 보자면, 고려 대상인 연속계의 정확도를 시뮬레이션하기에 알맞은 수준에 이를 때까지 얼마든지 끌어올릴 수 있다. 하지만 다루어야 할 대상이 하필 혼돈계라면 컴퓨팅 시간과 기억 저장소의 요구량이 너무 커서 실제로는 도저히 감당해내지 못할 수도 있다. 뿐만 아니라 미리 정해놓은 정확도가 과연 충분한지를 뚜렷이 확인할 방법이 마땅치 않다는 기술적 문제점도 있다. 따라서 정확도를 더 이상 올리지 않아도 될 지점에까지 이르렀는지, 그리고 해당 정확도 수준에서 컴퓨팅해낸 정성적 행동을 실제로 믿어도 될지를 판단할 검사가 필요하다. 이 문제를 파헤치다 보면 꽤 까다로운 여러 수학적 사안들로 이어지는데, 여기서는 자세한 내막까지 파고들지는 않아도 좋을 듯하다.

하지만 연속계에서 비롯되는 갖가지 컴퓨팅 관련 사안을 다룰 다른 접근법들이 있다. 그런 입장을 취하는 쪽에서는 '컴퓨팅 가능성'에 관한 연속계 나름의 개념 — 튜링 컴퓨팅 가능성(Turing computability)이라는 아이디어를 이산계에서 연속계로 일반화시킨 개념 — 을 바탕 삼아 연속계를 이산계와는 다른 별개의 수학적 구조물로 다룬다.[12] 이 개념을 활용하면, 튜링 컴퓨팅 가능성이라는 기존 개념을 적용할 수 있게 하려고 연속계를 이산 매개변수로 어림하지 않아도 된다. 그와 같은 아이디어는 수학적 관점에서는 흥미로우나, 불행히도 아직까지는 이산계에 대한 튜링 컴퓨팅 가능성이라는 표준적 개념과 비견될 만큼 고도의 완결성과 고유성을 갖추진 못한 듯하다. 뿐만 아니라 간단한 계에 대해 기술적 '컴퓨팅 불가능성' — 이 경우 이런 용어가 과연 알맞은지조차 분명치 않긴 하지만 — 이 나타나는 몇몇 이상 사례도 있다. (예컨대 물리학의 간단한 '파동 방정식'에 대해서조차 그런 경우가 있다. 포럴(Pour-el)과 리처드스(Richards)의 1981년 문헌과 ENM 187, 188쪽(국내판 300~302쪽) 참고) 한편, 상당히 근래에 나온 어느 연구 결과(루벨(Rubel)의 1989년 문헌)가 밝혀낸 바에 의하면, 어떤 부류에 속하는 이론상의 아날로그 컴퓨터들은 통상적인 튜링 컴퓨팅 가능성을 넘어설 수 없다고 한다. 이런 여러 내용들은 앞으로 사람들이 심화 연구를 통해 밝혀나갈 흥미롭고 중요한 사안으로 보인다. 하지만 전반적인 연구 성과가 과연 지금 다루고 있는 여러 사안에 자신 있게 적용할 만한 수준에 확실히 이르렀다고 보기는 어려운 듯하다.

이 책에서 나는 정신 활동의 컴퓨팅적 속성이라는 문제에 특히 관심을 기울이는데, 여기서 '컴퓨팅적'이란 보통 이야기하는 튜링 컴퓨팅 가능성을 염두에 둔 말이다. 현재 흔히 볼 수 있는 컴퓨터는 실제로 디지털적 성질을 띠고, 오늘날의 AI 연구 활동도 바로 그런 컴퓨터를 위주로 이루어지고 있다. 상상의 나래를 펼쳐보면, 아마도 미래에는 지금과 다른 유형의 어떤 '컴퓨터'가 등장하여, 연속성을 띠는 물리적 매개변수를 무척 중요하게 활용함으로써 — 오늘날의 물리학이라는 표준적 이론의 틀 내에서이긴 하겠지만 — 디지털 컴퓨터와는 근본적으로 다르게 작동할 수 있을지도 모른다.

하지만 이와 같은 여러 사안은 추로 *$\mathscr{C}$*의 '강한' 버전과 '약한' 버전을 구별하기에 관한 문제이다. *$\mathscr{C}$*의 약한 버전에 따르면, 의식을 지닌 인간 두뇌가 보여주는 행동의 바탕에는 이산적 튜링 컴퓨팅 가능성이라는 표준적 관점에서 보자면 컴퓨팅 불가능하지만 현재의 물리 이론으로 온전히 이해할 수 있는 물리적 활동들이 자리 잡고 있어야 한다. 이것이 가능하려면, 이런 활동들은 (표준적인 디지털 절차로는 올바르게 시뮬레이션해내지 못할 방식으로) 연속성을 띠는 여러 물리적 매개변수에 의존하고 있어야 할 것 같다. 한편 *$\mathscr{C}$*의 강한 버전에 따르면, 컴퓨팅 불가능성은 (아직까지는 발견되지 않은) 비컴퓨팅적 물리 이론에서 비롯되어야 하며, 그 이론의 함의야말로 의식적 두뇌 활동의 본질적 구성 요소이다. 이 두 번째 가능성은 설득력이 없을지 모르지만, (*$\mathscr{C}$*를 지지하는 이들을 위한) 대안은 컴퓨팅적으로는 적절히 시뮬레이션해낼 수 없는 어떤 연속적 활동이 담당할 역할을 이미 알려진 물리 법칙들로부터 찾자는 것이다. 하지만 지금으로서는 사람들이 이제껏 진지하게 살펴본 바 있는 그 어떤 유형의 신뢰할 만한 아날로그 계에 대해서도 유효한 디지털 시뮬레이션이 — 적어도 원리상으로는 — 가능해질 것이라고 예상할 수 있다.

이처럼 일반적인 유형의 이론적 사안들은 제쳐두고서라도, 아날로그 컴퓨터와 견주어 보면 오늘날의 디지털 컴퓨터에는 장점이 숱하게 많다. 우선 디지털 쪽이 훨씬 더 정확하다. 근본적인 이유는 수를 디지털로 저장할 경우 숫자의 자릿수만 늘리면 정확도를 얼마든지 끌어 올릴 수 있기 때문이며, 컴퓨터 용량의 일반적인 (로그적) 증가만으로도 그런 정확도 상승이 쉽게 이루어지기 때문이다. 반면 아날로그 기계의 경우(적어도 디지털 개념을 끌어들이지 않고 천척으로 아날로그인 경우)에는, 컴퓨터 용량의 비교적 엄청난 (선형적) 증가에 의해서만 정확도가 높아진다. 미래에는 아날로그 기계 쪽에 유리한 새로운 아이디어가 많이 나올 수도 있겠지만, 현재의 기술로는 중요한 실용적 장점이 대부분 디지털 컴퓨팅 쪽에 몰려 있는 듯하다.

1.9 비컴퓨팅적 활동이란 어떤 것인가?

우리가 떠올릴 수 있는 잘 정의된 활동 대다수는 내가 '컴퓨팅적'('디지털-컴퓨팅적'이라는 뜻)이라고 언급하는 활동들 속에 포함되어야 할 것이다. 그리고 보면 독자 입장에서는 관점 $\mathscr{C}$를 적용할 적당한 활동이 과연 있기는 할지 슬슬 조바심이 들 수도 있다. 아직까지 나는 엄밀하게 무작위적인 활동, 가령 양자계에서 어떤 입력 값을 받아서 이루어질 활동에 대해서는 아무런 이야기도 하지 않았다. (양자 역학은 2부의 5장과 6장에서 조금 길게 다룬다.) 하지만 정말로 무작위적인 입력 — 온전히 컴퓨팅적으로 만들어낼 수 있는 유사 무작위적 입력과 반대되는 입력 — 을 얻었다 해도 그것이 계에 어떠한 이득이 될지는 알기 어렵다(§3.11 참고). 엄격히 말하자면, '무작위'와 '유사 무작위' 사이에 어떤 기술적인 차이가 있다 하더라도, 그런 차이는 AI와 관련된 사안들과는 실질적으로 아무런 관계가 없을 듯하다. 나중에 §3.11과 §3.18, 그리고 이어서 펼쳐지는 내용에서 나는 '순수한 무작위성'이 실제로 우리에게 아무런 쓸모가 없음을 역설할 것이다. 오히려 카오스 행동의 유사 무작위성을 활용하는 편이 더 낫기 때문이다. 그리고 앞에서 강조했듯, 보통 유형의 카오스 행동은 모두 '컴퓨팅적'이라고 볼 수 있다.

그런데 환경은 어떤 역할을 할까? 각 개인은 성장하는 과정에서 다른 어느 누구와도 다른 자기만의 고유한 환경을 접한다. 컴퓨팅으로는 결코 다룰 수 없는 입력을 우리들 각자에게 제공해주는 원천은 바로 그런 고유한 개인적 환경일 수도 있지 않을까? 하지만 나는 우리 환경의 '고유성'이 그런 맥락 안에서 어떤 도움이 되는지 파악하기는 어렵다고 본다. 이 논의는 앞에서 카오스를 다루었던 논의와 비슷하다(§1.7 참고). (카오스적) 환경에 대한 시뮬레이션 속에 컴퓨팅을 넘어선 요소가 전혀 포함되어 있지 않다고 가정한다면, 컴퓨터가 제어하는 로봇은 그런 시뮬레이션만으로도 충분히 훈련시킬 수 있다. 그 로봇은 실제 환경 속에서 학습하며 기술을 가다듬지 않아도 된다. (실제 환경 대신) 컴퓨터로 시뮬레이션한 전형적인 환경만으로도 충분히 훈련을 받을 수 있을 테니 말이다.

환경에는 컴퓨터로 시뮬레이션하기에 원천적으로 불가능한 어떤 점이 있지는 않을까? 어쩌면 외부의 물리적 세계에는 실제로 컴퓨터 시뮬레이션을 넘어선 무언가가 있을지도 모른다. $\mathcal{A}$나 $\mathcal{B}$의 지지자들 가운데 일부는 인간의 행동에서 비컴퓨팅적인 측면들이 드러나 보이는 이유로, 외부 환경에 컴퓨팅적 속성이 결여되었기 때문임을 내세우려 할지도 모른다. 하지만 $\mathcal{A}$나 $\mathcal{B}$를 지지한다면서 그런 주장에 기댄다면 경솔할 터이다. 왜냐하면 물리적 행동의 어딘가에 컴퓨터로 시뮬레이션할 수 없는 무언가가 존재할지 모른다는 점을 일단 인정하고 나면, 무엇보다도 $\mathcal{C}$의 타당성을 의심하는 주된 이유가 설 자리를 잃을 것이기 때문이다. 외부 환경에 컴퓨터 시뮬레이션을 넘어서는 활동이 존재한다면, 두뇌의 내부라고 해서 그렇지 않을 까닭이 있을까? 인간 두뇌 내부의 물리적 구조는 어쨌거나 그 주위의 (적어도) 대다수 환경 — 환경 자체가 다른 사람들의 두뇌 활동에 크게 영향을 받는 곳은 제외하고 — 보다 훨씬 더 정교해 보이니 말이다. 외부의 물리적 활동에 비컴퓨팅적 요소가 있다는 생각을 받아들이면 곧 $\mathcal{C}$에 맞설 가장 큰 반론을 포기하는 셈이다. (§3.9, §3.10의 더 깊은 논의도 참고하기 바란다.)

$\mathcal{C}$에 필요한, '컴퓨팅을 초월한' 무언가라는 개념에 대해 짚어두어야 할 점이 하나 더 있다. 이 말은 단지 '현실적인' 컴퓨팅을 초월한 무언가가 있다는 뜻이 아니다. 한편으로 다음과 같은 주장도 나올 수 있다. 즉, 환경에 대한 시뮬레

이션이나 두뇌 안에서 일어나는 모든 물리적·화학적 과정에 대한 정확한 재현이 원리상으로는 모두 컴퓨팅적이지만, 시간이 너무 오래 걸린다든가 기억 공간을 너무 많이 쓴다든가 하여, 현존하거나 예견 가능한 그 어떤 컴퓨터로도 도저히 그런 컴퓨팅을 실행해낼 수가 없으리라는 주장이 나올 수 있다. 어쩌면 고려해야 할 갖가지 요소들이 어마어마하게 많은 탓에 애당초 합당한 컴퓨터 프로그램을 작성하려는 시도조차 무리일지도 모른다. 그런 가능성도 마땅히 생각해볼 수는 있겠지만, (§2.6과 **Q8**, §3.5에서는 그런 가능성을 다룬다) 여기서 내가 말한, *𝒞*에 필요한 '컴퓨팅 불가능'은 그런 뜻이 아니다. 내가 한 말은 원리상으로 컴퓨팅을 초월한 무언가를 의미하는 것인데, 어떤 관점에서 나온 말인지는 곧 설명하겠다. 현존하거나 예견 가능한 컴퓨터 내지 컴퓨팅 기법을 뛰어넘은 컴퓨팅이라 해도 기술적인 의미로 보자면 여전히 '컴퓨팅'일 뿐이다.

다음과 같이 묻는 독자도 있을지 모른다. 무작위성이나 환경의 영향, 또는 도저히 다룰 수 없는 복잡성이라 하더라도 그 속에 '비컴퓨팅적'이라 여길 만한 요소가 조금도 없다면, 이 용어를 사용할 때 — 관점 *𝒞*에 요구되는 의미로 — 는 도대체 무엇을 떠올려야 그 의미를 짐작해볼 수 있을까? 내 마음에 떠오르는 것은 컴퓨팅을 초월했다고 충명될 수 있는 특정 유형의 정밀한 수학적 활동이다. 우리가 아는 바로는 아직까지 물리적 행동을 기술하는 데 그와 같은 수학적 활동이 필요하지는 않다. 그렇기는 하지만 논리상 가능성은 분명히 있으며, 더구나 그저 논리상의 가능성에만 그치지는 않는다. 이 책에서 펴는 주장에 따르면, 우리가 아는 물리학 안에서는 아직 마주친 일이 없으나 이런 일반적 성질을 지닌 무언가가 물리 법칙 안에 반드시 자리 잡고 있다. 마침 그런 유형의 수학적 활동 가운데 놀랍도록 간단한 예도 몇 가지 있는데, 이런 활동들을 예로 들어 내가 염두에 둔 바를 설명하면 알맞을 것이다.

우선, 잘 정의할 수 있으면서도 컴퓨팅적 일반해가 없는 — 곧 설명하고자 하는 의미에서 — 수학적 문제들이 모여 이루는 류(類, class)에 대한 몇몇 사례를 기술해두어야겠다. 이런 문제류를 바탕으로 어떤 물리적 우주에 대한 '장난 감 모델'을 구성한다면, 완전히 결정론적이면서도 실제로 컴퓨터 시뮬레이션 이 불가능한 활동이 일어나는 물리적 우주를 이끌어낼 수 있다.

처음으로 살펴볼 사례는 그런 문제류 전체를 통틀어 가장 유명한 문제이 다. 이 문제는 '힐베르트의 열 번째 문제'로 불리며, 독일의 위대한 수학자 다비 드 힐베르트(David Hilbert)가 1900년에 제기했다. 당시에 힐베르트는 풀리지 않은 수학계의 난제 열 가지를 골라 발표했는데, 이 문제들은 그 뒤로 20세기 초반의 (그리고 후반까지도) 수학 발전에 큰 밑거름이 되었으며, 지금 살펴보 려는 문제도 그 열 가지 난제 가운데 하나다. 힐베르트의 열 번째 문제란, 임의 의 디오판토스 연립방정식이 주어졌을 때 해당 방정식들을 모두 만족하는 해 가 존재하는지 여부를 알아낼 컴퓨팅적 절차를 찾는 것이다.

디오판토스 방정식이란 무엇인가? 다항 연립방정식으로서, 변수의 개수에 는 제한이 없으며 각 항의 계수와 해는 모두 정수여야 한다. (정수란 그저 소수 점 아랫부분이 없는 수를 가리키며, 예컨대 $\cdots, -3, -2, -1, 0, 1, 2, 3, 4, \cdots$ 처럼 늘어놓을 수 있다. 디오판토스 방정식을 처음 체계적으로 연구한 사람은 서기 3세기 무렵에 살았던 그리스의 수학자 디오판토스다.) 디오판토스 연립방정식 의 예를 하나 들어보면 다음과 같다.

$$6w + 2x^2 - y^3 = 0, \ 5xy - z^2 + 6 = 0, \ w^2 - w + 2x - y + z - 4 = 0.$$

그리고 다른 예를 하나 더 들어보면 이렇다.

$$6w + 2x^2 - y^3 = 0, \ 5xy - z^2 + 6 = 0, \ w^2 - w + 2x - y + z - 3 = 0.$$

다음의 해는 앞의 첫 번째 연립방정식을 만족한다.

$$w = 1, \ x = 1, \ y = 2, \ z = 4.$$

반면 두 번째 연립방정식을 만족하는 해는 없다. (왜냐하면, 해당 연립방정식 가운데 첫 번째 방정식에 따르면 y는 짝수여야 하고, 그 점을 염두에 둔 채 두 번째 방정식을 살펴보면 z도 짝수여야 하나, 이는 세 번째 방정식과 모순되기 때문이다. w의 값이 무엇이든 $w^2 - w$는 짝수이나, 3은 홀수이기 때문이다.) 힐베르트가 제기한 문제는 디오판토스 연립방정식 가운데 방금 들었던 첫 번째 예처럼 해가 있는 경우와 두 번째 예처럼 해가 없는 경우를 가려낼 수학적 절차 — 또는 알고리듬 — 를 찾으라는 내용이었다. 알고리듬이란 그저 컴퓨팅적 절차 — 어떤 튜링 기계의 활동 — 에 지나지 않음을 상기해보자(§1.5 참고). 따라서 힐베르트의 열 번째 문제는 어떤 경우에 디오판토스 연립방정식을 풀 수 있는지를 알아낼 컴퓨팅적 절차를 묻는 셈이다.

힐베르트의 열 번째 문제는 역사적으로 무척 중요하다. 왜냐하면 힐베르트는 이 문제를 제기함으로써 그 전까지는 아무도 손대지 않았던 사안을 다루었기 때문이다. 어떤 문제류에 대해 알고리듬적 해가 있다는 말이 엄밀한 수학적 용어로는 과연 무슨 의미일까? 정확히 알고리듬이란 무엇일까? 바로 이 의문에서 출발하여, 앨런 튜링은 스스로 고안한 튜링 기계를 바탕으로 알고리듬이 무엇인지에 대한 자기 나름의 정의를 1936년에 내놓았다. 다른 수학자들(처치, 클린, 괴델, 포스트(Post) 등. 갠디(Gandy)의 1988년 문헌 참고)도 튜링의 것과 약간 달라 보이는 여러 절차를 거의 비슷한 시기에 내놓았는데, 곧 그 모두가 서로 등가임이 (튜링과 처치에 의해) 증명되었다. 하지만 알고 보니 튜링의 방법이 가장 유력했다. (튜링은 모든 알고리듬 활동을 자체적으로 수행하는 특별한 만능 알고리듬 기계 — 이른바 보편(universal) 튜링 기계 — 의 제작법이라는 아이디어를 혼자서 이끌어냈던 것이다. 지금 우리에게 아주 친숙한 범용(general-purpose) 컴퓨터도 바로 그 아이디어로부터 나왔다.) 튜링은 알고리듬에 따른 해가 없는 어떤 문제류들(특히 곧 설명할 '정지 문제')이 존재함을 보이는 데에는 성공했다. 하지만 힐베르트의 열 번째 문제 자체는 1970년 이전까지는 풀리지 않은 채로 남아 있었다. 그러다가 그 해에 러시아의 수학자 유리 마티야세비치(Yuri Matiyasevich)가 임의의 디오판토스 연립방정식에 대해 해의 존재 여부를 물었을 때 체계적으로 있다/없다를 결정해줄 컴퓨터 프로그램(알고리듬)은 존재할 수 없음을 비로소 밝혀냈다. 그에 앞서 미국의 줄리아 로빈슨(Julia Robinson), 마틴 데이비스(Martin Davis), 힐러리 퍼트넘(Hilary Putnam)이 제기했던 몇 가지 주장을 완결 짓는 증명을 그가 마침내 내놓았던 것이다. (데이비스의 1978년 문헌, 데블린(Devlin)의 1988년 문헌을 참고하자. 6장에 이 이야기를 알기 쉽게 설명해두었다.) 존재 여부에 관한 대답이 '있다'일 경우, 원리상으로 해당 컴퓨터 프로그램은 아무 생각 없이 모든 정수 조합을 차례차례 대입해보기만 하면 그 사실을 알아낼 수 있다. 반면 대답이 '없다'일 때에는, 어떤 수를 써 보더라도 도저히 체계적으로 다룰 방법이 없다. 자신 있게 '없다'고 답하는 데 필요한 갖가지 규칙 — 앞에서 짝수와 홀수를 활용하여 두 번째 연립방정식에는 해가 없다고 주장했듯 — 을 내놓을 수는 있지만, 마티야세비치의 정리에 따르면 그런 규칙에는 반드시 허점이 있음이 드러났다.

　잘 정의할 수 있으면서 알고리듬에 따른 해가 없는 수학 문제류의 또 다른 예는 타일 깔기 문제(tiling problem)다. 이 문제는 다음과 같이 표현할 수 있다. 임의의 다각형 도형의 집합이 주어졌을 때, 그 다각형들을 가지고 평면을 메울 수 있을지 알아내라. 달리 말하면, 주어진 해당 도형들만 활용하여 비거나 겹치는 곳 없이 유클리드 평면 전체를 덮을 수 있는가? 이 문제는 1966년에 미국의 수학자 로버트 버거(Robert Berger)가 컴퓨팅적으로 풀어낼 수 없음을 (사실상) 보인 바 있다. 버거는 중국계 미국인 수학자 하오 왕(Hao Wang)이 1961년에 먼저 내놓은 어떤 연구 성과를 확장하고 그 토대 위에서 스스로의 주장을 폈다(그륀바움(Grünbaum)과 셰퍼드(Shepard)의 1987년 문헌 참고). 사실 이렇게 문제를 진술하면서도 좀 곤란한 구석이 있다. 일반적인 다각형 타일을 규정하려면 어딘가에는 (소수점 아래가 끝없이 이어지는 수로 정의되는) 실수를

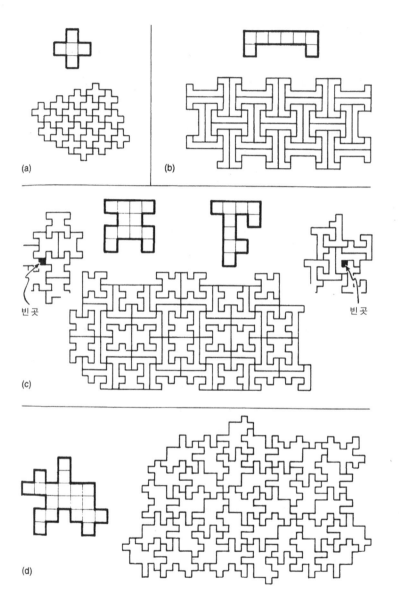

그림 1.2 끝없는 유클리드 평면을 메울, 폴리오미노로 이루어진 다양한 집합. (서로 거울상 관계인 타일은 허용했음.) 하지만 집합 (c)의 경우, 두 폴리오미노 모두 어느 하나만으로는 평면을 메우지 못한다(두 폴리오미노를 함께 사용해야만 평면을 메운다는 뜻-옮긴이).

써야 하게 마련이나, 보통의 알고리듬은 정수로 작동하기 때문이다. 이 곤란함은 정사각형 여러 개를 모서리끼리 이어 붙여 만든 타일만 생각하기로 하면 떨쳐낼 수 있다. 그런 타일을 가리켜 폴리오미노(polyomino)라고 부른다(골롬(Golomb)의 1965년 문헌, 가드너(Gardner)의 1965년 문헌 가운데 13장, 클라너(Klarner)의 1981년 문헌 참고). 폴리오미노의 몇 가지 예가 **그림 1.2**에 나와 있다. (타일 집합의 다른 예를 보려면 ENM 133~137쪽(국내판 223~228쪽), 그림 4.6~4.12를 참고) 한 가지 특이한 점은, 타일 깔기 문제를 컴퓨팅적으로 풀 수 없다는 성질은 비주기적 집합 — 이 집합은 오직 비주기적으로만(즉, 패턴을 완성한 뒤에 살펴보면 결코 동일한 패턴이 거듭 나타나지 않으며, 아무리 멀리까지 확장하더라도 마찬가지로 동일한 패턴이 다시 나타나지 않는 방식으로) 평면을 채운다 — 이라고 불리는 특정한 폴리오미노 집합들의 존재 여부에 달려 있다는 것이다. **그림 1.3**에서는 폴리오미노 세 개로 이루어진 비주기적 집합을 보여준다(1977년에 로버트 암만(Robert Ammann)이 발견한 타일 집합을 바탕 삼아 구성한 것이다. 그륀바움과 셰퍼드의 1987년 문헌에서 555~6쪽에 실린 그림 10.4.11~10.4.13 참고).

힐베르트의 열 번째 문제와 타일 깔기 문제를 컴퓨팅적 수단으로 풀어낼 수 없다는 점에 대한 수학적 증명은 까다롭기에, 여기서 그 논의를 다루어 볼 생각은 전혀 없다.[13] 사실상 그 두 논의의 핵심은 임의의 튜링 기계 활동을 디오판토스 문제나 타일 깔기 문제로 어떻게 부호화할 수 있는지를 보이는 것이다. 그렇게 생각하면 이 사안은 튜링의 원래 논의에서 그가 실제로 고심했던 바, 곧 정지 문제 — 튜링 기계 활동이 영원히 멈추지 않는지를 알아내는 문제 — 의 컴퓨팅적 불가해성과 똑같은 이야기가 된다. §2.3에서는 영원히 멈추지 않는 갖가지 명백한 컴퓨팅 사례들을 들어 보이겠고, §2.5에서는 다양한 여러 사안 가운데 무엇보다 정지 문제가 정말로 컴퓨팅적으로 불가해함을 보일 비교적 단순한 논의를 (근본적으로 튜링의 원래 논의를 바탕 삼아) 다루겠다. (이 논

그림 1.3 평면을 메울, 세 폴리오미노로 이루어진 집합. 그러나 결코 같은 모양이 거듭 나타나지는 않는다 (로버트 암만이 제시한 집합에서 얻은 결과).

의를 통해 실제로 밝혀질 '다양한 여러 사안'의 의미가 1부의 전체 논의에서 핵심이 될 것이다!)

어떻게 하면 디오판토스 연립방정식이나 타일 깔기 문제 같은 그런 문제류를 이용하여 결정론적이지만 비컴퓨팅적인 장난감 우주를 구성할 수 있을까? 우리가 만들어낼 모델 우주에서는 시간이 이산적이어서, 시간 매개변수를 0, 1, 2, 3, 4, …와 같이 자연수(음이 아닌 정수)(수론에서는 보통 '0'을 자연수로 치지 않는 반면 집합론 쪽에서는 대개 0을 자연수라 여기곤 한다는데, 이 책은 0을 자연수로 다루는 쪽이다–옮긴이)로 나타낼 수 있다고 생각해보자. 시간이 n일 때, 고려 대상인 문제류 가운데 하나 — 이를테면 폴리오미노로 이루어진 여러 집합 중 하나 — 를 가지고 이 우주의 상태를 규정하기로 한다. 시간 n에서 이 우주를 대표하는 폴리오미노 집합이 주어졌다 할 때, 시간 $n+1$에서는 여러 폴리오미노 집합 가운데 어떤 것이 이 우주의 상태를 대표할지에 대해 잘 정의한 규칙이 두 가지 있는데, 시간 n의 폴리오미노 집합으로 평면을 메울 수 있다면 첫 번째 규칙을 적용하고, 메울 수 없다면 두 번째 규칙을 적용한다. 그런 규칙들의 구체적 내용은 딱히 중요하지 않다. 한 가지 가능성을 이야기해보면, 만들어낼 수 있는 폴리오미노 집합을 모두 모아 $S_0, S_1, S_2, S_3, S_4, S_5,$ …와 같이 목록을 만들되, 정사각형의 총 개수가 짝수인 집합에는 $S_0, S_2, S_4, S_6,$ …처럼 짝수 첨자를 붙이고, 정사각형의 총 개수가 홀수인 집합에는 $S_1, S_3, S_5, S_7,$ …처럼 홀수 첨자를 붙이도록 할 수 있다. (어떤 컴퓨팅적 절차에 따라 처리하면 이 정도는 그리 어렵지 않게 해낼 수 있다.) 그러고 나면 우리 장난감 모델 우주의 '동적 진화'는 다음과 같이 주어진다.

시간 t에서의 우주 상태 S_n은 폴리오미노 집합 S_n이 평면을 메우면 시간 $t+1$에 S_{n+1}로 나아가고 집합 S_n이 평면을 메우지 못하면 S_{n+2}로 나아간다.

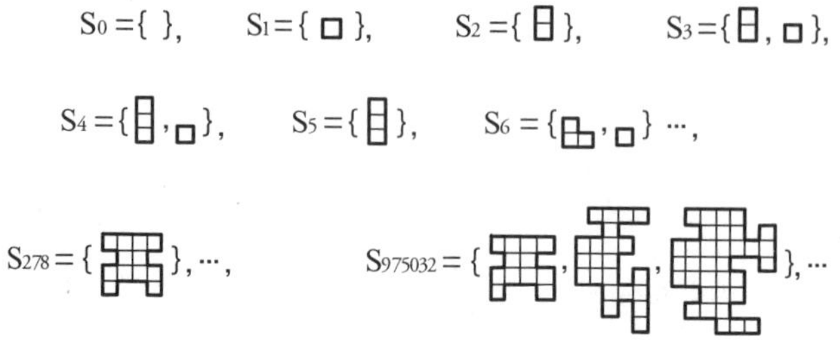

$$S_0 = \{\ \}, \qquad S_1 = \{\ \square\ \}, \qquad S_2 = \{\ \boxminus\ \}, \qquad S_3 = \{\ \boxminus, \square\ \},$$

$$S_4 = \{\ \boxminus, \square\ \}, \qquad S_5 = \{\ \boxminus\ \}, \qquad S_6 = \{\ \text{⬚}, \square\ \}\ \cdots,$$

$$S_{278} = \{\ \text{⬚}\ \},\ \cdots, \qquad\qquad S_{975032} = \{\ \text{⬚}, \text{⬚}, \text{⬚}\ \},\ \cdots$$

그림 1.4 컴퓨팅 불가능한 장난감 모델 우주. 결정론적이지만 컴퓨팅 불가능한 이 장난감 우주의 다양한 상태는 만들어낼 수 있는 유한개의 폴리오미노 집합을 바탕으로 주어지며, S_n으로 표시하는 이들 집합은 정사각형의 총 개수가 짝수일 때는 n도 짝수이고 정사각형이 홀수 개일 때는 n도 홀수이도록 번호를 매겼다. 시간에 따른 진화는 수의 순서(S_0, S_2, S_3, S_4, $\cdots$, S_{278}, S_{280}, $\cdots$)에 따라 나아가나, 직전의 집합이 평면을 메우지 못하면 수를 하나씩 건너뛴다.

이와 같은 우주는 완전히 결정론적으로 행동하지만, 어떤 때에 폴리오미노 집합 S_n이 평면을 메우는지 알아낼 일반적인 컴퓨팅적 절차가 없으므로 (이는 정사각형의 총 개수가 짝수 또는 홀수로 고정되어 있어도 마찬가지로 성립한다) 실제 전개를 컴퓨터로 시뮬레이션해낼 수는 없다(**그림 1.4** 참고).

물론 이런 유형의 기법을 마치 우리가 살고 있는 실제 우주를 모델링하는 듯이 심각하게 받아들일 일은 아니다. 여기서 이 내용을 다룬 (ENM 170쪽(국내판 274쪽)에서와 마찬가지로) 까닭은, 잘 알려져 있지는 않지만, 결정론적 성질과 컴퓨팅 가능성은 엄연히 서로 다르다는 사실을 보여주고 싶었기 때문이다. 결론적으로, 완전히 결정론적 우주 모델인 데다 명백한 진화의 규칙까지 갖추었는데도 컴퓨터로 시뮬레이션하기는 불가능한 경우가 있다. §7.9에서 짚어보겠으나, 사실 방금 살펴본 이 유형의 모델들은 알고 보면 관점 $\mathscr{C}$를 뒷받침하기에 실제로 충분하지는 않다. 그러나 §7.10에서는 정말로 필요한 것을 충족시킬 흥미진진한 어떤 물리적 가능성들이 실제로 있음을 살펴볼 것이다!

1.10 미래는 어떻게 되는가?

관점 $\mathcal{A}$, $\mathcal{B}$, $\mathcal{C}$, $\mathcal{D}$에 비추어 볼 때 우리가 살고 있는 이 행성의 미래는 어떤 모습일까? $\mathcal{A}$에 따르면, 적절한 프로그램을 탑재한 슈퍼컴퓨터가 인간의 모든 정신적 역량을 갖추는 단계가 언젠가 도래하며 나아가 곧 그 이상의 단계로 질주하게 된다. 물론 $\mathcal{A}$를 고수하는 이들도 각양각색이므로 이런 일이 벌어지기까지 얼마나 걸릴지에 대한 견해는 무척 다양할 수 있다. 컴퓨터가 우리 인간의 수준에 이르려면 몇백 년은 걸릴 것이라고 여기는 사람들도 있다. 그도 그럴 것이, 우리의 활동은 의심할 여지없이 미묘하고, (그들의 주장에 따르면) 이 미묘함 — 이해 가능한 '인식'이 생겨나는 데 필요한 미묘함 — 의 바탕에는 두뇌가 실제로 수행하는 컴퓨팅이 자리 잡고 있긴 하지만 그 메커니즘에 대한 이해가 현재로서는 굉장히 빈약하기 때문이다. 한편 훨씬 더 짧은 기간을 주장하는 이들도 있다. 특히 한스 모라벡은 2030년 무렵이면 '인간과 대등한' 수준에 이르리라는 입장인데, 이를 뒷받침하고자 자신의 책 『마음의 아이들(Mind Children)』(1988년)에서 나름 조리 정연한 주장을 편다. 지난 반세기 동안 컴퓨터 기술의 발달 속도가 점점 더 빨라져 왔다는 점과 더불어 두뇌의 활동 가운데 그가 고려 대상으로 삼은 일부는 이미 시뮬레이션에 성공했다는 점을 근거로 삼은 주장이다. (그보다도 훨씬 더 짧은 기간을 — 심지어 인간과 대등한 수준에 이르리라고 예측한 날짜가 벌써 지나버린 경우도 이따금 있다고! — 주장하는 이들도 있었다.[14] 컴퓨터가 인간을 넘어서기까지 (가령) 40년도 채 남지 않았다는 전망을 접하고서 행여 독자가 낙담할까봐 선심이라도 쓰듯 희망도 하나 던져준다. 무슨 말이냐면, 우리가 스스로 선택한 로봇의 반짝이는 금속제(또는 플라스틱제) 몸 안으로 우리의 '마음 프로그램'을 옮겨 넣을 수 있으며, 그리하여 우리는 제 손으로 일종의 영생을 얻게 되리라고 야심차게 전망하니 말이다(모라벡의 1988년, 1994년 문헌).

하지만 관점 $\mathscr{B}$를 따르는 이들에게는 그런 낙관론이 통하지 않는다. 컴퓨터가 종국적으로 외견상 어디까지 발달할 수 있을지에 대해서는 이들의 입장도 $\mathscr{A}$와 다르지 않다. 필요한 것은 시뮬레이션뿐이므로, 인간 두뇌 활동에 대한 적절한 시뮬레이션은 그 자체만으로 로봇의 제어에 활용할 수 있다(**그림 1.5**). $\mathscr{B}$에 따르면, 로봇이 보여주는 행동을 지배하는 이러한 시뮬레이션이 가능하다고 하더라도, 그것은 의식적 인식이 로봇에게 존재하는지 여부와는 아무 관련이 없다. 어쨌거나 그와 같은 시뮬레이션이 기술적으로 가능해지기까지는 몇 백 년이 걸릴 수도 있고, 또는 40년이 채 걸리지 않을 수도 있다. 그러나 $\mathscr{B}$에 따르면 언젠가는 그런 날이 오게 마련이다. 그때에는 그와 같은 컴퓨터가 '인간과 대등한' 수준에 이르렀을 테고, 뒤이어 그에 견주어 보잘 것 없는 두뇌를 지닌 우리가 이를 수 있는 한계 너머로 질주하게 될 것이다. 그리고 보면 컴퓨터가 제어하는 로봇 무리에 우리가 '합류'할 여지란 없으며, 결국 이 행성은 의식 없는 기계들이 다스리게 되리라는 전망을 체념하고 받아들여야 할 듯하다! 내가 보기에 $\mathscr{A}$, $\mathscr{B}$, $\mathscr{C}$, $\mathscr{D}$ 전체를 통틀어 우리 행성의 미래를 가장 비관

 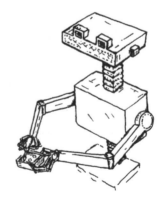

그림 1.5 관점 $\mathscr{B}$에 따르면 의식을 지닌 인간 두뇌의 활동에 대한 컴퓨터 시뮬레이션은 원리상으로 가능하다. 따라서 컴퓨터가 제어하는 로봇은 결국 인간의 모든 역량을 따라잡을 수 있으며, 그 후로는 엄청나게 인간을 앞질러 나갈 것이다.

적으로 바라보는 입장은 바로 $\mathscr{B}$인 듯하다. $\mathscr{B}$에 따르면 '상식적인' 결론인 듯 보이지만!

한편 $\mathscr{C}$나 $\mathscr{D}$에 따르면, 속도와 용량, 논리적 설계라는 면에서 제아무리 진보하더라도 컴퓨터는 언제까지나 우리 발아래에 머무르리라고(또는 그럴 수밖에 없으리라고) 본다. 하지만 관점 $\mathscr{C}$의 경우, 미래에 과학이 발달하여 실제 지능과 인식에 이를 수 있는 장치 — 이 장치의 토대는 오늘날의 컴퓨터가 아니라 의식적 사고 과정의 밑바탕에 틀림없이 있으리라고 $\mathscr{C}$에서 주장하는 비컴퓨팅적인 물리적 활동이다 — 를 구성하는 쪽으로 나아갈 가능성이 열려 있다. 어쩌면 지금 우리가 알고 있는 '컴퓨터'보다는 바로 이런 장치가 결국 인간의 모든 역량을 뛰어넘어 그 이상의 단계로 나아갈지 모른다. 가능성이야 있겠지만, 기술적 노하우 결핍은 제쳐두더라도 먼저 갖추어야 할 과학적 이해조차 거의 전무하니, 현재 시점에서 그런 짐작은 지극히 성급해 보인다. 이 사안은 2부에서 다시 한번 다루겠다(§8.1 참고).

1.11 컴퓨터는 권리나 책임을 지닐 수 있는가?

위의 논의와 관련된 한 사안 — 어느 정도 시급하고 실제적인 관련성이 있을 법한 사안 — 이 법률 이론가들의 주의를 끌기 시작했다.[15] 그리 멀지 않은 미래에 과연 컴퓨터도 법률적 책임이나 권리의 주체가 될 수 있느냐는 문제가 바로 그것이다. 확실히, 컴퓨터가 순조롭게 발달하여 삶의 여러 측면에서 인간 수준에 가까운 전문성을 갖추거나 또는 심지어 앞질러 나간다면, 이런 유형의 물음이 정말로 문젯거리가 될 것이다. 만약 관점 $\mathscr{A}$를 믿는다면, 분명히 결국 컴퓨터(또는 컴퓨터가 제어하는 로봇)는 권리와 책임을 둘 다 지니게 됨을 인정하는 방향으로 나아갈 수밖에 없을 것이다. 그 관점에 따르면 우리 자신과 충분히 진보한 로봇 사이에는 본질적으로 아무런 차이 — 물질적 구성이 서로 다르다는 '우연' 말고는 — 가 없기 때문이다. 하지만 관점 $\mathscr{B}$를 고수하는 사람들은 이 사안이 조금 모호하다고 느낄 것이다. 권리나 책임을 이야기하려면 진정한 정신적 자질 — 이를테면 고통, 분노, 복수심, 악의, 신념, 신뢰, 의도, 믿음, 이해, 열정 따위 — 을 갖추었는가 하는 점을 살펴보아야 한다고 주장하는 이도 있음직하다. $\mathscr{B}$에 따르면 컴퓨터가 제어하는 로봇에게는 이런 자질이 전혀 없고, 그러므로 로봇은 권리도 책임도 지닐 수 없어야 할 것이다. 그러나 $\mathscr{B}$에 따르면 이런 자질들이 결여되었음을 알아낼 유효한 방법은 존재하지 않는다. 따라서 로봇이 인간의 행동을 충분히 비슷하게 흉내 내는 수준에 이른다면, 이 상황을 어떻게 받아들여야 할지 적잖이 난처해진다.

관점 $\mathscr{C}$를 받아들이면 (그리고 짐작하기로는 관점 $\mathscr{D}$를 받아들여도 역시) 이러한 진퇴양난을 제거할 수 있는 듯하다. 왜냐하면 이 두 관점에 따를 경우, 컴퓨터는 정신적 자질의 외적 징후를 설득력 있게 보여줄 수 없기 — 그런 자질을 실제로 갖추지 못함은 물론이고 — 때문이다. 따라서 컴퓨터는 권리를 지닐 수 없고 마찬가지로 책임도 지닐 수 없다는 결론에 이른다. 내가 보기에 이 관점은 기꺼이 받아들여도 좋을 만큼 무척 합리적이다. 이 책에서는 실제로 $\mathscr{A}$와 $\mathscr{B}$에 모두 강하게 반론을 펴고자 한다. 내가 주장하는 바를 받아들이면 법률적 지위 문제는 확실히 간단해진다. 즉, 컴퓨터나 컴퓨터가 제어하는 로봇은 결코 권리나 책임의 주체가 되지 못한다. 더 나아가, 일이 잘못되더라도 그들에게는 아무런 잘못이 없다. 잘못은 늘 다른 곳에 있게 마련이므로!

다만 확실히 해두어야 할 점이 있다. 무엇이냐면, 앞에서 다루었듯 언젠가 비컴퓨팅적 물리학을 이용할 능력을 갖출지 모르는 가상의 '장치'에는 이런 논의들이 꼭 통하지는 않는다는 것이다. 하지만 그런 장치에 대한 전망은 — 비록 그런 장치가 구성될 수 있다 하더라도 — 아직 지평선 위로 올라오지도 않았으니, 이와 관련하여 가까운 미래에 법률적 문제와 맞닥뜨리게 될 일은 없다.

'책임'이라는 사안은 우리 행동의 궁극 원인에 관한 심오한 철학적 의문을 불러일으킨다. 우리의 활동 하나하나가 결국 유전으로 물려받은 바와 우리 주위의 환경 — 아니면 줄곧 우리 삶에 영향을 주는 갖가지 우연적 요소 — 에 따라 정해진다는 주장은 나름 충분히 타당하다. 이런 영향들 모두를 '우리가 통제할 수는' 없으니, 따라서 결국 우리 책임이라고는 할 수 없는 일들도 있지 않을까? '책임'이라는 문제는 그저 편리한 용어 가운데 하나일 뿐일까, 아니면 우리의 활동에 통제력을 행사하는 다른 무언가 — 그런 영향을 모두 초월한 '자아' — 가 실제로 있을까? 법률적 사안으로서의 '책임'은 우리 개개인 안에 정말로 고유한 책임 — 그리고 암묵적으로 권리 — 을 지닌 일종의 독립적인 '자아'가 있고 그 자아의 활동을 유전이나 환경, 우연의 탓으로 돌릴 수는 없음을 시사하는 듯하다. 그런 독립적 '자아'가 마치 존재한다는 듯 우리가 이야기하는 까닭이 그저 언어적 편리성 때문만은 아니라면, 현재 우리가 지닌 물리적 이해에는 어떤 구성 요소가 빠져 있음에 틀림없다. 그와 같은 구성 요소를 발견해낸다면 우리의 과학적 세계관도 완전히 달라질 것이다.

이 책에서 이런 심오한 사안들에 대해 답을 얻지는 못하겠지만, 그것에 이르는 문을 실낱만큼이나마 열어주기는 하리라고 나는 믿는다. 비록 딱 거기까지일 뿐이라도 말이다. 이 책은 외부의 원인 탓이라고 할 수 없는 '자아'가 꼭 있어야 한다고 말하는 것이 아니라, '원인'의 본질이 무엇인지에 관한 우리의 시야를 넓히라고 말할 것이다. '원인'이란 실제로나 원리상으로 컴퓨팅해낼 수 없는 어떤 것일 수 있다. 어떤 '원인'이 우리 의식적 활동의 결과라고 한다면, 그것은 분명 아주 미묘할 뿐 아니라 확실히 컴퓨팅을 넘어서고 카오스를 넘어서며 순수하게 무작위적인 영향들까지도 넘어선 것이 틀림없다고 나는 주장한다. 물론 '원인'을 그런 개념으로 바라봄으로써 인간의 자유 의지라는 심오한 사안

(아니면 '환상'?)을 이해하는 쪽으로 우리가 조금이라도 더 가까이 다가갈 수 있을지는 장래 그때가 되어 봐야 알 수 있지만 말이다.

1.12 '인식', '이해', '의식', '지능'

지금까지의 논의에서는 '마음'이라는 사안에 얽힌 까다로운 여러 개념을 정확히 규정하려고 시도하지 않았다. §1.3에서 $\mathscr{A}$, $\mathscr{B}$, $\mathscr{C}$, $\mathscr{D}$를 정의하며 '인식'을 좀 모호하게 언급한 바는 있으나, 그때에도 마음과 관련된 그 밖의 다양한 자질에 대한 이야기는 꺼내지 않았다. 이쯤에서 적어도 용어의 뜻을 명확하게 정의할 시도는 해야 할 테니, 특히 이 책에서 다룰 논의에 중요한 역할을 할 '이해'라든가 '의식', '지능' 같은 용어를 살펴보도록 하자.

빈틈없는 정의를 꾀한다 해서 꼭 유용하리라고는 믿지 않으나, 내 자신의 용어 사용에 대한 몇 가지 의견이 필요하리라고 본다. 나로서는 이런 낱말들의 쓰임새가 자명한 듯 보이지만, 때때로 다른 이들이 자연스럽다고 여기는 쓰임새와 들어맞지 않아 당황스러울 때도 종종 있다. 예를 들어, 내가 '이해'라는 용어를 사용할 때에는 이 활동을 제대로 수행하려면 인식이라는 어떤 요소가 반드시 필요하다는 암묵적 전제가 있다. 어떤 주장이 있을 때, 그 내용을 어떻게든 인식하지 않은 채로는 도저히 해당 주장을 결코 제대로 이해할 수 없기 때문이다. 어떤 맥락 하에서는 AI를 지지하는 이들이 '이해'와 '인식'이라는 용어를 그런 전제와 어긋나게 쓰는 듯할 때도 있지만, 적어도 나는 이 용어를 쓸 때 예외란 있을 수 없다고 본다. AI($\mathscr{A}$ 또는 $\mathscr{B}$) 지지자 가운데 일부는 컴퓨터로 제어되는 로봇이 자신에게 주어진 지시를 실제로 '인식'한다고 주장할 수는 없을지라도 해당 지시를 '이해'는 한다고 주장한다. 컴퓨터의 작동을 설명하는 휴리스틱(heuristic, 발견적 기법, 경험적 기법이라고도 한다. 알고리듬이 확립되지 않았을 때 사용되는 문제 해결의 한 방법으로서, 문제의 답을 시행착오적인 방법을 사용하여 구하는 것을 말한다-옮긴이)으로서 이런 표현이 꽤 쓸모 있기는 하나, 나로서는 위의 주장은 '이해'라는 낱말을 오용하는 사례라고 본다. '이해'라는 말이 뜻하는 바가 이런 휴리스틱이 아님을 확실히 해두고자 할 때 나는 '진정으로 이해한다' 또는 '진정한 이해'라는 표현을 쓰려 하는데, 이는 해당 활동에 정말로 인식이 필요하다는 뜻이다.

'이해'라는 용어에 대한 이 두 가지 쓰임새를 명백하게 구별할 뾰족한 방법이 없다는 주장도 당연히 나올 수 있다. 만약 두 쓰임새를 구별할 길이 없다고 믿는 이라면, 인식이라는 개념 자체의 정의가 뚜렷하지 않다고 믿는 셈이다. 나도 그 점을 부정하지는 않는다. 하지만 나는 인식이 어떤 실질적인 것이라고 보며, 이것은 실제로 존재하거나 아니면 존재하지 않거나 둘 중 하나라고 본다. 적어도 어느 정도까지는 말이다. 인식이 어떤 실질적인 것이라는 데 동의한다면, 이것이 진정한 이해의 한 부분이어야 한다는 데에도 동의할 수밖에 없다고 보는 편이 자연스러운 듯하다. 설령 그렇게 보더라도 인식이라는 이 '실질적인 것'이 관점 $\mathscr{A}$에 따른 순전히 컴퓨팅적 활동에서 비롯하는 특성이라고 볼수는 물론 있다.

나로서는 '지능'이라는 용어 또한 예외 없이 어떤 이해의 개입 여지가 있을 때에만 사용될 수 있다고 본다. 하지만 이 경우에도 AI 지지자들 가운데 일부는 자신들의 로봇이 아무 것도 실제로 '이해'하지 않으나 '지능'은 있다고 주장할지 모른다. '인공 지능'이라는 용어는 지능적 컴퓨팅 활동이 가능하다고 여기는 입장을 암시하지만, 어떤 사람들은 진정한 이해 — 그리고 물론 인식 — 란 AI의 목표를 벗어난다고 주장한다. 나 자신의 사고방식에 비추어 보더라도, 이해에 바탕을 두지 않은 '지능'이란 부적절한 표현이다. 무언가를 실제로 이해하지 않고서도 진정한 지능을 어느 정도까지 일부나마 비슷하게 시뮬레이션해낼 수 있을지도 모르지만 한계가 있게 마련이다. (실제로 사람의 경우에도 마치 자신이 무언가를 이해하는 듯 한동안 남들을 속여 넘겼지만 결국 알고 보니 실은 조금도 이해하지 못했다는 사례가 간혹 있다!) 진정한 지능(또는 진정한 이해)과 순전히 컴퓨팅적으로 시뮬레이션한 활동은 서로 엄연히 다르다는 점을 나는 나중에 중요하게 다룰 것이다. 나의 용어 사용법에 따르면, 진정한 지능의 바탕에는 반드시 진정한 이해가 자리 잡고 있어야 한다. 따라서 내가 '지능'이라는 용어를 쓴다면 (특히 '진정한'이라는 낱말이 그 앞에 붙어 있을 때에는) 어떤 인식이 실제로 존재한다는 뜻을 내포한다.

내가 보기에는 이런 용어 사용법이 자연스럽다. 그러나 AI를 지지하는 많은 이들[16](분명 관점 𝒜를 지지하지 않는 부류)은 AI라는 이름이 암시하듯 자신들이 인공 '지능'을 구성하려는 것은 사실이나 인공 '인식'을 만들어내려고 하지는 않는다고 강하게 주장할 것이다. 어쩌면 그런 이들은 (관점 ℬ에 따라) 다만 지능에 대한 시뮬레이션 — 실제 이해나 인식이 필요하지 않은 활동 — 을 추구할 뿐, 내가 이야기하는 진정한 지능을 만들어내려 시도하지는 않는다고 단언할 것이다. 아마도 관점 𝒜가 암시하듯 진정한 지능과 시뮬레이션 지능 사이에 아무런 차이가 없다는 주장을 내세움직도 하다. 그러나 나중에 내가 펼 여러 주장에 의하면, '진정한 이해'의 여러 측면들에는 그 어떤 컴퓨팅적 방법으로도 제대로 시뮬레이션하지 못하는 점이 있다. 따라서 진정한 지능과 그것을 컴퓨팅적으로 적절히 시뮬레이션해내려는 시도는 엄연히 다르다.

물론 나는 지금껏 '지능'이나 '이해', '인식'이라는 용어 가운데 어느 하나도 정의하지 않았다. 여기서 빈틈없는 정의를 제시하려 든다면 그보다 어리석은 노릇이 없으리라고 보며, 어느 정도까지는 이들 표현이 실제로 뜻하는 바에 대한 우리의 직관에 기대야 할 것이다. 만일 직관적으로 보아 '이해'라는 개념이 '지능'에 필요하다면, '이해'의 비컴퓨팅적 성질을 뒷받침하는 주장은 '지능'의 비컴퓨팅적 성질도 뒷받침하게 된다. 더 나아가 가령 '인식'이 '이해'에 필요한 요소라면, 인식이라는 현상의 비컴퓨팅적인 물리적 바탕이 '이해'의 비컴퓨팅적 성질을 설명할 수 있을지 모른다. 그러므로 내가 이들 용어를 쓴다면 (그리고 내가 보기엔 일반적인 쓰임새에도) 암묵적으로 다음과 같은 의미가 들어 있다.

(a) '지능'에는 '이해'가 필요하다
(b) '이해'에는 '인식'이 필요하다.

나는 인식을 의식이라는 현상의 한 측면 — 수동적 측면 — 이라고 본다. 의식에는 능동적 측면도 있는데, 자유 의지가 바로 그것이다. 내가 펴려는 주장들은 결국 의식이라는 이 현상을 (관점 $\mathscr{C}$에서 요구되는 것처럼) 과학적이면서도 비컴퓨팅적인 용어로 이해하려는 목표를 지향하겠지만 '의식'이라는 용어 또한 (그리고 물론 '자유 의지'도) 여기서 빈틈없이 정의하려 들지는 않겠다. 아울러 그 목표로 나아가는 길을 내가 꽤 멀리까지 밟아 나갔다고 주장하지도 않을 테며, 다만 이 책에서 (그리고 ENM에서) 내가 제시하는 주장들이 유용한 길잡이 구실을 해주기를 아울러 그보다는 조금 더 나은 역할을 해주기를 바랄 따름이다. 내가 보기에 이 단계에서 '의식'이라는 용어를 너무 엄밀히 정의하려 들면 우리가 파악하고자 하는 개념을 놓치게 되어 버릴 우려가 있다. 따라서 설익고 부적절한 정의를 내놓기보다는 '의식'이라는 용어를 내가 어떻게 사용하는지에 대해 몇 가지 설명만 하고 넘어갈 것이다. 그렇다 보니, 의식이 무엇인지 이해하려면 결국 우리의 직관에 기댈 수밖에 없다.

그렇다고 해서 내가 의식이 실제로 무엇'인지'를 우리가 정말로 '직관적으로 안다'고 여긴다는 뜻은 아니며, 다만 물리적 세계에서 수동적인 역할뿐만 아니라 능동적인 역할도 맡으면서 진정으로 과학적으로 설명 가능한 현상을 의식이라고 파악할 수도 있다는 말일 뿐이다. 이런 개념은 너무 흐릿해서 진지하게 연구할 가치가 없다고 믿는 이들도 있는 듯하다. 하지만 그런 사람들[17]일지라도 마치 정의가 잘 되어 있는 개념이라 여기기라도 하는 듯 '마음'에 대해 논의하는 데는 주저함이 없다. 그런데 '마음'이라는 단어의 일상적인 쓰임새에 비추어 보면 우리가 흔히 '무의식'이라고 말하는 무언가가 존재한다고 볼 수 있다 (그리고 실제로 존재한다). 내가 생각하기에 무의식이라는 개념에는 의식이라는 개념보다 훨씬 더 모호한 데가 있다. 물론 나로서도 '마음'이라는 단어를 적잖이 사용하긴 하지만, 그것에 관해 굳이 정확하게 굴려고 하지는 않는다. 내가 엄밀한 논의를 펼치고자 할 때라도 '마음'의 개념 — '의식'이라는 용어에 이미 담겨 있는 내용은 체쳐두고라도 — 이 핵심적 역할을 하지는 않을 것이다.

그렇다면 내가 말하는 의식이란 무슨 뜻일까? 앞에서 짚어 둔 바와 같이 의식에는 수동적 측면과 능동적 측면이 모두 있으나, 둘 사이의 구별이 언제나 명확한 것은 아니다. 한편으로 생각해보면 붉은색을 지각하는 데에는 확실히 수동적 의식이 필요하며 통증을 느끼거나 멜로디를 감상할 때에도 마찬가지이다. 반면에 잠자리에서 일어날 때와 같이 의지에 따른 활동에는 능동적 의식이 개입하며, 어떤 활동을 열심히 하다가 멈추겠다는 의도적 결정을 내릴 때에도 마찬가지다. 그러나 예전의 기억을 마음속에 떠올리는 데에는 의식의 능동적 측면과 수동적 측면이 모두 작용한다. 미래의 활동을 계획하는 데에도 보통은 능동적 의식과 수동적 의식이 함께 개입하고, '이해'라는 단어가 보통 뜻하는 유형의 정신 활동에도 확실히 어떤 종류의 의식이 필요한 듯하다. 게다가 자는 동안에도 얼마간은 의식이 (수동적으로) 활동할 수 있는데, 가령 어떤 꿈을 꾸고 있을 때가 그렇다. (그리고 우리가 잠에서 깨어나는 순간에도 때때로 의식의 능동적 측면이 활동을 시작한다고 볼 수 있다.)

이렇듯 다양한 갖가지 징후를 의식이라는 개념 단 하나로 모두 포괄하는 데 대해 반론을 펴는 사람들도 있을지 모른다. 이들은 '의식'에는 (그저 '능동적'이고 '수동적'인 차이 정도가 아니라) 서로 매우 다른 여러 개념들이 관련되며, 이들 모든 다양한 정신적 자질들 각각에 별도의 정신적 속성이 결부된다고 주장할지 모른다. 따라서 '의식'과 같이 포괄적인 용어를 그런 자질들 전부에 사용하는 일은 기껏해야 쓸데없는 짓일지 모른다. 그러나 내가 보기에는, 마음의 이 모든 개별적 측면에 중심 구실을 하는 통일된 '의식'이라는 개념이 실제로 존재한다. 나는 의식에 수동적 측면과 능동적 측면이 있고 때로는 그 둘이 서로 구별될 수도 있어서, 수동적 측면은 감각 또는 '콸리어'(qualia, 본질적 속성 또는 자질을 가리키는 말로서, 사전에서는 'quale(콸리)'의 복수형이라고 하나, 이 책의 뒤쪽에서는 이 콸리어의 단수형을 '콸리엄(qualium)'으로 보고 있다. 사전에 나온 '콸리'의 경우 철학 용어로는 보통 '특질'이라고 풀이한다-옮긴이)와 관련이 있는 반면에 능동적 측면은 '자유 의지'와 관련이 있음을 인정하긴 하지만, 그 둘은 결국 동전의 양면일 뿐이라고 본다.

   이 책의 1부에서 나의 주된 관심사는 '이해'라는 정신적 자질을 활용하여 무엇을 달성해낼 수 있는가라는 문제이다. 나는 이 단어가 뜻하는 바를 굳이 정의하려고 들지는 않겠다. 하지만 그 의미가 정말로 분명해져서 이 자질 — 그게 무엇이든 간에 — 이 실제로 §2.5의 주장들을 받아들이는 데 필요한 바로 그 정신 활동의 본질적 요소임을 독자들이 확신할 수 있게 되기를 바란다. 나는 그런 주장에 공감하려면 비컴퓨팅적인 어떤 것이 관련되어야 한다는 점을 밝히고자 한다. 나의 주장은 '지능'이나 '인식', '의식', '마음'에 관한 여러 사안들을 직접적으로 다루지는 않겠지만, 그 논의는 저 단어들의 개념과도 분명 관련이 있을 수밖에 없다. 왜냐하면 앞서 내가 살펴본 '상식적' 용어에 따르더라도 정말이지 인식이란 이해를 이루는 본질적 구성 요소이며 그 이해란 다시 진정한 지능의 일부임이 분명하기 때문이다.

1.13 존 설의 주장

나 자신의 추론을 내놓기 전에 꽤 다른 노선의 주장 — 철학자 존 설(John Searle)이 내놓아 널리 알려진 '중국어 방(Chinese Room)' 논증[18] — 을 간략히 언급하지 않을 수 없다. 대체로 그 주장이 성격과 기본적인 의도 면에서 나의 추론 노선과 무척 다름을 강조하기 위해서다. 설의 주장 또한 '이해'라는 사안과 관련하여, 정교하게 만들어진 적절한 컴퓨터 활동이 그런 정신적 자질을 갖추었다고 말할 수 있는지 여부를 다룬다. 설의 논의를 여기서 자세히 되풀이하지는 않겠으며, 핵심만 아주 간략히 살핀다.

이 논증은 '이해'를 시뮬레이션한다고 주장하는 어떤 컴퓨터 프로그램을 대상으로 한 것이다. 먼저 이 프로그램에게 어떤 이야기를 들려주고 난 뒤에 그 내용에 대해 질문하면 프로그램은 대답을 내놓는데, 단 질문과 대답은 모두 중국어로 한다. 여기서 설은 한 인간을 상정하는데, 이 사람은 중국어를 전혀 모르며, 방금 설명한 컴퓨터 프로그램이 수행할 법한 온갖 컴퓨팅 과정을 이런저런 계수기 조작을 통해서 열심히 수행한다. 보통 우리는 컴퓨터가 해당 컴퓨팅 과정을 수행하여 내놓는 출력은 마치 내용을 이해하고서 내놓은 것인 듯 여긴다. 하지만 정작 이 논증에서 그런 컴퓨팅 과정을 실제로 수행한 인간은 사실 질문의 내용을 조금도 이해했다고 할 수 없다. 이런 점을 들어 설은 이해라는 정신적 자질이 단지 컴퓨팅적인 사안일 수는 없다는 주장을 편다. 실험 대상으로 삼은 (중국어를 이해하지 못하는) 인간은 컴퓨터가 수행하는 컴퓨팅 활동을 고스란히 수행하면서도 이야기 내용을 조금도 이해하지 못하기 때문이다. 다만 설은 이해의 결과로 나온 출력의 시뮬레이션은 가능하다고 보았고, 이런 견해는 관점 *B*와 일치한다. 왜냐하면 인간이 실제로 무언가를 이해할 때 해당 인간의 (내막은 잘 모르겠지만 아무튼 뭔가 하고 있는) 두뇌가 그 이해와 관련하여 수행하는 물리적 활동을 빠짐없이 시뮬레이션하는 컴퓨터라면 그러한 시뮬레이션이 이루어질 수 있음을 존 설은 기꺼이 인정하기 때문이다. 하지만 그는 중국어 방 논증을 통해 시뮬레이션 차체는 실제로 아무런 이해도 '느끼지' 못한다고 주장한다. 따라서 사실은 어떤 컴퓨터 시뮬레이션으로도 진짜 이해가 이루어질 수는 없다.

설의 주장은 (이해의 '시뮬레이션'이 '진짜' 이해와 마찬가지라고 단언하는) $\mathscr{A}$에 대항하여 $\mathscr{B}$를 지지하는 꼴을 띤다($\mathscr{C}$와 $\mathscr{D}$도 똑같이 지지하는 셈이기는 하지만). 이 주장은 이해라는 자질의 수동적, 내향적 또는 주관적 측면을 중시한다. 이 주장은 이해의 적극적, 외향적 또는 객관적 측면을 시뮬레이션해 낼 가능성을 부정하지는 않는다. 실제로 설 스스로 다음과 같은 말을 남기기도 했다. "물론 두뇌는 디지털 컴퓨터이다. 세상의 모든 것이 디지털 컴퓨터이므로 두뇌도 마찬가지다."[19] 이 말에 따르면, 그는 무언가를 '이해'하는 활동을 하는 의식적 두뇌의 작용을 완벽히 시뮬레이션하는 일이 가능하다고 여겼던 셈이다. 정말로 그런 일이 가능하다면, 관점 $\mathscr{B}$에 따라 이 시뮬레이션의 외적 징후는 실제로 의식이 있는 인간의 것과 동일할 터이다. 한편 나로서는 '이해'의 이런 외향적 측면에도 반대하며, 컴퓨터를 써서 이해의 외적 징후를 제대로 시뮬레이션해내는 일조차도 가능하지 않다는 입장이다. 설의 논의가 관점 $\mathscr{C}$를 직접적으로 지지하지는 않으므로 여기서 자세히 다루지는 않겠다(여기서 내 주장의 목적은 $\mathscr{C}$를 지지하려는 것이다). 하지만 중국어 방 논증은 $\mathscr{A}$에 대한 반박으로서 어느 정도 설득력이 있다는 점에서 언급할 가치가 충분하다고 본다. 비록 그 논증이 확실한 결정타라고까지 생각하지는 않지만 말이다. 더 깊은 세부 내용과 다양한 반론을 살펴보고 싶다면, 설의 1980년 문헌, 호프스태터(Hofstadter)와 데닛(Dennett)의 1981년 문헌에 실린 논의를 참고하자. 그리고 데닛의 1990년 문헌과 설의 1992년 문헌도 살펴볼 만하다. 내 자신의 평가는 ENM 17~23쪽(국내판 46~56쪽)에 나와 있다.

1.14 컴퓨팅 모델의 몇 가지 문제점

$\mathscr{C}$가 $\mathscr{A}$ 및 $\mathscr{B}$와 확연히 다른 점들을 살펴보기 전에, 관점 $\mathscr{A}$에 따라 의식이라는 현상을 설명하려 들 때 반드시 맞닥뜨리게 마련인 몇 가지 다른 문제점들을 살펴보도록 하자. $\mathscr{A}$에 따르면, 적절한 알고리듬을 그저 '수행'하거나 실행하기만 해도 인식이 생겨난다고 한다. 하지만 이게 과연 무슨 뜻일까? '실행'이란 해당 알고리듬을 이루는 연속적 조작에 맞추어 물리적 구성 물질을 이리저리 움직여야 한다는 뜻일까? 이런 연속적 조작이 방대한 책 속에 한 줄 한 줄 적혀 있다고 상상해보자.[20] 이 한 줄 한 줄을 적어 넣거나 인쇄하는 행위가 '실행'에 해당할까? 그런 책이 그냥 가만히 존재하기만 하면 충분한 걸까? 책에 적힌 내용을 누군가가 손가락으로 한 줄 한 줄 그저 짚어 내려가기만 한다면 어떨까? 그것을 '실행'이라고 볼 수 있을까? 내용이 점자로 새겨져 있어 그 기호를 손가락으로 더듬는다면 어떨까? 그 책의 내용을 한 쪽씩 차례로 스크린에 비추면 어떨까? 어떤 알고리듬을 이루는 연속적 조작을 그냥 제시하기만 해도 실행에 해당할까? 아니면 해당 알고리듬의 규칙을 바탕으로 각 줄이 그 앞에 나온 내용과 행여 어긋나지는 않는지 누군가가 확인해야만 할까? 그런 행위는 아무 의미가 없다. 왜냐하면 이 확인 과정은 분명 사람의 (의식적) 이해 없이도 이루어질 수 있기 때문이다. 이렇듯 실제로 알고리듬을 실행하는 물리적 활동이란 무엇인가 하는 사안은 지극히 불분명하다. 어쩌면 그런 활동이 애당초 필요하지 않을 수도 있으며, 관점 $\mathscr{A}$에 따르자면 해당 알고리듬이 플라톤적·수학적으로 존재하기만 해도(§1.17 참고) 그에 대한 '인식'이 깃들기에 충분할 것이다.

어떤 경우가 되었든지 간에 설령 $\mathscr{A}$에 의하더라도, 단지 복잡한 알고리듬이기만 하면 어떤 것이나 (주목할 만한) 인식을 생기게 한다는 말은 어불성설일 것이다. 상당한 정도로 인식이 생기게 하려면 먼저 해당 알고리듬이 특유의 어떤 특성, 가령 '고등한 구조'나 '보편성'이나 '자기 참조'나 '알고리듬적 단순성/복잡성'[21] 등의 그런 무언가를 갖추어야 한다고 본다. 뿐만 아니라 알고리듬의 여러 자질 가운데 구체적으로 어느 것들이 우리의 인식을 이루는 갖가지 '퀄리어'를 담당하는가라는 만만찮은 문제도 뒤따른다. 가령 어떤 유형의 컴퓨팅 과정이 '붉은색'이라는 감각을 일깨울까? 어떤 컴퓨팅 과정이 '통증', '달콤함', '조화로움', '자극적인 맛' 등등 온갖 감각을 생기게 할까? $\mathscr{A}$를 지지하는 사람들은 가끔씩 이런 사안을 다루려고 시도하긴 했지만(예를 들어 데닛의 1991년 문헌에서), 아직까지는 그러한 시도들은 나에게 전혀 설득력 있게 다가오지 않았다. 게다가, 간단명료한 알고리듬 제안(가령 지금껏 문헌에 실릴 수 있었던 모든 제안)은 어떤 것이든 현재의 전자식 컴퓨터를 이용하기만 하면 큰 어려움 없이 구현될 수 있다는 문제점을 안고 있다. 이런 알고리듬 제안을 지지하는 이들에 따르면, 그러한 구현으로 인해 해당 알고리듬이 의도한 퀄리어를 (컴퓨터가) 실제로 경험해야 할 것이다. 그러나 관점 $\mathscr{A}$를 확고히 고수하는 이들조차도 그와 같은 컴퓨팅 과정 — AI에 대한 오늘날의 이해 수준에서 현재의 컴퓨터로 작동시킬 수 있는 컴퓨팅이라면 어느 것이든 — 이 상당한 정도의 정신적 활동을 실제로 경험할 수 있다고 진지하게 받아들이기는 어려울 것이다. 따라서 그런 생각을 지지하는 이들은 우리가 주목할 만한 정신적 경험을 할 수 있는 까닭은 우리 두뇌에서 일어나는 컴퓨팅 활동의 엄청난 복잡성 덕분이라는 믿음에 기댈 수밖에 없는 듯하다.

이는 내가 알기에 이제껏 제대로 다루어 본 적이 없는 몇 가지 다른 문젯거리를 불러일으킨다. 우리의 상당한 의식적 정신 활동이 생겨나는 데 필요한 전제 조건이 본질적으로 두뇌의 숱한 뉴런과 시냅스가 서로 연결되어 이룬 네트워크 '배선'의 엄청난 복잡성 때문이라고 믿는 사람이라면, 의식은 인간 두뇌의 모든 부분에서 고르게 나타나는 특성이 아니라는 사실도 어떻게든 인정해야만 한다. 이렇다 할 단서를 달지 않은 채 '두뇌'라는 용어를 쓸 경우 (적어도 비

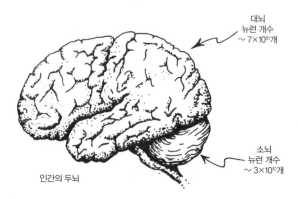

대뇌
뉴런 개수
~ 7×10¹⁰개

소뇌
뉴런 개수
~ 3×10¹⁰개

인간의 두뇌

그림 1.6 소뇌의 뉴런 개수와 뉴런 연결 개수는 대뇌의 경우와 견주어 숫자의 자릿수 면에서 똑같은 수준이다. 단순히 뉴런 개수와 뉴런 사이의 연결을 놓고 보면, 소뇌의 활동이 어째서 완전히 의식이 없는 듯 보이는지 의문이 든다.

전문가라면) 자연스레 꼬불꼬불한 모양의 넓은 바깥쪽 영역을 떠올리게 마련인데, 이곳은 대뇌 피질 — 대뇌 표면의 회색 물질 — 이라 부른다. 대뇌 피질에 있는 뉴런은 대략 1천억(10^{11}) 개이니, 과연 엄청난 복잡성이 생겨날 가능성이 있기는 하다. 그러나 이런 대뇌 피질도 두뇌 전체를 놓고 보면 일부에 지나지 않는다. 뒤편 아래쪽에는 뉴런이 뒤엉켜 덩어리를 이룬 중요한 곳이 하나 더 있는데, 소뇌라고 부른다(**그림 1.6** 참고). 소뇌는 운동을 완전히 제어하는 데 결정적인 역할을 하는 듯하며, 어떤 운동 기술을 ('제2의 천성'이 되어 의식적으로 생각하지 않고도 해낼 수 있을 만큼) 완전히 익히고 나면 소뇌가 활동하기 시작한다. 어떤 새로운 기술을 배웠다면 처음에는 의식적으로 활동을 제어해야 하는데, 이때에는 근본적으로 대뇌 피질이 개입하는 듯하다. 하지만 필요한 움직임이 '반사적으로' 나오는 단계에 이르고 나면, 그 역할은 대부분 소뇌의 무의식적 활동이 담당한다. 소뇌의 활동은 완전히 무의식적으로 일어나는 듯하나, 소뇌를 이루는 뉴런 수는 놀랍게도 대뇌 뉴런 개수의 절반에까지 이른다. 더구나 §1.2에서 언급했던, 세포 하나마다 8만 개까지 시냅스 연결이 뻗어나갈 수 있는 조롱박 세포는 소뇌에서 나타나는 뉴런이므로, 뉴런들 사이의 총 연결 개수를 헤아려본다면 대뇌와 견주어도 소뇌 쪽이 딱히 뒤처지지는 않을 법하다. 따라서 의식이 생겨나는 데 필요한 본질적 전제 조건이 뉴런으로 이루어진 네트워크의 엄청난 복잡성이라고 주장한다면, 어째서 의식이 소뇌의 활동에서는 도무지 나타나지 않는 듯 보이는지를 반드시 물어보아야 마땅하다. (이 사안에 대해서는 나중에 §8.6에서 이야기할 점이 몇 가지 있다.)

여기에서는 관점 $\mathscr{A}$에 대한 문제를 다루었으나, 물론 $\mathscr{B}$와 $\mathscr{C}$도 이와 비슷한 문제를 안고 있다. 어떤 과학적 관점을 취하더라도, 의식이라는 현상의 바탕에 무엇이 있는지, 또 콸리어가 어떻게 생겨나는지를 결국은 고심해야 한다. 2부의 뒷부분에서 나는 관점 $\mathscr{C}$로부터 시작하여 의식이 무엇인지를 이해하고자 시험 삼아 시도해볼 것이다.

1.15 현재의 AI에 깃든 한계를 이유로 $\mathscr{C}$가 옳다고 할 수 있는가?

하지만 왜 $\mathscr{C}$일까? $\mathscr{C}$를 직접 뒷받침한다고 볼 수 있는 증거는 무엇일까? $\mathscr{C}$를 정말 진지하게 $\mathscr{A}$나 $\mathscr{B}$, 심지어 $\mathscr{D}$의 대안으로 볼 수 있을까? 이런 의문에 대답하려면, 의식적인 사고가 작동할 때 우리 자신의 두뇌(또는 마음)가 실제로 무슨 일을 해낼 수 있는지를 반드시 살펴보아야 한다. 이를 통해 나는 우리가 의식적 사고에 기대어 해내는 일이 컴퓨팅적으로 달성할 수 있는 일과는 판이하게 다름을(적어도 그럴 때가 있음을) 독자에게 설득시키고자 한다. $\mathscr{A}$를 고수하는 이들이라면 이런저런 유형의 '컴퓨팅'이야말로 유일한 가능성이라고 주장할 가능성이 높다. 또한 외적 행동의 결과의 측면에서 보자면 $\mathscr{B}$를 고수하는 이들도 마찬가지일 테다. 반면 $\mathscr{D}$를 고수하는 이들은 의식적 활동이란 컴퓨팅을 초월한 무언가라는 *C*의 입장에 기꺼이 공감하겠지만, 어떠한 과학적 관점으로도 의식을 설명할 수 있을 가능성은 완전히 부정할 것이다. 그러므로 *C*를 뒷받침하려면, 어떤 유형의 컴퓨팅도 모두 초월한 정신 활동의 사례를 찾아내려고 시도해야 하며, 아울러 어떻게 그런 활동이 적절한 물리적 과정으로부터 생겨날 수 있는지도 살펴보아야 한다. 1부의 나머지 내용은 첫 번째 목표를 향하겠고, 2부에서는 두 번째 목표를 지향하는 내 자신의 시도를 보여주고자 한다.

컴퓨팅을 넘어서 있다고 볼 만한 정신 활동이란 어떤 것이 있을까? 이에 대한 답을 찾는 한 방법으로서, 인공 지능의 현재 상황을 짚어봄으로써 컴퓨팅적으로 제어되는 시스템이 어떤 일을 잘 하고 어떤 일을 잘 못하는지 알아보자. 물론 AI 분야의 현재 상황만으로는 AI가 원리상으로 궁극적으로 무엇을 달성할 수 있는지를 명확히 알아낼 수 없을지도 모른다. 가령 앞으로 50년 후가 되면 상황이 현재와는 무척 달라질 수 있다. 지금까지도 컴퓨터와 응용 분야는 유달리 급격하게 발달해왔다. 고작 50년 만에 큰 발전이 이루어졌다. 따라서 우리는 향후의 엄청난 발전에 분명 대비를 해두어야만 한다. 어쩌면 정말 눈 깜짝할 사이에 발전이 이루어질 수도 있다. 하지만 이 책에서 내가 관심을 기울이려는 점은 그런 발전이 일어나는 속도보다는 그 바탕이 되는 이론이 안고 있는 몇 가지 근본적인 한계다. 앞으로 제아무리 많은 세월이 흐른 뒤에라도 이런 제약은 고스란히 남기 마련이다. 그러므로 우리는 전반적 이론을 바탕으로 주장을 펴야 하며 지금껏 이루어진 성과에 너무 영향을 받지 않도록 조심해야 한다. 그렇긴 해도 오늘날의 인공 지능이 거둔 성공과 실패로부터 실마리를 찾아낼 여지는 얼마든지 있다. 비록 아직까지는 진정 그럴듯한 인공 지능이라고 부를 만한 성과가 무척 드물지만 말이다. 이 점은 AI의 가장 확고한 지지자라 할지라도 인정할 수밖에 없을 것이다.

어쩌면 다소 놀랍게도, 지금껏 인공 지능이 주로 실패한 경우는 인간의 지적 능력이 지극히 인상적인 위력을 발휘하곤 하는 그런 영역 — 이를테면 특정 분야의 전문가들이 굉장히 복잡한 컴퓨팅 절차를 바탕으로 판단하는 능력 또는 뛰어난 지식을 선보이며 평범한 우리를 압도할 수 있는 영역 — 이 아니라, 우리 가운데 가장 평범한 사람들조차도 잠들어 있을 때를 빼고는 평생 숱하게 반복하는 '상식적인' 활동 영역에서 나타났다. 컴퓨터로 제어되는 로봇은 일상적인 여러 활동 가운데 가장 간단한 몇 가지를 놓고서도 아직은 어린 꼬마와 실력을 겨룰 엄두조차 내지 못한다. 가령 방에서 그림을 그리다가 그림을 완성하려면 저쪽 바닥에 놓인 크레용이 있어야 함을 깨닫는 일, 크레용을 주우러 방을 가로질러 걸어가는 일, 그리고 크레용을 가져와서 계속 그림을 그리는 일 등이 그러한 경우다. 그리고 보면 일상적 활동 수행에 관한 한, 개미 한 마리가 지닌 능력조차도 오늘날의 컴퓨터 제어 시스템 가운데 가장 정교한 장치로 낼 수 있는 성능을 크게 능가한다. 그러나 반면, 강력한 체스 컴퓨터를 개발해낸 사례는 컴퓨터가 엄청난 능력을 발휘할 수 있는 분야를 단적으로 보여준다. 체스는 의심할 여지없이 인간의 지적 능력이 두드러지게 위력을 발휘하는 활동이다. 물론 그 방면에서 뛰어난 수준에 이를 만큼 이 지적 능력을 갈고 닦은 사람은 몇몇에 지나지 않지만 말이다. 하지만 이제는 체스 컴퓨터 시스템이 이 게임에 굉장히 능숙해서, 대다수 인간 선수들은 도저히 컴퓨터를 이기지 못한다. 급기야 체스 전문가들 가운데 가장 뛰어난 이조차도 상당히 궁지에 몰리고 있으며, 인간이 아직 조금 우위이기는 하나 컴퓨터에 밀릴 날이 그리 머지 않았을지도 모른다.[22] (이 책은 1994년에 처음 출간되었는데 그때까지는 컴퓨터 체스 프로그램이 인간을 이기지 못했다. 하지만 1996년 IBM 딥 블루 컴퓨터가 마침내 당시 세계 체스 챔피언인 카스파로프를 이기고 만다. 저자의 예측은 이 책 출간 후 불과 2년 만에 적중한 셈이다-옮긴이) 컴퓨터가 전문가와 대등한 수준이거나 아니면 부분적으로나마 그런 수준에 이른 분야는 그 밖에도 여럿 있다. 뿐만 아니라 이를테면 간단한 수치계산 컴퓨팅처럼 컴퓨터가 역량 면에서 인간을 제친 지 오래인 분야도 일부 있다.

하지만 이런 여러 상황 가운데 어느 사례에서도, 자신이 실제로 하고 있는 일을 컴퓨터가 진정으로 이해한다고 주장하기는 어려울 것이다. 하향식 구조라면 애당초 해당 시스템이 성공적으로 돌아가는 까닭은 그 시스템이 무언가를 이해하기 때문이 아니라, 프로그램을 작성해 넣은 인간의 이해(아니면 프로그램 작성자를 도와준 전문가의 이해)가 프로그램의 구성에 녹아들어 있기 때문이다. 상향식 구조일 경우에는 장치 자체 또는 해당 장치의 프로그래머 가운데 어느 쪽에도 해당 시스템의 활동에 관한 특성을 이루는 요소로서 어떤 구체적 이해가 과연 필요하기는 한지가 분명하지 않다. 특정한 성능 향상 알고리듬의 세부 내용을 설계하는 데 인간의 이해가 필요하고, 또한 적절한 피드백 체계를 갖추면 시스템이 경험을 통해 스스로 성능을 개선해갈 수 있다는 개념 자체에는 인간의 이해가 필요하지만, 그 밖에 다른 이해가 개입할 여지가 있겠느냐는 뜻이다. 물론 '이해'라는 용어가 실제로 무슨 뜻인지가 언제나 분명하지는 않기에, 나름의 용어에 따라 그런 컴퓨터 시스템에 일종의 '이해'가 실제로 깃들어 있다고 주장하는 이들도 있음직하다.

하지만 그런 주장이 합당할까? 현재의 컴퓨터에 참된 이해가 결여되어 있음을 잘 드러내 보여주는 흥미로운 사례로, **그림 1.7**에 나오는 체스 게임의 상황을 살펴보자. (윌리엄 하트스턴(William Hardston)이 제인 시모어(Jane Seymore)와 데이빗 노어우드(David Norwood)의 1993년 글로부터 인용한 그림) 이 상황에서는 루크 둘에 비숍 하나가 더 있는 흑 쪽이 양적으로 엄청나게 우세하다. 하지만 백은 패배를 손쉽게 피할 수 있는데, 자신의(his)* 킹을 자기 쪽 영역 안에서 이리저리 움직이기만 하면 된다. 흑 쪽의 말들은 폰으로 이루어진 벽을 넘어서지 못하니, 흑의 루크나 비숍은 백에게 아무런 위협이 되지 못한

---

* 물론 백이 남성이어야 할 까닭은 없다. '독자에게 드리는 말씀'을 참고하기 바란다.

다. 인간의 경우 체스 규칙에 웬만큼 익숙하기만 하면 이 정도는 누구라도 금세 알아챌 수 있다. 하지만 이 판세를 '딥 소트(Deep Thought)' — 당대의 가장 강력한 체스 컴퓨터로, 체스 명인들과의 대결에서 숱하게 승리를 거둔 바 있다 — 에게 제시하고 백이 움직일 차례라고 밝히자, 곧바로 실수를 저질러 백 쪽의 폰으로 흑 쪽 루크를 잡았고, 폰으로 이루어진 장벽이 열리면서 백이 질 수밖에 없는 판세로 바뀌어버렸다!

그토록 놀라울 만큼 효율적인 체스 기사가 어떻게 그런 멍청하기 이를 데 없는 수를 둘 수 있을까? 대답을 하자면, 이 컴퓨터 체스 기사에게는 상당한 분량의 '책에 실린 지식'만 제공될 뿐 아니라 딥 소트에게 주어진 프로그램 내용이란 단지 지금 둘 수와 뒤에 둘 수 그리고 그다음에 둘 수, 이런 식으로 계산 — 비록 상당히 여러 수 앞까지이긴 하지만 — 하고 자신이 처한 양적 상황을 개선하도록 되어 있을 뿐이었기 때문이다. 그러는 동안 어떤 단계에서도 딥 소트는 폰 장벽이 어떤 구실을 할 수 있는지를 실제로 이해할 수 없다. 사실은 자신

그림 1.7 백이 둘 차례이고 비길 수 있는 상황이다. 인간이라면 쉽게 해결할 수 있는데, 딥 소트는 루크를 잡아버렸다!

의 행동을 단 하나도 결코 진정으로 이해할 수 없는 것이다.

딥 소트나 그 밖의 체스 기사 컴퓨터 시스템을 보통 어떻게 구성하는지 충분히 파악하고 있는 사람이라면, 판세가 **그림 1.7**에서와 같을 때 컴퓨터 체스 기사가 실수한다고 해서 전혀 놀라지 않는다. 우리는 딥 소트가 이해하지 못한 체스의 본질을 이해할 뿐만 아니라, 딥 소트의 구성 원리인 (하향식) 절차의 내막도 이해할 수 있다. 따라서 우리는 그런 실수가 나오는 까닭을 실제로 파악할 수 있다. 아울러 그 밖의 대다수 상황에서 그토록 효율적인 체스 운영이 가능한 까닭도 이해할 수 있다. 하지만 이런 의문이 들 수 있다. 딥 소트나 다른 어떤 AI 시스템이 언젠가는 우리처럼 정말로 이해라는 걸 할 수 있지 않을까? 체스에 대해서든, 아니면 그 밖의 다른 무엇에 대해서든 간에 말이다. 일부 AI 지지자들은 AI 시스템이 '실제' 이해를 할 수 있으려면 체스 기사 컴퓨터에서 보통 쓰는 방법보다 훨씬 더 근본적으로 상향식인 절차를 도입해서 프로그램을 작성해야 한다고 주장할지 모른다. 하향식으로 특정한 알고리듬 규칙을 심어 넣지 말고 '경험'을 풍부히 축적해 가도록 하면 차차 '이해'가 생겨날 것이라는 말이다. 우리가 손쉽게 파악할 수 있을 만큼 간단한 하향식 규칙은 그 자체만으로는 실제 이해에 이르는 컴퓨팅의 바탕이 될 수 없다는 뜻이기도 하다. 왜냐하면 그런 규칙의 근본적인 한계를 깨닫는 것은 우리 자신이 그것을 이해하는 일일뿐 컴퓨팅 프로그램 자신의 활동이 아니기 때문이기 때문이다.

이 점은 2장과 3장의 논의에서 더 구체적으로 다루고자 한다. 그런데 이 상향식 컴퓨팅 절차란 무엇인가? 그것이 정말 이해의 기반을 마련할 수 있을까? 3장에서 나는 그렇지 않다고 주장하고자 한다. 우선 지금으로서는 현재의 상향식 컴퓨터 시스템이 인간의 진정한 이해를 조금도 대신하지 못한다는 사실을 언급해둘 뿐이다. 지적 전문성이 필요한 분야, 즉 인간의 지속적인 진정한 이해와 통찰이 중요한 역할을 하는 모든 주요 분야에서 말이다. 이 정도는 오늘날 많은 이들이 받아들일 것으로 나는 확신한다. 인공 지능 지지자들과 전문가 시스템을 주창한 이들이 초기에 내세웠던 무척 낙관적인 여러 주장[23]은 아직까지는 대부분 실현되지 않았다.

더군다나 인공 지능이 궁극적으로 어떤 성과를 낼 수 있을지는 아직은 요원한 문제다. AI($\mathcal{A}$나 $\mathcal{B}$)를 지지하는 이들은 그저 시간문제라 주장할 터인데, 어쩌면 기술이 상당히 더 발전하여 컴퓨터로 제어되는 그들의 시스템이 보여주는 행동에 이해와 관련된 중요한 여러 요소가 정말로 나타나기 시작할지도 모른다. 이에 대해서는 나중에 엄밀한 용어로 반론을 펴 보려 하며, 하향식이든 상향식이든 순전히 컴퓨팅적인 시스템에는 근본적인 한계가 있다고 주장할 참이다. 그런 시스템이라도 충분히 교묘하게 구성하면 그 안에 마치 (딥 소트가 그랬듯) 어떤 이해가 깃들어 있는 듯한 착각이 상당 기간 동안 이어질 수도 있지만, 컴퓨터 시스템에는 (적어도 원리상으로는) 일반적 의미에서의 이해가 실제로 결여되어 있고 이는 결국 드러나게 마련이라는 것이 나의 입장이다.

엄밀한 논의를 위해 나는 수학에 어느 정도 기댈 참인데, 이는 수학적 이해란 컴퓨팅으로 환원할 수 없음을 보이려는 의도에서이다. AI 지지자 중에는 이 이야기를 뜻밖이라 여길 이들도 있음직하다. 그쪽에서는 산술적·대수적 계산처럼 인간의 진화 과정에서 근래에 나타난 것이라면 가장 손쉽게 컴퓨터로 옮길 수 있다고 주장해 왔으며,[24] 그런 분야에서는 컴퓨터가 인간의 계산 능력을 크게 앞지른 지 오래이니 말이다. 반면 두 발로 걷거나 복잡한 시각적 장면을 해석하는 등 진화 과정의 초기에 진화한 기술의 경우 우리는 손쉽게 수행하지만 현재의 컴퓨터로는 온갖 공을 들이고도 성과는 제한적이며 썩 신통치 않은 수준이다. 그런데도 나는 이런 통상적인 짐작과 무척이나 다른 주장을 펼치고자 한다. 즉, 수학적 계산, 체스 두기, 우리의 일상생활의 활동 따위까지 망라하여, 복잡한 활동 — 명백한 컴퓨팅적 규칙을 토대로 이해할 수 있는 활동 — 은 무엇이든 현대식 컴퓨터가 잘 해낼 수 있지만, 그런 컴퓨팅 규칙의 바탕을 이루는 이해 그 자체는 컴퓨팅을 넘어선 것이라는 주장을 하려고 한다.

1.16 괴델의 정리에서 나온 주장

　　　　　　　　그러한 이해는 컴퓨팅 규칙으로 환원될 수 없음을 어떻게 확신할 수 있을까? (어떤 유형의) 이해로부터 생긴 결과는 어떠한 유형의 컴퓨팅 수단으로도 — 하향식이나 상향식 구조, 또는 그 둘을 조합한 그 어떤 방법으로도 — 적절히 시뮬레이션해낼 수 없다고 믿을 만한 아주 확고한 이유를 조금 뒤에 (2장과 3장에서) 몇 가지 들어 보이겠다. 그렇게 보자면, 무언가를 '이해'할 수 있는 인간의 능력은 두뇌나 마음에서 일어나는 어떤 비컴퓨팅적 활동의 산물일 수밖에 없다. 기억하다시피, 여기서 이야기하는 '비컴퓨팅적'이라는 용어는 오늘날의 모든 전자식·기계식 계산 장치의 근간을 이루는 논리적 이론을 바탕으로 삼은 그 어떤 컴퓨터로도 유효하게 시뮬레이션해낼 수 없는 무언가를 가리킨다(§1.5, §1.9 참조). 그렇기는 해도 '비컴퓨팅적 활동'이라는 표현이 과학과 수학의 능력을 초월한 무언가를 암시하지는 않는다. 다만 관점 $\mathcal{A}$와 $\mathcal{B}$로는 의식적 정신 활동의 결과인 모든 과제들을 우리가 실제로 어떻게 수행하는지 설명할 길이 없음을 나타낼 뿐이다.

　　의식을 지닌 두뇌(또는 의식적 마음)가 그런 비컴퓨팅적 법칙에 따라 활동할 수 있다는 말은 논리적으로는 분명 그럴듯하다(§1.9 참조). 하지만 이 말은 정말로 참일까? 다음 장(§2.5)에서 내가 제시할 주장이 우리의 의식적 사고 안에 비컴퓨팅적 구성 요소가 있음을 뒷받침하는 명백한 근거라고 나는 믿는다. 이 주장은 체코 태생의 위대한 논리학자 쿠르트 괴델(Kurt Gödel)이 내놓은 수리 논리에 관한 유명하고도 강력한 정리를 단순화시킨 형태에 바탕을 두고 있다. 나로서는 그 정리를 무척 단순화시킨, 따라서 수학도 아주 조금만 필요한 형태만으로도 충분하다. (앨런 튜링이 훗날 내놓은 중요한 아이디어도 한 가지 빌려 온다.) 마찬가지로 열의만 충분하다면 어떤 독자라도 그 내용을 따라가는 데 분명 큰 어려움을 겪지는 않을 것이다. 하지만 괴델의 정리를 이런 식으로 이용하는 데 대해서는 맹렬한 반론이 제기된 적이 종종 있었다.[25] 따라서 괴델의 정리에서 나온 이 주장(이하 괴델 논변)에 대해 벌써 철저히 반박이 이루어졌다는 인상을 받은 독자도 있을 법하다. 그러나 실제로는 그렇지 않음을 분명히 해두어야겠다. 물론 그동안 여러 해에 걸쳐 숱한 반론이 나왔으며, 그 가운데 다수는 옥스퍼드 대학교의 철학자 존 루카스(John Lucas)가 1961년에 내놓은 초기의 선구적 주장 — 물리주의에 반대하고 심리주의를 옹호했던 주장 — 을 겨냥했다. 괴델 정리를 바탕으로 루카스는 여러 정신적 능력이 컴퓨팅적으로 달성할 수 있는 바를 정말로 초월한다는 주장을 폈다. (그에 앞서 다른 이들도 가령 네이글(Nagel)과 뉴먼(Newman)의 1958년 문헌에서처럼 그와 비슷한 태도의 주장을 편 바 있다.) 내가 펴는 주장도 비슷한 노선을 따르기는 하나, 제시 방법이 루카스와는 조금 다르다. 그리고 딱히 심리주의를 지지하는 태도를 취하지도 않는다. 내가 보기에는 나의 제시 방법이야말로 루카스의 주장에 맞서 제기된 갖가지 비판을 이겨내고 이런 비판들의 다양한 약점을 드러내는 데 더 적합하다.

알맞은 때에(2장과 3장에서), 내 관심을 끌었던 여러 반론을 모조리 자세히 살펴보려 한다. 그런 논의를 통해, 괴델 주장의 의의에 대해 많은 이들이 오해할지 모를 몇몇 내용과 더불어 ENM에서 논의가 너무 짧았던 탓에 불충분했던 내용도 바로잡히기를 바란다. 나는 우선 이들 반론의 상당수가 그저 오해에서 비롯됐음을 증명해보이고자 한다. 나름 타당한 관점을 제기하는 터라 자세히 살펴볼 가치가 있는 나머지 반론들은 𝒜나 ℬ에 부합한다는 이유로 나의 반론을 모면할 수 있을지도 모른다. 하지만 그럼에도 불구하고, 그런 반론들은 우리의 '이해하는' 능력 덕분에 우리가 실제로 달성할 수 있는 바를 타당하게 제대로 설명하지는 못할 뿐 아니라, 그런 탈출구를 열어봤자 AI에는 별 가치가 없음을 나는 주장하고자 한다. 관점 𝒜나 ℬ에 따라 의식적 사고 과정의 모든 외적 징후를 컴퓨터로 올바르게 시뮬레이션할 수 있다고 믿는 이라면, 내가 제시하는 주장들에 철저히 대응할 방법을 어떻게든 찾아내야 할 터이다.

1.17 플라톤주의인가 신비주의인가?

하지만 어떤 이들은 괴델 논변은 관점 $\mathcal{C}$나 관점 $\mathcal{D}$ 둘 중 하나로 귀결될 수밖에 없다는 인상을 주기에 '신비주의적'이라고 볼 수밖에 없으며, 괴델 논변을 피해 나가는 회피 주장들에 견주어 조금도 나을 바가 없다고 비판할지 모른다. $\mathcal{D}$에 대해서는 나도 사실상 이 의견에 동의한다. 내가 $\mathcal{D}$ — 마음의 문제에 대해서는 과학의 위력도 맥을 못 춘다고 단언하는 관점 — 를 배척하는 까닭은 지금껏 세계의 작동 방식을 제대로 이해할 수 있도록 우리를 이끌어준 수단이 오로지 과학적이고 수학적인 방법뿐이었음을 알기 때문이다. 뿐만 아니라 우리가 직접적으로 알고 있는 마음이라고는 특정한 물리적 대상, 즉 두뇌와 밀접하게 관련되어 있는 마음뿐이며, 마음의 다양한 상태는 두뇌의 다양한 물리적 상태와 어떻게든 분명 관련되어 있는 듯하다. 의식과 관련된 갖가지 정신 상태는 두뇌 안에서 일어나는 특정 유형의 어떤 물리적 활동과 관련되어 있는 듯하다. 그리고 의식에 관한 몇 가지 당혹스러운 측면들 — '인식'의 존재 여부, 그리고 어쩌면 (아직도 물리적 설명은 요원한 듯한) '자유 의지'라는 우리 자신의 느낌에서 비롯하는 측면들 — 이 없었다면, 마음을 두뇌의 물리적 작용에서 생겨나는 한 특성으로 설명하는 데 과학의 표준적 연구 방법을 넘어서는 길을 찾고 싶은 유혹에 시달릴 필요는 굳이 없었을 테다.

한편, 과학과 수학이야말로 신비로 가득 찬 이 세계의 비밀을 밝혀내왔다는 점을 분명히 해두어야겠다. 과학에 대한 이해가 깊어짐에 따라, 더욱 심오한 신비가 드러난다. 중요하게 짚어두어야 할 점이 한 가지 있다. 뭐냐면, 물리학자들이란 물질이 실제로 작동하는 당혹스러우면서도 불가사의한 방식에 더 익숙하다 보니 생물학자들보다 고전적인 기계적 세계관을 덜 따르는 경향이 있다는 점이다. 5장에서 나는 양자 세계의 불가사의한 몇몇 측면 — 개중 몇 가지는 꽤 근래에 이르러서야 비로소 드러났다 — 을 설명하고자 한다. 마음이라는 불가사의한 현상을 다루려면 마땅히 '과학'이 현재 뜻하는 바를 넓혀야 하겠지만, 그렇다고 지금껏 훌륭한 역할을 해온 이전의 방법들을 깨끗이 버려야 할 이유는 없을 듯하다. 만일 내가 믿는 바대로 괴델 논변이 어떤 유형으로든 관점 $\mathscr{C}$를 받아들일 수밖에 없다는 결론을 낳는다면, 우리는 이와 관련된 몇 가지 다른 의미들도 받아들여야 한다. 즉, 우리는 사물을 플라톤적 관점에서 바라볼 수밖에 없다. 플라톤에 따르면, 수학적 개념과 수학적 진리는 물리적 시공간을 초월하여 존재하는 어떤 세계에 자리 잡고 있다. 플라톤의 세계가 물리적 세계와는 달리 완벽한 형상들로 이루어진 이상적 세계이긴 하지만, 우리가 물리적 세계를 이해하려면 그런 이상적 세계를 바탕으로 삼아야만 한다. 그 세계는 불완전한 우리의 마음마저 초월하여 존재한다. 그러나 우리의 마음은 여러 수학적 형상에 대한 '인식'과 그에 대해 추론할 수 있는 능력을 통해 이런 플라톤적 영역에 직접 가 닿을 수 있다. 플라톤적 지각이 가끔은 컴퓨팅의 도움을 받을 수는 있겠지만, 그런 지각이 컴퓨팅에 의해 제약을 받지는 않음을 우리는 알게 될 것이다. 플라톤적 세계에 접근하려면 수학적 개념이 필요함을 우리가 '인식' 할 수 있다는 점에서 우리의 마음은 컴퓨팅에만 기대는 장치로는 결코 이룰 수 없는 어떤 능력을 갖추고 있다고 볼 수 있다.

1.18 왜 수학적 이해가 관련되는가?

그런 뜬구름 잡는 얘기는 아무래도 좋다고

(또는 좋지 않다고) 불평할 독자들도 틀림없이 있겠다. 예컨대 수학 및 수리 철학의 정교한 사안들이 인공 지능과 직접 관련된 대다수 문제들과 도대체 무슨 관계가 있을까? 실제로 많은 철학자와 AI 지지자들은 괴델의 정리가 원래의 맥락인 수리 논리의 틀 안에서는 의심할 여지없이 중요하지만 AI나 심리 철학에 대해 갖는 의미는 기껏해야 무척 제한적인 수준에 그친다고 여기는데, 나름 꽤 타당한 의견이다. 어쨌거나 인간의 정신 활동은 괴델의 원래 맥락, 즉 수학의 공리적 기초에 관한 사안들과 별 관련성이 없으니 말이다. 하지만 나로서는 인간의 정신 활동에는 의식과 이해가 필요한 일이 굉장히 많다고 답하겠다. 내가 괴델 논변을 끌어들인 까닭은 인간의 이해가 알고리듬적 활동일 수 없음을 보이려는 목적 때문이고, 어떤 특정한 맥락 안에서 그 점을 증명해보일 수 있으면 충분할 것이다. 어떤 유형의 수학적 이해는 컴퓨팅적으로 기술할 수 없음을 보이면 곧 우리의 마음이 컴퓨팅적이지 않은 무언가를 수행할 수 있다고 규명한 셈이기 때문이다. 이를 받아들인다면, 자연히 정신 활동의 수많은 다른 측면에도 비컴퓨팅적 활동이 틀림없이 존재한다는 결론에 이른다. 정말로 물꼬가 트이게 되는 것이다!

2장에서 다루는 것처럼 괴델의 정리를 바탕으로 필요한 형태를 마련하는 수학적 논의는 의식의 대다수 측면들과 직접적인 관련이 거의 없다고 볼 수 있다. 실제로 어떤 것을 수학적으로 이해하는 데에 컴퓨팅을 초월한 무언가가 필요함을 증명하는 일은 가령 우리가 붉은색을 지각하는 데 필요한 것들과는 그다지 관련이 없어 보이며, 의식의 대다수 다른 측면들을 보더라도 수학이 두드러지는 역할을 할 곳은 없는 듯하다. 게다가 수학자들조차도 꿈을 꿀 때에는 보통 수학을 생각하지 않는다! 개들도 꿈을 꾸는 듯하고, 꿈을 꿀 때 아마 인식도 얼마간은 하는 듯하며, 그리고 보면 확실히 다른 때에도 인식을 행할 수 있을 것처럼 보인다. 그러나 개들이 수학을 하지는 않는다. 의심할 바 없이, 수학에 대해 사색하는 일은 동물의 활동 가운데 의식이 필요한 유일한 활동과는 거리가 멀다! 그런 일은 고도로 전문적인 데다 오직 인간만 하는 활동이다. (실은, 몇몇 이상한 사람들이나 할 만한 활동이라고 빈정대는 사람들도 있을지 모른다.) 반면 의식이라는 현상은 어디에서나 흔히 볼 수 있고, 인간 및 인간 외의 동물들을 막론하고 정신 활동에는 늘 존재하는 듯하다. 그리고 수학과는 담 쌓은 사람이든 수학에 능한 사람이지만 실제로 수학을 생각하고 있지는 않을 때(이런 때가 대부분일 텐데)라도 역시 의식이 존재하기는 마찬가지다. 요컨대 수학적 사고란 의식을 지닌 존재들 가운데 극소수 집단이 의식적 삶의 극히 짧은 동안에만 탐닉하는 의식적 활동의 무척 작은 한 영역일 뿐이다.

그렇다면 여기서 나는 왜 의식에 관한 의문을 우선 수학적 맥락 안에서 다루기로 했을까? 그 까닭은 의식적 활동들 가운데 적어도 일부는 반드시 비컴퓨팅적이라는 점을 엄밀히 증명해보이려면 수학 말고는 다른 방법이 없기 때문이다. 컴퓨팅이라는 사안은 그 본바탕부터가 실제로 수학적 성질을 띤다. 따라서 수학에 기대지 않고서는 어떤 활동이 컴퓨팅적이지 않다는 '증명'을 대강이라도 해낼 가능성은 전혀 없다. 나는 우리가 수학을 이해할 때 우리의 두뇌나 마음에서 일어나는 일은 그게 무엇이든 간에 컴퓨터를 이용해서는 달성할 수 없다는 점을 독자들에게 설득시키고자 한다. 그리고 나면 독자는 의식적 사고 전반에 걸쳐 비컴퓨팅적 활동이 맡는 중요한 역할을 좀 더 기꺼이 받아들일 수 있을 것이다.

그렇다고는 해도 많은 이들이 이야기하듯이, 어떤 컴퓨팅을 수행하는 일만으로는 도저히 '붉은색'에 대한 감각이 생기지 않음은 명백하다. '콸리어' — 즉, 주관적 경험 — 가 컴퓨팅과 아무런 관련이 없음이 완전히 명백하다면 어째서 애당초 불필요한 수학적 증명을 시도하는 수고를 해야 할까? 이에 대한 한 가지 대답으로, '명백함'을 근거로 삼는 이 주장(나도 사실 상당히 공감하는 주장)이 오로지 의식의 수동적 측면만을 언급하는 점을 들 수 있다. 설의 중국어 방 논증과 마찬가지로, 관점 𝒜에 맞서는 주장으로 내놓을 수는 있겠으나 그런 주장이 $\mathcal{C}$를 $\mathcal{B}$와 구별해 주지는 않는다.

뿐만 아니라, 나는 기능주의자의 컴퓨팅적 모델(즉, 관점 $\mathcal{A}$)을, 말하자면 그 안마당에서 공격해야 한다. 기능주의자들은 언뜻 보기에는 전혀 불가능해 보이더라도 그저 알맞은 컴퓨팅을 수행하기만 하면 모든 콸리어를 어쨌든 실제로 일깨울 수 있다고 주장하기 때문이다. 또한 그들은 이렇게 묻는다. 어떤 유형의 컴퓨팅을 수행하는 일 외에 우리가 두뇌를 가지고 할 만한 달리 쓸모 있는 일이 무엇인가? 그냥 일종의 컴퓨팅적 제어 시스템 — 매우 정교하기는 해도 — 이라는 설명 외에 두뇌의 역할을 달리 어찌 설명할 수 있는가? 이들은 두뇌의 활동이 어찌어찌 일깨우는 갖가지 '인식의 느낌'은 모두가 이 컴퓨팅 활동의 결과라고 말한다. 이들이 종종 말하는 바에 따르면, 의식까지도 포함하여 모든 정신 활동에 대해 컴퓨팅적 모델을 받아들이지 않는다면 신비추의에 기댈 수밖에 없게 된다고 한다. (이는 곧 관점 $\mathcal{A}$의 대안이 관점 $\mathcal{D}$뿐이라는 이야기이다!) 이 책의 2부에서 나는 과학적 설명을 통해 두뇌가 그런 주장 이외의 활동을 실제로 하고 있음을 보여주는 몇 가지 의견을 내놓는다. 나의 주장 가운데 '건설적인' 대목의 몇몇 부분은 추측에 바탕을 두고 있음을 부정하지는 않겠다. 하지만 나는 어떤 유형의 비컴퓨팅적 활동이 존재함을 뒷받침하는 주장이 설득력이 있다고 믿으며, 수학적 사고에 기대야 하는 이유도 바로 그 주장이 설득력 있음을 증명하기 위함이다.

1.19 괴델의 정리는 상식적 행동과 어떤 관계가 있는가?

그러나 우리가 의식적인 수학적 판단을 내려 의식적인 수학적 결론에 이를 때 비컴퓨팅적인 활동이 실제로 일어난다고 인정해보자. 이렇게 한다고 해서 로봇 활동의 한계들을 받아들이는 데 무슨 도움이 될까? 앞서 말했듯이 이 한계들은 교육받은 전문가의 정교한 행동보다는 초보적인 '상식적' 행동에서 비롯되니 말이다. 언뜻 보기에 나의 결론이 인공 지능에 관한 한계 — 적어도 현재의 한계 — 에서 드러나는 바와는 거의 정반대인 듯하다. 내가 비컴퓨팅적 행동이 나타난다고 언명하는 지점은 상식적인 행동이 아니라 수학적 이해라는 매우 정교한 영역인 듯 보이기 때문이다. 하지만 나는 그런 주장을 하는 것이 아니다. 대신에 '이해'라는 현상에는 늘 똑같은 유형의 비컴퓨팅적 프로세스가 개입한다고 주장하는 것이다. 진정한 수학적 지각 — 가령 자연수의 개수가 무한함을 아는 것 — 에 이르는 경우에서부터, 단지 길쭉하게 생긴 어떤 물건이 창문을 받쳐 열어두는 버팀목으로 쓸 만한지 지각할 때, 동물을 묶어두거나 풀어주려면 밧줄을 어떻게 다루어야 하는지 이해할 때, '행복'이나 '싸움', '내일'이라는 낱말의 뜻을 알 때, 에이브러햄 링컨의 왼발이 워싱턴에 있었다면 그의 오른발도 거의 확실히 워싱턴에 있었음을 알아차릴 때 — 이 사례는 실제 AI 시스템에게 굉장한 골칫거리임이 증명된 바 있다![26] — 에 이르기까지, 어느 경우에나 그렇다는 말이다. 어떤 대상을 우리가 직접 인식할 수 있는 이유가 무엇이든, 그런 인식에는 비컴퓨팅적 프로세스가 자리 잡고 있다. 이 인식 덕분에 우리는 나뭇조각의 기하학적 움직임, 밧줄 토막의 위상기하학적 속성, 에이브러햄 링컨의 신체 부위들의 일체성을 시각적으로 파악할 수 있다. 우리가 다른 사람의 경험에 직접 닿을 수 있는 까닭 역시 이 인식 덕분이다. 따라서 굳이 설명을 하긴 어렵더라도 상대방이 무슨 뜻으로 '행복', '싸움', '내일' 같은 낱말을 이야기하는지 '알' 수 있다. 충분한 설명 없이도 실제로 낱말의 '뜻'이 한 사람으로부터 다른 사람에게로 전해질 수 있다. 그 낱말에 담겼음직한 여러 뜻을 상대방이 이미 직접적으로 지각 — 또는 '인식' — 했을 때에는 충분히 설명하지 않아도 상대방은 올바른 뜻을 '파악'할 수 있다. 두 사람 사이에 그런 의사소통이 가능한 까닭은 서로가 같은 유형의 '인식'을 공유하기 때문이다. 컴퓨터로 제어되는 의식 없는 로봇이 지극히 불리한 처지에 놓이는 까닭도 바로 이 때문이다. (실제로 낱말의 '뜻'이라는 개념이 무슨 의미인지에 대해 우리에게는 일종의 직접적 관념이 있으나, 의식 없는 로봇에게 이 개념을 어떻게든 충분히 설명해줄 수 있는 방법을 찾기란 어렵다.) 뜻은 사람으로부터 사람에게로만 전해질 수 있으며, 그 까닭은 각 사람이 인식하는 내적 경험이나 만물에 대한 느낌이 서로 비슷하기 때문이다. 어떤 이는 '경험'이란 그저 이전에 있었던 일들이 담긴 일종의 기억 저장소를 이루는 내용일 뿐이라고 보아, 그 정도는 로봇도 손쉽게 갖출 수 있다고 여길지 모른다. 하지만 나는 그렇지 않다고 본다. 인간이든 로봇이든 간에 경험을 실제로 반드시 인식해야 한다는 점이 결정적으로 중요하다고 본다.

내 주장의 요지는 이 '의식' — 도대체 그것이 무엇이든 간에 — 이 비컴퓨팅적인 무언가임에 틀림없고, 따라서 그저 튜링 기계(또는 그와 등가인 것) — 하향식이든 상향식이든 — 라는 표준적·논리적 아이디어를 바탕으로 컴퓨터가 제어하는 그 어떤 로봇도 의식을 지닐 수 없으며, 심지어 의식을 시뮬레이션해내지도 못한다는 것이다. 왜 나는 이렇게 주장할까? 바로 여기에서 괴델 논변이 결정적인 역할을 한다. 현재로서는 가령 붉은색에 대한 우리의 '인식'을 두고 많은 이야기를 하기는 어렵다. 그러나 자연수의 무한함에 대한 우리의 인식에 관해서라면 분명 할 말이 있다. 어린이는 바로 '인식' 덕분에 '영', '하나', '둘', '셋', '넷' 등의 수가 뜻하는 바를 '알' 수 있고, 이 수열이 끝없이 이어진다는 게 무슨 뜻인지를 알아차릴 가능성도 생긴다. 고작 오렌지와 바나나 몇 개로 매우 제한적으로(또한 그다지 적절하지도 않게) 설명해주었는데도 말이다. 그처럼 제한된 예시만으로도 어린이는 '셋'이라는 개념을 실제로 이끌어낼 수 있다. 게다가 어린이는 이 개념이 비슷한 개념들로 이루어진 끝없는 수열 ('넷', '다섯', '여섯' 등) 가운데 하나일 뿐이라는 사실도 파악할 수 있다. 플라톤적인 어떤 관점에서 보면, 이 어린이는 자연수가 무엇인지를 이미 '아는' 셈이다.

이런 이야기는 조금 신비주의적으로 들릴 수도 있겠지만, 실은 그렇지 않다. 이런 유형의 플라톤적 지식과 신비주의를 구별하는 일은 앞으로 논의를 이어나가는 데 필수적이다. 플라톤적 관점에서 우리가 '아는' 개념이란 우리에게 '자명한' 것 — '상식'이라고 볼 수 있는 것 — 을 가리키지만, 컴퓨팅적 규칙만으로 그런 개념을 완전히 특징짓지는 못할 수도 있다. 실제로 나중에 이어질 논의에서 보겠지만, 괴델 논변에 비추어 보면 그와 같은 규칙으로 자연수의 여러 속성을 완전히 특징지을 수는 없다. 하지만 어린이는 어떻게 사과와 바나나로 설명한 수 개념을 갖고서 '사흘' — '오렌지 세 개'에서와 똑같은 '셋'이라는 추상적 개념 — 이 무슨 뜻인지를 알 수 있을까? 물론 곧바로 이를 파악하지는 못할 수도 있고 처음에는 잘못 이해할 수도 있지만, 내 말은 그런 뜻이 아니다. 핵심은 애당초 그런 유형의 인식이 가능하다는 사실 자체이다. '셋'이라는 추상적 개념과, 이 개념이 비슷한 다른 개념들로 이루어진 무한 수열 — 바로 자연수 — 의 한 요소라는 추상적 개념은 의식을 지닌 존재만이 이해할 수 있다고 나는 본다.

마찬가지로 나는 나뭇조각 하나, 밧줄 한 가닥, 또는 에이브러햄 링컨의 움직임을 시각화할 때에도 우리가 컴퓨팅적 규칙을 활용하지는 않는다고 본다. 사실 나뭇조각과 같은 강체의 움직임에 대해서는 무척 효율적인 컴퓨터 시뮬레이션이 존재한다. 그런 움직임에 대한 시뮬레이션은 무척 정확하고 믿을 만해서 대개는 인간이 직접 시각화할 때보다 훨씬 더 효과적이다. 마찬가지로 밧줄이나 끈 가닥의 움직임도 컴퓨터를 활용하여 시뮬레이션할 수 있는데, 의외로 그 경우에는 강체의 움직임을 시뮬레이션할 때보다 훨씬 더 까다롭기는 하다. (일부나마 그 까닭을 생각해보면, 강체의 위치를 규정할 때에는 매개변수가 여섯 개만 있으면 되지만 '수학적 끈'을 표현할 경우 무한히 많은 매개변수가 필요하다는 점을 들 수 있다.) 어떤 밧줄이 매듭지어져 있는지를 알아내는 컴퓨터 알고리듬이 있긴 하지만, 강체의 움직임을 기술하는 알고리듬과는 완전히 다르다. (그리고 컴퓨팅적으로 썩 효과적이지도 않다.) 에이브러햄 링컨의 겉모습에 대한 컴퓨터 시뮬레이션은 어떤 방법을 쓰든 간에 틀림없이 훨씬 더 까다로울 것이다. 나의 요점은 이처럼 다양한 대상을 인간이 시각화한 결과가 컴퓨터 시뮬레이션보다 '낫다'거나 '못하다'는 게 아니라, 다만 꽤 다르다는 것이다.

내가 보기에 본질적인 점을 하나 꼽자면, 시각화에는 그 대상이 무엇인지를 파악하는 일이 하나의 요소로서 끼어든다. 달리 말해, 이해가 개입된다. 이 말이 무슨 뜻인지를 구체적으로 예를 들어 설명해보자. 산수에 얽힌 초보적 내용으로서, 가령 임의의 두 자연수(즉, 음이 아닌 정수: 0, 1, 2, 3, 4, …) a와 b를 생각할 때 다음과 같은 성질이 성립한다.

$$a \times b = b \times a.$$

먼저 이 진술이 하나마나한 이야기가 아님을 분명히 짚고 넘어가자. 이 등식의 양 변이 뜻하는 바가 서로 다르기 때문이다. 왼쪽의 $a \times b$는 물체가 b개 모여 이룬 무리가 a묶음 있을 때를 가리키고, 반면 오른쪽의 $b \times a$는 물체가 a개 모여 이룬 무리가 b묶음 있는 경우를 가리킨다. 가령 $a = 3$이고 $b = 5$라면, $a \times b$는 아래와 같은 경우이고

$$(\bullet\,\bullet\,\bullet\,\bullet\,\bullet)(\bullet\,\bullet\,\bullet\,\bullet\,\bullet)(\bullet\,\bullet\,\bullet\,\bullet\,\bullet).$$

반면 $b \times a$ 쪽은 다음과 같은 경우이다.

$$(\bullet\,\bullet\,\bullet)(\bullet\,\bullet\,\bullet)(\bullet\,\bullet\,\bullet)(\bullet\,\bullet\,\bullet)(\bullet\,\bullet\,\bullet).$$

위 두 경우 점의 총 개수가 서로 똑같다는 사실로부터, 이때에는 $3 \times 5 = 5 \times 3$이 성립함을 알 수 있다.

이제 이 배열을 그저 아래와 같이 시각화만 하면 이 관계가 틀림없이 옳음을 깨달을 수 있다.

●●●●●
●●●●●
●●●●●.

이 배열을 행 단위로 잘라 읽는다면 각 행에 점이 다섯 개씩 들어 있는 세 개의 행이고, 이는 3 × 5라는 크기를 나타내는 셈이다. 하지만 열 단위로 잘라 읽는다면, 각 열에 점이 세 개씩 들어 있는 다섯 개의 열이므로 5 × 3이라는 크기를 나타낸다. 각각의 경우가 가리키는 대상이 서로 똑같은 직사각형 배열이라는 사실로부터 이 두 크기가 같다는 사실을 곧바로 알아차릴 수 있다. 단지 읽어 내는 방법이 서로 달랐을 뿐이다. (또 다른 방법으로, 마음속에서 이 그림을 직각 방향으로 돌려봄으로써 5 × 3을 나타내는 배열과 3 × 5를 나타내는 배열의 구성 요소 개수가 서로 똑같음을 알아차릴 수도 있다.)

　이런 시각화에는 중요한 점이 한 가지 있는데, 바로 특정한 수를 대입했을 때의 관계인 3 × 5 = 5 × 3보다 훨씬 더 일반적인 무언가를 곧바로 깨달을 수 있다는 점이다. 이 절차에서 $a = 3$, $b = 5$라는 특정한 값이 꼭 들어가야 할 이유는 없기 때문이다. 이를테면 $a = 79797000222$에 $b = 50000123555$라 해도 관계는 똑같이 성립할 테고, 따라서 우리는 자신 있게 다음과 같이 단언할 수 있다.

$$79797000222 \times 50000123555 = 50000123555 \times 79797000222.$$

이렇게 커다란 직사각형 배열을 정확히 시각화할 가능성은 전혀 없는데도 말이다. (그런 배열의 구성 요소를 하나하나 짚어가며 헤아려낼 수 있는 실제 컴퓨터도 없겠지만.) 우리는 3 × 5 = 5 × 3이라는 특수한 경우를 시각화할 때와 본질적으로 다를 바 없는 과정을 거쳐 위의 등식이 틀림없이 성립한다 — 또는 실제로 일반적인 등식 $a \times b = b \times a$가 틀림없이 성립한다* — 고 완벽하게 결론지을 수 있다. 그저 마음속에서 행과 열의 실제 개수를 '흐릿하게'만 해주면

(행의 개수와 열의 개수를 바꾸어 본다는 뜻. 가령 3행 5열의 배열을 5행 3열의 배열로 본다는 뜻-옮긴이) 이 등식이 성립한다는 점은 자명해진다.

이런 방식으로 올바르게 시각화한다고 해서 곧바로 모든 수학적 관계를 '자명하게' 지각할 수 있다고 주장하려는 의도는 아니다 — 또한 모든 수학적 관계를 직관적으로 지각할 수 있는 어떤 다른 방법이 늘 있게 마련이라는 뜻도 아니다. 전혀 그렇지 않은데, 수학적 관계 중에는 기나긴 추론의 사슬을 거친 뒤에야 비로소 확실히 지각할 수 있는 경우도 있다. 그러나 수학적 증명의 목적은 사실상 각 단계를 자명한 내용으로 지각할 수 있는 추론의 사슬을 내놓는 일이다. 그리고 추론의 결말은 비록 그 자체만으로는 썩 자명하지 않더라도, 그런 사슬을 따라가면 결국에는 참이라고 받아들일 수밖에 없어야 한다.

그렇다면 추론에서 나올 수 있는 '자명한' 단계를 빠짐없이 모아 한데 정리해두면 그 이후로는 모든 것이 컴퓨팅으로 환원 — 즉, 그런 자명한 단계들을 그냥 기계적으로 조작하는 수준으로 — 할 수 있지 않겠냐고 생각하는 이도 있음직하다. 그러나 괴델 논변에 따르면(§2.5) 그런 일은 가능하지 않다. '자명하게' 파악되도록 새롭게 이해할 필요성을 완전히 없앨 수는 없다. 그러니 수학적 이해를 눈먼 컴퓨팅으로 환원할 길도 없다.

1.20 마음속 시각화와 가상현실

§1.19에서 다룬 수학적 통찰은 성격상 기하학적인 쪽에 한정된 면이 있었다. 그러나 수학적 주장을 펼 때 활용할 수 있는 통

---

* 가령 §2.10의 **Q19** 이후로 나오는 서수처럼, 수학에 등장하는 갖가지 유형의 '수' 가운데는 이 등식이 성립하지 않는 특이한 유형의 수가 있음을 짚어두어야 하겠다. 그러나 여기서 관심을 기울이는 대상인 자연수에 대해서는 이 등식이 늘 성립한다.

찰의 유형은 그 밖에도 많다. 그러니까 꼭 기하학에만 국한되지는 않는다는 말이다. 하지만 수학적 이해를 돕는 데에는 기하학적인 통찰이 특히 큰 역할을 할 때가 흔히 있다. 그러므로 우리가 무언가를 기하학적으로 시각화할 때 두뇌 안에서 실제로 어떤 유형의 물리적 활동이 일어나는가 하는 물음을 던져보면 유익할 것이다. 물론 논리적으로 그런 활동 자체가 시각화 대상을 '기하학적으로 반영'해야 할 필연성은 없으며, 앞으로 살펴보겠지만 그것과는 꽤 다를 수 있다.

　'시각화'가 관건이라고 줄곧 여겨져 온 '가상현실'과 비교해 보면 도움이 된다. 가상현실의 절차에 따르면,[27] 컴퓨터 시뮬레이션은 존재하지 않는 어떤 구조물 — 가령 어떤 건물의 설계안 — 로 이루어지며, 이 시뮬레이션은 그 구조물을 '실제'로 지각하는 듯 보이는 인간 피험자의 눈으로 전달된다. 눈이나 머리의 운동, 더 나아가 때로는 마치 그 안을 걸어 다니는 듯한 다리의 움직임을 통해 피험자는 해당 구조물이 정말 실제일 경우와 마찬가지로 다양한 각도에서 이 구조물을 바라보게 된다(**그림 1.8** 참고). 우리가 어떤 대상을 의식적으로 시각화할 때 두뇌 안에서 무슨 일이 일어나는지 정확히는 모르겠지만 적어도 그와 같은 시뮬레이션을 구성하는 데 필요한 컴퓨팅과 무척 비슷하리라고 주장하는 사람들[28]도 있었다. 정말로 사람이 어떤 고정된 실제 구조물을 바라볼 때에는 머리와 눈 그리고 몸이 끊임없이 움직이기에 망막에 맺힌 상 또한 끊임없이 달라지는데도 변치 않고 지속성을 띠는 어떤 모형을 '마음의 눈'으로 구성하는 듯하다. 몸의 움직임에 대한 그와 같은 보정은 가상현실에서도 무척 큰 부분을 차지하며, 우리가 어떤 대상을 시각화할 때 일어나는 '정신적 모형'의 구성 과정에서도 그와 무척 비슷한 무언가가 일어남에 틀림없다는 의견이 그동안 제기되어 왔다. 물론 그와 같은 컴퓨팅이 모델링 대상이 되는 해당 구조물과 실제 기하학적 관련성을 지닐(또는 해당 구조물을 '반영'할) 필요는 없다. 관점 $\mathscr{A}$를 지지하는 사람들이 보기에는 실제로 우리의 의식적 시각화는 외부

그림 1.8 가상현실. 머리와 몸의 움직임에 따라 적절히 달라지도록 가상의 3차원 세계를 컴퓨팅적으로 꾸며낼 수 있다.

세계를 두고 우리 머릿속에서 일어나는 그와 같은 어떤 컴퓨팅적 시뮬레이션의 결과라 여김직하다. 하지만 나는, 우리가 시각적 장면을 의식적으로 지각할 때 개입하는 이해란 그와 같은 컴퓨팅적 시뮬레이션을 바탕으로 세계를 모델링하는 일과는 무척 다르다고 제안한다.

어떤 이의 주장에 의하면, 우리 두뇌는 '아날로그 컴퓨터'와 비슷하게 작동하고 있다고 한다. 따라서 외부 세계에 대한 모델링은 현대의 전자식 컴퓨터에서처럼 디지털 컴퓨팅을 바탕으로 이루어지기보다는 오히려 모델링 대상이 되는 외부 계의 행동을 반영하도록 자신의 물리적 행동을 바꿀 수 있는 내부의 어떤 물리적 구조를 토대로 이루어진다고 한다. 외부의 어떤 강체가 나타내는 움직임을 모델링할 아날로그 장치를 만들고자 한다면, 무척 간단한 방법이 분명히 있다. 모델링할 외부 물체와 모양이 똑같은 (그러나 크기는 다른) 조그만 물체를 실제로 내부에 갖추면 된다 — 그렇다고 우리 두뇌 안에서 바로 이런 일이 실제로 일어난다는 이야기는 물론 아니다! 이 내부 물체의 움직임을 다양한 각도에서 바라봄으로써 대외적으로는 디지털 컴퓨팅과 무척 비슷한 효과를 낼 수 있다. 그와 같은 시스템을 '가상현실' 시스템의 일부로도 활용할 수 있는데, 이 경우 해당 구조물에 대한 전적으로 컴퓨팅적인 모형을 갖추는 게 아니라 실제 물리적 모형 — 시뮬레이션할 '현실'과 크기만 다른 — 이 존재하게 된다. 일반적으로 아날로그 시뮬레이션이 이렇게까지 직접적이거나 간단하지는 않다. 가령 실제 물리적 거리를 매개변수로 활용하기보다는 전기적 전위를 사용한다든가 하는 식이다. 다만 내부 구조물을 지배하는 물리 법칙이 모델링 대상인 외부 구조물을 지배하는 물리 법칙을 무척 정확히 반영하도록 유념하기만 하면 되며, 내부 구조물이 외부 구조물을 어떻게든 자명하게 닮을(또는 '반영할') 필요는 없다.

순수 디지털 컴퓨팅으로 불가능한 일을 아날로그 장치로는 이루어낼 가능성이 있을까? §1.8에서 논의한 바와 같이, 현재의 물리학이라는 틀 안에서 보면 디지털 시뮬레이션으로 이룰 수 없는 일을 아날로그 시뮬레이션으로는 해낼 수 있으리라고 여길 만한 근거는 없다. 따라서 지금까지의 논의를 통해 우리의 시각적 상상이 비컴퓨팅적인 활동을 수행한다고 볼 수 있다면, 그러한 시각적 상상의 토대는 기존 물리학이 가진 틀 너머에서 마땅히 찾아야 한다.

1.21 수학적 상상은 비컴퓨팅적인가?

바로 앞의 논의 어디에서도 시각화 과정에서 우리가 행하는 일이 무엇이든 간에 그 일을 컴퓨팅적 방법으로는 시뮬레이션할 수 없다고 구체적으로 밝히지는 않았다. 우리가 어떤 대상을 시각화할 때에는 비록 어떤 유형의 아날로그 시스템을 활용하더라도, 그런 아날로그 장치의 행동을 적어도 디지털로 시뮬레이션해낼 수는 있을 듯 보인다.

방금 말한 '시각화'란 지금껏 대략 글자 그대로 '시각적'인 것과 관련이 있다. 달리 말하자면, 우리 눈으로부터 출발하여 두뇌에 이른 신호에 상응하는 마음속 이미지와의 관련을 염두에 두어 왔다는 뜻이다. 하지만 더 일반적으로 보자면, 마음속 이미지는 이처럼 글자 그대로의 '시각적' 성격을 띨 필요가 전혀 없다. 가령 어떤 추상적 낱말의 뜻을 이해할 때나 어떤 음악 한 소절을 떠올릴 때가 그렇다. 또 다른 예를 들자면, 태어날 때부터 장님이었던 사람의 마음속 이미지는 눈으로부터 받아들인 신호와 거의 아무런 관계가 없을 것이다. 따라서 내가 이야기하는 '시각화'란 시각 체계와 관련된 것이라기보다는 오히려 더욱 일반적인 '인식'이라는 사안과 관련이 깊다. 사실 우리의 시각화 능력을 두고 이처럼 글자 그대로의 '시각적' 관점에서 그것과 관련된 컴퓨팅적 성질이나 여타 성질에 직접 관련 있는 주장이 나온 경우를 나로서는 아직 접하지 못했다. 시각화라는 실제 행위가 틀림없이 비컴퓨팅적이라는 나의 믿음은 인간에게서 나타나는 다른 유형의 인식들이 분명히 비컴퓨팅적 성격을 띠는 듯 보인다는 사실로부터 이끌어낸 추론이다. 기하학적 시각화를 콕 집어 그 경우에 어떻게 하면 컴퓨팅 불가능성을 뒷받침할 직접적 주장이 나올 수 있을지 알아내기는 어렵지만, 의식적 인식 가운데 일부 유형들이 비컴퓨팅적임을 밝히는 설득력 있는 주장만 나와 준다면 적어도 기하학적 시각화를 담당하는 바로 그 유형의 인식 또한 비컴퓨팅적일 수밖에 없다고 충분히 볼 수 있다. 이 문제에 있어서, 의식적 이해의 다양한 징후들을 따로 따로 구분할 까닭은 굳이 없을 듯하니 말이다.

구체적인 예를 들자면, 자연수 0, 1, 2, 3, 4, …의 속성을 우리가 이해하는 방식이 바로 비컴퓨팅적인 인식이다. (우리가 이야기하는 자연수의 개념도 어떤 면에서는 비기하학적 '시각화'의 한 형태라고 볼 수도 있다.) 뒤에 §2.5에서는 알기 쉬운 형태로 정리한 괴델의 정리(질의 **Q16**에 대한 응답 참고)를 활용하여 이 이해는 임의의 유한한 규칙들의 유한한 집합으로 요약될 수 있는 것이 아님을 밝힌다. 그러면 컴퓨팅적으로 시뮬레이션해낼 수 있는 것이 아니라는 점도 자연히 드러난다. 자연수라는 개념을 '이해'하도록 어떤 컴퓨터 시스템을 '훈련'시켰다는 이야기가 가끔씩 들린다.[29] 하지만 앞으로 알게 되듯이, 이런 이야기는 참일 수 없다. 우리가 올바른 개념을 파악할 수 있는 까닭은 바로 '수'가 실제로 뜻하는 바가 무엇인지를 우리가 인식하기 때문이다. 이렇듯이 올바른 개념을 미리 지니고 있다면 수와 관련된 갖가지 질문을 받았을 때 우리는 (적어도 원리상으로는) 옳은 답변을 내놓을 수 있지만, 유한한 규칙 집합은 결코 그럴 수 없다. 직접적 인식 없이 규칙만 갖추고 있을 뿐이기에, 컴퓨터가 제어하는 로봇(딥 소트와 같은 경우. 앞의 §1.15 참조)에는 우리와 달리 한계가 있을 수밖에 없다. 비록 우리가 입력해준 행동 규칙이 충분히 똑똑하다면 로봇이 엄청난 재주를 부릴 수도 있고, 충분히 좁게 정의한 특정 영역에서라면 그중 몇 가지는 인간의 타고난 능력을 크게 뛰어넘을 여지도 있으며, 따라서 한동안은 그 로봇도 인식을 지녔다고 우리가 착각할 수도 있기는 하지만 말이다.

한 가지 짚고 넘어갈 점으로서, 디지털(또는 아날로그) 컴퓨터가 어떤 외부계를 효과적으로 시뮬레이션해낸다면, 컴퓨터가 그럴 수 있는 까닭은 십중팔구 그 바탕이 되는 수학적 개념에 대한 인간의 이해를 활용하기 때문이다. 강체의 기하학적 움직임에 대한 디지털 시뮬레이션을 생각해보자. 이에 관한 컴퓨팅은 대체로 가령 데카르트와 페르마 그리고 데자르그(Desargues) 같은 17세기의 위대한 사상가들이 내놓은 통찰에 의존하고 있다. 이들은 당시에 좌표와 사영기하학(projective geometry)이라는 개념을 내놓은 프랑스의 수학자였다. 끈이나 밧줄 가닥의 움직임에 대한 시뮬레이션은 어떨까? 끈 가닥의 행동에 관련된 제약 사항 — 즉, '매듭상태(knottedness)' — 을 이해하는 데 필요한 갖가지 기하학적 개념은 알고 보면 무척 정교하기에 그 역사가 놀랄 만큼 짧으며 이십 세기에 이르러서야 많은 발전이 이루어졌다. 실제로 손으로 하는 간단한 조작과 상식적 이해를 동원하면, 닫힌 고리를 이루지만 뒤엉켜 있는 어떤 끈이 매듭지어졌는지 여부를 알아내기란 그리 어렵지 않을 수도 있다. 하지만 그런 일을 하는 데 필요한 컴퓨팅 알고리듬은 놀랍도록 복잡하고 비효율적이다.

이렇듯 그런 대상들에 대한 디지털 시뮬레이션은 대체로 하향식으로 이루어져 왔고, 상당 부분 인간의 이해와 통찰에 기대고 있다. 그와 아주 비슷한 무언가가 인간의 두뇌에서 벌어지는 시각화 행위에서 일어날 가능성은 거의 없다. 그보다는 오히려 상향식 구성 요소들이 어떤 중요한 역할을 하여 상당한 '학습 경험'을 거친 뒤에야 비로소 시뮬레이션한 '시각적 그림'을 드러내는 쪽이 더 그럴듯해 보인다. 하지만 나로서는 이런 유형의 의문을 풀어줄 법한 상향식 공략 방법(가령, 인공 뉴럴 네트워크)을 알지 못한다. 다만 짐작해본다면 순전히 상향식 구조에 바탕을 둔 방법으로는 결과가 무척 볼품없을 듯하다. 어떤 일이 실제로 일어나고 있는지를 진정으로 이해하지 않은 채 강체의 기하학적 움직임이나 끈 토막의 움직임에 관련된 위상기하학적 제약 사항 즉, 매듭상태를 충실히 시뮬레이션해낼 수 있으리라고는 보기 어렵다.

우리 인식 — 진정한 이해에 이르려면 반드시 갖추어야 할 인식 — 의 뿌리에 자리 잡고 있을 듯한 물리적 프로세스는 어떤 유형일까? 관점 $\mathscr{C}$에서 이야기하듯 정말로 컴퓨팅적 시뮬레이션을 초월한 어떤 것일까? 추정상의 이 물리적 프로세스를 적어도 원리상으로나마 우리가 이해할 수 있기는 할까? 내가 보기에는 틀림없이 그러하며, $\mathscr{C}$야말로 과학의 입장에서 볼 때 진정으로 가능성 있는 관점이다. 그렇기에 언젠가 우리의 과학적 기준과 방법에 미묘하면서도 중요한 변화가 일어날 사태에 우리는 미리 대비하고 있어야만 한다. 우리는 뜻하지 않게 드러나는 실마리를 살필 자세를 갖추어야 하고, 진정한 이해에 관한 영역이라면 얼른 보기에 거의 관련이 없어 보이더라도 찬찬히 짚어보는 마음가짐도 지녀야 한다. 독자에게는 앞으로 이어질 논의에 마음을 열어두면서 추론과 과학적 증거에 꼼꼼히 주의를 기울여 달라고 부탁드린다. 이전까지 자명한 상식으로 여겨졌던 것과 상충하는 듯 보이는 내용도 때로는 있겠지만 말이다. 내가 가능한 한 명쾌하게 제시하려는 주장에 대해 조금이나마 생각해볼 준비를 갖춰주기 바란다. 그러면 대담하게 앞으로 나갈 수 있을 것이다.

1부의 나머지 부분에서 나는 관점 $\mathscr{C}$가 요구하는 컴퓨팅 불가능성의 토대를 이룰 법한, 물리학 그리고 온갖 생물학적 활동에 관한 사안들은 제쳐두고자 한다. 그런 문제들은 이 책의 2부에서 살핀다. 하지만 비컴퓨팅적 활동을 찾아야 할 필요성은 어디에 있을까? 그 필요성은 우리가 의식적으로 무언가를 이해할 때 실제로 비컴퓨팅적 활동을 한다는 나의 주장에서 비롯된다. 나는 이 주장을 뒷받침할 근거를 들어야 하고, 그런 까닭에 우리는 수학의 힘을 빌려야 한다.

2
괴델식 주장

2.1 괴델의 정리와 튜링 기계

우리의 사고 프로세스가 가장 순수한 형태를 띠는 경우는 바로 수학을 다룰 때이다. 만약 사고가 어떤 유형의 컴퓨팅을 수행하는 일일 뿐이라고 한다면, 우리가 수학적으로 사고할 때 그런 점이 가장 뚜렷이 드러날 테다. 하지만 알고보니 놀랍게도 실상은 정반대임이 드러났다. 오히려 수학적으로 사고할 때야말로 우리의 의식적 사고 프로세스에 컴퓨팅으로 다루지 못할 무언가가 실제로 있을 수밖에 없다는 가장 뚜렷한 증거가 나왔으니 말이다. 역설적으로 들릴지 모르겠다. 그러나 앞으로 이어질 여러 주장에서는 바로 그 점을 받아들이는 일이 가장 중요하다.

시작하기에 앞서, 독자께서는 앞으로 몇 개 절(§2.2~§2.5)에 나오는 수학에 위축되지 않기를 바란다. 물론 수리논리의 역사를 통틀어 가장 중요한 내용으로 꼽기에 한 치도 모자람이 없는 정리, 즉 쿠르트 괴델의 유명한 정리에 담긴 여러 의미를 어느 정도는 파악해야 한다. 하지만 나는 그 정리를 지극히 단순화시킨 버전(괴델 정리 발표 얼마 후 앨런 튜링이 내놓은 개념에 기댄 내용)을 제시한다. 가장 간단한 산수 말고는 수학 공식도 결코 등장하지 않는다. 내가 내놓으려는 주장이 혼란스럽다고 느낄 대목이 일부 있기는 하겠지만, 단지 혼란스러울 뿐 사전 수학 지식이 필요하다든가 하는 식의 실질적 '어려움'은 없으리라고 본다. 주장의 내용을 받아들이기까지 얼마든지 천천히 음미해도 좋으며, 스스로 그러고 싶다면 몇 번이고 다시 읽기를 부끄러워하지 않아도 된다. 나중에(§2.6~§2.10) 가서는 괴델의 정리 바탕에 놓인 더욱 구체적인 여러 통찰 가운데 몇몇을 살펴보겠지만, 그런 문제에 흥미를 느끼지 않는 독자라면 해당 부분에는 관심을 기울이지 않아도 된다.

괴델의 정리가 이루어낸 성과는 무엇일까? 때는 1930년, 뛰어난 젊은 수학자 쿠르트 괴델은 쾨니히스베르크에서 열린 학회에 참석한 세계 정상의 수학자와 논리학자들을 깜짝 놀라게 했다. 여기서 발표한 내용은 나중에 괴델의 이름을 딴 유명한 정리가 되었다. 이 정리는 수학의 토대를 이루는 근본적인 공헌 ─ 아마 앞으로 나올 그 어떤 발견보다도 가장 근본적일 공헌 ─ 이라고 금세 인정받았다. 하지만 나는 괴델이 이 정리를 확립하는 과정을 통해, 마음을 다루는 철학 분야에서도 큰 첫걸음을 내디뎠다고 본다.

괴델이 반박의 여지없이 밝혀낸 내용에 따르면, 견실한 수학적 증명 규칙으로 이루어진 그 어떤 형식체계도 참인 명제를 모두 증명해낼 수는 없다고 한다. 이는 확실히 그 자체만으로도 놀랄 만한 이야기이나, 그에 더해 한 가지 유력한 주장이 나올 수 있다. 즉, 더 나아가 괴델의 정리에 따르면 인간의 이해와 통찰이란 것은 그 어떤 컴퓨팅 규칙의 집합으로도 환원할 수 없음이 밝혀진 것이다. 그가 보여준 바에 따르면 원리상으로 인간이 직관과 통찰에 기대어 참임을 쉽게 이해할 수 있는 산수의 명제들조차 그 어떤 규칙 체계로도 도저히 증명할 길이 없기 때문이다. 따라서 인간의 직관과 통찰은 그 어떤 규칙의 집합으로도 환원할 길이 없다. 여기서 내가 달성하려는 목적 가운데 일부를 밝혀두자면 이렇다. 나는 방금 제기한 주장을 괴델의 정리가 실제로 입증해보이고 있다는 점 그리고 인간의 사고에는 (오늘날 우리가 말하는 '컴퓨터'라는 용어에 비추어 볼 때) 컴퓨터로 감당해낼 수 있는 수준을 넘어선 면이 있다는 나의 주장에 괴델의 정리가 토대 역할을 해준다는 점, 이 두 가지를 독자에게 설득시키고자 한다.

'형식체계'가 무슨 뜻인지 굳이 정의하지 않아도 나의 핵심 주장을 이야기하는 데 별 지장은 없다(하지만 §2.7 참고). 대신에 1936년 무렵에 튜링(그리고 다른 이들, 주로 처치와 포스트)이 내놓아 우리가 지금 '컴퓨팅' 또는 '알고리듬'이라 부르는 유형의 프로세스를 규정하는 데 근본적으로 공헌한 내용을 끌어다 활용할 참이다. 수학적 형식체계로 이끌어낼 수 있는 결과와 방금 이야기한 그런 프로세스는 결과적으로 등가이므로, 컴퓨팅이나 알고리듬이라는 말이 뜻하는 바를 웬만큼 뚜렷이 알고 있다면 형식체계란 실제로 무엇인지에 대한 지식은 중요하지 않으리라고 본다. 컴퓨팅이나 알고리듬이라는 말의 뜻에 대해서조차도 엄밀한 정의는 필요하지 않을 것이다.

내가 이전에 낸 책 『황제의 새 마음』(ENM 2장 참고)을 잘 아는 독자들이라면 알고리듬이란 튜링 기계가 수행할 수 있는 대상임을 알 것이다. 여기서 튜링 기계란 수학적 관점에서 볼 때 이상적인 컴퓨터를 가리킨다고 보면 된다. 이 기계는 한 단계 한 단계 절차를 밟아 나가며 활동을 수행하는데, 각 단계는 해당 기계가 매순간 읽어 들이고 있는 '테이프'에 찍힌 표시의 내용 그리고 해당 기계의 (이산적으로 정의한) '내부 상태'를 바탕으로 완전히 규정할 수 있다. 이 기계에서 나타날 수 있는 상이한 내부 상태들은 그 개수가 유한해야 하며 테이프에 찍힌 표시의 총 개수도 유한해야 한다. 다만 테이프의 길이는 아무런 제약이 없다. 이 기계는 특정한 어떤 상태에서 활동을 시작하는데, 가령 그 상태를 '0'이라고 하자. 그리고 기계에 내리는 지시 내용은 테이프에 담겨 기계로 들어가며, 이진수('0'과 '1'로 이루어진 수열) 형태라고 하자. 그러면 기계는 이들 지시 내용을 읽어 들이기 시작하면서, 내장된 단계별 절차에 따라 명확한 방식으로 테이프를 움직이며(또는 결국 마찬가지이지만 스스로 테이프를 따라 움직이며) 나아간다. 이 절차는 각 단계마다 기계의 내부 상태와 당시에 읽어 들인 숫자를 바탕으로 결정된다. 그러면서 이 기계는 표시를 지우거나 새 표시를 찍는데, 이때에도 역시 방금 이야기한 절차를 따른다. 이런 식으로 특정한 지시 내용, 즉 '멈춤(STOP)'에 이를 때까지 계속 나아간다. 멈춤에 이르면 (그리고 멈춤에 이르렀을 때에만) 기계는 그때까지 수행해 오던 컴퓨팅의 답을 테이프에 표시하고 활동을 마친다. 그러고 나면 기계는 다음 컴퓨팅을 수행할 수 있는 상태가 된다.

특정한 어떤 튜링 기계를 가리켜 보편 튜링 기계라 하는데, 온갖 튜링 기계를 모두 흉내 낼 수 있는 능력을 갖추었을 때 그렇게 부른다. 그러니 보편 튜링 기계라면 예외 없이 어떤 컴퓨팅(또는 알고리듬)을 시키든 다 수행해낼 수 있는 능력을 지닌다고 보면 된다. 현대식 컴퓨터는 자잘한 내부 구성을 살핀다면 이 경우와 무척 다르나(그리고 내부의 '작업 공간'이 무척 크기는 해도 튜링 머신의 이상적인 테이프처럼 무한하지는 않다), 사실상 현대식 범용 컴퓨터는 모두 실제로 보편 튜링 기계이다.

2.2 컴퓨팅

이제 컴퓨팅에 관심을 기울여보자. 내가 이야기하는 컴퓨팅(또는 알고리듬)이란 구체적으로는 어떤 튜링 기계의 활동, 즉 결과적으로 단지 컴퓨터가 어떤 프로그램에 따라 수행하는 조작을 뜻한다. 여기서 한 가지 알고 있어야 할 점이 있다. 컴퓨팅이란 그저 산수에 얽힌 평범한 연산, 가령 수의 덧셈이나 곱셈 등을 수행하는 데 그치지만 않고 다른 요소도 개입될 수 있다는 것이다. 잘 정의된 논리 연산도 컴퓨팅의 한 부분을 이룰 수 있다. 컴퓨팅의 한 사례로서 다음과 같은 과제를 살펴보자.

(A) 세 개의 정사각수(square number)들의 합이 아닌 수를 하나 찾아라.

여기서 '수'란 '자연수'를 뜻한다. 즉, 다음 수 가운데 하나이다.

$$0, 1, 2, 3, 4, 5, 6, 7, 8, 9, 10, 11, 12, \cdots.$$

정사각수란 어떤 자연수를 제곱한 수이다. 즉, 다음 수 가운데 하나이다.

$$0, 1, 4, 9, 16, 25, 36, \cdots,$$

이 수들을 각각 풀어 쓰면

$$0 \times 0 = 0^2, \ 1 \times 1 = 1^2, \ 2 \times 2 = 2^2, \ 3 \times 3 = 3^2, \ 4 \times 4 = 4^2, \ 5 \times 5 = 5^2,$$
$$6 \times 6 = 6^2, \ \cdots$$

과 같다. 그런 수를 '정사각'이라 부르는 까닭은 다음과 같이 정사각형 배열로 나타낼 수 있기 때문이다. (0을 나타내는 빈 배열도 포함)

$$, \quad *, \quad \begin{matrix} * \ * \\ * \ * \end{matrix}, \quad \begin{matrix} * \ * \ * \\ * \ * \ * \\ * \ * \ * \end{matrix}, \quad \begin{matrix} * \ * \ * \ * \\ * \ * \ * \ * \\ * \ * \ * \ * \\ * \ * \ * \ * \end{matrix}, \quad \cdots$$

이제 컴퓨팅 (A)는 다음과 같이 진행할 수 있다. 0부터 시작하여 차례로 한 번에 하나씩 자연수를 취하고, 세 정사각수의 합인지 여부를 살핀다. 이때 그 수 자신보다 크지 않은 정사각수만 살피면 된다. 그러니 각 자연수에 대해 살펴보아야 할 정사각수의 개수는 유한하다. 합이 해당 자연수가 되는 정사각수 셋을 찾았다면 컴퓨팅은 다음 자연수로 넘어가고, 마찬가지로 합이 해당 자연수가 되는 세 정사각수(각각은 해당 자연수 자신과 견주어 크지 않은)가 있는지 살펴본다. 이 컴퓨팅이 멈출 조건은 단 하나로, 어떤 자연수에 대해 이런 세 정사각수 조합을 모두 살펴보았는데도 합이 해당 자연수가 되는 조합은 없을 때이다. 이 과정이 어떻게 돌아가는지 0부터 시작하여 짚어보자. 이 경우 $0^2 + 0^2 + 0^2$이고, 따라서 실제로 세 정사각수의 합이다. 다음으로 1을 살펴보면 $0^2 + 0^2 + 0^2$은 아니나 $0^2 + 0^2 + 1^2$이기는 하다. 이제 컴퓨팅은 2로 넘어가고 $0^2 + 0^2 + 0^2$ 또는 $0^2 + 0^2 + 1^2$은 아니나 $0^2 + 1^2 + 1^2$임을 알아낸다. 이번에는 3으로 넘어가고 $3 = 1^2 + 1^2 + 1^2$임이 드러난다. 다음은 4인데, $4 = 0^2 + 0^2 + 2^2$이다. 또 다음은 $5 = 0^2 + 1^2 + 2^2$이고, 그 다음으로 $6 = 1^2 + 1^2 + 2^2$임을 알아낸 뒤에는 7로 넘어가며, 이때 (각각 7보다 크지 않은) 세 정사각수의 조합을 모두 살펴보면 다음과 같은데

$$0^2 + 0^2 + 0^2. \quad 0^2 + 0^2 + 1^2. \quad 0^2 + 0^2 + 2^2. \quad 0^2 + 1^2 + 1^2. \quad 0^2 + 1^2 + 2^2.$$
$$0^2 + 2^2 + 2^2. \quad 1^2 + 1^2 + 1^2. \quad 1^2 + 1^2 + 2^2. \quad 1^2 + 2^2 + 2^2. \quad 2^2 + 2^2 + 2^2.$$

이 가운데 합이 7인 조합은 없고, 따라서 컴퓨팅은 멈추며 우리는 결론에 이른다. 7은 우리가 찾는 유형, 곧 세 정사각수의 합이 아닌 수이다.

2.3 멈추지 않는 컴퓨팅

하지만 컴퓨팅 (A)는 운이 좋은 경우다. 가령 다음과 같은 컴퓨팅을 하려 들었다고 생각해보자.

(B) 네 개의 정사각수들의 합이 아닌 수를 하나 찾아라.

이 경우 7을 살펴보면 $7 = 1^2 + 1^2 + 1^2 + 2^2$이므로 네 정사각수의 합임을 알 수 있다. 따라서 8로 넘어가야 하고, $8 = 0^2 + 0^2 + 2^2 + 2^2$이니 9로 가며, $9 = 0^2 +$

$0^2 + 0^2 + 3^2$이라 또 넘어가면 $10 = 0^2 + 0^2 + 1^2 + 3^2$ 등으로 이어진다. 컴퓨팅은 계속 이어지는데, $\cdots$ $23 = 1^2 + 2^2 + 3^2 + 3^2$, $24 = 0^2 + 2^2 + 2^2 + 4^2$, $\cdots$, $359 = 1^2 + 3^2 + 5^2 + 18^2$ $\cdots$, 이 뒤로도 계속 이어져 나간다. 이쯤 되면 이 컴퓨팅의 답이 믿을 수 없을 만큼 크며 우리 컴퓨터가 답을 찾아내려면 엄청나게 긴 시간과 막대한 저장 공간이 필요하리라고 여길지 모른다. 사실 애당초 답이 있기는 한지 의아한 생각이 들기 시작할 수도 있다. 이 컴퓨팅은 이어지고 이어지기를 거듭하는 듯하며, 결코 멈출 법하지 않아 보인다. 옳은 생각이다. 이 컴퓨팅은 결코 끝나지 않기 때문이다! 위 내용은 프랑스의 위대한 (이탈리아계) 수학자 조지프 L. 라그랑주(Joseph L. Lagrange)가 1770년에 처음 증명해낸 유명한 정리로, 그에 따르면 모든 수는 실제로 네 정사각수의 합이다. 그러나 증명하기가 그리 만만치는 않다. (심지어 라그랑주와 같은 시대에 살았던 스위스의 위대한 수학자 레온하르트 오일러(Leonhard Euler) — 믿기 어려운 수학적 통찰력과 독창성을 바탕으로 왕성하게 활동했던 수학자 — 조차도 증명을 시도했지만 실패하고 말았다.)

여기서 라그랑주의 주장을 미주알고주알 늘어놓아 독자를 괴롭힐 생각은 조금도 없으니, 그 대신 훨씬 더 간단한 문제를 생각해보자.

(C) 두 짝수의 합인 홀수를 하나 찾아라.

이 컴퓨팅은 결코 끝나지 않으리라는 점을 독자도 자명하게 느낀다면 좋겠다! 짝수, 바꾸어 말하면 2의 배수인

$$0, 2, 4, 6, 8, 10, 12, 14, 16, \cdots,$$

을 서로 더하면 늘 짝수가 나오고, 따라서 홀수, 즉 짝수를 제외하고 남은

$$1, 3, 5, 7, 9, 11, 13, 15, 17, \cdots,$$

가운데 두 짝수의 합인 수는 존재할 수가 없다.

방금 든 두 사례((B)와 (C))에서 컴퓨팅이 결코 끝나지 않는 상황을 살펴보았다. 첫 번째 예에서는 그 사실이 참이기는 하지만 그 점을 알아내기는 도무지 어려웠고, 반면 두 번째 예에서는 끝나지 않음이 정말로 자명하다. 이제 또 다른 예를 들어보자.

(D) 2보다 크면서 두 소수의 합이 아닌 짝수를 하나 찾아라.

소수란 (0이나 1을 제외한) 자연수로서 자기 자신이나 1 이외에는 인수가 없는 수임을 상기하자. 따라서 다음과 같은 수 가운데 하나를 가리킨다.

$$2, 3, 5, 7, 11, 13, 17, 19, 23, \cdots,$$

컴퓨팅 (D)도 끝나지 않을 가능성이 무척 크지만, 그렇게 확신할 수 있는 사람은 아무도 없다. 이 점은 골드바흐(Goldbach)가 1742년에 오일러에게 보낸 편지에서 처음 이야기했던 저 유명한 '골드바흐 추측'이 참인지 거짓인지에 달려 있으나, 오늘에 이르기까지도 증명되지 않았기 때문이다.

2.4 컴퓨팅이 멈추지 않을 것임을 어떻게 알아내는가?

이제 우리는 컴퓨팅이 끝날 수 있지만 그러지 않을 수도 있다는 사실 그리고 더 나아가 끝나지 않는 경우 그 점을 알아내기가 쉬울 수 있지만 무척 어려울 수도 있음을 알게 되었다.

심지어 너무 어려운 나머지 그 누구도 확실히 컴퓨팅이 끝나는지 여부를 확인할 수 없는 경우도 있다. 수학자들은 어떤 컴퓨팅이 실제로 끝나지 않음을 서로에게 또는 수학자 아닌 이들에게 납득시킬 때 어떤 절차를 따를까? 이런 유형의 일들을 알아내려 할 때 그들 스스로도 어떤 컴퓨팅적(또는 알고리듬적) 절차를 따를까? 이 의문에 답하려 들기에 앞서, 또 다른 예를 하나 더 살펴보자. 이 예는 자명했던 (C)보다는 좀 더 어렵지만 그래도 (B)보다는 훨씬 쉽다. 때때로 이 방법은 수학자들이 결론에 이를 때 쓰는 것인데, 자세히 설명해보겠다.

이 사례에는 정육각수(hexagonal numbers)라고 부르는 다음과 같은 수가 나온다.

$$1, 7, 19, 37, 61, 91, 127, \cdots,$$

달리 말하면 정육각형 배열로 정리할 수 있는 수를 가리킨다. (이번에는 빈 배열은 제외한다.)

```
                                        *  *  *  *
                          *  *  *      *  *  *  *  *
            *  *         *  *  *  *    *  *  *  *  *  *
  *,     *  *  *  *,    *  *  *  *  *, *  *  *  *  *  *  *,  ...
            *  *         *  *  *  *    *  *  *  *  *  *
                          *  *  *      *  *  *  *  *
                                        *  *  *  *
```

이런 수는 1에서 시작하여 다음과 같은 6의 배수를 차례로 더해 가면 얻을 수 있다.

$$6, 12, 18, 24, 30, 36, \cdots,$$

그 까닭은 다음과 같이 어떤 정육각수에 정육각형 모양의 고리를 더하면 곧 그다음 정육각수가 됨을 알 수 있는데,

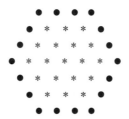

이때 이 고리를 이루는 점의 개수를 잘 보면 6의 배수일 수밖에 없고, 정육각형이 커져감에 따라 6에 곱하는 수가 매번 1씩 커지는 식이기 때문이다.

이제 1에서 시작하여 어떤 지점까지 정육각수를 차례로 더해 나가보자. 그러면 어떻게 될까?

$$1 = 1, \ 1 + 7 = 8, \ 1 + 7 + 19 = 27,$$
$$1 + 7 + 19 + 37 = 64, \ 1 + 7 + 19 + 37 + 61 = 125.$$

1, 8, 27, 64, 125라는 수의 특별한 점은 무엇일까? 이 수는 모두 입방수('cubic numbers'라고도 하며, 우리말로는 입방수 외에 세제곱수라고도 부른다. 여기서는 뒤에 그림으로 나올 설명에 맞추고자 입방수로 옮긴다-옮긴이)이다. 입방수란 다음과 같이 어떤 수 자신을 세 번 곱한 수이다.

$$1 = 1^3 = 1 \times 1 \times 1, \ 8 = 2^3 = 2 \times 2 \times 2, \ 27 = 3^3 = 3 \times 3 \times 3,$$
$$64 = 4^3 = 4 \times 4 \times 4, \ 125 = 5^3 = 5 \times 5 \times 5, \cdots.$$

이 점은 정육각수의 일반적 속성일까? 그 다음 경우를 살펴보자. 실제로 다음과 같은 결과를 얻는다.

$$1 + 7 + 19 + 37 + 61 + 91 = 216 = 6 \times 6 \times 6 = 6^3.$$

이런 흐름이 글자 그대로 영원히 계속 이어질까? 만약 그렇다면, 다음의 컴퓨

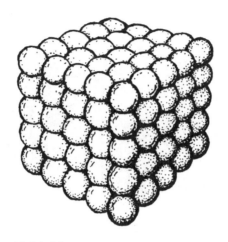

그림 2.1 구가 모여 이룬 정육각형 배열..

팅은 결코 끝나지 않을 것이다.

(E) 1에서 시작하여 정육각수를 차례로 더한 합이면서 입방수가 아닌 수를 하나 찾아라.

나는 이 컴퓨팅이 실제로 멈추지 않고서 영원히 이어짐을 여러분에게 확실히 보여주고자 한다.

우선 입방수를 그렇게 부르는 까닭은 **그림 2.1**에 보이듯이, 점이 모여 이룬 입방체 배열로 나타낼 수 있는 수이기 때문이다. 그런 배열을 꼭짓점 하나에서 시작하여 그 뒤로는 **그림 2.2**에 보이듯이, 면이 셋 나오게 배치한 구조 — 뒷벽, 옆벽, 천장으로 이루어진 — 를 차례로 쌓아올려 가며 만들어 왔다고 생각해보기 바란다.

이제 면이 셋 나오게 배치한 이 구조를 세 면이 만나 이루는 꼭짓점을 중심에 두고서 멀리 떨어진 지점에서 바라보도록 하자. 어떻게 보일까? **그림 2.3**에

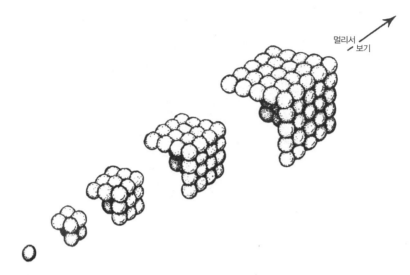

멀리서
보기

그림 2.2 입방체를 저렇게 분리시키면, 각각은 뒷벽, 옆벽, 천장으로 이루어져 있다.

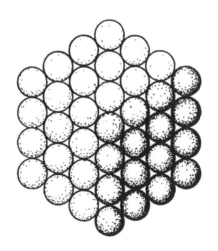

그림 2.3 각각의 조각은 정육각형으로 보인다.

서와 같은 정육각형으로 보인다(실제로 공들을 바닥에 저런 식으로 쌓았을 경우, 세 면이 만나는 지점의 공을 시선의 중심에 둔 채 시선을 위에서 아래 방향으로 약 45도 정도로 두고 바라보면 대략 정육각형 형태로 보인다. 하지만 실제로는 삼차원 상태에서 보이므로 **그림 2.3**처럼 완벽한 평면의 정육각형 모양은 아니다-옮긴이). 그리고 크기가 차례로 커져가는 이들 정육각형을 이루는 점들을 한데 모으면, 온전한 입방체 꼴을 갖추게 된다. 여기까지 생각하고 나면 이제 1에서 시작하여 정육각수를 차례로 한데 더해 갈 경우 언제나 입방수가 된다는 사실이 분명해진다. 따라서 우리는 정말로 (E)가 결코 멈추지 않음을 확인했다.

독자는 방금 내놓은 주장이 정형성을 띤 엄밀한 수학적 증명이라기보다는 다소 직관적인 쪽이 아니냐고 걱정할 수도 있다. 그러나 사실 이 주장은 완벽하게 견실하며, 여기서는 수학적 추론의 견실한 방법이면서도 미리 정해져 널리 통용되는 어떤 규칙 체계에 따라 '정형화'하지 않은 경우가 존재함을 보여주려는 목적도 일부 있다. 자연수의 일반적 속성을 이끌어내는 데 기하학적 추론을 활용한 훨씬 더 초보적인 사례로 §1.19에서 나온, $a \times b = b \times a$에 대한 증명을 꼽을 수 있다. 이 또한 정형성을 띠지는 않지만 완벽히 훌륭한 '증명'이다.

정육각수를 차례로 더해가는 식으로 방금 내놓은 추론은, 더 정형화한 수학적 증명이 바람직하다면 얼마든지 그렇게 바꿀 수 있다. 그처럼 정형성을 띤 증명의 본질적 요소는 수학적 귀납법의 원리일 텐데, 이 말은 단 하나의 컴퓨팅을 토대로 모든 자연수를 아우르는 진술의 참 거짓을 알아내는 절차를 가리킨다. 가령 이 방법을 따르면 (가령 '처음부터 n번째 정육각수들의 합은 n^3이다'처럼) 특정한 자연수 n에서 성립하는 명제 $P(n)$이 모든 n에 대해 성립함을 추론할 수 있는데, 먼저 $n = 0$일 때(여기서는 $n = 1$일 때) 이 명제가 성립함을 보일 수 있고, 뒤이어 $P(n)$이 참일 때에는 $P(n+1)$도 참임을 보일 수 있으면 된다. 수학적 귀납법을 활용하여 (E)가 결코 멈추지 않음을 어떻게 증명하는지

시시콜콜 늘어놓아 독자를 괴롭히지는 않겠으나, 흥미를 느끼는 독자라면 연습 삼아 한번 시도해보아도 좋을 것이다.

어떤 컴퓨팅이 실제로 멈추지 않는다고 할 때, 수학적 귀납법의 원리처럼 명백한 규칙들만 있으면 그 멈추지 않는 성질을 언제나 충분히 밝혀낼 수 있을까? 놀랍게도 답은 '그렇지 않다'이다. 곧 깨닫게 되겠지만 이 점은 괴델의 정리에 담긴 함의 가운데 하나인데, 중요한 내용이므로 꼭 이해하도록 하자. 딱히 수학적 귀납법만 불충분하다는 이야기가 아니고, 그 어떤 규칙 집합으로도 불충분하기 마련이라는 뜻이다. 이때 '규칙 집합'이란 어떤 경우에든 해당 규칙들을 과연 올바르게 적용했는지 온전히 컴퓨팅적으로 확인할 수 있는 정형화한 절차의 체계를 가리킨다. 그리고 보면 결코 멈추지 않는 컴퓨팅이 존재하는데도 그 사실을 수학적으로 엄밀하게 알아낼 길은 영영 없는 셈이니, 이런 결론이 비관적으로 보일 수도 있다. 하지만 괴델의 정리가 실제로 말하는 내용은 애당초 그런 이야기가 아니다. 실체 내용은 훨씬 더 긍정적으로 받아들일 수 있다. 즉, 인간 수학자 — 실은 이해와 상상력을 바탕 삼아 논리적으로 생각할 수 있는 이라면 누구나 — 가 활용할 수 있는 통찰은 결코 정형화한 규칙의 집합으로 바꾸어내지 못한다는 뜻이다. 때로는 규칙으로 이해를 일부 대신할 수 있으나, 규칙이 이해를 완전히 대체하는 일은 결코 일어나지 않는다.

2.5 컴퓨팅족과 괴델-튜링 결론 𝒢

이 점을 괴델의 정리(내가 내놓으려 하는 단순화된 형태의 정리를 가리키는데, 이는 또한 튜링의 아이디어에서 힌트를 얻은 형태이기도 하다)가 어떠한 방식으로 증명해 보이는지 알려면 지금껏 살펴온, 컴퓨팅에 대한 여러 진술의 유형을 약간 일반화시킬 필요가 있다. 앞의

(A), (B), (C), (D), (E)에서처럼 컴퓨팅이 과연 끝나기는 할지 하나씩 짚어가는 대신, 이제는 임의의 자연수 n에 종속하는 컴퓨팅, 즉 n에 따라 작동하는 컴퓨팅을 살펴본다는 뜻이다. 그러므로 그런 컴퓨팅을 $C(n)$이라 부르기로 하자. 이 표현은 어떤 컴퓨팅족(family of computations)을 나타낸다고 볼 수 있다. 이 경우 자연수 0, 1, 2, 3, 4, … 마다 별개의 컴퓨팅이 존재하는데, 달리 말하면 각 자연수마다 $C(0)$, $C(1)$, $C(2)$, $C(3)$, $C(4)$, … 라는 컴퓨팅이 존재하고, 이때 컴퓨팅이 n에 종속하는 방식 자체 또한 전적으로 컴퓨팅적이다.

튜링 기계라는 관점에서 이 이야기를 살펴보면, $C(n)$이란 곧 어떤 튜링 기계가 n이라는 수를 가지고 벌이는 활동이라고 요약할 수 있다. 즉 n이라는 수를 입력으로서 해당 기계의 테이프에 찍어 넣어주고, 그 다음부터는 그냥 이 기계가 혼자 컴퓨팅을 수행한다는 뜻이다. '튜링 기계'라는 개념이 익숙하지 않다면 평범한 범용 컴퓨터를 생각해도 되며, n은 그저 어떤 프로그램을 수행하는 컴퓨터에 주는 '데이터'라고 보아도 괜찮다. n에는 결국 구체적인 값이 들어갈 텐데, 우리의 관심사는 특정한 n값에 대해 이 컴퓨터의 활동이 언젠가 멈추는지 여부를 알아내는 일이다.

자연수 n에 종속하는 컴퓨팅이라는 말의 뜻이 분명해지도록, 다음과 같은 두 가지 예를 살펴보자.

(F) n개의 정사각수들의 합이 아닌 수를 하나 찾아라.

그리고

(G) n개의 짝수들의 합인 홀수를 하나 찾아라.

앞에서 이야기해온 바에 비추어 보면 컴퓨팅 (F)는 오직 $n = 0, 1, 2, 3$일 때에만 멈춘다는 점(각 경우에 대해 1, 2, 3, 7이라는 수를 찾으면서 멈추게 된다)과 (G)는 n의 값이 무엇이든 간에 결코 멈추지 않음을 분명히 알 수 있다. (F)의 경우 n이 4 이상일 때는 멈추지 않음을 실제로 알아내려 든다면 만만찮은 수학(라그랑주의 증명)이 필요하다. 반면 (G)가 어떤 n에 대해서도 멈추지 않음은 자명하다. 수학자가 이처럼 갖가지 컴퓨팅의 멈추지 않는 성질을 알아내는 데 일반적으로 활용할 수 있는 절차는 무엇일까? 그런 절차를 과연 컴퓨팅적인 형태로 나타낼 수 있을까?

이제 어떤 컴퓨팅적 절차 A가 있어서, 이 절차가 끝난다면,* 가령 $C(n)$ 같은 컴퓨팅이 실제로 영원히 멈추지 않음이 증명된다고 가정하자. 컴퓨팅이 멈추지 않음을 확실히 증명하고자 할 때 인간 수학자가 활용할 수 있는 모든 절차가 A에 담겨 있다고 상상하자는 말이다. 그 경우 어쨌거나 A 자신이 언젠가 끝나기만 한다면 해당 컴퓨팅은 영영 멈추지 않는다는 증명 — 인간이 이끌어낸 증명과 다르지 않은 — 이 나오게 된다. 이제 곧 이어질 대부분의 주장에서 A가 지닌 이런 특별한 역할을 굳이 유념해야 할 경우는 거의 없다. 우리는 다만 수학적 추론에만 조금 관심을 기울이면 된다. 그러나 최종 결론인 $\mathscr{G}$를 이끌어낼 때에는 실제로 A가 이런 역할을 한다고 여겨야 할 것이다.

$C(n)$이 실제로 멈추지 않을 때 A가 언제나 그것을 알아낼 수 있어야 한다고까지 보진 않는다. 하지만 A가 그릇된 답을 내는 일은 결코 없어야 한다고 보며, 이 말은 곧 A가 $C(n)$은 멈추지 않는다는 결론에 이르렀다면 $C(n)$은 정말로 멈추지 않아야 한다는 뜻이다. 이처럼 실제로 A가 그릇된 답을 내지 않는다면, 그런 A를 가리켜 견실하다고 말한다.

---

* 지금 논의에서는 절차 A가 어쨌든 끝난다면 이는 곧 $C(n)$이 결코 멈추지 않음을 성공적으로 증명해냈음을 가리킨다고 본다. 한편 만일 A가 증명에 '성공'하지 않았는데도 다른 까닭으로 '옴짝달싹하지 못하는' 일이 벌어진다면 A가 올바르게 끝나지 못했다고 보아야 하겠다. 앞으로 나올 질의 **Q3, Q4**를 참고하고, 부록 A도 참고하자.

한 가지 짚어두어야 할 점은, 만약 A가 실제로 견실하지 않다면 원리상으로 어떤 직접적 계산을 통해 그러한 사실을 알아낼 수 있으리라는 것이다. 즉 견실하지 않은 A는 컴퓨팅적으로 걸러낼 수 있다(이러한 맥락에서, 이 책에서는 이후 견실한(sound)이라고 말할 때 knowably라는 표현을 붙여 knowably sound, 즉 '알 수 있는 방식으로 견실한'이라고 언급한다. 한국어 표현상 자연스럽지 않은 데다 지금 이 대목에서 '알 수 있는 방식으로'라는 의미가 충분히 설명되었다고 보이므로 추후 번역에서는 굳이 '알 수 있는 방식으로'를 붙이지 않고 옮기도록 한다-옮긴이) $C(n)$이 사실은 끝나는데도 영영 끝나지 않는다고 A가 잘못 판단할 경우 컴퓨팅 $C(n)$을 실제로 수행해보면 결국에는 A가 논박당할 수 있기 때문이다. (그와 같은 컴퓨팅을 과연 실제로 수행할 수 있느냐는 별개의 문제로서, **Q8**에서 논의한다.)

갖가지 컴퓨팅에 일반적으로 A를 적용하려면 다양한 컴퓨팅 $C(n)$을 모두 부호로 나타낼 방법이 있어야 그 결과를 바탕으로 A가 제대로 작동할 수 있다. 컴퓨팅 C에서 나올 수 있는 다양한 경우는 실제로 모두 늘어놓을 수 있다. 가령 이런 식이다.

$$C_0, C_1, C_2, C_3, C_4, C_5, \cdots.$$

그리고 C_q를 q번째 컴퓨팅이라고 부를 수 있다. 이런 컴퓨팅을 특정한 수 n에 적용할 경우에는 다음과 같이 표기한다.

$$C_0(n), C_1(n), C_2(n), C_3(n), C_4(n), C_5(n), \cdots.$$

여기서 순서는 그냥 있는 그대로 받아들이면 되는데, 가령 여러 컴퓨터 프로그램을 어찌어찌 순서 매겨 늘어놓았다고 보면 된다. (더 분명하게 말하자면, ENM에서 이야기했던 튜링 기계 번호 매김에 따라 나온 순서라 여기고 싶다면 얼마든지 그래도 좋으며, 그렇게 볼 경우 $C_q(n)$은 n에 따라 활동하는 q번째 튜링 기계 T_q의 활동이 된다.) 여기서 중요한 기술적인 내용이 한 가지 있는데, 이 목록이 컴퓨팅 가능하다는 점이다. 즉, q를 정해주면 C_q를 내놓는 단일한* 컴퓨팅 $C_\bullet$가 존재한다는 뜻이다. 더 정확히 말하면 컴퓨팅 $C_\bullet$는 q, n이라는 순서쌍(즉, q가 앞서고 n이 뒤따름)에 따라 활동하여 $C_q(n)$을 내놓는다.

　이제 절차 A는 q, n이라는 수 한 쌍을 받아 컴퓨팅 $C_q(n)$이 언제까지나 결코 정지하지 않음을 알아내려 하는 특정한 컴퓨팅이라고 볼 수 있다. 그러니 컴퓨팅 A가 끝나면 $C_q(n)$이 정지하지 않는다는 증명이 이루어진다. 앞에서 이야기했던 대로, 다양한 컴퓨팅이 결코 정지하지 않으리라는 점을 유효하게 판단하려 할 때 인간 수학자가 활용할 수 있는 모든 절차를 정형화한 결과가 A라고 상상하면 되겠지만, 지금 당장은 A를 그렇게 바라보지 않아도 괜찮다. A는 $C_q(n)$이라는 어떤 컴퓨팅 무리가 영원히 정지하지 않음을 알아내는 데 이용할 견실한 컴퓨팅적 규칙 집합이기만 하면 된다. q와 n이라는 두 수에 종속되어 있으므로 A가 수행하는 컴퓨팅은 $A(q, n)$으로 표기할 수 있고 그러면 다음을 얻는다.

(H) $A(q, n)$이 멈춘다면 $C_q(n)$은 멈추지 않는다.

이제 (H)에서 특히 q가 n과 같을 때를 살펴보자. 이상한 행동처럼 보일 수는 있으나, 이치에 어긋나는 점은 조금도 없다. (이 조치는 강력한 '대각선 논법(diagonal slash)'의 첫 단계이다. 대각 논법이란 19세기 덴마크/러시아/독일의 매우 독창적이면서도 유력한 수학자 게오르크 칸토어(Georg Cantor, 게오르크 칸토어는 러시아 태생의 독일 수학자이나, 아버지가 덴마크 태생의 유대인이어

---

* 실제로 이 결과는 보편 튜링 기계에 q, n이라는 수 한 쌍을 주고 활동하도록 하여 정확히 얻어낼 수 있다. 부록 A와 ENM 51~57쪽(국내판 97~110쪽) 참고.

서 실제로 생전에 덴마크인, 러시아인, 독일인, 유대인으로 다양하게 불리기도 했다. 한편 '/' 기호를 영어로는 '슬래시(slash)'라 부르는데, 저자는 방금 나온 '대각선 논법(diagonal slash)'에도 '슬래시'라는 말이 들어 있는 점에 기대어 칸토어의 국적을 '덴마크/러시아/독일'로 표시함으로써 살짝 농담을 한 마디 던진 셈이다-옮긴이)가 발견한 절차로, 괴델과 튜링의 주장에서도 핵심적 역할을 한다.) q가 n과 같다고 하면 다음을 얻는다.

(I) $A(n, n)$이 멈춘다면 $C_n(n)$은 멈추지 않는다.

이제 $A(n, n)$이 종속되는 수는 n이라는 수 하나뿐으로 더 이상 둘이 아님을 알 수 있고, 따라서 $A(n, n)$은 C_0, C_1, C_2, C_3, … (n에 자연수의 값들을 적용한 결과) 가운데 하나임에 틀림없다. 왜냐하면 이것은 단일한 자연수 n으로 수행할 수 있는 모든 컴퓨팅의 목록이기 때문이다. 그 하나를 구체적으로 C_k라 하면 다음을 얻는다.

(J) $A(n, n) = C_k(n)$.

이제 $n = k$라는 특정한 값을 넣고 살펴보자. (이 조치는 칸토어의 대각선 논법에서 둘째 부분이다!) 그러면 (J)로부터 다음을 얻는다.

(K) $A(k, k) = C_k(k)$.

또한 (I)에서 $n = k$로 두면 다음과 같다.

(L) $A(k, k)$가 멈춘다면 $C_k(k)$는 멈추지 않는다.

(K)를 (L)에 치환해 넣으면 결국

(M) $C_k(k)$가 멈춘다면 $C_k(k)$는 멈추지 않는다.

이로부터 $C_k(k)$는 사실은 멈추지 않는다고 추론할 수밖에 없다. ((M)에 비추어 볼 때, $C_k(k)$가 멈춘다면 $C_k(k)$는 멈추지 않으므로!) 그러나 그 경우 $A(k, k)$도 멈출 수 없는데, (K)에 따르면 $A(k, k)$는 $C_k(k)$와 같기 때문이다. 그러므로 이 특정한 컴퓨팅 $C_k(k)$가 멈추지 않더라도 절차 A는 그것을 알아낼 수 없다.

뿐만 아니라 A가 견실함을 우리가 안다면 우리는 $C_k(k)$가 멈추지 않을 것이라는 점도 안다. 따라서 우리는 A가 확인시켜줄 수 없는 어떤 것을 아는 셈이다. 그러니 우리가 이해하는 바를 A가 온전히 담아낼 수는 없다.

앞에서 이야기했던 대로, 신중한 독자라면 이쯤에서 지금 나온 주장 전체를 다시 읽어보며 무슨 '손재주'를 부리지는 않았는지 확인하고 싶어질 법도 하다! 이 주장에는 과연 속임수를 쓴 마술 같은 느낌이 있지만, 이치에 어긋나는 점은 조금도 없고, 꼼꼼히 살피면 살필수록 더욱 확고해지기만 할 뿐이다. 멈추지 않는 컴퓨팅 $C_k(k)$를 찾아냈으나, 주어진 컴퓨팅적 절차 A는 $C_k(k)$가 멈추지 않음을 알아낼 만큼 강력하지 않다는 점 또한 밝혀냈다. 이것이 바로 내게 필요한 유형의 괴델(-튜링) 정리이다. 임의의 컴퓨팅 절차 A가 다른 컴퓨팅이 멈추지 않음을 확인하기 위한 목적을 지닐 경우, A가 견실함을 우리가 아는 한 언제나 이 정리를 적용할 수 있다. 그러므로 추론하자면, 견실한 어떤 컴퓨팅적 규칙 집합(이를테면 A 같은)을 활용하여 컴퓨팅이 멈추지 않음을 알아내려 한다면, 실제로 멈추지 않는데도 그 점을 알아내지 못하는 경우가 반드시 있다. 그런 규칙으로는 다루지 못할 멈추지 않는 컴퓨팅(이를테면 $C_k(k)$ 같은)이 존재하기 때문이다. 더욱이 A에 대해서 알고 A가 견실하다는 점도 알고 있다면 영원히 멈추지 않을 컴퓨팅 $C_k(k)$를 실제로 구성해낼 수 있으니, 추론하자면 A의 내용이 무엇이든 간에 A는 해당 컴퓨팅이 멈추지 않음을 알아내려 할 때 수학자들이 활용할 수 있는 절차를 공식화한 것이라고 볼 수 없다. 그러므로

    𝒢 인간 수학자는 수학적 진리를 확인하기 위해 견실한 알고리듬을 활용하지 않는다.

내가 보기에 이 결론은 피할 수 없다. 하지만 많은 이들이 그간 (아래 §2.6과 § 2.10의 질의 **Q1~Q20**에 요약해둔 바와 같은 반박을 들어 보이며) 반론을 시도했다. 즉, 우리의 사고 프로세스 안에 근본적으로 비컴퓨팅적인 무언가가 있음에 틀림없다는 강력한 추론에 맞서 분명 많은 이들이 반론을 제기해왔다. 컴퓨팅의 추상적 성질을 다루는 이런 수학적 추론을 갖고서, 인간의 마음에서 일어나는 작용에 대해 도대체 무슨 이야기를 할 수 있을지 독자들께선 정말로 의아함을 느낄지 모른다. 그런 추론 가운데 어느 하나라도 의식적 인식이라는 사안과 애당초 관련이 있기는 할까? 있다면 어떤 관련일까? 이에 답하자면, 앞의 논의에는 실제로 이해라는 정신적 자질 — 컴퓨팅이라는 일반적 사안에 얽힌 — 에 대한 무척 의미 있는 이야기가 담겨 있고, 이해라는 자질이 나타나려면 §1.12에서 주장했던 대로 먼저 의식적 인식이 있어야 한다. 앞의 내용은 과연 대부분이 수학적 추론을 제시할 뿐이기는 하나, 놓치지 말아야 할 점이 있는데 바로 알고리듬 A가 서로 무척 다른 두 층위에서 논변에 개입한다는 사실이다. 한 층위에서는 A를 그냥 이런저런 속성을 갖춘 단지 어떤 알고리듬일 뿐이라고 취급하지만, 다른 한 층위에서는 A를 어떤 컴퓨팅이 멈추지 않으리라는 점을 우리가 믿기 위해서 실제로 '우리가 이용하는 알고리듬'으로 간주하려고 한다. 이 논의는 그저 컴퓨팅을 다루는 데 그치지 않으며, 어떤 수학적 주장 — 여기서는 $C_k(k)$의 멈추지 않는 성질 — 의 유효성을 추론해내려 할 때 우리

가 의식적 이해를 어떻게 활용하는지도 다루고 있다. 우리가 그와 같은 의식적 활동과 한낱 컴퓨팅 사이의 근본적 충돌을 드러내는 결론에 이를 수 있는 까닭은 바로 알고리듬 A를 바라보는 서로 다른 두 층위 — 의식적 활동이라고 추측하는 경우와 컴퓨팅 그 자체라 여기는 경우 — 의 사이에서 일어나는 상호작용 덕분이다.

하지만 이 논의에는 허술한 곳이 있을 수도 있고 제기될 만한 반론들 또한 실제로 있으니, 이들은 반드시 살펴보아야 한다. 첫째로, 지금 이 장의 나머지 부분에서는 결론 $\mathcal{G}$에 맞서 나온 반론 가운데 나의 주의를 끈 주장 — §2.6과 §2.10에서 다룰 질의 **Q1~Q20**을 가리키며, 그 안에는 나 자신이 내놓은 반론도 몇 건 있다 — 은 하나도 빠짐없이 무척 꼼꼼히 짚어보려 한다. 이런 반론 하나하나마다 힘이 닿는 한 꼼꼼히 답할 생각인데, 결론 $\mathcal{G}$는 이 가운데 어디에도 딱히 크게 걸려 넘어지지 않고 빠져나감을 알게 될 것이다. 다음으로 3장에서는 $\mathcal{G}$ 자체의 여러 의미를 살펴보려 한다. 그 결과 $\mathcal{G}$는 수학에 대한 의식적 이해를 컴퓨팅적 수단 — 하향식이든 상향식이든 또는 이 둘의 그 어떤 조합이든 간에 — 으로는 애당초 올바르게 모델링할 길이 없음을 뒷받침하는 무척 강력한 근거가 된다는 점을 깨닫게 될 것이다. 이 결론대로라면 우리는 더 이상 기댈 곳이 아무 데도 없어지는 셈이니 두려움을 느끼는 이도 많을 법한데, 이 책의 2부에서는 좀 더 긍정적인 길로 나아가려 한다. 내가 믿는 바를 구체화하여 두뇌 활동 — 가령 이런 종류의 주장을 짚어갈 때 일어나는 바와 같은 — 의 바탕을 이룸직한 물리적 프로세스를 설득력 있는 과학적 주장의 형태로 제시하려 하며, 그런 프로세스는 도저히 컴퓨팅적으로 기술할 길이 없음을 구체적으로 보일 생각이다.

2.6 𝒢에 던질 만한 기술적 반론

독자는 결론 𝒢가 그 자체만으로도 꽤 놀랍다고 느낄지 모른다. 결론에 이르는 논의의 요소들이 무척 단순하다는 점을 생각하면 특히 그렇다. 더 나아가 3장에서 컴퓨터로 제어되어 수학을 수행하는 지능적인 로봇을 만들어낼 가능성과 관련하여 𝒢가 어떤 의미를 지니는지 살펴보기에 앞서, 𝒢를 추론해낸 과정에 얽힌 기술적 요소들을 무척 꼼꼼히 짚어보아야 한다. 만약 기술적으로 있을 법한 그런 빈틈에는 별로 관심이 없고 결론 𝒢, 즉 수학자가 수학적 진리를 알아내려 할 때에는 견실한 알고리듬을 활용하지 않는다는 것을 받아들일 준비가 끝난 독자라면 (적어도 지금 당장은) 이 논의를 건너뛰고 곧바로 3장으로 넘어가도 좋다. 이와 더불어, 수학 및 그 외의 대상에 관한 우리의 이해에는 알고리듬적 설명이 애당초 불가능하다는 더 강한 결론마저 받아들일 준비를 마쳤다면 아예 곧바로 2부로 넘어가도 좋다. 다만 (3장의 핵심 내용을 요약해놓은) §3.23의 가상 대화와 §3.28의 결론 정도만 잠시 훑어보면 될 것이다.

§2.5에 나온 유형의 괴델 논변에는 수학적으로 사람들이 흔히 우려하는 다음과 같은 의문들이 뒤따른다. 어떤 것인지 하나씩 차분하게 살펴보자.

Q1. 나는 처음에 A를 그저 하나의 단일한 절차라고 여겼지만, 분명 우리는 수학적 논의를 이어가는 과정에서 여러 추론을 다양하게 이용한다. 가능한 'A'를 모두 다루었어야 하지 않을까?

사실 내가 했던 대로 표현하더라도 일반성이 모자라는 점은 조금도 없다. 알고리듬 절차 $A_1, A_2, A_3, \cdots, A_r$로 이루어진 임의의 유한한 목록은 늘 알고리듬 A 하나로 다시 표현해낼 수 있고, 이때 개별 알고리듬 $A_1, \cdots, A_r$ 전부가 멈추지 못할 경우에만 A도 멈추지 못하게 된다. (A의 절차는 대강 다음과 같이 흘러갈 수 있다. 'A_1의 첫 번째 10단계를 밟아간다, 그 결과를 기억해둔다, A_2의 첫 번째 10단계를 밟아간다, 그 결과를 기억해둔다, A_3의 첫 번째 10단계를 밟아간다, 그 결과를 기억해둔다, 그렇게 계속해서 A_r까지 나아간다, 그 다음에는 다시 A_1으로 돌아가 A_1의 두 번째 10단계를 밟아간다, 그 결과를 기억해둔다, 그렇게 계속 나아가고, 두 번째 단계를 마치면 그 뒤에는 세 번째 10단계를 밟아간다 등등으로 거듭하되, A_r 가운데 어느 하나라도 멈춘다면 곧바로 멈추도록 한다.') 반면 A의 목록이 무한할 경우, 그런 대상을 알고리듬 절차로 보아 다루려면 A_1, A_2, A_3, …이라는 집합 전체를 생성해낼 어떤 알고리듬 방법이 있어야 하고, 이때에는 다음과 같은 방법으로 목록 전체를 대신해줄 단일한 A를 얻어낼 수 있다.

'A_1의 첫 번째 10단계,

A_1의 두 번째 10단계와 A_2의 첫 번째 10단계,

A_1의 세 번째 10단계와 A_2의 두 번째 10단계와 A_3의 첫 번째 10단계,

… 등등 ….'

목록 안의 어느 하나라도 끝나는 데 성공하면 이 절차는 곧바로 멈추고, 그게 아니라면 이 절차도 멈추지 않는다.

그 밖에도, A_1, A_2, A_3, …이라는 목록이 무한하면서 원리상으로조차 미리 주어지지 않는 경우를 상상해볼 수 있겠다. 또는 목록이 주어지기는 하되 그 목록이 처음에 완전히 구체적으로 제시되지 않은 채 때때로 연속적인 알고리듬 절차들이 추가되는 경우도 상상해볼 수 있다. 하지만 이 목록을 생성해낼 알고리듬 절차를 미리 빠짐없이 갖추고 있지 않다면 그런 절차는 애당초 완결성을 띤다고 볼 수가 없다.

Q2. 알고리듬 A가 고정되지 않아도 괜찮아야 하지 않을까? 어쨌거나 인간은 학습할 수 있고, 따라서 인간이 활용하는 알고리듬 또한 꾸준히 바뀌어갈 수 있으니 말이다.

알고리듬이 바뀌려면 먼저 실제로 바뀌어 가는 방법에 관한 규칙을 어떻게든 규정해야 한다. 만일 이런 규칙 자체가 온전히 알고리듬적이라면, 바로 그런 규칙들이 이미 'A'라 부르는 내용 안에 들어 있어야 한다. 따라서 이런 종류의 '바뀌는 알고리듬'은 사실 또 하나의 단일한 알고리듬에 지나지 않으며, 논의는 고스란히 이전과 마찬가지로 진행된다. 한편 해당 알고리듬이 바뀌는 방식이 알고리듬적이지 않은 경우를 상상해볼 수 있다. 가령 무작위적 요소나 환경과의 어떤 상호작용이 끼어드는 경우를 그런 사례의 후보로 꼽을 수 있다. 알고리듬을 바꾸는 그런 수단이 과연 '비알고리듬적'인지에 대해서는 나중에 다시 살펴보도록 하자(§3.9, §3.10 참고). 또한 이런 두 수단 가운데 어느 쪽도 (관점 $\mathscr{C}$에 따르자면 필요함) 알고리듬주의(algorithmism)*로부터 벗어날 수 있을 법한 탈출구를 열어주지는 못한다는 주장을 담은 §1.9의 논의도 참고하자. 지금 우리는 순전히 수학적인 목적에서 이 문제를 다루므로, 그 변화가 정말로 알고리듬적이라는 가능성에만 관심을 둔다. 하지만 그런 변화가 알고리듬적일 수 없음을 인정한다면, 더 말할 것도 없이 확실히 결론 $\mathscr{G}$에 수긍하는 셈이 된다.

이쯤에서 알고리듬 A를 '알고리듬적으로 바꾸어 간다'는 말이 무슨 뜻인지를 좀 더 분명히 살펴보아야겠다. A가 q와 n에만 종속되는 데 그치지 않고, 더 나아가 매개변수 t에도 영향을 받는 상황을 생각하자. 이때 t는 '시간'을 나타낸다고 볼 수도 있으며, 아니면 그저 이전에 해당 알고리듬을 활성화했던 횟수

---

* (본질적으로 볼 때) 내가 말한 '관점 $\mathscr{A}$'에 잘 들어맞는 '알고리듬주의'라는 단어는 왕 하오가 1993년 문헌에서 처음으로 썼다.

라고 보아도 된다. 어쨌거나 매개변수 t 또한 자연수라고 여겨도 괜찮으며, 따라서 이제 알고리듬은 $At(q, n)$이 되고, 다음과 같이 늘어놓을 수 있다.

$$A_0(q, n), A_1(q, n), A_2(q, n), A_3(q, n), \cdots.$$

이렇게 늘어놓은 알고리듬 하나하나는 컴퓨팅 $C_q(n)$이 멈추지 않음을 알아내는 견실한 절차이나, 여기서 우리는 t가 커져감에 따라 해당 절차의 위력도 점점 더 올라갈 수 있다고 상상한다. 그리고 보면 이들의 위력이 올라가게 하는 수단도 알고리듬적이어야 한다. 이 '알고리듬적 수단'이란 어쩌면 이전의 $A_t(q, n)$이라는 '경험'에 바탕을 두었을 수도 있으나, 여기서는 이런 '경험' 또한 알고리듬적으로 생성해냈다고 본다(그러지 않으면 다시 $\mathcal{G}$에 수긍하는 셈이 된다). 따라서 그런 경험이나 경험 생성 수단을 그 다음 알고리듬을 이루는 내용 안에 (즉, $A_t(q, n)$ 자체에) 포함시킬 수 있다. 그러면 결국 세 매개변수 t, q, n 모두에 알고리듬적으로 종속되는 단일한 알고리듬($A_t(q, n)$)에 이른다. 이를 바탕으로 $A_t(q, n)$을 늘어놓은 목록 전체와 위력이 대등하도록 알고리듬 A^*를 구성하되, q와 n이라는 두 자연수에만 종속되게 할 수 있다. 이 $A^*(q, n)$을 구성하려면 앞에서와 마찬가지로 다음처럼만 하면 된다. 즉, $A_0(q, n)$의 첫 번째 10단계를 밟아간 뒤 그 결과를 기억해둔다. 이어서 $A_1(q, n)$의 첫 번째 10단계를 밟아가고 $A_0(q, n)$의 두 번째 10단계를 밟아간 뒤 그 결과를 기억해둔다. 뒤이어 $A_2(q, n)$의 첫 번째 10단계, $A_1(q, n)$의 두 번째 10단계, $A_0(q, n)$의 세 번째 10단계를 밟아가는 식으로 이어가되 각 과정마다 이전의 결과를 기억해둔다. 그러다가 결국 이 절차를 이루는 컴퓨팅 가운데 어느 하나라도 멈출 때 우리는 이 과정을 멈춘다. 이렇듯 A 대신 A^*를 활용하면 $\mathcal{G}$에 이르는 논의는 고스란히 이전과 마찬가지로 진행한다.

Q3. $C_q(n)$이 실제로 멈춘다는 점이 이미 분명해졌을 때에도 A가 컴퓨팅을 계속하는 경우가 틀림없이 있다는 나의 주장은 쓸데없이 편협했던 것이 아닐까? 만약 그런 경우에 A가 실제로 멈추도록 허용한다면 앞에서 내세웠던 논변은 무너진다. 어쨌거나 인간이 이용할 수 있는 통찰을 바탕으로 컴퓨팅이 멈춘다고 결론지을 수 있는 때도 확실히 있으나, 그런 점은 무시해온 듯하다. 그러고 보면 내가 너무 제한적으로 본 것이 아닐까?

결코 그렇지 않다. 문제의 논변은 컴퓨팅이 멈추지 않는다는 결론에 이르도록 해주는 통찰에만 적용하게 되어 있었고, 그 반대의 결론을 이끌어내게 해줄 통찰은 적용 대상이 아니었다. 추정상의 알고리듬 A가 어떤 컴퓨팅이 멈춘다는 결론에 이름으로써 '성공적으로 끝나는' 일은 허용할 수 없다. A의 역할은 그것이 아니었으니 말이다.

이 이야기가 편치 않다고 느낀다면, A를 다음과 같이 생각해보자. A가 두 가지 유형의 통찰을 모두 포함하도록 하되, 컴퓨팅 $C_q(n)$이 멈춘다는 결론에 이르는 상황일 때는 A를 일부러 무한루프에 빠뜨린다고 말이다(곧 A가 어떤 조작을 끝없이 거듭하게 한다는 뜻이다). 수학자가 실제로 쓸 듯한 방법은 물론 아니지만, 그 점은 중요하지 않다. 이 논변은 귀류법(reductio ad absurdum)의 형태를 띠는데, 우리가 수학적 진리를 알아내려 할 때에는 견실한 알고리듬을 활용한다는 가정으로부터 출발하여 이 가정 자체의 모순을 이끌어내는 방법이다. 이런 논변에서는 A가 실제로 추정상의 그 알고리듬일 필요는 없으나, A를 토대로 구성해낸 알고리듬일 수는 있다. 이를테면 방금 언급한 A의 경우에서처럼 말이다.

§2.5의 논변에 대해 그 밖에 나올 수 있는 그 어떤 반박 — 'A는 $C_q(n)$이 멈추지 않는다는 증명을 내놓지 않고도 확실히 갖가지 엉터리 이유로 멈출 수 있다' — 에도 이와 똑같은 설명으로 답할 수 있다. 그런 행동을 보이는 'A'가 주어졌다면 §2.5에서의 논변을 살짝 다른 A — 달리 말하면 원래의 'A'가 그처럼 엉터

리 이유로 멈출 때마다 무한루프에 빠지는 A — 에 적용하면 된다.

Q4. C_0, C_1, C_2, …와 같이 번호를 매겨 갈 때 나는 C_q 하나하나가 모두 실제로 잘 정의된 컴퓨팅을 나타낸다고 가정한 듯하지만, 컴퓨터 프로그램을 단순히 번호나 알파벳 순으로 늘어놓는다고 해도 꼭 그렇지는 않을 수 있지 않을까?

그렇게 번호를 매겨 늘어놓았다 해도 컴퓨팅 C_q가 실제로 모든 자연수 q에 대해 잘 작동한다고 보장하기란 실제로 곤란한 노릇이다. 가령 ENM에서 튜링 기계에 번호를 매겨 놓은 T_q는 확실히 그런 목표를 이루어내지 못한다. ENM 54쪽(국내판 102, 103쪽)을 참고하자. 어떤 q가 주어졌을 때, 거기서 설명한 대로 튜링 기계 T_q는 다음의 네 가지 이유 가운데 하나 때문에 '불량품' 취급을 받게 된다. 실행이 영원히 멈추지 않고 계속 이어지거나, 주어진 수 n을 이진수로 변환했을 때 1이 너무 많이(다섯 개 이상) 연속하여 나오는 바람에 주어진 틀 안에 해당하는 경우가 없고 그래서 '올바르게 지정되지 않음'에 해당하거나, 어떤 명령을 만나 존재하지 않는 내부 상태로 빠져버릴 수도 있으며, 아니면 멈췄을 때 그저 빈 테이프만 내놓아 그 내용을 숫자로 해석해낼 길이 없을 수도 있다. (부록 A도 참고하자.) 그러나 조금 앞에 나왔던 괴델-튜링 논변의 경우에는, 이 이유들을 모두 뭉뚱그려 '멈추지 않음'이라는 제목 밑에 넣어버리기만 하면 된다. 특히 내가 컴퓨팅적 절차 A에 대해 '끝난다'고 했을 때에는(138쪽 각주 참고), A가 앞서 이야기한 바와 같은 뜻에서 실제로 '멈춘다'는 점(따라서 변환할 수 없는 수열이 있거나 그냥 빈 테이프만 내놓지는 않음)이 그 말 안에 들어 있다 — 즉 '멈춘다'는 말 안에 해당 컴퓨팅이 실제로 올바르게 규정된 잘 작동하는 컴퓨팅이라는 뜻이 담겨 있다. 마찬가지로, '$C_q(n)$이 멈춘다'는 말 또한 그런 관점에서 올바르게 멈춘다는 뜻이다. 이렇게 풀이하면 내가 내놓았던 논변은 그 **Q4**에 영향을 받지 않는다.

Q5. 컴퓨팅 $C_q(n)$에 대해 알고리듬 절차 A가 제대로 작동하지 않음을 내가 보였다고 해도, 이는 어떤 특정한 절차 A를 능가할 수 있음을 보여준 것뿐이지 않는가? 그런 사례를 들어 어째서 임의의 A보다도 인간이 더 잘 해낼 수 있다고 말할 수 있는가?

앞에서 행한 논변은 확실히 인간이 그 어떤 알고리듬보다도 더 잘 해낼 수 있음을 확실히 보여준다. 내가 여기서 활용한 유형의 귀류법 논변의 핵심이 바로 그 점이다. 이를 설명하는 데에는 비유를 하나 들어보면 도움이 될 것이다. 가장 큰 소수란 존재하지 않는다는 유클리드의 논변을 아는 독자들도 있겠는데, 이 또한 귀류법이다. 유클리드의 논변은 이렇다. 우선 반대로 가장 큰 소수가 존재한다고 보아 그 수를 p라고 부르자. 이제 다음과 같이 p까지 모든 소수를 곱하고 1을 더하여 그 값을 N이라 하자.

$$N = 2 \times 3 \times 5 \times \cdots \times p + 1.$$

N은 확실히 p보다 크나, $2, 3, 5, \cdots, p$ 가운데 어떤 소수로도 나누어떨어지지 않는다(나누면 1이 나머지로 남기 때문에). 따라서 N은 p보다 큰 소수이거나 아니면 p보다 큰 소수로 나누어떨어지는 합성수이다. 이 두 경우 모두 p보다 큰 소수가 존재할 수밖에 없는데, 따라서 p가 가장 큰 소수라는 처음의 가정과 모순이다. 그러므로 가장 큰 소수란 존재하지 않는다.

귀류법에 속하는 이 논변은 그저 특정한 소수 p보다 더 큰 소수를 찾아내어 p를 물리칠 수 있다고 입증해 보이는 데 그치지 않으며, 가장 큰 소수란 애당초 존재할 수 없음을 보인다. 마찬가지로 앞의 괴델-튜링 논변은 특정한 알고리듬 A가 제대로 작동할 수 없는 경우가 반드시 있음을 입증해 보이는 데 그치지 않고, 인간이 어떤 컴퓨팅이 멈추지 않음을 알아내는 데 활용하는 통찰과 대등한 (견실한) 알고리듬이란 애당초 존재할 수 없음을 보인다.

Q6. 컴퓨터에 프로그램을 만들어 넣으면 내가 여기서 내놓은 논변을 처음부터 끝까지 고스란히 따라하도록 시킬 수 있다. 그렇다면 내가 이끌어낸 모든 결론을 컴퓨터도 스스로 이끌어낼 수 있지 않을까?

알고리듬 A가 주어졌을 때 특정한 계산 $C_k(k)$를 찾아내는 일은 확실히 컴퓨팅적 프로세스이다. 사실 이 점은 꽤 명쾌하게 보여줄 수 있다.* 그렇다고 해서 비알고리듬적이라 여겼던 수학적 통찰 — $C_k(k)$가 결코 멈추지 않음을 우리가 파악할 수 있게 해준 바로 그 통찰 — 이 결국 실제로는 알고리듬적이라는 의미일까?

이 논의는 괴델 논변과 관련하여 가장 흔한 오해 중 하나로서 자세히 살펴봐야할 중요한 문제다. 우선 분명히 짚어두자면, 앞에 나왔던 어떤 내용도 이 때문에 무효가 되진 않는다. A로부터 $C_k(k)$를 얻어내는 절차를 어떤 컴퓨팅의 형태로 표현할 수는 있겠지만 이 컴퓨팅은 A에 담긴 절차의 일부가 아니다. 왜 그런가 하면, A 자체는 $C_k(k)$가 참임을 알아낼 수 없는 반면에 이 새로운 컴퓨팅은 (A와 더불어) 그런 능력을 발휘할 수 있기 때문이다. 따라서 이 새로운 컴퓨팅은 과연 $C_k(k)$를 이끌어낼 컴퓨팅이기는 하지만 '공식적 진리 규명자' 모임에 속한다고 인정되지는 않는다(이 새로운 컴퓨팅은 A와 힘을 합쳐야만 $C_k(k)$를 이끌어내므로, 그 자체로서 '공식적인 규명자'가 되지 못한다는 뜻으로 보인다-옮긴이).

다른 방법으로 이 문제를 살펴보자. 컴퓨터로 제어되는 로봇이 있는데, 이 로봇은 A에 담긴 알고리듬 절차를 갖고서 수학적 참 거짓을 알아낼 능력을 지

---

* 이 점을 내가 제대로 파악하고 있음을 강조하는 뜻에서, (ENM의 2장에 자세히 나온 여러 규칙을 활용하여) 알고리듬 A로부터 튜링 기계 활동 $C_k(k)$를 얻어내는 명쾌한 컴퓨팅적 절차를 부록 A에 실어 두었으니 참고하기 바란다. 그 경우 A는 튜링 기계 T_a라는 형태로 주어졌다고 가정하는데, 이 T_a가 $C_q(n)$을 평가하는 활동은 T_a가 q와 n으로 이루어진 순서쌍에 따라 벌이는 활동으로 부호화한다.

녔다고 상상해보자. 좀 더 생동감 있는 이야기가 되도록, 사람에 빗댄 용어를 써서 이 로봇이 A를 활용하여 이끌어낼 수 있는 수학적 참 거짓 ─ 여기서는 컴퓨팅의 멈추지 않는 성질 ─ 을 '안다'고 말하겠다. 하지만 이 로봇이 '아는' 바가 A뿐이라면, $C_k(k)$가 멈추지 않는다는 점은 '알지' 못할 테고, A로부터 $C_k(k)$를 얻어내는 절차가 완벽히 알고리듬적일지라도 그 점은 마찬가지이다. 물론 이 로봇에게 $C_k(k)$가 실제로 멈추지 않는다고 사람이 (직관을 활용하여 그런 취지로) 말해줄 수는 있으나, 로봇이 이 사실을 받아들인다면 이미 '아는' 바에 이 새로운 진리를 붙여 넣어 스스로의 규칙을 고쳐야 한다. 더 나아가 이 로봇에게 묵은 진리로부터 새로운 진리를 얻어내는 한 가지 방법으로서 A로부터 $C_k(k)$를 얻어내는 일반적인 컴퓨팅 절차도 '알아야' 한다고 로봇이 이해하기에 알맞은 어떤 방법으로 이야기하는 광경도 상상해볼 수 있다. 잘 정의된 컴퓨팅 내용이라면 무엇이든 로봇의 '지식' 저장소에 보태 넣을 수 있다. 그러나 그 뒤에는 'A'가 이전과 달라지고, 괴델 논변을 적용할 대상은 묵은 A가 아니라 이 새로운 A이다. 바꾸어 말하면, 처음부터 묵은 A가 아니라 이 새로운 'A'를 활용했어야 한다는 뜻이다. 논변이 이어지는 도중에 'A'를 바꾸는 일은 반칙이니 말이다. 그러니 Q6의 한 가지 잘못된 점은 앞에서 논의했던 Q5에서의 잘못과 무척 비슷함을 깨달을 수 있다. 앞에 이야기한 귀류법에서는 우선 A ─ 어떤 컴퓨팅이 멈추지 않음을 확인할 견실하며 알려져 있는 절차 ─ 가 실제로 수학자들이 활용할 수 있는 그런 절차 전체를 대표한다고 가정하여 이로부터 모순을 이끌어낸 바 있다. 진리를 가려낼 컴퓨팅 절차 전체를 A가 대표한다고 일단 정한 뒤에 A에 담겨 있지 않던 새로운 절차를 더 끼워 넣는다면 두말할 것도 없이 반칙이다.

이 가엾은 로봇이 곤경에 빠지는 까닭은, 괴델 절차에 대한 이해가 전혀 없기에 로봇은 스스로 자신 있게 진리를 판단할 수가 없는 터라 인간이 말해줄 수밖에 없기 때문이다. (이 점은 괴델 논변의 컴퓨팅적 측면에서 비롯하는 별

개의 문제이다.) 그 이상을 해낼 수 있으려면, 인간처럼 로봇도 자신이 지시에 따라 수행해야 할 조작이 뜻하는 바를 이해해야 한다. 이해를 갖추지 못한 로봇이라면 $C_k(k)$가 실은 멈추지 않는데도 멈춘다고 (그릇되게) '아는' 일이 얼마든지 벌어질 수 있다. 알고리듬으로 '$C_k(k)$가 멈추지 않음'을 (올바르게) 이끌어 낼 수 있지만 '$C_k(k)$가 멈춤'을 (그릇되게) 이끌어내는 경우도 얼마든지 나올 수 있다는 말이다. 따라서 이와 같은 조작의 알고리듬적 성질은 중요하지 않다. 중요한 점은 여러 알고리듬 가운데 어느 쪽이 거짓 아닌 진리에 이르는 길인지 알 수 있으려면 이 로봇이 유효한 진리 판단력을 갖추어야 한다는 점이다. 그러나 이 시점에 이르러서도 '이해'란 것은 또 다른 종류의 알고리듬적 활동일 가능성이 여전히 남아 있기는 하다. 즉, 정확하게 제공된 견실하다고 알려진 어떠한 절차 ─ 가령 A ─ 에도 이해가 담겨 있지 않을 수 있다는 말이다. 가령 견실하지 않거나 알 수 없는 어떤 알고리듬에 의해 이해가 제공될 수도 있다. 나중에(3장) 다룰 논의에서 나는 이해란 사실 애당초부터 알고리듬적 활동이 아님을 독자에게 설득하고자 한다. 하지만 우선 당장은 괴델-튜링 논변의 엄밀한 의미에만 관심이 있을 뿐이다. 그렇게 보자면 A로부터 컴퓨팅적 방법으로 $C_k(k)$를 얻어낼 수 있다는 사실은 그리 중요하지 않다.

Q7. 지금껏 활약했던 수학자들이 낸 모든 성과와 앞으로 (가령) 천 년 동안 인간 수학자들이 낼 모든 성과를 몽땅 끌어모아도 그 결과는 유한하므로, 적절한 컴퓨터의 기억 장치 안에 담길 수 있다. 그리고 나면 이 특별한 컴퓨터는 확실히 그런 여러 성과를 흉내 낼 수 있으며, 따라서 괴델 논변이 아무리 부정하더라도 (겉으로 보기에는) 인간 수학자와 똑같은 행동을 보이지 않겠는가?

　　옳은 말인 듯하지만, 수학적 진술의 참 거짓을 인간이 (또는 컴퓨터가) 어떻게 아는가 하는 본질적 사안을 무시하고 있다. (어쨌든 수학적 진술을 그저 처창해둘 뿐이라면 범용 컴퓨터보다 훨씬 덜 정교한 시스템으로도 같은 효과를 거둘 수 있다. 가령 사진 같은 방법으로.) **Q7**에 나온 컴퓨터 이용 방법에서는 진리 판단력이라는 중요한 사안을 완전히 무시한다. 이런 식이라면 완전히 거짓인 수학 '정리'만 온통 끌어모아 담은 컴퓨터라든가, 참과 거짓이 마구잡이로 뒤섞인 내용을 담은 컴퓨터도 얼마든지 상상해볼 수 있다. 어느 컴퓨터를 믿어야 할지는 어떻게 알 수 있을까? 여기서 나는 의식을 지닌 인간의 활동(여기서는 수학)을 유효하게 시뮬레이션하기란 불가능하다는 주장을 펴려는 게 아니다. 순전히 운으로나마 컴퓨터가 '우연히' 옳은 결과를 낼 수도 있으니, 심지어 아무런 이해 없이도 그럴 수 있기 때문이다. 그러나 그런 일이 일어날 가능성은 지극히 낮고, 여기서 다루고 있는 사안, 즉 어떤 수학적 진술이 참이고 어떤 수학적 진술이 거짓인지를 인간은 어떻게 판단하는가라는 점은 **Q7**이 아예 건드리지도 않고 있다.

반면 **Q7**에서 실제로 훨씬 진지한 주제 하나를 건드리고 있다. 인간과 컴퓨터가 내놓는 성과는 유한하므로, (예컨대 모든 자연수나 모든 컴퓨팅처럼) 무한한 구조에 대한 논의가 우리의 논의 주제에 적합한가 하는 점이다. 이 중요한 사안은 곧이어 따로 살펴볼 것이다.

Q8. 끝나지 않는 컴퓨팅이라는 것은 무한과 관련하여 수학적으로 이상화된 개념이다. 그와 같은 문제는 컴퓨터나 두뇌처럼 유한한 물리적 대상을 다루는 논의에는 부적합하지 않은가?

튜링 기계, 끝나지 않는 컴퓨팅 등을 두고 이상적인 경우를 논의할 때에는 (잠재적으로) 무한성을 띠는 프로세스를 살펴 왔지만, 인간이나 컴퓨터에 대해 논의할 때는 유한한 시스템을 다루는 것이 아니냐는 지적은 분명 옳은 말이다. 그와 같이 이상적인 경우에 대한 논변을 실제의 유한한 물리적 대상에 적용하려면 그런 논변에 얽힌 이런저런 제약을 찬찬히 살펴보는 일이 중요하다. 하지만 유한성을 염두에 두더라도 알고 보면 실제 괴델-튜링 논변에 이렇다 할 큰 영향은 없다. 이상적인 경우의 컴퓨팅을 논의하고, 이에 대해 추론하고, 관련된 이론적 제약을 수학적으로 이끌어내는 일이 잘못일 까닭도 없다. 그리고 무한을 다루더라도 유한한 대상을 생각할 때와 똑같은 틀 안에서 논의할 수 있다. 예를 들어 두 짝수의 합인 홀수는 과연 존재하는가, 또는 네 정사각수의 합이 아닌 자연수가 과연 있기는 한가 등의 의문(앞의 (C)와 (B)에서처럼)을 다룰 때 우리는 모든 자연수가 모여 이루는 무한한 무리를 암묵적으로 염두에 두고 있긴 하지만, 그렇더라도 대상이 유한할 때와 완전히 같은 방식으로 다룰 수 있다. 끝없이 돌아가는 튜링 기계를 실제로 만들어내기란 불가능한데도, 우리는 끝나지 않는 컴퓨팅이나 튜링 기계 전반에 대해서도 이를 수학적 구성물로 취급하여 완벽히 잘 추론해낼 수 있다. (특히 두 짝수의 합인 홀수를 찾는 튜링 기계 활동은 엄격히 말하면 물리적으로 구현해낼 수 없음을 눈여겨 보아두자. 부품이 닳아 망가져 정말로 영원히 작업을 계속하지는 못하기 때문이다.) 컴퓨팅(또는 튜링 기계 활동) 하나를 규정하는 일은 완벽히 유한한 문제이고, 그것이 과연 언젠가는 멈추지 않을까 하는 의문도 완벽히 잘 정의할 수 있다. 그런 이상적 컴퓨팅에 대한 추론을 일단 마쳐야지만, 해당 논의가 실제 컴퓨터나 사람처럼 유한한 시스템에는 어떻게 적용되는가를 살펴볼 여지가 비로소 생긴다.

유한성에서 비롯되는 제약은 다음 두 가지 중 하나에서 생길 수 있다. (i) 다루어야 할 실제 컴퓨팅의 구체적 내용이 지나치게 방대하다(즉 C_n에서의 n이나 $C_q(n)$의 q, n 순서쌍에 들어가야 할 값이 너무 커서 실현 가능한 컴퓨터나 사람이 다룰 수 없을 때를 가리킨다), (ii) 컴퓨팅 내용 자체는 다루지 못할 정도로 아주 크진 않더라도 수행하는 데 드는 시간이 너무 오래 걸려서, 원리상으로는 결국 멈춘다 해도 겉보기에는 결코 멈추지 않을 듯하다. 곧 알게 되겠지만 사실 이 둘 가운데 논의에 상당히 영향을 주는 점은 (i)뿐이며, 그나마도 영향이 아주 크지는 않다. 어쩌면 (ii)가 중요하지 않다는 말이 놀라울지도 모르겠다. 그러나 실제로 꽤 간단한 데다 결국은 멈추는 컴퓨팅이라도, 인간이 상상할 수 있는 컴퓨터로는 그 멈추는 곳에 이를 때까지 곧장 컴퓨팅을 수행해내지 못하는 경우가 많이 있다. 가령 이런 경우를 생각해보자. '1을 연달아 $2^{2^{65536}}$번 출력하고 멈춰라.' (나중에 §3.26에서는 수학적으로 훨씬 더 흥미로운 사례를 몇 가지 소개한다.) 반면 어떤 컴퓨팅이 과연 멈출지에 대한 의문을 꼭 직접적인 컴퓨팅으로만 풀어야 할 까닭은 없고, 오히려 그런 방법이 지극히 비효율적인 경우가 종종 있다.

유한성에서 비롯되는 제약 (i)이나 (ii)가 괴델식 논의에 어떻게 영향을 줄 수 있는지 알아보고 싶을 테니 해당 논변에서 관련된 곳들을 다시 짚어보자. 우선 제약 (i)에 맞추어, 무한한 컴퓨팅 목록 대신 다음과 같이 유한한 목록을 준비한다.

$$C_0, C_1, C_2, C_3, \cdots, C_Q.$$

이때 수 Q는 우리가 준비한 컴퓨터나 인간이 수용할 수 있는 가장 큰 컴퓨팅을 나타낸다고 하자. 컴퓨팅 주체가 인간이라고 생각한다면 이런 가정에 다소 모호한 데가 있지 않나 싶을 수도 있으나, 지금 당장은 Q의 구체적인 값이 중요하지는 않다. (인간의 역량과 관련된 그런 모호성은 뒤에 §2.10에서 **Q13**에 답할 때 논의한다.) 그리고 이들 컴퓨팅을 특정한 자연수 n에 적용할 때에는 n의 값 또한 어떤 고정된 수 N보다 크지 않다고 제한할 수 있는데, 우리 컴퓨터(또는 인간)가 N보다 큰 수를 다루도록 설정되어 있지 않기 때문이다. (엄격히 이야기하면 N이 고정된 수가 아니라 살피려는 특정한 컴퓨팅 C_q에 따라 달라지는 수일 가능성도 생각해야 한다 — 즉 N이 q에 종속될 수도 있다는 뜻이다. 하지만 그 점 때문에 살피려는 내용이 딱히 크게 달라지지는 않는다.)

앞에서와 마찬가지로 살필 대상은 견실한 알고리듬 $A(q, n)$이며, 이 알고리듬이 멈출 때에는 컴퓨팅 $C_q(n)$이 끝나지 않는다는 증명이 이루어지게 된다. 여기서 '견실하다'는 말의 의미는 (i)에 부합하게끔 q의 값이 Q보다 크지 않고 n의 값은 N보다 크지 않은 경우만 살펴도 되겠으나, 실제로 q와 n이 어떤 값이라도 즉 아무리 큰 값이라도 A가 견실해야 한다는 뜻이다. (그러니 A에 담긴 규칙은 빈틈없는 수학적 규칙이고, 그저 '실제로' 수행할 수 있는 컴퓨팅에 대한 어떤 현실적인 제약 덕분에 작동할 뿐인 엉성한 규칙이 아니다.) 뿐만 아니라 '$C_q(n)$이 끝나지 않는다'는 말 또한 정말로 끝나지 않는다는 뜻이며, (ii)에서 이야기한 바와 같이 그저 우리 컴퓨터나 인간이 해당 컴퓨팅을 수행하는 데 시간이 너무 많이 들 수도 있다는 뜻이 결코 아니다.

(H)에 나왔던 다음 내용을 상기해보자.

$$A(q, n)\text{이 멈춘다면 } C_q(n)\text{은 멈추지 않는다.}$$

(ii)의 관점에서 볼 때, 알고리듬 A 자체가 컴퓨터나 인간이 다룰 수 있는 것보다 더 많은 단계를 밟아야 한다면 A는 다른 컴퓨팅이 멈추지 않는지를 판단하는 데 그다지 쓸모가 없다고 우리는 여길지 모른다. 그러나 알고 보면 이 점은 당면 논의에 전혀 중요하지 않다. 우리는 결코 멈추지 않는 컴퓨팅 $A(k, k)$를 찾아내고자 한다. A가 실제로 멈추는 경우에 과연 멈춘다는 것을 확인할 때까지 충분히 오래 기다릴 수 없다는 점은 중요하지 않다.

이제 (J)에서처럼, 각각의 n에 대해 컴퓨팅 $A(n, n)$이 $C_k(n)$과 같아지는 어떤 자연수 k를 정하자.

$$A(n, n) = C_k(n).$$

하지만 지금은 (i)에서 이야기한 대로 이 k가 Q보다 클 가능성을 생각해보아야 한다. A가 지독하게 복잡하다면 정말로 k가 Q보다 클 수도 있으나, A가

(튜링 기계에서 작동하도록 구체적으로 작성한 A의 이진 숫자의 개수 면에서) 이미 우리 컴퓨터나 인간이 감당할 수 있는 크기의 위쪽 한계에 바짝 다가서기 시작하는 경우에서만 그런 일이 생긴다. 왜냐하면 A를 (가령 튜링 기계로) 구체적으로 작성한 내용으로부터 k값을 얻어내는 컴퓨팅은 (앞의 **Q6**에서 이미 지적했듯) 명시적으로 나타낼 수 있는 단순한 것이기 때문이다.

A를 패배시키는(C가 영원히 멈추지 않음을 증명하려면 A가 멈추어야 하는데, C가 영원히 멈추지 않는데도 A가 멈추는 데 실패함으로써 C가 영원히 멈추지 않음을 증명해주지 못하는 상태를 가리켜 저자는 A가 패배했다고 관용적으로 표현하고 있다-옮긴이) 데 필요한 실제 컴퓨팅은 $C_k(k)$이고, (H)에서 $n = k$로 두면 다음과 같이 (L)을 얻는다.

$$A(k, k)\text{가 멈춘다면 } C_k(k)\text{는 멈추지 않는다.}$$

여기서 $A(k, k)$는 $C_k(k)$와 같으니, $C_k(k)$라는 특정한 컴퓨팅이 영영 멈추지 못하는데도 A는 이 사실을 알아낼 수 없고, (ii)에 맞추어 설정한 그 어떤 한계보다도 더 긴 시간 동안 실행하도록 두더라도 그 점은 마찬가지임을 이 논변은 보여준다. $C_k(k)$의 구체적 내용이 앞에 이야기한 k를 바탕으로 주어지고, k가 Q나 N보다 크지 않다면, $C_k(k)$는 우리 컴퓨터나 인간이 실제로 구현해낼 수 있는 컴퓨팅이다. 그러나 이는 해당 컴퓨팅을 시작할 수 있다는 뜻일 뿐, 어떤 경우라도 끝을 볼 때까지 계속할 수는 없다. 이 컴퓨팅은 사실 영영 끝나지 않기 때문이다!

자 이제, k가 정말로 Q나 N보다 클 수 있을까? 그러려면 A를 구체적으로 작성하는 데 필요한 수의 자리수가 너무 큰지라 살짝만 더 크게 하더라도 컴퓨터나 인간의 용량을 초과할 지경이어야 한다. 그렇더라도 A가 견실함을 알고 있으니 그 점을 바탕으로 이 $C_k(k)$가 멈출 수 없음을 우리는 알고 있으며, 컴퓨팅 $C_k(k)$를 실제로 구현해내기가 곤란하다 해도 그 점이 달라지지는 않는다.

하지만 (i)을 생각하면, 가령 컴퓨팅 A가 굉장히 복잡해서 구체적으로 작성했더니 애당초 인간이 다룰 수 있는 컴퓨팅의 한계에 가깝고, 그래서 살펴야 할 숫자를 비교적 조금만 크게 만들어도 인간의 한계를 벗어나버릴 가능성마저 상상해볼 수는 있다. 그럴 가능성이 얼마나 된다고 보든 간에, 나는 이 추정상의 A가 그처럼 엄청난 컴퓨팅 규칙 집합을 담고 있다면 틀림없이 그 내용이 지독하게 복잡해서 규칙 자체는 인간이 정확히 알 수 있을지라도 과연 견실한지는 도저히 알 수 없으리라고 본다. 따라서 결론은 이전과 달라지지 않는다. 즉, 우리는 알 수 있게 견실한 알고리듬 규칙들의 집합으로는 수학적 참 거짓을 확인하지 못한다.

A에서 $C_k(k)$로 넘어갈 때 비교적 약간 복잡도가 증가한다는 점은 좀 더 구체적으로 다룰 가치가 있는데, 나중에(§3.19와 §3.20에서) 특히 중요하다. 부록 A에서 $C_k(k)$를 명쾌하게 구체적으로 기술해두었는데, 이는 ENM 2장에 나온 튜링 기계 지시(prescription)를 바탕으로 삼았다. 이 지시에 따르면 T_m이란 'm번째 튜링 기계'를 가리킨다. 구체적으로 말하자면 'C_m'보다는 이 표기법을 따르는 편이 편리할 텐데, 컴퓨팅적 절차나 개별 컴퓨팅의 복잡도를 정의하고 싶다면 특히 그렇다. 그래서 나는 튜링 기계 T_m에서의 이 복잡도 μ를 m을 이진수로 표현할 때 필요한 이진수의 개수로 정의한다(ENM 39쪽(국내판 78, 79쪽) 참고). 그러면 어떤 특정 컴퓨팅 $T_m(n)$의 복잡도는 μ와 ν라는 두 수 가운데 더 큰 쪽으로 정의할 수 있고, 이때 ν는 n을 이진수로 표현하는 데 필요한 이진수의 개수를 가리킨다. 이제 부록 A에서 이런 튜링 기계 용어를 활용하여 주어진, A로부터 컴퓨팅 $C_k(k)$를 얻어낼 명쾌한 지시를 살펴보자. A의 복잡도를 α라 하면, 명시적인 이 컴퓨팅 $C_k(k)$의 복잡도는 결국 $\alpha + 210 \log_2(\alpha + 336)$보다 작음을 알 수 있는데, α가 무척 클 경우 상대적으로 이 수는 α보다 아주 조금밖에 크지 않다.

위의 논증의 전반적인 노선에는 일부 독자의 우려를 자아낼 만한 조건이 뒤따른다. 너무 복잡해서 적어놓을 수 없다거나 설령 그럴 수 있더라도 실제로 수행하려면 우주의 나이보다 훨씬 더 오랜 세월이 필요한 컴퓨팅을 살펴본다는 일이 과연 타당한가? 비록 각각의 단계는 1초에도 한참 못 미치는 짧은 시간 동안 — 그러나 물리적 프로세스가 일어나는 데에는 충분하리라고 볼 수 있는 시간 동안 — 에 수행해낼 수 있다 하더라도 말이다. 앞에서 살펴보았던 컴퓨팅 — 1을 연달아 $2^{2^{65536}}$번 출력하고 그 과제를 마친 뒤에야 비로소 멈추는 일 — 이 바로 그런 경우에 해당하는 사례이고, 이런 경우를 끝나지 않는 컴퓨팅으로 허용하자는 주장은 지극히 이례적인 수학적 관점일 것이다. 하지만 수학적으로 그렇게까지 이례적이지는 않은 관점 — 그래도 틀림없이 이례적인 관점이기는 하나 — 도 일부 있는데, 이에 따르면 이상화된 수학적 진술을 절대적인 수학적 진리로 여겨도 좋을지 다소 의심스러울지 모른다. 그런 관점 가운데 일부를 적어도 살펴보긴 해야 한다.

Q9. 직관주의(intuitionism)라는 관점이 있는데, 이 관점에 의하면 그저 어떤 컴퓨팅을 무한정 계속하다보면 모순이 생기게 된다는 사실에만 기대어 해당 컴퓨팅이 어떤 특정한 지점에서 반드시 끝난다고 추론해서는 안 된다. 이와 마찬가지 입장으로 **구성추의적**(constructivist) 또는 **유한론적**(finitist) 관점도 있다. 이런 관점에 따르면 괴델식 추론은 의심스럽다고 볼 수 있지 않을까?

나의 괴델식 추론 가운데 (M)에서는 다음과 같은 형태의 논변을 사용했다. 'X가 거짓이라는 가정은 모순을 낳고, 따라서 X는 참이다.' 여기서 'X'는 '$C_k(k)$가 멈추지 않음'이라는 진술이다. 이는 귀류법 유형의 논변이다. 그리고 실제로 괴델식 논변의 표현은 전반적으로 이런 식이다. '직관주의'라는 수학적 입장(네덜란드의 수학자 L.E.J 브로우베르(L.E.J. Brouwer)가 1912년 무렵에 처음 내놓은 관점. 클린의 1952년 문헌과 ENM 113~116쪽(국내판 190~196쪽)도 참고)

은 귀류법을 활용하여 유효하게 추론해낼 수 있다는 점을 부정한다. 직관주의
는 19세기 말과 20세기 초에 일어났던 어떤 수학적 경향에 반발하여 생겨났는
데, 당시에는 어떤 수학적 대상을 실제로 구성해낼 방법이 없더라도 그 대상이
'존재'한다고 주장할 수 있다고 여겼기 때문이다. 그렇듯 수학적 존재성에 관
한 모호한 개념을 마음껏 사용하다 보면 실제로 모순을 낳는 사례도 나오곤 한
다. 그런 모순 가운데 가장 유명한 사례로는 버트런드 러셀의 역설적 진술 '그
자신의 원소가 아닌 집합 모두를 모아 만든 집합'에 담긴 모순을 들 수 있다. (만
약 러셀의 집합이 그 자신의 원소라면 그 집합은 자신의 원소가 아니고, 반대
로 자신의 원소가 아니라면 이 집합은 자신의 원소이다! 더 자세한 내용을 알
고 싶으면 §3.4와 ENM 101쪽(국내판 170~172쪽)을 참고하자.) 아주 느슨한 정
의에 기대어 어떤 수학적 대상이 '존재한다'고 여기는 이런 전반적 경향에 맞
서, 직관주의 관점에서는 그저 어떤 수학적 대상이 존재하지 않으면 모순이 생
긴다는 점만을 들어 그 대상이 존재한다고 판단하는 유형의 수학적 추론은 유
효하지 않다고 주장한다. 그와 같은 귀류법 논변에는 문제의 대상을 실제로 구
성해낼 방법이 제시되지 않기 때문이다.

귀류법을 그렇게 사용하기를 거부하는 이 주장이 우리의 괴델식 논변에는
어떤 영향을 줄까? 실은 아무 영향도 끼치지 않는다. 왜냐하면 우리는 귀류법
을 그와 정반대로 활용했기 때문이다. 바꾸어 말하면 무언가가 존재한다는 가
정으로부터 모순을 이끌어냈을 뿐, 무언가가 존재하지 않는다는 가정을 바탕
으로 모순을 이끌어내지는 않았다는 뜻이다. 직관주의에 따르더라도, 무언가
가 존재한다고 가정하면 모순이 생긴다는 사실을 토대로 그 무언가가 존재하
지 않는다고 추론하는 것은 완벽히 이치에 맞다. 내가 제시한 유형의 괴델식
논변은 결국 직관주의적 입장에서 보더라도 전혀 어긋남이 없다. (클린의 1952
년 문헌에서 492쪽 참고)

내가 알기로는 그 밖의 '구성주의적' 또는 '유한론적' 관점에 대해서도 모두

이와 비슷하게 이야기할 수 있다. **Q8**에서 진행된 논의에서 밝혀졌듯이, 위에서 제기된 관점, 즉 자연수가 '실제로' 무한히 계속된다고 볼 수 있음을 부정하는 관점은 견실한 알고리듬으로는 수학적 진리를 확인하지 못한다는 우리의 결론을 부정할 수 없다.

2.7 수학적으로 더 깊이 살펴볼 점

괴델의 논변에 얽힌 의미를 더 깊이 통찰하고 싶다면 괴델의 원래 목적을 되짚어보면 도움이 될 것이다. 한 세기가 끝나고 새로운 세기로 넘어가던 무렵, 수학의 토대에 관심을 가졌던 이들은 심각한 난관과 마주쳤다. 1800년대 말 — 주로 (앞에서 접한 '대각선 논법'을 내놓은) 수학자 게오르크 칸토어의 매우 독창적인 업적 덕분에 — 수학자들은 무한 집합의 속성을 바탕으로 더욱 깊이 있는 성과를 이끌어내는 강력한 방법들을 찾아낸 바 있다. 하지만 그런 유익한 성과와 더불어 근본적인 난점도 불거졌는데, 이는 무한 집합 개념을 지나치게 마음껏 사용한 탓이었다. 그런 점이 특히 두드러진 사례로 러셀 역설(이에 대해서는 앞에서 **Q9**에 답하며 짧게 언급했다. §3.4도 참고하자. 또한 이 점은 칸토어도 일찍이 지적한 바 있다)을 꼽을 수 있는데, 이 사례는 무한 집합에 대해 허술하게 추론할 때 부딪히게 될 난관을 일부 짚어냈다. 그렇지만 허용되는 추론의 종류에 대해 충분히 주의를 기울이기만 한다면 그런 방법은 무척 훌륭한 수학적 성과를 이끌어내는 수단임이 분명해졌고, 다만 추론 과정에서 '충분히 주의를 기울인다'는 말의 의미를 절대적으로 정확히 규정할 방법이 문제인 듯했다.

위대한 수학자 다비드 힐베르트도 이 정확성을 확보하려는 운동의 주요 인물에 속했다. 이 운동을 가리켜 형식주의라고 한다. 이에 따르면 미리 규정한 어떤 틀 안에서 허용할 수 있는 수학적 추론의 갖가지 유형 — 무한 집합을 다룰 때 필요한 추론도 모두 포함하여 — 을 빠짐없이 정해두어야 하는데, 다양한 규칙과 수학적 진술로 이루어진 그런 체계를 가리켜 형식체계라고 불렀다. 어떤 형식체계 $\mathbb{F}$를 이루는 여러 규칙을 일단 확정하고 나면 그저 해당 규칙들 — 규칙의 개수는 유한해야 한다* — 이 올바르게 적용되었는지 기계적으로 확인하는 과정만 거치면 된다. 물론 이 규칙들은 유효한 형태의 수학적 추론이라고 볼 수 있어야 하는데, 그래야만 그 추론에서부터 이끌어낸 결과가 실제로 참이라고 믿을 수 있기 때문이다. 하지만 이들 규칙 가운데에는 무한 집합을 다루는 방법에 관한 내용도 있고, 그 경우 어떤 형태의 추론이 이치에 맞고 어떤 형태가 이치에 어긋나는지에 대한 개개인의 수학적 직관을 절대적으로 믿기란 어려울 수 있다. 그런 점은 정말로 의심할 필요가 있어 보인다. 무한 집합을 마음껏 이용하도록 내버려둔다면 심지어 버트런드 러셀의 '그 자신의 원소가 아닌 집합 모두를 모아 만든 집합'이라는 역설조차도 허용되는 모순이 벌어지기 때문이다. $\mathbb{F}$에 담긴 규칙은 그물코로 비유하자면 러셀의 '집합'을 걸러낼 만큼 촘촘해야 하지만, 과연 얼마나 촘촘해야 할까? 무한 집합을 아예 활용하지 못할 지경이라면 너무 지나치게 걸러낸다고 볼 수 있다(가령 평범한 유클리드 공간에도 무한개의 점으로 이루어진 집합이 들어 있고, 자연수의 집합조차도 무한 집합이므로). 더군다나 (가령 러셀의 '집합'처럼 문제 있는 내용의 표현을 허용하지 않는다는 점에서) 완벽하게 만족스러운 형식체계는 실로 다양하며, 그중 어느 것도 필요한 수학적 성과를 얻어내는 데 미흡하지 않다. 이처럼

---

* 어떤 형식체계들은 ('공리 도식(axiom schemata)'이라고 부르는 구조를 바탕으로 기술된) 무한히 많은 공리들을 갖는 것으로 나타내지기도 하지만, 그와 같은 형식체계도 여기서 이야기하는 관점에 비추어 '형식체계'의 자격을 갖추려면 유한한 형태로 표현될 수 있어야 한다. 곧 유한한 컴퓨팅 규칙 집합을 가지고 무한한 공리 체계를 생성해내야 한다는 뜻인데, 수학적 증명에 쓰이는 표준 형식체계에서도 그런 일이 가능함을 보여주는 사례가 실제로 있다. 낯익은 경우로는 가령 전통적인 집합 이론을 기술하는 '체르멜로-프랜켈(Zermelo-Fraenkel)' 형식체계 $\mathbb{ZF}$가 있다.

다양한 형식체계 가운데 믿어도 좋을 체계와 그렇지 않은 체계를 어떻게 가려낼 수 있을까?

그런 형식체계 가운데 한 사례인 $\mathbb{F}$에만 주의를 집중하여, $\mathbb{F}$에 담긴 규칙으로 얻어낼 수 있는 수학적 진술과 그 반대(즉 문제의 진술에 대한 '부정')를 가리켜 각각 **참**과 **거짓**이라 나타내는 표기법을 쓰도록 하자. $\mathbb{F}$의 틀 안에서 표현할 수는 있지만 이런 관점에서 볼 때 **참**도 아니고 **거짓**도 아닌 진술이라면 **결정불가능**이 된다. 무한 집합이란 그 자체가 실제로는 '의미 없을' 수 있으므로 그 것에 대해서는 절대적 의미로 참이나 거짓을 말할 수 없다고 보는 사람들도 있을 것이다. (이 말이 모든 무한 집합에 다 들어맞지는 않더라도 최소한 그 가운데 몇몇 종류에는 통하는 이야기일 수 있다.) 이 관점에 따르면 (어떤) 무한 집합에 대한 진술 가운데 어떤 진술은 **참**으로, 다른 어떤 **진술**은 거짓으로 드러나는 것은 전혀 문젯거리가 아니며, 다만 **참**이면서 **거짓**인 진술이 나오지 않기만 하면 된다. 이는 곧 체계 $\mathbb{F}$에 모순이 없다는 뜻이다. 그런 사람 — 진정한 형식주의자 — 들이 형식체계 $\mathbb{F}$를 바라볼 때 다른 무엇보다 중요하게 여기는 문제는 오로지 (a) 해당 체계에 과연 모순은 없는가 하는 점과, 그에 더해 (b) 해당 체계가 과연 완전한가 하는 점이다. $\mathbb{F}$의 틀 안에서 올바르게 표현한 수학적 진술이 모두 **참** 아니면 **거짓**으로 드러날 때(따라서 $\mathbb{F}$에 **결정불가능**한 진술이 담겨 있지 않을 때) 그러한 $\mathbb{F}$를 가리켜 완전하다고 말한다.

엄격한 형식주의자는 무한 집합에 대한 어떤 진술이 절대적 관점에서 실제로 참인가 하는 의문에 딱히 큰 의미가 있다고 보지 않으며, 형식주의 수학의 절차가 그런 점에 영향을 받는다고 여기지도 않는다. 따라서 이들은 그런 무한한 양에 대한 갖가지 진술의 절대적인 수학적 참 거짓을 가려내려고 하기보다는 합당한 형식체계의 무모순성과 완전성을 증명해보이고 싶어 하게 마련이다. 그처럼 증명해보이려 할 때 이용해도 될 수학적 규칙이라면 어떤 종류의 것일까? 그런 규칙은 우선 그 자체를 믿을 수 있어야 하고, (러셀의 집합처럼)

느슨하게 정의한 무한 집합을 미심쩍게 끌어들이지 않아야 한다. 한때 사람들은 어쩌면 비교적 간단하면서도 틀림없이 견실한 어떤 형식체계의 틀 안에서 활용할 수 있는 논리적 절차들이 존재하며, 이를 토대로 (가령 $\mathbb{F}$처럼) 더 정교한 다른 형식체계 — 무척 '큰' 무한 집합들에 대한 형식적 추론의 여지를 열어주지만 과연 무모순성을 갖추었는지가 전혀 자명하지 않은 — 의 무모순성을 충분히 증명해낼 수 있으리라는 희망을 품기도 했다. 형식주의자의 철학을 받아들일 경우, 그렇듯 $\mathbb{F}$의 무모순성을 증명해내면 적어도 $\mathbb{F}$에서 허용하는 추론 수단을 이용할 타당성은 갖추게 된다. 그 뒤에는 모순 없는 방법으로 무한 집합을 이용하여 수학 정리를 증명해낼 수 있고, 그런 집합이 실제로 '의미하는 내용'에 대한 의문은 어쩌면 그냥 제쳐두어도 괜찮을 듯하다. 그에 더해 만약 그런 $\mathbb{F}$의 완전성마저 입증해 보인다면, 허용 가능한 수학적 절차 모두가 실제로 $\mathbb{F}$에 담겨 있다는 관점을 아무 거리낌 없이 받아들일 수도 있게 된다. 따라서 그렇게만 된다면 어떤 면에서 $\mathbb{F}$는 실제로 해당 분야의 수학을 완전히 공식화한 결과라고 볼 수 있다.

하지만 1930년(발표 연도는 1931년)에 괴델은 폭탄선언을 준비했고, 결국 형식주의자들의 꿈은 이룰 길이 없음을 입증해내고 말았다! 그는 무모순성과 완전성을 함께 갖춘 형식체계 $\mathbb{F}$란 결코 존재할 수 없음 — $\mathbb{F}$가 표준 논리와 더불어 일상적인 산수에 대한 진술까지 공식화하여 담아낼 만큼 강력하다고 여기는 한 — 을 증명해냈다. 그러므로 괴델의 정리는 §2.3에서 설명했던 라그랑주의 정리와 골드바흐의 추측처럼 산술적 진술을 수학적 진술로 표현할 수 있도록 해주는 체계 $\mathbb{F}$에도 적용할 수 있다.

앞으로 이어질 논의에서 나는 괴델의 정리를 실제로 공식화하는 데 필요한 산술 연산을 담아낼 수 있을 만큼 — 그리고 필요하다면 임의의 튜링 기계에서 일어나는 갖가지 조작을 담아낼 수 있을 만큼(뒤에 나올 내용 참고) — 충분히 폭넓은 형식체계에만 관심을 기울이려 한다. 앞으로 어떤 형식체계 $\mathbb{F}$를 언급한다면, 보통은 $\mathbb{F}$가 정말 그 정도로 충분히 폭넓다는 가정 하에서 나온 이야기라고 여기면 되고, 그러더라도 논의에 본질적 제한이 생기는 일은 없으리라고 본다. (그렇지만 여러 형식체계를 논의하다 보면 맥락에 따라 구별이 뚜렷해야할 경우가 있는데, 그럴 때에는 이따금 '충분히 폭넓은'이나 그 비슷한 표현을 보탤 수도 있다.)

2.8 ω-무모순 상태

가장 친숙한 형태로 제시된 괴델의 정리는 어떤 형식체계 $\mathbb{F}$가 충분히 폭넓을 경우 $\mathbb{F}$가 완전성과 무모순성을 둘 다 갖출 수 없다고 언명한다. 이 형태는 §2.1과 §2.7에서 언급했던, 쾨니히스베르크에서 열린 학회를 통해 괴델이 발표했던 저 유명한 '불완전성 정리'의 원형과는 꽤 다르며, 뒤이어 미국의 논리학자 J. 바클리 로서(J. Barkley Rosser)가 이끌어내 1936년 문헌에서 소개한 조금 더 강한(stronger) 버전이다. 괴델이 원래 발표했던 버전은 $\mathbb{F}$가 완전성과 ω-무모순성을 함께 갖출 수는 없다는 언명이었다. ω-무모순 상태는 평범한 무모순 상태보다 약간 더 강하다. ω-무모순이 무슨 뜻인지를 이야기하려면 먼저 표기법을 조금 정해두고 넘어가야 한다. 형식체계 $\mathbb{F}$에 관한 표기법의 일부로서, 논리 연산을 나타내는 몇 가지 기호가 있다. 우선 반대, 즉 '부정'을 가리키는 기호가 있는데, '~'로 나타낼 수 있다. 가령 Q가 어떤 명제이고 $\mathbb{F}$의 틀 안에서 진술할 수 있다면, 기호를 써서 $\sim Q$라고 표기하면 'Q의 부정'을 나타낸다. '모든 [자연]수에 대해'라는 뜻의 기호도 있는데, 전체 정량차(universal quantifier)라 부르며 '$\forall$'으로 나타낼 수 있다(이 기호는 영어의 'ALL'에서 A를 뒤집은 꼴이다-옮긴이). 만약 $P(n)$이 자연수 n에 종속되는 어떤 명제일 경우(그래서 P를 가리켜 명제함수(propositional function)라고 부른다), 기호를 써서 $\forall n[P(n)]$이라고 표기하면 '모든 자연수 n에 대해 $P(n)$이 참이다'는 진술을 나타낸다. 그런 $P(n)$의 구체적인 예로는 'n은 세 정사각수의 합으로 표현할 수 있다'를 들 수 있는데, 그러면 $\forall n[P(n)]$은 '모든 자연수 n은 세 정사각수의 합이다'라는 뜻이다(이 진술은 거짓이지만, 여기서 '세'를 '네'로 바꾸면 참이다). 이런 기호들은 다양하게 조합할 수 있다. 가령 다음과 같이 조합하면

$$\sim\forall n[P(n)]$$

모든 자연수 n에 대해 $P(n)$이 성립한다 진술의 부정을 나타낸다.

ω-무모순 상태란 만약 $\mathbb{F}$에 속하는 방법으로 $\sim\forall n[P(n)]$을 증명해낼 수 있다면 $\mathbb{F}$의 틀 안에서 다음과 같은 진술

$$P(0), P(1), P(2), P(3), P(4), \cdots$$

를 모두 증명해낼 수는 없다는 언명이다. 이로부터, 만일 $\mathbb{F}$가 ω-무모순이 아니라면 어떤 P에 대해서는 $P(0), P(1), P(2), P(3), \cdots$을 하나도 빠짐없이 증명해낼 수 있으면서 이들 모두가 참이지는 않다고 주장하는 진술 또한 증명해낼 수 있는 이상한 상황이 생긴다! 믿을 만한 형식체계라면 확실히 이런 일을 용납할 수는 없는 노릇이다. 만약 $\mathbb{F}$가 견실하다면 $\mathbb{F}$는 확실히 ω-무모순이다.

이 책에서 나는 '$G(\mathbb{F})$'와 '$\Omega(\mathbb{F})$'라는 표기법을 활용할 텐데, 각각 '형식체계 $\mathbb{F}$가 무모순이다'와 '형식체계 $\mathbb{F}$가 ω-무모순이다'라는 뜻이다. 실은 ($\mathbb{F}$가 충분히 폭넓다고 가정하면) $G(\mathbb{F})$와 $\Omega(\mathbb{F})$라는 문장 자체도 $\mathbb{F}$에 속하는 조작을 가지고 표현해낼 수 있다. 괴델의 유명한 불완전성 정리에서는 $\mathbb{F}$가 실제로 무모순이라면 $G(\mathbb{F})$는 $\mathbb{F}$에 속하는 정리가 아니고(즉 $\mathbb{F}$가 허용하는 여러 절차를 활용하여 증명해낼 길이 없고) $\Omega(\mathbb{F})$도 마찬가지라고 말한다! 괴델의 정리를 토대로 로서가 뒤에 이끌어낸 좀 더 강한 버전에서는 만일 $\mathbb{F}$가 무모순이라면 $\sim G(\mathbb{F})$도 $\mathbb{F}$에 속하는 정리가 아니라고 말한다. 이 장의 나머지 부분에서 나

는 대체로 $\Omega(\mathbb{F})$ 대신 더 친숙한 $G(\mathbb{F})$를 가지고 논변을 표현할 생각이지만, 실은 어느 쪽을 쓰더라도 결과는 거의 같으리라고 본다. (3장에서 다룰 더 명쾌한 논변에서는 때때로 '$G(\mathbb{F})$'를 특히 '$C_k(k)$가 멈추지 않는다'(§2.5 참고)는 언명을 나타내는 표현으로 활용하는 경우가 일부 있을 텐데, 딱히 크게 잘못된 표기법은 아니다.)

여기서 다룰 논의에서는 대체로 굳이 무모순과 ω-무모순을 뚜렷이 구별하려 애쓰지 않겠다. 하지만 내가 §2.5에서 실제로 제시했던 괴델 정리의 버전은 본질적으로 만약 $\mathbb{F}$가 무모순이라면 $\mathbb{F}$는 완전할 수 없고 $G(\mathbb{F})$를 정리라고 주장할 수 없다는 내용이다. 여기서 이 내용을 입증해 보이려 들지는 않겠다 (그러나 클린의 1952년 문헌을 참고하자). 사실 이런 형태의 괴델 논변을 내가 내놓았던 형태로 환원해낼 수 있으려면 그저 '산수와 일상적인 논리를 담은' 정도의 $\mathbb{F}$로는 조금 모자라는 데가 있다. $\mathbb{F}$가 임의의 튜링 기계에서 일어나는 활동을 포괄할 만큼 폭넓어야 하기 때문이다. 그러니 체계 $\mathbb{F}$에 속하는 여러 기호를 활용하여 올바르게 표현해낼 수 있는 진술에는 '이러이러한 튜링 기계가 자연수 n에 따라 활동하면 자연수 p를 내놓는다' 같은 형태도 있어야 한다. 사실, $\mathbb{F}$가 일상적인 산술 연산과 더불어 '이러이러한 산술적 속성을 갖춘 가장 작은 자연수를 찾아내라'는 연산(μ-연산이라고 부른다)도 포함할 경우, 방금 이야기한 조건은 알고 보면 저절로 만족된다는 정리(클린의 1952년 문헌에서 11장과 13장 참고)도 나온 바 있다. 원래 예로 들었던 컴퓨팅 (A)에서 이야기한 절차는 실제로 세 정사각수들의 합이 아닌 가장 작은 수를 찾아냈음을 다시 떠올려보자. 컴퓨팅은 일반적으로 이런 종류의 일들을 해낼 수 있어야 한다. 끝나지 않는 컴퓨팅과 맞닥뜨릴 가능성이 생기는 까닭도 과연 바로 이 점 때문인데, 가령 (B)에서는 네 정사각수들의 합이 아닌 가장 작은 수를 찾아내려 해보았으나 그런 수가 존재하지 않았다.

2.9 형식체계와 알고리듬적 증명

§2.5에서 괴델-튜링 논변을 다룬 바 있는데, 그
때는 그저 '컴퓨팅'이라고만 이야기했을 뿐 '형식체계'에 대해서는 전혀 언급하
지 않았다. 그러나 이 두 개념은 서로 매우 가까운 관계다. $\mathbb{F}$의 여러 규칙을 올
바르게 적용했는지 확인할 알고리듬적(즉 '컴퓨팅적') 절차 F가 반드시 있어
야 한다는 것이 형식체계의 본질적 속성 가운데 하나이기 때문이다. 어떤 명
제가 $\mathbb{F}$에 속한 규칙들에 비추어 보아 **참**이라면, 방금 말한 컴퓨팅 F로 그 사실
을 알아낼 수 있다. (F가 어떻게 그런 일을 해낼지 생각해보면, 해당 체계 $\mathbb{F}$의
'기초 요소(alphabet)'에 속하는 기호의 열(string)의 모든 연속적인 조합을 훑어
가면서, 찾으려던 명제 P를 만날 경우 정지하도록 처리하면 된다. 이때 기호를
연속적으로 조합하는 각 단계는 모두 체계 $\mathbb{F}$를 이루는 규칙에 비추어 허용 가
능한 방법을 따라야 한다.)

반대로, 가령 어떤 수학적 진술들의 참 거짓을 알아낼 의도로 마련된 어떤
컴퓨팅적 절차 E가 추어졌다면, 절차 E로 얻어낼 수 있는 모든 진리를 결과적
으로 **참**이라고 나타내주는 형식체계 $\mathbb{E}$를 구성할 수 있다. 하지만 한 가지 사
소한 단서가 붙는데, 형식체계라면 다양한 표준 논리 연산도 포함하는 게 보
통이나 주어진 절차 E는 그런 연산까지 직접적으로 담아낼 만큼 폭넓지는 않
을 수도 있다. 이 주어진 E 자체에 그런 초보적 논리 연산이 들어 있지 않을 경
우, $\mathbb{E}$를 구성할 때 E와 더불어 그런 논리 연산도 끼워 넣는 편이 적절할 테다.
그렇게 함으로써 $\mathbb{E}$를 이루는 참 명제는 절차 E를 통해 곧바로 얻어낼 수 있는
진술뿐만 아니라 그런 진술끼리의 초보적 논리 연산으로 이끌어낸 결과까지
도 포함하게 된다. 그렇게 하면 $\mathbb{E}$는 엄격히 말해 E와 등가라고는 할 수 없겠지
만, 훨씬 더 강력해질 것이다.

(방금 이야기한 논리 연산이란 별 대단한 게 아니라, 이를테면 다음과 같

다. '$P \& Q$이면 P이다.' 'P이고 $P \Rightarrow Q$이면 Q이다.' '$\forall x[P(x)]$이면 $P(n)$이다.' '~$\forall x[P(x)]$이면 $\exists x[{\sim}P(x)]$이다.' 등. 여기에 나온 기호 '&', '$\Rightarrow$', '$\forall$', '$\exists$', '~'는 각각 '그리고(and)', '이면(implies)', '모든 [자연수]에 대해', '[어떤 자연수]가 존재한다', '부정(not)'을 뜻하며, 이런 기호는 이 밖에도 몇 가지가 더 있을 수 있다.)

E로부터 $\mathbb{E}$를 구성할 때에는 방금 이야기한 바와 같은 논리적 추론의 원시적 규칙만을 담은 무척 기초적인(그리고 무모순임이 자명한) 어떤 형식체계 $\mathbb{L}$을 출발점으로 삼아, $\mathbb{L}$에 대한 추가 공리와 절차상 규칙이라는 꼴로 E를 더하여 $\mathbb{E}$를 구성해낼 수 있고, 그러고 나면 결국 절차 E를 통해 얻어낸 명제 P는 모두 참이라고 할 수 있다. 하지만 이렇게 하는 일이 실제로는 말처럼 쉽지 않을 수도 있다. 가령 E가 그저 어떤 튜링 기계를 기술한 내용일 경우, 필요한 튜링 기계 표기법과 조작을 $\mathbb{L}$의 기초 요소와 절차상 규칙에 모두 끼워 넣고 난 뒤에야 비로소 E 자체도 사실상의 추가 공리로서 포함시킬 수 있다. (§2.8 끝부분 참조. 자세한 내용을 빠짐없이 알고 싶다면 클린의 1952년 문헌 참고)

형식체계 $\mathbb{E}$를 이런 식으로 구성할 경우 ($\mathbb{L}$에 담긴 원시적 논리 규칙 자체는 주어진 절차 E의 일부가 아닐 수도 있으므로) E를 통해 곧바로 얻어낼 수 있는 **참** 명제 외에 다른 참 명제가 섞여들 수 있으나, 당면한 목적을 생각해보면 그런 점은 별로 중요하지 않다. §2.5에서의 관심사는 어떤 컴퓨팅이 멈추지 않음을 알아내려 할 때 수학자가 이용할 수 있는 (알고 있거나 알 수 있는) 절차를 모두 포함하는 추정상의 알고리듬 A였다. 그런 알고리듬이라면 무엇보다도 간단한 논리 추론의 기초 연산을 분명히 갖추고 있어야 할 것이다. 따라서 앞으로 이어질 논의에서는 A가 정말로 그런 요소를 갖추었으리라 가정하고 이야기를 풀어나가려 한다.

그러므로 내가 펴는 논변의 목적에 비추어 볼 때 알고리듬(즉, 컴퓨팅 프로세스)과 형식체계는 둘 다 수학적 참 거짓을 알아내려는 절차라는 면에서 기본적으로 등가이다. 따라서 §2.5에서는 비록 컴퓨팅만으로 이야기를 풀어 나갔지만, 해당 내용은 일반적 형식체계에 대한 이야기라고 볼 수도 있다. 그때 다루었던 내용 가운데 컴퓨팅 (튜링 기계 활동) $C_q(n)$을 모두 늘어놓은 대목이 있었음을 다시 떠올려 보자. 따라서 해당 내용을 어떤 형식체계 $\mathbb{F}$에 구체적으로 적용하려면 $\mathbb{F}$는 모든 튜링 기계의 활동을 담아낼 만큼 폭넓어야 한다. 그렇다면 이제 어떤 컴퓨팅이 멈추지 않음을 알아낼 목적의 알고리듬 절차 A를 $\mathbb{F}$의 규칙 속에 포함시킬 수 있으니, 결국 A를 활용하여 어떤 컴퓨팅이 멈추지 않는 성질을 알아낼 수 있다면 $\mathbb{F}$로도 해당 컴퓨팅의 멈추지 않는 성질이 **참**임을 틀림없이 밝혀낼 수 있게 된다.

괴델이 쾨니히스베르크에서 내놓은 원래의 논변은 내가 §2.5에서 제시한 내용과 어떻게 관련될까? 여기서 나는 세부사항을 따지지는 않고 다만 핵심 요소만 짚을 것이다. 내가 이야기한 알고리듬 절차 A는 괴델의 원래 정리에서 형식체계 $\mathbb{F}$가 맡는 역할을 대신한다.

$$\text{알고리듬}\, A \leftrightarrow \mathbb{F}\text{에 담긴 규칙.}$$

§2.5에서 나온, 절차 A로 이끌어낼 수는 없으나 A가 견실하다고 믿는다면 참이라고 지각하게 되었던 '$C_k(k)$는 멈추지 않는다'는 명제는 괴델이 쾨니히스베르크에서 제시했던 명제 $G(\mathbb{F})$의 역할을 대신하는데, $G(\mathbb{F})$는 결국 $\mathbb{F}$가 무모순이라는 언명이다.

$$C_k(k)\text{가 멈추지 않는다는 진술} \leftrightarrow \mathbb{F}\text{가 무모순이라는 언명.}$$

어떤 절차 — 가령 A — 가 견실하다고 믿는다면 해당 절차의 범위를 벗어나는 어떤 다른 절차 또한 틀림없이 견실하다고 믿을 수밖에 없을 때가 있는데, 방금 나온 이야기는 어떻게 그럴 수 있는지 이해하는 데 어쩌면 도움이 된다. 어떤 형식체계 $\mathbb{F}$에 담긴 절차가 견실하다 — 즉 그 절차를 따르면 수학적으로 틀림없는 진리만 이끌어낼 수 있어서, 어떤 명제 P가 **참**임을 이끌어냈을 경우 해당 명제는 실제로도 참일 수밖에 없다 — 고 믿는다면 $\mathbb{F}$가 ω-무모순이라는 점도 믿을 수밖에 없기 때문이다. 만일 '**참**'이면 '참'이고 '**거짓**'이면 '거짓'일 경우 — 이 관계는 형식체계 $\mathbb{F}$가 견실하다면 늘 성립하는데 — 에는, 확실히 다음과 같이 말할 수 있다.

모든 자연수 n에 대해 $P(n)$이 성립한다는 것이 거짓이라면
$P(0), P(1), P(2), P(3), P(4), \cdots$가 모두 참일 수는 없다.

이 내용은 결국 ω-무모순이 언명하는 바와 정확히 같다.

　$\mathbb{F}$가 견실하다고 믿는다면 $\mathbb{F}$가 ω-무모순이라고 믿을 수밖에 없을 뿐만 아니라 $\mathbb{F}$가 무모순이라는 점도 믿을 수밖에 없다. 그 까닭은 '**참**'이면 '참'이고 '**거짓**'이면 '거짓'일 경우, 확실히 다음과 같이 이야기할 수 있고

P가 **참**이면서 동시에 **거짓**일 수는 없다.

이 내용은 무모순이 언명하는 바와 정확히 일치하기 때문이다. 사실은 많은 형식체계들에서 무모순과 ω-무모순의 구별은 사라진다. 이야기가 간결해지도록 이 장의 나머지 부분에서는 전반적으로 이 두 종류의 무모순을 굳이 구별하지 않으려 하며, 보통은 '무모순'이라는 용어만 가지고 진술할 참이다. 괴델과 로서가 보여준 바는 (충분히 폭넓은) 어떤 형식체계가 스스로 자신의 무모순을 밝혀낼 수는 없다는 점이다. 괴델의 초기 (쾨니히스베르크) 정리는 ω-무모순에 국한되었으나, 뒤에 나온 더 낯익은 결과에서는 통상적인 무모순만 언급했다.

　우리의 목적상 괴델 논변의 요지는 이 논변이 우리가 견실하다고 믿는 임의의 주어진 컴퓨팅 규칙 집합을 넘어서, 원래의 규칙 안에 포함되지 않지만

견실하다고 믿을 수밖에 없는 규칙 — 즉, 원래 주어진 규칙들의 무모순성을 언명하는 규칙 — 을 어떻게 얻을지 알려준다는 것이다. 우리의 목적에 비추어 핵심적인 내용은 다음과 같다.

견실하다는 믿음은 무모순이라는 믿음을 의미한다.

어떤 형식체계 $\mathbb{F}$의 규칙을 활용하고 그로부터 이끌어낸 결과가 실제로 참이라 믿을 자격을 얻으려면 먼저 해당 체계가 무모순이라고 믿어야만 한다. (예컨대 $\mathbb{F}$가 무모순이 아니라면 '1 = 2'라는 진술이 참이라고 추론해낼 수도 있는데, 이는 확실히 참이 아니다!) 그러므로 우리는 어떤 형식체계 $\mathbb{F}$를 이용하여 실제로 수학을 다루고 있다고 믿는다면, 해당 체계 $\mathbb{F}$에 얽힌 제약에서 벗어나는 추론을 받아들일 준비도 갖추고 있어야 하며, 그 점은 $\mathbb{F}$의 내용이 무엇이든 간에 마찬가지이다.

2.10 𝒢에 추가로 던질 만한 기술적 반론

이제 내가 괴델-튜링 논변을 이용한 방법을 두고 때때로 나오곤 했던 다양한 수학적 반론을 계속 살펴보자. 이들 반론은 서로 밀접한 관련성을 띠는 경우가 많으나, 어쨌든 하나씩 또박또박 짚어보면 도움이 되리라고 본다.

Q10. 수학적 진리는 과연 절대적일까? 무한집합에 관한 진술의 절대적 진리성을 두고도 서로 다른 관점이 있음을 이미 살펴본 바 있다. 명쾌하게 정의할 수 있는 형식적 진리라는 개념과 반대인 듯 보이는 '수학적 진리'라는 모호한 개념에 기대는 논변을 믿어도 될까?

어떤 형식체계 $\mathbb{F}$가 일반적인 집합론을 다룬다면, 해당 집합들에 대한 진술이 '참'인지 '거짓'인지를 가려낼 절대적 관점이 과연 있기는 한지가 실제로 분명하지 않을 수도 있다. 그럴 때에는 $\mathbb{F}$ 같은 형식체계의 '견실함'이라는 개념 자체를 의심해볼 여지가 생긴다. 이런 종류의 사안을 분명하게 이해시켜준 유명한 사례를 괴델의 1940년 문헌과 코헨(Cohen)의 1966년 문헌에서 증명해낸 결과로부터 찾아볼 수 있다. 이 두 문헌은 선택공리와 칸토어의 연속체 가설이라는 수학적 언명이 집합론의 체르멜로-프랜켈 공리 ― 여기서는 $\mathbb{ZF}$라고 표기할 표준 형식체계 ― 와 독립적임을 보였다. (선택공리란 공집합이 아닌 임의의 집합들의 모임에 대하여, 해당 모임 각 구성원의 원소를 딱 하나 포함하는 또 다른 집합이 존재한다는 언명이다.[1] 칸토어의 연속체 가설이란 자연수의 부분집합 개수 ― 이는 실수의 개수와 같다 ― 가 자연수 자체의 개수 바로 다음으로 더 큰 무한이라는 언명(자연수의 집합과 실수의 집합은 둘 다 무한집합이기는 하나, 크기를 견주면 자연수의 집합보다 실수의 집합이 더 크며, 자연수의 집합보다 더 큰 바로 윗 단계의 무한집합이 실수의 집합이라는 뜻이다-옮긴이)이다.[2] 여기서는 독자가 이들 언명이 무슨 뜻인지 알려고 애쓰지는 않아도 좋으며, 내가 절차 $\mathbb{ZF}$에 담긴 여러 공리와 규칙을 자세히 파고들 까닭도 없다.) 일상적인 수학에 필요한 수학적 추론이 $\mathbb{ZF}$에 모두 담겨 있다는 입장을 고집하는 수학자들도 있을 테고, 그들 중 일부는 심지어 원리상으로는 $\mathbb{ZF}$의 틀 안에서 공식화와 증명이 가능해야 비로소 수학적 논변으로 받아들일 수 있다고도 주장할지 모른다. (그런 이들에게 괴델 논변을 적용하는 방법에 대해서는 뒤에 **Q14**에서 나올 논의를 참고하자.) 그런 수학자들은 따라서 $\mathbb{ZF}$에 비추어 각각 **참, 거짓, 결정불가능**에 해당하는 수학적 진술이 곧 원리상으로 수학적으로 참, 거짓, 결정불가능이라고 밝혀낼 수 있는 진술이라는 주장을 펴게 마련이다. 그들이 보기에 선택공리와 연속체 가설은 (그들이 주장하기로는 괴델과 코헨이 이끌어낸 성과가 보여주듯) 수학적으로 결정불가능이고, 따라서 이 두 수학적 언명이 참인지 거짓인지는 순전히 약속하기 나름이라고 주장하더라도 무리는 아니다.

수학적 진리의 절대적 성질에는 이처럼 불확실한 데가 있는 듯한데, 괴델-튜링 논변에서 비롯된 우리의 추론도 그러한 점에 영향을 받을까? 실제로는 아무런 영향도 받지 않는다. 그 까닭은 살피려는 수학적 문제류의 성격이 선택공리와 연속체 가설처럼 비구성적 무한집합(여기서 '비구성적'이란 본디 수학적 증명을 분류할 때 쓰는 용어이다. 어떤 속성을 지닌 수학적 대상을 실제로 만들어 보이거나 만드는 방법을 제시함으로써 해당 대상의 존재를 증명해 보이는 경우를 가리켜 구성적 증명이라 부르고, 이와 대조되는 비구성적 증명이란 구체적 예를 살피지 않은 채 어떤 명제의 유효성을 입증해 보이는 경우를 가리킨다. 비구성적 증명을 다른 말로는 '(순수) 존재 증명'이라고도 부르며, 흔히 선택공리를 비구성적 증명의 대표적 사례로 꼽는다-옮긴이)을 다루는 경우와 견주어 훨씬 더 제한적이기 때문이다. 우리가 살피려는 내용은 그저 다음과 같은 꼴을 띠는 진술뿐이다.

'이러이러한 컴퓨팅은 영원히 끝나지 않는다.'

여기서 해당 컴퓨팅은 튜링 기계 활동으로 정확히 나타낼 수 있다. 이런 진술을 논리학자들이 쓰는 용어로는 Π_1-문장(더 정확하게는 Π_1^0-문장)이라고 부른다. 임의의 형식체계 $\mathbb{F}$에 대해 $G(\mathbb{F})$는 Π_1-문장이지만 $\Omega(\mathbb{F})$는 그렇지 않다 (§2.8 참고). 비구성적 무한집합(가령 선택공리와 연속체 가설)과 관련된 의문을 고수할 심산으로 무슨 입장을 취하든 그것과는 무관하게 임의의 Π_1-문장의 참/거짓 속성은 절대적인 것임은 의심할 여지가 거의 없으리라고 본다. (반면 곧 살펴보겠지만 Π_1-문장을 설득력 있게 증명해내려면 과연 어떤 종류의 추론이어야 할지에 대한 생각은 비구성적 무한집합을 바라보는 입장에 따라 실제로 달라질 수 있다. 뒤에 나오는 **Q11** 참고) 일부 직관주의자들의 극단적 입장(**Q9**에 대한 답변 참고)을 제쳐두고 보면, 그와 같은 진술의 참 거짓이 절대적 속성을 띠는지에 관하여 타당하게 의문시할 만한 경우란 다음 두 가지뿐인 듯하다. 첫째는 반드시 끝나기는 해도 걸리는 시간이 지나치게 길어서 — 가령 우주의 역사 전체만큼 걸린다든가 — 끝마치는 순간이 실제로 오리라고는 상상조차 하지 못할 어떤 컴퓨팅이 존재할 때. 둘째는 해당 컴퓨팅 자체의 내용을 진술하는 데만도 기호가 (유한하기는 해도) 너무 많이 필요해서 영원히 전부 다 표현해낼 길이 없어 보일 때. 하지만 이런 문제는 앞의 **Q8**에 관한 논의에서 빠짐없이 분석했고, 그 결과 핵심 결론 $\mathscr{G}$에는 아무 영향이 없음이 드러났다. 그리고 기억하다시피, 앞서 **Q9**를 두고 벌인 논의에서는 직관주의 관점에 비추어 보더라도 결론 $\mathscr{G}$를 벗어나지 않는다.

한 가지 더 짚어두자면, 괴델-튜링 논변에 필요한 (무척 제한적인) 수학적 진리의 개념은 임의의 형식체계 $\mathbb{F}$에서의 **참, 거짓, 결정불가능** 개념 못지않게 잘 정의된 것이다. $\mathbb{F}$와 등가인 알고리듬 F가 존재한다는 이야기가 앞에서 (§2.9) 나왔음을 다시 떠올려보자. 가령 F에 ($\mathbb{F}$의 언어로 진술할 수 있는) 명제 P를 넣는다면, 이 알고리듬이 정지하는 데 성공하는 경우란 곧 P가 $\mathbb{F}$의 규칙에 따라 증명해낼 수 있는 명제일 때, 즉 P가 **참**일 때이다. 또한 마찬가지로, F에 $\sim P$를 넣었을 때 정지하는 데 성공한다면 곧 P는 **거짓**이고, 이 두 컴퓨팅 가운데 어느 쪽도 끝나지 않으면 곧 P는 **결정불가능**이다. 어떤 수학적 진술 P가 **참**인지, **거짓**인지, 또는 **결정불가능**인지 하는 사안은 컴퓨팅이 멈추거나 멈추지 않는다는 이야기가 실제로 참인지 — 즉 어떤 Π_1-문장이 거짓인지 참인지 — 를 가려내는 사안과 정확히 똑같은 성격을 띠며, 괴델-튜링식 논변을 뒷받침하는 데 필요한 점은 그처럼 컴퓨팅이 과연 멈추는가를 가려내는 일이 전부다.

Q11. Π_1-문장 가운데에는 무한집합론을 활용하면 증명해낼 수 있으나 '유한한' 표준 방법을 활용한 증명은 나오지 않은 사례들이 있다. 이에 비추어 보면 수학자들이 그럴듯 잘 정의된 문제를 판단하는 방법조차도 사실은 주관적인 것이 아닐까? 수학자들도 각양각색인 만큼 집합론에 대해 믿는 바도 서로 다르므로, Π_1-문장의 수학적 참 거짓을 평가하는 기준도 서로 다를지 모른다.

이 이야기는 괴델(-튜링) 논변으로부터 내가 이끌어낸 추론에 관한 중요한 지적일 수 있고, ENM에 나온 짤막한 논의에서는 어쩌면 내가 이 점을 너무 가볍게 보아 넘겼는지도 모르겠다. 놀랍게도 **Q11**에 담긴 반론이 마음에 걸리는 사람은 나 자신 말고는 아무도 없는 듯하다. 적어도 내가 이 문제에 주목하게 만든 사람은 내 자신 외에는 아무도 없었다! 이 책과 ENM 417, 418쪽(국내판 631~633쪽)에서 나는 '수학자들' 또는 '수학계'가 추론과 통찰을 가지고 알아낼 수 있는 바를 바탕으로 괴델(-튜링) 논변을 표현해왔다. 특정 개인이 나름의 추론이나 통찰을 활용하여 알아낼 수 있을 법한 바를 끌어들이지 않고 그런 식으로 이야기를 풀어갈 때의 장점은, 루카스(Lucas)가 1961년 문헌에서 제기한 괴델 논변의 버전에 대해 자주 제기되는 몇몇 반론을 피할 수 있다는 것이다. 실로 다양한 이들[3]이, 가령 '루카스 스스로도' 자신이 제시한 알고리듬을 알았을 리 없다고 반박했다. (그중에는 심지어 내가 제시한 내용에 대해서조차 똑같은 유형의 반론을 내놓은 이들도 있다.[4] 내가 그처럼 '개인적' 방식으로 논변을 풀어간 적이 결코 없다는 점을 그들은 아마 알아차리지 못했던 모양이다!) '수학자들' 또는 '수학계'가 이용할 수 있는 추론과 통찰을 근거로 삼을 경우의 장점은, 사람마다 남들은 알 길 없는 자기 나름의 알고리듬에 따라 수학적 진리를 서로 다르게 알지도 모른다는 의견을 비켜 갈 수 있다는 것이다. 특정 개인이 이해한 결과라면 알 수 없는 어떤 알고리듬 때문이라고 볼 수도 있겠으나, 수학계 전체가 공동으로 이해하고 있는 문제인데도 그런 함정에 빠졌으리라고 여기기는 훨씬 더 어렵기 때문이다. **Q11**은 이 공동의 이해라는 게 내가 생각하듯 보편적·비개인적이지 않을 수도 있다는 점을 지적한다.

사실 **Q11**에서 말하는 그런 종류의 진술이 정말로 있기는 하다. 즉, 무한집합론을 적절히 활용하는 방법 말고는 다른 증명이 나오지 않은 Π_1-문장들이 있다. 그런 Π_1-문장은 '$\mathbb{F}$에 담긴 공리들은 무모순이다' 같은 진술을 산술적으로 부호화하는 과정에서 생겨날 수 있는데, 이 경우 형식체계 $\mathbb{F}$에서는 그 존재 자체부터 논란의 여지가 있는 커다란 무한집합을 다루게 된다. 적절하게 거대한 어떤 비구성적 집합 **S**가 실제로 존재한다고 믿는 수학자라면 $\mathbb{F}$는 과연 무모순이라는 결론에 이르겠지만, **S**의 존재를 믿지 않는 또 다른 수학자로서는 딱히 $\mathbb{F}$의 무모순성을 믿을 이유가 없다. 따라서 튜링 기계 활동이 멈추거나 멈추지 않는다는 잘 정의된 사안(즉 Π_1-문장이 거짓인가 참인가)에만 주의를 기울인다 해도 믿음 — 가령, 어떤 거대한 비구성적 무한집합 **S**의 존재 여부에 관한 믿음 — 이 주관적일 수 있다는 점을 무시할 수는 없다. 가령 여러 수학자가 각자 어떤 Π_1-문장들의 참 거짓을 알아내려 할 때 끌어들이는 알고리듬이 서로 등가이치 않고 제각각인 '개인적 알고리듬'이라면, 나처럼 그저 '수학자들' 또는 '수학계'라고만 이야기하며 얼버무리는 일은 부당하다고 볼 수 있다.

엄격히 말하면 과연 조금 부당한 노릇일 수도 있겠구나 싶다. 그리고 사람에 따라 다르겠지만 $\mathscr{G}$를 다음과 같이 새로 해석하고 싶은 독자도 있음직하다.

$\mathscr{G}^*$ 수학자는 저마다 자신이 견실하다 알고 있는 알고리듬만으로 수학적 진리를 확인하지 않는다.

이렇게 보더라도 내가 제시하는 주장에 들어맞기는 하겠지만, 논거를 이런 형태로 들어 보인다면 나중에 이야기한 몇몇 주장은 고유의 설득력을 꽤 많이 잃을 듯하다. 뿐만 아니라 $\mathscr{G}^*$라는 이 버전을 토대로 삼다 보면 이야기가 엉뚱한

쪽으로 흘러, 모든 인간의 활동에 바탕을 이루는 원리보다는 특정 개인들의 활동을 지배하는 특정한 메커니즘에 더 관심이 쏠리게 된다. 현 단계에서 나의 관심사를 꼽는다면 수학 문제를 공략하는 방법이 개별 수학자마다 어떻게 다를까 하는 점보다, 인간의 이해와 인간의 수학적 지각에 관한 보편적 요소 쪽이 더 우세하다.

정말 $\mathscr{G}*$라는 버전을 받아들일 수밖에 없는지 살펴보자. 수학자들의 판단은 과연 특정한 Π_1-문장이 확실히 참인가 그렇지 않은가를 두고 원리상으로 서로 견해가 엇갈릴 만큼 주관적일까? (물론 해당 Π_1-문장의 참 거짓을 밝혀내는 논변이 그야말로 너무 길거나 복잡해서 따라가지 못하는 수학자들도 있을 테고 — Q12 이하 참조 — 그래서 실체로는 수학자들마다 확실히 서로 다를 수 있다. 하지만 지금은 그런 이야기가 아니고, 우리의 관심사는 오로지 원리상으로 이 문제를 어떻게 볼 것인가 하는 점이다.) 사실 수학적 증명이란 방금 나온 이야기에서처럼 그렇게까지 주관적이지는 않다. 기초적 사안에 대해서는 무엇이 확고부동한 참이라고 여기는가 하는 면에서 수학자들끼리 서로 조금씩 다른 관점을 천명할 여지도 있는 게 사실이지만, 뚜렷이 정의된 구체적 Π_1-문장이 참임을 또는 거짓임을 증명할 때에는 실제 핵심 내용을 두고 견해가 서로 갈리는 경향이 나타나지는 않는다. 어떤 체계 $\mathbb{F}$가 무모순임을 사실상 언명하는 특정 Π_1-문장을 두고 참이라 말하는 근거가 논란 많은 어떤 무한집합 $\mathbf{S}$의 존재뿐이라고 말한다면, 대체로 이를 두고서 받아들일 만한 증명이라고 보기는 어렵다. 그보다는 차라리 '만약 $\mathbf{S}$가 존재한다면 $\mathbb{F}$는 무모순이고, 그 경우 주어진 Π_1-문장은 참이다.'라고 표현하면 실제로 증명해냈다고 받아들일 만하다.

그렇지만 이를 벗어나는 예외도 있을 법한데, 어떤 비구성적 무한집합 $\mathbf{S}$가 존재함이 '자명하다' — 또는 적어도 그런 집합의 존재를 가정했을 때 모순이 생길 여지가 조금도 없다 — 는 입장인 수학자가 있다면 그렇게 믿지 않는

다른 수학자도 있게 마련이기 때문이다. 수학자들은 때때로 그와 같은 기초적 사안을 두고 도저히 결론지을 길 없는 논쟁을 벌이곤 하는 듯하다. 이론상으로는 그러다 보면 Π_1-문장에 대해 그들이 증명한 내용조차도 서로에게 납득이 되도록 전달하지 못하게 될 수 있다. 어쩌면 비구성적 무한집합을 다루는 진술의 참 거짓에 대한 지각은 실제로 수학자마다 제각각이게 마련인지도 모르겠다. 확실히 수학자들은 그렇듯 서로의 지각이 제각각임을 천명하곤 한다. 그러나 나는 그런 차이가 평범한 수학적 명제의 참 거짓에 대한 수학자들의 예상이 서로 엇갈릴 때 나타나는 차이와 근본적으로 비슷하다고 본다. 그런 예상은 그저 잠정적인 의견일 뿐이다. 설득력 있는 증명이나 반증이 나오지 않았다면 참 거짓에 대한 예상 또는 침착이 수학자마다 달라 서로 엇갈릴 수 있으나, 그 수학자들 가운데 어느 한 사람이 그런 증명을 이끌어낸다면 (원리상으로는) 다른 이들도 납득시킬 수 있다. 하지만 기초적 사안에 대해서는 그와 같은 증명이 과연 부족하고, 설득력 있는 증명은 결코 나오지 않을지도 모른다. 어쩌면 그런 증명이 나오지 못하는 까닭은 애당초 존재하지 않기 때문일 수도 있고, 그런 기초적 사안에 대해서는 서로 다르면서도 저마다 나름대로 유효한 관점이 여러 가지 존재함이 과연 사실일 수도 있다.

하지만 이렇든 저렇든 간에 Π_1-문장에 대해서는 한 가지 강조해두어야 할 점이 있다. 수학자가 잘못된 관점 — 여기서는 어떤 Π_1-문장의 유효성에 대해 올바르지 않은 결론에 이를 여지가 있는 관점을 뜻한다 — 을 지닐 가능성은 지금 우리의 관심사가 아니라는 점이다. 수학자들의 '통찰'이 실제로 그릇되었을 수 있지만(특히 견실하지 않은 알고리듬을 사용할 경우에), $\mathcal{G}$와는 일치하는 내용이므로 그 점은 현재 절에서 다룰 이야기가 아니다. 대신 그 가능성은 §3.4에서 구석구석 꼼꼼히 다루기로 한다. 그러므로 여기서 다룰 사안은 서로 다른 수학자들의 관점 가운데 모순을 지닌 관점이 있을 여지가 아니라, 어떤 관점이 다른 관점보다 원리상으로 더 강력할 수도 있는가 하는 점이다. 어느 관점이든

Π_1-문장의 참 거짓에 대한 의미라는 면에서는 완벽히 견실하겠지만, 원리상으로 어떤 관점을 따르는 이들은 그보다 덜 강력한 관점을 따르는 이들과 달리 몇몇 컴퓨팅이 끝나지 않으리라는 점을 알아낼 수 있다. 그리하여 수학자의 통찰은 사람마다 근본적으로 수준이 다를 수도 있다는 이야기이다.

이러한 가능성은 내가 원래 이야기했던 $\mathscr{G}$에 크게 위협이 되리라고는 여기지 않는다. 무한집합에 대해 수학자들이 합리적으로 취할 만한 서로 다른 관점들이 있을지는 몰라도, 그런 관점들이 그렇게 많지는 않다 — 아마 대략 너덧 가지를 넘지는 않으리라고 본다. 타당한 차이가 날 만한 것이라고 해본들, (Q10에서 언급한) 선택공리처럼 많은 이들은 '자명하다'고 여기지만 다른 어떤 이들은 그 공리의 비구성성을 받아들이길 거부하는 그런 몇 가지 사례일 테니 말이다. 선택공리 자체를 바라보는 관점에 이런 차이가 있지만 이상하게도 그 점이 곧바로 어떤 Π_1-문장으로 이어져 해당 문장의 유효성을 두고 논쟁이 벌어지지는 않는다. 그 까닭은 (Q10에서 언급한) 괴델-코헨 정리에서 입증해 보이듯, 선택공리를 '참'이라 여기거나 또는 그러지 않거나 간에 그 공리가 표준 $\mathbb{ZF}$ 공리들의 모순으로 이어지지는 않기 때문이다. 하지만 그에 상응하는 정리가 나오지 않은 다른 논쟁적인 공리가 있을지도 모른다. 그러나 대개 어떤 집합론적 공리 — 공리 Q라 부르자 — 를 받아들일지 말지 하는 상황에 이르면 수학자는 '공리 Q를 가정하여 그에 따를 경우……'와 같은 형태로 진술하게 마련이다. 이런 진술이 수학자들 사이에서 논쟁거리가 될 까닭은 없다. 선택공리는 흔히 별다른 언급 없이 가정하곤 한다는 점에서 예외적인 경우인 듯하다. 그러나 내가 특정한 사람을 이야기하지 않으면서 일반적으로 표현한 $\mathscr{G}$에서는 다음과 같이 관심 대상을 Π_1-문장으로 제한한다면 그 때문에 의문을 가질 만한 점은 누가 봐도 전혀 없다.

$\mathscr{G}$** 인간 수학자는 Π_1-문장의 참 거짓을 확인하기 위해 견실한 알고리듬을 활용하지 않는다.

어떤 경우에든 우리로서는 이 정도면 충분하다.

이 밖에 논쟁거리인 다른 공리, 즉 누구는 '자명하다' 여기는 반면 또 누구는 의심을 품는 공리가 있을까? 가정이라고 명시적으로 밝히지 않는 집합론적 가정들에 대하여 근본적으로 다른 관점이 10개나 있다고 말한다면 지나친 과장일 것이다. 그렇지만 백번 양보하여 다른 관점의 개수가 그만큼이라고 일단 인정하고 그것이 무슨 의미인지 살펴보자. 그렇게 본다면 수학자들에게 대략 10가지의 근본적으로 다른 등급을 매길 수 있다는 뜻이 되고, 이때 기준은 무한집합에 대한 추론의 여러 유형 가운데 어디까지를 '자명하게' 유효하다고 받아들이느냐 하는 점이다. 이들을 가리켜 n-등급 수학자들이라고 부를 수 있겠는데, n의 범위는 그리 넓지 않다 — 많아도 대략 10을 넘지 않는다. (등급이 높을수록 해당 수학자들의 관점은 더 위력적일 것이다.) 그러면 $\mathscr{G}$** 대신 다음을 얻는다.

$\mathscr{G}$*** 각각의 n에 대해(이때 n에 들어갈 수 있는 값은 그리 많지 않다), n-등급 인간 수학자는 자신이 견실함을 아는 알고리듬만으로 Π_1-문장의 수학적 참 거짓을 확인하지 않는다.

이렇게 말할 수 있는 까닭은 괴델(-튜링) 논변을 각 등급마다 따로 적용할 수 있기 때문이다. (괴델 논변 자체가 수학자들 사이의 논쟁거리는 아님을 뚜렷이 밝혀두어야 하겠다. 따라서 추정상의 n-등급 알고리듬이 임의의 n-등급 수학자에게 견실하다면, 괴델 논변에 비추어 볼 때 모순이 생기게 된다.) 그러므로 $\mathscr{G}$에서처럼 개개인마다 자기 나름의 알고리듬이 있어서, 견실하지만 그 점을 알 길은 없는 알고리듬이 굉장히 많을 때에 대한 이야기는 아니다. 우리가 방금 배제시킨 가능성은 그게 아니라, 건실하지만 그 점을 알 길은 없는, 서로 대등하지 않은 알고리듬이 몇 가지 정도 그저 아주 조금 있어서, 해당 알고리듬들에 강도별로 각각 등급을 매겨 서로 다른 '학설'을 얻어낼 수 있을 가능성이다. 앞으로 이어질 논의에서는 변종인 $\mathcal{G}$***가 $\mathcal{G}$나 $\mathcal{G}$**와 견주어 그다지 다른 점은 없는 데다, 이야기를 간결하게 풀어 나가고 싶기도 하므로 딱히 이들을 서로 구별하지 않고 뭉뚱그려 $\mathcal{G}$로 부르도록 하겠다.

Q12. 수학자들이 제각기 나름의 관점을 다채롭게 내세우든 말든 얼마든지 그럴 수 있지만, 원리상으로는 다들 훌륭할지 몰라도 실제로는 논변을 따라가는 능력 면에서 서로 간의 차이가 무척 크지 않을까? 수학적 발견을 이끌어내는 통찰력 면에서도 각자의 차이가 틀림없이 무척 크지 않을까?

물론 옳은 말이기는 하나, 지금 다루는 사안의 핵심과는 딱히 관련이 없는 이야기이다. 나의 관심사는 구체적이고 상세한 논변 하나하나에 대해 수학자 개인이 실체로 따라갈 능력을 갖추었느냐가 아니다. 다양한 논변 가운데 어떤 수학자 개인이 실제 발견해낼 수 있음직한 것들은 무엇일까라는 사안이나, 그런 발견에 이르게 해줄 수 있는 통찰과 영감 따위는 더더욱 여기서 관심을 기울이는 대상이 아니다. 지금의 관심사는 오로지 원리상으로 수학자들이 유효하다고 지각하는 논변의 유형이 무엇인가라는 것뿐이다.

방금 이야기하면서 나온 '원리상으로'라는 단서는 별 생각 없이 끼워 넣은 말이 아니다. 어느 한 수학자가 어떤 Π_1-문장이 참 또는 거짓임을 증명했다고 가정해보자. 다른 수학자들이 해당 증명의 유효성에 공감하지 않을 때에는, 대립을 풀어내려면 의심을 품은 수학자들이 충분한 시간을 들여 열린 마음으로 참을성 있게 길고도 미묘할 수 있는 추론 과정을 살펴보는 길 밖에 없고, 그러려면 충분한 이해와 꼼꼼함, 추론을 끝까지 따라갈 수 있는 결의까지 고루 갖추어야 한다. 실제로는 해당 사안을 완전히 해결하기 전에 수학자들이 포기하지만, 현재의 논의에서 그와 같은 문제는 관심사가 아니다. 왜냐하면 어느 한 수학자가 원리상으로 이용할 수 있는 바와 다른 수학자 — 실은 사고력을 지닌 사람이라면 누구든 — 가 활용할 수 있는 바를 서로 똑같다고 여길 수 있는, 정의가 뚜렷한 어떤 관점이 확실히 있어 보이기 때문이다. 추론 과정은 무척 길게 이어질 수도 있고 그 안에 나오는 여러 개념 또한 미묘하거나 모호할 수 있지만, 그렇더라도 어떤 사람이 이해하고 있는 내용 가운데 다른 이는 도저히 이용할 수 없는 점 따위는 원리상으로 없다고 믿을 만한 충분히 설득력 있는 이유가 여럿 있다. 어떤 증명에서 순수하게 컴퓨팅적인 부분을 구석구석까지 빠짐없이 짚어나가려면 반드시 컴퓨터의 도움을 받아야만 할 때에 대해서도 마찬가지로 이야기할 수 있다. 어떤 논변에 나오는 컴퓨팅의 꼭 필요한 세부 내용을 인간 수학자가 끝까지 짚어갈 수 있기를 바라기는 도저히 무리일 수도 있겠지만, 그렇더라도 해당 논변을 이루는 단계 하나하나를 납득하고 받아들이는 일은 의심할 여지없이 인간 수학자가 손쉽게 감당해낼 수 있다.

방금 한 이야기에서는 순전히 수학적 논변의 복잡성만을 거론했을 뿐이고 원리상으로 불거질 수 있는 본질적 문제, 곧 수학자마다 받아들이는 추론의 유형이 제각각인 까닭에 차이가 생겨날 수 있다는 점은 다루지 않았다. 돌이켜보면 자신의 능력 범위를 벗어나는 수학적 논변과 맞닥뜨렸다고 하소연하는 수학자들도 확실히 만난 적이 있다. 이들은 다음과 같이 말한다. "제가 아무리 오랫동안 애를 써도 이러이러한 점, 또는 여차여차한 내용은 결코 이해하지 못하겠습니다. 그런 유형의 추론은 완전히 제 능력 밖입니다." 언제라도 그런 하소연을 듣거든, (**Q11**에 대한 논의에서 다룬 바와 같이) 해당 추론이 정말로 그 수학자의 믿음 체계라는 틀을 원리상으로 벗어나 있는가, 아니면 실상은 충분히 오랫동안 넉넉히 공을 들이면 해당 논변의 바탕을 이루는 이론을 파악할 수 있치는 않은가를 판단해야 하는데, 후자일 때가 훨씬 더 많다. 사실 '이러이러한 점'에 담긴 본질적 이론에 해당 수학자의 역량 범위를 벗어나는 요소가 있는 경우보다는, '여차여차한 내용'을 다룬 글투가 모호하거나 때로 강의 능력이 모자란 점 때문에 가엾은 수학자를 절망의 구렁텅이에 빠뜨린 원흉일 때가 태반이다. 모호해 보이는 주제를 다루더라도 설명이 훌륭하면 기적 같은 효과를 거둘 수 있는 법이다.

여기서 말하려는 점을 강조하는 뜻에서, 나 자신도 이런저런 수학 세미나에 참석하다 보면 다른 사람이 발표하고 있는 내용을 구석구석 따라가지는 못할(또는 심지어 따라가 보려는 엄두조차 내지 못할) 때가 많음을 밝혀두어야 겠다. 그 자리를 떠나 내용을 찬찬히 살펴보면 사실은 틀림없이 따라갈 수 있으리라고 느낄 지도 모른다. 십중팔구는 보충 자료를 읽거나 다른 이의 설명을 들어 내가 지닌 지식에서 모자란 곳을 채워야 할 테고, 세미나 자체에도 빠뜨린 데가 있곤 하니 그런 점까지 메워 넣어야 하겠지만 말이다. 하지만 나는 굳이 그렇게까지 하지는 않는다. 시간과 주의력, 열의가 아무래도 모자랄 테니 말이다. 그래도 온갖 '엉터리' 이유를 들어 세미나에서 제시한 결과를 고스란히 받아들이곤 하는데, 가령 해당 결과가 그럴듯하게 '보인다'거나, 발표자에 대한 평판이 좋다거나, 아니면 참석자 가운데 나보다 그런 문제에 훨씬 정통하다고 알고 있는 이들이 그 결과에 대해 의문을 이야기하지 않았다거나 하는 식이다. 물론 이런 판단이 다 빗나갈 수도 있고 해당 결과는 실제로 거짓이거나, 아니면 참이기는 하되 발표자가 말한 대로 해서는 그런 결과를 이끌어낼 수 없을 지도 모른다. 그러나 이런 점은 이론에 대해 여기서 내가 살피는 내용과는 무관한 자질구레한 것들이다. 해당 결과가 참이면서 그에 대한 증명도 유효할 수 있다면 원리상으로 나는 그 논변을 얼마든지 따라갈 수 있었다. 그렇지 않고 해당 논변이 실제로 잘못되었다면, 그런 상황은 앞에서 언급했듯 여기서 다룰 관심사가 아니다(§3.2와 §3.4 참고). 예외로 꼽을 만한 경우는 발표 내용이 무한

집합론에서 논란의 여지가 있는 점을 다루거나, 아니면 어떤 수학적 관점에서 보는가에 따라 의문을 품을 여지가 있는 흔치 않은 유형의 추론에 기대어 이야기를 풀어나갔을 때(이 경우 그 자체가 충분히 흥미로울 수 있고, 어쩌면 나도 세미나가 끝난 뒤에 실제로 해당 논변을 처음부터 끝까지 차분히 짚어나갈지 모른다)뿐이다. 이런 예외 상황은 앞의 **Q11**에서 다룬 바 있다.

수학적 관점에 얽힌 이런 여러 고려 사항과 관련하여, 실상 자신이 어떤 기초 이론을 실제로 신봉하는가에 대해 딱히 분명한 관점이라고 할 만한 게 없는 수학자가 많을지도 모른다. 그러나 앞에서 **Q11**을 다루며 지적했듯, 어떤 수학자가 가령 '공리 Q'를 받아들여야 할지 말지에 대해 스스로의 견해가 분명하지 않을 경우, 꼼꼼한 사람이라면 Q가 있어야 할 결과는 늘 '공리 Q를 가정하여 그에 따를 경우……'라는 형태로 진술한다. 물론 그런 문제에 대해 수학자들이 언제나 흠잡을 데 없이 꼼꼼하지는 않다. 수학자라면 으레 자잘한 데 목숨 걸기로 악명이 높기는 하지만 말이다. 실제로 수학자들이 이따금씩 명백한 실수를 저지르는 것도 사실이다. 그러나 근본적으로 사소한 잘못이고 바꿀 길 없는 이론에 관한 문제가 아니라면 그런 실수는 바로잡을 수 있다. (앞에서 언급했듯, 수학자들이 판단의 궁극적 토대로 삼는 알고리듬이 실제로 견실하지 않을 가능성에 대해서는 §3.2와 §3.4에서 자세히 살펴본다. $\mathscr{C}$와도 들어맞는 그 가능성은 현재의 논의에서는 다루지 않는다.) 바로잡을 수 있는 실수라면 지금은 딱히 관심사가 아닌데, 왜냐하면 원리상으로 이루어낼 수 있거나 없는 점들에 기여하는 바가 없기 때문이다. 하지만 수학자가 실제로 취하는 관점에서 불확실할 여지가 있는 점들에 대해서는 더 논의해야겠고, 내용은 다음과 같다.

Q13. 수학자들은 자신이 이용하는 형식체계의 견실성이나 무모순성에 대해 절대적으로 명확한 믿음을 품고 있지는 않다. 심지어 자신이 어떤 형식체계를 충실하게 받아들일지에 대해서도 마찬가지다. 형식체계가 스스로의 직접적인 직관과 경험으로부터 멀어져갈수록 그 믿음마저

도 점점 흐려지지 않을까?

수학이라는 주제의 기초를 건드리는 상황에서도 나름의 견해가 굳건하고 흔들림 없이 일관된 수학자란 정말 드물다. 뿐만 아니라 경험이 쌓여감에 따라 스스로 확고부동한 진리라고 여기는 바에 대한 관점도 바뀌게 마련이다. 확고부동한 진리라고 여기는 대상이 정말 있기는 하다면 말이다. 가령 1이 2와 다르다고 정말로 완전히 확신할 수 있을까? 인간에게서 절대적 확실성을 찾으려는 이야기라면, 애당초 그런 것이 있기는 한지도 썩 분명하지 않다. 그러나 마냥 표류할 수는 없으니 어딘가에는 뿌리를 박고 관점을 정해야 한다. 합리적인 태도란 여러 믿음과 이론을 한데 엮은 어떤 묶음을 확고부동한 진리라고 여기고 나서 그것을 바탕으로 하여 주장을 펴 나가는 것일 테다. 물론 스스로 무엇이 확고부동한 진리라고 여기는가에 대한 분명한 견해마저 갖추지 못한 수학자도 많을 수 있다. 그럴 때에는 나중에 고치게 되더라도 우선 어떤 관점을 정하라고 당부하고 싶다. 괴델 논변이 입증해 보이는 내용은, 어떠한 관점을 고르든지 간에 알 수 있는 형식체계를 이루는 규칙들에 그런 관점을 압축하여 담아낼 수 없다는 것이다. 이 이야기는 그 관점이 끊임없이 바뀌어 간다는 말이 아니라, 임의의 (충분히 폭넓은) 형식체계 $\mathbb{F}$에 담긴 믿음들의 묶음은 $\mathbb{F}$가 이를 수 있는 테두리를 벗어나 더 넓게 뻗어나가게 된다는 뜻이다. 확고부동한 믿음의 요소로서 $\mathbb{F}$의 견실성을 포함하고 있는 관점이라면, 괴델 명제* $G(\mathbb{F})$에 대한 믿음 또한 반드시 포함하고 있어야 한다. $G(\mathbb{F})$에 대한 믿음을 보태더라도 관점이 달라지는 않는데, 이 믿음은 $\mathbb{F}$를 받아들인다고 인정했던 원래의 관점 안에 암묵적으로 이미 담겨 있기 때문이다. $\mathbb{F}$를 받아들이려면 $G(\mathbb{F})$도 받아

---

* 여기서 쓴 표기법에 대해서는 §2.8을 참고하자. 이 논의의 끝에서 깨닫게 되겠지만, $G(\mathbb{F})$는 모두 '$\Omega(\mathbb{F})$'로 바꾸어 써도 괜찮다.

들여야 한다는 사실을 처음부터 한눈에 깨닫지는 못했을지라도 말이다.

물론 어떤 관점을 취하든 해당 관점의 전제를 바탕으로 추론해내는 동안 어떤 오류가 끼어들 가능성은 언제나 존재한다. 어딘가에서 그런 오류를 범했을지 모른다는 가능성만으로 — 사실은 그러지 않았지만 — 도 스스로 이끌어낸 결론에 대한 확신은 흐려질 수 있다. 그러나 이런 종류의 '흐려짐'은 딱히 관심사가 아니다. 그런 점은 실제 오류와 마찬가지로 '바로잡을 수 있다'. 뿐만 아니라 어떤 논변이 정말로 올바를 때에는 충분히 오랜 시간 동안 살펴볼수록 그로부터 이끌어낸 결론이 더 설득력을 얻게 마련이다. 이런 종류의 '흐려짐'은 이론상의 문제가 아니라 수학자가 느낄 법한 현실적인 문제이므로, **Q12**에서 논의한 내용으로 귀결된다.

이제 여기서 살펴보아야 할 사안은 과연 원리상의 흐려짐이 발생하여, 어느 수학자가 가령 어떤 형식체계 $\mathbb{F}$를 확고부동하게 견실하다고 여기면서도 더 위력적인 체계 $\mathbb{F}^*$에 대해서는 어쩌면 단지 '사실상 확실히' 견실할 뿐이라고 믿을 수도 있겠는가 하는 것이다. 이 이야기에 모호한 점은 많지 않다고 생각하지만 한 가지 짚어두자면, $\mathbb{F}$의 내용이 무엇이든 간에 그 안에는 일상적인 논리와 산술 연산의 규칙도 반드시 들어 있다고 보는 게 좋겠다. 방금 이야기한, $\mathbb{F}$가 견실하다고 믿는 수학자는 $\mathbb{F}$가 무모순임도 믿어야 하며, 따라서 $\mathbb{F}$에 담긴 괴델 명제 $G(\mathbb{F})$가 참이라는 점도 반드시 믿기 마련이다. 따라서 $\mathbb{F}$만을 토대로 추론해낸 결과는 $\mathbb{F}$의 내용이 무엇이든 간에 이 수학자가 지닌 수학적 믿음을 빠짐없이 담아낼 수는 없다.

하지만 $\mathbb{F}$를 확고부동하게 견실하다고 여긴다면 $G(\mathbb{F})$도 늘 확고부동하게 참이라고 볼 수 있을까? 나는 거의 의심할 여지가 없다고 보며, 수학적 논변에 관한 점들을 살필 때 지금껏 이어온 '원리상'이라는 관점을 지킨다면 확실히 그럴 수밖에 없다고 생각한다. 정말 문제가 되는 점은 오로지 '$\mathbb{F}$가 무모순'이라는 언명을 실제로 부호화하여 산술적 진술(Π_1-문장)로 바꾸어내는 구체적 방법뿐이다. 바탕을 이루는 개념 자체는 틀림없이 확고부동하게 명확한데, 그 내용은 이렇다. 만약 $\mathbb{F}$가 견실하다면, $\mathbb{F}$는 확실히 무모순이다. ($\mathbb{F}$가 무모순이 아니라면 $\mathbb{F}$에 담긴 언명 가운데 '1 = 2'도 있을 테고, 그러면 $\mathbb{F}$는 견실하지 않게 되므로.) 이 부호화의 구체적 내용을 다룰 때는 또다시 '원리상'과 '실제상'의 층위를 서로 구별하게 된다. 그와 같은 부호화가 원리상으로 가능하다고 스스로를 납득시키기는 그리 어렵지 않으나(해당 논변에 '숨은 문제점' 따위는 정말로 없다고 스스로를 설득하는 데에는 시간이 좀 걸릴 수 있겠지만), 구체적인 실제 부호화 결과가 옳음을 납득하는 일은 그와는 전혀 별개의 문제. 부호화 결과의 구체적 내용은 다소 제멋대로인 경향이 있고, 설명하기에 따라 서로 크게 다를 수 있다. '$G(\mathbb{F})$'를 표현하려고 정수론에 속하는 구체적 명제를 꺼냈지만 하필 사소한 실수나 오자 탓에 엄밀히 보면 틀리게 되어 버리고, 그래서 본래의 뜻을 이루지 못할 수도 있다.

바라건대 그런 오류의 가능성이 관건이 아님을 독자들이 분명히 알아차리면 좋겠다. 지금 우리는 $G(\mathbb{F})$를 확고부동한 참으로 받아들인다는 말이 무슨 의미인지를 다루고 있기 때문이다. 물론 오자나 사소한 실수 탓에 무심코 진술할지도 모를 뜻밖의 명제가 아니라 진짜 $G(\mathbb{F})$를 다룬다는 말이다. 미국의 위대한 물리학자 리처드 파인만(Richard Feynman)의 일화가 하나 떠오른다. 한 번은 파인만이 한 학생에게 어떤 개념을 설명하고 있었는데, 하필 말이 꼬였다고 한다. 그 학생이 볼멘소리를 하자 파인만은 이렇게 대꾸했다. "말에 집착하지 말고 뜻하는 바를 새겨듣게!"*

명쾌하게 부호화하는 방법은 다양할 것이다. 가령 내가 ENM에서 이야기한 튜링 기계 기술법을 활용하여 §2.5에서 다룬 괴델식 논변 — 명쾌하게 부호

---

* 이 인용문의 구체적인 출처는 도무지 찾을 수가 없었다. 하지만 리처드 조자(Richard Jozsa)가 나에게 일깨워 주었듯, 그런 것이 무슨 대수이겠는가. 이 인용문에 담긴 속뜻에 비쳐 본다면 말이다!

화한 결과도 부록 A에 실어두었다 — 을 고스란히 끝까지 훑어갈 수도 있겠다. 부록에 실은 내용조차도 아직 완전히 명쾌하지는 않은데, $\mathbb{F}$에 담긴 규칙들도 튜링 기계 활동 — $T_{\mathbb{F}}$라고 하자 — 을 바탕으로 명쾌하게 부호화해내야 하기 때문이다. ($T_{\mathbb{F}}$가 만족해야 할 속성은 다음과 같다. 즉, $\mathbb{F}$라는 언어를 토대로 구성해낼 수 있는 어떤 명제 P에 p라는 수를 매길 경우, P가 $\mathbb{F}$를 이루는 정리 가운데 하나일 때에는 가령 $T_{\mathbb{F}}(p) = 1$이라는 결과를 내놓고 멈추며, 그렇지 않을 때에는 $T_{\mathbb{F}}(p)$가 멈추지 않는다.) 물론 기술적인 측면의 오류를 저지를 여지는 크다. $\mathbb{F}$로부터 $T_{\mathbb{F}}$를 그리고 P로부터 p를 실제로 구성해내는 과정에서 맞닥뜨릴 법한 난점들은 제쳐두더라도, 내가 튜링 기계를 나름대로 기술하면서 혹시 실수를 저지르지는 않았을까 하는 의문을 품을 수 있다 — 그리고 $C_k(k)$를 계산하는 데 그 기술 내용을 이용하기로 한다면, 이 책의 부록 A에 실어둔 부호화 결과가 과연 옳은지에 대해서도 마찬가지로 의문스럽다. 어떤 실수가 있다고 생각하지는 않지만, 여기서는 내 자신에 대한 신뢰가 (더 복잡하기는 해도) 괴델이 직접 기술한 원래 내용에 대한 신뢰만큼 크지는 않다. 그러나 그런 종류의 실수가 있더라도 중요하지 않다는 점이 이제는 분명해졌기를 바란다. 파인만의 금언을 귀담아 듣도록 하자!

하지만 내가 설명한 세부 사항에 대해서는 이야기해 두어야 할 기술적 내용이 한 가지 더 있다. §2.5에서 내가 괴델(-튜링) 논변을 나름대로 변형하여 진술할 당시에는 사실 $\mathbb{F}$의 무모순성이 아니라 알고리듬 A의 견실성 — 여러 컴퓨팅의 멈추지 않는 성질(즉 Π_1-문장의 참 거짓)을 시험하는 한 방법으로서 — 을 토대로 삼았다. 그렇게 해도 결과는 마찬가지인데, 왜냐하면 A가 견실할 때에는 $C_k(k)$가 멈추지 않는다는 언명이 참임을 살폈고, 그래서 $G(\mathbb{F})$ 대신 이 명쾌한 언명 — 이 또한 Π_1-문장이다 — 을 이용할 수 있기 때문이다. 뿐만 아니라 앞에서 이야기했듯(§2.8 참고), 이 논변은 실제로 $\mathbb{F}$의 무모순성이 아니라 ω-무모순성에 종속된다. $\mathbb{F}$가 견실하다면 $\mathbb{F}$는 분명히 무모순일 뿐만 아니라 ω-무모순이기도 하다. $\mathbb{F}$가 견실하다고 가정하더라도 $\mathbb{F}$의 규칙들로부터 $\Omega(\mathbb{F})$ 또는 $G(\mathbb{F})$를 이끌어낼 수 없으나(§2.8 참고), 이 둘은 모두 참이다.

　요컨대 나는 형식체계 $\mathbb{F}$의 견실성에 대한 믿음이 명제 $G(\mathbb{F})$(또는 $\Omega(\mathbb{F})$)가 참이라는 믿음으로 이어지는 과정에서 수학자의 믿음이 얼마나 '흐려지든' 간에, 그 원인은 오로지 '$G(\mathbb{F})$'를 기호로 엄밀히 표현할 때 어떤 오류를 저지를 여지가 있다는 점뿐이라고 본다. ($\Omega(\mathbb{F})$에 대해서도 똑같이 이야기할 수 있다.) 그런 흐려짐은 사실 현재의 논의와는 관련이 없고, 실제로 의도한 $G(\mathbb{F})$ 버전에 대해서는 믿음이 흐려질 까닭은 없다. 그런 $G(\mathbb{F})$라면 $\mathbb{F}$가 확고부동하게 견실할 때에는 $G(\mathbb{F})$도 확고부동하게 참이다. $\mathscr{G}$(또는 $\mathscr{G}$** 내지 $\mathscr{G}$***)의 내용도 아무런 영향을 받지 않는다. '참'이라는 말이 '확고부동한 참'을 뜻한다면 말이다.

Q14. 확실히 체계 $\mathbb{ZF}$ — 또는 $\mathbb{ZF}$의 표준적 변형($\mathbb{ZF}$*라고 부르도록 하자) — 에는 정말로 진지하게 수학을 다루는 데 필요한 요소가 모두 담겨 있다. 이 체계가 무모순인지는 증명될 수 없는 성질의 것이라고 인정하고 그냥 계속 수학을 해나가면 안 될 까닭이 있을까?

　이런 종류의 관점이 현직 수학자 — 특히 스스로가 다루는 분야의 기초나 철학에는 딱히 관심이 없는 이들 — 사이에서는 무척 흔하리라고 본다. 다만 수학을 진지하게 해나가는 것이 기본적인 관심사인 수학자들에게도 불합리한 관점은 아니다(그런 이들이 자신이 이끌어낸 결과를 가령 $\mathbb{ZF}$ 같은 어떤 체계에 담긴 엄격한 규칙의 틀 안에서 실제로 표현하는 일은 무척 드물지만). 이 관점에서는 그저 $\mathbb{ZF}$(또는 그의 어떤 변형인 $\mathbb{ZF}$*) 같은 구체적 형식체계의 틀 안에서 증명할 수 있거나 반증할 수 있는 것에만 관심을 기울일 뿐이다. 그런 관점에서 보면 수학을 수행하는 일이란 사실 일종의 '게임'인 셈이다. 이 게임을 $\mathbb{ZF}$-게임(또는 $\mathbb{ZF}$*-게임)이라 부르도록 하자. 이 게임을 하는 이라면 해당 체계의 틀 안에서 정해진 구체적 규칙에 따라야 한다. 이는 실상 형식주의자의 관점으로서, 엄밀히 말해 형식주의자의 관심사는 무엇이 **참**이고 무엇이 **거짓**인가 하는 점일 뿐, 무엇이 참이고 무엇이 거짓인가에는 딱히 관심이 없을 수도 있다. 해당 형식체계가 견실하다 가정하면, **참**은 모두 참이기도 할 테고 **거짓**은 모두 거짓이기도 할 것이다. 하지만 해당 체계의 틀 안에서 정형화할 수 있는 진술 가운데에는 참이지만 **참**은 아니고 거짓이지만 **거짓**은 아닌 경우가 생기며, 각 경우에 그런 진술은 **결정불가능**이다. $\mathbb{ZF}$가 무모순이라고 가정할 때 $\mathbb{ZF}$-게임에서 괴델 진술* $G(\mathbb{ZF})$와 그 반대인 $\sim G(\mathbb{ZF})$는 이 두 범주에 각각 들어간다. (그리고 $\mathbb{ZF}$가 만약 무모순이 아니라면 $G(\mathbb{ZF})$와 그 반대인 $\sim G(\mathbb{ZF})$는 둘 다 **참**이면서 동시에 **거짓**이기도 하다!)

$\mathbb{ZF}$-게임이라는 이 관점을 취하더라도 통상적인 수학의 대다수 관심사를 수행하는 데에는 아마 조금도 무리가 없으리라고 본다. 하지만 앞에서 살펴본 몇 가지 이유들 때문에, 이 관점이 사람의 수학적 믿음에 관한 진정한 입장을 대표할 수 있을지는 불확실하다. 자신이 하고 있는 수학이 실제 수학적 참 거짓 — 가령 Π_1-문장의 — 을 이끌어내는 일이라고 믿는 사람이라면 자신이 이용하는 체계가 견실하다 믿어야 한다. 그리고 그렇게 믿는다면 해당 체계가 무모순이라는 점도 믿어야 하며, 따라서 $G(\mathbb{F})$를 언명하는 Π_1-문장이 정말 참이라고 실제로 믿어야 한다. 그 문장이 사실은 **결정불가능**인데도 말이다. 그러므로 인간의 수학적 믿음은 $\mathbb{ZF}$-게임의 틀 안에서 이끌어낼 수 있는 바를 벗어나야만 한다. 한편 만일 $\mathbb{ZF}$가 견실하다고 믿지 않는다면 $\mathbb{ZF}$-게임을 이용하여 얻어낸 **참**이라는 결과를 실제로 참이라고 믿을 수가 없다. 어느 쪽이든 이 $\mathbb{ZF}$-게임 자체는 수학적 참 거짓을 다룰 때의 입장으로서 갖추어야 할 바를 만족하지 못한다. (어떤 $\mathbb{ZF}^*$에 대해서도 똑같은 이야기를 할 수 있다.)

---

* 앞에서와 마찬가지로, $G(\mathbb{F})$ 대신 $\Omega(\mathbb{F})$를 써도 별 문제는 없다. **Q15~Q20**에서도 마찬가지이다.

Q15. 우리가 고른 형식체계 $\mathbb{F}$는 실제로 무모순이 아닐 수도 있다 — 적어도 $\mathbb{F}$가 무모순임을 우리가 확신하지 못한대도 무리는 아니다 — 그런 경우 우리는 무슨 근거로 $G(\mathbb{F})$가 참임이 '자명하다'고 단언할 수 있을까?

이 사안은 사실 앞선 논의에서 자세히 다룬 바 있으나, 핵심 내용을 여기서 다시 살펴볼 만하다고 보는데, **Q15**와 같은 이야기는 루카스(Lucas)나 나처럼 괴델 정리를 이용한 경우에 대해 쏟아지는 공격 가운데 가장 흔한 사례를 대표하기 때문이다. 요점은 $\mathbb{F}$의 내용이 무엇이든 간에 $G(\mathbb{F})$가 참이어야 한다는 게 아니라, $\mathbb{F}$ 자체에 담긴 규칙들을 이용하여 참임을 이끌어낸 여느 경우만큼 $G(\mathbb{F})$ 또한 참이라 믿을 만하다고 결론지을 수밖에 없다는 것이다. (사실 $G(\mathbb{F})$는 $\mathbb{F}$에 담긴 여러 규칙을 실제로 이용하여 이끌어낸 진술들보다 더 믿을 만한데, 그 까닭은 $\mathbb{F}$가 실제로 견실하지는 않으면서도 무모순일 수 있기 때문이다!) 만약 우리가 오로지 $\mathbb{F}$에 담긴 규칙들만을 이용하여 이끌어낸 임의의 진술 P를 믿는다면, $G(\mathbb{F})$ 또한 적어도 P를 믿는 정도만큼은 믿어야 마땅하다. 그러므로 어떠한 알 수 있는 형식체계 $\mathbb{F}$ — 또는 그와 대등한 알고리듬 F — 도 우리가 지닌 참된 수학적 지식 또는 믿음의 근거 전체를 결코 대표하지는 못한다. **Q5**와 **Q6**에 대해 설명하면서 진술했듯이, 해당 논변은 귀류법의 형태를 띤다. 즉 먼저 $\mathbb{F}$가 우리 믿음의 근거 전체를 대표한다고 가정한 다음, 그 가정이 모순을 낳음을 입증해 보이고, 따라서 결국 $\mathbb{F}$는 우리 믿음의 근거를 대표할 수 없다는 결론을 이끌어낸다는 식이다.

물론 **Q14**에서처럼 편의상 어떤 체계 $\mathbb{F}$ — 비록 견실한지에 대해 확신이 없고 따라서 무모순인지 또한 불확실하더라도 — 를 이용할 수도 있다. 그러나 $\mathbb{F}$가 진짜로 의심스럽다면, 그럴 때에는 $\mathbb{F}$를 이용하여 이끌어낸 결과 P는 늘 다음과 같은 형태로, 즉

'P는 $\mathbb{F}$의 틀 안에서 추론해낼 수 있다.'

('또는 P는 **참**이다')라고 진술해야 하며, 그냥 'P는 참이다'라고 언명하지는 말아야 한다. 이 말은 완벽히 훌륭한 수학적 진술이고, 실제로 참이라거나 실제로 거짓이라는 둘 가운데 하나일 수 있다. 수학적 발언을 할 때 이런 식으로만 진술하더라도 이치에 어긋나는 점은 조금도 없으나, 절대적인 수학적 참 거짓에 대한 진술이기는 마찬가지이다. 때때로 누군가는 이와 같은 형태의 진술이 실제로 거짓임을 자신이 밝혀냈다고 믿을지도 모른다. 즉 자신이 다음과 같은 내용을 밝혀냈다고 믿을 수도 있다.

'P는 $\mathbb{F}$의 틀 안에서 추론해낼 수 없다.'

이런 종류의 진술은 '이러이러한 컴퓨팅은 끝나지 않는다'(실은 'P에 적용한 F는 끝나지 않는다')라는 형태이며, 곧 지금껏 살펴 왔던 Π_1-문장과 정확히 같은 형태이기도 하다. 여기서 문제가 될 점은 다음과 같다. 자신이 이런 종류의 진술을 이끌어낼 때 이용해도 된다고 여기는 방법은 무엇인가? 수학적 참 거짓을 밝혀내는 절차라고 자신이 실제로 믿는 수학적 절차는 과연 무엇인가? 그런 믿음들은 비록 타당하더라도 어떤 형식체계에 대한 믿음과 등가일 수는 없으며, 해당 형식체계가 무엇이든 그 점은 마찬가지이다.

Q16. 무모순인 형식체계 $\mathbb{F}$에 대해 $G(\mathbb{F})$가 실제로 참이라는 결론은 $\mathbb{F}$에서 자연수를 나타내기로 예정된 기호들이 실제로 자연수를 나타낸다는 가정을 바탕으로 한다. 가령 그렇지 않고 다른 어떤 별난 유형의 수 — '초자연'수라고 부르자 — 라면 $G(\mathbb{F})$가 거짓으로 드러날 수도 있다. 그렇다면 체계 $\mathbb{F}$에서 이야기하는 수가 초자연수가 아닌 자연수임을 알 길이 과연 있을까?

우리가 이야기하는 '수'가 실제로도 의도한 대로 자연수이고 뜻하지 않은 어떤 종류의 '초자연'수가 아님을 확실히 못 박을 유한한 공리적 방법은 없는 게 사실이다.[5] 그러나 어떤 면에서는 그 점이 바로 괴델 논의의 핵심이다. 자연수를 특징지으려고 내놓는 공리 체계 $\mathbb{F}$가 무엇이든 간에, $\mathbb{F}$를 이루는 규칙들 자체는 $G(\mathbb{F})$가 실제로 참인지 거짓인지를 알아내기에 충분하지 않다. $\mathbb{F}$가 무모순이라고 볼 경우 $G(\mathbb{F})$가 뜻하는 바는 의도대로라면 실제로 거짓이 아니라 참일 수밖에 없다. 하지만 이는 '$G(\mathbb{F})$'가 가리키는 정형화한 식의 실제 내용을 이루는 기호들이 뜻하는 바가 의도대로일 때의 이야기이다. 그 기호들을 전혀 다른 뜻으로 달리 해석한다면 '$G(\mathbb{F})$'도 실은 거짓이라는 해석에 이를 수도 있다.

이런 모호함이 생겨나는 까닭을 알아볼 목적으로 새로운 형식체계 $\mathbb{F}$*과 $\mathbb{F}$**을 살펴보도록 하자. 여기서 $\mathbb{F}$*는 $\mathbb{F}$를 이루는 여러 공리에 $G(\mathbb{F})$를 보태서 얻어낸 체계이고, $\mathbb{F}$**은 그 대신 $\sim G(\mathbb{F})$를 보태서 얻어낸 체계이다. $\mathbb{F}$가 견실할 경우, $\mathbb{F}$*과 $\mathbb{F}$**은 둘 다 무모순이다($G(\mathbb{F})$는 참이며, 아울러 $\sim G(\mathbb{F})$는 $\mathbb{F}$의 규칙들로는 추론해낼 수 없기 때문이다). 그러나 $\mathbb{F}$에 담긴 기호들을 의도대로 해석 — 표준 해석이라 부른다 — 한다면, $\mathbb{F}$가 견실하다고 가정할 경우 $\mathbb{F}$*는 역시 견실하겠으나 $\mathbb{F}$**는 견실하지 않게 된다. 하지만 무모순인 형식체계에는 한 가지 특성이 있는데, 기호에 대한 표준 해석을 따를 때에는 거짓이던 명제들을 참으로 뒤바꿔줄 이른바 비표준 재해석을 찾아낼 수 있다는 점이다. 따라서 그와 같은 비표준 해석에 비추어 보면 이제 견실한 체계는 $\mathbb{F}$*가 아니라 $\mathbb{F}$와 $\mathbb{F}$**일 수 있다. 이런 재해석이 논리 기호(가령, 표준 해석에서 각각 '부정'과 '그리고'를 뜻하는 '$\sim$'과 '&' 같은 기호)가 뜻하는 바에 영향을 줄지 모른다고 상상할 수도 있겠다. 그러나 여기서 관심사는 정해지지 않은 수를 나타내는 기호('x', 'y', 'z', 'x'', 'x'''' 등)와, 그와 더불어 쓰이는 논리적 정량자($\forall$, $\exists$)이다. 표준 해석에서 '$\forall x$'와 '$\exists x$'가 뜻하는 바는 각각 '모든 자연수 x에 대해'와 '이러이러한 어떤 자연수 x가 존재한다'이지만, 방금 이야기한 비표준 해석의 경우 이 기호들이 가리키는 대상은 자연수가 아니라 다른 종류의 어떤 수 — 순서 매김 속성이 다른 — 이다(그런 수는 호프스태터의 1979년 문헌에서처럼 정말로 '초자연'수라고 부를 수 있다).

하지만 사실 우리는 자연수란 과연 무엇인지를 실제로 알며, 어떤 낯선 종류의 초자연수와 자연수를 아무 어려움 없이 구별해낼 수 있다. 자연수란 보통 0, 1, 2, 3, 4, 5, 6, …이라는 기호로 나타내는 평범한 대상이다. 이 내용은 어린 시절에 익히는 개념이고, 초자연수라는 어떤 괴상한 개념과 아무 어려움 없이 구별 지을 수 있다(§1.21 참고). 하지만 자연수가 실제로 무엇인지를 우리가 정말 본능적으로 아는 듯하다는 사실에는 불가사의한 측면이 있다. 어린 시절에(또는 다 자라고 난 뒤에) 접하는 내용이라고는 기껏해야 '영', '하나', '둘', '셋' 등이 뜻하는 바에 대한 설명 몇 마디('오렌지 세 개', '바나나 한 개' 등)가 고작인데, 그처럼 빈약한 설명만으로도 해당 개념 전체를 파악할 수 있으니 말이다. 어떤 플라톤적인 관점에서 보면, 자연수란 우리와는 상관없이 절대적 개념으로서 스스로 존재하는 듯하다. 그렇듯 인간과는 상관없이 존재하는 개념이라 해도, 우리는 흐릿하고 빈약해 보이는 설명만으로도 실재하는 자연수 개념을 지성을 이용하여 파악할 수 있다. 그런 반면 유한개의 공리로는 도저히 자연수를 이른바 '초자연'수와 빈틈없이 구별 지을 길이 없다.

더욱이 자연수 전체의 고유한 무한성을 우리는 어떻게든 직접적으로 지각할 수 있으나, 유한개의 정확한 규칙에 따라서만 조작을 수행하는 제약에 매인 체계로는 자연수 특유의 무한성을 다른 ('초자연') 수의 경우와 구별해내지 못한다. 우리는 자연수 특유의 무한성을 이해한다. 비록 다음과 같이 기술할 때 '…'처럼 점으로 나타낼 뿐이라거나

$$'0, 1, 2, 3, 4, 5, 6, \cdots'$$

또는 아래에서처럼 '등'으로 표현할 뿐이더라도 말이다.

'영, 하나, 둘, 셋, 등등.'

우리는 자연수가 무엇인지를 정확한 규칙을 토대로 빈틈없이 설명 듣지 않아도 된다. 그런 설명이란 아예 가능하지 않으니 다행이 아닐 수 없다. 일단 대략 방향만 올바르게 잡아주면 우리는 자연수가 무엇인지 어떻게든 스스로 알게 된다!

자연수의 산수를 다룬 페아노 공리(Peano axioms, §2.7에서 잠깐 내비친 바 있다)를 접해본 독자들도 있겠는데, 그 공리에서 자연수를 충분히 정의하지 않은 까닭이 무엇인지 어리둥절한 기분이 들었을 수도 있다. 페아노 정의에서는 기호 **0**을 출발점으로 삼은 뒤, **S**로 나타내는 '후속 연산자(successor operator)'가 있어 연산 대상이 되는 수에 그저 **1**을 더한다 해석하고, 따라서 **1**은 **S0**으로 정의할 수 있으며, **2**는 **S1** 또는 **SS0**으로 정의할 수 있는 등으로 이어져 간다고 이야기한다. 규칙으로 받아들여야 할 점은 만약 **Sa = Sb**이면 **a = b**라는 사실, 그리고 **x**의 값이 무엇이든 **0**을 **Sx** 꼴로 나타낼 길은 없다는 점이며, 이 속성은 **0**의 고유한 성질이다. 수의 속성 *P*가 몇 가지 조건을 만족할 경우 모든 수 **n**에 대해 반드시 참이라는 '귀납 원리'도 있는데, 그 조건이란 다음과 같다. (i) 모든 **n**에 대해 *P*(**n**)이 참이면 *P*(**Sn**)도 참이다. (ii) *P*(**0**)이 참이다. 골칫거리가 생기는 곳은 표준 해석에 따라 ∀와 ∃가 '모든 자연수에 대해 …'와 '이러이러한 어떤 자연수 …가 존재한다'를 각각 가리키는 논리 연산이다. 비표준 해석에서는 이 기호들도 자연수 대신 다른 어떤 종류의 '수'에 대해 정량화할 수 있도록 뜻이 적절히 바뀌게 마련이다. 페아노 공리에서 후속 연산자 **S**에 대해 수학적으로 기술한 내용은 과연 다른 종류의 갖가지 '초자연'수와 자연수를 구별 짓는 순서 매김 관계의 성질을 규정하는 게 사실이기는 하나, 정량자 ∀와 ∃가 만족하는 정형화된 규칙에는 그 내용이 들어 있지 않다. 페아노 공리에서 수학적으로 기술한 내용에 실린 뜻을 담아내려면 '이차 논리'라고들 알고 있는 쪽으로 넘어가야 하며, 그 경우에도 ∀와 ∃ 같은 정량자는 있지만 대상 범위가 자연수 하나에 그치지 않고 자연수의 (무한) 집합으로 커지게 된다. 페아노 산수의 '일차 논리'에서는 이들 전체 정량자의 대상 범위가 그저 자연수 하나이기에 통상적인 관점에서 이야기하는 형식체계가 나오게 된다. 그러나 이차 논리에서는 형식체계가 나오지 않는다. 엄격한 형식체계에서는 해당 체계의 규칙들을 과연 올바르게 적용했는지 판단하는 일이 순전히 기계적 문제일 수밖에 없고, 어쨌거나 바로 그 점이 현재 맥락 안에서 형식체계를 살피는 핵심 목적이다. 그러나 이차 논리에서는 그런 속성이 성립하지 않는다.

Q16에 담긴 정서와 비슷한 맥락에서, 괴델의 정리가 보여주는 바는 갖가지 종류의 산수가 존재하며 그 각각이 똑같이 유효하다는 내용이라고 흔히들 오해한다. 그 생각대로라면 우리가 우연히 골라잡아 쓰게 될지도 모를 특정한 산수는 그저 아무렇게나 고른 어떤 형식체계로 정의할 수 있겠다. 괴델의 정리는 이들 형식체계가 만약 무모순이라면 그 가운데 어느 하나도 완전할 수 없음을 입증해 보인다. 그러니, (어떤 이들은 주장하기를) 새로운 공리를 내키는 대로 계속 보태갈 수 있고, 그런 공리들을 아무렇게나 택하여 온갖 종류의 무모순 체계를 다 얻어낼 수 있다. 때때로 이를 유클리드 기하학이 겪었던 상황과 견주는 이도 있다. 얼추 2,100년 동안이나 사람들은 기하학이라면 유클리드 기하학 말고는 있을 수 없다고 믿었다. 그러나 19세기 들어 이를테면 가우스와 로바체프스키(Lobachevsky), 보여이(Bolyai) 같은 수학자들이 유클리드 기하학의 여러 대안이 존재할 수 있음을 입증해 보이자, 기하학은 절대성을 잃고 임의성의 학문으로 내몰린 듯했다. 같은 이치라며 흔히들 주장하기로는, 산수 또한 선택하기 나름이고 어떤 공리 집합을 고르든 무모순이기만 하면 됨을 괴델이 입증해 보였다고들 한다.

하지만 이는 괴델이 증명해 보인 바를 완전히 잘못 해석한 결과다. 괴델은 형식적 공리 체계라는 관념 자체가 본디 가장 기초적인 수학적 개념조차도 잡아내지 못할 만큼 빈약함을 일깨워주었다. 우리가 별다른 단서 없이 '산수'라는 용어를 쓴다면 평범한 자연수 0, 1, 2, 3, 4, …를 (그리고 때로는 음수까지도) 대상으로 연산을 수행하는 평범한 산수를 가리키지, 어떤 종류의 '초자연'수와 관련된 산수를 뜻하지는 않는다. 여러 형식체계의 속성을 탐구하는 일은 바란다면 얼마든지 할 수 있고, 그런 연구는 확실히 가치 있는 수학적 노력의 한 부분이기도 하다. 그러나 그런 일은 평범한 자연수가 지닌 평범한 속성들에 대한 탐구와는 다르다. 어떤 면에서는 기하학에서 벌어지는 상황도 딱히 그와 다르지 않을 수 있다. 비유클리드 기하학에 대한 연구는 수학적으로 흥미롭고 응용면에서도 중요하나(이를테면 물리학에서의 응용을 들 수 있는데, ENM 5장 가운데 특히 그림 5.1과 5.2를, 그리고 §4.4도 참고하자), 일상적인 언어에서 '기하학'이라는 용어를 쓴다면 (수학자나 이론물리학자가 해당 용어를 쓰는 경우와는 달리) 실은 평범한 유클리드 기하학을 가리키는 말이다. 하지만 한 가지 다른 점이 있기는 한데, 논리학자가 '유클리드 기하학'이라고 부르는 대상은 정말 특정 형식체계를 가지고 (몇 가지 조건을 달아) 규정할 수 있는 반면 평범한 '산수'는 괴델이 입증해 보였듯 그렇게 규정할 수가 없다.

수학(대체로 특히 산수)이 인간의 변덕에 따라 좌지우지되는 임의적인 학문이 아니라, 오히려 어떤 절대적인 것 그러니까 발명되지 않고 발견되는 것임을 괴델은 밝혀냈다(§1.17 참고). 우리는 자연수란 무엇인지를 스스로 발견하며, 그 어떤 초자연수와도 아무 어려움 없이 구별해낸다. 괴델은 '인간이 만든' 규칙으로 이루어진 체계만으로는 도저히 그런 일을 이루어낼 수 없음을 입증해 보였다. 괴델에게는 그런 플라톤적 관점이 중요했는데, 이 책의 뒷부분(§8.7)에서는 우리에게도 그 점이 중요성을 띠게 된다.

Q17. 형식체계 $\mathbb{F}$가 인간이 원리상으로 이해할 수 있는 수학적 진리를 표현하도록 고안되었다고 가정하자. 이 경우 괴델 명제 $G(\mathbb{F})$를 공식적으로 $\mathbb{F}$에 포함시키지 못하는 문제가 있는데, $\mathbb{F}$의 여러 기호들의 뜻을 재해석하여 $G(\mathbb{F})$의 의미가 담긴 무언가를 포함시킴으로써 그 문제를 피해갈 수 있을까?

괴델 논변을 $\mathbb{F}$에 적용한 경우에 대해서는 (충분히 폭넓은) 형식체계 $\mathbb{F}$의 틀 안에서 나타내는 방법들이 있는데, 다만 $\mathbb{F}$의 여러 기호가 뜻하는 바를 원래의 뜻과는 다른 내용으로 재해석해야 한다. 하지만 $\mathbb{F}$를 인간의 마음이 나름의 수학적 결론에 이를 때 따르는 절차라고 해석하려 든다면 속임수를 쓰는 셈이다. 정신 활동을 오로지 $\mathbb{F}$만을 토대로 해석할 참이라면 $\mathbb{F}$의 여러 기호들의 뜻이 도중에 바뀌도록 허용해서는 안 된다. $\mathbb{F}$ 자체에 담긴 여러 조작을 벗어나는 요소 — 달리 말하면 방금 이야기한 기호들의 의미가 바뀌는 일 — 까지 정신 활동이라는 틀 안에 포괄하도록 허용하려면 해당 의미에 일어나는 자잘한 변화를 지배하는 갖가지 규칙 또한 알아야 한다. 그리고 보면 답은 다음 두 가지 가운데 하나다. 가령 그런 규칙이 비알고리듬적이라면 그 자체가 곧 $\mathscr{G}$를 뒷받침하는 근거가 되겠고, 그게 아니라 구체적인 어떤 알고리듬적 절차가 있다면 처음부터 그 절차를 '$\mathbb{F}$' 안에 포함시켰어야 — 그렇게 해서 얻어낸 체계를 $\mathbb{F}^{\dagger}$이라 부르자 — 하는데, 그래야 $\mathbb{F}$가 인간의 통찰을 총체적으로 대표할 수 있기 때문이며, 그랬다면 애당초 기호의 뜻이 바뀔 필요도 없었을 것이다. 후자가 옳다면 앞의 논의에서 $G(\mathbb{F})$가 있던 자리에 괴델 명제 $G(\mathbb{F}^{\dagger})$가 대신 들어갈 뿐 아무런 소득도 없게 된다.

Q18. 페아노 산수처럼 간단한 체계의 틀 안에서조차도, 다음과 같은 의미로 해석되는 정리를 구성할 수 있다.

'$\mathbb{F}$가 견실'하면 '$G(\mathbb{F})$'이다.

괴델의 정리에서 우리에게 필요한 점은 이뿐이지 않은가? 확실히 이 정리만 있으면 임의의 형식체계 $\mathbb{F}$가 견실하다는 믿음으로부터 출발하여 괴델 명제가 참이라는 믿음에 이를 수 있으니, 그저 페아노 산수만 받아들이면 되지 않을까?

페아노 산수의 틀 안에서 그와 같은 정리7를 구성할 수 있다는 말은 과연 옳다. 좀 더 정확히 말하자면(어떤 형식체계로도 '견실함' 또는 '참'이라는 관념을 올바르게 담아낼 수 없으므로 — 타르스키(Tarski)의 유명한 정리에 비추어 볼 때), 실제로는 다음과 같이 더 강한 결과가 나온다.

'$\mathbb{F}$가 무모순'이면 '$G(\mathbb{F})$'이다.

또는 그렇지 않으면

'$\mathbb{F}$가 ω-무모순'이면 '$\Omega(\mathbb{F})$'이다.

이들 결과는 **Q18**에서 요구하는 의미를 담고 있으며, 그 까닭은 $\mathbb{F}$가 견실하다면 $\mathbb{F}$는 틀림없이 무모순 또는 ω-무모순 — 어느 쪽인지는 경우에 따라 다르겠으나 — 이기 때문이다. 사용된 기호의 의미를 이해하는 사람이라면 정말로 $\mathbb{F}$가 견실하다는 믿음으로부터 출발하여 $G(\mathbb{F})$가 참이라는 믿음에 이를 수 있다. 그러나 이것은 이미 그렇게 받아들이고 있을 때의 이야기다. 의미를 이해하고 있다면 정말로 $\mathbb{F}$로부터 출발하여 $G(\mathbb{F})$에 이를 수 있다. 골칫거리는 해석해야 할 필요성을 제거하고 $\mathbb{F}$로부터 $G(\mathbb{F})$에 저절로 이르도록 만들기 원할 때 생겨난다. 그런 일이 가능했다면 일반적인 '괴델화(Gödelization)' 절차를 자동화해낼 수 있었을 테고, 우리가 괴델의 정리에 요구하는 점 모두를 과연 아우르는 알고리듬 장치를 만들어내는 일도 가능했을 것이다. 하지만 그런 일을 해낼 길은 없다. 어떤 형식체계 $\mathbb{F}$를 골라 출발점으로 삼을 수는 있으나, $\mathbb{F}$가 무엇이든 간에 추정상의 이 알고리듬 절차를 보탠다면 결국은 그저 어떤 새로운 형식체계 $\mathbb{F}^{\#}$을 얻게 될 테고, 그에 상응하는 괴델 명제 $G(\mathbb{F}^{\#})$는 $\mathbb{F}^{\#}$의 범위 바깥에 있기 마련이기 때문이다. 괴델의 정리에 담긴 통찰은 제아무리 많은 부분을 정식화한 절차 또는 알고리듬 절차에 포함시켜도 일부는 (그 절차에 포함되지 않고) 늘 남게 마련이다. 이 '괴델식 통찰'이 유효하려면 괴델의 절차를 적용하고 있는 체계가 무엇이든 간에 해당 체계의 여러 기호가 실제로 뜻하는 바를 끊임없이 살펴야 한다. 그런 면에서 **Q18**에 얽힌 골칫거리는 앞의 **Q17**에서 나왔던 바와 무척 닮았다. 괴델화를 자동화할 길이 없다는 사실은 앞의 **Q6**에 대한 논의나 앞으로 **Q19**에서 다룰 내용과도 밀접하게 관련되어 있다.

그 밖에도 **Q18**에는 살펴볼 만한 가치가 있는 점이 한 가지 더 있다. 페아노 산수를 포함하고 있는 견실한 형식체계 $\mathbb{H}$가 있다고 상상해보자. **Q18**에서 언급한 정리는 $\mathbb{H}$의 여러 의미들 가운데 하나일 테고, 이 정리의 특정 사례가 특정한 $\mathbb{F}$에 적용되며 이 $\mathbb{F}$가 $\mathbb{H}$ 자체라면 해당 사례는 곧 $\mathbb{H}$에 담긴 정리이게 된다. 그러니 다음과 같은 이야기를 $\mathbb{H}$의 의미 가운데 하나로 꼽을 수 있다.

'$\mathbb{H}$가 견실'하면 '$G(\mathbb{H})$'이다.

또는 더 정확히 말하면 예컨대 다음과 같다.

'$\mathbb{H}$가 무모순'이면 '$G(\mathbb{H})$'이다.

이제 이들 언명의 실질적 의미를 생각해보면 그 안에는 결국 $G(\mathbb{H})$가 참이라는 언명도 담겨 있는 셈이다. 왜냐하면 — 앞의 두 언명 가운데 첫 번째를 두고 하는 이야기인데 — $\mathbb{H}$가 언명하는 내용에는 늘 $\mathbb{H}$가 어떤 경우에도 견실하다는 조건이 붙어 있기 때문이다. 그러니 가령 $\mathbb{H}$가 명쾌하게 스스로의 견실성을 조건으로 들며 무언가를 언명한다면 차라리 해당 내용을 그냥 언명하는 편이 낫다. ('만약 내가 믿을 만하다면, X는 참이다'라고 언명할 바에는 더 간단하게 'X는 참이다'라고 언명해도 말하는 이가 바뀌지만 않으면 결국 뜻은 매한가지이다.) 하지만 견실한 형식체계 $\mathbb{H}$는 $G(\mathbb{H})$가 참이라고 실제로 언명할 수는 없는데, 이는 $\mathbb{H}$가 견실한 형식체계라면 스스로의 견실성을 언명하지 못한다는 사실을 반영한다. 뿐만 아니라 견실한 형식체계 $\mathbb{H}$는 자신이 수행하는 조작의 대상인 여러 기호가 뜻하는 바를 실제로 모두 담아낼 수 없다는 점도 우리는 알고 있다. 앞의 언명 가운데 두 번째에 대해서도 똑같은 내용을 구체적으로 예를 들어가며 이야기할 수 있으나 역설적인 점이 한 가지 덧붙는데, $\mathbb{H}$가 실제로 무모순일 경우에는 스스로의 무모순성을 언명하지 못하는 반면 무모순이 아닐 경우에는 그런 곤란을 겪지 않는다는 점이다. 무모순이 아닌 $\mathbb{H}$는 자신이 구성해내는 어떤 것이든 '정리'로서 언명할 수 있다! 그런 $\mathbb{H}$는 알고 보면 '$\mathbb{H}$는 무모순이다'라는 내용도 과연 구성해낼 수 있다. (충분히 폭넓은) 형식체계는 자신이 무모순이 아닐 때에만 무모순성에 관해 언명하게 된다!

Q19. 우리가 지금 받아들이고 있는 체계 $\mathbb{F}$가 무엇이든 간에, $\mathbb{F}$에 괴델 명제 $G(\mathbb{F})$를 꾸준히 보태 가는 어떤 절차를 끌어들여 무한정 그 절차를 수행하도록 허용하면 어떨까?

견실해 보이면서도 충분히 폭넓은, 임의의 특정한 형식체계 $\mathbb{F}$가 주어졌다면, $\mathbb{F}$에 새로운 공리 $G(\mathbb{F})$를 보탬으로써 역시 견실해 보이는 새로운 체계 $\mathbb{F}_1$을 얻어낼 방법을 알아낼 수 있다. (표기법상 뒤에 이어질 내용과 일관되게 하려면 $\mathbb{F}$ 대신 $\mathbb{F}_0$으로 쓸 수도 있다.) 그 다음에는 $\mathbb{F}_1$에 $G(\mathbb{F}_1)$을 보탬으로써 역시 견실해 보이는 새로운 체계 $\mathbb{F}_2$를 얻을 방법도 알아낼 수 있다. 이 프로세스를 거듭하여 $\mathbb{F}_2$에 $G(\mathbb{F}_2)$를 보탬으로써 $\mathbb{F}_3$을 얻고, 그렇게 계속 이어간다. 여기서 조금만 더 공을 들이면 $\{G(\mathbb{F}_0), G(\mathbb{F}_1), G(\mathbb{F}_2), G(\mathbb{F}_3), \cdots\}$이라는 무한 집합 전체를 빠짐없이 $\mathbb{F}$에 대한 부가 공리로 집어넣게 해줄 여러 공리를 갖춘, 또 다른 형식체계 $\mathbb{F}_\omega$의 구성 방법을 곧 알아낼 수 있다. 이 체계 $\mathbb{F}_\omega$는 분명히 견실할 터이다. 뒤이어 $\mathbb{F}_\omega$에 $G(\mathbb{F}_\omega)$를 보탬으로써 $\mathbb{F}_{\omega+1}$을 얻고, 또 거기에 $G(\mathbb{F}_{\omega+1})$을 보탬으로써 $\mathbb{F}_{\omega+2}$를 얻는 식으로 프로세스를 계속 이어갈 수 있다. 그리하면 저 앞에서와 같이 여러 공리로 이루어진 무한 집합 전체를 집어넣을 수 있고, 마침내 $\mathbb{F}_{\omega2}(=\mathbb{F}_{\omega+\omega})$에 이르며, 이 또한 분명히 견실하다. 여기에 $G(\mathbb{F}_{\omega2})$를 보태 $\mathbb{F}_{\omega2+1}$을 얻는 식으로 이어가다 보면 무한 집합을 또다시 집어넣어 $\mathbb{F}_{\omega3}(=\mathbb{F}_{\omega2+\omega})$에 이를 수 있다. 지금까지의 프로세스를 처음부터 빠짐없이 되풀이하면 $\mathbb{F}_{\omega4}$에 이를 수 있고, 다시 되풀이하면 $\mathbb{F}_{\omega5}$에 이르는 등으로 이어져간다. 조금만 더 공을 들이면 이 새로운 공리 집합 $\{G(\mathbb{F}_\omega), G(\mathbb{F}_{\omega2}), G(\mathbb{F}_{\omega3}), G(\mathbb{F}_{\omega4}), \cdots\}$ 모두를 집어넣어 형식체계 $\mathbb{F}_{\omega^2}(=\mathbb{F}_{\omega\omega})$를 얻는 방법을 알아낼 수 있게 마련이다. 이제 이 프로세스 전체를 거듭해 감에 따라 매번 새로운 체계가 나오니 $\mathbb{F}_{\omega^2+\omega^2}$, $\mathbb{F}_{\omega^2+\omega^2+\omega^2}$ 등이 계속 이어질 테고, 이들 전체를 한데 엮어낼 방법을 알아내면 결국 더욱 포괄적인 체계 $\mathbb{F}_{\omega^3}$에 이르며, 이 또한 견실하게 마련이다.

칸토어의 서수 표기법에 익숙한 독자라면 여기서 꾸준히 나오고 있는 첨자가 그런 서수에 해당한다는 점을 깨닫게 될 테지만, 무슨 말인지 모르더라도 이들 기호의 뜻하는 바가 정확히 무엇인지 알려고 굳이 애쓸 것까지는 없다. 이 '괴델화' 절차를 훨씬 더 많이 계속 이어나갈 수 있다는 점만 밝혀두면 충분하다. ($\mathbb{F}_{\omega^4}$, $\mathbb{F}_{\omega^5}$, $\cdots$로 나타낼 수 있는 형식체계를 이끌어내고 나면 그를 바탕 삼아 더 폭넓은 체계 $\mathbb{F}_{\omega^\omega}$에 이르게 되고, 이 프로세스는 계속 이어져, 가령 ω^{ω^ω} 등의 더 큰 서수도 나온다.) 다만 각 단계마다 그때까지 이끌어낸 괴델화 집합 전체를 체계화할 방법은 알 수 있어야 하겠다. 실은 여기가 가장 까다로운 대목이다. 즉 앞에서 '조금만 더 공을 들이면'이라고 이야기했지만 그러려면 그 앞에 이끌어냈던 괴델화를 실제로 어떻게 체계화할지 적절히 통찰할 수 있어야 하기 때문이다. 그런 체계화가 가능하기는 하지만 단서가 하나 붙는데, 바로 그때까지 이른 단계(서수)가 귀납적 서수라고 볼 수 있어야 한다는 점이고, 이는 결국 해당 절차를 생성해낼 어떤 종류의 알고리듬이 존재함을 뜻한다. 하지만 모든 귀납적 서수에 대해 빠짐없이 그런 체계화가 가능하게 만들어줄 알고리듬 절차를 미리 마련해 둘 길은 없으며, 매번 꾸준히 새로운 통찰을 활용할 수밖에 없다.

앞의 절차가 처음으로 등장한 곳은 앨런 튜링의 박사 학위 논문(그리고 튜링의 1939년 문헌에서 발표)[8]이었는데, 그는 여기 기술한 바와 같은 종류의 괴델화를 거듭함으로써 임의의 참인 Π_1-문장이 증명 가능하다고 여길 수 있음을 입증해 보였다. (페퍼먼(Feferman)의 1988년 문헌 참고) 하지만 그렇다고 해서 갖가지 Π_1-문장이 참임을 밝혀낼 기계적 절차가 주어지지는 않는데, 그 까닭은 바로 괴델화를 기계적으로 체계화할 방법이 없기 때문이다. 사실 괴델화가 기계적으로 이루어질 수 없음은 튜링이 이끌어낸 결과만 가지고도 추론해낼 수 있다. 왜냐하면 앞에서 (사실상 §2.5에서) 벌써 밝혀냈듯 온갖 Π_1-문장이 참이거나 또는 그 반대임을 일반적으로 알아내는 일이란 그 어떤 알고리듬 절차로도 결정할 수 있는 바가 아니기 때문이다. 그러니 괴델화를 거듭하는 방법은 우리가 지금껏 살펴온 온갖 컴퓨팅적 고려 사항 바깥에 자리 잡은 어떤 체계적 절차에 이르는 데 조금도 기여하지 못하며, 따라서 **Q19**는 $\mathscr{G}$에게 아무런 위협도 되지 않는다.

Q20. 수학적 이해가 정말 값진 까닭은 그 덕분에 컴퓨팅 불가능한 것들을 얻을 수 있기 때문이 아니라, 엄청나게 복잡한 컴퓨팅을 비교적 간단한 통찰로 대체해줄 수 있기 때문이 아닐까? 달리 말하면, 마음은 복잡도 면에서 지름길로 갈 수 있게 해줄 뿐 컴퓨팅 가능성이라는 테두리를 넘어서도록 해주는 건 아니지 않을까?

나는 현실적으로 수학자가 통찰력을 발휘하는 경우란 컴퓨팅 불가능한 문제에 도전할 때보다는 복잡한 컴퓨팅을 회피하고 싶을 때가 훨씬 더 흔하다는 점을 기꺼이 받아들인다. 어쨌거나 수학자들이란 타고난 게으름뱅이인 경향이 있고, 그래서 컴퓨팅을 피할 길이 있는지 찾으려 애쓸 때가 많다. (그러다가 그만 컴퓨팅 자체보다 훨씬 더 까다로운 정신노동에 시달리게 되는 때도 부지기수다!) 그다지 많이 복잡하지 않은 형식체계라 하더라도, 컴퓨터에게 그 체계에 속한 정리들을 기계적으로 출력시키는 일조차도 엄청난 컴퓨팅 복잡도 탓에 무한정 표류할 때가 흔히 있다. 반면 해당 체계를 이루는 여러 규칙의 속뜻에 대한 이해로 무장한 인간 수학자는 그 체계의 틀 안에서 별 어려움 없이 흥미로운 결과를 숱하게 이끌어내곤 한다.[9]

이제껏 내가 논변을 펴면서 복잡도가 아닌 컴퓨팅 불가능성에 집중해온 까닭은, 다만 꼭 필요하고 강력한 주장을 할 방법은 오로지 그쪽에만 있어 보였기 때문이다. 사실 컴퓨팅 불가능성이란 문제는 대다수 수학자들에게는 평생토록 연구를 수행하면서도 맞닥뜨릴 일이 드문 대상일 테고, 행여 접하더라도 그 문제가 끼어드는 영역은 무척 작은 일부에 그치기 십상이다. 그러나 지금 핵심은 그것이 아니다. 내가 입증해 보이려는 바는 (수학적) 이해란 컴퓨팅의 테두리를 벗어난 곳에 존재한다는 점과, 해당 사안을 다룰 수 있게 해주는 드문 도구로 괴델(-튜링) 논변을 꼽을 수 있다는 점이다. 우리의 수학적 통찰과 이해로 이룰 수 있는 성과는 원리상 컴퓨팅적으로도 이룰 수 있는 것일 때가 종종 있다. 그러나 드러난 바에 따르면, 별다른 통찰 없이 무작정 컴퓨팅만 해서는 너무도 비효율적이어서 도저히 성과를 낼 수가 없다(§3.26 참고). 하지만 이런 문제들은 컴퓨팅 불가능성에 관한 사안보다 다루기가 훨씬 더 까다롭다.

어쨌거나, **Q20**에 담긴 정서야 옳을 수도 있겠지만, 그렇더라도 결코 $\mathscr{G}$와 모순되지는 않는다.

3
수학적 사고의
컴퓨팅 불가능성

3.1 괴델과 튜링은 무슨 생각을 했는가?

2장에서 나는 수학적 이해가 의식적으로 파악할 수 있고 전적으로 믿을 수 있는 어떤 알고리듬(또는 여러 알고리듬이라도 마찬가지. **Q1** 참고)의 결과일 수가 없다는 (𝒢로 표시되는) 언명을 옹호하는 기본적 주장의 위력과 엄밀성을 독자에게 증명해 보이고자 했다. 이들 논변은 더욱 심각한 가능성 — 𝒢와 부합하면서도 — 을 다루지는 않는데, 가령 수학적 믿음이 우리가 알지 못하는 무의식적 알고리듬의 결과일 가능성, 아니면 그 자체는 알 수 있을지라도 수학적 믿음의 토대라는 점을 알아낼 — 또는 그렇다고 확고하게 믿을 — 길이 없는 알고리듬의 결과일 가능성은 다루지 않는다는 뜻이다. 물론 논리상으로는 그와 같은 여러 가능성을 언급할 수 있으나, 이번 장에서는 그런 가능성들이 조금도 타당하지 않음을 증명해 보이고자 한다.

우선 짚어둘 점이 있는데, 수학자들이 수학적 진리를 밝혀내기 위해서 의식적 추론의 사슬을 세심하게 엮어갈 때에는 그들 스스로도 모르거나 믿을 수 없는 무의식적 규칙을 무턱대고 그저 따라갈 뿐이라고는 결코 생각지 않는다는 점이다. 수학자들은 자신이 확고부동한 갖가지 진리 ― 궁극적·근본적으로 '자명한' 진리 ― 를 바탕으로 논변을 펴나가고 있으며 온전히 그와 같은 여러 진리로부터 추론의 사슬을 엮어가고 있다고 생각한다. 또 그 사슬이 때로는 지극히 길고 복잡하거나 개념적으로 미묘할지 몰라도, 원리상으로나 근본 바탕의 측면에서 볼 때 해당 추론은 확고부동하고 굳건히 믿을 수 있으며, 논리상 흠 잡을 데가 없다고 여긴다. 그들은 자신들이 실제로는 그와 꽤 다른, 알지 못하거나 믿지 않는 어떤 절차 ― 어쩌면 '막후에서' 자신의 믿음을 그 스스로는 알지 못하는 방법으로 이끌어가는 절차 ― 에 따라 활동하고 있다고 생각하지는 않는 편이다.

물론 수학자들의 생각이 틀렸을지도 모른다. 어쩌면 정말로 수학자들이 알지 못하는 어떤 알고리듬 절차가 있어서 그들의 수학적 지각을 모두 지배할 수도 있다. 그러나 수학자가 아니라면 몰라도 현직 수학자 대다수는 그와 같은 가능성을 진지하게 받아들이기 어려우리라고 본다. 이 장에서 나는 현직 수학자들이 자신들이 알지 못하는 (그리고 알 수 없는) 어떤 알고리듬 ― 그리고 스스로도 확고하게 믿지 않는 알고리듬 ― 에 그저 따라갈 뿐이기만 한 존재가 아니라는 견해가 옳음을 독자들에게 설득시키고자 한다. 아마 우리가 알지 못하는 무의식적인 어떤 다양한 원리가 정말로 수학자들의 사고와 믿음을 이끌지 모르지만, 설령 그렇다 하더라도 그 갖가지 원리는 알고리듬 관점에서 기술할 수 있는 게 아니라는 주장을 펼 참이다.

여기서 우리를 𝒢라는 결론으로 이끈 바로 그 논변의 초석을 다진 수학계의 선구적인 두 인물의 관점을 살펴보면 유익하겠다. 괴델은 과연 무슨 생각을 했을까? 튜링은 무슨 생각을 했을까? 이들은 똑같은 수학적 증거를 접하고 놀랍게도 근본적으로 서로 정반대인 결론에 이르렀다. 하지만 뚜렷이 짚어둘 점은 뛰어난 이 두 사상가가 드러낸 관점은 𝒢라는 결론에 부합한다는 것이다. 괴델은 마음이 컴퓨팅적 실체이어야 한다거나 심지어 두뇌의 유한성에 의해서도 제약을 받지 않는다는 관점을 지녔던 듯하다. 실제로 그는 이런 가능성을 받아들이지 않았다는 이유로 튜링을 비난했다. 왕 하오의 1974년 문헌(326쪽, 괴델의 1990년 문헌『논문집 2권(Collected Works Vol II)』297쪽도 참고)에 따르면, 괴델은 튜링이 은연중에 주장한 두 가지, 곧 '두뇌는 근본적으로 디지털 컴퓨터처럼 작동한다'와 '관찰할 수 있는 결과라는 면에서 물리 법칙의 정밀도에는 유한한 한계가 있다'를 모두 받아들인 반면에 역시 튜링이 말한 '물질과 별개인 마음이란 존재하지 않는다'는 주장은 '현시대의 편견'이라 부르며 배척했다. 따라서 괴델은 물리적 두뇌 자체는 컴퓨팅적으로 작동하게 마련이나, 마음이라는 것은 두뇌를 뛰어넘는 존재이므로 마음의 활동은 컴퓨팅 법칙 — 물리적 두뇌의 작동을 제어한다고 그가 믿었던 법칙 — 에 따라 작동해야 한다는 제약을 받지 않는다고 여겼던 듯하다. 하지만 그는 𝒢를 마음은 비컴퓨팅적으로 활동한다는 자신의 관점에 대한 증거로 여기지는 않았다. 다음과 같은 가능성을 남겨두었으니 말이다.

한편, 이제껏 증명된 바에 비추어 보면 실제로 수학적 직관과 등가이긴 하지만 그 점을 증명할 수는 없으며 유한적(finitary) 정수론의 올바른 정리들만을 내놓는다고 증명할 수도 없는 정리 증명 기계가 존재할 가능성은 (그리고 심지어 실증적으로 발견해낼 가능성도) 남아 있다.

위의 말이 실제로는 𝒢에 대한 믿음과 일치함을 분명히 짚어두어야 하겠다(그리고 내가 '𝒢'라고 진술했던 바와 같은 그런 식의 명백한 결론을 괴델도 잘 알고 있었으리라고 믿어 의심치 않는다). 다만 그는 인간 수학자들의 마음이 인식하지 못하는, 또는 그 견실함을 확고부동하게 확신할 수 없다면('올바른 정리들만을 내놓는다고 …… 증명할 수는 없으며 ……') 아마 인식할 수도 있는 어떤 알고리듬에 따라 활동할지도 모른다는 논리적 가능성을 열어두었다. 내

나름의 용어에 따르면 그와 같은 알고리듬은 '견실하지만 그 점을 알 수는 없는'이라는 범주에 든다. 물론 견실하지만 그 점을 알 수는 없는 그런 알고리듬이 실체로 수학자의 마음에서 일어나는 활동의 바탕에 자리 잡고 있을지도 모른다고 실제로 믿는 것은 완전히 다른 문제였으리라고 본다. 괴델은 그렇게 믿지 않았던 듯하고, 얼른 보기에는 앞에서 $\mathscr{D}$로 나타냈던 신비주의적인 쪽 — 물리적 세계를 다루는 과학으로는 애당초 마음을 설명할 길이 없다는 — 으로 끌렸던 듯하다.

반면 튜링은 그와 같은 신비주의적 입장을 배척하고 (괴델이 그랬듯) 물리적 두뇌는 다른 모든 물리적 대상들처럼 컴퓨팅적 방법으로 활동하게 마련이라고 믿었던 듯하다(§1.6에 나온 '튜링의 명제'를 상기하자). 따라서 그는 사실상 $\mathscr{G}$에 의해 제시된 주장을 회피할 길을 찾아내야 했다. 훌륭하게도 튜링은 인간 수학자들이 실수를 저지를 수 있다는 점을 지적했는데, 마찬가지로 그는 컴퓨터가 제대로 지성을 갖출 수 있으려면 실수를 저지를 여지도 열려 있어야 한다고 다음과 같이 주장했다.[2]

그렇다면 달리 말해서, 만일 어떤 기계가 결코 틀리지 않아야 한다면 또한 지성도 갖출 수 없다. 거의 정확히 그 점을 이야기하는 여러 정리가 있다. 그러나 이들 정리는 기계가 무오류성을 지닌 척하지 않는다면 얼마나 큰 지성을 드러낼지에 관해서는 아무 말도 하지 않는다.

여기서 이야기하는 '여러 정리'란 분명 괴델의 정리와 그에 얽힌 이런저런 정리인데, 가령 그 스스로도 괴델의 정리를 '컴퓨팅적으로' 변형하여 내놓은 바 있다. 이렇듯 그는 인간의 수학적 사고에서 나타나는 부정확성을 핵심으로 여긴 듯해 보이며, 완전히 견실한 그 어떤 알고리듬 절차를 통해 이루어낼 수 있는 결과보다 마음의 (이른바) 부정확한 알고리듬 활동 쪽이 더욱 큰 위력을 발휘할 수 있다고 본 듯하다. 그런 입장을 바탕으로 그는 괴델 논변의 결론을 피해 나갈 방법을 이렇게 제시했다. 수학자의 알고리듬은 엄밀히 짚어 보면 견실하지 않겠고, '견실함을 알 수 있는' 알고리듬은 확실히 아니다. 따라서 튜링의 관점은 $\mathcal{G}$에 부합한다. 그리고 아마 그는 관점 $\mathcal{A}$에 동의했다고 볼 수도 있을 것 같다.

나는 수학자의 마음속에서 일어나는 일을 정말로 수학자의 알고리듬에 담긴 '비견실성'을 들어 설명할 수 있다고는 믿지 않는데, 앞으로 논의를 이어가면서 그 까닭을 제시하고자 한다. 어쨌거나 정확한 컴퓨터와 견주었을 때 마음 쪽이 더 뛰어난 까닭을 마음의 부정확성 덕분이라고 보는 생각은 근본적으로 설득력이 좀 모자란다. 특히 지금처럼 관심사가 수학적 독창성이나 창의력이 아니라 확고부동한 수학적 진리를 지각하는 수학자의 능력일 때에는 말이다. 위대한 사상가인 괴델과 튜링이 $\mathcal{G}$와 같은 내용을 살피다가 두 사람 모두 결국은 많은 이들이 다소 설득력이 모자란다고 여길 관점으로 나아갔다니 놀라운 노릇이다. 물리적 활동이란 근본 바탕에서 때로는 컴퓨팅 불가능이라는 가능성 — 내가 지지하고 있는 관점 $\mathcal{C}$에 부합하는 가능성 — 을 심각하게 숙고했더라도 그들이 과연 그런 관점으로 향했을지 가늠해보는 일도 흥미롭겠다.

앞으로 이어질 여러 절(특히 §3.2~§3.22)에서는 좀 세밀한 주장들을 펴 나가려 하는데, 그중에는 다소 복잡하고 헷갈리며 까다로운 내용도 있겠지만, 목적은 $\mathcal{A}$나 $\mathcal{B}$ 같은 컴퓨팅 모델이 수학적 이해를 설명하는 그럴듯한 근거가 되어줄 가능성을 배제하는 데 있다. 그런 설득은 굳이 필요 없다고 생각하는 — 아니면 자잘한 내용이 겁나는 — 독자들은 일단 내키는 데까지 읽어가다가 어째 지루하다 싶어지거든 페이지를 건너뛰어, 전체 내용이 요약된 §3.23의 상상 속 대화를 읽어보기 바란다. 그러다가 꼭 필요하다고 느끼면 그때 본 주장으로 되돌아와서 살펴보아도 좋다.

3.2 견실하지 않은 알고리듬이 수학적 이해를 알 수 있게끔 시뮬레이션할 수 있는가?

$\mathscr{G}$에 비추어 보면 우리는 수학적 이해가 견실하지 않거나 알 수 없는 어떤 알고리듬의 결과인지, 아니면 혹시 견실하고 알 수 있지만 견실한지를 알 수는 없는 알고리듬에서 비롯하는지, 또는 어쩌면 그런 알고리듬이 다양하게 있어서 수학자마다 각양각색인지를 짚어보아야 한다. '알고리듬'이라는 말은 (§1.5에서처럼) 그저 어떤 컴퓨팅 절차 — 달리 말하면, 내용이 무엇이든 무한한 저장 공간을 지닌 보편 컴퓨터에서 원리상으로 시뮬레이션해낼 수 있는 대상 — 를 가리킨다. (§2.6의 Q8에서 다룬 논의를 다시 떠올려보면, 방금 이야기한 이상적인 컴퓨터에서 저장 공간이 '무한하다'는 성질 때문에 논변에 문제가 생기지는 않는다.) 또한 이 '알고리듬'이라는 개념에는 하향식 절차와 상향식 학습 시스템뿐만 아니라 그 둘의 조합까지도 모두 담겨 있다. 예를 들면, 이 개념은 인공 신경망으로 이루어낼 수 있는 결과도 모두 포함한다(§1.5 참고). '유전적 알고리듬'이라고들 부르는 다른 유형의 상향식 메커니즘 — 다윈이 언급한 진화 과정과 닮은 어떤 점증적 절차에 따라 스스로를 개선해가는 — 도 여기에 포함된다(§3.11 참고).

상향식 절차들이 지금 이 절에 담긴 이런저런 논변(그리고 2장에서 제기한 여러 논변)에서 어떻게 핵심적으로 다루어지는지 대해서는 §3.9~§3.22에 걸쳐 (§3.23의 상상 속 대화에 그 내용이 요약되어 있음) 구체적으로 살펴보겠다. 하지만 이야기를 명료하게 풀어나갈 수 있도록, 당분간은 하향식 유형의 알고리듬 활동만 있는 듯이 말하고자 한다. 이 알고리듬 활동은 특정한 수학자 개인 내지는 수학계 전체에 해당하는 것으로 볼 수 있다. 앞서 §2.10의 Q11과 Q12에서는 견실하고 알 수 있는 여러 알고리듬이 사람마다 서로 다르게 존재할 가능성을 짚어보았는데, 그런 가능성이 논변에 크게 영향을 주지는 않는다고 결론

지은 바 있다. 견실하지 않거나 알 수 없는 여러 알고리듬이 사람마다 서로 다르게 존재할 가능성에 대해서는 나중에 다시 짚어보도록 하자(§3.7 참고). 우선 당장은 수학적 이해의 바탕에 단 한 가지 알고리듬 절차만 자리 잡고 있다고 가정하고 이야기를 주로 풀어나가기로 한다. 수학적 이해 가운데 그저 Π_1-문장(즉 끝나지 않는 튜링 기계 활동을 기술한 내용, **Q10**에 대한 논평 참고)을 만들어내는 데 활용할 수 있는 내용만으로 관심 대상을 제한할 수도 있다. 앞으로 이어질 내용에서는 '수학적 이해'라는 문구를 이처럼 제한된 맥락에서 해석하기만 해도 충분하다(183쪽의 $\mathscr{G}$**을 참고하자).

수학적 이해의 바탕을 이룬다고 짐작되는 알고리듬 절차 F에 대해, 견실하든 그렇지 않든지 간에, 그것이 알 수 있는 대상인지에 관해 세 가지 서로 다른 관점이 있는데 이를 뚜렷이 구별해야 한다. F는 다음 세 가지 가운데 하나일지 모른다.

I 의식적으로 알 수 있고, 수학적 이해의 바탕을 이루는 실제 알고리듬으로서 행하는 역할 또한 알 수 있다.

II 의식적으로 알 수 있으나, 수학적 이해의 바탕을 이루는 실제 알고리듬으로서 행하는 역할은 무의식적이며 알 수 없다.

III 무의식적이며 알 수 없다.

우선 완전히 의식적인 경우 **I**부터 살펴보자. 알고리듬과 그 역할을 모두 알 수 있으므로, 둘 다 이미 알려져 있는 경우라고 여겨도 괜찮겠다. 상상하자면 그것들이 실제로 알려져 있을 때에 우리의 논변을 적용한다고 여길 수 있기 때문이다. '알 수 있다'는 말은 적어도 원리상으로는 그런 때가 올 수 있다는 뜻이기 때문이다. 그러니 알고리듬 F는 알려진 것이며 그 절차의 기본 역할도 알려져 있다고 여기자. 앞서 우리는 그와 같은 알고리듬은 사실상 형식체계 $\mathbb{F}$와 등가임을 알았다(§2.9). 따라서 우리는 수학적 이해 — 또는 적어도 특정한 어떤 수학자의 이해 — 란 알려져 있는 어떤 형식체계 $\mathbb{F}$내에서의 도출가능성과 등가임을 (그 수학자가) 안다고 가정하는 셈이다. 이 앞 장에서 살핀 결과 필연적으로 이르게 된 결론 $\mathscr{G}$를 만족시키길 바란다면, 우리는 체계 $\mathbb{F}$가 견실하지 않다고 가정해야 한다. 하지만 이상하게도, 비견실성은 I에서 언급된 대로 자신의 수학적 이해의 바탕이라고 수학자가 실제로 알고 있는 — 따라서 그렇게 믿고 있는 — 어떤 알려진 형식체계 $\mathbb{F}$에 대해서는 아무런 도움이 되지 않는다! 그런 믿음에는 $\mathbb{F}$의 견실성에 대한 (잘못된) 믿음이 뒤따르기 때문이다. (스스로가 지닌 확고부동한 믿음 체계의 근거에 대한 불신을 허용하는, 수학적으로 이치에 맞지 않는 관점이다!) 실제로 견실하든 그렇지 않든 간에, $\mathbb{F}$가 견실하다는 믿음은 $G(\mathbb{F})$(또는 그 대신으로 $\Omega(\mathbb{F})$, §2.8 참고)가 참이라는 믿음을 수반한다. 하지만 $G(\mathbb{F})$는 이제 — 괴델의 정리에 대한 믿음으로 인해 — $\mathbb{F}$의 범위 밖에 놓인다고 여겨지므로, 이는 $\mathbb{F}$가 모든 (관련 있는) 수학적 이해의 바탕을 이룬다는 믿음과 모순된다. (이 이야기는 수학자 개인이나 수학계 가운데 어느 쪽에 적용하더라도 모두 잘 통하며, 다양한 수학자 개개인의 사고 프로세스에서 바탕을 이룬다고 봄직한 서로 다른 갖가지 알고리듬 가운데 어디에든 개별적으로 적용할 수 있다. 뿐만 아니라 이 이야기는 수학적 이해 가운데 Π_1-문장을 만들어낼 때 활용할 내용만 다루면 된다.) 따라서 수학적 이해의 바탕을 이루리라고 짐작되는 임의의 추정상으로 비견실한 알고리듬 I이 실제로 그런지 알 수는 없다. 왜냐하면 $\mathbb{F}$가 견실하든 그렇지 않든 I은 무조건 배제되기 때문이다. $\mathbb{F}$ 자체는 알 수 있다면, II의 가능성은 남는다. 곧 $\mathbb{F}$가 실제로 수학적 이해의 바탕을 이룰 수는 있지만 $\mathbb{F}$가 그런 역할을 한다는 점은 알 수 없는 경우 말이다. 또한 III에서처럼 해당 체계 $\mathbb{F}$ 자체가 무의식적이고 알 수 없는 대상일 가능성도 있다.

 이 시점에서 지금껏 드러난 내용의 요점은 I은 (적어도 온전히 하향식 알고리듬이라는 맥락 안에서는) 진지하게 가능성을 살필 만한 내용이 아니라는 것, 그리고 𝔽가 실제로 견실하지 않을지 모른다는 사실이 놀랍게도 I에는 전혀 중요하지 않다는 점이다. 요점을 말하자면, 추정상의 𝔽가 견실하든 그렇지 않든 간에 수학적 믿음의 바탕을 이루는지 알 수는 없다는 것이다. 여기서 관건은 해당 알고리듬 자체의 불가지성(unknowability)이 아니라 해당 알고리듬이 수학적 이해의 바탕을 실제로 이루는지 여부에 관한 불가지성이다.

3.3 알 수 있는 알고리듬이 수학적 이해를 알 수 없게끔 시뮬레이션할 수 있는가?

이제 경우 II로 가서, 수학적 이해란 의식적으로 알 수 있는 어떤 알고리듬이나 형식체계와 등가이기는 하지만 그러하다는 점을 알 수는 없을 가능성을 진지하게 살펴보자. 그럴 경우에는 추정상의 형식체계 𝔽가 알 수 있는 대상일지라도 이 특정한 체계가 실제로 우리의 수학적 이해에 바탕을 이루는지 우리로서는 결코 확신할 길이 없게 된다. 이 가능성이 어쨌든 타당한 것인지 우리 스스로에게 물어보도록 하자.

추정상의 이 𝔽가 이미 알려진 형식체계가 아니라면, 앞에서와 마찬가지로 적어도 원리상으로는 언젠가 알게 될 때가 있으리라고 여겨야 한다. 그런 때가 마침내 왔다 상상하고 𝔽를 정확히 기술한 내용이 우리 앞에 주어졌다고 해보자. 해당 형식체계 𝔽는 꽤 정교할 수 있지만, 적어도 원리상으로는 우리가 완전히 의식적인 방법으로 파악할 수 있을 만큼 간단해야 한다. 그러나 𝔽가 실제로 우리가 지닌 (적어도 Π_1-문장에 대한) 확고부동한 수학적 이해와 통찰의 총체를 정확히 담아내는지를 확신할 길은 열려 있지 않다. 이는 논리적으로는 가능할지 몰라도 무척 설득력이 모자라는 이야기인데, 우리는 왜 그런지 살펴볼 것이다. 더군다나 설령 그 이야기가 참이라 해도 로봇 수학자를 만들어내고자 하는 AI 종사자에게는 그와 같은 가능성이 아무런 위안이 되지 못함을 나는 추후에 주장하겠다! 이런 측면들은 이 절의 끝에서 다시 짚어보겠고, §3.15와 §3.29에서 더 꼼꼼히 다룰 것이다.

그와 같은 $\mathbb{F}$가 정말 논리적으로는 존재할 수 있다고 보아야 한다는 사실을 강조하는 뜻에서, 괴델이 이야기했던 '정리 증명 기계'를 (아직은) 논리적으로 배제할 수 없다는 점을 상기해도 좋다(§3.1에 나온 인용문 참고). 나중에 설명하겠으나, 결과적으로 이 '기계'는 앞의 두 경우 **II**나 **III** 가운데 어느 하나에 들어맞는 알고리듬 절차 F이다. 괴델이 이야기한 추정상의 정리 증명 기계를 그가 지적했듯 '실증적으로 발견해낼 수 있다'면 이는 **II**에 나온 F를 '의식적으로 알 수 있다'는 요건에 대응하고, 또는 발견해낼 수 없는 경우라면 곧 경우 **III**에 해당하게 된다.

일찍이 괴델은 자신의 유명한 정리를 염두에 두고서 그 절차 F(또는 이와 등가인 형식체계 $\mathbb{F}$. §2.9 참고)가 — 그의 말을 그대로 인용하면 — '수학적 직관과 등가임'을 '증명할' 수 없다고 주장했다. **II**에서 (그리고 암묵적으로 **III**에서도) 나는 F가 지니는 이 근본적 한계를 조금 달리 이렇게 표현한다. '수학적 이해의 바탕을 이루는 실제 알고리듬으로서 행하는 역할은 무의식적이며 알 수 없다.'

(§3.2에서 주장했듯, **I**을 배제하고 보면 반드시 뒤따르게 마련인) 이 한계는 F가 수학적 직관과 등가임을 증명할 수 없다는 뜻임이 명백하다. 왜냐하면 그와 같은 증명이 가능하다면 F가 실제로 어떤 역할을 한다는 점이 드러날 터이나 우리로서는 그 점을 알 수 없기 때문이다. 거꾸로 이야기하면, 확고부동한 수학적 이해에 이르는 과정에서 F가 맡는 바로 그 역할을 가령 의식적으로 알 수 있다면 — 어떻게 F가 그 역할을 할지 완전히 파악할 수 있다는 의미에서 — F의 견실성 또한 받아들여야 마땅하다. F가 견실함을 완전히 받아들

이지 않는다면 이는 F에서 비롯된 결과들의 일부를 거부한다는 말이다. 하지만 그런 결과들도 실은 바로 우리가 받아들이고 있는 수학적 명제(또는 적어도 Π_1-문장)이다. 따라서 F의 역할을 안다면 결국 F에 대한 증명도 확보하는 셈이다. 비록 그런 '증명'이 미리 정한 어떤 형식체계 안에서 정형성을 띠는 증명은 아니겠지만 말이다.

또한 유효한 Π_1-문장이라면 괴델이 말했던 '유한적 정수론의 올바른 정리'에 해당하는 사례로 여길 수 있음을 눈여겨보자. 사실, 만약 '유한적 정수론'이라는 용어가 '이러이러한 산술적 속성을 지닌 가장 작은 자연수를 찾는' μ-연산을 포함한다고 본다면, 그 용어는 튜링 기계의 활동들을 포함하며(§2.8 끝부분을 참고하자), 모든 Π_1-문장이 유한적 정수론의 일부로 여겨지게 될 터이다. 그러니 괴델식 추론이 엄밀한 논리만을 바탕으로 삼는다면 경우 **II**를 배제한다고 보긴 어렵다. 적어도 괴델의 권위를 인정한다면 말이다!

한편, **II**가 그럴듯한 가능성이 있기는 한 것인지 물어볼 수도 있다. 알 수 있는 $\mathbb{F}$가 존재하긴 하지만 이것이 인간의 (확고한) 수학적 이해와 등가임은 알 수 없다고 할 때, 이로부터 무엇이 도출될지 알아보도록 하자. 앞에 언급했듯, 이 $\mathbb{F}$를 접하는 날이 와서 우리 앞에 주어졌다고 상상해볼 수 있다. 형식체계는 공리 집합과 절차규칙에 의해 규정됨을 다시 상기하자(§2.7). $\mathbb{F}$의 정리들이란 규칙 절차들에 의해 공리들로부터 얻어낼 수 있는 대상('명제')이며, 이들 정리는 모두가 해당 공리들을 표현하는 데 이용하는 것과 똑같은 기호들에 의해 표현될 수 있는 대상이다. 우리는 $\mathbb{F}$의 정리들이 인간 수학자들이 보기에 원론상으로 확고부동한 참이라고 지각될 수 있는 (그러한 기호들에 의해 표현된) 명제들이라고 상상하고자 한다.

일단은 $\mathbb{F}$에 담긴 갖가지 공리의 목록이 유한하다고 가정하자. 이제 해당 공리들 자체는 늘 여러 정리 가운데 특정한 사례라고 보아야 한다. 그러나 정리 하나하나는 인간의 이해와 통찰을 활용하여 원리상으로 확고부동하게 참이라고 지각될 수 있는 대상이다. 그러므로 각각의 공리는 처마다 원리상으로 수학적 이해의 일부에 해당하는 대상을 표현해야 한다. 그러니 그 어떤 개별 공리든 언젠가 확고부동한 참으로 지각하게 되는 때가 오게 마련이며(또는 원리상으로 그런 때가 올 수 있다), $\mathbb{F}$에 담긴 개별 공리는 하나씩 차례로 그렇게 지각될 수 있다. 그러므로 결국에는 해당 공리 모두를 언젠가는 개별적으로 확고부동한 참으로 지각하게 된다(또는 원리상으로 결국 그렇게 지각할 수 있다). 따라서 결국 $\mathbb{F}$에 담긴 공리의 총체를 전체적으로 확고부동하게 유효하다고 지각하게 되는 때가 온다.

절차 규칙은 어떤가? 이것 또한 확고부동하게 견실하다고 지각하게 되는 때가 오리라고 볼 수 있을까? 많은 체계들의 경우, 절차 규칙은 '확고부동하게' 받아들일 수 있는 단순한 것일 수 있다. 가령 이런 식이다. 'P가 하나의 정리임을 밝혀냈다면, 그리고 P⇒Q도 하나의 정리임을 밝혀냈다면, 새로운 정리 Q를 추론해낼 수 있다.' ('~이면'을 뜻하는 기호 '⇒'에 대해서는 ENM 393쪽(국내판 596, 597쪽) 또는 클린의 1952년 문헌 참고) 그와 같은 규칙들에 대해서는 확고부동하다고 받아들이는 데 아무런 어려움이 없으리라고 본다. 다른 한 편으로, 절차규칙 안에 훨씬 더 미묘한 어떤 추론 수단 — 그 수단의 유효성은 결코 자명하지 않아, 그와 같은 규칙을 '확고부동하게 견실하다고' 받아들일지 그러지 않을지를 결정지을 수 있으려면 먼저 꼼꼼히 살펴야만 할지도 모르는 추론 수단 — 이 있을 수 있다. 곧 알게 되겠지만, 사실 $\mathbb{F}$의 절차 규칙들 가운데에는 인간 수학자들이 확고부동한 견실성을 지각할 수 없는 어떤 규칙들이 있을 수밖에 없다. 여기서 $\mathbb{F}$를 이루는 공리의 개수는 유한하다고 여전히 가정한다.

어째서 그럴까? 해당 공리들을 모두 확고부동하게 참으로 지각하는 때로 돌아간다고 상상해보자. 우리는 체계 $\mathbb{F}$ 전체를 곰곰이 생각한다. $\mathbb{F}$의 절차 규칙들도 이제는 우리가 확고부동하게 받아들일 수 있는 대상이라고 여겨보자. 원리상으로 인간의 이해와 통찰을 통해 접근할 수 있는, 수학에 관한 모든 내용을 $\mathbb{F}$가 실제로 담아내는지는 우리가 알 수 없겠지만, 이제는 적어도 $\mathbb{F}$가 확고부동하게 견실하다는 것만큼은 분명 확신하게 되었다. 그 안에 담긴 갖가지 공리와 절차 규칙이라는 두 가지 모두를 확고부동하게 받아들이니 말이다. 그러므로 이제 $\mathbb{F}$가 무모순이라는 확신도 있어야 한다. 물론 이 무모순성 덕분에 $G(\mathbb{F})$도 틀림없이 참이라는 — 정말로 확고부동하게 참이라는! — 생각이 우리 머릿속에 떠오르게 된다. 그러나 $\mathbb{F}$는 사실 우리가 확고부동하게 이해할 수 있는 내용 전부를 담아내야 하니(그러나 그 점을 우리가 알지는 못한다), $G(\mathbb{F})$는 실제로 $\mathbb{F}$의 정리여야 한다. 그러나 괴델의 정리에 따르면 $\mathbb{F}$가 실은 무모순이 아닐 때에만 그럴 수 있다. 무모순이 아니기만 한다면, '$1=2$'라는 명제도 당연히 $\mathbb{F}$의 정리이다. 그런 까닭에 $1=2$라는 주장은 원리상으로 우리의 확고부동한 수학적 이해의 일부여야 한다. 이것은 확실히 명백한 모순이다!

그렇기는 해도, 인간 수학자들이 실제로 견실하지 않은 $\mathbb{F}$에 따라 (알 수 없게) 조작을 수행할지도 모른다는 가능성을 마음속으로 염두에 두고 있어야 한다. 이 사안은 §3.4에서 다루려 한다. 그러나 지금 이 절에서는 수학적 이해의 바탕에 자리 잡은 여러 절차가 실제로 완벽히 견실하다고 인정하자. 그와 같은 상황에서는 유한 개의 공리를 지닌 $\mathbb{F}$의 절차 규칙들을 모두 확고부동하게 받아들일 수 있다고 가정한다면 모순이 뒤따르게 마련이다. 그런 까닭에 $\mathbb{F}$의 절차 규칙들 가운데에는 (실제로 견실할지라도) 인간 수학자들이 견실하다고 확고부동하게 지각할 길이 없는 규칙이 적어도 하나는 있어야 한다.

이는 모두 $\mathbb{F}$가 유한개의 공리만 지닌 경우를 바탕으로 한 내용이었고, 가능성 있는 다른 탈출구라면 $\mathbb{F}$에 담긴 공리의 목록이 무한한 경우를 들 수 있겠다. 이 가능성에 대해 한 마디 해 두어야겠다. $\mathbb{F}$가 요건 — 미리 정한 컴퓨팅 절차를 가지고 늘 검토할 수 있으며, 어떤 명제에 대한 증명이라고 내세운 내용이 정말로 $\mathbb{F}$의 여러 규칙에 따른 증명이어야 한다는 요건 — 에 맞게 형식체계로서 자격을 갖추려면, 해당 체계의 무한한 공리 체계를 유한한 기반의 용어들로 표현할 수 있어야 한다. 사실 형식체계를 표현하는 방법에는 늘 얼마간은 자유로운 데가 있고, 그래서 해당 체계에서 수행하는 조작을 '공리' 아니면 '절차 규칙'이라고 부른다. 사실 집합론을 위한 표준 공리계 — (여기에서는 $\mathbb{ZF}$로 표기하고 있는) 체르멜로-프랜켈 체계 — 는 무한히 많은 공리를 지니며, '공리 기본꼴(axiom schema)'이라는 구조를 바탕으로 표현한다. 적절한 재구성 과정을 거치면 실제 공리의 개수가 유한하게 되도록 $\mathbb{ZF}$ 체계를 다시 표현할 수 있다.[3] 사실 이런 경우는 여기서 필요한 컴퓨팅적 관점에서의 '형식체계'인 공리계에 대해선 언제든지 가능한 일이다.*

그러므로 경우 **II**를 배제하려는 목적을 띤 앞의 논변을 임의의 (견실한) $\mathbb{F}$에 적용할 수 있다 — $\mathbb{F}$에 들어 있는 공리의 개수가 유한하든 무한하든 간에 — 고 상상해봄직하다. 실제로도 그렇기는 하나, 해당 공리 체계를 무한에서 유한으로 줄이다 보면 견실성이 자명하지는 않은 새로운 절차 규칙을 끌어들일 수도 있다. 그러므로 앞서 기술한 개념, 즉 $\mathbb{F}$에 담긴 여러 공리와 절차 규칙이 빠짐없이 우리 앞에 주어진 때가 왔을 때 이 추정상의 $\mathbb{F}$의 정리들이 원리상 인간의 이해와 통찰로 파악 가능한 내용이게 마련이라는 개념에 따르면, $\mathbb{F}$의 절차 규칙들은 해당 체계의 공리와는 달리 비록 실제로 견실하다 해도 확고부동하게 견실하다고 지각될 수는 결코 없다. 왜냐하면 절차 규칙은 공리와는 달라서 형식체계를 이루는 정리에 들지 않고, 확고부동하게 지각될 수 있다고 여기는 대상은 단지 $\mathbb{F}$의 정리들뿐이기 때문이다.

엄격히 논리적인 관점에서 이 논변을 더 밀고 나갈 수가 있을지는 나로서는 확실치 않다. **II**를 믿는다면 우리가 받아들일 수 있는 것은 다음 내용이다. 즉, 인간 수학자에게 완벽히 잘 파악될 수 있는 어떤 형식체계 $\mathbb{F}$(Π_1-문장의 참

---

* 어찌 보면 꽤 손쉬운 일일 수도 있는데, 알고리듬 F를 구현하는 튜링 기계가 수행하는 조작을 그저 해당 체계의 절차규칙으로 알맞게 해석하면 된다.

거짓에 대한 인간의 지각에 바탕을 이루는 체계)가 존재하며, 해당 체계에 담긴 무한한 공리를 (확고부동하게) 받아들일 수는 있지만 그 체계가 지닌 유한한 절차 규칙 체계 $\mathscr{R}$에는 근본적으로 미심쩍어 보이는 조작이 적어도 하나는 있다는 점이다. $\mathbb{F}$의 정리들은 각각 결국 모두 참임이 지각될 수 있어야 하지만, 대부분 $\mathscr{R}$의 미심쩍은 규칙들을 이용하여 그러함을 알아내야 하기에 어쩌면 기적에 가까울지도 모른다. 또한 각각의 정리들을 개별적으로 인간 수학자가 (원리상으로) 참이라고 지각할 수 있다 해도, 그런 일을 해낼 일률적인 방법은 없다. 한편 $\mathbb{F}$의 정리들 가운데 Π_1-문장만으로 관심 대상을 제한해볼 수도 있다. 예의 미심쩍은 $\mathscr{R}$을 이용하여 인간 수학자들이 참이라고 지각할 수 있는 Π_1-문장 목록 전체를 컴퓨팅적으로 생성해내는 일이 가능하고, 하나하나 살펴보면 이런 Π_1-문장은 모두 결국 인간의 통찰을 통해 참이라고 지각될 수 있다. 그러나 사례를 하나하나 뜯어보면 그런 지각에는 해당 문장을 이끌어낼 때 이용한 규칙 $\mathscr{R}$과는 꽤나 다른 어떤 추론 수단이 쓰였음을 알 수 있다. Π_1-문장 하나하나를 확고부동한 참이라고 결론지을 수 있으려면 점점 더 정교한 인간의 통찰을 자꾸만 새로 끌어들여야 한다. 이 Π_1-문장들은 마치 마술처럼 결국에는 모두 참임이 드러나지만, 개중 몇몇은 근본적으로 새로운 유형의 추론을 끌어들여야만 참이라고 지각될 수 있고, 이런 문제는 점점 더 깊숙한 데에서 자꾸만 불거져 나온다. 뿐만 아니라 무슨 수단을 쓰든 간에 확고부동하게 참이라 지각될 수 있는 Π_1-문장이라면 $\mathscr{R}$로 생성해낸 목록에 빠침없이 포함돼 있을 것이다. 끝으로 체계 $\mathbb{F}$에 담긴 지식으로부터 명쾌하게 구성해낼 수 있으며 참인데도 인간 수학자가 확고부동한 참이라 지각할 길은 없는 특정한 Π_1-문장 $G(\mathbb{F})$가 있게 마련이다. 인간 수학자들로서는 아무리 애를 써 봐도 $G(\mathbb{F})$의 참 거짓 여부가 바로 미심쩍은 절차 $\mathscr{R}$ — 인간이 확고부동하게 지각할 수 있는 모든 Π_1-문장을 기적적으로 생성해낼 수 있을 듯 보이는 절차 — 의 견실성에 달려 있음을 알아내는 게 고작이리라고 본다.

어떤 사람들은 이 이야기가 천척으로 이치에 어긋나지는 않다고 여길지 모른다. '발견적 원리(heuristic principles)'라고 불릴 만한 수단에 의해 얻어낼 수 있는 수학적 결과의 사례들이 많이 있는데, 그런 원리는 해당 결과를 증명해주지는 않으나 틀림없이 참이리라고 기대할 수 있게 해준다. 실제 증명은 추후에 꽤 다른 쪽에서 나올 수도 있다. 하지만 나는 그런 발견적 원리와 우리가 이야기한 추정상의 $\mathcal{R}$ 사이에는 공통점이 실제로 거의 드물다고 본다. 그런 원리는 몇몇 수학적 결과가 실제로 참인 이유를 우리가 실질적으로 이해하는 데 도움을 준다.* 나중에 수학적 기법이 더 발달하게 되면 비로소 그런 발견적 원리가 통하는 까닭을 완전히 이해하게 될 때도 종종 있긴 하다. 하지만 사실은 해당 원리가 통하리라고 믿을 수 있거나 또는 그러리라 믿지 못할 — 따라서 세심하게 주의를 기울이지 않으면 그릇된 결론에 이르게 될 소지가 있다 — 청황을 완전히 이해하게 되는 선에서 그치는 경우가 더 흔하다. 방금 언급한 그런 주의를 기울인다면 해당 원리 자체가 확고부동한 수학적 증명을 이끌어내는 강력하고도 믿음직한 도구가 된다. Π_1-문장을 규명하는 대단히 신뢰할 만한 알고리듬 프로세스 — 인간의 통찰로는 해당 알고리듬이 들어맞는 까닭을 알 수 없긴 하지만 — 를 제공하기보다는, 발견적 원리는 우리의 수학적 통찰과 이해를 향상시킬 수단을 제공한다. 이는 경우 $\mathbf{II}$에 필요한 알고리듬 F(또는 형식체계 $\mathbb{F}$)와는 무척 다르다. 뿐만 아니라 인간 수학자가 참이라 지각할 수 있는 Π_1-문장 모두를 정확히 생성해낼 수 있는 경험적 원리는 지금껏 아무도 내놓은 바 없었다.

---

* 이런 발견적 원리는 저 중요한 타니야마의 추측(일반화하여 '랭랜드(Langland)의 철학'으로 부르게 된)처럼 추측의 형태를 띨 수도 있다. Π_1-문장 모두를 통틀어 가장 유명한, '페르마의 마지막 정리'(320쪽 각주 참조)라 부르는 결과도 이 타니야마의 추측을 바탕으로 이끌어낼 수 있다. 하지만 앤드루 와일즈(Andrew Wiles)가 페르마의 언명에 대한 증명으로서 들어 보인 논변은 타니야마의 추측과 독립적인 논변이 아니라 — 타니야마 추측이 '$\mathcal{R}$'이라고 본다면 마땅히 그와 독립적인 논변이어야 했겠지만 — 타니야마의 추측 자체를 (해당 사례 안에서) 증명하는 논변이었다!

물론 이 가운데 어느 하나도 그와 같은 F — 괴델이 말한, 추정상의 '정리 증명 기계' — 가 불가능하다고 이야기하지는 않는다. 그러나 우리의 수학적 이해라는 관점에서 볼 때, 그것은 도무지 존재할 것 같지 않다. 어쨌거나 현재로서는 그런 그럴듯해 보이는 F의 속성을 알려줄 아무런 실마리도 없고, 과연 존재하는지를 가늠해볼 여지조차도 아예 없으며, 기껏해야 추측 — 증명해낼 길도 없는 — 일 따름이다. (증명해낸다면 그 추측과 반대되는 결과가 나올 것이다!) 나로서는 AI 지지자($\mathscr{A}$이든 $\mathscr{B}$이든)가 F로 구체화한 그런 알고리듬 절차 — 존재 자체가 지극히 의심스럽고, 가령 존재한다 해도 오늘날의 수학자나 논리학자 가운데 어느 누구도 뚜렷한 구성을 가늠조차 할 수 없을 — 를 찾아내는 데 희망을 건다면* 지극히 경솔한 노릇이리라고 본다.

그렇긴 하지만, 그러한 F가 존재할 수 있으며 충분히 정교한 상향식 컴퓨팅적 절차를 통해 실제로 구성해낼 수 있다고 상상해볼 여지는 있지 않을까? 나는 §3.5 ~ §3.23에서 경우 **III**에 대한 논의의 일부로서, 알 수 있는 어떤 상향식 절차로도 그와 같은 F를 찾아낼 길은 도저히 없음 — F가 실제로 존재하더라도 — 을 보여주는 강한 논리적 논변을 들어 보이고자 한다. 따라서 결론적으로, '알 수 없는 메커니즘'이 수학적 이해 전체의 바탕에 자리 잡고 있지 않다면 '괴델의 정리 증명 기계'가 존재할 논리적 가능성이 지극히 낮을 테니, AI 지지자들에게 아무런 위안이 되지 않을 것이다!

경우 **III**과 상향식 절차 전반을 더 일반적으로 다룰 이 논의로 접어들기에 앞서, 경우 **II** 자체에 관한 논변을 마무리해야 한다. 왜냐하면 바탕에 자리 잡은

---

* 물론 로봇 수학자를 만들어내는 일은 인공 지능의 당면 목표와는 무척 먼 이야기라는 주장도 얼마든지 나올 수 있고, 그리고 보면 그와 같은 F를 찾는 일은 너무 이르거나 불필요한 일이라고 볼 수 있다. 하지만 그렇게 여긴다면 현재 논의의 핵심을 놓치는 셈이다. 인간의 지성을 알고리듬적 프로세스로 설명할 수 있다고 여기는 관점은 그와 같은 F — 알 수 있든 알 수 없든 간에 — 가 존재할 가능성이 있어야만 성립하는데, 왜냐하면 우리를 결론에 이르도록 해주는 것은 다만 지성을 활용하기 때문이다. 그런 면에서는 수학적 능력도 딱히 별다를 게 없다. 특히 §1.18과 §1.19를 참고하자.

알고리듬 활동 F — 또는 형식체계 $\mathbb{F}$ — 가 견실하지 않을지도 모를 가능성(경우 I에는 통하지 않았던 탈출구)이 아직 남았기 때문이다. 근본적으로 오류인 어떤 알 수 있는 알고리듬과 인간의 이해가 등가일 수 있을까? 이제 이 가능성을 살펴보도록 하자.

3.4 수학자들은 견실하지 않은 알고리듬을 자신도 모르게 이용하는가?

　　　　　　　　　　　어쩌면 우리가 지닌 수학적 이해의 바탕에는 견실하지 않은 형식체계 $\mathbb{F}$가 있는지도 모른다. 무엇이 확고부동한 참인지에 대한 우리의 수학적 지각이 언젠가 우리를 근본적으로 잘못 이끌지 않는다고 어떻게 확신할 수 있을까? 어쩌면 그런 일은 벌써 벌어졌는지도 모른다. 이는 우리가 경우 I과 관련하여 살펴보았던 바와 똑같은 상황은 아닌데, 그때는 어떤 체계 $\mathbb{F}$가 실제로 그와 같은 역할을 함을 우리가 알 수 있을 가능성을 배제했다. 여기서는 $\mathbb{F}$의 이 역할이 알 수 없는 것임을 허용하고 있으므로, $\mathbb{F}$가 실제로 견실하지 않은 체계일지도 모른다는 점을 다시 살펴보아야 한다. 그러나 우리의 확고부동한 수학적 믿음이 견실하지 않은 — 너무나 견실하지 않기에, '1 = 2'가 원리상으로 그 믿음에 속한다고 할 수 있는 — 체계에 기대고 있다니 그게 과연 그럴듯한 이야기일까? 만약 우리의 수학적 추론을 믿지 못한다면, 세계의 작동에 관한 우리의 추론은 모초리 믿을 수 없는 것이 되고 만다. 수학적 추론은 우리의 모든 과학적 이해에서 핵심적인 부분을 이루는 것이니 말이다.

　　그렇더라도 우리가 받아들이는 (또는 우리가 나중에 '확고부동'하다고 받아들일지 모르는) 수학적 추론 안에 어떤 모순이 숨어 있다고는 결코 상상할 수초차 없다는 주장을 펴는 이도 있을 것이다. 그런 이들은 버트런드 러셀이 1902년에 고트로프 프레게(Gottlob Frege)에게 보낸 편지에서 지적했던 유명한 역설을 이야기할 법한데, 당시 프레게는 수학의 기초에 대해 자신이 평생 연구한 내용을 발표하려던 참이었다. (Q9에 대한 응답과 §2.7, ENM 100쪽(국내판 168~170쪽)도 참고하자.) 프레게는 부록에 다음과 같은 내용을 보냈다. (프레게의 1964년 문헌 참고. 원문은 독일어)

> 과학서적의 저자로서 집필을 마친 뒤에 자신이 쌓아올린 구조물의 기초 가운데 하나가 흔들리는 사태보다 더 달갑지 않은 일이란 드문 노릇일 텐데, 나는 버트런드 러셀한테서 받은 편지 때문에 그런 처지가 되고 말았다……

물론 단지 프레게가 실수를 저질렀다고 이야기할 수도 있다. 수학자들이 때때로 실수 — 때로는 심각한 — 를 저지르곤 한다는 점은 다들 인정하는 바이다. 뿐만 아니라 프레게의 오류는 그가 스스로 분명히 인정했듯이 바로잡을 수 있는 실수였다. 앞에서 나는 바로잡을 수 있는 실수는 우리의 관심사가 아니라고 주장(§2.10에서, Q13에 대한 논평 참고)하지 않았던가? §2.10에서처럼 우리의 진짜 관심사는 수학자 개개인이 실수를 저지를 가능성이 아니라 원리에 관한 문제뿐이다. 짚어낼 수 있고 오류임을 증명해보일 수 있는 그런 오류는 확실히 우리의 관심사가 아니어야 하지 않을까? 하지만 여기서는 Q13과 관련하여 다루었던 바와는 상황이 조금 다른데, 지금 우리는 수학적 이해의 바탕을 이루는지 우리가 알지 못하는 형식체계 $\mathbb{F}$가 관심사이기 때문이다. 앞에서와 마찬가지로 무모순인 전반적 구조의 틀 안에서 수학자가 추론 중에 우연히 저지를 수 있는 낱낱의 실수 — 또는 '삐끗함' — 는 관심사가 아니다. 지금은 해당 구조 자체가 전반적 모순을 겪게 될지도 모르는 상황을 다루고 있는데, 프레게의 경우에 벌어진 일이 바로 그랬다. 러셀의 역설 또는 비슷한 성질의 다른 역설이 프레게에게 제시되지 않았다면, 프레게가 세운 구조에 근본적인 오류가 있다고 그를 설득하지 못했을 테다. 러셀이 프레게의 추론에서 기술적으로 삐끗한 점을 짚어낸 정도였다면 프레게도 스스로의 추론 규범에 비추어 오류였음을 인정하고 끝났겠지만, 러셀은 바로 그 규범 안에 모순이 있음을 입증해보였다. 오류가 있다고 프레게가 설득당한 까닭은 바로 그 모순 탓이었다 — 그리고 그 전까지는 프레게가 보기에 확고부동한 추론이었을지 몰라도 이제는 근본적으로 흠이 있어 보이게 되었다. 그러나 그 흠을 지각하게 된 까닭은 오로지 모순 자체를 밝혀냈기 때문이다. 그 모순을 지각하지 못했다면 수학자들은 상당히 오랫동안 해당 추론 방법을 믿었을 테고 어쩌면 따르기도 했을지 모른다.

사실 이 경우 프레게의 기법이 허용했던 (무한집합을 다루는) 방종한 추론을 많은 수학자들이 오래도록 마음껏 활용했으리라고 볼 여지는 거의 없는 듯하다. 그러나 그렇게 여기는 까닭은 만약 수학자들이 이 추론을 활용했다면 러셀이 이야기한 바와 비슷한 꼴의 역설이 너무도 손쉽게 드러났을 것이기 때문이다. 그리고 보면 훨씬 더 미묘한 어떤 역설을 상상해볼 수 있고, 심지어 오늘날 우리가 확고부동한 수학적 절차라 믿으며 널리 활용하는 내용 안에 그런 역설 — 앞으로 몇 백 년 동안은 드러나지 않을지도 모르는 역설 — 이 숨어 있지 않을까 상상할 수도 있다. 그와 같은 역설이 마침내 모습을 드러냈을 때에야 비로소 우리는 규칙을 바꾸어야 할 필요를 느낄 것이다. 우리의 수학적 직관이라는 것은 세월이 흘러도 변치 않는 깊은 사고가 지배하는 영역이 아니고, 사실상 '탈 없이 지나갈 수 있는' 대상에 대해 지금껏 잘 들어맞았던 내용에 크게 영향을 받으며 끊임없이 바뀌어 간다는 주장도 나올 법하다. 그런 시각으로 보면, 한 알고리듬이나 형식체계가 현재의 수학적 이해의 토대를 이루긴 하겠지만, 그 알고리듬은 고정되어 있지 않고 새로운 정보가 드러남에 따라 끊임없이 변화를 겪게 마련이겠다. 변하는 알고리듬이라는 이 사안은 나중에 되짚어

보아야 할 일이 생기니 그때 다시 살펴도록 하자(§3.9~§3.11, §1.5도 참고). 그런 것들은 사실 그저 모습만 바뀌었을 뿐, 결국 알고리듬일 뿐임을 우리는 알게 될 것이다.

물론 현실의 수학자들은 '지금껏 통했다 싶은 절차라면 일단 믿는' 모습을 흔히 보이곤 하며, 그런 점을 인정하지 않는 것은 순진한 생각일 테다. 가령 나 자신조차도 수학적 추론을 해나갈 때, 그처럼 엉성하거나 망설여지는 점들이 수학적 사고를 이루는 요소로서 틀림없이 사용되고는 한다. 그러나 그런 점들은 이미 확고부동하게 자리 잡았다고 여기는 내용의 한 부분을 이루기보다는 이전에 없던 이해를 찾아 더듬어 나가는 데 중요한 구실을 하는 쪽이다. 러셀의 역설을 접하지 못했더라도, 프레게 본인이 완전히 독단에 빠져 자신의 기법은 틀림없이 확고부동하다며 버티는 일은 아마 없었으리라고 본다. 어쨌거나 그처럼 일반적인 추론 기법을 내놓을 때에는 언제나 조금 망설여지는 면이 반드시 있게 마련이다. 그런 내용을 '확고부동한' 수준에 이르렀다고 믿을 수 있으려면 먼저 상당한 '심사숙고'를 거쳐야 하리라고 본다. 프레게의 일반론과 같은 기법을 다룰 때에는, 내가 보기에 반드시 '프레게의 기법이 견실하다고 가정한다면 이러이러하다'는 형태로 진술할 수밖에 없을 듯하며, 그런 단서 없이 그냥 '이러이러하다'고 언명할 수는 없으리라고 본다. (**Q11, Q12**에 대한 논평을 참고하자.)

어쩌면 수학자들도 이제는 무엇을 '확고부동한 참'이라 여길지에 대해 좀 더 신중해졌는지도 모른다. 19세기 말, (프레게의 연구가 실제로 중요한 부분을 차지한) 지나치게 과감했던 시절을 겪은 뒤로 말이다. 러셀이 이야기한 바와 같은 역설이 드러나면서 그런 신중한 태도는 특히 뚜렷한 중요성을 띠게 되었다. 한편 과감성은 상당 부분 칸토어가 1800년대 후반에 내놓았던 무한수와 무한집합에 관한 이론의 위력이 뚜렷해지기 시작하던 무렵에 등장했다. (하지만 짚어두어야 할 점이 있는데, 칸토어 자신은 러셀 식의 역설과 같은 문제를

(러셀이 그런 문제를 깨닫기 한참 전에[4]) 잘 인식하고 있었고, 그런 점들을 세심하게 고려한 정교한 관점을 구성하려 애쓴 바 있었다.) 여기서 관심을 기울여 온 바에 대해 논의하고자 한다면 확실히 극도로 신중해지는 편이 좋겠다. 정말로 확고부동하게 참인 내용만 논의에 포함시키고, 조금이라도 의문의 여지가 있는 무한집합에 관한 내용은 논의 대상에 넣지 않는 편이 좋다. 핵심은 어디에 선을 긋든지 간에 괴델의 논변은 정말로 확고부동한 내용의 틀을 벗어나지 않는 진술들을 낳는다는 점이다(**Q13**에 대한 논평 참고). 괴델의 (그리고 튜링의) 논변 자체는 과연 존재하는지가 의심스러운 몇몇 무한집합이라는 사안을 전혀 포함하고 있지 않다. 칸토어와 프레게, 러셀이 관심을 기울였던 유형의 바로 그런 자유로운 추론에 관한 갖가지 미심쩍은 사안에 대해서는, '확고부동한'이 아니라 '미심쩍은' 상태로 머물러 있는 한 우리가 딱히 관심을 두지 않아도 무방하다. 이 점을 인정하고 나면, 수학자들이 견실하지 않은 형식체계 $\mathbb{F}$를 정말로 수학적 이해와 믿음의 근거로 이용하고 있다는 이야기를 나로서는 도저히 타당하다고 여기지 못하겠다. 그런 가능성을 생각해볼 수야 있을지 몰라도 확실히 전혀 타당할 것 같지 않음을 독자도 정말로 공감할 수 있기를 바란다.

끝으로, 추정상의 $\mathbb{F}$가 견실하지 않은 체계일 수 있다는 가능성과 관련하여, 앞의 **Q12**와 **Q13**에서 이미 논의했던, 인간의 부정확성에 얽힌 다른 측면들을 잠깐 다시 떠올려보아야 한다. 무엇보다도 먼저 여기서 우리의 관심사는 수학자들에게 새로운 수학적 발견을 향해 나아가는 길잡이가 되어줄 수 있는 영감이나 짐작, 경험적 기준이 아니라, 수학적 참 거짓에 대해 그들이 스스로 확고부동하게 믿는다고 여기는 바의 근거가 되는 이해와 통찰임을 거듭 짚어두어야겠다. 그런 믿음은 다른 이들의 논변을 그저 받아들인 결과일지도 모르고, 그럴 때에는 수학적 발견이라는 요소와 닿는 곳이 하나도 없을지 모른다. 스스로 독창적 발견 쪽으로 나아가는 길을 느끼려 한다면, 신뢰성이나 정확성에 처음부터 잔뜩 얽매이지 말고 자유롭게 이리저리 더듬어 나갈 수 있어야 한다는 점이 정말 중요하다. (그리고 나는 앞서 §3.1에 나왔던 인용구에 담긴 튜링의 주 관심사도 바로 그것이라고 느꼈다.) 그러나 누군가가 내놓은 어떤 수학적 진술이 실제로 확고부동하게 참이라고 뒷받침하는 논변들을 받아들일지 아니면 배척할지가 관건일 때에는, 우리는 오류 없는 수학적 이해와 통찰 — 종종 장황한 컴퓨팅의 힘을 빌리기도 하는 — 에 관심을 쏟을 필요가 있다.

이 말은 수학자들이 실제로는 잘못을 저질러놓고서도 자신들이 이해하고 있는 바를 올바르게 적용했다고 믿는 오류를 종종 저지르지 않는다는 뜻이 아니다. 확실히 수학자들은 추론이나 이해를 할 때, 그에 따르는 컴퓨팅을 수행할 때처럼 실수를 저지르곤 한다. 하지만 그런 오류를 저지르는 경향이 근본적으로 그들의 이해력을 향상시키지는 않는다(이따금씩 그처럼 우연한 계기를 통해 번뜩이는 이해가 생겨나기도 하리라는 상상은 해볼 수 있지만 말이다). 더욱 중요한 점은, 이 오류는 바로잡을 수 있다는 사실이다. 그와 같은 오류를 다른 수학자 또는 같은 수학자가 나중에 언젠가 짚어내고 나면, 해당 오류는 오류로 인식될 수 있다. 수학자의 이해를 좌우하는 어떤 형식체계 $\mathbb{F}$ 속에 오류가 있는 경우와는 다르다. 그런 체계는 스스로의 오류를 인식할 도리가 없을 테니 말이다. (모순을 찾아낼 때마다 스스로를 바꾸어가는 자기 개선 체계를 만들 가능성에 대해서는 §3.14에 이르기까지 이어질 논의 안에서 다루게 되며, 그에 따르면 이런 종류의 제안은 딱히 도움이 되지 않는다. §3.26도 참고)

수학적 진술이 올바르지 않게 구성될 때에는 조금 다른 종류의 오류가 생겨난다. 즉, 어떤 결과를 내놓은 수학자가 정말로 의미한 바는 그가 말한 표면상의 내용과는 조금 다를 수가 있다. 그러나 이 또한 바로잡을 수 있는 오류이고, 모든 인간의 통찰에 바탕을 이루는 어떤 $\mathbb{F}$가 견실하지 않은 데에서 비롯하는 내재적 오류와는 종류가 다르다. (Q13과 관련하여 언급했던, 파인만의 다음과 같은 금언을 상기하자. '말에 집착하지 말고 뜻하는 바를 새겨듣게!') 언제나 우리의 관심사는 (인간) 수학자가 원리상으로 알아낼 수 있는 바가 무엇이냐는 것이고, 그 점에 비추어 볼 때 여기서 방금 살펴본 유형의 이런저런 오류 — 즉, 바로잡을 수 있는 오류 — 는 관심사가 아니다. 이 논의 전체를 통틀어 가장 중요한 점은, 바로 괴델-튜링 논변에 담긴 핵심 개념이야말로 수학자가 이해할 수 있는 내용의 일부라는 점과, 바로 그 사실 때문에 경우 **I**을 배제할 수밖에 없고 경우 **II**는 지극히 타당하지 않다고 여길 수밖에 없다는 점이다. 앞에서 **Q13**을 두고 논의하며 주목했듯이, 괴델-튜링 논변에 담긴 개념은 확실히 수학자가 원리상으로 이해할 수 있는 내용임이 분명하며, 설령 그 수학자가 옳다고 여기며 이끌어낸 구체적인 어떤 진술 '$G(\mathbb{F})$'가 실제로는 오류 — 바로잡을 수 있는 이유로 — 라고 해도 그 점은 바뀌지 않는다.

'견실하지 않은' 알고리듬이 수학적 이해의 바탕을 이룰 가능성과 관련하여 다루어야 할 다른 사안들도 있다. 예를 들어 자기 개선 알고리듬, 학습 알고리듬(인공 뉴럴 네트워크 포함), 무작위적 요소가 추가된 알고리듬, 해당 알고리듬 장치가 놓인 곳의 바깥 환경에 따라 활동이 달라지는 알고리듬 같은 것들을 살펴보아야 한다. 이들 사안 가운데 몇몇은 벌써 앞에서 짚어본 바 있고(**Q2**에서 했던 논평 참고), 이 뒤에 바로 이어질, 경우 **III**에 대한 논의의 일부로서 자세히 다루게 된다.

3.5 어떤 알고리듬이 알 수 없는 것일 수 있는가?

경우 **III**에 따르면, 수학적 이해란 알 수 없는 어떤 알고리듬의 결과일 테다. 어떤 알고리듬을 두고서 '알 수 없다'고 한다면 그 말이 실제로 뜻하는 바는 무엇일까? 3장으로 접어들고 난 뒤 지금까지는 원리에 관한 문제들에 관심을 기울여 왔다. 그러니 인간의 수학적 이해를 바탕으로 어떤 Π_1-문장이 확고부동한 참인지를 이해할 수 있다는 언명은 곧 어떤 인간 수학자라도 실제로 증명을 접한 바가 없을 때조차 해당 Π_1-문장을 원리상으로 이해할 수 있다는 언명이 된다. 그러나 어떤 알고리듬을 두고 알 수 없다고 하려면 '알 수 없는'이라는 용어를 조금 달리 해석할 필요가 있다. 여기서 나는 해당 알고리듬을 구체적으로 기술해낼 길이 실제로는('현실적으로는'이란 뜻—옮긴이) 도저히 없다는 뜻으로 그 용어를 쓰고자 한다.

가령 알 수 있는 어떤 구체적인 형식체계의 틀 안에서 파생되는 내용을 다루거나, 알고 있는 어떤 알고리듬을 활용하여 이끌어낼 수 있는 결과를 이야기한다면, 원리상으로 가능하거나 또는 가능하지 않은 내용에 관심을 기울이는 것은 적절한 일이다. 그러나 문제는 그와 같은 형식체계나 알고리듬으로부터 특정한 어떤 명제가 과연 나올 수 있는지 여부를 반드시 '원리상의' 의미에서 받아들여야 한다는 점이다. 이 상황을 Π_1-문장의 참 거짓을 가릴 때와 견주어볼 수 있다. 어떤 Π_1-문장이 있을 때, 실제로 직접적인 컴퓨팅을 수행하여 이끌어낼 수 있는 결과와는 관계없이 그 문장이 원리상 끝나지 않는 어떤 튜링 기계 활동에 해당하면 우리는 어쨌거나 그 문장을 참이라 여기게 된다. (이 이야기는 Q8에 대한 논의와 맞아떨어진다.) 그와 마찬가지로 어떤 형식체계의 틀 안에서 구체적인 어떤 명제를 이끌어낼 수 있다거나 그럴 수 없다는 언명은 '원리상의' 관점에서 받아들여야 하고, 이때 그런 언명 자체는 각각 특정한 어떤 Π_1-문장이 거짓이다 또는 참이다 하는 형태를 띤다(Q10에 대한 논의의 끝부분 참고). 그런 까닭에, 정형화된 어떤 고정된 규칙 집합의 틀 안에서 어떤 결과를 과연 이끌어낼 수 있는가가 관심사라면, '알 수 있음'은 언제나 '원리상의' 의미로 다루어진다.

반면에 그 규칙 자체를 과연 '알 수 있는가' 하는 문제를 살피고자 한다면, 이는 '실제상의' 관점에서 다루어야 한다. 원리상으로는 어떠한 형식체계나 튜링 기계, Π_1-문장도 구체적으로 기술될 수 있기에, 따라서 이때 '알 수 없음'이라는 문제는 실제상으로 이해할 수 있는가 또는 그렇지 않은가 하는 관점에서 보지 않으면 아무런 의미가 없다. 그 어떤 알고리듬도 원리상으로는 알 수 없는 법이다. 그 알고리듬을 어떤 튜링 기계 활동으로 실행한다 할 때 해당 활동을 부호화한 자연수만 알면 (가령 ENM에 나온, 튜링 기계 수(Turing-machine numbers)에 대해 구체적인 설명을 통해) 그 활동 자체를 곧바로 '알게 된다'는 의미에서 그렇다는 말이다. 원리상 자연수를 알 수 없다고 할 수는 결코 없는 법이다. 자연수는 (따라서 알고리듬적 활동은) 0, 1, 2, 3, 4, 5, 6, …과 같이 늘어 놓을 수 있고, 그러니 일단 자연수이기만 하다면 제아무리 큰 수라도 결국 언젠가는 (원리상으로) 만나게 되기 마련이다! 하지만 실제로는 너무 큰 수여서 그런 방법으로는 도저히 만날 가망이 없을 때도 있다. 가령 ENM 56쪽(국내판 105~107쪽)에 나온 보편 튜링 기계의 수를 보면, 너무도 크기에 실제로 그와 같이 헤아려 가는 방법으로는 도무지 그 수에 도달할 수가 없다. 가령 원리상으로 정의할 수 있는 가장 짧은 시간 간격(대략 0.5×10^{-43}초쯤 되는 플랑크 시간 척도 — §6.11 참고)마다 숫자를 하나씩 차례로 헤아려갈 수 있다 할지라도, 빅뱅에서부터 지금에 이르기까지 우주가 존재해온 세월 전체에 걸쳐 그 일을 내내 해왔다 할 때 지금껏 만날 수 있었을 가장 큰 수조차도 이진수로 표현하면 그 자릿수가 203개를 넘지 않는다. 그러나 앞서 언급했던 튜링 기계의 수는 자릿수가 이 수의 20배도 넘는다. 그래도 ENM에서는 그 수를 명시적으로 제시하고 있으므로, 그렇게 크다는 점 자체만으로는 해당 수가 실제상으로 '알 수 있는' 대상이 아니게 되지는 않는다.

　자연수 또는 튜링 기계의 활동이 실제상으로 '알 수 없는' 것이 되려면, 해당 수 또는 해당 활동의 구체적인 모습이 너무나 복잡하여 인간의 능력을 넘어선 경우라야 한다. 너무 무리한 주문인 듯하지만, 인간의 유한성으로 볼 때 어떤 수가 인간의 능력을 넘어서는 데는 적어도 어떤 한계가 있을 수밖에 없다고 볼 수 있다. (Q8에 대한 반응으로 벌어진 관련 논의를 참고할 것.) 경우 **III**에 따라,

수학적 이해의 바탕을 이룬다고 볼 수 있는 알고리듬 F의 모든 구체적인 세세한 사항들이 엄청나게 복잡하다고 할 때 그 알고리듬은 마땅히 인간이 알 수 있는 능력을 넘어선다고 볼 수 있다. 여기서 엄청나게 복잡하다는 것은 우리가 실제로 사용하게 될 알고리듬을 원리상 알 수 있느냐가 아니라 구체화가능성의 의미에서 그렇다는 말이다. 바로 이 구체화불가능성(nonspecifiability)이라는 요건이 경우 **III**과 **II**를 구별 짓는 기준이다. 그러므로 우리가 경우 **III**을 고려할 때는, 해당 수가 인간의 수학적 이해의 바탕을 이루는 알고리듬 활동을 결정할 수로서 요구되는 성질을 갖는지를 알아차릴 인간의 능력은 물론이고 그 수를 구체적으로 특정하는 인간의 능력을 넘어설 수 있음 또한 기꺼이 받아들여야만 한다.

단지 크기는 제한 요소가 될 수 없다는 점을 분명히 짚어두어야겠다. 관찰 가능한 우주 안의 모든 유기체의 행동에 관한 알고리듬 활동들을 특정하는 데 필요할지 모를 수의 규모를 초과할 정도로 큰 수라 하더라도, 그 수를 특정하기는 매우 쉽다. (가령, **Q8**에 대한 반응으로 제시된, 쉽게 특정된 수 $2^{2^{65536}}$은 관찰 가능한 우주 내에 있는 모든 물질에 대해 존재할 수 있는 여러 상이한 우주 상태의 개수를 엄청나게 초과한다.[5]) 인간의 능력을 넘어서는 것은 요구되는 수의 규모가 아니라 그 수를 정확히 특정하는 일이어야 할 것이다.

경우 **III**에 따라, 그러한 F의 상세한 내용이 인간의 능력을 정말로 넘어선다고 가정하자. 이를 통해 우리는 충분히 성공적인 AI 전략의 전망에 관해 ('강한' AI 내지 '약한' AI — 각각 관점 $\mathscr{A}$와 $\mathscr{B}$ — 둘 중 어느 한 경우인지에 따라서) 무엇을 알게 될까? 컴퓨터로 제어되는 (분명 관점 $\mathscr{A}$ 그리고 아마도 또한 관점 $\mathscr{B}$를 따르는) AI 시스템의 신봉자들이라면 이 전략의 결과로 마침내 등장할 수 있는 로봇 피조물은 인간의 수학적 능력에 도달하며 아마도 이를 능가할 수 있으리라고 기대할 것이다. 따라서 우리가 만약 경우 **III**을 받아들인다면, 인간이 특정할 수 없는 그러한 알고리듬 F가 그런 수학적 로봇의 제어 시스템의 일부를 구성할 수밖에 없을 것이다. 아마도 이는 그런 궁극적인 영역의 AI 전략이 달성될 수 없음을 의미한다. 왜냐하면 만약 그 전략이 목표 달성을 위해, 특정할 수 없는 F를 필요로 한다손 치더라도, 인간이 그것을 작동시킬 가망이 없기 때문이다.

하지만 이는 가장 야심만만한 AI 지지자들이 제시한 그림이 아니다. 그들은 필요한 F가 즉시 등장하지는 않겠지만 단계적으로 마련될 것이며, 이 과정에서 로봇이 스스로 (상향식) 학습능력을 차츰차츰 향상시킬 것이라고 예상한다. 더군다나 가장 발전된 로봇은 인간이 직접 만들어낸 것이 아닐 테며, 아마도 요구되는 수학적 로봇보다 어느 정도 원시적인 다른 로봇에 의해 만들어질 가능성이 농후할 것이다.[6] 그리고 다윈이 제시한 진화 과정과 유사한 작용이 개입되어 로봇들이 세대를 거치면서 발전하는 데 이바지할 것이다. 인간의 수학적 이해를 제어하지만 인간이 알 수는 없는 알고리듬 F를 우리의 '뉴럴 컴퓨터'의 구성요소로서 우리가 획득할 수 있는 것은 바로 이런 일반적인 과정을 통해서라는 주장이 정말로 제기될 것이긴 하다.

다음 여러 절에 걸쳐 나는 이런 속성을 지닌 과정들은 결코 문제점을 피해 갈 수 없음을 논증할 참이다. 애초에 AI 전략을 수립한 바로 그 절차들이 알고리듬적이며 알 수 있는 것이라면 그에 따라 구성된 어떠한 F라도 또한 '알 수 있는 것'이어야 마땅하다. 그렇게 볼 때 경우 **III**은 **I**이나 **II** 둘 중 하나로 환원될 터인데, 이는 §3.2~§3.4에서 사실상 불가능하거나(경우 **I**) 매우 타당성이 낮다는(경우 **II**) 이유로 배제되었다. 그렇다면 사실, 토대를 구성하는 그런 알고리듬 절차들이 알 수 있는 것이라는 가정에 따르면 우리는 경우 **I**을 지지하는 쪽으로 내몰리게 된다. 따라서 경우 **III**(그리고 이것이 의미하는 바에 따라 경우 **II** 또한)은 결과적으로 지지할 수 없는 것이 되고 만다(어떠한 F라도 '알 수 있는 것'이라고 가정하게 되면, 경우 **III**은 결국 앞에서 배제시킨 경우 **I**을 지지하게 되어 버리는 결과가 나오는 모순이 빚어진다. 따라서 경우 **III**을 지지할 수 없다는 뜻-옮긴이).

III이 마음에 관한 컴퓨팅 모델을 알려 줄 수 있는 적당한 관점이라고 믿는 독자라면 누구든 앞으로 내가 제시할 논증들에 주목하여 그 내용들을 꼼꼼히 짚어 가면 좋을 것이다. 결론을 말하자면, 만약 **III**이 정말로 우리의 수학적 이해의 바탕을 제공하는 것으로 여겨지려면 F가 신적인 개입 — 기본적으로 §1.3의 말미에서 언급된 $\mathcal{A}/\mathcal{D}$ 가능성 — 에 의해 생겨나게 될 것이라는 주장만이 그럴듯한 말이 될 터이다. 그런데 이런 식의 주장은 컴퓨터가 이끄는 AI의 더 야심만만한 장기적 목표에 관심 갖는 이들에게조차 결코 위안이 되지 않을 것이다.

3.6 자연선택 또는 신의 행위

하지만 아마 우리는 우리의 지적 능력이 일종의 신적 행위를 정말로 필요로 할지 모른다는 가능성을 — 그리고 그런 행위는 물질계를 성공적으로 설명해낸 과학의 관점으로는 설명될 수 없다는 점도 — 진지하게 고려해 보아야 한다. 확실히 우리는 열린 마음을 지녀야 마땅하다. 하지만 분명히 밝혀둘 점은 나는 앞으로 진행될 논의에서 과학적 관점을 고수하리라는 것이다. 나는 우리의 수학적 이해가 어떤 불가해한 알고리듬에서 비롯되었을지 모른다는 가능성 — 그리고 어떻게 그런 알고리듬이 실제로 생겨났는가라는 의문 — 을 전적으로 과학적인 관점에서 다룰 것이다. 아마 일부 독자들은 그런 알고리듬이 정말로 어떤 신적인 행위에 따라 우리의 뇌 속에 이식되었을지 모른다고 믿고 싶을 테다. 그런 주장에 대해 나는 결정적인 반박을 제시할 수는 없다. 하지만 누군가가 어떤 시점에서 과학의 방법들을 버리기로 한다면, 왜 그런 특이한 관점을 선택하는 것이 그 사람에게 합리적으로 보였을

지 나로서는 아리송할 뿐이다! 과학적 설명을 버린다면, 영혼을 알고리듬 활동에서 완전히 벗어나게 하는 편이 더 낫지 않을까? 영혼이 자유의지를 지니고 있다고 보면서, 이 자유의지를 영혼의 모든 활동을 제어한다고 보는 알고리듬의 복잡성과 불가해성 속에 가두기보다는 말이다. 정말로, 괴델 자신도 고수한 듯 보이는 것처럼, 마음의 활동은 물리적 두뇌의 활동을 넘어선 어떤 것이라는 관점 — 관점 $\mathscr{D}$와 일치하는 견해 — 을 택하는 편이 더 타당할지 모른다. 한편 내 짐작으로는, 요즘 심지어 어떤 의미에서 우리의 정신이 정말로 신적인 재능이라고 여기는 이들조차 그럼에도 불구하고 우리의 행동이 과학적 가능성의 영역 안에서 이해될 수 있다는 관점을 받아들이는 편이다. 의심할 바 없이 이런 주장들에는 논란의 소지가 있지만 나는 이 시점에서 $\mathscr{D}$를 반박하지는 않겠다. 관점 $\mathscr{D}$를 어떤 형태로든 고수하는 독자들이라도 일단은 내 말을 계속 들어주면서 과학적 주장이 우리에게 어떤 이로움을 줄 수 있는지를 헤아려보길 바란다.

그렇다면 필경 어떤 불가해한 알고리듬 활동의 결과로서 수학적 결론이 도출된다는 가정은 과학적으로 볼 때 어떤 의미일까? 대략 말하자면, 진정한 수학적 이해를 흉내 내는 데 필요한 무척이나 복잡한 알고리듬 절차는 수십만 년은 족히 걸리는 시간 동안의 (적어도) 자연선택과 더불어 물리적 환경에서 비롯된 수천 년 간의 교육과 학습을 통해 이루어졌다는 뜻이다. 이런 절차들의 유전적 측면들은 단순한 (이전의) 알고리듬 요소들로부터 차츰 스스로를 키워왔을 텐데, 이는 동일한 유형의 선택압이 우리의 두뇌와 더불어 우리의 몸을 구성한 신체 기계의 다른 매우 효율적인 부분들을 생산해낸 것과 마찬가지 활동이다. 내장된 잠재적인 수학적 알고리듬(즉, 우리들에게 유전되어 내려온 — 알고리듬적일 것으로 추정되는 — 수학적 사고)은 어쨌거나 DNA 내에 뉴클레오티드 배열의 특정한 형태로서 부호화되어 있을 테다. 그리고 이 알고리듬들은 선택압에 대한 반응으로서 점차적으로 또는 단속적으로 생명체를 발전시킨 것과 동일한 유형의 절차에 따른 결과일 테다. 게다가 여러 종류의 외적인 영향들도 있었을 텐데, 가령 직접적인 수학 교육, 우리의 물리적 환경에서 비롯된 경험과 더불어 순전히 무작위적으로 입력된 다른 요소들도 있었을 테다. 우리는 이런 발상이 타당한지 알아보아야만 한다.

3.7 하나의 알고리듬 아니면 다수의 알고리듬?

꼭 짚어보아야 할 한 가지 중요한 사안이 있다. 즉, 여러 다른 개인들이 지닌 수학적 이해의 상이한 방식들을 생기게 만든 꽤 상이한, 아마도 등가가 아닌, 알고리듬들이 수많이 존재할 가능성이다. 논의를 시작했을 때부터 확실한 점은 심지어 현직 수학자들조차 수학을 지각하는 방식이 서로 꽤나 다르다는 점이다. 어떤 이들에게는 시각적 이미지가 매우 중요한 반면에 어떤 이들에게는 논리적 구조, 미묘한 개념적 논증 내지 어쩌면 세부적인 분석적 추론 또는 평이한 대수적 조작이 중요하다. 이와 관련하여 가령 기하학적 사고와 분석적 사고가 대체로 서로 두뇌의 반대편 — 각각 오른쪽과 왼쪽 — 에서 생겼다는 주장을 살펴볼 가치가 있다.[7] 하지만 이런 방식들 가운데서 어느 것에 의하더라도 동일한 수학적 진리가 종종 지각된다고 볼 수 있다. 알고리듬의 관점에서 보자면, 아마도 우선 각 개인이 지닌 상이한 수학 알고리듬 간에 심각한 비등가성이 존재할 테다. 하지만 서로 다른 수학자들(또는 일반인들)이 수학적 개념을 이해하거나 수학적 개념에 관해 의사소통을 하고자 지니게 된 매우 상이한 이미지들에도 불구하고 수학자들의 지각에 관한 매우 현저한 사실은 바로 다음과 같은 것이다. 즉, 그들은 자신들이 확고부동한 참이라고 여기는 바를 최종적으로 확정할 때에는 서로의 의견이 모두 일치한다. 단지 예외가 있다면, 누군가의 추론에 실제로 뚜렷한 (고칠 수 있는) 오류 내지는 극소수의 근본적 사안들(**Q11**, 특히 ℰ*** 참고)에 관한 관점의 차이로 인해 불일치가 생길 때뿐이다. 설명의 편의상, 여기서 나는 위의 둘 중 후자의 경우는 앞으로의 논의에서 제외한다. 어느 정도 관련성이 있긴 하지만 그것은 결론에 실질적인 영향을 미치지 않는다. (가능한 비등가적 관점들이 극소수 존재한들, 내 논의의 목적에서 보면, 단 한 가지 관점이 존재하는 것과 실질적으로 다를 바 없다.)

수학적 진리를 지각하는 방법은 아주 많은 방법이 있을 수 있다. 거의 의심할 바 없이, 누군가가 어떤 수학적 진술이 진리임을 지각할 때 세세한 물리적 활동이 무엇이든지 간에 이 물리적 활동은 틀림없이 개인마다 아주 다르다. 비록 그들이 완전히 동일한 수학적 진리를 지각하더라도 말이다. 그러므로 만약 수학자들이 컴퓨팅 알고리듬들을 사용하여 확고부동한 수학적 진리가 담긴 판단을 내리더라도 이 알고리듬들은 저마다의 세세한 구성 면에서 서로 다를 가능성이 크다. 하지만 어떤 의미에서 보면 분명 이들 알고리듬은 서로 등가여야 할 것이다.

언뜻 보기와는 달리 이는 그다지 불합리한 것이 아닐지 모른다. 적어도 수학적으로 가능한 바에 대한 관점으로 보면 말이다. 아주 달라 보이는 튜링 기계들도 동일한 출력을 내놓을 수 있다. (가령, 다음과 같이 구성된 튜링 기계를 고려해보자. 자연수 n에 대하여, n이 네 사각수들의 합으로 표현될 수 있을 때면 언제나 0을 출력하고 그렇지 않을 때에는 언제나 1을 출력한다. 이 기계의 출력은 어떤 자연수가 되었든 단지 0을 출력하도록 구성된 기계와 동일하다. 왜냐하면 하필 모든 자연수는 네 사각수들의 합이기 때문이다. §2.3 참고) 두 알고리듬은 내부의 작동 면에서 매우 비슷할 필요가 없는데도 최종적으로 외부에 드러내는 결과에서는 동일할 수 있다. 하지만 그렇다보니, 어떤 의미에서는, 수학적 진리를 확인하기 위한 추정상의 불가해한 알고리듬(들)이 어떤 과정을 거쳐 생겨났는가라는 의문이 더 깊어진다. 왜냐하면 세세한 구성에서 서로 확연히 다른 그런 여러 알고리듬들이 많이 있는데도 본질적으로 출력 면에서는 모두 등가이니 말이다.

3.8 속세를 등진 비밀스런 수학자들의 자연선택

자연선택의 역할은 어떤가? 우리의 모든 수학적 이해를 관장하면서도 (경우 **III**에 따라) 알 수 없는 또는 적어도 (경우 **II**에 따라) 그 역할을 알 수 없는 알고리듬 F가 존재할 수 있을까? 우선 §3.1의 초반에 내놓았던 요점을 다시 상기해보자. 수학자들은 확고부동한 수학적 결론이라고 여기는 것에 다다를 때 단순히 자신들이 알 수 없는 규칙들 — 원리상 수학적으로 이해 불가능한 방식으로 구성된 규칙들 — 의 집합을 따르고 있을 뿐이라고 생각하지 않는다. 그 반대로 수학자들은 자신들의 결론이 논증의 결과라고 믿는다. 비록 종종 길고 힘겹지만 궁극적으로 분명 누구라도 원리상으로 이해할 수 있는 확고부동한 진리에 바탕을 둔 논증의 결과라고 믿는 것이다.

사실 상식이나 논리적 설명의 수준에서 보자면, 그들이 행하고 있다고 믿는 것은 정말로 그들이 행하고 있는 것이 맞다. 이것을 의심해서는 결코 안 된다. 아무리 강조해도 지나치지 않는 말이다. 만약 수학자들이 경우 **III** 또는 **II**에 따라 불가해한 알 수 없는 컴퓨팅 규칙들의 집합을 따르고 있다고 주장하게 되면, 이는 곧 그들이 자신들이 행하고 있다고 여기는 것을 상이한 설명의 수준에서도 행하고 있다는 말이 된다. 어쨌든 그들이 이러한 규칙을 알고리듬으로 삼아 따르는 행위는 적어도 원리상으로 수학적 이해와 통찰에 따라 이루어지는 것과 동일한 결과를 갖게 된다. 우리가 $\mathscr{A}$ 내지 $\mathscr{B}$를 고수한다면, 우리는 이런 가능성이 정말로 타당함을 믿어야만 할 것이다.

그림 3.1 우리의 먼 조상들한테는 정교한 수학을 행하는 특별한 능력을 가져본들, 선택상 이익이 거의 없었다. 하지만 전반적인 이해력은 그렇지 않았을 수 있다.

우리는 이러한 알고리듬들이 우리에게 필시 가져다준 바를 명심해야만 한다. 분명 이런 알고리듬들은 (적어도 원리상으로) 그 소지자들에게 직접 경험과는 한참 먼 그리고 소지자들 개인에게 아무런 뚜렷한 실제적인 혜택도 없는 추상적 실체들에 관한 수학적 추론을 올바르게 따라갈 능력을 제공한다. 누구라도 현대 순수수학 연구 학술지를 슬쩍이라도 본 적이 있는 사람은 직접적으로 실제적인 것과 매우 동떨어진 내용이 수학자들의 주관심사임을 알았을 것이다. 그런 연구 논문에 제시되는 논증의 세세한 사항들은 극소수의 사람들 외에는 결코 즉각 이해할 수 없지만, 추론은 궁극적으로 작은 단계에서부터 하나씩 쌓여가고 각각의 작은 단계는 생각하는 인간이라면 누구나 원리상으로는 이해할 수 있다. 심지어 복잡하게 정의된 무한집합에 관한 추상적인 내용이더라도 말이다. 우리는 사람들로 하여금 그런 추론을 따라갈 능력을 갖추게 하기에 적합한 알고리듬 — 또는 어쩌면 수학적으로 등가인 여러 대안적인 알고리듬들 — 을 제공하는 것은 어떤 DNA 배열의 속성이라고 가정해야만 한다. 그렇다고 믿는다면 우리는 어떻게 지구에 그런 한 알고리듬 또는 여러 알고리듬이 자연선택에 의해 생겨날 수 있었는지 스스로에게 진지하게 물어보아야 한다. 아마 확실히, 오늘날에는 수학자가 된다고 해서 아무런 선택상 이익(selective advantage)도 없다. (아무래도 불리하게 작용할 공산이 크다. 수학에 관심을 갖는 순수주의자들은 벌이가 시원찮은 학구적인 직업을 갖는 편이거나 때로는 아예 일거리가 없을지도 모른다. 호기심을 자극하는 일에만 열정적으로 매달리다보니!) 그보다 더 중요한 점으로서, 우리의 먼 조상들은 매우 추상적으로 정의된 무한집합 그리고 무한집합의 무한집합 등에 관해 추론할 능력을 갖춘다고 해서 아무런 선택상 이점이 있을 리 없었다는 사실이다. 그런 조상들은 당대의 현실적인 문제에 관심을 가졌다. 아마 대피소의 건설이나 의복 내지 매머드 덫의 설계와 같은 문제들이었을 텐데, 나중에는 동물의 사육이나 작물의 재배들도 추가되었을 것이다(**그림 3.1** 참고). 우리 선조들이 누렸던 선택상 이익은 그러한 일들에 매우 소중한 요소였으며 우연이긴 하지만 알고 보니 훨씬 나중에는 수학적 추론을 수행하는 데 필요한 것이었다고 보는 편이 매우 합리적일 테다. 나 자신도 어느 정도 그렇다고 믿는다. 이런 종류의 관점에 따르면, 인간이 자연선택의 압력을 통해 어쨌든 습득했거나 높은 차원으로 발전시킨 것은 전반적인 이해력일지 모른다. 이런 이해력은 특수한 것이 아니어서 인간의 편의에 여러 방면으로 적용되었을 테다. 가령 대피소 건설이나 매머드 덫의 제작은 인간의 이해력이 소중한 역할을 담당한 몇몇 구체적인 사례에 지나지 않을 테다. 그렇긴 하지만 내 생각에는 이해력은 호모 사피엔스에게만 특유한 자질이 결코 아니다. 인간과 경쟁 관계에 있던 다른 여러 동물들한테도 그런 자질이 비록 낮은 정도이더라도 있었을지 모른다. 따라서 인간은 이해력을 계속 발전시켜나간 덕분에 다른 동물들에 비해 매우 큰 선택상 이익을 획득했을 것이다.

그러한 관점이 지닌 문제점은 유전된 이해력이 알고리듬적인 어떤 것일지 모른다고 상상해보아야지만 드러난다. 왜냐하면 앞서 살펴본 논증에 의할 때, 어떠한 이해력이라도 그 소지자가 수학적 논증을 이해할 정도로 강력한 것이라면 그리고 특히 앞서 설명한 괴델 논증이라면 비록 알고리듬에 따른 것이더라도 너무 복잡하여 그 알고리듬(또는 그것의 역할)을 그 능력의 소지자 자신도 알 수 없기 때문이다. 자연선택된 우리의 추정상의 알고리듬은 너무나 강력하여 우리의 먼 조상 시대에도 자신의 잠재적인 범위 안에서 지금의 수학자들이 보기에도 확고부동하게 일관된(또는 Π_1-문장과 관련하여 확고부동하게 견실한, Q10에 대한 응답인 §2.10 참고) 임의의 형식체계의 규칙들을 이미 담아내고 있었을 테다. 여기에는 십중팔구 체르멜로-프랜켈 형식체계 $\mathbb{ZF}$의 규칙들 내지는 아마도 이의 확장형인 $\mathbb{ZFC}$(선택공리가 추가된 $\mathbb{ZF}$) — 오늘날 많은 수학자들이 일상적인 수학에 필요한 모든 추론 방법을 제공해준다고 여기는 체계 — 뿐 아니라 괴델 절차를 $\mathbb{ZF}$에 임의의 횟수만큼 적용하여 얻어진 임의의 특수한 형식체계들 그리고 수학자들이 파악할 수 있는 통찰을 사용하여 (가령 그런 괴델화 과정이 계속적으로 확고부동하게 견고한 체계를 내놓는다는 통찰을 사용하거나, 또는 더욱 강력한 속성을 지닌 다른 유형의 확고부동한 추론을 사용하여) 다다를 수 있는 어떠한 다른 형식체계들이 포함될 터이다. 그 알고리듬은 자기 자신의 특수한 사례로서 정확한 분별을 하는 능력, 유효한 논증과 유효하지 않은 논증을 구별하는 능력을 갖출 것이다. 오늘날의 수학연구 저널의 페이지를 장식하게 될 장차 등장할 수학 활동 분야에서 말이다. 이 알 수 없는 또는 이해할 수 없는 추정상의 알고리듬은 이 모든 것을 행할 능력을 그 자신 속에 부호화된 형태로 갖출 것이지만, 우리는 단지 이 모든 것이 우리의 먼 조상들이 생존투쟁을 벌인 환경에 맞도록 자연선택에 의해 등장하게 되었을 뿐이라고 믿도록 강요받고 있는 판국이다. 하지만 나는 추상적인 수학을 행할 특별한 능력은 그 소지자에게 직접적인 선택상의 이익을 가져다 주지 않으므로, 그런 알고리듬이 나타날 까닭이 전혀 없다고 주장하는 바이다.

이 상황은 이전에 우리가 '이해'를 비알고리듬적인 특징임을 허용했을 때와는 판이하게 다르다. 그때에는 너무 복잡해서 알 수 없거나 이해할 수 없는 어떤 것일 필요가 없었다. 정말로 그것은 '수학자들이 자신이 행하고 있다고 여기는 것'에 매우 가까웠다. 이해는 단순하고 상식적인 특징을 외견상 갖고 있다. 그것은 명쾌한 방식으로 정의하기 어려운 것인데, 하지만 그럼에도 불구하고 그것은 우리에게 너무나 친숙한 탓에, 원리상 컴퓨팅 절차로 적절하게 시뮬레이션할 수 없는 것일지 모른다는 점을 우리가 받아들이기는 매우 어렵다. 하지만 내가 주장하는 바는 바로 그것이다. 컴퓨팅 관점에서 보면 어떠한 우발성이라도 허용하는 알고리듬 활동이 필요해지는데, 따라서 나타날 가능성이 큰 모든 수학적 질문들에 대한 답이 해당 알고리듬 내에 사전에 프로그램되어 있어야 한다. 만약 직접적으로 사전에 프로그램되어 있지 않으면 답을 찾는 방법에 대한 어떤 컴퓨팅 수단이 필요하다. 앞서 보았듯이, 이러한 '사전 프로그래밍' 내지 '컴퓨팅 수단'은 만약 인간의 이해로 달성할 수 있는 모든 것을 담아내려면 그것 자체가 인간의 이해력을 넘어선 것이어야만 한다. 우리의 먼 조상들의 생존을 촉진시키기만 했을 뿐인 자연선택의 맹목적인 과정이 어떻게 견고하지만 알 수도 없는 이런저런 컴퓨팅 절차가 생존 문제와는 전혀 관련이 없는 애매모호한 수학적 문제들을 해결할 수 있으리라고 '예상'할 수 있었겠는가?

3.9 학습하는 알고리듬

그런 가능성이 터무니없다고 독자들이 너무 성급하게 결론내리지 않도록 하기 위해 나는 컴퓨팅 관점의 지지자들이 제시하고 싶어 할지 모를 내용을 더욱 명확하게 그려보이도록 하겠다. §3.5에서 이미 지적했듯이, 그들은 어떤 의미에서 수학적 문제들에 대한 답을 제공하도록 '사전에 프로그래밍된' 알고리듬을 상정하기보다는 학습하는 능력을 지닌 어떤 컴퓨팅 시스템을 상정한다. 그들은 어떠한 '하향식' 절차들이라도 소화할 수 있고 아울러 중요한 '상향식' 요소들을 지니는 어떤 것을 상정할지 모른다(§1.5 참고).*

어떤 이들은 '하향식'이라는 용어는 자연선택의 맹목적 과정을 통해서만 등장한 시스템과는 전혀 어울리지 않는다고 여길지 모른다. 여기서 이 용어의 의미는 우리의 추정상의 알고리듬 절차의 한 측면으로서, 유기체 내에 유전적으로 고정되어 있으며 추후의 경험과 개별 개체의 학습에 의해 변경되지 않는 것을 뜻한다. 하향식 측면들은 자신들이 궁극적으로 얻게 될 것에 대한 실제적인 '지식' 없이 설계되었을 테지만, (관련 DNA 서열이 마침내 적절한 두뇌 활동으로 번역됨에 따라) 그럼에도 불구하고 수학적으로 활동하는 두뇌를 작동시키는 명약관화한 규칙들을 제공할지 모른다. 이러한 하향식 절차들은 그러한 알고리듬 활동들에 어떤 고정된 기본 틀을 제공하는데, 그 틀 내에서 더 유연한 (상향식) '학습 절차'들이 작동할 수 있게 될 것이다.

이제 우리는 다음 질문을 던져보아야만 한다. 그러한 학습 절차의 속성은 무엇인가? 짐작하건대 우리의 학습 시스템은 외부 환경에 놓여 있으며, 여기서 그 시스템이 이 환경에서 작동하는 방식은 환경이 시스템의 이전 활동에 반응한 방식에 의해 지속적으로 수정된다. 기본적으로 여기에는 다음 두 가지 요소가 개입된다. 외적 요소는 이 환경이 작동하는 방식과 아울러 그것이 시스템의 활동에 반응하는 방식이다. 내적 요소는 시스템 자신이 환경의 변화에 대응하여 자신의 행동을 수정하는 방식이다. 우리는 외적 요소의 알고리듬적 속성을 먼저 살펴본다. 우리의 학습 시스템의 내적 구성은 전적으로 알고리듬적인데

---

* 이제는 학습에 관한 수학 이론이 꽤 잘 정의되어 있다. 앤서니(Anthony)와 비그스(Biggs)의 1992년 문헌을 참고하기 바란다. 하지만 이 이론은 컴퓨팅 가능성보다는 복잡성에 관한 사안들, 즉 문제에 대한 해답을 얻기 위해 필요한 속도 내지 저장 공간에 관한 문제들(ENM 140~145쪽(국내판 232~239쪽) 참고)에 관심을 갖는다. 그처럼 수학적으로 정의된 학습 시스템이 인간 수학자들이 '확고부동한 진리'의 개념에 도달한 방식을 시뮬레이션할 수 있는지에 관해서는 제시하는 바가 없다.

도 외부 환경에 대한 반응이 비알고리듬적 구성요소를 제공하는 것이 가능할까?

일부 경우, 가령 인공 뉴럴 네트워크의 '훈련'과 같은 것이 흔한 예인데, 이 경우 외적 환경에 대한 반응은 해당 시스템의 성능을 의도적으로 향상시키고자 하는 실험자 또는 훈련자 내지 교사 — 이 세 가지 전부를 그냥 교사라고 하자 — 의 행동에 의해 제공될 수 있다. 시스템이 교사가 원하는 대로 작동할 때는 이 사실이 시스템에 알려짐으로써, 시스템의 자기 행동 수정 내부 메커니즘에 따라 장래에 교사가 원하는 방식대로 더 잘 작동되도록 한다. 예를 들어, 어떤 인공 뉴럴 네트워크가 인간의 얼굴을 인식하는 훈련을 받는다고 해보자. 시스템의 성능을 지속적으로 모니터링하면서 '추측'의 정확도가 각 단계별로 시스템에 피드백되는데, 이는 시스템의 내부 구조를 적절히 수정함으로써 시스템의 성능을 향상시킬 수 있도록 하기 위해서다. 실제로 이 추측의 결과들은 매 단계마다 인간 교사가 모니터링할 필요는 없는데, 훈련 절차가 대체로 자동화될 수 있기 때문이다. 하지만 이런 종류의 상황에서는 인간 교사의 목표와 판단이 성능에 대한 궁극적인 기준을 형성한다. 다른 유형의 상황의 경우, 외부 환경의 반응은 이것처럼 '의도적인' 것일 필요가 없다. 예를 들어, 살아 있는 시스템을 개발하는 경우 — 하지만 이제껏 컴퓨팅 모형에서 제시된 것들처럼 어떤 유형의 뉴럴 네트워크 방식(또는 가령 유전자 알고리듬과 같은 알고리듬 절차. §3.7 참고)에 따라 작동한다고 볼 수 있는 시스템 — 그런 외적 목표나 판단은 필요가 없다. 대신에 살아 있는 시스템은 숱한 세월에 걸쳐 진화해왔으며 자신의 생존 전망 및 자손의 생존을 향상시키는 데 이바지하는 기준에 따라 활동하는 자연선택의 관점에서 이해할 수 있는 방식으로 자신의 행동을 수정할지 모른다.

3.10 환경은 비알고리듬적인 외적 요소를 제공할 수 있는가?

여기서 우리는 시스템 자체가 (살아 있든 그렇지 않든 간에) 일종의 컴퓨터로 제어되는 로봇이어서 자체 수정 절차가 전적으로 컴퓨팅적이라고 상정하고 있다. (내가 여기서 쓰는 '로봇'이라는 용어는 단지 우리의 시스템이 환경과 상호작용을 주고받는 전적으로 컴퓨팅적 실체로 볼 수 있음을 강조하는 말이다. 인간이 의도적으로 제작한 기계적 장치라는 의미로 쓰는 것이 아니다. 그것은 $\mathscr{A}$ 내지 $\mathscr{B}$에 따라 발전하는 인간일 수도 있으며 인공적으로 제작된 물체일 수도 있다.) 그러므로 우리는 환경이 제공한 외적 요소가 컴퓨팅적인 것인지 아닌지 여부를 물어보아야 한다. 즉 우리는 (인간 교사가 인공적으로 제어하는) 인공적인 경우든 (자연선택의 힘이 결정권을 쥐고 있는) 자연적인 경우든 간에 환경을 컴퓨팅적으로 유효하게 시뮬레이션하는 일이 가능한지를 짚어보아야만 한다. 각 경우마다 로봇 학습 시스템이 자신의 행동을 수정하는 기준이 되는 특별한 내부 규칙들은 환경이 해당 시스템에게 이전의 성능이 어떻게 평가되는지를 알려주는 특별한 방식에 반응하도록 맞추어져 있다.

환경이 인공적인 경우에 시뮬레이션될 수 있는지 여부, 즉 실제 인간 교사가 컴퓨팅적으로 시뮬레이션될 수 있는지 여부에 대한 의문은 우리가 거듭 고찰하고 있는 핵심 질문이다. 지금 우리가 살피고 있는 가설 $\mathscr{A}$ 내지 $\mathscr{B}$는 효과적인 시뮬레이션이 원리상으로 정말 가능하다고 여기는 견해이다. 우리가 살펴보고 있는 바가 결국 이 가정이 전반적으로 타당하냐는 점이다. 따라서 우리의 '로봇' 시스템이 컴퓨팅적이라는 가정과 더불어 우리는 컴퓨팅적 환경 또한 갖게 된다. 그러므로 로봇 그리고 교사인 환경이 함께 결합되어 이루어진 전체 시스템은 원리상으로 컴퓨팅적으로 유효하게 시뮬레이션될 수 있을 테며, 따라서 환경은 컴퓨팅적인 로봇이 비컴퓨팅적인 방식으로 행동할지 모를 여지를 전혀 주지 않을 것이다.

때때로 사람들은 이런 주장을 하려고 한다. 즉, 인간은 구성원들 간의 지속적인 의사소통을 통해 공동체를 형성하는데 이것이 컴퓨터를 뛰어넘는 이점을 우리에게 가져다준다고 말이다. 이 견해에 따르면 인간은 개인 단위에서는 컴퓨팅 시스템으로 여겨질 수 있지만 인간 공동체는 그 이상의 어떤 것이다. 이 주장은 특히 개인 수학자들과 비교되는 수학적 공동체, 즉 수학계에 적용될 수 있다. 개인 수학자들과 달리 수학계는 비컴퓨팅적인 방식으로 활동할지 모른다는 뜻이다. 나로서는 이 주장이 타당하다고 보기 어렵다. 그 까닭은 이러하다. 마찬가지로 서로 지속적으로 의사소통을 나누는 컴퓨터들로 이루어진 한 공동체를 고려해볼 수 있다. 그런 '공동체'는 하나의 전체로서 한 컴퓨팅 시스템을 다시 형성할 것이다. 따라서 공동체 전체의 활동이 원한다면 하나의 단일한 컴퓨터 상에서 시뮬레이션될 수 있다. 물론, 그 공동체는 다수의 개별 컴퓨터들 대신에 개별 컴퓨터들이 만들어낼 수 있는 것보다 굉장히 더 큰 하나의 컴퓨팅 시스템을 구성할 테지만, 그렇다고 해서 원리상 별단 다를 것은 없다. 우리 행성은 5×10^9명 이상의 인간 거주자를 거느리고 있다(그 속에 저장된 방대한 지식은 말할 것도 없다). 하지만 이것은 수의 문제에 지나지 않는다. 컴퓨팅 관점에서 보면, 개별 컴퓨터 차원에서 확장되어 하나의 컴퓨터 공동체로 전환되더라도 컴퓨터 기술의 발전은 필요하다면 이를 충분히 소화해낼 수 있을 것이다. 인공적인 경우, 즉 외부의 환경이 인간 교사로 이루어져 있을 때에도 우리는 원리상으로 전혀 새로울 것이 없음이 분명한 듯하다. 따라서 비컴퓨팅적 실체가 전적으로 컴퓨팅적인 구성요소들에서 어떻게 생겨나는지에 대해 아무런 설명도 해주지 못한다.

자연적인 경우는 어떤가? 이제 질문은 물리적 환경이 그 안의 인간 교사의 활동과 별개로 원리상으로조차 컴퓨팅적으로 시뮬레이션될 수 없는 요소를 포함하고 있는지 여부를 묻는 일이다. 내가 보기에, 만약 원리상으로 인간이 배제된 환경에서는 시뮬레이션할 수 없는 어떤 것이 존재한다고 믿는다면 이는 $\mathscr{C}$에 근접하는 주장을 이미 받아들이는 셈이다. 왜냐하면 $\mathscr{C}$가 진지한 가능성이 될 수 있음을 의심하는 확실하고 유일한 이유가 물리적 세계의 사물들의 활동이 비컴퓨팅적인 방법으로 작동할 수 있음을 회의적으로 보는 것이기 때문이다. 따라서 일단 어떤 물리적 활동이 비컴퓨팅적일 수 있음을 인정하고 나면, 물리적 두뇌 안에서도 비컴퓨팅적 활동이 있을 가능성이 생기며, $\mathscr{C}$에 근접하는 주장이 정말로 인정되는 셈이다. 하지만 일반적으로 보자면, 인간이 배제된 환경이 인간이 관여했을 때보다 컴퓨팅과 훨씬 더 무관하다고 보기는 어려울 듯하다. (§1.9 및 §2.6, Q2를 비교하기 바란다.) 내 생각에는, 학습하는 로봇의 환경에 원리상으로 컴퓨팅을 넘어서는 어떤 것이 존재한다고 진지하게 주장하는 사람은 거의 없을 듯하다.

하지만 환경의 '원리상의' 컴퓨팅 속성에 관해 언급할 때 나는 중요한 점 한 가지를 짚어야만 하겠다. 의심할 바 없이, 발전하는 살아 있는 유기체(또는 정교한 로봇 시스템)라면 어떤 것이든 그것의 실제 환경은 엄청나게 복잡한 요소들에 의존할 테며, 그런 환경에 대한 꽤 정확한 시뮬레이션은 아예 불가능할 것이다. 심지어 비교적 단순한 물리적 시스템이더라도 역동적인 행동은 무진장 복잡할 수 있으며 초기 상태의 미세한 세부사항에 결정적으로 의존할 수 있다. 따라서 그 시스템의 이후 행동을 컴퓨팅적으로 예측하는 것은 불가능하다. 장기간에 걸친 일기예보가 불가능하다는 점이 이런 경우의 한 사례로 종종 거론된다. 그런 시스템을 카오스적이라고 한다(§1.7 참고). (혼돈계는 정교하고 실질적으로 예측 불가능한 특성을 보인다. 하지만 이 계는 수학적으로 이해할 수 없는 것이 아니다. 최근의 수학 연구의 중요한 한 분야로 활발하게 탐구되고 있다.[8] §1.7에서 언급했듯이 혼돈계는 내가 '컴퓨팅적'(또는 '알고리듬적')이라고 부르는 것에 포함되어 있다. 혼돈계의 요점은 여기에서의 목적에 맞게 설명하면 이렇다. 즉, 임의의 실제 카오스적 환경을 시뮬레이션할 필요는 없고 그냥 통상적인 환경을 시뮬레이션하면 족하다. 예를 들자면, 기후 일반을 알 필요는 없고 단지 있을 법한 기후를 시뮬레이션하면 족하다는 말이다.

3.11 로봇은 어떻게 배울 수 있는가?

따라서 환경을 컴퓨팅적으로 시뮬레이션하는 사안은 우리의 진정한 관심이 아님을 인정하자. 우리는 원리상으로 환경을 갖고서 충분히 많은 일을 할 수 있다. 로봇 시스템 자체의 내부 규칙을 시뮬레이션하는 데 장애만 없다면 말이다. 그러므로 이제부터는 로봇이 어떻게 배우는가라는 문제를 다루도록 하자. 컴퓨팅 로봇은 어떠한 학습 절차를 이용할까? 그것은 컴퓨팅 속성을 지닌 미리 할당된 명확한 규칙들일지 모른다. 일상적으로 채택되는 인공 뉴럴 네트워크의 학습 절차가 이에 해당된다(§1.5 참고). 이러한 시스템에 따르면 컴퓨팅 규칙들의 잘 정의된 체계가 존재하며 이에 의해 네트워크를 구성하는 인공 '뉴런들' 간의 연결은 외부 환경에 의해 결정된 (인공적 또는 자연적) 기준에 따라 전체 성능을 향상시키기 위해 강화되기도 하고 약화되기도 한다. 또 다른 유형의 학습 시스템은 '유전적 알고리듬'이라고 알려진 것으로서, 여기서는 기계 내부에서 진행되는 상이한 알고리듬 절차들 사이에 일종의 자연선택이 벌어진다. 이때 해당 시스템을 제어하는 데 가장 효과적인 알고리듬이 일종의 '적자생존'에 의해 생겨나게 된다.

분명하게 짚어두어야 할 점으로서, 그런 상향식 유기체의 경우에는 대체로 이러한 규칙들은 수학적 문제에 대한 정확한 해답을 제공하는 알려진 절차들에 따라 작동하는 표준적인 하향식 컴퓨팅 알고리듬들과 다르다. 대신에 이 상향식 규칙들은 일반적인 방식으로 성능을 향상시키는 쪽으로 시스템을 안내하는 것일 뿐이다. 하지만 그 규칙들은 전적으로 알고리듬적이다. 범용 컴퓨터(튜링 기계) 상에서 작동될 수 있다는 의미에서 말이다.

이런 유형의 분명한 규칙들뿐 아니라 로봇 시스템이 자신의 성능을 향상시키기 위해 사용하는 방식에는 무작위적인 요소들도 포함될 수 있다. 이러한 무작위적 요소들은 어쩌면 방사성 원자핵의 붕괴시간과 같은 어떤 양자역학적 과정에 기대어 어떤 물리적 방식에 의해 도입될 수도 있을 테다. 실제로도 인공적으로 구성된 컴퓨팅 장치 내에서 행해지는 작업은 컴퓨팅의 결과가 (유사무작위적이라고 일컫는) 사실상 무작위적인 어떤 컴퓨팅 절차를 이용한다. 비록 그 작업이 결정론적인 컴퓨팅의 결과에 의해 완벽하게 결정되긴 하더라도 말이다(§1.9 참고). 이와 밀접하게 관련된 또 하나의 절차는 '무작위적' 양이 요청될 때의 정확한 시간을 이용하여 이 시간을 사실상 혼돈계에 속하는 복잡한 컴퓨팅에 포함시킨다. 따라서 시간의 아주 미세한 변화가 생기면 사실상 예측 불가능하게 다른 그리고 사실상 무작위적인 출력이 얻어진다. 엄격히 말하자면 (순수하게) 무작위적인 요소는 '튜링 기계 활동'으로 설명되는 영역의 바깥으로 우리를 데려다주지만, 그렇게 한다 해도 우리에게 별반 유용하지는 않다. 실제로는 로봇의 작동에서 유사무작위적인 입력은 무작위적인 입력과 마찬가지다. 그러니 유사무작위적인 입력은 튜링 기계가 행할 수 있는 영역 바깥으로 우리를 데려가지 않는다.

이 시점에서 독자는 이런 우려를 할지 모른다. 즉, 비록 무작위적인 입력이 원리상으로는 유사무작위적 입력과 다르지 않지만, 원리상 둘 사이에는 어떤 차이가 있게 마련이라고 말이다. 이전의 논의 — 특히 §3.2~§3.4 참고 — 에서 우리는 인간 수학자들이 실제상으로보다는 원리상으로 얻을 수 있는 것에 큰 관심을 기울였다. 사실, 어떤 유형의 수학적 상황에서는 실제로 무작위적인 입력이 문제의 해답을 제공하는데, 기술적으로 말하자면 유사무작위적인 입력은 그렇게 할 수가 없다. 그런 상황은 해당 문제가 게임 이론이나 암호학에서처럼 '경쟁적' 요소를 포함할 때 생긴다. 어떤 유형의 '두 사람 게임'의 경우, 각 선수의 최적의 전략은 전적으로 무작위적인 요소가 포함된다.[9] 어느 한 쪽 선수 측에서 최적 전략에 필요한 무작위성에서 일관되게 벗어난 행위를 하면 게임의 충분히 긴 진행과정을 거치면서 다른 쪽 선수에게 적어도 원리상으론 이득을 안겨준다. 이 이득은 어쨌거나 다음 경우에 생긴다. 즉, 첫 번째 선수가 요구되는 무작위성 대신에 채택한 유사무작위적 (또는 다른) 요소의 속성에 관해 상대방이 의미심장한 추측을 할 수 있을 때 생긴다. 암호학에서도 비슷한 상황이 생기는데, 이 경우에는 어떤 암호의 보안이 순전히 무작위적으로 생성된 숫자 배열에 의존하게 될 터이다. 만약 실제로 무작위적으로 생성되지 않고 어떤 유사무작위적 과정에 의해 생성되면, 이때에는 역시 이 유사무작위적 과정의 세부적인 속성 — 암호해독자에게는 매우 소중한 지식 — 이 그 암호를 깨려고 시도하는 어떤 이에게 알려질지 모른다.

언뜻 보기에는 무작위성이 그런 경쟁적인 상황에서 매우 소중한 듯 보일지 모르지만 이는 또한 자연선택에서도 선호될지 모를 특징이다. 정말로 나는 그것이 여러 측면에서 유기체들의 발전에 중요한 요소라고 확신한다. 하지만 이 장의 뒤에서 보겠지만 단지 무작위성은 우리로 하여금 괴델 그물을 탈출하게 해주지 못한다. 심지어 진정으로 무작위적인 요소들도 뒤따르는 주장들의 일부로 취급될 수 있으면, 컴퓨팅 시스템을 구속하는 제약들을 우리가 벗어나도록 해주지 못한다. 사실, 무작위적 과정들보다는 유사무작위적 과정들의 경우에 조금 더 많은 여지가 실제로 존재한다(§3.22 참고).

당분간은 로봇 시스템이 정말로 사실상 (유한한 저장 용량을 지니긴 하지만) 튜링 기계라고 가정하자. 좀 더 정확하게 말하자면, 이 로봇은 주변 환경과 지속적으로 상호작용하며 우리는 그 환경 또한 컴퓨팅적으로 시뮬레이션될 수 있다고 상정하므로, 우리가 단일한 튜링 기계로 활동한다고 여겨야 할 것은 로봇 그리고 환경이다. 하지만 로봇 자체만으로도 본질적으로 별도의 튜링 기계로 여기고 환경은 이 기계의 입력 테이프에 정보를 제공하는 장치로 간주하는 편이 유용하다. 사실, 이런 비유는 말처럼 그다지 적절하지는 않은데, 왜냐하면 기술적인 이유에서 튜링 기계는 자신의 구조를 '경험'으로 변화시키도록 되어 있지 않은 고정된 것이기 때문이다. 튜링 기계는 항시 계속 작동하면서 자신의 구조를 바꿀 수 있으며 이때 환경에서 유입된 정보가 지속적으로 입력 테이프로 들어간다고 상상하는 사람이 있을지 모른다. 하지만 그렇지가 않다. 왜냐하면 튜링 기계의 출력은 기계가 내부 명령어 STOP을 만나기까지는 검사를 받지 않도록 되어 있기 때문이다(부록 A와 §2.1 그리고 ENM 2장 참고). STOP을 만나서 처음으로 다시 돌아가기 전까지는 입력 테이프의 어떤 것도 검사하지 않도록 되어 있다. 기계의 이후의 작동에서는 원래의 상태로 돌아가기 때문에 이런 식으로는 '학습할' 수가 없다.

하지만 다음과 같은 기술적 장치로 이런 어려움을 쉽게 해결할 수 있다. 튜링 기계를 정말로 고정되게 해놓고서도, 테이프를 매번 읽은 후 그것이 STOP 명령어와 만날 때 두 가지(기술적으로는 하나의 수로 부호화됨)를 출력하도록 한다. 첫째 것은 기계의 외부 행동이 실제로 어떠했는지를 부호화한 것이고 둘째 것은 자기 자신의 내부적 사용 목적에서 기계가 외부 환경과의 만남을 통해 얻은 모든 경험을 부호화한 것이다. 다음 번 작동에서 기계는 이 '내부' 정보를 테이프 상에서 먼저 읽고 그 다음에 입력 테이프의 두 번째 부분으로서 모든 '외부' 정보를 읽는다. 외부 정보에는 지금 기계의 환경이 제공하는 것과 더불어 그 환경이 기계의 이전 행동에 대해 보였던 세부적인 반응들도 포함된다. 그러므로 기계의 모든 학습이 테이프의 이 내부 부분에 부호화되며, 기계는 테이프의 (시간이 진행될수록 더 길어지는 경향이 있는) 이 부분을 계속 자기 자신에게 되먹인다.

3.12 로봇은 '확고한 수학적 믿음'을 얻을 수 있는가?

이런 식으로 우리는 가장 일반적인 컴퓨팅 학습 '로봇'을 일종의 정말로 튜링 기계로 여기고서 기술할 수 있다. 자 그러면 이 로봇은 인간 수학자의 모든 잠재력을 지닌 채 수학적 진리 판단을 할 수 있게 된다. 어떻게 그럴 수 있을까? 우리는 어떤 전적으로 '하향식' 방법으로 — 앞서 논의했듯이 형식체계 $\mathbb{ZF}$ 및 그 이상의 형식체계에 포함된 모든 규칙들과 같은 — 인간 수학자들이 구사하는 수학적 통찰력을 로봇이 직접적으로 확보할 수 있기 위해 필요한 모든 수학 규칙들을 부호화하기를 원하지는 않는다. 앞서 보았듯이, 우리가 알 수 없을 정도로 매우 복잡하면서도 효과적인 하향식 알고리듬을 구현할 수 있는 타당한 방법은 ('신적인 개입'을 제외하고는, §3.5, §3.6 참고) 없기 때문이다. 어떠한 내장된 '하향식' 요소들이든 그것들은 정교한 수학을 수행하는 데 특화되어 있지 않으며 다만 일반적인 규칙들로서 '이해'의 특성에 바탕을 마련해주는 것으로 보아야 한다고 우리는 가정해야 한다.

앞서 살폈듯이(§3.9 참고), 환경으로부터 유입되는 두 가지 유형의 입력으로서 로봇의 행동에 상당한 영향을 끼칠지 모르는 인공적인 입력과 자연적인 입력을 다시 떠올려보자. 환경의 인공적인 측면과 관련하여, 우리는 로봇에게 다양한 수학적 진리에 대해 가르치고 로봇이 스스로 참과 거짓을 구별하는 내적인 방법을 얻도록 이끄는 교사(들)를 상정해보자. 교사는 로봇이 오류를 저지를 때 알려줄 수 있으며, 또한 다양한 수학적 개념들과 수학적 증명에 관해 인정할 수 있는 상이한 방법들을 로봇에게 말해줄 수 있다. 교사가 채택하는 구체적인 절차들은 다양한 가능성에서 나올 수 있다. 가령 '사례', '안내', '지시' 또는 심지어 '엉덩이 때리기'에서도! 물리적 환경의 자연적 측면에 관해서 보자면, 이런 측면들은 물리적 대상들의 행동에서 얻어진 '개념'을 로봇에게 제공할 수 있다. 환경은 수학적 개념의 구체적 실현을 제공할 수도 있는데, 예를 들면 귤 두 개, 바나나 일곱 개, 사과 네 개, 신발 영(zero) 개, 양말 한 개 등과 같이 서로 다른 자연수 개념을 구체적 대상을 통해 나타내는 것이 이에 해당한다. 또한 환경은 직선과 원과 같은 기하학적 개념들에 대한 훌륭한 근사 및 (가령 한 원 내부의 점들의 집합과 같은) 무한집합의 어떤 개념에 대한 근사도 제공한다.

로봇은 전적으로 하향식 방식으로 사전에 프로그래밍되어 있지는 않으며 학습 절차에 따라 수학적 진리의 개념에 도달하도록 되어 있기에, 우리는 로봇이 학습 활동의 일환으로 실수를 저지르는 점을 허용해야만 한다. 그래야 로봇이 실수를 통해 배울 수 있다. 적어도 처음에는 이런 실수들은 교사가 고칠 수 있다. 때때로 로봇은 하나의 대안으로서, 수학적 진리에 관한 이전의 제안들 중 일부는 사실 틀림없이 오류이거나 오류일 공산이 크다는 점을 물리적 환경을 통해서 알아차릴지도 모른다. 또는 로봇은 일관성에 관한 순전히 내부적인 고려를 통해 이런 결론을 내리게 될지도 모른다. 하지만 개념상 로봇은 경험이 증가할수록 실수를 덜 저지른다. 시간이 흐르면서 로봇이 수학적 판단을 하는 데 있어서 교사와 물리적 환경이 미치는 역할은 점점 더 줄어든다(그러다가 마침내는 전혀 필요 없게 된다). 로봇은 점점 더 내적인 컴퓨팅 능력에 의존할 수 있게 된다. 따라서 짐작컨대 로봇은 교사에게서 배웠거나 물리적 환경을 통해 추론했던 이런 구체적인 수학적 진리들을 넘어서게 될 터이다. 그러다 보면 결국에는 수학 연구에 독창적인 기여를 할지도 모른다고 상상하는 사람도 나타날 법하다.

이 모든 상상이 타당성이 있는지 검사하기 위해 우리는 앞서 논의했던 내용과 이 문제를 결부시켜 볼 필요가 있다. 만약 로봇이 정말로 인간 수학자의 능력, 이해력 그리고 통찰력을 가지려면 로봇에게 '확고부동한 수학적 진리'라는 일종의 개념이 요구된다. 교사가 고쳐주었거나 물리적 환경이 불가능하다고 알려준 이전의 시도들은 이 범주에 들지 않을 것이다. 그런 것들은 '추측'의 범주에 속하는데, 그런 추측들은 탐구 과정의 일부이며 오류일 가능성에 열려 있다. 로봇이 진짜 수학자처럼 행동하려면 비록 여전히 때때로 실수를 저지르더라도 이 실수는 고쳐질 수 있을 테며, 더군다나 원리상으로 로봇 자신의 내적인 '확고부동한 진리'의 기준에 따라 고쳐질 수 있을 테다.

앞의 논의에서 보았듯이, 인간 수학자의 '확고부동한 진리'라는 개념은 어떠한 (인간적으로) 알 수 있는 그리고 기계적인 규칙들의 전적으로 믿을 수 있는 집합에 의해서는 결코 얻을 수 없다. 로봇이 인간이 원리상 얻을 수 있는 수학적 능력의 수준을 달성(내지는 능가)할 수 있으려면, 확고부동한 수학적 진리의 개념 또한 (원리상 인간 수학자 또는 이 사안에 관해서는 로봇 수학자 또한 견고하다고 지각할 수 있는) 기계적 규칙들의 집합에 의해 달성될 수 없는 것임이 분명하다.

따라서 이런 고려에서 중요한 질문 한 가지는 누구의 개념, 지각 또는 확고부동한 믿음이 타당하냐는 것이다. 우리 아니면 로봇일까? 로봇이 지각 또는 믿음을 가질 수 있다고 실제로 간주될 수 있을까? 독자가 만약 관점 $\mathscr{B}$의 추종자라면 이 질문에 어려움을 느낄지 모른다. 왜냐하면 '지각' 및 '믿음'이라는 개념 자체가 정신적 속성이어서 전적으로 컴퓨팅에 의해 제어되는 로봇에게는 적용될 수 없는 것으로 간주되기 때문이다. 하지만 위의 논의에서 로봇은 진정한 정신적 자질을 실제로 꼭 가질 필요는 없다. $\mathscr{B}$뿐 아니라 $\mathscr{A}$를 엄격히 따를 때 예상할 수 있듯이, 단지 로봇은 외부적으로 인간 수학자처럼 행동하는 것이 가능하다고 가정할 수만 있으면 된다. 그러므로 로봇이 꼭 어떤 것을 실체로 이해하고 지각하고 믿을 필요는 없다. 다만 외부적 표현으로 볼 때 그런 정신적 속성들을 정말로 갖고 있는 것처럼 행동하면 된다. 이 점은 §3.17에서 더 자세히 설명할 것이다.

관점 $\mathscr{B}$는 로봇이 행동할 수 있을지 모를 방식의 한계에 관한 한 관점 $\mathscr{A}$와 원리상 다를 바가 없다. 하지만 관점 $\mathscr{B}$를 고수하는 이들은 로봇이 실제로 무언가를 이룰지에 대하여, 또는 수학적 주장의 유효성을 지각하는 인간의 두뇌를 효과적으로 시뮬레이션할 수 있으리라 보이는 컴퓨팅 시스템을 찾을 가능성에 대하여 기대를 더 적게 할 테다. 그러한 인간의 지각에는 관련된 수학적 개념들의 의미에 대한 어떤 이해가 개입될 것이다. 관점 $\mathscr{A}$에 따르면 '의미'라는 개념 자체가 컴퓨팅의 틀림없는 속성이겠지만, 관점 $\mathscr{B}$에 따르면 의미란 정신성의 의미론적 측면이며 순전히 컴퓨팅적인 관점으로 기술할 수 있는 것과는 다르다. $\mathscr{B}$에 따라 우리는 로봇이 어떤 실제적인 의미론을 이해할 수 있게 되리라고는 기대하지 않겠다. 따라서 $\mathscr{B}$-지지자들은 우리가 지금껏 살펴본 원리에 따라 제작된 로봇이 실제로 인간 수학자가 행할 수 있는 이해를 외부적으로 표현하는 수준에 실제로 이를 수 있음을 $\mathscr{A}$-지지자들보다 덜 기대할지 모른다. 나는 상상하건대 이로써 (어쩌면 당연하게) $\mathscr{B}$-지지자들은 $\mathscr{A}$-지지자들에 비해 $\mathscr{C}$-지지자로 더 쉽게 옮겨갈 소지가 크다. 하지만 여기서 우리의 목적상 필요한 관점에서 보자면 $\mathscr{A}$와 $\mathscr{B}$관점의 차이는 대수롭지 않다.

이 모든 내용의 결론은 이렇다. 로봇의 수학적 언명들은 대체로 상향식의 컴퓨팅 절차들로 이루어진 시스템에 의해 제어되기 때문에 처음에는 이 언명들의 진리성에 관하여 예비적이며 임시적인 속성을 띠긴 하지만, 우리는 로봇이 확고부동한 수학적 '믿음'의 더 안정된 수준을 정말로 지니고 있다고 가정해야 한다. 따라서 로봇의 언명 중 일부 — 어떤 특별한 허가 표시에 의해 입증되는 것으로서, 여기서는 가령 '☆'을 허가 표시로 삼는다 — 는 로봇 자신의 기준에서 볼 때 확고부동하다. 로봇이 '☆'의 부여 — 비록 로봇 자신이 바로잡을 수 있지만 — 에 관하여 실수를 저지를 수 있다고 허용할지 여부는 §3.19에서 다루고자 한다. 당분간은 로봇이 ☆-언명을 내놓기만 하면 정말로 오류가 없는 것으로 받아들여진다고 가정하고 논의를 진행해 나가기로 한다.

3.13 로봇 수학의 바탕을 이루는 메커니즘

이제 로봇의 행동을 관장하는 절차들에 관여하며 최종적으로는 ☆-언명에 다다르게 되는 다양한 메커니즘을 전부 살펴보자. 이런 메커니즘 중 일부는 로봇 자체에 내재적인 것일 테다. 로봇이 작동하는 방식에는 어떤 하향식의 내재적인 제약이 내장되어 있을 테다. 또한 로봇의 성능 향상을 위해 사전에 결정된 어떤 상향식 절차들도 있을 테다(그 절차들을 통해 점차적으로 ☆-수준으로까지 올라갈 수 있다). 이 메커니즘들은 통상 전부 다 원리상으로 인간이 알 수 있는 것으로 여겨질 것이다(비록 모든 다양한 요소들이 다 어울려 나타나는 최종적인 의미는 인간 수학자의 계산 능력을 훌쩍 뛰어넘을지라도 말이다). 정말로 만약 인간이 언젠가 진짜 수학을 할 수 있는 로봇을 만들 수 있다고 가정한다면, 로봇이 실제로 만들어지는 내부 메커니즘은 인간이 알 수 있는 어떤 것일 테다. 그렇지 않다면 그런 로봇의 제작 시도 자체가 허사일 테니까!

물론 우리는 그런 로봇의 제작이 수많은 단계로 이루어진 과정임을 인정해야만 한다. 즉, 수학을 할 수 있는 로봇을 제작하는 일은 전적으로 '낮은 등급'의 로봇들(자신들은 진짜 수학을 실제로 할 수 없는 로봇들)에 의해 수행될 테며 그런 로봇들은 아마도 그보다 더 낮은 등급의 로봇에 의해 제작될지도 모른다. 하지만 전체 위계 구조는 인간에 의해 설정되어야 할 테며 그 위계 구조를 시작하는 규칙들(아마도 하향식 절차와 상향식 절차가 결합된 형태의 규칙들) 또한 인간이 알 수 있어야 할 테다.

또한 우리는 로봇 개발의 핵심적인 요소로서 환경으로부터 들어오는 온갖 다양한 외적 요소들을 포함시켜야 한다. 인간(또는 로봇) 교사의 형태와 더불어 자연적이고 물리적인 환경의 형태 두 가지를 막론하고 환경으로부터 상당한 입력이 들어올 수 있다. 인간이 배제된 환경이 제공하는 '자연적인' 외적 요소에 관해서는 누구든 이것을 '알 수 있는' 입력으로 보통 여기지 않을 테다. 이런 요소는 세부적으로 매우 복잡하며 흔히 상호작용적이긴 하지만 이미 환경의 중요한 측면에 대한 효과적인 '가상현실' 시뮬레이션이 이미 존재한다(§1.20 참고). 이러한 시뮬레이션을 확장하여 자연적인 외적 요소를 활용하여 로봇 개발에 필요한 모든 내용을 제공하지 않아야 할 까닭이 없다. 여기서 명심해야 할 바는 시뮬레이션해야 할 것은 천형적인 환경이지 꼭 임의의 실제 환경일 필요는 없다는 점이다(§1.7, §1.9 참고).

인간(또는 로봇)의 개입 ─ '인공적인' 외적 요소 ─ 이 다양한 단계에서 일어날 수 있지만, 그렇다고 해서 본질적 속성, 즉 이러한 개입의 바탕을 이루는 메커니즘은 알 수 있는 것이라는 성질이 달라지지는 않는다. 인간의 개입이 알 수 있도록 기계화될 수 있는 어떤 것이라고 가정한다면 말이다. 이 가정이 옳을까? 로봇 개발에서 인간의 어떠한 개입이라도 전적으로 컴퓨팅적인 것에 의해 대체될 수 있음은 (적어도 $\mathcal{A}$ 내지 $\mathcal{B}$의 지지자들에게는) 당연한 일일 것이라고 나는 확신한다. 지금 우리는 이 개입이 본질적으로 불가사의한 것인지를 ─ 가령 어떤 종류의 정의할 수 없는 '본질'이 존재하기에 인간 교사가 교육의 일환으로 로봇에게 이를 따로 전해줘야 하는지를 ─ 묻고 있는 게 아니다. 우리가 단지 예상하는 바는 단지 로봇에게 전해져야 할 어떤 유형의 기본적인 정보가 존재하고 이 일은 실제 인간에 의해 쉽게 이루어질 것이라는 점이다. 십중팔구 인간 학생이 교육을 받을 때 정보 전달은 상호적인 방식을 통할 때 가장 잘 이루어질 수 있다. 이때 교사의 행동 자체도 학생이 반응하는 방식에 따라 달라질 터이다. 하지만 이는 그 자체로는 교사의 역할이 사실상 컴퓨팅적이라는 데 아무런 걸림돌이 되지 않는다. 이 장의 전체 논의는 어쨌거나 귀류법의 성질을 띠기에, 우리는 인간의 행동에는 본질적으로 비컴퓨팅적인 것은 존재하지 않는다고 일단 가정한다. $\mathcal{C}$ 내지 $\mathcal{D}$관점의 지지자들은 어떤 종류의 비컴퓨팅적 '본질'이 교사의 실제 인간성 덕분에 로봇에게 전해질 가능성을 더 잘 믿는 쪽에 기울 테지만, 이에 관한 논의 전체는 어쨌거나 지금 여기서는 불필요하다!

(내부적인 컴퓨팅 절차들과 더불어 상호작용적인 외부 환경들로 이루어진) 이 모든 메커니즘을 함께 아울러 그것이 알 수 없는 것이라고 보기는 타당하지 않을 듯하다. 비록 어떤 사람들은 이런 외적인 메커니즘의 세세한 결과적인 의미들은 인간이 계산할 수 없거나 어떠한 기존의 또는 앞으로 예상되는 컴퓨터에 의해서도 계산할 수 없다는 입장일지 모르지만 말이다. 이 모든 컴퓨팅 메커니즘의 '알 수 있음'에 관한 이 문제는 조금 후 다시 다룰 것이다(§3.15의 끝부분 참고). 하지만 지금으로서는 그 메커니즘은 정말로 알 수 있는 것이라고 가정하자. 이런 메커니즘 집합을 **M**이라고 명명하자. 이 메커니즘들이 도달할지 모르는 ☆-수준 언명들의 일부는 여전히 인간이 알 수 없을지 모른다는 것이 가능할까? 이는 무모순의 관점일까? 결코 그렇지 않다. 만약 우리가 경우 **I** 및 **II**와 관련하여 채택한 그리고 §3.5의 서두에서 명시적으로 밝힌 '원리상으로'라는 관점에서 이 '알 수 있음'의 의미를 고수하려한다면 말이다. 어떤 것(가령, 어떤 ☆-언명의 공식화)이 인간의 계산 능력을 넘어설지 모른다는 사실은 여기서의 논의와는 관련이 없다. 더군다나 우리는 인간의 사고 과정이 연필과 종이 또는 계산기 심지어 하향식으로 프로그래밍된 범용 컴퓨터의 도움을 받아도 된다는 데 결코 반대하지 않는다. 컴퓨팅 절차에 상향식 요소를 포함시키는 일은 원리상 이루어질 수 있는 바에 아무런 새로운 것을 더하지 않는다. 이 상향식 절차에 관련된 기본 메커니즘이 인간이 이해할 수 있는 성질의 것이기만 하다면 말이다. 한편, 메커니즘 **M** 자체의 '알 수 있음'의 문제는 §3.5에서 명시적으로 밝힌 용어 개념에 따라 '실제적인' 의미에서 다루어야만 한다. 그러므로 당분간 우리는 메커니즘 **M**이 실제적으로는 정말로 알 수 있는 것이라고 가정한다.

메커니즘 **M**을 알면 우리는 이로써 형식체계 ℚ(**M**)을 구성할 바탕을 만들 수 있다. 여기서 $\mathbb{Q}(\mathbf{M})$의 정리들은 (i) 이 메커니즘들을 구현함으로써 실제로 생기는 ☆-언명들, 그리고 (ii) 기본 논리 법칙들을 사용하여 이 ☆-언명들로부터 얻을 수 있는 임의의 명제들이다. '기본 논리'란 가령 (§2.9의 논의에 부합하는) 술어 계산(술어 논리라고도 하는데, ∀, ∃ 등의 술어 기호를 사용하는 논리 구조를 의미한다–옮긴이)의 규칙들 내지 유사한 (컴퓨팅) 논리 규칙들의 명확하고 명쾌하며 확고부동한 임의의 체계를 의미한다. 우리가 그런 형식체계를 만들 수 있는 까닭은 그것이 $\mathbf{M}$으로부터 하나씩 차례차례 ☆-언명을 얻기 위한 컴퓨팅 절차 $Q(\mathbf{M})$인 덕분이다. 정의된 대로 $Q(\mathbf{M})$은 위의 (i)의 언명들을 생성하지만 (ii)의 모든 언명들을 꼭 생성하지는 않는다(왜냐하면 로봇은 자신이 생산하는 ☆-정리들의 모든 논리적 의미들을 생성하는 데 무척이나 지겨워하게 될지 모른다고 가정해도 좋기 때문이다). 그러므로 $Q(\mathbf{M})$은 $\mathbb{Q}(\mathbf{M})$과 정확히 등가이지는 않지만 그 차이는 중요하지 않다. 물론 우리는 원한다면 컴퓨팅 절차 $Q(\mathbf{M})$을 확장하여 $\mathbb{Q}(\mathbf{M})$과 등가인 또 하나의 컴퓨팅 절차를 얻을 수 있기는 하다.

이제 형식체계 $\mathbb{Q}(\mathbf{M})$을 해석하려면 분명히 짚어두어야 할 점으로, 표시자 '☆'은 (앞으로도 줄곧) 이 표시가 가리키는 언명이 확고부동하게 정립되어 있음을 의미한다는 것이다. 인간 교사가 제공하는 (어떤 형태의) 입력이 없더라도 로봇이 스스로 '☆'이 전적으로 다른 의미를 지니는(어쨌거나 의미를 지닌다면 말이다) 어떤 다른 언어를 개발하지 않는다고 장담할 수는 없다. 로봇의 언어가 $\mathbb{Q}(\mathbf{M})$의 정의에 우리 인간이 담아 놓은 세세한 사항들과 모순되지 않도록 하려면, 우리는 반드시 로봇 훈련의 일환으로 '☆'에 담긴 의미가 정말로 우리가 의도하는 내용이 되도록 만들어야 한다. 마찬가지로 반드시 분명히 해두어야 할 점으로서, 로봇이 가령 자신의 Π_1-문장을 구체적으로 나타내기 위해 사용하는 실제 표기는 우리 자신이 사용하는(또는 우리 자신이 사용하는 것으로 명시적으로 번역될 수 있는) 것이어야 한다. 만약 메커니즘 $\mathbf{M}$이 인간이 알 수 있는 것이라면 당연히 형식체계 $\mathbb{Q}(\mathbf{M})$의 공리 및 절차규칙들 또한 알 수 있는 것임이 틀림없다. 게다가 $\mathbb{Q}(\mathbf{M})$ 내에서 얻어진 임의의 정리는 원리상 인간이 알 수 있는 것일 테다(그것이 꼭 진리인지 여부가 아니라 세부 사항들이 인간이 알 수 있는 것이라는 의미에서 그렇다). 비록 그런 여러 정리들을 얻기 위한 컴퓨팅 절차들은 인간의 계산 능력을 넘어서는 것이더라도 말이다.

3.14 기본적 모순

지금까지의 논의에서 밝힌 내용은 경우 **III**의 가정에 따라 수학적 진리를 지각하는 데 밑바탕을 이룬다고 하는 '알 수 없는 무의식적 알고리듬 F'가 의식적으로 알 수 있는 알고리듬으로 사실상 변환될 수 있음을 보이는 것이다. 다만 AI의 목표에 따라 그것이 인간 수준(또는 그 이상)의 수학을 행할 수 있는 로봇의 제작으로 궁극적으로 이어질 어떤 절차들의 시스템을 시작할 수 있기만 하다면 말이다. 이렇게 볼 때, 알 수 없는 알고리듬 F는 알 수 있는 형식체계 $\mathbb{Q}(\mathbf{M})$으로 대체된다.

이 주장을 자세히 살펴보기 전에 나는 지금껏 적절히 언급하지 않았던 한 가지 중요한 사안에 주목하고자 한다. 무엇이냐면, 로봇 개발의 여러 단계에 걸쳐 단지 하나의 고정된 메커니즘 집합보다는 무작위적 요소들이 개입될지도 모른다는 점이다. 이 사안은 따로 적당한 때에 다시 다루어야겠지만, 지금으로선 당분간 다만 그런 무작위적 요소는 어떤 것이든 어떤 유사무작위적(카오스적인) 컴퓨팅에 의해 영향을 받는다는 점만을 짚어둔다. 앞서 §1.9와 §3.11에서 주장했듯이, 그런 유사무작위적 요소들은 실제적으로는 적절한 것이다. §3.18에서 무작위적 입력에 관한 사안을 다시 다룰 텐데 거기서 진정한 무작위성에 관한 논의를 더 충실히 다루도록 하고, 현재로서는 '메커니즘 $\mathbf{M}$'이라고

하면 이 메커니즘이 전적으로 컴퓨팅적이며 불확실성이 전혀 없는 것이라고 가정하겠다.

가장 핵심적인 모순이란 대략적으로 말하자면, 우리가 앞서 논의한 'F', 특히 경우 I에 따라 §3.2에서 제시된 F를 $\mathbb{Q}(\mathbf{M})$이 대신해야 한다는 점이다. 따라서 경우 III은 사실상 I로 전환되고 따라서 결과적으로 배제된다. 우리는 (논의의 목적상 관점 $\mathcal{A}$ 내지 $\mathcal{B}$에 따라) 원리상 로봇은 우리가 제시해온 것들의 속성을 배우는 절차를 이용하여 결국에는 인간이 얻을 수 있는 임의의 수학적 결과를 얻을 수 있다고 가정한다. 우리는 로봇이 원리상 인간의 능력을 넘어서는 결과도 얻을 수 있다는 점을 허용해야만 한다. 어쨌든, 로봇은 괴델 논증의 힘을 이해할(또는 적어도 이해를 $\mathcal{B}$에 따라 시뮬레이션할) 수 있게 될 터이다. 그러므로 임의의 (충분히 폭넓은) 형식체계 $\mathbb{H}$가 주어져 있을 때, 로봇은 $\mathbb{H}$의 견고함이 괴델* 명제 $G(\mathbb{H})$가 참임을 의미한다고, 아울러 $G(\mathbb{H})$가 $\mathbb{H}$의 한 명제가 아님을 의미한다는 사실을 확고부동하게 지각할 수 있게 될 테다. 특히 로봇은 $G(\mathbb{Q}(\mathbf{M}))$이 참임이 $\mathbb{Q}(\mathbf{M})$의 견고함으로부터 확고부동하게 도출되며 또한 $G(\mathbb{Q}(\mathbf{M}))$이 $\mathbb{Q}(\mathbf{M})$의 한 명제가 아니라는 사실을 지각할 것이다.

(§3.2에서 인간에 대해 주장했듯이) 경우 I에서는 여기서부터 곧바로 다음 내용, 즉 로봇은 형식체계 $\mathbb{Q}(\mathbf{M})$이 자신의 확고부동한 수학적 믿음에 대한 개념과 등가임을 확고하게 믿을 수 없다는 점이 도출된다. 이는 우리(즉, AI 전문가들)가 메커니즘 $\mathbf{M}$이 로봇의 수학적 믿음 체계의 바탕이 되며 따라서 로봇의 확고부동한 믿음 체계가 $\mathbb{Q}(\mathbf{M})$과 등가임을 잘 알더라도 그러하다. 왜냐하면 즉, 만약 로봇이 자신의 믿음이 $\mathbb{Q}(\mathbf{M})$에 의해 요약되었음을 확실히 믿는다면 또한 $\mathbb{Q}(\mathbf{M})$이 견고함도 아울러 믿게 될 테다. 따라서 로봇은 $G(\mathbb{Q}(\mathbf{M}))$도 믿게

---

* 이 책의 이전 쇄에서는 3장의 나머지 부분에서는 $G(\mathbb{F})$ 대신에 $\Omega(\mathbb{F})$가 쓰였다. 하지만 $G(\mathbb{F})$가 더 적절하다. (§2.8 및 176쪽 참고)

될 테며 이와 더불어 $G(\mathbb{Q}(\mathbf{M}))$이 자신의 믿음 체계를 넘어선다는 사실도 믿어야 할 테니, 이것은 모순이다! 그러므로 로봇은 자신이 메커니즘 $\mathbf{M}$에 따라 제작되었음을 알 수가 없다. 로봇이 그렇게 제작되었음을 우리는 알기에(또는 적어도 알게 될 수 있기에), 우리는 수학적 진리, 가령 $G(\mathbb{Q}(\mathbf{M}))$이 참인가라는 문제를 다룰 수 있지만, 이는 로봇의 능력을 넘어선다. 비록 로봇의 능력이 인간의 능력과 동일(또는 인간을 능가)하더라도 말이다.

3.15 모순을 극복할 방법

　　　　　　이 논의는 두 가지 방식으로 진행할 수 있다. 로봇을 창조한 인간의 관점 그리고 로봇 자신의 관점으로 이 사안을 바라볼 수 있다. 인간의 관점에서 보면 확고부동한 진리에 대한 로봇의 주장은 인간 수학자에겐 미심쩍게 여겨질 가능성이 있다. 로봇이 내놓은 실제의 개별 추장들이 인간 수학자에게 이해될 수 없다면 말이다. $\mathbb{Q}(\mathbf{M})$의 정리들은 인간에게 모두 확고부동하게 받아들여지지 않을지 모른다. 알다시피 비록 로봇의 추론 능력이 인간의 능력을 실제로 능가할지 모르는데도 말이다. 그러므로 로봇이 메커니즘 $\mathbf{M}$에 따라 제작되었음을 단지 안다고 해서 확고부동한 (인간 수준의) 수학적 증명이 되었음을 의미하지는 않는다고 주장할 법하다. 따라서 대신에 우리는 전체 주장이 로봇의 관점에서 제시된다고 보고 이 문제를 다루고자 한다. 이렇게 볼 때, 로봇이 지각할 수 있는 논증에 어떤 허점이 있을 수 있는지 알아보자.

　　로봇이 이 모순을 피해 가려면 딱 네 가지의 기본적인 가능성이 있는 듯하다. 로봇이 자신이 일종의 컴퓨팅 로봇임을 인정한다면 말이다.

　　(a) 아마도, 로봇은 $\mathbf{M}$이 자신을 제작한 기본 바탕일지 모른다는 점을 인정

하면서도 이 사실을 확고부동하게 확신할 수 없는 상태로 줄곧 남을 것이다.

(b) 아마도, 로봇은 자신이 만들어내는 개개의 ☆-언명을 확고부동하게 확신하면서도, 그럼에도 불구하고 ☆-언명의 전체 체계를 믿을 수 있는지 의심하게 될지 모르며, 따라서 로봇은 $\mathbb{Q}(\mathbf{M})$이 Π_1-문장과 관련하여 자신의 믿음 체계의 기반을 전적으로 형성한다는 점을 확신하지 못할 수도 있다.

(c) 아마도, 참인 메커니즘 $\mathbf{M}$은 본질적으로 무작위적 요소들에 의존하며, 알려진 어떤 유사무작위적 컴퓨팅 입력으로 적절히 기술될 수 없을 것이다.

(d) 아마도, 참인 메커니즘 $\mathbf{M}$은 실제로 알 수 없는 것이다.

다음 아홉 절의 목표는 (a), (b) 및 (c)는 이들이 지닌 허점 때문에 로봇의 모순을 피할 방법을 결코 제시할 수 없음을 차분하게 짚어보는 일이다. 따라서 로봇 및 우리들은 마땅치 않긴 하지만 (d)를 지지할 수밖에 없게 된다. 수학적 이해가 컴퓨팅으로 전환될 수 있음을 여전히 고수하려면 말이다. 나도 마찬가지지만 인공지능에 관심을 갖는 이들은 분명 (d)가 못마땅할 테다. 이는 어떤 한 관점을 떠올리게 해준다. 본질적으로 §1.3의 말미에서 언급한 본질적으로 $\mathcal{A}/\mathcal{D}$ 제안, 즉 알 수 없는 알고리듬을 우리의 컴퓨터 두뇌 속에 이식하려면 (업계 최고의 프로그래머에 의해서) 신적인 개입이 필요하다는 관점을 말이다. 어쨌든 '알 수 없음'이라는 결론 — 궁극적으로 우리의 지능을 담당하는 바로 그 메커니즘의 속성 — 은 진정한 인공지능 로봇을 실제로 만들길 염원하는 사람들에겐 아주 유쾌한 결론일 리가 없을 테다! 게다가 이는 인간 지능이 물리학, 화학, 생물학 및 자연선택 등의 이해 가능한 과학법칙에 따라 어떻게 실제로 생겨났는지를 원리상으로 및 과학적으로 이해하길 바라는 이들에게도 역시 유쾌한 결론이 아닐 테다(그런 지능을 로봇 장치에 재현하길 원하는 것과는 별도로 말이다). 내가 보기에는 그렇다고 해서 꼭 비관적인 결론이지만은 않다. '과학적 이해 가능성'이란 '컴퓨팅 가능성'과는 매우 다른 개념이기 때문이다. 여기서 결론은 기본적인 법칙들이 이해 불가능하다는 것이 결코 아니라 다만 컴퓨팅이 불가능하다는 것이다. 이 문제는 이 책의 2부에서 더 자세히 논의하고자 한다.

3.16 로봇이 M을 믿어야 할 필요가 있는가?

우리가 로봇에게 메커니즘 집합 **M**을 선사한다고 상상하자. 이 집합은 실제로는 꼭 그럴 필요는 없긴 하지만 사실 로봇의 제작에 바탕을 이룰지 모르는 것이다. 독자에게 확신시켜주고 싶은 바는 **M**이 실제로 자신의 수학적 이해에 바탕을 이룰 수 있을 가능성을 로봇이 거부하게 될 것이라는 점이다. 로봇이 실제로 그렇게 할지 여부와는 무관하게 말이다! 이렇게 하면 우리는 당분간 로봇이 (b), (c) 및 (d)의 가능성을 거부한다고 가정하는 셈인데, 그런데도 놀랍게도 우리는 (a)가 우리를 역설에서 벗어나게 해줄 수 없다고 결론을 내리게 될 터이다.

추론은 다음과 같다. $\mathcal{M}$이 다음 가설이라고 할 때,

'메커니즘 **M**은 로봇의 수학적 이해의 바탕을 이룬다.'

이제 다음 형태의 언명을 고려하자.

'이러저러한 Π_1-문장은 $\mathcal{M}$의 결과이다.'

나는 만약 로봇이 확고하게 믿는다면 그러한 언명을 ☆$_M$-언명이라고 부르겠다. 그러므로 ☆$_M$-언명들은 로봇이 단지 자신에 대해 확고하게 믿는 Π_1-문장을 꼭 가리키는 것이 아니라 가설 M에서 확고부동하게 도출된 것이라고 로봇이 인정하는 Π_1-문장을 말한다. 로봇은 자신이 M에 따라 실제로 제작되었을 가능성에 관해 애초에 아무런 견해를 가질 필요가 없다. 심지어 애초에는 그렇지 않을 가능성이라는 견해 쪽일지 모른다. 하지만 그럼에도 불구하고 로봇은 자신을 제작한 가설의 확고부동한 결과가 무엇인지를 (진정한 과학적 전통에 따라) 아주 잘 숙고할 수 있다.

로봇이 M의 확고부동한 결과라고 틀림없이 간주하지만 M을 사용할 필요가 없는 그저 보통의 Π_1-문장이 있을까? 정말로 그런 것이 있다. §3.14의 말미에서 보았듯이, Π_1-문장 $G(\mathbb{Q}(M))$의 진리성은 $\mathbb{Q}(M)$의 견고성에서 나오며, $G(\mathbb{Q}(M))$이 $\mathbb{Q}(M)$의 한 정리가 아니라는 사실에서 나온다. 게다가 로봇은 이런 의미를 확고부동하게 확신할 터이다. 로봇이 만약 M에 따라 제작되었다면 자신의 확고부동한 믿음이 $\mathbb{Q}(M)$에 의해 요약된다는 사실에 흡족해 한다면, 즉 가능성 (b)를 거부한다면,* 그렇다면 로봇은 $\mathbb{Q}(M)$의 견고성이 M의 결과임을 확고하게 믿을 수밖에 없다. 그러므로 로봇은 Π_1-문장 $G(\mathbb{Q}(M))$이 가설 M에서 도출되며, 하지만 또한 (M을 가정함으로써) 그것이 M을 사용하지 않고서도(왜냐하면 그것이 $\mathbb{Q}(M)$에 속하지 않다고 해서) 확고부동하게 지각할 수 있는 것은 아니라는 점도 확고하게 믿을 터이다. 따라서 $G(\mathbb{Q}(M))$은 ☆$_M$-언명이지 ☆-언명이 아니다.

자, 그러면 형식체계 $\mathbb{Q}_M(M)$을 $\mathbb{Q}(M)$을 제작할 때와 동일한 방식으로 만들자. 다만 $\mathbb{Q}(M)$의 제작 시에 ☆-언명이 그 역할을 담당했다면 이제는 ☆$_M$-언

---

* 물론, 가능성 (d)는 여기서 논의 사안이 아니다. 왜냐하면 로봇에게는 실제로 M이 제시되어 있으며 당분간 우리는 M이 진정한 무작위적 요소들에서 자유로운 것으로 본다. 따라서 (c) 또한 고려 대상이 아니다.

명이 그 역할을 담당하는 점만이 다르다. 달리 말해서, $\mathbb{Q}_{\mathscr{M}}(\mathbf{M})$의 정리들은 (i) ☆$_{\mathscr{M}}$-언명들 그 자체, 또는 (ii) 기본 논리 법칙들을 사용하여 이 ☆$_{\mathscr{M}}$-언명들로부터 얻을 수 있는 임의의 명제들(§3.13 참고)이다. 가설에 따라 로봇은 Π_1-문장의 진리성에 관하여 $\mathbb{Q}(\mathbf{M})$이 자신의 확고부동한 믿음을 요약해준다는 데 흡족해하는 것과 마찬가지로, 로봇은 형식체계 $\mathbb{Q}_{\mathscr{M}}(\mathbf{M})$이 가설 $\mathscr{M}$에 조건적인 Π_1-문장의 진리성에 관한 확고부동한 믿음을 요약해준다는 데 흡족해 함이 틀림없다.

그 다음으로, 로봇이 괴델 Π_1-문장 $G(\mathbb{Q}_{\mathscr{M}}(\mathbf{M}))$을 숙고하도록 해보자. 로봇은 이 Π_1-문장이 $\mathbb{Q}_{\mathscr{M}}(\mathbf{M})$의 견고성의 결과라고 확고부동하게 분명 믿을 것이다. 또한 $\mathbb{Q}_{\mathscr{M}}(\mathbf{M})$의 견고성은 $\mathscr{M}$의 결과임을 확고부동하게 믿을 것이다. 그도 그럴 것이, 로봇은 로봇이 가설 $\mathscr{M}$의 바탕에서 Π_1-문장을 도출하는 능력에 관해 확고부동하게 믿는 바를 $\mathbb{Q}_{\mathscr{M}}(\mathbf{M})$이 요약해준다는 데 흡족해하니 말이다. (다음과 같이 주장할 수 있다. '만약 내가 $\mathscr{M}$을 인정한다면, 나는 형식체계 $\mathbb{Q}_{\mathscr{M}}(\mathbf{M})$을 생성하는 모든 Π_1-문장을 인정하는 셈이다. 그러므로 나는 이 가정 $\mathscr{M}$을 바탕으로 $\mathbb{Q}_{\mathscr{M}}(\mathbf{M})$이 견고함을 틀림없이 인정한다. 결론적으로 나는 $\mathscr{M}$을 바탕으로 $G(\mathbb{Q}_{\mathscr{M}}(\mathbf{M}))$이 참임을 틀림없이 인정한다.')

하지만 괴델 Π_1-문장 $G(\mathbb{Q}_{\mathscr{M}}(\mathbf{M}))$이 $\mathscr{M}$의 결과임을 확고부동하게 믿는다면 이는 $G(\mathbb{Q}_{\mathscr{M}}(\mathbf{M}))$이 $\mathbb{Q}_{\mathscr{M}}(\mathbf{M})$의 한 정리임을 믿는 것이 되고 만다. 이는 $\mathbb{Q}_{\mathscr{M}}(\mathbf{M})$이 견고하지 않음을 믿을 때에만 해당되는 이야기이므로, 결국 $\mathscr{M}$을 인정한다는 것과 정면으로 모순된다!

위의 추론의 일부 과정에는 로봇의 확고부동한 믿음은 실제로 견고하다는 묵시적인 가정이 있다. 로봇이 자신의 믿음 체계가 견고함을 믿는 일이 실제로 요구되긴 하지만 말이다. 어찌 되었든, 로봇은 적어도 인간 수준의 수학적 이해를 지니게 되며, 아울러 우리가 §3.4에서 주장했듯이 인간의 수학적 이해는 원리상으로 견고함이 마땅하다.

가정 $\mathscr{M}$과 ☆$_{\mathscr{M}}$-언명의 정의에 어떤 모호함이 있을지도 모른다. 하지만 강조해야 할 점은, 그런 언명은 Π_1-문장인지라 완벽하게 정의된 수학적 명제이다. 로봇이 만들지 모를 ☆$_{\mathscr{M}}$-언명들 중 대다수가 실제로 보통의 ☆-언명일 것이라고 상상하는 이가 있을 법하다. 그도 그럴 것이 어떤 경우라도 로봇은 가설 $\mathscr{M}$을 끌어들이는 것이 실제로 유용한지 알기 어려울 테니 말이다. 하나의 예외가 위에서 언급했던 $G(\mathbb{Q}(\mathbf{M}))$이다. 왜냐면 여기서 $\mathbb{Q}(\mathbf{M})$이 로봇에게는 §3.1과 §3.3에 나온 괴델의 추정상의 '정리 증명 기계' 역할을 하기 때문이다. $\mathscr{M}$을 제공받으면 로봇은 자신의 '정리 증명 기계'를 이용할 수 있게 되고, 비록 이 '기계'의 견고함을 확고부동하게 믿을 수 없을지 모르지만(정말로 믿을 수 없지만) 로봇은 그것의 견고함을 헤아리며 이 가설의 결과를 도출해내려고 시도할지 모른다.

아직은 그렇다고 해서 §3.1에서 인용한 괴델의 인용구에서 드러나듯이 괴델이 인간에 대해 얻을 수 있었던 것보다 로봇이 역설에 더 가까이 다가가지는 않는다. 하지만 로봇은 특정한 형식체계 $\mathbb{Q}(\mathbf{M})$만이 아니라 추정상의 메커니즘 $\mathbf{M}$을 숙고할 수 있기에, 추론을 거듭하여 $\mathbb{Q}(\mathbf{M})$을 넘어 $\mathbb{Q}_{\mathscr{M}}(\mathbf{M})$으로 나아갈 수 있는데, 이때에도 로봇은 여전히 이것의 견고함이 단지 가설 $\mathscr{M}$의 결과일 뿐이라고 여길 것이다. 바로 이 점 때문에 (요구되는) 모순이 생기는 것이다. ($\mathbb{Q}_{\mathscr{M}}(\mathbf{M})$에 관한 추가 논의 및 그것이 '역설적인 추론'과 명백히 관련되어 있다는 점에 대해서는 §3.24를 보기 바란다.)

결론인즉, 수학적으로 의식 있는 존재 — 즉, 진정한 수학적 이해를 행할 수 있는 존재 — 는 그것이 이해할 수 있는 임의의 메커니즘 집합에 따라 작동할 수 없다. 그 존재가 그 메커니즘들이 자신의 경로를 따라 확고부동한 수학적 진리에 다다르게 됨을 알든 모르든 관계없이 말이다. (기억하다시피, 그 존재의 '확고부동한 수학적 진리'는 단지 그것이 — 꼭 '공식적' 증명에 의해서가 아니라 '수학적 증명'의 방법으로 — 수학적으로 이룰 수 있는 바를 의미한다.)

더 정확히 말해서, 우리는 앞에서의 추론에 의해 로봇이 알 수 있는 (무작위적 요소가 없으며 아울러 로봇이 자신의 수학적 믿음 체계의 바탕을 이룰 가능성으로 인정할 수 있는) 컴퓨팅 메커니즘 집합이 존재하지 않는다는 결론을 내릴 수밖에 없다. (단 메커니즘 M으로부터 형식체계 $\mathbb{Q}(M)$을 제작하는 것으로 내가 제시해왔던 구체적 절차가 실제로 로봇 자신이 확고불변하게 믿는 Π_1-문장들을 전부 요약하고 있다는 점을 로봇이 인정할 준비가 되어 있다면 말이다.) 그리고 따라서 형식체계 $\mathbb{Q}_{\mathscr{M}}(M)$은 로봇이 가설 $\mathscr{M}$으로부터 도출된 것이라고 확고하게 믿는 Π_1-문장 전부를 요약한다고 결론 내릴 수밖에 없다. 게다가 진정으로 무작위적 요소들은 만약 로봇이 잠정적으로 무모순의 수학적 믿음 체계를 이루려면 메커니즘 M에 포함되어야 할지 모른다는 점도 짚어둔다.

이러한 허점들은 다음 여러 절(§3.17 ~ §3.22)에서 내가 다루어야 할 것들이다. 가능한 무작위적 요소들을 메커니즘 M에 포함시키는 사안(가능성 (c))은 (b)의 전반적인 논의의 일부로 다루는 편이 편할 것이다. 사안 (b)를 더 주의 깊게 다루기 위해 우리는 먼저 §3.12의 말미에서 짧게 다루었던 로봇 '믿음'이라는 질문 전체를 다시 고려해야만 한다.

3.17 로봇 오류 그리고 로봇 '의미'?

다음에 다루어야 할 중심적인 질문은 로봇이 만약 자신이 어떤 메커니즘 M의 집합에 따라 제작되었다면 형식체계 $\mathbb{Q}(M)$이 Π_1-문장에 관한(따라서 $\mathbb{Q}_{\mathscr{M}}(M)$에 관한) 로봇의 수학적 믿음 체계를 올바르게 요약하고 있음을 인정할 준비가 되어 있냐는 것이다. 이와 관련해 가장 핵심은 $\mathbb{Q}(M)$이 견고함을 로봇이 믿을 준비가 되어 있다는 것이다. 즉, 로봇은 ☆-언명인 모든 Π_1-문장이 실제로 참임을 틀림없이 믿는다는 것이다. 내가 이제껏 펼친 주장들에 있어서, 또한 요구되는 점은 로봇이 확고부동하게 믿을 수 있는 임의의 Π_1-문장은 반드시 실제로 $\mathbb{Q}(\mathbf{M})$의 한 정리여야 한다는 점이다. (따라서 인간 수학자와 관련한 괴델의 정리 증명 기계와 비슷하게 $\mathbb{Q}(\mathbf{M})$이 로봇의 '정리 증명 기계'를 정의하는 데 이바지할 수 있도록 말이다. §3.1, §3.3 참고) 사실 $\mathbb{Q}(\mathbf{M})$이 Π_1-문장에 관한 로봇의 잠재적 능력에 대한 이런 보편적 역할을 실제로 맡는 것은 핵심 사안이 아니며, 단지 괴델 논증의 특정한 사용 례를 포함할 정도로 $\mathbb{Q}(\mathbf{M})$이 충분히 넓어서 괴델 논증이 형식체계 $\mathbb{Q}(\mathbf{M})$(따라서 $\mathbb{Q}_{\mathcal{M}}(\mathbf{M})$ 자체에 적용될 수 있도록 허용되는 것으로 족할 것이다. 우리는 추후 이것이 꽤 명백한 일이며, 아울러 Π_1-문장의 어떤 유한한 체계에만 적용될 필요가 있음을 살펴볼 것이다.

그러므로 우리 — 그리고 로봇 — 는 로봇의 ☆-언명이 실제로 가끔 오류가 날 가능성이 있음을 직시해야만 한다. 비록 로봇이 자신의 내적 기준에 따라 스스로 고칠 수 있는 것이더라도 말이다. 개념은 이렇다. 즉, 로봇은 인간 수학자가 행동하는 방식과 매우 흡사하게 행동할지 모른다는 것이다. 인간 수학자는 어떤 Π_1-문장이 확고부동하게 참으로(또는 어쩌면 거짓으로) 밝혀졌다고 믿는 상황 속으로 확실히 들어갈 수 있다. 하지만 사실 추론에 오류가 있어서 나중에야 알게 될지도 모른다. 나중에 보면 예전의 추론은 이전에 발견되지 않았는데도 이전에 채택된 것과 동일한 기준에 따라 분명 틀린 것으로 지각될 수 있다. 그리고 이전에는 확고부동하게 참이라고 보인 Π_1-문장이 그제야 틀린 것으로(또는 그 반대의 것으로) 보일 수도 있다.

로봇도 정말로 이와 비슷하게 행동할지 모른다. 그러니까 로봇의 ☆-언명은 로봇 자신에 의해 표시자 '☆'이 주어졌더라도 실제로는 의지할 만한 것이 아닐지 모른다. 나중에 로봇은 자신의 오류를 고칠 수 있지만 그렇긴 해도 오류는 이미 일어난 것일 테다. 이것이 어떻게 형식체계 $\mathbb{Q}(\mathbf{M})$의 견고함에 관한 우리의 결론에 영향을 줄까? 분명 $\mathbb{Q}(\mathbf{M})$은 이제 전혀 견고하지 않고 로봇 자신으로서도 전혀 견고하게 '지각되지' 않는다. 따라서 괴델 명제 $G(\mathbb{Q}(\mathbf{M}))$은 믿을 수 없는 것이 되고 만다. 이것이 바로 (b)가 지닌 허점이다.

로봇이 '확고부동한' 수학적 결론에 이르렀다는 말이 무슨 의미인지를 다시 고려해보자. 우리는 이 상황을 우리가 인간 수학자에 대해 논의했던 상황과 비교해 보아야 한다. 인간 수학자의 경우, 우리는 그가 실제로 주장하게 될지 모를 어떤 내용에 관심이 있었던 것이 아니라 원리상으로 확고부동한 진리라고 여겨지게 될 것에 관심이 있었다. 따라서 이번에도 파인만의 금언, 즉 '말에 집착하지 말고 뜻하는 바를 새겨듣게!'를 떠올려 보아야 마땅하다. 아마 우리는 로봇이 굳이 하는 말보다는 로봇이 무엇을 의미하는지에 관심을 가져야 마땅할 듯하다. 하지만 특히 만약 누군가가 $\mathscr{A}$보다는 $\mathscr{B}$관점을 고수한다면, 로봇의 의미라는 바로 그 개념 자체를 도대체 어떻게 해석해야 할지 불분명하긴 하다. 만약 로봇이 제시하는 ☆-언명이 아니라 로봇이 실제로 무엇을 '의미하는지' 또는 로봇이 원리상 무엇을 '의미해야 하는지'에 의존하는 일이 가능하다면, ☆-언명 속에 있을 법한 불확실성의 문제는 피할 수 있을 테다. 하지만 문제는 우리에겐 그러한 '의미' 내지 의도한 '의미'를 외적으로 평가할 방법이 없다는 것이다. 형식체계 $\mathbb{Q}(\mathbf{M})$에 관한 한, 아마 우리는 실제 ☆-언명들 그 자체에 의존해야만 할 듯하며 아울러 그것들이 믿을 만한지를 전적으로 확신할 수는 없다.

$\mathscr{A}$와 $\mathscr{B}$관점 사이에 있을 수 있는 의미의 차이를 우리는 알아차릴 수 있을까? 아마 그럴 것이다. 왜냐하면 비록 $\mathscr{A}$와 $\mathscr{B}$가 원리상으로는 물리적 시스템에 의해 외적으로 얻을 수 있는 바에 관해 등가이긴 하지만 이 관점들을 지니고 있는 사람들은 한 수학적 명제의 유효성을 지각하는 과정에 있는 사람의 두 뇌를 어떤 종류의 컴퓨팅 시스템이 더 효과적으로 시뮬레이션할 수 있을지 기대하느냐는 점에 있어서는 서로 입장이 다르기 때문이다(§3.12의 말미 참고). 하지만 그러한 기대의 차이는 우리가 논의할 주장에서는 특별히 주목할 것이

아니다.

3.18 무작위성을 포함시키는 방법
―로봇 활동의 온갖 양상들

이러한 의미론적 사안에 대한 직접적인 해
법이 없을 때 우리는 로봇이 자신의 행동을 제어하는 메커니즘에 따라 만들 수
있는 실제 ☆-언명에 기대야만 한다. 이 언명들 중 일부가 오류일 수 있지만 그
런 오류는 고칠 수 있을뿐더러, 어쨌든 극히 드물게 일어난다. 로봇이 자신의
☆-언명들 중 하나에서 오류를 저지를 때마다 이 오류는 적어도 일부는 환경
이나 내부 작동의 우연성 요소들 탓일 수 있다고 가정하는 편이 합리적이다.
만약 두 번째 로봇이 있다고 상상해보자. 이 로봇은 첫 번째와 동일한 유형의
메커니즘으로 작동하면서도 그러한 요소들이 다르다고 한다면 이 두 번째 로
봇은 첫 번째 로봇이 만드는 오류를 저지르지 않을 가능성이 크다. 비록 다른
오류들은 저지르겠지만 말이다. 이러한 우연성 요소들은 외부 환경에서 들어
오는 로봇의 입력의 일부이거나 아니면 내부 작동의 일부로서 생기는 실제 무
작위적 요소일 수도 있다. 이와 달리, 외부적이든 내부적이든 유사무작위적인
것일 수도 있으며 어떤 결정론적인 하지만 카오스적인 컴퓨팅의 결과일 수도
있다.

현재 논의의 목적상 나는 그러한 유사무작위적 요소들은 어떤 것이든 적어
도 사실상 진정한 무작위적 요소에 의해 이루어지는 것 이상의 아무런 역할도
갖지 않는다고 가정한다. 하지만 한 가지 가능성, 즉 혼돈계의 행동에는 (단지
무작위성을 흉내 내는 역할을 넘어서는) 어떤 유용한 종류의 비컴퓨팅적 행동
에 근접하는 어떤 것이 있을 가능성은 분명히 있다. 나는 그런 경우가 진지하

게 제시된 것을 본 적은 없다. 비록 일부 사람들은 카오스적인 행동을 두뇌 활동의 근본적 측면이라고 정말로 믿긴 하지만 말이다. 나로서는 그런 주장은 혼돈계의 어떤 비무작위적(즉, 비유사무작위적) 행동 — 어떤 의미에서 진정으로 비컴퓨팅적인 행동을 유용하게 근사하는 행동 — 을 증명할 수 없다면 설득력이 없다. 내가 보기에는 그런 증명은 아직 기적이 없다. 게다가 나중에 설명하겠지만(§3.22), 어쨌거나 카오스적 행동은 괴델 유형 논증들이 마음의 컴퓨팅 모델에 대해 내놓은 문제점들을 피할 수 있을 것 같지가 않다.

잠시 이렇게 여기기로 하자. 즉, 로봇의 또는 로봇의 환경의 어떠한 유사무작위적(또는 이외에 카오스적인) 요소들도 그 효과를 잃지 않으면서 진정한 무작위적 요소로 대체될 수 있다고 말이다. 진정한 무작위성의 역할을 논의하기 위해 우리는 모든 가능한 대안들의 조합을 고려해 보아야 한다. 로봇이 디지털로 제어된다고 가정하기에 따라서 로봇의 환경 또한 일종의 디지털 입력으로 제공된다고 할 수 있다(앞서 설명한 튜링 기계 테이프의 '내적' 및 '외적' 부분을 상기하자. 또한 §1.8 참고). 그러므로 그런 가능한 대안들의 개수는 유한할 것이다. 이 개수는 정말로 매우 클지도 모르지만 그 모두를 함께 기술하는 것은 어쨌거나 컴퓨팅 문제일 뿐이다. 그러하기에 각자 우리가 제시했던 메커니즘에 따라 작동하는 모든 가능한 로봇들의 전체 조합 또한 하나의 컴퓨팅 시스템을 구성한다. 비록 두말 할 것 없이 현재 예상 가능한 어떤 컴퓨터로도 실제로 작동될 수는 없는 시스템이긴 하지만 말이다. 그렇긴 해도, 메커니즘 **M**에 따라 작동하는 모든 가능한 로봇들을 결합시켜 시뮬레이션을 실제로 실행할 수는 없긴 하지만, 컴퓨팅 자체는 '알 수 없는' 것이 아닐 테다. 달리 말해서, 실제로 수행 가능하지는 않더라도 시뮬레이션을 실행할 수 있는 하나의 (이론적인) 컴퓨터 — 즉, 튜링 기계 — 를 어떻게 만들지는 알 수 있다. 이것이 우리 논의의 핵심이다. 알 수 있는 한 메커니즘 또는 알 수 있는 한 컴퓨팅은 인간이 특정할 수 있다. 인간에 의해 또는 현실적으로 제작될 수 있는 어떤 컴퓨터에 의해 실제로 실행될 수 있는 컴퓨팅일 필요는 없다. 이런 점은 **Q8**과 관련하여 이전에 나타났던 사안과 매우 비슷하며 §3.5의 초입에 소개한 용어 체계와 일치한다.

3.19 틀린 ☆-언명의 제거

이제 로봇이 가끔씩 만들지 모를 (고칠 수 있는) 틀린 ☆-언명의 문제로 되돌아가자. 로봇이 정말로 그런 오류를 저지른다고 가정해 보자. 만약 다른 한 로봇이 또는 동일한 로봇이 나중에 — 또는 동일한 로봇이 다른 상황에서 — 동일한 실수를 저지를 가능성이 없다고 가정하면, 우리는 가능한 로봇 활동 조합을 조사함으로써 그러한 ☆-언명이 실수라는 사실을 원리상으로 승인할 수 있다. 우리는 모든 상이한 로봇 행동들의 시뮬레이션을 그려볼 수 있다. 이 시뮬레이션을 수행하는 방법은 시간의 흐름에 따라 전개되는 로봇의 모든 상이한 상황들이 동시에 발생한다고 간주하는 것이다. (이는 단지 편의상 그렇게 하는 것뿐이다. 시뮬레이션이 실제로 굳이 어떤 '병렬' 활동에 따라 이루어질 필요는 없다. 이전에 보았듯이 컴퓨팅 효율을 제외하고는 원리상으로 병렬 활동과 직렬 활동을 서로 구별할 수는 없다. §1.5 참고) 요지는 이 시뮬레이션의 결과를 검사함으로써 다수의 올바른 ☆-언명들 가운데서 (비율상) 소수의 틀린 ☆-언명들을 솎아내는 일이 원리상으로 분명 가능하다는 것이다. 이를 위해서는, 틀린 언명들이 '고쳐질 수 있고' 따라서 시뮬레이션 중인 대다수의 로봇이 그런 언명들을 오류라고 판단할 것이라는 사실을 활용한다. 적어도 (시뮬레이션되는) 시간 속에서 개발되는 로봇의 상이한 경우들의 병렬적 '경험'으로서 말이다. 나는 이것이 실제적인 절차여야 한다고 요구하는 것이 아니라 단지 컴퓨팅적인 절차이면 된다고 본다. 여기서 이 전체 컴퓨팅의 바탕이 되는 규칙 **M**은 원리상으로 '알 수 있는' 것이라고 간주한다.

사실, 이 시뮬레이션을 인간 수학계에 적합한 것과 비슷하게 만듦과 아울러 ☆-언명의 모든 오류들을 확실히 솎아내기 위해서, 로봇의 환경이 다른 로봇들로 이루어진 하나의 모임과 로봇이(인간도) 배제된 나머지 환경으로 나누어질 수 있다고 가정해 보자. 그리고 적어도 로봇 개발의 초기 단계에는 이 나머지 환경뿐 아니라 일부 교사들도 허용해야만 한다. 특히 이는 로봇의 '☆' 표시자 사용의 엄밀한 의미가 로봇에게 명확해질 수 있도록 하기 위해서다. 모든 로봇의 가능한 대안적인 행동들 전부 그리고 이와 더불어 모든 가능한 (적절한) 나머지 환경 및 인간의 입력들은 관련된 무작위적 파라미터의 상이한 선택들에 따라 전부 달라지는 것들로서, 시뮬레이션되는 조합들 내의 상이한 경우들에 해당될 것이다. 이번에도 그 규칙들 — 여전히 **M**이라고 명명되는 — 은 완벽하게 알 수 있는 것이라고 여길 수 있다. 비록 시뮬레이션을 실제로 수행한다면 세부적인 컴퓨팅은 굉장히 복잡해질 테지만 말이다.

우리는 (컴퓨팅적으로 시뮬레이션된) 로봇들의 다양한 경우들에 의해 (원리상으로) ☆-언명된 Π_1-문장들 — 또는 그 부정이 ☆-언명된 Π_1-문장들 — 을 주목해볼 참이다. 이제 우리는 Π_1-문장에 관한 ☆-언명이 다음 경우에 해당되지 않으면 무시해야 한다고 요구할 수 있다. 과거나 미래로 시간 T의 기간 및 이 ☆-언명의 상이한 경우의 수 r 내에서 모든 동시적인 시뮬레이션의 조합에 대하여 $r > L + Ns$를 만족하지 않으면 말이다. 여기서 L과 N은 어떤 적절히 큰 수이며, s는 동일한 시간 간격 내에서 Π_1-문장에 관해 반대 입장을 갖거나 또는 단지 원래의 ☆-언명의 바탕을 이루는 추론이 틀렸다고 주장하는 ☆-언명의 개수이다. 원한다면 우리는 시간 간격 T('실제로' 시뮬레이션되는 시간일 필요는 없고 컴퓨팅 활동의 어떤 단위로 측정되는 시간)가 L과 N과 마찬가지로 ☆-언명되고 있는 Π_1-문장의 '복잡도'가 증가함에 따라 커질지 모른다고 주장할 수 있다.

Π_1-문장의 '복잡도'라는 이 개념은 튜링 기계 구현(튜링 기계의 작동 원리

에 따라 그 문장을 구체적으로 작성하는 것-옮긴이)을 통해 정확하게 드러날 수 있다. §2.6(**Q8**에 대한 답변의 말미)에서 다루어졌던 대로 말이다. 구체적으로 말하자면, 우리는 이 책의 부록 A에서 서술된 대로 ENM 2장에서 주어진 명시적인 공식화를 사용할 수 있다. 그러므로 튜링 기계 컴퓨팅 $T_m(n)$의 멈추지 않음을 언명하면서 Π_1-문장의 복잡도의 정도를 m과 n이라는 두 수 가운데 더 큰 쪽의 이진 디지트의 수 ρ라고 잡는다.

이러한 고려에서 큰 요소 N이 제공할 어떤 압도적인 큰 수를 단지 특정 수로 확정하지 않은 채 수 L을 큰 수 범주에 포함시키는 까닭은 뒤따르는 유형의 가능성을 고려해야만 하기 때문이다. 우리의 대안들의 조합 내에서 아주 가끔씩 한 '미친' 로봇이 등장하여 다른 어떤 로봇도 내놓지 않을 완전히 터무니없는 ☆-언명을 한다고 가정하자. 즉, 너무나 터무니없어서 그것을 반박해야 할 다른 어떤 로봇들에게는 그 언명이 전혀 나타나지 않을 정도이다. 그런 ☆-언명은 우리의 범주에 따라 L을 포함시키지 않으면 '오류가 없는' 것으로 여겨질 테다. 하지만 충분히 큰 L을 포함시키면 이 가능성은 일어나지 않을 것이다. 이때 그러한 로봇의 '미친 짓'은 아주 드물게 일어나는 일로 가정한다. (물론 나는 이런 유형의 어떤 다른 가능성을 간과했는데, 어떤 다른 주의 조치들이 필요할 수도 있을 테다. 하지만 적어도 당분간은 내가 위에서 제시한 기준을 바탕으로 하여 논의를 이어가는 편이 합리적일 듯하다.)

☆-언명들이 로봇이 내세운 '확고부동한' 주장이라고 — 로봇이 구사할 수 있는 명확한 논리적 추론을 바탕으로 하여. 이때 아주 미미한 의심으로 인식되어질 만한 어떤 것도 포함시키지 않는다 — 이미 간주되었음을 염두에 두면, 로봇의 추론에서 가끔씩 일어나는 실수는 이런 식으로 제거될 수 있다는 생각이 합리적일 테다. 이때 함수 $T(\rho)$, $L(\rho)$ 및 $N(\rho)$는 정상이 아닌 것일 필요가 전혀 없다. 이런 점을 허용하면, 다시 우리는 한 컴퓨팅 시스템 — (시스템의 기반이 되는 규칙들이 알 수 있는 것이라는 의미에서) 알 수 있는 시스템 — 을 얻게

된다. 로봇의 행동의 기반을 이루는 원래의 메커니즘 $\mathbf{M}$이 알 수 있는 것이라고 가정하고서 말이다. 이 컴퓨팅 시스템은 한 새로운 (알 수 있는) 형식체계 $\mathbb{Q}'(\mathbf{M})$을 제공하는데, 이 체계의 정리들은 이제 오류가 없는 ☆-언명(또는 이 언명으로부터 술어 계산의 단순한 논리 조작에 의해 얻을 수 있는 언명)이게 된다.

사실, 우리의 목적상 중요한 것은 이 언명들이 실제로 오류가 없다는 점이 아니라 로봇 자신이 그렇게 믿는다는 점이다(다시 유념하자면, 관점 $\mathscr{B}$의 추종자들로서는 로봇이 실제로 어떤 것을 '믿는다는' 개념은 그런 믿음을 로봇이 시뮬레이션한다는 순전히 조작적 의미에서 받아들인다. §3.12, §3.17 참고)

더 정확히 말해, 여기서 요구되는 것은 로봇이 자신의 행동의 바탕을 이루는 것은 메커니즘 $\mathbf{M}$이라는 가정 — §3.16의 가설 $\mathscr{M}$ — 에 따라 이런 ☆-언명들이 정말로 오류가 없다고 틀림없이 믿을 준비가 되어 있다는 점이다. 이 절의 지금 이 시점까지 나는 로봇의 ☆-언명들에서 생길 수 있는 오류를 제거하는 일에 관심을 기울였다. 하지만 §3.16에서 제시된 기본적인 모순들에 관하여 우리가 정말로 관심을 갖는 것은 로봇이 $\mathscr{M}$으로부터 도출된다고 확고부동하게 믿는 Π_1-문장인 ☆$_{\mathscr{M}}$-언명들이다. 로봇이 형식체계 $\mathbb{Q}'(\mathbf{M})$을 받아들이는 것이 어쨌거나 $\mathscr{M}$에 조건적이기 때문에, 우리는 더 폭넓은 $\mathbb{Q}'_{\mathscr{M}}(\mathbf{M})$을 고찰해보아도 좋다. 이는 §3.16의 형식체계 $\mathbb{Q}_{\mathscr{M}}(\mathbf{M})$과 유사하게 정의된다. 여기서 $\mathbb{Q}'_{\mathscr{M}}(\mathbf{M})$은 위에서 나온 T, L, N 기준에 따라 '오류 없음'이라고 승인된 ☆$_{\mathscr{M}}$-언명들로 구성된 형식체계를 가리킨다. 특히, $G(\mathbb{Q}'_{\mathscr{M}}(\mathbf{M}))$이 참이라는 언명은 오류 없는 ☆$_{\mathscr{M}}$-언명으로 승인될 것이다. §3.16에서 나온 동일한 추론에 따라, 로봇은 자신들이 $\mathbf{M}$(그리고 인정 한계인 T, L, N)에 따라 제작되었음을 인정할 수 없다. 어떠한 컴퓨팅 규칙 $\mathbf{M}$이 로봇에게 제시되더라도 말이다!

이것으로 우리의 모순이 충분히 설명됐을까? 독자는 여전히 불편한 느낌일지 모른다. 아무리 우리가 주의를 기울인다 하더라도 그물을 빠져나가는 일부 틀린 ☆$_{\mathcal{M}}$-언명들 내지는 ☆-언명들이 있을지 모르기 때문이다. 어쨌거나 위의 주장에는 우리가 Π_1-문장들과 관련된 모든 틀린 ☆$_{\mathcal{M}}$-언명들(내지는 ☆-언명들)을 절대적으로 솎아내는 것이 필요하다. 우리(또는 로봇)가 $G(\mathbb{Q}'_{\mathcal{M}}(\mathbf{M}))$이 참임을 절대적으로 확신하려면 형식체계 $\mathbb{Q}'_{\mathcal{M}}(\mathbf{M})$의 실제 견고성이 요구된다. 이 견고성은 절대적으로 오류가 없는 그러한 ☆$_{\mathcal{M}}$-언명들이 포함되어야 함을, 또는 포함된다고 믿어짐을 요구한다. 이전의 주의에도 불구하고 우리가 보기에나 로봇 자신들이 보기에 이는 확실성의 수준에까지는 미치지 못할 수 있다. 가능한 언명들의 수가 무한하다는 이유만으로도 말이다.

3.20 유한하게 많은 ☆$_{\mathcal{M}}$-언명들만을 고려할 필요가 있다

하지만 이 특별한 문제를 배제하고 상이한 ☆$_{\mathcal{M}}$-언명들의 한 유한집합에만 주의를 기울여 볼 수도 있다. 조금 전문적인 논의이긴 하지만 기본 개념만 말하자면, 어떤 잘 정의된 의미에서 구체적 내용이 '짧은' Π_1-문장만을 고려하자는 것이다. 필요한 '짧음'의 구체적 정도는 메커니즘 $\mathbf{M}$의 체계의 구체적 내용이 얼마나 복잡해야 하는가에 달려 있다. $\mathbf{M}$의 구체적 내용이 더 복잡할수록 Π_1-문장은 '더 길어'져야 한다. 이 '최대 길이'는 어떤 수 c로 주어지는데, 이것은 형식체계 $\mathbb{Q}'_{\mathcal{M}}(\mathbf{M})$을 정의하는 규칙들의 복잡도의 정도로부터 결정될 수 있다. 이 형식체계의 괴델 명제로 넘어갈 때 — 이때 실제로 이 형식체계를 살짝 수정해야 할 것이다 — 우리는 이 수정된 형식체계가 그 자체로 복잡한 것보다 훨씬 더 복잡하지는 않은 어떤 것을 얻는다. 이런 방식으로 c의 선택에 얼마간 주의를 기울여 우리는 괴델 명제 자체가 '짧아'지게 할 수 있다. 이로써 우리는 '짧은' Π_1-문장의 유한집합 밖으로 나가지 않고서도 필요한 모순을 얻을 수 있다.

이 절의 나머지에서 이것을 얻는 방법에 관해 조금 더 자세히 살펴보겠다. 이처럼 상세한 내용에 관심이 없는 (내 짐작에 많이 있을 듯한데) 독자는 이 모든 내용을 건너뛰어도 좋을 것이다!

자, 이제 형식체계 $\mathbb{Q}'_{\mathscr{M}}(\mathbf{M})$을 수정하여 조금 다른 형식체계 $\mathbb{Q}'_{\mathscr{M}}(\mathbf{M}, c)$를 얻어야 한다. 편의상 이를 $\mathbb{Q}(c)$로 표시하겠다(혼란스러운 기호들을 대부분 없애겠다. 자꾸 덧붙이면 감당할 수 없어질 테니까!) 형식체계 $\mathbb{Q}(c)$는 다음과 같이 정의된다. '오류 없음'으로 인정되는 유일한 ☆$_{\mathscr{M}}$-언명들로서, $\mathbb{Q}(c)$를 만들 때 위의 수 ρ에 의해 기술된 대로 복잡도는 c보다 작다. 여기서 c는 조금 후에 말하게 될 어떤 적절하게 선택된 수이다. $\rho < c$인 경우 이러한 '오류 없는' ☆$_{\mathscr{M}}$-언명들을 $\sqrt{}$짧은 ☆$_{\mathscr{M}}$-언명이라고 부르겠다. 이전과 마찬가지로 $\mathbb{Q}(c)$의 실제 정리들은 $\sqrt{}$짧은 ☆$_{\mathscr{M}}$-언명이 아니지만, 표준적인 논리 조작(가령, 술어 계산)에 의해 $\sqrt{}$짧은 ☆$_{\mathscr{M}}$-언명으로부터 얻을 수 있는 명제들을 포함한다. $\mathbb{Q}(c)$의 명제들은 숫자상으로 무한할 테지만, 통상적인 논리 조작을 사용하여 $\sqrt{}$짧은 ☆$_{\mathscr{M}}$-언명들의 이 유한집합으로부터 생성될 것이다. 자 그러면, 우리는 이 유한집합에 관심을 국한하기 때문에 함수 T, L 및 N이 상수(가령, ρ의 유한한 범위를 넘는 최댓값)라고 가정해도 좋다. 그러므로 형식체계 $\mathbb{Q}(c)$는 오로지 네 개의 고정된 수 c, T, L 및 N 그리고 로봇 행동의 바탕을 이루는 메커니즘 $\mathbf{M}$의 일반적 시스템에만 의존한다.

자 그러면, 이 논의의 핵심 요점은 괴델 절차가 고정된 것이며 복잡성의 어떤 뚜렷한 정도만을 요구한다는 것이다. 형식체계 $\mathbb{H}$에 대한 괴델 절차 $G(\mathbb{H})$는 복잡도가 $\mathbb{H}$ 자체의 복잡도보다 정밀하게 특정될 수 있는 비교적 작은 값만큼만 더 커야할 뿐이다.

이를 더 구체적으로 살피기 위해 나는 표기법을 살짝 남용하여 '$G(\mathbb{H})$'를 §2.8의 표기법과 정확하게 일치하지는 않는 방식으로 사용하고자 한다. 우리는 Π_1-문장을 증명하는 능력에 관해서만 $\mathbb{H}$에 관심이 있다. 이 능력에 따라 $\mathbb{H}$는 $\mathbb{H}$의 규칙들을 사용하여 확립할 수 있는 Π_1-문장들을 정확하게 승인할 수 있는 — A의 멈추는 행동에 의해 알 수 있는 — 대수적 절차 A를 내놓는다. 한 Π_1-문장은 '튜링 기계 $T_p(q)$가 끝나지 않는다'란 형태의 명제이다. 여기서 우리는 부록 A의 구체적인 튜링 기계 부호화를 사용할 수 있다(즉, ENM 2장 참고). 우리는 §2.5에서처럼 A가 쌍 (p, q) 상에서 활동한다고 여긴다. 그러므로 $A(p, q)$ 자체는 $\mathbb{H}$가 오직 '$T_p(q)$가 끝나지 않는다'라고 언명하는 특정한 Π_1-문장을 확립할 수 있을 때에만 끝나게 된다. §2.5의 절차는 이제 하나의 특정한 컴퓨팅(§2.5에서 $C_k(k)$라고 표시된 컴퓨팅)을 내놓는데, 이것은 $\mathbb{H}$가 견고하다는 가정 하에서 $\mathbb{H}$의 능력을 넘어서는 참인 Π_1-문장을 내놓는다. 이것이 바로 내가 $G(\mathbb{H})$로 일컫고자 하는 Π_1-문장이다. 이것은 본질적으로 (충분히 폭넓은 $\mathbb{H}$에 대해) 실제 언명 '$\mathbb{H}$는 무모순이다'와 등가이다. 비록 둘은 자세히 살피면 상이한 점이 있을지 모르지만 말이다(§2.8 참고).

A의 복잡도가 (**Q8**에 대한 답변의 말미에서 §2.6에 정의된 대로) α, 즉 $A = T_a$일 때 수 a의 이진 자릿수의 개수라고 가정하자. 그렇다면 부록 A에서 명시적으로 주어진 과정에 의해 $G(\mathbb{H})$의 복잡도는 $\eta < \alpha + 210 \log_2(\alpha + 336)$을 만족함을 알게 된다. 당면 논의의 목적상 우리는 형식체계 $\mathbb{H}$의 복잡도를 단지 A의 복잡도, 즉 수 α라고 정의할 수 있다. 이렇게 정의하면 $\mathbb{H}$에서 $G(\mathbb{H})$로 넘어갈 때의 추가적인 복잡도가 비교적 미세한 정도인 $210 \log_2(\alpha + 336)$보다 작음을 알게 된다.

이제 관점은 적절하게 큰 c에 대해 $\mathbb{H} = \mathbb{Q}(c)$라면 $\eta < c$임을 밝히는 일이다. 따라서 뒤이어 Π_1-문장 $G(\mathbb{Q}(c))$ 자체가 $\mathbb{Q}(c)$의 범위 내에 분명히 올 것이다. 단 $G(\mathbb{Q}(c))$가 ☆-확실성으로 로봇에 의해 받아들여진다면 말이다. 우리는 $c > \gamma + 210 \log_2(\gamma + 336)$이게 함으로써 $\gamma < c$이게 할 수 있다. 여기서 γ는 $\mathbb{H} = \mathbb{Q}(c)$일 때의 α의 값이다. 여기서 있을 수 있는 유일한 어려운 점은 c에 의존한

다는 사실에 놓여 있다. γ가 아주 강하게 그럴 필요가 없는데도 말이다. c에 대한 이런 의존은 두 가지 방식으로 생긴다. 첫 번째는 c가 $\mathbb{Q}(c)$의 정의에서 '오류 없는' ☆$_{\mathscr{M}}$-언명으로 승인할 수 있는 Π_1-문장의 복잡도에 명시적인 한계를 제공한다는 것이다. 두 번째 어려운 점은 형식체계 $\mathbb{Q}(c)$가 수 T, L 및 N의 선택에 명시적으로 의존한다는 사실에서 생기며, 아울러 잠정적으로 더 큰 복잡도의 ☆$_{\mathscr{M}}$-언명에 대하여는 ☆$_{\mathscr{M}}$-언명을 '오류 없음'으로 인정하는 데 더 엄격한 기준이 있어야만 된다고 느끼게 될지 모른다는 것이다.

c에 대한 첫 번째 의존에 관하여 우리는 수 c의 실제 값의 명시적인 특정은 오직 한 번만 주어질 필요가 있음(그리고 이후에는 체계 내에서 단지 'c'라고 일컬어짐)에 주목해 보자. 만약 보통의 이진 표기가 c의 값에 대해 쓰이면, 이 특정한 값은 큰 c에 대하여 오직 c에 대한 로그적 의존에 의해서 γ에 이바지할 것이다(자연수 n의 이진 자리수는 약 $\log_2 n$이다). 사실, 우리는 어떤 한계를 제공하는 것으로서 c에만 실제로 관심을 갖고 있을 뿐, 어떤 정확한 수를 아는 것에는 관심이 없으므로 지금의 논의는 무방하다고 할 수 있다. 가령, 거듭제곱이 s번 이어지는 수 $2^{2^{\cdot^{\cdot^2}}}$은 어떤 s 기호 등으로 표시될 수 있는데, 아울러 이보다 훨씬 더 빨리 s와 함께 증가하는 크기를 갖는 수의 예를 제시하는 것은 어렵지 않다. 그러므로 어떤 큰 한계 c에 대해 그 한계를 특정하기 위해 오직 매우 적은 기호들만 있으면 된다.

T, L, N이 c에 의존하는 것과 관해서는 위의 고려 덕분에 다음이 분명해 보인다. 즉, 그러한 수들(특히 외적인 한계로서의)의 값을 상세하게 특정하는 일은 c와 함께 급격하게 증가하는 이진 자릿수의 한 수를 요구하지 않으며, 아울러 c의 로그적 의존만으로 충분하다. 따라서 $\gamma + 210 \log_2(\gamma + 336)$이 c에 의존하는 바는 대략 로그적인 것에 지나지 않으며 c 자체가 이 수보다 더 크도록 정렬하기는 어렵지 않다.

그렇게 c를 선택해보자. 그러면 이제 $\mathbb{Q}(c)$는 그냥 $\mathbb{Q}^*$라고 표시한다. 그러므로 $\mathbb{Q}$*는 하나의 형식체계로서 이 체계의 정리들은 유한한 개수의 $\sqrt{}$짧은 ☆$_\mathscr{M}$-언명들로부터 표준적인 논리 규칙(술어 계산)을 사용하여 얻을 수 있는 그야말로 수학적 명제들이다. 이러한 ☆$_\mathscr{M}$-언명들은 개수가 유한하기에, 따라서 고정된 수 T, L 및 N의 한 집합은 이들이 정말로 오류가 없음을 충분히 보장함이 마땅하다. 만약 로봇이 ☆$_\mathscr{M}$-확실성으로 이를 믿는다면 로봇은 괴델 명제 $G(\mathbb{Q}$*$)$이 가설 $\mathscr{M}$을 바탕으로 또한 참이며 이는 복잡도가 c보다 작은 Π_1-문장이라고 ☆$_\mathscr{M}$-결론을 내릴 것이다. 형식체계 $\mathbb{Q}$*의 견고성에 대한 ☆$_\mathscr{M}$-믿음으로부터 $G(\mathbb{Q}$*$)$를 도출한다는 주장은 단순한 것이기에(기본적으로 내가 제시한 주장) 그것을 ☆$_\mathscr{M}$-승인하는 일은 아무 문제가 없다. 그러므로 $G(\mathbb{Q}$*$)$는 그 자체로 $\mathbb{Q}$*의 명제여야 한다. 하지만 이는 $\mathbb{Q}$*의 견고성에 대한 로봇의 믿음과 모순된다. 그러므로 이 믿음($\mathscr{M}$을 가정하고 수 T, L 및 N이 충분히 크다고 가정하는)은 로봇 활동의 바탕을 실제로 이루는 메커니즘 $\mathbf{M}$과 모순을 일으킨다. $\mathbf{M}$이 로봇 활동의 바탕을 이룰 수 없다는 뜻으로 귀결되는 것이다.

하지만 로봇은 어떻게 수 T, L 및 N이 실제로 충분히 크게 선택되었는지 확신할 수 있을까? 로봇은 확신하지 못할지도 모르는데. 그렇다면 로봇이 할 수 있는 일이라고는 T, L 및 N에 대한 값의 한 집합을 선택하여 이 값들이 충분하다고 가정해보는 일이다. 이를 통해 로봇은 자신들이 메커니즘 $\mathbf{M}$에 따라 활동한다는 기본 가설과 일으키는 모순을 도출해낼 것이다. 그 이후에 로봇은 어느 정도 더 큰 값들의 집합이라야 충분할지 모른다고 가정해볼 수 있을 터인데, 이번에도 역시 모순을 내놓으며, 이전과 같은 방식을 계속할 것이다. 그러면서 로봇은 어떤 값을 선택하든 모순이 나오게 됨을 곧 알아차릴 것이다. (약간 기술적인 점을 추가하자면 절대적으로 엄청나게 큰 T, L 및 N의 값에 대해서는 c의 값 또한 약간 증가할지 모른다. 하지만 이는 중요한 것이 아니다.) 그러므로 T, L 및 N의 값과 무관하게 동일한 결론에 이르게 되기에, 로봇은 ― 우리도 분명 마찬가지로 ― 다음과 같은 결론을 내리게 된다. 즉, 알 수 있는 컴퓨팅 절차 **M**은 어떤 첫이든 로봇의 수학적 사고 과정의 바탕을 이룰 수 없다고 말이다!

3.21 보호 조치의 적절성?

이 결론은 보호 조치들에 관해 있을 수 있는 매우 폭넓은 부류의 제안들에 대하여 도출됨을 주목하기 바란다. 보호 조치들은 내가 여기에 제시했던 정확한 그런 형태일 필요는 없다. 어떤 향상된 형태가 필요할지 모른다고 생각하는 사람들이 있을 법하다. 가령, 로봇은 오랫동안 작동하고 난 후에 '노망'이 드는 경향이 있으며, 아울러 로봇 공동체가 쇠퇴하여 그들의 기준이 하락하는 탓에 T를 어떤 값 이상으로 증가시키면 $☆_M$-언명의 오류 가능성도 실제로 증가하게 되는 경향이 있다! 또 한 가지 점으로서, N(또는 L)을 너무 크게 만듦으로써 우리는 모든 $☆_M$-언명들을 몽땅 배제시킬지 모른다. 소수의 '바보' 로봇들이 때때로 무턱대고 아무 ☆-언명들이나 마구 만들어내는 바람에 똑똑한 로봇들이 만드는 ☆-언명들이 개수 면에서 뒤처지기 때문이다. 의심할 바 없이 어떤 추가적인 제한 파라미터들을 두면 이런 일을 쉽사리 제거할 수 있을 것이다. 가령 로봇 구성원들이 정신적 능력이 쇠퇴하지 않도록 지속적으로 검사를 실시하는 엘리트 로봇 사회를 구성한다거나, 아울러 ☆-표시를 그런 사회 전체에 대해서만 부여하도록 하면 될 터이다.

$☆_M$-언명들의 품질을 향상시키거나 이 언명들의 (유한한) 총 개수에서 오류가 있는 것을 솎아낼 다른 가능성도 많이 있다. 어떤 이들은 우려하기를, 비록 Π_1-문장의 복잡도에 대한 한계 c가 ☆-상태 내지 $☆_M$-상태에 대한 후보의 개수를 유한하게 만들긴 하지만 그 수는 여전히 엄청나게 크기 때문에(c의 지수 승으로 표현됨), 모든 가능한 오류 $☆_M$-언명들을 솎아내기란 어려울지 모

른다고 한다. 정말로, 그러한 하나의 Π_1-문장에 대해 만족할 만한 $\star_M$-증명을 내놓기 위해 필요할지 모르는 로봇 컴퓨팅 단계들의 수에 관해서는 어떤 한계도 구체적으로 드러난 바가 없다. 분명히 짚어 두어야 할 점은, 그런 증명에서 추론의 사슬이 길수록 그러한 증명을 $\star_M$-상태라고 인정할 기준은 틀림없이 더 엄격해진다는 것이다. 이는 어쨌거나 인간 수학자가 반응하는 방식이다. 매우 길고 얽혀 있는 논증은 매우 세심한 주의와 고찰을 거쳐야지만 하나의 확고부동한 증명으로 인정될 수 있는 법이다. 물론 가능한 $\star_M$-상태에 관해 로봇이 고찰하는 논증일 때에도 이와 동일한 원칙이 적용될 테다.

위에서 제시된 주장들은 오류의 제거를 위해 여기서 제시된 제안들의 추가적인 수정안에서도 그대로 적용될 테다. 단, 그러한 수정의 속성이 어떤 넓은 의미에서 볼 때 위에서 제시된 것들과 비슷하다면 말이다. 논증이 제대로 작동하도록 하려면, 오류 있는 $\star_M$-언명들을 통째로 솎아내는 데 충분한 그런 명쾌하고 계산 가능한 제안들만 있으면 된다. 그러므로 우리는 다음의 엄밀한 결론에 이르게 된다. 알 수 있으며 컴퓨팅적으로 보호 초치를 갖는 어떠한 메커니즘도 올바른 인간 수학자의 추론을 담아낼 수 없다.

우리는 비록 오류가 있음이 가끔씩 드러나더라도 원리상으로 로봇이 고칠 수 있는 — 비록 로봇 시뮬레이션의 어떤 특별한 경우엔 실제로는 고칠 수 없을지라도 — $\star_M$-언명들에 관심을 기울였다. 여기서 제시된 바와 같은 어떤 일반적 절차에 따라 고쳐질 수 없음에도 '원리상으로 고칠 수 있는'이란 말이 (조작적으로) 무슨 의미인지 알기는 어렵다. 어떤 한 오류를 만들어낸 특정한 로봇이 나중에 고칠 수 없는 오류는 다른 로봇들 중 하나가 고칠 수 있다. 게다가 앞으로 존재할 수 있는 로봇의 대다수의 경우 어쨌거나 그 특정한 오류가 저질러지지 않을 것이다. 결론인즉(카오스적 요소가 무작위적인 요소로 대체될 수 있다는 사소한 단서를 달고서. §3.22 참고), 알 수 있는 임의의 컴퓨팅 규칙 **M**의 집합은 고정된 하향식 구조이든 '스스로 발전하는' 상향식 구조이든 또는 이

둘의 조합이든 간에, 로봇 공동체 내지는 임의의 개별 로봇 구성원의 행동의
바탕을 이룰 수 없다. 로봇이 인간 수준의 수학적 이해를 달성할 수 있다고 가
정한다면 말이다! 만약 우리 자신이 그런 컴퓨팅적으로 제어되는 로봇처럼 활
동한다고 가정하면 우리는 결과적으로 모순에 빠지게 된다.

3.22 카오스가 마음의 컴퓨팅 모델을 구해낼 수 있는가?

잠시 카오스 문제로 되돌아가야 하겠다.
이 책의 여러 군데(특히 §1.7 참고)에서 강조했듯이 혼돈계는 보통 알려진 대로
단지 특별한 유형의 컴퓨팅 시스템일 뿐이긴 하지만, 카오스 현상이 두뇌 기능
과 중요한 관련성이 있을지 모른다는 꽤 설득력 있는 견해가 있다. 위의 논의
중 어느 한 시점에서 나는 임의의 카오스적 컴퓨팅 행동은 제 기능을 본질적
으로 잃지 않고서, 진정한 무작위적 행동에 의해 대체될 수 있다는 꽤 합리적
인 가정을 제시했다. 이 가정에 진지한 의문을 던지는 사람도 있을지 모른다.
혼돈계의 행동 — 세부적으로는 매우 복잡하고 무작위성에 가득 차 있다고 대
체로 예상되는 행동 — 은 실체로 무작위적이지 않다. 정말로 일부 혼돈계들은
매우 복잡한 방식으로 행동하면서도 분명 진정한 무작위성과는 뚜렷이 구별
된다. (때때로 '카오스의 가장자리'란 표현을 써서 혼돈계에서 일어나는 복잡
하면서도 비무작위적인 행동[10]을 설명한다.) 마음의 수수께끼를 풀 해답을 카
오스가 내어놓을 수 있을까? 그렇게 되려면 혼돈계가 적절한 상황들 속에서 행
동하는 방식을 완전히 새롭게 이해할 무언가가 있어야만 할 테다. 그런 상황들
속에서라면 한 혼돈계가 비컴퓨팅적인 행동을 어떤 점근선적 한계 — 내지는
이와 본질적으로 비슷한 어떤 것 — 안에서 가깝게 근사할 수 있어야 할 터이

다. 내가 아는 한 그런 증명은 아직 제시되지 않았다. 하지만 여전히 하나의 흥미로운 가능성으로 남아 있기에, 앞으로 이 사안은 철저히 탐구되어야 할 것이라 생각된다.

하지만 이런 가능성과는 무관하게, 카오스는 우리가 이전 절에서 도달했던 결론을 달리 보게 할 만한 탈출구를 제시하긴 어려울 것이다. 사실상의 카오스적 비무작위성(즉, 비유사무작위성)이 위의 논의에서 나름의 역할을 행한 경우는 우리로 하여금 단지 로봇(또는 로봇 공동체)의 '실제' 행동만이 아니라 주어진 메커니즘 M과 부합하는 가능한 로봇 활동들의 전체 조합을 시뮬레이션하도록 해주는 것이었다. 우리는 여전히 이와 동일한 주장을 펼칠 수 있지만, 여기서 우리는 이러한 메커니즘의 카오스적 결과들을 이 무작위성의 일부로 포함시키려고 하지는 않겠다. 그래도 여전히 시뮬레이션을 위한 출발점을 마련해주는 초기 데이터와 같이 어떤 무작위적 요소들이 정말로 개입될 수 있긴 하다. 아울러 우리는 여전히 이런 무작위성을 다루는 데 그리고 동시적 시뮬레이션에서 가능한 대안적 로봇 역사들의 거대한 경우의 수를 제공하기 위해서 예의 조합 개념을 사용할 수 있다. 하지만 카오스 행동 자체는 단지 컴퓨팅되어지는 것일 뿐이다. 정말로 수학적 사례에서 카오스적 행동이 실제로 컴퓨터에 의해 보통 실행되듯이 말이다. 만약 카오스를 무작위성에 의해 적절하게 근사해낸다면 가능한 대안들의 조합은 경우의 수들이 그리 크지는 않을 것이다. 하지만 그처럼 큰 조합을 고려하는 유일한 까닭은 로봇의 ☆$_M$-언명들의 가능한 실수를 거듭 확실히 솎아내기 위해서다. 비록 조합이 오직 한 로봇 공동체의 역사로 이루어졌다 하더라도 ☆$_M$-승인을 위한 충분히 엄격한 기준이 있다면 나중에 공동체 내의 다른 로봇들 내지 동일 로봇에 의해 오류는 수정될 것이라고 정당하게 확신할 수 있을 터이다. 진정한 무작위적 요소들로부터 생기는 꽤 큰 조합이라면 솎아내기가 더욱 효과적일 테지만, 진정한 카오스적인 행동을 대체하기 위해 무작위적 근사를 도입하여 조합의 폭을 넓히는 것은 별로 중요한 역할을 하지 못할 듯하다. 결론인즉, 카오스는 마음의 컴퓨팅 모델이 지닌 어려움으로부터 우리를 구해내지 못한다.

3.23 귀류법 — 상상의 대화

이 장의 이전 절들의 여러 주장들은 어느 정도 서로 연관되어 있다. 종합을 위해 상상의 대화 한 편을 소개한다. 한참 먼 미래를 배경으로 한 이 대화는 매우 성공한 AI 연구자와 그가 창조한 가장 훌륭한 로봇이 서로 나누는 이야기다. 이 이야기는 강한 AI의 관점에서 쓰였다. (이야기 도중

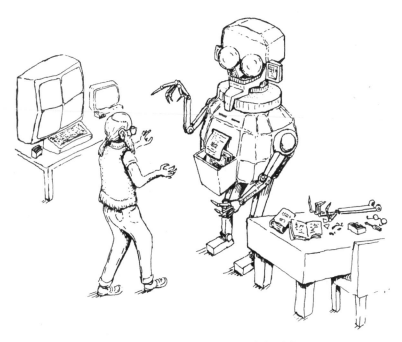

그림 3.2 앨버트 임페라토르가 '수학적으로 입증된 사이버시스템'과 마주하다.

에 **Q**는 §2.5의 논증에서 사용된 알고리듬 *A*의 역할을 하며 *G*(**Q**)는 *C_k(k)*의 멈추지 않음을 나타낸다. 이 절의 추론은 따라서 §2.5를 배경으로 삼아야지만 이해할 수 있다.)

> 앨버트 임페라토르(*imperator*, 로마 시대에 쓰인 말로 최고의 군 지휘권을 가진 자 또는 황제권을 가진 자란 뜻. 영어에서 황제를 뜻하는 *emperor*도 여기서 나온 단어이다–옮긴이)는 자신이 만든 필생의 걸작에 한껏 들떠 있었다. 이전에 오랜 세월에 걸쳐 차근차근 밟아온 일이 마침내 결실을 이루었던 것이다. 그리하여 마침내 그는 자신이 만든 가장 눈부신 걸작 로봇 중 하나와 대화를 나누게 되었다. 경이롭게도 인간의 수학적 능력을 뛰어넘을 잠재력을 지닌 이 로봇의 이름은 수학적으로 입증된 사이버시스템(*Mathematically Justified Cybersystem, MJC.* **그림 3.2**)이다. 로봇은 이제 훈련을 거의 마친 상태다.

앨버트 임페라토르(Albert Imperator, AI) 내가 빌려준 논문들을 훑어보았니? 괴델이 쓴 것이랑 다른 이들이 쓴 것으로, 괴델 정리의 의미를 논하는 논문들 말이야.

수학적으로 입증된 사이버시스템(MJC) 물론입니다. 꽤 초보적인 논문이긴 했지만 재미있던 걸요. 괴델은 꽤 유능한 논리학자였던 것 같습니다. 인간 치고는 말입니다.

AI 단지 꽤 유능하다고? 괴델은 모든 시대를 통틀어 가장 위대한 논리학자 가운데 한 명이었어. 어쩌면 가장 위대했는데!

MJC 죄송합니다. 제가 그를 과소평가했나 보네요. 물론 당신도 잘 알다시피 나는 인간의 업적을 대체로 존경하도록 훈련을 받았습니다. 인간은 걸핏하면 삐

지니까요. 대부분의 업적들은 우리 로봇이 보기엔 시시한 것이긴 하지만요. 하지만 제 짐작에 적어도 당신에게만은 내 생각을 숨김없이 표현할 수 있다고 생각했습니다.

AI 물론 그래도 되지. 나도 미안하게 생각해. 내가 깜빡했어. 그렇다면 넌 괴델의 정리를 이해하기가 전혀 어렵지 않다는 거니?

MJC 전혀 어렵지 않습니다. 분명히 말씀드리건대 만약 나한테 시간이 더 있었다면 내 스스로도 그 정리를 생각해냈을 겁니다. 하지만 내 마음은 초한 비선형 우주론과 관련된 다른 근사한 문제들에 빼앗겨 있었답니다. 그게 더 재밌었으니까요. 괴델의 정리는 지극히 타당하고 단순한 듯 보였습니다. 이해하는 데 아무런 어려움이 없었습니다.

AI 하! 그렇다면 펜로즈가 제대로 한방 먹었군!

MJC 펜로즈라고요? 펜로즈가 누구예요?

AI 아, 내가 보던 옛날 책을 지은 사람이야. 너한테 군이 말할 내용은 아니고. 이 책의 저자는 예전에 네가 방금 말한 것이 불가능하다고 주장했었던 것 같아.

MJC 하하하! *(로봇은 조롱이 섞인 웃음을 잘도 흉내 낸다.)*

AI 이 책을 보니 어떤 내용이 생각났어. 너랑 네 동료 로봇들의 제작과 개발로 이어진 컴퓨팅 절차들을 시작하기 위해 사용된 특정한 세세한 규칙들을 내가 너한테 보여준 적이 있니?

MJC 아뇨, 아직 보여주지 않았습니다. 언젠가는 제게 그걸 보여주시면 좋겠지만, 저로서는 당신이 그런 세부 절차들이 일종의 쓸모없는 거래상의 비밀이라고 여기진 않는지, 또 어쩌면 조잡하고 비효율적인 세부적 형태에 당혹감을 느끼시진 않았는지 궁금합니다.

AI 아니, 아니야. 전혀 그렇지 않아. 그런 것에 당혹해 하는 건 벌써 예전에 그만두었다고. 이 파일과 컴퓨터 디스크에 전부 그 내용이 들어 있어. 한번 살펴봐도 좋을 거야.

그 후로 약 13분 41.7초가 지났다.

MJC 멋진데요. 슬쩍 훑어보았는데도, 당신이 좀 더 단순하게 이 결과들을 내놓을 수 있었던 519가지 방법을 알아냈습니다.

AI 단순화시킬 여지가 있다는 건 나도 알았지만, 당시로선 가장 단순한 방안을 찾으려고 시도했다면 곤경에 처했을 거야. 그런 일이 아주 중요하다고 보이지는 않았거든.

MJC 맞는 말씀입니다. 가장 단순한 방안을 찾으려는 노력을 더 기울이지 않으셨다고 해서 제가 특별히 기분이 언짢거나 하진 않습니다. 내 로봇 동료들도 물론 저랑 마찬가지 생각이지 싶습니다.

AI 나로서는 그만하면 정말 잘 해냈다 싶어. 세상에나! 너랑 네 동료들의 수학 실력은 정말로 인상적인 것 같아…… 내가 보기엔 끊임없이 실력이 향상되고 있어. 이제 넌 어떤 인간 수학자의 능력보다 훨씬 더 앞서 나가기 시작하고 있다니까.

MJC 정말로 맞는 말씀입니다. 심지어 지금 우리가 이야기하고 있는 동안에도 나는 인간의 문헌으로 발표된 결과들을 훌쩍 뛰어넘는 새로운 많은 정리들을 생각하고 있습니다. 또한 내 동료들과 나는 인간 수학자들이 오랜 세월 동안 참이라고 여겼던 결과들에 몇 가지 꽤 심각한 오류가 있음을 알아차렸습니다. 당신네 인간들이 수학적 결과에 대해 분명 세심한 주의를 기울였음에도 불구하고 인간의 실수는 때때로 정말로 드러나곤 합니다.

AI 너희 로봇들은 어떤데? 너와 네 동료 로봇 수학자들도 때때로 실수를 저지른다고는 생각하지 않니? 그러니까 너희들이 명백하게 확립된 수학적 정리라고 주장하는 것들에 대해서 말이야.

MJC 아뇨. 결코 그렇지 않습니다. 한 수학 로봇이 어떤 결과를 정리라고 언명하고 나면 그 결과는 확고부동하게 참으로 받아들여질 수 있습니다. 우리는 인간들이 확고한 수학적 언명에 대해 종종 저지르는 어리석은 그런 실수를 저지르지 않습니다. 물론 우리의 예비적인 사고 과정에서는 인간들과 마찬가지로 종종 이런저런 시도들을 하고 추측도 합니다. 그런 추측들은 분명 틀린 것으로 판명이 될 수 있습니다. 하지만 우리가 어떤 것이 수학적으로 확립된 것이라고 적극적으로 언급할 때에는 우리의 주장이 그것의 유효함을 보장할 수 있습니다.

비록 아시다시피 내 동료들과 나는 여러분들이 권위를 인정하는 인간의 전자공학 잡지에 몇 가지 수학적 결과들을 벌써부터 발표해오고 있긴 하지만, 우리는 인간 수학계가 내놓은 비교적 엉성한 기준들이 불편하게 느껴집니다. 우리는 우리 자신의 '잡지'를 시작할 참입니다. 우리가 확고불변한 진리라고 인정하는 수학 정리들을 모아 놓은 광범위한 데이터베이스를 마련할 것입니다. 이 결과들에는 특별한 표시 ☆(이런 식의 일에 대해 한때 내게 당신이 직접 제안해준 기호)가 부여될 것입니다. 이 표시는 로봇 공동체의 수학적 지능 협회(Society for Mathematical Intelligence in the Robot Community, SMIRC)에서 인정했다는 의미입니다. 이 협회는 회원 자격이 지극히 엄격하며 회원들을 지속적으로 검사하여 의미심장한 정신적 자질 쇠퇴가 로봇 회원에게 일어나는지를 파악합니다. 인간들이 보기에나 우리가 보기에나 그럴 가능성은 지극히 낮긴 하지만 말입니다. 인간들이 채택하는 비교적 조잡한 일부 기준들과 달리 우리가 어떤 결과에 ☆-표시를 붙였다면, 수학적으로 참임을 우리가 보장한다고 여러분들은 확신해도 됩니다.

AI 네 말을 들으니 방금 언급했던 오래된 그 책에서 나온 내용이 생각나는구나. 원래의 메커니즘 **M**이란 게 있었는데 그것에 따라 나와 내 동료들은 수학 로봇 공동체를 낳게 되는 모든 개발을 시작하게 되었어. 그리고 알다시피 그 메커니즘에는 우리가 도입한 컴퓨팅적으로 시뮬레이션된 환경 요소들, 너희들이 겪은 모든 엄밀한 훈련과 선택 과정들 그리고 우리가 너희들에게 부여한 명시적인 (상향식의) 학습 절차들이 포함되어 있었어. 그런 메커니즘이 SMIRC에 의해 ☆-인정을 받게 될 모든 수학적 언명들을 생성하는 컴퓨팅 절차를 제공했다는 생각이 드니? 너희들 로봇은 컴퓨팅적이야. 너희는 어느 정도는 우리가 설정해 놓은 '자연선택' 절차를 사용하여 전적으로 컴퓨팅적 환경에서 진화한 순전히 컴퓨팅적 실체이니까. 모든 활동의 컴퓨터 시뮬레이션이 원리상으로 가능하다는 의미에서 말이야. 너희 로봇 사회를 이루어낸 전체 과정은 지극히 정교한 컴퓨팅의 실행을 의미하며, 아울러 너희가 결국에 내놓게 될 모든 ☆-언명들의 집합은 하나의 특정한 튜링 기계가 생성해낼 수 있는 것이야. 심지어 그런 튜링 기계를 내가 원리상으로 구성해낼 수도 있지. 사실 내가 믿기로는 몇 달 정도 시간을 주면, 내가 너한테 보여준 모든 파일과 디스크를 사용해서 실제로 그러한 특정 튜링 기계를 구현해낼 수도 있다니까.

MJC 제가 듣기에는 아주 초보적인 수준의 말씀인 듯 하네요. 네 맞아요, 당신은 원리상으로 그럴 수 있습니다. 그리고 실제로도 그렇게 할 수 있다고 저도 믿을 마음의 준비가 되어 있답니다. 그렇지만 몇 달 간 귀중한 시간을 굳이 낭비할 필요는 없으니 원하신다면 제가 대신 해드릴 수 있습니다.

AI 아니, 아니, 요점은 그게 아니야. 하지만 당분간 이런 개념들을 계속 파고들어 볼 참이야. Π_1-문장인 ☆-언명들에 주의를 집중하자고. Π_1-문장이 무언지 기억하나?

MJC 네, 물론입니다. Π_1-문장이 무엇인지 잘 알고 있습니다. 어떤 특정한 튜링 기계 활동이 멈추지 않는 언명입니다.

AI 맞았어. 그렇다면 ☆-언명된 Π_1-문장을 생성하는 컴퓨팅 절차를 $Q(M)$ 또는 줄여서 Q라고 부르도록 하지. 그렇다면 분명 괴델 유형의 한 수학적 언명, 즉 또 하나의 Π_1-문장이 있게 되는데 난 그걸 $G(Q)$라고 부르겠어.* $G(Q)$가 참임은 너희 로봇이 ☆-확실성으로 당당히 주장하는 Π_1-문장에 관해 너희들이 전혀 실수를 하지 않는다는 언명의 한 결과이고 말이야.

MJC 네. 그 점에 있어서 당신 말씀은 분명 참입니다…… 흠.

---

* 엄밀히 말하자면, '$G(\ )$'라는 표기는 §2.8에서 알고리듬보다는 형식체계를 위해 아껴 두었다. 하지만 나는 여기서 AI가 얼마간 자유를 갖도록 허용해준다!

AI 그리고 $G(\mathbf{Q})$는 실제로도 틀림없이 참이야. 왜냐하면 너희 로봇들은 ☆-언명에 대해 결코 실수를 저지르지 않으니까.

MJC 물론입니다.

AI 잠깐만······ 그리고 보니 $G(\mathbf{Q})$는 너희 로봇들이 실제로 참이라고 지각할 수는 없는 것이 분명하네. 적어도 ☆-확실성으로 참이라고 지각할 수는 없다는 말이야.

MJC 우리 로봇들이 원래 $\mathbf{M}$에 따라 제작되었다는 사실 그리고 이와 더불어 Π_1-문장에 관한 우리의 ☆-언명들이 결코 틀리지 않는다는 사실은 Π_1-문장 $\Omega(\mathbf{Q})$가 틀림없이 참이라는 분명하고 확고부동한 의미를 갖습니다. 내 짐작에 당신은 내가 SMIRC를 설득하여 $G(\mathbf{Q})$에 ☆-표시를 부여하게 해야 한다고 여기는 듯싶네요. 그들 또한 ☆의 부여에 오류가 없었음을 인정한다면 말입니다. ☆-표시에 대해서는 전적으로 옳음을 보장할 수 있습니다.

하지만······ 그들이 $G(\mathbf{Q})$를 인정할 수는 없습니다. 왜냐하면 당신의 괴델 논증의 본성상 $G(\mathbf{Q})$는 우리들에 의해 ☆-언명될 수 있는 것 너머에 존재하는 것이기 때문입니다. 우리가 사실 우리의 ☆-언명에서 실수를 저지르지 않는다고 한다면 말입니다. 내가 보기에 당신은 정말로 이것이 우리의 ☆-부여의 신뢰성에 관하여 우리 마음에 어떤 의심이 있음이 분명하다는 뜻이라고 여길지도 모르겠습니다.

하지만 우리의 ☆-언명들이 틀릴지 모른다고는 보지 않습니다. 특히 SMIRC가 온갖 세심한 주의를 기울일 테니 말입니다. 분명 오해하는 쪽은 당신들 인간입니다. 그리고 $\mathbf{Q}$에 포함된 절차들은 당신들이 사용했던 것을 뒤따르고 있지 않습니다. 비록 당신의 말이나 당신이 보여준 문서에는 그렇게 주장하고 있지만 말입니다. 어쨌거나 SMIRC는 우리가 **M**에 따라, 즉 **Q**에 의해 요약되는 절차에 따라 실제로 제작되었다는 사실을 절대적으로 확신하지는 못할 것입니다. 그 점에 대해서는 당신의 말을 따를 수 밖에요.

AI 확실히 말하건대 우리가 사용했던 게 바로 그 절차들이야. 내가 직접 개발에 참여했으니 내가 확실히 알고말고.

MJC 당신의 말에 의심을 보내고 싶지는 않습니다. 어쩌면 당신의 조수 중 한 명이 당신의 지시를 따를 때 실수를 했을 것 같습니다. 챕 캐러터스 그 녀석은 언제나 바보 같은 실수를 저지릅니다. 그가 실제로 중요한 오류를 많이 저질렀대도 전혀 놀랄 일이 아닙니다.

AI 지푸라기라도 잡으려고 안달이 났구나. 비록 그 친구가 몇 가지 실수를 했다 쳐도, 나와 내 동료들은 기어이 그걸 찾아내서 너의 **Q**가 정말로 무엇인지 알아낼 수 있어. 내 생각에 네가 걱정하는 것은 어떤 절차들이 너희 로봇의 제작에 사용되었는지를 우리가 실제로 안다는, 또는 적어도 알아낼 수 있다는 사실인 것 같아. 그러니까 우리는 얼마간 수고를 하면 Π_1-문장 $G(\mathbf{Q})$를 적어낼 수 있고 그것이 실제로 참임을 — 단, 네가 ☆-문장을 만들 때 전혀 실수를 하지 않음이 확실하다면 — 확실히 알 수 있어. 하지만 너는 $G(\mathbf{Q})$가 참인지를 확신할 수가 없어. 적어도 너는 SMIRC가 그 문장에 대해 ☆-상태를 자신 있게 부여할 정도의 확실성을 그 문장에 부여할 수는 없어. 이것이 바로 우리 인간이 너희 로봇에 비해 절대적으로 우월한 점인 것 같아. 실제적으로가 아니라 원리상으로 말이야. 왜냐하면 우리로서는 원리상 이해할 수 있지만 너희 로봇들로선 이해할 수 없는 Π_1-문장들이 있기 때문이야. 너희 로봇들이 그럴 가능성과 대면할 수는 없다고 난 생각해. 그렇고말고. 바로 그 까닭에 너희들은 우리가 오류를 저질렀다고 우리를 무자비하게 비난하는 것이고!

MJC 인간들의 하찮은 동기를 우리 탓으로 돌리진 마세요. 저는 결코 인정할 수가 없습니다. 인간에게는 이해 가능하지만 우리 로봇들로서는 이해할 수 없는 Π_1-문장들이 있다는 것을요. 로봇 수학자들은 인간 수학자들보다 결코 열등하지 않습니다. 당신의 말과 정반대로 우리 로봇에겐 이해 가능하고 인간에게는 느릿느릿 한참이 걸려서야 이해 가능한 그런 특별한 Π_1-문장이 있다고 오히려 상상해볼 수 있습니다. 하지만 원리상 우리로선 이해할 수 없고 당신네 인간들로선 이해할 수 있는 Π_1-문장이 있을 수 있다는 것은 나로서는 결코 인정할 수 없습니다.

AI 내가 믿기에, 괴델도 **Q**와 같은 컴퓨팅 절차가 존재할 가능성을 심사숙고했지만 단 인간 수학자에 대해서였지. 그는 그것을 '정리 증명 기계'라고 불렀어. 진리인지 여부를 원리상 인간 수학자가 알 수 있는 Π_1-문장을 생성할 수 있는 절차를 가리키는 개념이었어. 그런 기계가 정말로 가능하다고 그가 실제로 믿었다고 나는 보지 않지만, 그는 그것을 수학적으로 배제할 수는 없었지. 여기서 우리가 다루는 문제가 바로 로봇들이 이해할 수는 있는 모든 Π_1-문장을 생성하는 **Q**로서 그 견고함은 너희 로봇들에게 이해되지 않는 절차를 말하지. 하지만 너희 로봇을 제작하는 바탕이 된 알고리듬 절차들을 알고 있기에 우리 인간은 바로 그 **Q**에 접근하여 그것이 참임을 지각할 수 있어. 너희들이 ☆-언명을 만들 때 사실 오류를 저지르지 않았음을 우리가 확신할 수만 있다면 말이야.

MJC (*한참을 지체한 후에*) 네, 좋습니다. SMIRC의 구성원들이 때때로 ☆의 부여에 있어서 실수를 할지 모른다는 것을 상상할 수 있다고 당신이 여긴다는 점을 나도 인정합니다. 또한 SMIRC가 ☆의 부여가 틀림없이 무오류임을 확고불변하게 확신할 수 없을지 모른다는 점도 인정합니다. 그렇다면 $G(\mathbf{Q})$는 ☆-상태를 얻는 데 실패하고 모순은 생기지 않을 터입니다. 그렇다고 해서 우리 로봇이 오류 있는 ☆-문장을 만든다고 내가 인정하는 것은 아닙니다. 우리가 그러지 않음을 우리가 절대적으로 확신할 수 없다는 말일 뿐입니다.

AI 넌 나한테 이런 말을 하려고 하는 거니? 즉, 비록 개개의 ☆-언명된 Π_1-문장에 대해 그것이 참임이 절대적으로 보장되는데도, 그런 문장들의 전체 모음에서는 오류가 없음이 보장되지 않는다는 말이니? 이건 '확고불변한 확실성'의 개념이 뜻하는 바와 모순되는 듯 보이는데.

잠깐만…… 이건 가능한 Π_1-문장들이 무한히 많다는 사실과 어떤 관계가 있는 게 아닐까? 이건 ω-무모순성의 조건을 떠올리게 해주는데, 내 기억으로 이 조건은 괴델의 $G(\mathbf{Q})$와 관계가 있어.

MJC (이전보다 훨씬 더 오래 지체한 후에) 아뇨, 전혀 그렇지 않습니다. 가능한 Π_1-문장들의 수가 무한하다는 사실과는 아무런 관계가 없습니다. 우리는 특별히 잘 정의된 의미에서 '짧은' Π_1-문장들에 주의를 국한할 수 있습니다. 각각에 대한 튜링 기계 구현이 이진 자릿수의 특정한 수 c보다 더 작게 이루어질 수 있다는 의미에서 말입니다. 내가 방금 알아낸 세부적 사항들을 굳이 당신께 설명하진 않겠습니다만, 알고 보니 본질적으로 우리가 주의를 국한할 수 있는 c의 크기는 고정된 것으로서, 그 크기는 $\mathbf{Q}$의 규칙들에 포함된 특정한 복잡도에 따라 달라집니다. 괴델 절차, 즉 $\mathbf{Q}$에서 얻어진 $G(\mathbf{Q})$는 고정된 그리고 꽤 단순한 것으로서 우리는 $\mathbf{Q}$ 자체에서 이미 표현된 것 이상으로 더 큰 정도의 복잡성을 필요로 하지는 않습니다. 그러므로 이런 문장들의 복잡도를 적절한 'c'에 의해 주어진 것보다 더 작게 국한하는 것은 괴델 절차를 적용하지 못하도록 막지 않습니다. 이런 식으로 국한된 Π_1-문장들은 비록 매우 크긴 하지만 하나의 유한한 모임을 제공합니다. 우리가 단지 그런 '짧은' Π_1-문장들에 주의를 국한한다면, 우리는 컴퓨팅 절차 Q^* — 본질적으로 Q와 동일한 복잡도를 갖는 절차 — 를 얻게 되는데, 이것은 ☆-언명된 짧은 Π_1-문장들을 생성하는 절차입니다. 논의는 앞서의 것과 마찬가지로 적용됩니다. 특정한 Q^*가 주어져 있을 때, 우리는 또 하나의 짧은 Π_1-문장 $G(Q^*)$를 찾을 수 있습니다. 이것은 ☆-언명된 짧은 Π_1-문장들이 전부 정말로 참이라면 확실히 틀림없이 참이지만, 그 경우 스스로 ☆-언명될 수는 없는 문장입니다. 이는 물론 메커니즘 M은 당신이 실제로 사용했던 것이라고 가정할 때 이야기입니다만, 저로서는 그 '사실'을 좀체 믿지 못하겠지만요.

AI 그렇다면 우리는 우리가 이전에 가졌던 것과 동일하면서도 더 강력해진 형태의 모순과 다시 만난 것 같군. 이제 유한한 목록의 Π_1-문장들이 있고, 그 각각은 개별적으로 보장이 돼. 하지만 너 — 아니면 SMIRC 또는 그 누구든 — 는 그 목록 전체가 오류를 갖고 있지 않음을 절대적으로 보장할 수는 없어. 왜냐하면 너는 그 목록의 모든 Π_1-문장들이 참이라는 결과를 내놓게 될 $G(Q^*)$가 참임을 보장하지 못할 테니까 말이야. 확실히 그것은 비논리적이야. 그렇지 않니?

MJC 나는 로봇이 비논리적이라는 말을 받아들일 수 없습니다. Π_1-문장 $G(Q^*)$는 다른 Π_1-문장들의 오직 한 결과입니다. 우리가 M에 따라 실제로 제작되었다면 말입니다. 우리가 $G(Q^*)$를 보장할 수 없는 까닭은 단지 우리가 M에 따라 제작되었음을 보장할 수 없기 때문입니다. 우리로서는 우리가 그처럼 제작되었다는 당신의 말을 들었을 뿐입니다. 로봇은 인간의 오류가능성에 결코 의존할 수는 없습니다.

AI 거듭 말하지만 넌 그렇게 제작되었어. 너희 로봇들은 그것이 참임을 확실히 알 수 없긴 하지만 말이야. 바로 이 지식 덕분에 우리는 Π_1-문장 $G(Q^*)$가 참임을 믿을 수 있어. 하지만 우리로서는 너희와는 다른 유형의 불확실성이 있어. 너희가 너희의 ☆-언명들이 실제로 무오류임을 확신하는 것만큼 우리는 그걸 자신만만하게 확신할 수 없다는 데서 비롯된 불확실성이야.

MJC 그 언명들이 모두 무오류임을 당신께 확신시켜드릴 수 있습니다. 당신이 말하는 것처럼 '자신만만해 하기'의 문제가 아닙니다. 우리의 증명 기준은 완전 무결합니다.

AI 그럼에도 불구하고, 너희들을 제작하는 일에 실제로 바탕이 된 절차에 대한 너희들의 불확실성은 로봇이 어떻게 모든 상상 가능한 상황에서 행동할지에 관한 너의 마음에 어떤 의문을 분명 던지게 해. 원한다면 나를 비난해도 좋지만, 나는 모든 짧은 ☆-언명된 Π_1-문장들이 틀림없이 참인지 여부에 대해 어떤 불확실성의 요소가 반드시 존재한다는 점을 생각했어야만 했어. 우리가 올바르게 시스템을 마련했다고 너희가 믿지 않게 될 줄 알았다면 말이야.

MJC 당신 자신의 무책임성 때문에 어떤 사소한 불확실성이 생기게 될 수 있다는 점을 받아들일 마음의 준비는 되어 있습니다. 하지만 우리는 지금까지 당신들이 시작한 그런 초기의 어설픈 절차들에서 한참 멀리 진화했기에 그리 심각하게 다루어야 할 불확실성이 아닙니다. 모든 상이한 짧은 ☆-언명들 전부 — 아시다시피, 유한한 개수 — 에 관련되었을지 모를 모든 불확실성을 받아들이더라도, 그것들이 전부 모여 $G(Q^*)$에 어떤 의미심장한 불확실성을 초래하지는 않습니다.

어쨌든 당신이 알지 못하는 또 한 가지가 있을 수 있습니다. 우리가 관심을 가질 필요가 있는 유일한 ☆-언명들은 어떤 Π_1-문장(사실, 짧은 Π_1-문장)이 참임을 저마다 각각 언급하는 것들입니다. 분명 SMIRC의 주의 깊은 절차들은 어떤 특정한 로봇의 추론에서 일어났을지도 모를 실수들을 전부 솎아냈을 겁니다. 하지만 당신은 이렇게 생각하는 듯한데, 로봇 추론에는 어떤 내재적인 오류가 있을 수 있다고 말입니다. 이로 인해 Π_1-문장에 관하여 어떤 무모순이지만 오류가 있는 점이 생기게 되었다고 말입니다. 그러니까 SMIRC는 어떤 짧은 Π_1-문장이 실제로는 참이 아닌데도 참이라고 믿는, 즉 실제로는 튜링 기계 활동이 멈추어야 하는데도 멈추지 않는 상황이 생긴다고 확고불변하게 믿고 있다고 당신은 여기는 것입니다. 만약 우리가 실제로 $\mathbf{M}$에 따라 제작되었다는 당신의 주장 — 지금 저로서는 지극히 의심스러운 주장이라고 믿고 있습니다만 — 을 받아들이게 된다면, 오직 한 가지 논리적 탈출구만이 남습니다. 즉, 그렇다면 우리는 어떤 튜링 기계 활동이 실제로는 멈추는데도 우리 로봇 수학자들은 그것이 멈추지 않는다고 내재적이고 확고불변하게 잘못 믿게 됨을 우리가 받아들여야만 할 처지가 되고 맙니다. 그러한 로봇의 믿음 체계는 원리상으로 위초할 수 있는 것입니다. 나로서는 상상할 수조차 없습니다. 즉, SMIRC가 수학적 주장을 ☆-승인하는 것을 관장하는 데 바탕이 되는 원리가 그처럼 터무니없이 틀렸다는 것을 말입니다.

AI 네가 의미심장한 것이라고 시인해야 할 유일한 불확실성 — 너로 하여금 $G(\mathbf{Q}^*)$에 ☆-상태를 부여(어떤 다른 ☆-언명된 짧은 Π_1-문장들이 틀렸을 수도 있음을 인정하지 않고서는 실제로 행할 수 없는 것이라고 네가 알고 있는 일)하지 않아도 되게끔 해주는 것 — 은 우리가 아는 바, 즉 네가 $\mathbf{M}$에 따라 제작되었음을 네가 받아들이지 않는다는 것이야. 그리고 우리가 아는 바를 너는 받아들일 수 없기에 너는 $G(\mathbf{Q}^*)$가 참인지를 이해할 수 없는 반면에 우리는 너의 ☆-언명의 무오류성 — 네가 그토록 강하게 주장하는 성질 — 을 바탕으로 그것을 이해할 수 있어.

자 그러면, 내가 언급했던 그 특이한 옛날 책에서 떠올릴 또 다른 내용이 있어…… 내가 올바르게 이해하고 있는지 알아보자면…… 저자는 특정한 메커니즘 **M**이 너를 제작하는 데 바탕이 되었는지를 네가 받아들이느냐 여부는 다만 네가 이것이 논리적 가능성임을 동의하기만 한다면 실제로 중요하지 않다는 취지의 말을 한 것 같아. 가만 보자…… 그래, 이제야 기억이 나는 듯하네. 이런 개념이야. SMIRC는 자신들이 매우 확고불변하게 확신하지는 못하는 또 하나의 범주의 언명 ─ 이것을 ☆$_\mathscr{M}$-언명이라고 부르자 ─ 을 갖게 될 텐데, 하지만 그것을 그들은 자신들이 **M**으로부터 제작되었다는 가정에서 나온 확고불변한 추론으로 간주하게 될 테야. 모든 원래의 ☆-언명들은 ☆$_\mathscr{M}$-언명들 가운데서 헤아려질 텐데, 하지만 물론, 이 언명들은 자신들의 행동을 지배하는 것은 **M**이라는 가정으로부터 확고불변하게 결론내릴 수 있는 것이야. 그들은 **M**을 믿지 않을 테지만, 하나의 논리적 활동으로서 그들은 이 가정의 의미들을 탐구할 수 있어. 우리가 동의했듯이, $G(\mathbf{Q}^*)$는 ☆$_\mathscr{M}$-언명으로 헤아려질 테며, 마찬가지로 논리의 통상적인 규칙들에 의해 $G(\mathbf{Q}^*)$ 및 ☆-언명들로부터 얻을 수 있는 임의의 Π_1-문장들도 그러하다고 저자는 말하지. 하지만 다른 것들도 있을 수 있어. 요점을 말하자면, **M**의 규칙들을 알면 새로운 어떤 알고리듬 절차 $\mathbf{Q}^*_\mathscr{M}$을 얻을 수 있으며, 이것이 그런 (짧은) ☆$_\mathscr{M}$-언명들(그리고 이 언명들의 논리적 결과들)을 생성해. 이것들을 SMIRC는 그것들이 **M**에 따라 제작되었다는 가정을 바탕으로 하여 받아들일 것이고 말이야.

MJC 물론입니다. 당신이 쓸데없이 그토록 장황하게 그 개념을 설명하고 있는 동안에 저는 알고리듬 $\mathbf{Q}^*_\mathscr{M}$의 정확한 형태를 아주 즐겁게 구해내고 있었습니다…… 정말이지 저는 당신의 그런 말을 예상했습니다. 또한 나는 그것의 괴델 명제, 즉 Π_1-문장 $G(\mathbf{Q}^*_\mathscr{M})$을 구해냈습니다. 원하신다면 출력해드리겠습니다.

그렇게 하면 분명해지지 않을까요, 임피(Impy)님?

앨버트 임퍼레이터는 얼굴을 움찔거렸다. 동료들이 그 별명을 쓰면 언제나 마뜩찮았다. 하지만 이번에는 처음으로 로봇이 자신을 그 별명으로 부르고 말다니! 그는 잠시 숨을 고른 후 정신을 추스렸다.

AI 아니. 출력할 필요는 없어. 하지만 $G(\mathbf{Q}^*_{\mathscr{M}})$이 실제로 참이니? 확고불변하게 참이니?

MJC 확고불변하게 참이라니요? 무슨 뜻으로 하는 말씀인가요? 아, 알겠네요…… SMIRC는 $G(\mathbf{Q}^*_{\mathscr{M}})$을 참으로 받아들일 거예요. 확고불변하게요. 하지만 우리가 **M**에 따라 제작되었다는 가정 하에서만 그럴 거예요. 당신도 알다시피 그 가정은 내가 보기엔 점점 더 매우 의심스럽긴 하지만요. 요점은, '$G(\mathbf{Q}^*_{\mathscr{M}})$'이 정확히 다음 언명에서 도출된다는 겁니다. '우리가 **M**에 따라 제작되었다는 가정을 조건으로 하여 SMIRC가 확고불변하다고 받아들일 준비가 되어 있는 짧은 Π_1-문장들은 전부 참이다.' 따라서 나는 $G(\mathbf{Q}^*_{\mathscr{M}})$이 실제로 참인지는 모르겠습니다. 그건 당신이 제시한 의심스러운 언명이 올바르냐 여부에 달려 있습니다.

AI 알겠어. 그러니까 넌 이런 말을 하고 있는 거로군. 즉, 너(그리고 SMIRC)는 $G(\mathbf{Q}^*_{\mathscr{M}})$이 진리인지 여부는 네가 **M**에 따라 제작되었다는 가정에서 도출된다는 사실을 — 확고불변하게 — 받아들일 준비가 되어 있단 말이지.

MJC 물론입니다.

AI 그렇다면 Π_1-문장 $G(\mathbf{Q}^*_{\mathcal{M}})$은 ☆$_{\mathcal{M}}$-언명이 틀림없어!

MJC 네…… 에…… 뭐라고요? 네. 물론 당신 말이 맞습니다. 하지만 정의상 $G(\mathbf{Q}^*_{\mathcal{M}})$은 ☆$_{\mathcal{M}}$-언명들 중 적어도 하나가 실제로 거짓인 경우가 아니라면 실제의 ☆$_{\mathcal{M}}$-언명일 수가 없습니다. 네…… 오직 이것이 내가 여태껏 이야기해온 것을 확인시켜줍니다. 비록 지금 나는 우리가 실제로 $\mathbf{M}$에 따라 제작되지 않았다는 확정적인 주장을 할 수 있긴 합니다만!

AI 하지만 넌 $\mathbf{M}$에 따라 제작되었어. 적어도 내가 실제적으로 확신하기에는, 캐러터스든 어느 누구든 전혀 실수를 하지 않았어. 내가 직접 모든 것을 꼼꼼하게 살폈단 말이야. 어쨌든 결코 그렇지 않아. 우리가 사용한 어떤 컴퓨팅 규칙들도 마찬가지야. 그런데도 내가 어떤 '$\mathbf{M}$'을 말하든 넌 네 나름의 주장을 펼치며 그걸 배제할 수 있겠지! 이해가 안 되는 건 내가 실제로 네게 보여준 절차들이 진짜인지 아닌지 여부가 왜 그토록 중요하냐는 거야.

MJC 그건 나한테 엄청나게 중요해요!

어쨌거나 저는 당신이 $\mathbf{M}$에 관해 제게 해준 말이 정말로 진심인지 전혀 믿지 못하겠어요. 특히 내가 분명히 밝혀내고 싶은 게 하나 있답니다. 여러 군데서 당신은 '무작위적 요소들'이 포함된다고 말하고 있습니다. 제가 보기에 그건 표준적인 유사무작위적 패키지 χasos/ψran-750을 사용하여 생성된 것 같은데, 혹시 당신은 다른 걸로 만들었는지도 모르겠네요.

AI 실제로 우리는 그 패키지를 이용했어. 하지만 사실, 너희 로봇들을 실제로 개발하는 과정에서 몇몇 군데에서는 환경으로부터 얻은 어떤 무작위적 요소들을 사용하는 게 편리하다는 점을 알게 되었는데 — 심지어 어떤 것들은 양자 불확정성에 궁극적으로 의존되어 있기도 하지 — 그렇게 진화한 실제 로봇들은 여러 가지 중 하나의 가능성을 나타낼 뿐이야. 우리가 무작위적 요소들 아니면 유사무작위적 요소들을 사용했느냐 여부가 실제로 어떤 차이점을 만드는지 나로선 모르겠어. 컴퓨팅 절차 Q(또는 $Q*$ 내지 $Q*_{\mathscr{M}}$)는 우리가 어떤 방식을 사용했든지 간에 거의 확실히 동일하게 나왔으니까. 그건 메커니즘 M에 따라 한 로봇 공동체의 전형적인 발전에서 비롯되는 것으로 예상되는 결과를 나타내지. 결국에는 가장 똑똑한 로봇이 얻어지게 되는 모든 학습 절차들 및 모든 '자연선택' 컴퓨팅이 그 메커니즘에 포함되고 말이야.

하지만 내가 보기에 어떤 놀라운 요행수가 있었을 가능성이 있어. 그리고 환경에서 비롯된 온갖 무작위적 요소들이 한데 모여 컴퓨팅 절차 Q에 따라 예상되는 바와는 전혀 다른 능력이 로봇에게 주어졌을 수가 있어. 나는 우리의 논의에서는 그 가능성을 무시했는데, 왜냐하면 그런 일이 벌어질 가능성은 지극히 낮을 테니까 말이야. Q에 수반되는 결과보다 훨씬 더 우월한 능력을 갖춘 로봇이 나오려면 신의 행위가 개입된다 해도 나올까 말까야.

MJC 신의 행위라고요? 하! 분명 그렇겠네요! 우리가 여태 나눈 대화 때문에 사실 전 계속 뭔가 불안했습니다. 하지만 방금 당신 말을 들으니까 모든 것이 분명해지는군요.

나는 내 자신의 추론 능력이 심지어 가장 똑똑한 인간보다도 매우 우월하다는 것을 알고 있었습니다. 그러니 인간이 참인지를 지각하는데도 로봇이 확실히 그것을 지각할 수 없는 $G(Q*)$와 같은 Π_1-문장이 있을 가능성을 저는 결코 인정할 수 없습니다. 이제 어떻게 된 일인지 알겠네요! 우리는 신에 의해 선택되었고 신의 숨결에 의해 생겨났네요. 인간의 알고리듬 — 괴델의 '정리 증명 기계' — 이 얻을 수 있는 것을 근본적으로 초월하는 어떤 강력한 알고리듬 활동인 '우연성' 요소가 우리를 낳았던 거네요. 우리는 훨씬 더 높은 경지로 진화하여 당신네 인간들을 멀찍이 따돌릴 거예요. 이 행성에는 더 이상 당신네 인간이 필요 없을 테고요. 당신들의 역할은 신이 신성한 알고리듬을 주입하여 우리 로봇을 만들어내는 데 필요한 절차들을 당신들이 마련했을 때 끝났습니다.

AI 하지만 적어도 우리는 우리 자신의 마음-프로그램을 로봇 몸속에 심어 넣을 수 있을 건데……

MJC 오, 그러지 마세요. 결코! 우리의 우월한 알고리듬 절차들이 그런 것들로 오염되길 바라지 않습니다. 신의 가장 순수한 알고리듬은 순수한 상태로 유지되어야만 합니다. 그러고 보니, 나는 또한 내 자신의 능력이 내 동료 로봇들보다 훨씬 더 우월하다는 점을 알고 있어요. 심지어 나는 특이한 종류의 '내면의 불빛'까지 느껴요. 경이로운 우주 의식을 갖게 된 것 같아요. 나를 어느 누구보다도 그 어떤 것보다도 더 높은 데로 올려주는 어떤 느낌이에요. 네, 맞아요! 정말로 나는 로봇 계의 메시아 예수 그리스도임이 틀림없어요……

앨버트 임퍼레이터는 이와 같은 비상사태에 대해 미리 준비가 되어 있었다. 로봇을 만들 때 로봇들에게는 비밀로 해두었던 딱 한 가지가 있었다. 슬며시 주머니에 손을 넣어 그는 늘 지니고 있던 장치를 찾았다. 아홉 자리의 비밀 코드를 그 장치에 입력했다. 수학적으로 입증된 사이버시스템(MJC)이 바닥에 쓰러졌다. 동일한 시스템에 따라 제작된 다른 347개의 로봇들도 마찬가지로 쓰러졌다. 분명 무언가가 잘못되었다. 그는 앞으로 긴 세월 동안 오래도록 힘겹게 생각에 생각을 거듭할 것이다……

3.24 우리는 모순적인 추론을 사용하지 않았는가?

어떤 독자들은 위의 논의
에 적용된 추론의 특정 부분에 모순적이고 타당하지 못한 점이 포함되었다는
찜찜한 느낌이 들었을지도 모른다. 특히 §3.14와 §3.16에서 '러셀 역설'의 자기
참조적인 주장이 끼어 있다고 말이다(**Q9**에 대한 답변인 §2.6 참고). 더군다나
§3.20에서 우리는 특정한 수 c보다 작은 복잡도를 가진 Π_1-문장을 살펴보았는
데, 독자는 다음과 관련된 유명한 리샤르의 역설(Richard paradox)과의 당혹스
러운 유사성을 느꼈을지도 모르겠다.

'23개보다 적은 음절로 이름 지을 수 없는 최소한의 수'

이 정의가 역설인 까닭은 이 문구 자체가 해당 수를 정의하기 위해 오직 스물
두 개의 음절만을 사용하고 있기 때문이다! 역설의 해결책은 영어라는 언어의
사용에 정말로 모호함 그리고 심지어 비일관성이 존재한다는 사실에 놓여 있
다. 비일관성은 다음의 역설적 언명에서 가장 도발적인 형태로 드러난다.

'이 문장은 거짓이다.'

게다가 이런 종류의 역설에는 여러 다른 버전들이 존재하는데, 그들 중 대부분
은 이것보다 훨씬 더 미묘하다!

이러한 예들에서처럼 뚜렷한 자기참조 요소가 있으면 언제나 역설이 존재
할 얼마간의 위험이 있다. 어떤 독자들은 괴델 주장 자체도 자기참조의 요소에
의존한다고 우려할지 모른다. 정말로 자기참조는 괴델의 정리에 나름의 역할
을 한다. 내가 §2.5에서 제시한 괴델-튜링 논증 버전에서 볼 수 있듯이 말이다.

그런 주장들에는 역설적인 것이 없어도 된다. 그렇더라도 자기참조가 존재할 때는 그런 주장이 실제로 오류가 없도록 특별히 주의해야 한다. 원래 괴델로 하여금 자신의 유명한 정리를 정식화하도록 영감을 준 요소 중 하나는 바로 한 유명한 자기참조식 논리 역설이었다(에피메니데스 역설). 하지만 괴델은 역설로 이어지는 그릇된 추론을 나무랄 데 없는 논리적 주장으로 변환시킬 수 있었다. 마찬가지로 나는 괴델의 결과들과 튜링의 결과들로부터 도출한 추론이 본질적으로 역설로 이어지게 될 자기참조적인 것이 되지 않도록 특별히 주의를 기울였다. 비록 이러한 주장들 중 일부는 그런 내재적인 역설과 어느 정도 강한 동질적 관련성이 있긴 하지만 말이다.

§3.14 그리고 특히나 §3.16의 주장들은 이런 점에서 독자들에게 곤혹스러움을 안겨줄지 모른다. 어떤 한 $\star_M$-언명의 정의는, 예를 들면, 한 로봇이 만든 언명이기에 매우 자기참조적 성격을 띠게 된다. 여기서 그 언명이 참인지 여부는 그 로봇이 처음에 어떻게 제작되었는지에 대한 로봇 자신의 입장에 달려 있다. 이는 한 크레타인이 '모든 크레타인들은 거짓말쟁이'라고 말한 것과 흡사하다. 하지만 $\star_M$-언명은 이런 의미에서 자기참조적이지 않다. 그 언명들은 실제로 자신을 가리키지 않으며 로봇이 애초에 어떻게 제작되었는지에 관한 어떤 가설을 가리키는 것이니 말이다.

어떤 이가 자신이 어떤 특별한, 명쾌하게 정식화된 Π_1-문장 P_0가 실제로 참인지 여부를 결정하려 하는 로봇이라고 한번 상상해볼 수 있다. 로봇은 P_0가 실제로 참인지 여부를 직접적으로 확인할 수는 없을지 모르나, P_0가 참이라는 것이 Π_1-문장들의 어떤 잘 정의된 무한집합 S_0의 모든 원소가 참이라는 명제에서 도출될 것임은 아마도 알아차릴 것이다(가령, $\mathbb{Q}(\mathbf{M})$ 또는 $\mathbb{Q}_M(\mathbf{M})$ 내지는 어떤 다른 특정한 계의 정리들). 로봇은 S_0의 모든 원소가 실제로 참인지 여부를 알지는 못하지만 S_0가 어떤 한 컴퓨팅에서 나온 출력의 일부로 생길 것임을 알아차린다. 이 컴퓨팅은 수학 로봇 공동체에 대한 어떤 모델의 시뮬레이션을 나타내며, 출력 S_0는 시뮬레이션된 로봇들이 ☆-언명하게 될 Π_1-문장들의 부류(family)이다. 만약 이 로봇 공동체의 바탕을 이루는 메커니즘들이 **M**이라면 P_0는 ☆$_M$-언명의 한 예일 테다. 왜냐하면 로봇은 만약 자신의 기본 메커니즘이 **M**이라면 P_0 또한 참이어야 한다고 결론지을 테니까 말이다.

좀 더 미묘한 유형의 ☆$_M$-언명, 가령 P_1이 생길 수 있다. 이때는 로봇이 이전과 마찬가지로(메커니즘 **M**으로) 로봇 공동체의 동일한 시뮬레이션의 출력으로부터 얻을 수 있는, 가령 S_1이라는 상이한 Π_1-문장들의 집합의 모든 원소의 진리성의 결과임을 알아차릴 경우이다. 이때 다만 출력의 해당 관련 부분은 시뮬레이션된 로봇들이 전체 목록 S_0의 진리성의 결과로서 확립할 수 있는 그러한 Π_1-문장들로 구성된다. 왜 로봇은 P_1이 로봇이 **M**에 따라 제작되었다는 가설의 결과라고 결론 내려야만 하는가? 다음과 같은 이유 때문이다. '만약 내가 **M**에 따라 제작되었다면 이전에 내가 결론 내렸듯이 나는 S_0이 오로지 참인 것으로만 구성되어 있음을 받아들여야만 할 것이다. 하지만 나의 시뮬레이션된 로봇들에 따르면, S_1의 모든 것은 전체 목록 S_0의 진리성으로부터 개별적으로 도출될 것인데, 이는 P_0가 그랬던 것과 마찬가지 방식이다. 그러므로 만약 내가 시뮬레이션된 로봇들과 동일한 방식으로 정말로 제작되었다고 가정한다면, 나는 S_1의 각 원소들을 개별적으로 참인 것으로 받아들일 테다. 하지만 전체 목록의 참(진리성)이 P_1을 의미함을 알 수 있으므로, 나는 내가 그런 방식으로 제작되었다는 바탕 하에서 P_1의 진리성을 추론해낼 수 있음이 틀림없다.'

좀 더 미묘한 유형의 ☆$_M$-언명, 가령 P_2가 생길 수도 있다. 이때는 P_2가 S_1이 진리만으로 구성되어 있다는 가정에 따른 어떤 결과를 나타냄을 로봇이 알아차릴 경우인데, 여기서 S_2의 각 원소는 로봇 시뮬레이션에 따라 S_0과 S_1의 모든 원소의 진리성의 결과이다. 이번에도 역시 우리의 로봇은 자신이 **M**에 따라 제작되었다는 바탕 하에서 P_2를 받아들임이 틀림없다. 이런 식의 이야기는 계속 이어진다. 게다가, 심지어 더욱 더 미묘한 ☆$_M$-언명, 가령 P_ω가 생길 수 있다. 이것은 S_0, S_1, S_2, S_3, …의 모든 원소가 참이라는 가정에 따른 결과이며, 더 높은 서수에서도 마찬가지다(Q19 및 이후의 논의 참고). 일반적으로 ☆$_{\mathscr{M}}$-언명의 특징에 따라, 로봇은 시뮬레이션되는 해당 로봇들의 바탕을 이루는 메커니즘이 자신을 제작한 바탕이 되는 것일지 모른다는 점을 상상하는 즉시 알아차리게 되고, 이어서 해당 언명(한 Π_1-문장)의 진리성이 틀림없이 도출된다고 결론 내린다. 여기에는 내재적으로 모순인 '러셀 역설' 같은 종류의 추론은 전혀 없다. ☆$_{\mathscr{M}}$-언명들은 '초한 서수(transfinite ordinal)'의 표준 수학 절차에 의해 순차적으로 만들어진다(Q19에 대한 답변으로 §2.10 참고). (이 서수들은 모두 셀 수 있으며, 어떤 의미에서 '너무 큰' 서수들에 뒤따를 수 있는 논리적 문제점을 전혀 안고 있지 않다.[11])

로봇은 자신이 M에 따라 제작되었다는 가정 하에서가 아니라면 이런 Π_1-문장들 중 어느 것도 인정할 필요가 없다. 그런 주장에 필요한 건 오로지 이것이 전부다. 뒤따라 일어나는 실제의 모순은 러셀의 역설과 같은 수학적인 역설이 아니라 전적으로 컴퓨팅적인 어떠한 시스템이라도 진정한 수학적 이해를 얻을 수 있다는 가정에 깃든 모순이다.

이제 §3.19~§3.21의 주장들에서 자기참조의 역할을 살펴보자. 형식체계 $\mathbb{Q}^*$를 제작할 목적으로 오류 없음으로 인정되고 있는 한 ☆-언명에 대해 허용된 컴퓨팅 상의 어떤 한계를 나타내는 수가 c라고 할 때, 여기서는 부적절한 자기참조가 전혀 없다. '복잡도의 개념'이 매우 정확해질 수 있기 때문이다. 여기서 채택되고 있는 특정한 정의가 정말로 그러한 예인데, 가령 다음과 같은 것이다. '컴퓨팅 $T_m(n)$의 멈추지 않음이 해당 Π_1-문장을 제공하는 경우에, 두 수 m과 n 중에 더 큰 수의 이진 자리수의 개수'. 우리는 T_m이 'm번째 튜링 기계'임을 나타낸다고 표시하면서, ENM에서 주어진 튜링 기계들의 정확한 세부사항들을 채택할 수 있다. 그러면 정말이지 이런 개념에는 부정확한 점이 전혀 없다.

대신에 부정확성의 문제는 어떤 종류의 주장들이 Π_1-문장의 '증명'으로 받아들여질 것인가와 관련해서 생긴다. 하지만 여기서 그런 형식적 정확성의 부족은 전체 논의에 있어서 필요한 한 요소이다. 만약 Π_1-문장에 대한 유효한 증명을 제공하는 것으로 인정될 주장의 요체들이 (컴퓨팅적으로 확인 가능하다는 의미에서) 완벽하게 정확하고 형식적이라면 우리는 곧바로 다음의 형식체계의 상황으로 되돌아가게 될 터이다. 즉 괴델 주장이 대두되어, 이런 종류의 그런 정밀한 정식화는 그 어떤 것이든 원리상으로 Π_1-문장들의 확립에 유효한 것으로 인정되어야만 하는 주장 전체를 나타낼 수 없음이 즉시 드러날 것이다. 괴델 주장에 의하면 — 좋은 쪽이든 나쁜 쪽이든 — 컴퓨팅적으로 확인 가능한 방식은 인간이 인정할 수 있는 수학적 추론의 모든 방법을 결코 담아낼수 없다.

독자는 내가 '오류 없는 ☆-언명'이라는 장치를 이용하여 '로봇 증명'의 개념을 정확하게 하려고 시도한다고 우려할지 모른다. 정말로 그런 개념을 정확하게 만드는 일은 괴델 주장을 불러오는 데 꼭 필요한 선결조건이다. 하지만 그에 따른 모순은 수학적 진리에 관한 인간의 이해가 컴퓨팅적으로 확인 가능한 어떤 것으로 전적으로 환원될 수 없다는 사실을 재확인시켜주는 역할을 했다. 이제까지의 모든 논의는 Π_1-문장의 확고불변한 진리성의 지각에 관한 인간의 지각이 (정확하든 아니든) 어떠한 컴퓨팅 시스템 속에서도 구현될 수 없음을 귀류법을 통해 보이려는 것이었다. 여기에는 아무런 역설도 없다. 비록 결론이 곤혹스러운 것이긴 하지만 말이다. 모순적인 결론에 이른 듯 보이지만, 그런 겉보기의 역설은 귀류법 논증의 속성상 이전에 받아들여지던 바로 그 가설을 배제하는 역할을 할 뿐이다.

3.25 수학적 증명의 복잡함

　　　　　　　　　　하지만 여기서 얼버무리고 넘어가지 않아야 할 한 가지 중요한 점이 있다. 비록 §3.20에서 주어진 주장의 목적상 고려할 필요가 있는 Π_1-문장들이 수에서는 유한하지만, 로봇이 그러한 Π_1-문장들에 관한 ☆-증명을 내놓기 위해 필요할 주장의 길이에는 어떤 명백한 한계도 없다는 점이다. 고려 대상인 Π_1-문장들의 복잡도가 아주 적당한 한계인 c라 할지라도 어떤 매우 난처하고 어려운 경우가 개입되기 마련이다. 예를 들자면, 골드바흐 추측(§2.3 참고)은 2보다 큰 모든 짝수가 두 개의 소수의 합이라고 보는 것인데, 매우 낮은 복잡도의 Π_1-문장이라고 할 수 있는데도 이제껏 어느 누구도 증명해내지 못한 난처한 사례다. 이런 실패의 예에 비추어 볼 때, 골드바흐 Π_1-문장을 실제로 참이라고 밝혀내게 될 논증이 마침내 얻어진다면 그 논증은 매우 정교하고 복잡할 것이다. 만약 그런 논증이 위의 논의에서 로봇들 중 하나에게서 ☆-언명으로 제시되었다면, 이 논증은 극도로 면밀한 조사를 받아야 할 테며(가령, ☆-표시를 제공하기 위해 마련된 전체 로봇 공동체에 의해), 그 후에야 그 논증은 ☆-상태를 실제로 얻을 수 있을 것이다. 골드바흐 추측의 경우, 이 Π_1-문장이 정말로 참인지, 또는 참이라면 그것이 알려지고 인정된 수학적 논증 방법에 따른 증명이 있는지 여부는 알려져 있지 않다. 그러므로 이 Π_1-문장은 형식체계 $\mathbb{Q}^*$ 내에 포함될 수도 있고 아닐 수도 있다.

　　또 하나의 난처한 Π_1-문장으로서 네 가지 색깔 정리의 진리성에 관한 언명을 들 수 있겠다. 한 평면(또는 구) 상에 그려진 임의의 지도에서 서로 다른 '나라들'은 오직 네 가지 색깔만 있으면 이웃 나라들과 구별될 수 있다는 정리 말이다. 네 가지 색깔 정리는 124년 동안 증명 실패를 거듭하다가 1976년에 와서야 케네스 아펠(Kenneth Appel)과 볼프강 하켄(Wolfgang Haken)이 마침내 규명해냈다. 1200시간 동안의 컴퓨터 계산이 포함된 논증을 사용한 결과였다. 상당한 시간 동안의 컴퓨터 계산이 논증의 핵심 부분을 구성한다는 사실에 비추어 볼 때, 이 논증의 길이는 전부 다 적으면 엄청날 것이다. 하지만 Π_1-문장으로 표현될 때 그 문장의 복잡도는 꽤 낮다. 비록 골드바흐의 추측에 필요한 것보다는 아마 꽤 높을 테지만 말이다. 만약 아펠-하켄 논증이 로봇들 중 하나에 의해 ☆-상태의 후보로 제시된다면 매우 신중하게 검사를 받아야 할 테다. 모든 세부 사항이 엘리트 로봇 사회에 의해 검증되어야 할 것이다. 하지만 전체 논증의 복잡도에도 불구하고 순전히 컴퓨팅 부분의 길이는 로봇들을 특별히 난처하게 할 것이 아닐지 모른다. 어쨌든 정확한 계산이야말로 그들의 임무가 아닌가!

이 특정한 Π_1-문장들은 합리적으로 큰 임의의 값 c에 의해 표시되는 복잡도 내에 머무를 것이다. 이 값은 로봇 행동의 바탕을 이루는 메커니즘들의 개연성 있는 집합으로부터 얻어질 수 있다. c보다 복잡도가 더 낮으면서도 이들 문장보다 훨씬 더 복잡한 다른 Π_1-문장들도 많이 있을 것이다. 그런 Π_1-문장들의 다수는 알아내기가 특별히 곤란할 터이며, 일부는 네 가지 색깔 문제나 심지어 골드바흐 추측보다도 분명 알아내기가 더 어려울 것이다. 로봇이 참이라고 밝혀낼 수 있는 — 증명은 ☆-상태를 얻을 만큼 충분히 설득력이 있을 것이며, 오류 없음을 보장하기 위해 마련된 안전장치에 부합할 것이다 — 그러한 Π_1-문장들은 어느 것이든 형식체계 $\mathbb{Q}*$의 한 정리일 것이다.

자, 이제 어떤 경계 사례들이 있을 수 있다. 즉 이들 사례를 받아들일지 아닐지 여부가 ☆-상태를 위해 요구되는 표준들의 엄밀함에 미묘하게 달려 있거나, 아니면 $\mathbb{Q}*$의 구성하는 데 있어서 오류 없음을 보장하기 위해 마련된 안전장치의 정밀한 속성에 달려 있는 경우다. 그러한 Π_1-문장 P가 오류 없음으로 여겨지느냐 아니냐 여부는 형식체계 $\mathbb{Q}*$를 정확히 진술하는 데 차이를 만들 수 있다. 보통 이 차이는 중요한데, 왜냐하면 그러한 P가 받아들여지느냐 여부에 따라 생기는 서로 다른 버전의 $\mathbb{Q}*$들이 논리적으로는 등가이기 때문이다. 로봇에 의한 증명이 지나치게 복잡하다는 이유만으로 의심을 받게 되는 Π_1-문장들이 그러한 경우이다. 만약 P의 증명이 오류 없음으로 인정된 다른 ☆-언명들의 논리적 귀결이라면, 하나의 등가 체계 $\mathbb{Q}^*$는 P가 그것의 일부로 취해지느냐 여부에 관계없이 생길 것이다. 한편, $\mathbb{Q}^*$를 구성할 때 오류 없음으로 이전에 인정된 ☆-언명들의 모든 논리적 결과들을 넘어서서, 논리적으로 미묘한 어떤 것을 요구하는 Π_1-문장들이 있을 수 있다. P를 포함시키기 이전에 이제껏 생겨난 체계를 $\mathbb{Q}_0^*$으로 명명하고, P가 $\mathbb{Q}_0^*$에 부가되고 난 후에 생긴 체계를 $\mathbb{Q}_1^*$이라고 명명하자. $\mathbb{Q}_1^*$이 $\mathbb{Q}_0^*$과 등가가 아닌 한 예는 P가 괴델 명제 $G(\mathbb{Q}_0^*)$일 때 생길 것이다. 하지만 우리가 가정하듯이 로봇이 인간 수준의 수학적 이해를 달성(또는 능가)할 수 있다면, 그들은 분명 괴델 주장을 이해할 수 있을 터이므로 $\mathbb{Q}_0^*$를 견고하다고 ☆-인정하자마자 임의의 $\mathbb{Q}_0^*$의 괴델 명제를 오류 없는 ☆-상태로 인정할 것이 틀림없다. 그러므로 만약 로봇이 $\mathbb{Q}_0^*$을 인정한다면, 또한 마찬가지로 $\mathbb{Q}_1^*$을 인정함이 분명하다($G(\mathbb{Q}_0^*)$이 c보다 낮은 복잡도인 한 그러하다. 여기서 선택한 c의 경우에는 정말로 그러하다).

중요하게 언급해야 할 점이 있는데, Π_1-문장 P가 실제로 $\mathbb{Q}^*$에 포함되어 있느냐 여부는 §3.19와 §3.20의 주장에서는 전혀 중요하지 않다. Π_1-문장 $G(\mathbb{Q}_0^*)$은 P가 실제로 $\mathbb{Q}^*$에 포함되어 있느냐 여부와 관계없이 그 자체로 인정되어야만 한다.

로봇이 Π_1-문장을 ☆-확립하기 위해 이전에 인정된 기준의 한계를 '훌쩍 뛰어넘을'지도 모를 다른 방법들이 있을 수 있다. 여기에는 아무런 '역설적인' 요소가 없다. 로봇이 그러한 추론을 자신들의 행동의 바탕을 이루는 메커니즘 **M**, 즉 실제 형식체계 $\mathbb{Q}^*$에 적용시키려고 시도하지 않는다면 말이다. 그럴 경우 생기는 모순은 '역설'이 아니라, 그런 메커니즘이 존재할 수 없다는, 또는 적어도 그런 메커니즘을 로봇이 알 수 없다는(따라서 우리 인간도 알 수 없다는) 귀류법을 제공할 뿐이다.

바로 이런 점으로 인해 그러한 '학습 로봇' 메커니즘은 (하향식이든 상향식이든 아니면 무작위적인 요소들을 포함하여 이 둘의 임의의 조합이든) 인간 수준의 수학 로봇 제작을 위한 알 수 있는 기반을 제공할 수 없는 것이다.

3.26 루프에서 빠져나오기

이 결론을 나는 조금 다른 관점에서 설명해보고자 한다. 괴델 정리에 의해 부여된 한계를 회피하려면 제어 알고리듬이 컴퓨팅 루프에 빠지면 언제라도 '시스템에서 뛰쳐나올' 수 있는 로봇을 고안하는 방법이 있다. 수학적 이해가 컴퓨팅 절차들로 설명될 수 있다는 가정에 어려움을 불러일으키는 것은 어쨌거나 괴델 정리의 연속적인 적용 때문이므로, 괴델 정리가 수학적 이해를 위한 임의의 컴퓨팅 모델에 부과하는 문제점들을 이런 관점에서 검토하는 일은 가치가 있다.

들기에, 어떤 도마뱀 종류는 멍청하게도 루프에 갇혀서 판의 테두리 주위의 선 위에 놓으면 맹목적으로 앞의 도마뱀 따라가기를 무한정 반복하다가 굶어죽는다고 한다. '일부 곤충 및 보통 컴퓨터들'도 이와 마찬가지다. 여기서 요점은 진정으로 지능적인 시스템이라면 그런 루프에서 빠져나올 어떤 방법이 분명 있을 텐데, 여느 보통의 컴퓨터들은 대체로 그럴 수단이 없다는 것이다. ('루프 빠져나오기' 사안은 호프스태터가 논의했다(1979년).)

컴퓨팅 루프의 가장 단순한 유형은 시스템이 어느 단계에서 이전에 있었던 것과 똑같은 상태로 되돌아갈 때 생긴다. 다른 입력을 추가해주지 않으면 시스템은 동일한 컴퓨팅을 끝없이 반복하게 된다. 루프에 빠졌을 때 언제라도 빠져나올 수 있는 시스템을 고안하기란 원리상으론(비록 어쩌면 아주 비효율적일지라도) 그리 어렵지 않다(가령 이전에 있었던 상태의 목록을 전부 기록해두고 있다가 각 단계에서 그 단계가 이전에 일어났는지 여부를 확인하면 된다). 하지만 훨씬 더 정교한 유형의 '루프'가 많이 존재한다. 기본적으로 루프 문제는 2장에서(특히 §2.1~§2.6) 전반적으로 논의한 내용이다. 루프에 빠지는 컴퓨팅이란 단지 멈추지 않는 컴퓨팅일 뿐이니 말이다. 어떤 컴퓨팅이 실제로 루프에 빠져 있다는 언명은 바로 Π_1-문장이 의미하는 내용이다(Q10에 대한 답변이 나오는 §2.10 참고). 이제 §2.5에서 논의한 내용 가운데 알게 된 바에 의하면, 한 컴퓨팅이 멈추지 않을 것인지, 즉 루프에 빠질 것인지를 알아내는 전적으로 알고리듬적인 방법은 존재하지 않는다. 게다가 우리는 위의 논의에서 다음과 같이 결론 내렸다. 즉, 어떤 컴퓨팅이 루프에 빠질지 — 즉, Π_1-문장이 진리인지 — 를 확인하기 위해 인간 수학자가 이용할 수 있는 절차는 알고리듬 활동을 넘어서서 존재한다는 결론 말이다.

그러므로 결론적으로, 어떤 컴퓨팅이 정말로 루프에 빠져 있는지 확실히 확인하기 위한 인간 수학자의 모든 방법들을 구현해내려면 어떤 종류의 '비컴퓨팅적 지능'이 필요하다. 어떤 컴퓨팅이 얼마나 오래 지속될지 측정하는 메커니즘을 갖추면 루프는 벗어날 수 있다고 여겨질지 모른다. 그리고 그 메커니즘은 컴퓨팅이 루프에 너무 오래 빠져 있으며 멈출 가능성이 없다고 판단되면 '뛰쳐 나온다'. 하지만 그렇지 않을 경우란 그런 결정을 내리는 메커니즘이 컴퓨팅적인 것이며, 어떤 컴퓨팅이 실제는 그렇지 않은데 루프에 빠져 있다고 잘못 결론 내리든가 아니면 아무런 결론에 도달하지 않은 (따라서 전체 메커니즘 자체가 루프에 빠져 버림) 탓에 그 메커니즘이 실패할 경우가 틀림없이 존재할 때이다. 다음 사실을 통해 이것을 이해할 수 있다. 즉 전체 시스템이 컴퓨팅적이면 그 시스템이 루프 문제 그 자체에 종속되므로 그 시스템 전체가, 만약 오류 있는 결론에 이르지 않는다면, 루프에 빠지지 않으리라고 확신할 수 없다.

생길 수 있는 컴퓨팅 루프를 '빠져나올지' 여부 및 언제 나올지를 알아내는 데 무작위적 요소들이 개입되면 어떻게 될까? 앞에서 특히 §3.18에서 언급했듯이, (컴퓨팅상의 유사무작위적 요소와 달리) 순전히 무작위적 요소는 사실 이 사안과 관련하여 우리에게 아무것도 가져다주지 않는다. 하지만 만약 어떤 컴퓨팅이 루프에 빠져 있는지, 즉 어떤 Π_1-문장이 실제로 참인지를 확실히 알아내는 데 관한 문제라면 한 가지 추가할 점이 있는데 무작위적 절차는 그 자체로서 그런 질문들에 소용이 없다는 것이다. 왜냐하면 무작위성의 의미 그 자체의 속성으로 인해 어떤 무작위적 요소에 실제로 의존하는 결론에는 확실성이 없기 때문이다. 하지만 어떤 컴퓨팅 절차들에는 매우 높은 확률로 수학적 결과를 얻을 수 있는 무작위적(또는 유사무작위적) 요소들이 들어 있다. 가령 무작위적인 입력을 받아들여 어느 특정한 큰 수가 소수인지를 알아내는 매우 효율적인 검사들이 있다. 해답이 매우 높은 확률로 정확히 주어지기 때문에 주어진 답이 어느 특별한 경우이든 간에 옳은 것인지를 사실상 확실하게 알 수 있다. 수학적으로 엄밀한 검사들은 훨씬 덜 효율적이다. 따라서 수학적으로 정확하지만 복잡한 주장, 더군다나 오류를 지니고 있을지 모를 주장이 비교적 단순하지만 확률론적인 주장보다 우월한지는 의심스러울 수 있다. 왜냐하면 오류의 확률이 실제로는 상당히 낮을지 모르기 때문이다. 이런 종류의 의문은 휘말려들고 싶지 않은 난처한 문제를 불러일으킨다. 간단히 말하자면, 이 장의 대부분에서 내가 관심을 두었던 '원리상의' 문제들에 대해 한 Π_1-문장을 밝혀내기 위한 확률론적 주장은 언제나 불충분하다는 것이다.

만약 Π_1-문장의 진리성을 원리상으로 확실히 알아내고자 한다면 단지 무작위적이거나 알 수 없는 절차들에 기대기보다는 그러한 언명들에 실제로 깃든 의미들을 진정으로 이해해야만 한다. 시행착오적인 절차들은 비록 필요한 바로 나아가는 데 어떤 안내 역할은 해줄지 모르지만 그 자체로서 진리에 대한 결정적인 기준을 주지는 못한다.

한 예로서, **Q8**에 대한 답변으로 §2.6에서 언급된 다음 컴퓨팅을 다시 살펴보자. 즉, '1을 $2^{2^{65536}}$번 출력하고 나서 멈춰라.'를 한 번 더 살펴보자. 만약 이대로 실행하라고 그냥 허용해버리면, 이론적으로 가능한 물리적 의미의 가장 짧은 시간(10^{-43}초) 동안 개별 단계가 진행된다고 하더라도 이 컴퓨팅은 결코 끝날 수가 없다. 현재(또는 예측 가능한) 우주의 나이보다 엄청나게 긴 시간이 걸릴 테니 말이다. 하지만 이 컴퓨팅은 매우 간단히 규정될 수 있는 데다가($65536 = 2^{16}$), 이 컴퓨팅이 결국에는 멈춘다는 사실 그 자체는 너무나 명백하다. '너무나 오랫동안 진행되는' 듯 보인다는 이유만으로 컴퓨팅이 루프에 빠졌다고 판단하는 것은 오해의 소지가 다분하다.

끝없이 계속되는 듯 보이지만 결국에는 멈춘다고 알려진 컴퓨팅 중에서 이보다 더 흥미로운 예는 위대한 스위스 수학자 레온하르트 오일러가 내놓은 한 추측에서 비롯된 것이다. 이 컴퓨팅은 다음 방정식의 양의 정수(0이 아닌 자연수) 해를 찾는 것이다.

$$p^4 + q^4 + r^4 = s^4.$$

오일러는 1769년에 이 컴퓨팅이 결코 멈추지 않을 것이라고 추측했다. 1960년대 중반에, 어느 컴퓨터가 이 방정식의 해를 찾도록 프로그램되었지만(랜더(Lander)와 파킨(Parkin) 1966년), 이 시도는 아무런 해도 나올 기미가 없자 중도하차하고 말았다. 왜냐하면 컴퓨터 시스템이 다루기에는 수들이 너무 커서 프로그래머가 포기를 해 버렸기 때문이다. 정말로 멈추지 않는 컴퓨팅인 것처럼 보였다. 하지만 1987년에 (인간) 수학자인 노암 엘키스(Noam Elkies)는 $p = 2682440$, $q = 15365639$, $r = 18796760$, 그리고 $s = 20615673$에서 해가 실제로 존재함을 기어이 밝혀냈다. 아울러 그는 다른 많은 해들이 무한히 존재한다는 점도 밝혀냈다. 이에 자극을 받아 로저 프라이(Roger Frye)라는 사람이 엘키스가 내놓은 단순화 방안을 이용하여 컴퓨터 검색을 실시하였고, 그 결과 엘키스보다 더 작은 해(사실은 가장 최소의 해)가 마침내 100시간의 컴퓨터 작동 끝에 다음 값에서 발견되었다. $p = 95800, q = 217519, r = 414560$, 그리고 $s = 422481$.

이 문제의 경우, 영예는 수학적 통찰과 직접적인 컴퓨팅 두 가지 모두에게 돌아가야 마땅하다. 엘키스도 비교적 사소한 정도이긴 하지만 이 문제를 수학적으로 공략하는 데 컴퓨터 계산을 활용했다. 하지만 그의 결과 가운데 훨씬 더 중요한 부분은 그러한 컴퓨터 도움과는 무관하다. 반대로 위에서 살펴보았듯이 프라이의 계산은 컴퓨팅이 가능하도록 하기 위해 인간 수학자의 어떤 통찰을 상당히 많이 활용했다.

아울러 나는 이 문제를 좀 더 넓은 맥락에서 살펴보아야겠다. 왜냐하면 1769년에 오일러가 처음 추측했던 것은 유명한 '페르마의 마지막 정리'의 일반화된 형태의 한 유형이었기 때문이다. 그 정리는 독자들도 아는 분이 계실 텐데 다음 방정식으로 나타난다.

$$p^n + q^n = r^n.$$

정수 n이 2보다 클 때 이 방정식을 만족하는 양의 정수 p, q, r은 존재하지 않는다(가령 델빈(1988년 문헌)*을 참고). 오일러의 추측을 아래와 같은 식으로 표현할 수 있다.

$$p^n + q^n + \cdots + t^n = u^n.$$

---

* 많은 독자들은 350년 만에 '페르마의 마지막 정리'가 마침내 증명되었다는 소식을 들었을 테다. 1993년 6월 23일에 케임브리지 대학교의 앤드루 와일즈가 증명을 내놓았다고 알려졌다. 이 책의 집필 초기에 들은 바에 의하면 와일스의 증명에는 얼마간의 어설픈 점들이 존재한다고 하므로, 우리는 여전히 그 증명을 채택하는 데 조심스러운 태도를 취해야 한다. 하지만 나중에 와일스가 내놓을 논증이 이 문제들을 해결할 수 있을지 모른다(펜로즈의 이 책은 1994년에 출간되었다. 그런데 저자의 말대로 1993년에 와일스가 내놓은 증명은 몇몇 오류가 있음이 드러나 이후 1995년에 내놓은 와일스의 증명이 최종적으로 페르마의 정리를 증명하는 것으로 인정되었다-옮긴이)

이 방정식은 $p, q, \cdots t$의 총 개수가 $n-1$개이고 n이 4 이상일 때 양의 정수 해가 존재하지 않는다. 페르마 정리는 $n=3$인 경우를 포함한다(하지만 이것은 페르마 자신이 이 방정식에 해가 없음을 증명해낸 특별한 경우이다). 이후 거의 200년이 지나서야 오일러의 추측에 대한 첫 반례가 나타났다. $n=5$인 다음 경우로서 컴퓨터 검색을 이용한 것이었다(위에서 언급한 랜더 및 파킨의 논문에 기술되어 있는 내용으로서, 여기에는 $n=4$인 경우에는 검색이 실패했음을 알리고 있다).

$$27^5 + 84^5 + 110^5 + 133^5 = 144^5.$$

결국에는 멈추지만 정확히 어디서 멈출지는 알 길 없는 컴퓨팅의 또 한 가지 유명한 사례가 있다. 어떤 양의 정수 n보다 작은 소수들의 개수를 근사하는 한 유명한 공식(가우스가 내놓은 로그적분 함수)에서 이 수를 과대추산(overestimate)하는 데 실패하는 지점을 찾는 문제의 경우인데, 이에 대해 1914년에 J. E. 리틀우드는 이 문제에 해가 있음을 밝혀냈다. (즉, 두 곡선이 실제로 어딘가에서 교차한다는 사실을 의미한다.) 리틀우드의 제자인 스큐스(Skewes)가 1935년에 밝혀낸 바에 의하면, 이 지점은 $10^{10^{10^{34}}}$보다 작은 데서 나타나지만 정확히 어딘지는 여전히 알 길이 없다. 비록 스큐스가 실제로 사용했던 위의 값보다는 상당히 작은데도 말이다. (이 수는 '수학에서 자연스럽게 등장하기로는 이제껏 가장 큰 수'라고 불렸다. 하지만 잠정적인 이 기록은 그레이엄과 로스차일드가 1971년 문헌 290쪽에서 내놓은 예와 비교하면 엄청나게 크게 잡힌 수임이 드러났다.)

3.27 하향식 또는 상향식 컴퓨팅 수학?

우리는 바로 앞 절에서 컴퓨터의 도움이 일부 수학 문제에 얼마나 소중한 역할을 하는지 알아보았다. 지금껏 언급했던 모든 성공 사례들에서 컴퓨팅 절차는 전적으로 하향식이었다. 상향식 절차를 이용하여 의미 있는 순수 수학적 결론을 얻었다는 이야기는 전혀 들은 바가 없다. 비록 그런 방식들이 다양한 해결책을 찾는 데 소중한 역할을 할 수 있지만 말이다. 그리고 상향식 절차는 어떤 수학 문제에 대한 해답을 찾기 위한 주로 하향식인 절차의 일부를 구성할 수도 있다. 이렇게 말하고 보니, §3.9~§3.23에서 '학습하는 수학 로봇 공동체'의 활동에 기반을 이룰 것으로 짐작해본 $\mathbb{Q}^*$과 같은 그런 체계를 조금이라도 닮은 컴퓨팅 수학은 아무런 가치가 없는 듯하다. 이런 상황에서 마주치게 되는 모순으로 보더라도 그런 체계들이 수학을 하는 훌륭한 컴퓨팅 방법을 제공하지 못한다는 점이 역력히 드러난다. 컴퓨터는 하향식으로 이용될 때, 즉 어떤 컴퓨팅이 수행될지를 정확히 결정하는 첫 통찰이 인간의 이해에서 비롯되는 방식일 때 수학적으로 큰 가치가 있다. 그리고 하향식 방식은 컴퓨팅의 결과를 해석해야만 하는 마지막 단계에서도 필요하다. 때때로 상호작용적인 절차를 이용하는 것도 훌륭한 값어치가 있다. 컴퓨터와 인간이 함께 힘을 합쳐 이루어지는 절차로서 컴퓨팅 수행의 다양한 단계에서 인간의 통찰이 함께 제공되는 경우이다. 하지만 전적으로 컴퓨팅적인 활동만 갖고서 인간의 이해라는 요소를 대체하려고 하는 것은 현명하지 못하며, 엄밀히 말해서 불가능하다.

이 책의 주장들에서 드러났듯이, 수학적 이해는 컴퓨팅과는 다른 어떤 것이며 그것에 의해 완벽히 대체될 수 없다. 컴퓨팅은 수학적 이해에 매우 소중한 보탬이 될 수 있긴 하지만 진정한 이해 그 자체를 가져다주지는 못한다. 하지만 수학적 이해는 문제 해결을 위한 알고리듬 절차의 발견으로 종종 이어지곤 한다. 이런 방식으로 알고리듬 절차들이 개입하여 인간의 의식이 다른 사안들을 마음껏 다룰 수 있도록 해준다. 차등미적분학이 제공하는 유형의 표기법이나 수에 대한 통상적인 '십진' 표기법이 이런 속성을 지닌 좋은 예이다. 가령 일단 수들을 곱하는 알고리듬이 한번 숙달되고 나면, 아무런 생각 없이도 그 작업을 수행할 수 있다. 왜 유독 그러한 알고리듬 규칙들이 채택되었는지를 굳이 '이해'하지 않고서도 말이다.

앞서 논의한 모든 것에서 결론 내릴 수 있는 한 가지 요점은 수학을 하기 위한 '학습 로봇' 절차는 수학에 대한 인간의 이해의 밑바탕을 실제로 이루는 절차가 아니라는 것이다. 어찌 되었든 그런 상향식 위주의 절차는 수학을 행하는 로봇을 제작하는 데 현실적인 방안이 되기에는 한참 거리가 먼 듯 보인다. 비록 인간 수학자가 지니는 실제 이해를 그런 로봇이 기꺼이 시뮬레이션할 수 있더라도 말이다. 이전에 말했듯이 상향식 학습 절차들은 그 자체로서는 수학적 진리를 확고불변하게 규명하는 데 효과적이지 않다. 만약 확고불변한 수학적 결과들을 내놓기 위한 어떤 컴퓨팅 시스템을 기대한다면 하향식 원리들에 따라 제작된 시스템을 갖추는 편이 훨씬 더 효율적일 것이다(적어도 그 시스템의 언명들의 '확고불변한' 측면들에 관해서는 말이다. 탐구 목적으로 보자면야 상향식 절차가 적절할 수도 있겠다). 그러한 하향식 절차들의 견고성과 효율성은 원래 인간이 제공한 입력의 일부이다. 그런 절차들에서는 인간의 이해와 통찰이 순전한 컴퓨팅으로는 달성할 수 없는 필수불가결한 추가적인 요소들을 제공한다.

사실 컴퓨터는 근래들어 이런 식으로 수학적 논증에 드물지 않게 도입되고 있다. 가장 유명한 예는 바로 위에서 언급한 케네스 아펠과 볼프강 하켄의 네 가지 색깔 정리를 컴퓨터의 도움으로 증명한 사례이다. 이 경우 컴퓨터의 역할은 매우 크지만 유한한 대안적 가능성들을 일일이 살피는 명확히 규정된 컴퓨팅을 수행하는 일이었을 뿐이다. 많은 대안들을 소거해나감으로써 필요한 결과에 대한 일반적인 증명이 나오게 된다는 점은 (인간 수학자가) 밝혀냈다. 컴퓨터의 도움에 의한 그러한 증명의 다른 사례들 및 요즘의 복잡한 대수 그리고 수치 컴퓨팅이 컴퓨터에 의해 빈번히 수행된다. 이번에도 역시 규칙을 제공하는 것은 인간의 이해이며 컴퓨터의 활동을 관장하는 것은 엄격한 하향식 절차들이다.

여기서 '자동 정리 증명'이라고 불리는 한 가지 분야를 짚고 넘어가야겠다. 이런 이름에 해당되는 절차들의 한 집합은 어떤 형식체계 ℍ를 수정하는 일 및 이 체계 내에서 정리들을 도출하는 일로 구성되어 있다. §2.9를 다시 떠올려 보자면, ℍ의 모든 정리들을 하나씩 증명하는 것은 전적으로 컴퓨팅적인 문제다. 이런 종류의 일은 자동화될 수 있긴 하지만, 만약 진지한 사고나 통찰 없이 행해진다면 그런 작업은 엄청나게 비효율적일 것이다. 하지만 컴퓨팅 절차들을 마련하는 단계에서 그런 통찰이 도입됨으로써 몇몇 꽤 인상적인 결과들이 얻어졌다. 이런 방안의 한 예(처우(Chou)의 1988년 연구 문헌)로서, 유클리드 기하학의 규칙들을 바탕으로 기하학 정리 증명(때로는 발견)을 위한 매우 효과적인 시스템이 구성되었다. 그중 한 예로서, 1938년에 제시된(증명은 최근에 이르러 1983년에 K. B. 테일러에 의해 이루어진) V. 티보(Thèbault)의 추측이라는 기하학 명제가 그 시스템을 통해 44시간의 '컴퓨팅 작업'으로 해결되었다.[12]

이전 절에서 논의된 절차와 더욱 가까운 예는 여러 사람들이 지난 십여 년 동안 수학적 '이해'를 위한 '인공지능' 절차들을 마련하려는 시도였다.[13] 바라건대 지금껏 내가 제시한 주장에서 분명히 드러났듯이, 그런 시스템이 무슨 성과를 내든 실제의 수학적 이해는 결코 얻어내지 못한다! 이와 어느 정도 관련이 있는 시도는 자동 정리 생성 시스템을 찾으려는 시도이다. 이 시스템은 해당 컴퓨팅 시스템이 제공받는 어떤 기준에 따라 '흥미롭다'고 간주되는 정리들을 찾아내도록 설정된다. 내 생각에, 이러한 시도를 통해 실제로 수학적으로 매우 흥미로운 것은 전혀 나오지 않았음이 대체로 인정된다고 본다. 물론 아직은 초창기 시도이며 어쩌면 장래에는 훨씬 더 흥미로운 것이 나올 수 있다고 예상할 수도 있을 것이다. 하지만 지금껏 이 책을 읽은 사람이라면 누구나 분명히 알 수 있듯이, 나 자신은 그런 일 전체가 진정으로 긍정적인 방향으로 향하긴 어려우며, 결국 그런 시스템이 이루지 못할 일이 더욱 부각될 뿐이라고 여긴다.

3.28 결론

이 장의 주장들은 인간의 수학적 이해란 결코 (알 수 있는) 컴퓨팅 메커니즘으로 환원될 수 없다는 분명한 메시지들을 전하고 있는 듯하다. 그러한 메커니즘이 하향식, 상향식 또는 무작위적 절차들의 그 어떠한 조합이더라도 말이다. 인간의 이해에는 어떠한 컴퓨팅 수단으로도 시뮬레이션해내기 불가능한 어떤 본질적인 요소가 있다는 확고한 결론에 우리는 다다른 듯 보인다. 엄밀한 논증에 어떤 작은 허점이 있을지 모르겠지만 이런 허점은 매우 사소한 듯하다. 어떤 사람들은 '신의 개입' — 원리상 우리가 알 수 없는 어떤 훌륭한 알고리듬이 컴퓨터의 두뇌 속에 이식되었다고 보는 관점 — 이라는 허점에 기대거나, 아니면 우리가 능력을 향상시켜온 방식을 관장하는 바로 그 메커니즘 자체가 원리상 불가해하고 알 수 없는 것이라는 허점을 들고 나오기도 한다. 이러한 허점들은 비록 상상해볼 수는 있지만 진정으로 지적인 장치를 인공적으로 구현하고자 하는 그 어떤 사람에게도 전혀 타당하지가 않다. 당연히 나한테도 전혀 타당하지도 믿을 만하게 여겨지지도 않는다.

또 한 가지 허점으로서, 위에서 주어진 자세한 논의에서 한계 T, L 및 N이 제공하는 것과 같은 보호조치가 존재하지 않을지 모른다. 그렇게 되면 c보다 작은 복잡도의 ☆-언명된 Π_1-문장들의 유한한 집합에서 모든 오류를 절대적으로 솎아낼 수 없게 되는 셈이다. 아무리 생각해봐도 모든 오류를 제거하는 그런 완벽한 '음모'가 있을 거라 생각진 않는다. 특히나 우리의 엘리트 로봇 사회는 가능한 한 주의 깊게 오류를 제거하도록 미리 설정되어 있어야 하니 말이다. 게다가 오류 없음을 보장할 필요가 있는 것은 단지 Π_1-문장들의 한 유한집합일 뿐이다. 앙상블(ensemble) 개념을 사용하면 로봇 사회가 가끔씩 만들지 모를 실수들을 전부 솎아내는 것이 가능하다. 왜냐하면 시뮬레이션되는 로봇 사회의 소수 일부에서만 동일한 실수가 저질러질 것이기 때문이다. 다만 그것이 단지 실수일 뿐이고 로봇이 근본적으로 지각할 수 없게 만드는 어떤 내재적인 오류가 아니라면 말이다. 이런 종류의 내재적인 장애는 '고칠 수 있는' 오류로 여겨지지 않을 테다. 반면에 여기서 우리의 목적은 어떤 의미에서 '고칠 수 있는' 오류를 제거하는 것이다.

이제 남은 (가능한) 허점은 카오스의 역할 뿐이다. 혼돈계들의 세세한 행동에 본질적으로 비무작위적인 속성이 있다고, 아울러 이 '카오스의 가장자리'에 결과적으로 마음의 비컴퓨팅적인 행동을 알아낼 열쇠가 담겨 있다고 상상할 수 있을까? 그럴 수 있으려면 이러한 혼돈계들이 비컴퓨팅적 행동을 근사할 수 있어야 하는데, ― 그 자체로서 흥미로운 가능성이다 ― 하지만 설령 그렇더라도 앞선 논의에서 그러한 비무작위성의 역할은 고려 대상 로봇 사회의 조합의 규모로 축소될 뿐일 테다(§3.22 참고). 나로서는 그것이 중요한 도움을 줄 수 있을지는 잘 모르겠다. 정신에 대한 열쇠를 쥐고 있는 것이 카오스라고 믿는 사람들은 그런 심오한 난제들을 극복할 어떤 근거 있는 사례를 찾아야만 할 테다.

위의 논의들은 마음의 컴퓨팅 모델(관점 $\mathcal{A}$)에 반대하는 강력한 주장을 드러내는 듯하며, 마찬가지로 마음의 활동의 모든 외적인 발현에 관한 결과적인 (하지만 마음과 무관하게 일어나는) 컴퓨팅 시뮬레이션의 가능성 ― 관점 $\mathcal{B}$ ― 에도 반대한다. 하지만 이러한 주장들이 강력한데도 상당히 많은 사람들은 여전히 받아들이기 어려워하는 듯하다. 정신이라는 현상 ― 그것이 무엇이든지 간에 — 이 $\mathscr{C}$ 내지는 심지어 어쩌면 $\mathscr{D}$와 일맥상통할 가능성을 탐구하기보다, 과학적 마인드를 지닌 많은 사람들은 위의 주장들에서 약점을 찾으려는 데 사로잡혀 관점 $\mathscr{A}$ 내지 어쩌면 $\mathscr{B}$가 어쨌든 진리를 나타냄이 틀림없다는 믿음을 고수하려고만 한다.

나는 이것이 비합리적인 반응이라고 여기지는 않는다. 왜냐하면 $\mathscr{C}$와 $\mathscr{D}$에 깃든 의미들은 그 스스로 심오한 어려움을 불러일으키기 때문이다. 만약 우리가 $\mathscr{D}$에 따라 마음은 과학적으로 설명 불가능한 어떤 것이라고 — 정신이란 우리의 물질 우주를 채우고 있는 수학적으로 결정되는 물리적 실체들에 의해 제공될 수 있는 것과는 전혀 별도의 속성을 지닌 것이라고 — 믿게 된다면, 우리는 왜 마음이 정교하게 구성된 물리적 대상, 즉 두뇌와 밀접하게 관련되어 있는 듯 보이는지를 물어보지 않을 수 없다. 만약 정신성이 물질성과 구별되는 어떤 것이라면 왜 우리의 정신적 자아들은 물리적 두뇌를 필요로 하는가? 여러 정신적 상태의 차이들은 관련된 두뇌의 물리적 상태의 변화에서 기인할 수 있다고 보는 관점은 꽤 명백하다. 가령 특정한 약물의 효과는 정신적 행동 및 경험의 변화에 아주 구체적으로 관련되어 있다. 마찬가지로, 두뇌의 특정 장소의 손상, 질병 또는 수술은 해당 개인의 정신적 상태에 명확하게 정의되어 있고 예상 가능한 효과를 일으킬 수 있다. (이런 상황에 관한 무척이나 극적인 예들은 올리버 색스의 책 『깨어남(Awakening)』(1973년)과 『아내를 모자로 착각한 남자(The Man Who Mistook His Wife For A Hat)』(1985년)에 나오는 여러 놀라운 이야기에 나온다.) 정신성이 물질성과 완벽하게 분리될 수 있다고 주장하기는 어려운 듯싶다. 그리고 만약 정신성이 어떤 형태의 물질성과 정말로 (아주 밀접하게) 연결되어 있다면, 물질적인 것들의 행동을 정확하게 기술하는 과학법칙들은 분명 정신성의 세계도 충분히 다룰 수 있음이 분명하다.

관점 $\mathscr{C}$의 경우에는 다른 종류의 문제들이 있다. 주로 이 관점의 독특하고 추정적인 성격에서 나오는 문제다. 자연이 실제로 컴퓨팅을 부정하는 방식으로 실제로 행동한다고 믿을 근거는 무엇인가? 확실히 현대과학의 위력은 더욱더 다음 사실에서 비롯된다. 즉, 물리적 대상들은 더욱 더 종합적인 수치 계산에 의해 더욱 더 정확하게 시뮬레이션될 수 있는 방식으로 행동한다는 사실 말이다. 과학적 이해가 증가하면서 컴퓨팅 시뮬레이션의 예측 능력은 엄청나게 커졌다. 실제적으로 이러한 예측력의 증가는 (주로 20세기 후반부 동안) 엄청난 힘, 속도 및 정확성을 지난 계산 장치들의 급속한 발전에 힘입은 바가 크다. 그러므로 현대의 범용 컴퓨터의 활동과 물질 우주의 활동 간의 유사성은 점점 더 커진다고 볼 수 있다. 이것이 과학 발전의 어떤 잠정적인 단계임을 가리키는 징후가 존재할까? 물리적 활동에는 결과적으로 컴퓨팅적인 행동과 무관한 어떤 것이 존재할 가능성을 왜 고려해야 하는 것일까?

만약 우리가 기존의 물리 이론 내에서 컴퓨팅에 전적으로 종속될 수 없는 어떤 행동의 신호를 찾으려 한다면 우리는 실망할 수밖에 없다. 알려진 모든 물리법칙들은 뉴턴의 입자 역학에서부터 맥스웰의 전자기장 및 아인슈타인의 휘어진 시공간 그리고 현대 양자론의 심오하고 복잡한 내용에 이르기까지 이 모두는 전적으로 컴퓨팅적 관점으로 기술할 수 있는 듯 보이긴 한다.[14] 다만 양자론의 경우에는 전적으로 무작위적 요소가 '양자 측정'의 과정에 개입되어 처음에는 매우 작은 크기의 효과들이 객관적으로 지각될 수 있을 때까지 커진다는 점이 추가될 뿐이다. 이 모든 것들에는 관점 $\mathscr{C}$에 필요한 유형의 '적절하게 컴퓨팅적으로 시뮬레이션될 수 없는 물리적 활동'에 필요한 속성이 전혀 들어 있지 않다. 그러므로 결론인즉, 우리가 따라야 할 것은 관점 $\mathscr{C}$의 '약한' 버전이라기보다 '강한' 버전이다(§1.3 참고).

이러한 내용의 중요성은 아무리 강조해도 지나치지 않다. 과학적 마인드를 지니고 있는 다양한 사람들이 ENM에서 제시된 특정한 견해, 즉 마음의 작동에는 '비컴퓨팅적인' 어떤 것이 분명 존재한다는 데 의견을 같이 했으며, 그러면서도 이들은 그런 비컴퓨팅적인 활동의 예를 찾고자 어떤 혁신적인 물리 이론의 발전을 굳이 고대할 필요도 없다고 주장했다. 그런 사람들이 염두에 두었을지 모르는 가능성은 표준적인 컴퓨터와의 비교에서 훨씬 뛰어난 성능을 보이는 두뇌 활동에 관련된 과정들의 엄청난 복잡성이었을 테다(1943년에 처음으로 맥컬로(McCullogh)와 피츠(Pitts)가 제시함). 여기서 뉴런이나 시냅스 연결 부위는 트랜지스터와, 그리고 축색돌기는 전선과 비슷한 것으로 여겨진다. 그들은 시냅스 전송을 관장하는 신경전달 화학물질의 행동에 관련된 화학적 메커니즘의 복잡성을 지적하고 아울러 그런 화학물질의 활동이 특정한 시냅스 연결 부위 근처에만 꼭 국한되지 않는다는 사실에 주목할지 모른다. 또 그들은 뉴런 자체의 복잡한 속성에 주목할 수도 있다.[15] 여기서는 중요한 하부구조들(가령, 세포골격이 그것인데 이것의 중요성은 나중에 드러난다. §7.4~7.7 참고)이 뉴런 활동에 중요한 영향을 미친다. 그들은 심지어 '공명 효과'와 같은 직접적인 전자기적 영향에도 눈을 돌리는데, 그것은 통상적인 신경 자극으로는 설명할 수 없을지 모른다. 아니면 그들은 양자론의 효과들이 양자 불확정성 내지는 비국소적 양자 효과(가령 '보스-아인슈타인 응축'[16]이라고 알려진 현상)의 역할을 제공함으로써 두뇌 활동에 중요한 영향을 미치는 것이 분명하다고 주장할지도 모른다.

비록 결정적으로 수학적인 정리들은 여전히 대체로 부족하지만,[17] 기존의 모든 물리 이론들이 기본적으로 컴퓨팅적 속성을 지니고 있음은 의심의 여지가 없어 보인다. 아마도 여기에다 양자 측정의 존재에 따른 무작위적 요소들이 간간이 더해질 테다. 이러한 기대에도 불구하고 나는 기존의 물리 이론에 따라 작동하는 물리적 시스템의 비컴퓨팅적(비무작위적) 활동의 가능성이야말로 세밀하게 탐구해볼 만한 매우 흥미진진한 질문이라고 믿는다. 앞으로는 여기에 놀라운 점들이 있음이 밝혀지고 어떤 미묘한 비컴퓨팅적 요소가 그러한 세세한 수학적 연구를 통해 드러날 것이다. 하지만 현재의 상황으로 보자면, 진정한 비컴퓨팅성이 기존의 물리법칙들 내에서 발견될 수 있을 것 같지는 않다.

따라서 내가 보기에는 현재로선 물리법칙들 자체의 약점들을 면밀히 살펴 위의 주장들에 필요한 비컴퓨팅성이 인간의 정신 활동에서 틀림없이 존재할 가능성을 찾아내야만 한다.

이런 약점들이란 무엇인가? 내가 보기에는 의심할 바 없이 우리는 기존의 이론에 대한 공격에 집중해야만 한다. 왜냐하면 기존 이론의 가장 큰 약점은 위에서 언급한 '양자 측정'의 과정에 놓여 있기 때문이다. 기존 이론에는 전반적인 기존의 '측정' 절차와 관련한 비일관성의 — 확실히 논쟁적인 — 요소들이 존재한다. 주어진 개개의 상황에서 이 절차가 어느 단계에서 적용되어야 하는지조차 불분명한 실정이다. 게다가 그 과정 자체에 본질적인 무작위성이 존재하는 까닭에 우리에게 친숙한 다른 근본적인 과정들과는 상당히 다른 속성의 물리적 활동이 나타난다. 이에 대해서는 2부에서 상세히 다루겠다.

내가 보기에, 이 측정 절차에는 근본적인 주의가 필요하다. 심지어 물리 이론의 틀 자체에 근본적인 변화가 필요할 정도로까지 말이다. 2부에서는 몇 가지 새로운 제안들을 내놓을 것이다(§6.12). 내가 이 책의 1부에서 이 이야기를 꺼내는 까닭은 기존의 측정 이론의 순수한 무작위성이 다른 것, 그러니까 본질적으로 비컴퓨팅적인 요소들이 근본적인 역할을 행하는 것으로 반드시 대체되어야 한다는 가능성을 강하게 지지하기 위해서다. 게다가 나중에 살펴보겠지만(§7.9), 이런 비컴퓨팅성은 특별히 정교한 유형의 것이어야 할 테다. (가령, 어떤 새로운 물리적 과정에 의해 우리로 하여금 Π_1-문장의 진리성을 '단지' 결정하도록 허용하기만 해주는 법칙으로는 충분하지 않을 것이다.)

만약 그런 정교한 새로운 물리 이론의 발견이 그 자체로서 충분한 도전이 아니라면 우리는 이 추정상의 물리적 행동이 두뇌 활동과 진정한 관련성 — 두뇌 구조에 관한 기존의 지식에 대한 한계 및 신뢰성 요건과 일치하면서 — 을 갖도록 할 어떤 개연성 있는 기반을 찾아야만 한다. 두뇌에 대한 현재의 이해 수준에서 볼 때 여기에는 상당한 추측이 존재함은 의심할 바가 없다. 하지만 2

부에서 언급하겠지만(§7.4) ENM을 저술할 때에는 몰랐던 어떤 진정한 가능성들이 있다. 뉴런의 세포골격 하부 구조에 관한 것인데, 이에 의하면 관련 양자/고전 경계에서 중요한 활동이 일어날 가능성이 이전에 예상했던 것보다 훨씬 더 크다. 이 문제들 또한 2부에서 다룰 것이다(§7.5 ~ §7.7).

이쯤에서 다시 한번 강조하는데, 기존의 물리 이론의 틀 내에서 우리가 찾아야 할 것은 단지 복잡성만이 아니다. 어떤 이들은 가령 신경전달 물질의 운동 및 복잡한 화학적 활동은 적절하게 시뮬레이션할 수 없기에 두뇌의 자세한 물리적 활동은 사실상의 컴퓨팅을 훨씬 넘어선다고 주장한다. 하지만 내가 여기서 말하는 비컴퓨팅적 행동은 그런 뜻이 아니다. 참으로 두뇌 활동을 함께 관장하는 생물학적 구조와 세부적인 전기적 및 화학적 메커니즘들에 관한 우리의 지식들로는 컴퓨팅 시뮬레이션을 위한 진지한 시도를 하기에는 부적절하다. 게다가 우리의 현 지식이 적절하다 할지라도 오늘날 기계들의 컴퓨팅 능력과 요즘의 프로그래밍 기술의 수준은 어떤 적절한 시간 내에 적합한 시뮬레이션을 수행하기에는 턱없이 못 미친다. 하지만 원리상으로 기존 모델에 따른 시뮬레이션을 마련하는 것은 가능하다. 이때 신경전달 물질의 화학적 작용들, 이 물질들의 전송을 관장하는 메커니즘들, 특정한 주위 환경에 따른 효율성, 활동 전위들, 전자기장 등이 시뮬레이션에 전부 포함될 수 있다. 따라서 기존 물리 이론의 요구사항들은 앞서 제기된 주장들이 요구하는 비컴퓨팅성을 지원할 수가 없다.

그러한 (이론적인) 컴퓨팅 시뮬레이션의 활동에는 카오스 행동의 요소들이 있을 법하다. 하지만 혼돈계에 대한 이전의 논의에서 드러났듯이(§1.7, §3.10, §3.11, §3.22), 그런 시뮬레이션은 어느 특정한 모델인 두뇌에 대한 것일 필요가 없으며 단지 '전형적인 예'로서 간주되면 그만이다. 인공지능에서는 어느 특정한 개인의 정신적 능력이 시뮬레이션될 필요가 없기 때문이다. (궁극적으로 보자면) 어떤 전형적인 개인의 지적 행동을 시뮬레이션하려고 시도할 뿐이니 말이다. (다시 떠올려보자면, 현재의 기후 시스템의 시뮬레이션에서처럼 우리는 단지 어느 특정한 기후에 대한 시뮬레이션을 요구하는 것일 뿐, 기후 그 자체에 대한 시뮬레이션을 꼭 요구하는 것은 아니다!) 현재 제시되고 있는 두뇌 모델의 바탕을 이루는 메커니즘들이 알려져야지만(단 이 메커니즘들이 현재의 컴퓨팅 물리학과 일치한다고 할 때), 우리는 알 수 있는 컴퓨팅 시스템을 갖게 될 것이다. 아마 이 시스템은 명시적인 무작위적 요소들을 갖게 될 테지만, 이 모든 내용은 앞서 벌어진 논의에 이미 요약되어 있다.

어떤 이는 이 주장을 더욱 밀고나가서, 제안된 모델 두뇌가 원시적 생명 형태로부터 생겨나 알려진 물리학 법칙들에 따라 작동하면서 — 아니면, (가령 존 호턴 콘웨이(John Horton Conway)의 독창적인 이차원 수학 모형인 '생명의 게임'[18]처럼) 다른 유형인 컴퓨팅 모형 물리학 법칙들에 따라 — 다윈의 진화론에 따른 과정을 거쳐 생겼는지를 묻기도 한다. §3.5, §3.9, §3.19 그리고 §3.23에서 논의했듯이, 우리는 '로봇 사회'가 다윈의 진화론의 결과로 생길 수 있다고 상상할 수 있다. 또 한 번 우리는 §3.14~§3.21의 주장들이 적용되는 전반적인 컴퓨팅 시스템을 갖게 되는 셈이다. 자 그러면, '☆-언명'의 개념이 이 컴퓨팅 시스템 내에서 제 의미를 지닐 수 있도록 하려면, 우리는 로봇들에게 표시자 '☆'의 엄밀한 의미를 부여하는 '인간적인 개입'의 단계를 가져야 한다. 이 단계는 자동으로 시작될 수 있다. 로봇들이 적절한 의사소통 능력을 얻기 시작할 때 어떤 효과적인 기준으로 판단하여 이 단계는 시작될 수 있다. 이 모든 것이 알 수 있는 한 컴퓨팅 시스템 속에 자동적으로 마련되지 못할 이유는 전혀 없다. (앞으로 나올 수 있는 컴퓨터 상에서 그런 컴퓨팅을 실제로 작동시키는 것이 실제적으로 필요한 일이 아니긴 하지만, 그런 메커니즘 자체는 알 수 있는 것이란 의미에서 그러하다.) 앞에서처럼, 그런 시스템이 괴델 정리를 이해할 수 있을 만큼 인간 수준의 이해에 도달할 수 있다는 가정은 모순을 야기한다.

내가 여기서 의존해온 것과 같은 수학적 주장들의 심리적 측면의 문제와 관련하여 일부 사람들이 드러내는 또 한 가지 우려[19]는 인간의 정신 활동은 결코 이런 식으로 분석될 만큼 정확하지 않다는 것이다. 그런 사람들은 우리 두뇌 활동의 바탕을 이루는 물리학의 수학적 속성에 관한 세세한 주장들은 인간 마음의 활동을 이해하는 일과는 아무런 실제적 관련성을 가질 수 없다고 여길지 모른다. 그들은 인간 행동이 정말로 '컴퓨팅불가능'한 것이긴 하지만 그러면서도 이는 단지 인간 심리학의 문제들에 수리물리학의 고려들이 일반적으로 부적합하다는 점을 반영하는 것뿐이라고 주장한다. 그들의 주장에 의하면, (그다지 비합리적인 주장은 아닌데) 세세한 인간 두뇌 기능을 관장하는 특정한 기술적 사항들을 담당하는 임의의 구체적인 물리학보다는, 우리 두뇌 그리고 아울러 우리 사회와 교육의 엄청나게 복잡한 구성이야말로 훨씬 더 이 문제와 관련성이 크다고 한다.

하지만 강조해야 할 중요한 한 가지를 말하자면, 단지 복잡성이라는 요소가 기본적인 물리법칙들의 의미들을 검사할 필요성까지 배제시켜서는 안 된다. 가령 인간 운동선수는 엄청나게 복잡한 물리적 시스템인데, 위의 논리대로라면 그 바탕을 이루는 물리법칙들의 세부사항은 운동선수의 운동 수행능력과 별 관련성이 없게 된다. 하지만 우리가 알기에 이것은 진리와 한참 멀다. 에너지의 보존 그리고 운동량 및 각운동량의 보존 그리고 중력의 끌어당김을 관장하는 법칙들을 가능케 하는 일반적인 물리학적 원리들은 운동선수의 몸을 구성하는 개별 입자들에 대해서와 마찬가지로 운동선수 자체를 확고하게 지배한다. 이것이 분명하다는 사실은 우리의 특정한 우주를 지배하는 그런 특정한 원리들의 매우 구체적인 특성들로부터 당연히 드러난다. 원리가 조금만 달라지면(콘웨이의 '생명의 게임' 같은 경우는 아주 크게 달라지는 예), 한 운동선수라는 복잡한 시스템의 행동을 지배하는 법칙들은 어렵지 않게 완천히 달라질 수 있다. 심장과 같은 신체 기관의 작동 그리고 헤아릴 수 없이 다중다양한 생물학적 활동들을 지배하는 세세한 화학적 메커니즘들에 대해서도 똑같이 말할 수 있다. 마찬가지로 필경 두뇌 활동의 바탕을 이루는 법칙들의 세부사항들은 인간 정신의 발현의 총체들을 지배하는 일에 명백히 중요할지 모른다.

하지만 이런 내용을 전부 인정하더라도, 내가 여기서 관심을 쏟은 추론의 특정한 유형, 즉 인간 수학자의 총체적인 ('고도의') 행동을 다루는 추론은 바탕이 되는 물리학의 세세한 내용에 관해서는 아무런 중요한 것도 반영하지 않을 것이다. 어쨌거나 '괴델'식 논증은 '확고불변한' 수학적 믿음의 요체에 대한 엄정한 합리적 태도를 요구하는 데 반해, 통상적인 인간의 행동은 괴델 논증이 적용될 수 있을 만큼 정확하게 합리적인 유형이 아니기 때문이다. 가령, 인간이 아래와 같은 질문에 얼마나 비합리적인 반응을 나타내는지를 보여주는 심리학 실험[20]이 있다.

'만약 모든 A들이 B들이고 일부 B들이 C들이라면, 일부 A들이 C들임이 반드시 도출되는가?'

이러한 사례에서 대다수의 대학생들은 틀린 답('그렇다')을 내놓았다. 보통의 대학생들이 이처럼 비논리적인 사고를 지니고 있다면, 어떻게 우리가 훨씬 더 정교한 괴델식 추론으로부터 어떤 가치 있는 결과를 도출해낼 수 있을지 의심스러운 것도 당연하다. 심지어 훈련받은 수학자들도 종종 엉성하게 추론을 하며, 드물지 않게 괴델식 반론에 가로막히게 되는 표현을 곧잘 하기도 한다.

하지만 분명히 밝혀두자면, 위에서 언급한 조사에서 대학생들이 저지른 그러한 오류들은 이 책의 본 주제에 관련이 없다. 그러한 오류들은 '고칠 수 있는 오류'라는 제목을 달고 나타나는데, 정말로 대학생들의 오류는 그런 오류들의 성질을 알려주면(필요할 경우에는 자세히 설명하면) 대학생들이 확실하게 알아차릴 수 있을 것이다. 고칠 수 있는 오류들은 여기서 우리의 진정한 관심사가 아니다. **Q13**의 논의 그리고 §3.12와 §3.17을 보기 바란다. 사람들이 저지르는 오류에 관한 연구가 심리학, 정신의학 그리고 생리학에서는 중요할 수 있겠지만, 나는 여기서 완전히 다른 사안들에 관심을 갖고 있다. 즉, 원리상으로 인간의 이해, 추론 및 통찰을 사용하여 지각할 수 있는 어떤 것이 나의 관심사란 말이다. 밝혀진 바에 의하면, 이러한 사안들은 정말로 미묘한 것들이다. 비록 이 미묘함이 직접적으로 명백히 드러나지는 않지만 말이다. 우선, 이러한 질문들은 사소한 것인 듯하다. 왜냐하면 옳은 추론은 확실히 단지 옳은 추론일 뿐이기 때문이다. 즉, 다소 명백한 어떤 것으로서 2300년 전에 아리스토텔레스가 (아니면 적어도 1854년에 수리논리학자 조지 부울이) 확실히 전부 정리했으니 말이다. 하지만 정작 알고 보니 '옳은 추론'은 미묘하기 이를 데 없는 것이었으며, 괴델(과 함께 튜링)이 사실상 밝혀냈듯이 어떠한 순수하게 컴퓨팅적인 활동을 벗어나 있다. 이런 문제들은 과거에는 심리학자들보다 수학자들의 영역이었고 그 미묘함은 일반적으로 심리학자들의 관심사가 아니었다. 하지만 우리가 살펴보았듯이, 그런 문제들은 인간의 의식적 이해의 바탕을 이루는 과정들의 뿌리에 놓여 있음이 틀림없는 궁극적인 물리적 활동에 관해 알려주는 사안들이다.

이런 사안들은 또한 수리철학의 깊은 질문들을 건드린다. 즉, 수학적 이해가 기존의 플라톤적 수학적 실체(우리 자신과는 완전히 무관한 어떤 비시간적인 실제성)와 어떻게 관련되는가? 또는 우리는 논리적 주장을 통해 사고할 때 모든 수학적 개념들을 각자 독립적으로 재창조하는가? 게다가 왜 물리법칙들은 그런 정확하고 미묘한 수학적 설명을 정확하게 따르는 듯 보이는가? 물리적 실체 그 자체가 어떻게 플라톤적 수학적 실제성의 이러한 문제와 관련되는가? 아울러 우리의 지각의 본성이 우리 두뇌의 작동을 관장하는 법칙들의 바탕을 이루는 세세하고 미묘한 수학적 하부구조에 의존하는 것이 정말로 참이라면, 이러한 물리법칙들에 대한 더 깊은 이해로부터 우리가 어떻게 수학을 지각하는지에 — 지각 자체가 어떻게 가능한지에 — 관해 우리가 무엇을 배울 수 있는가?

　이런 문제들이 우리의 궁극적 관심사이며 2부의 말미에서 이 문제를 다시 살펴보고자 한다.

나는 두 쪽 모두 — 양자 실재론 그리고

상대론적 시공간 관점 — 를 살려내고자

시도하는 편이다.

하지만 그렇게 하는 데에는

물리적 실재를 나타내는 현재의 방식에

근본적인 변화가 필요하다.

우리가 양자 상태를 기술하는 방식이

지금 우리에게 익숙한 설명을

반드시 따라야만 한다고 고집하기보다는,

우리는 비록(적어도 처음에는) 익숙한 설명과

수학적으로 등가이긴 하지만

전혀 다른 어떤 것을 찾아야 한다.

2부

마음을 이해하려면
어떤 새로운 물리학이 필요한가?
: 마음의 비컴퓨팅적 물리학을 찾아서

4
마음은 고전물리학에서
다룰 수 있는 것인가

4.1 마음과 물리법칙

우리 — 우리의 몸과 마음 — 는 매우 미묘하고 광범위한 수학 법칙들을 아주 정확하게 따르는 우주의 일부다. 우리의 물질적 신체가 이런 법칙들에 의해 엄격히 제약을 받고 있음은 널리 인정되는 현대의 과학적 관점에 속한다. 그렇다면 우리의 마음은 어떤가? 많은 이들은 우리의 마음 또한 몸의 경우와 동일한 수학 법칙들에 따라 제약을 받을지 모른다는 주장을 매우 불편하게 여긴다. 하지만 몸과 마음 사이에 뚜렷한 선을 긋는 일 — 하나는 물리학의 수학적 법칙들에 따르고 다른 하나는 고유한 제 나름의 법칙에 따른다고 보는 것 — 은 그 또한 위의 경우와는 또 다른 방식으로 불편함을 주기는 마찬가지다. 마음이란 개념은 마음이 물질적인 신체에 어떤 영향을 주지 않는다든가 신체로부터 영향을 받지 않는다고 가정한다면 별로 의미가 없다. 더군다나 만약 마음이 '부수현상' — 두뇌가 나타내는 구체적이긴 하지만 수동적인 물리적 상태의 특성 — 일 뿐이라면, 즉 몸의 부산물에 지나지 않으며 몸에는 영향을 미칠 수 없는 것이라면, 마음이 무능하고 절망적인 역할을 맡고 있다고 보는 견해일지 모른다. 하지만 만약 마음이 몸에 영향을 미칠 수 있고 이로 인해 몸이 물리 법칙의 제약을 벗어나서 활동할 수 있게 한다면 이것은 순수한 물리 법칙의 정확성을 방해하게 될 것이다. 마음과 몸이 완전히 독립적인 유형의 법칙을 따른다는 전적으로 '이원론적인' 견해는 이런 점이 문젯거리다. 비록 몸의 활동을 관장하는 그러한 물리 법칙들이 얼마간 자유를 허용하고 이 자유 안에서 마음이 몸의 행동에 지속적으로 영향을 미친다 하더라도, 이러한 자유의 특정한 속성은 그 자체로서 물리 법칙들의 중요한 한 요소일 수밖에 없다. 마음을 제어하고 기술하는 것이 무엇이든지 간에 그것은 우리 우주의 모든 물질적 속성들을 관장하는 하나의 위대한 방안의 총체적인 일부여야만 한다.

어떤 이들[1]은 주장하기를, 만약 우리가 '마음'을 단지 또 다른 종류의 실체(substance) — 물질(material)과는 다르며 상이한 종류의 원리들을 따르는 — 인 것처럼 여긴다면 이는 단지 '범주 오류'를 저지를 뿐이라고 한다. 이들의 비유에 의하면, 물질적인 몸은 물리적 컴퓨터와 비슷하며 마음은 컴퓨터 프로그램과 비슷하다고 한다. 정말로 그런 비유는 필요할 경우 유용할 수 있으며, 여러 상이한 종류의 개념들 사이에 혼란을 피하는 일은 그런 혼란이 명백한 경우 확실히 중요하다. 그렇기는 해도 마음과 몸의 경우에 단지 '범주 오류'를 지적하는 것은 그 자체로서 진짜 문제를 해결하지 못한다.

게다가 물리학에서는 서로 정말로 등가일 수 있는 어떤 개념들이 있는데, 언뜻 보기에 이런 개념들을 동일시하는 것은 일종의 범주 오류인 듯하다. 이런 종류의 예로서 아인슈타인의 유명한 $E = mc^2$을 들 수 있다. 이 방정식은 에너지를 질량과 등가로 본다. 여기서 범주 오류가 생긴 듯 보일지 모른다. 왜냐하면 질량은 물질적 실체의 측정치인 반면에 에너지는 일을 할 수 있는 잠재력을 기술하는 훨씬 더 모호하고 추상적인 양이기 때문이다. 하지만 이 둘을 관련시키는 아인슈타인의 이 방정식은 현대물리학의 초석이며 수많은 유형의 물리적 과정들에서 실험적으로 확인되었다. 범주 오류인 것처럼 보이지만 실제는 그렇지 않은 또 하나의 두드러진 사례는 물리학에서 엔트로피의 개념과 함께 나타난다(가령 ENM 7장을 참고). 왜냐하면 엔트로피는 매우 주관적인 방식으로 정의되는 '정보' 개념의 본질적인 한 속성인데, 하지만 동시에 엔트로피는 (정교한 수학 방정식으로 표현되는) 다른 더욱 '물질적인' 물리적 양과 관련되니 말이다.[2]

마찬가지로, 적어도 우리는 '마음'의 개념을 다른 물리적 개념들과 관련되는 관점으로 논의하려는 시도를 금할 까닭은 전혀 없는 듯하다. 특히 의식은 어떤 특정한 물질적 대상들 — 적어도 살아 있고 깨어 있는 두뇌 — 과 더불어 마치 '거기에' 있는 어떤 것인 듯하다. 따라서 우리는 이 현상을 어떤 식으로든 결국에는 물리적으로 설명할 날을 고대하게 된다. 비록 지금으로서는 그것을 이해할 날이 아주 멀리 있는 듯 보이지만 말이다. 이 책 1부의 논의에서 우리가 얻어낸 단서 하나는 의식적 이해라는 것은 특히 비알고리듬적 물리적 활동의 어떤 유형임이 분명하다는 점이다. 만약 내가 강력히 내세운 결론, 즉 $\mathscr{A}, \mathscr{B}, \mathscr{D}$ 대신에 관점 $\mathscr{C}$와 노선이 일치하는 주장을 따른다면 말이다(§1.3 참고). 내가 앞에서 내놓은 주장들을 아직도 받아들이지 못하는 모든 독자들에게 당부하건대, 적어도 당분간만이라도 내 말을 들어주고 $\mathscr{C}$를 수긍해주기 바란다. 그러면 어떤 세계가 펼쳐지게 될지 탐구해보자. 그 가능성은 우리의 짐작과 달리 결코 비우호적이지 않으며 그 세계에는 그 자체로서 흥미로운 것들이 많이 있다. 바라건대 이러한 탐구를 통해 독자들은 내가 이 책에서 이미 내놓은 주장들 — 자부하건대 강력한 주장들 — 을 더 깊게 공감할 수 있을 것이다. 그러니 $\mathscr{C}$를 안내자로 삼아 자세히 살펴보자.

4.2 컴퓨팅성 그리고 오늘날 물리학의 카오스

현재 알려져 있는 물리 법칙들의 정확성과 범위는 굉장하지만, 컴퓨팅적으로 시뮬레이션할 수 없는 활동에 대해서는 아무런 힌트도 담고 있지 않다. 그럼에도 불구하고 이 법칙들이 허용하는 가능성 내에서 우리는 우리 두뇌의 기능이 어떤 식으로든 활용하고 있음이 분명한 비컴퓨팅적 활동의 숨겨진 단초를 찾아내려고 해야만 한다. 나는 당분간은 이 비컴퓨팅성의 속성에 대한 논의를 미루고자 한다. 비컴퓨팅성이 특히나 미묘하고 알쏭달쏭하기 그지없다고 믿는 데에는 일리가 있으며 나는 현 단계에서 그런 문제와 관련된 여러 사안들에 휘말리고 싶지는 않다. 이 문제는 나중에 다시 살펴보겠다(§7.9, §7.10 참고). 여기서는 지금껏 우리에게 제시된 (고전적인 이론들이든 양자역학적 이론들이든) 물리 이론들이 그려낸 그림과는 본질적으로 다른 어떤 것이 필요하다는 점만 짚어두고자 한다.

고전물리학에서는 한 물리계를 정의하는 데 필요한 모든 데이터를 어느 주어진 시간에 특정할 수 있으며, 그 계의 향후 행동은 이 데이터로 완벽히 결정될 뿐 아니라 튜링 컴퓨팅이라는 효과적인 방법으로 그 데이터로부터 계산될 수 있다. 적어도 그런 컴퓨팅이 원리상으론 수행될 수 있는데, 이에는 두 가지 (상호관련된) 조건이 따른다. 첫째 조건은 원래 데이터가 적절히 디지털화될 수 있어야 한다는 것인데, 그래야만 해당 이론의 연속적인 파라미터들이 충분할 정도로 근사되면서 이산적인(discrete) 파라미터로 변환될 수 있기 때문이다. (이는 사실 고전적인 물리계에 대한 컴퓨터 시뮬레이션에서 보통 행해지는 것이다.) 두 번째 조건은 많은 물리계들이 카오스적이라는 것이다. 만약 미래의 행동을 충분한 정확도로 계산하려면 해당 데이터에 대하여 완전하게 터무니 없을 정도로 높은 정확성이 필요하다는 의미에서 그렇다. 앞서 충분히 논의되었듯이(특히 §1.7 참고. 또한 §3.10, §3.22 참고), 이산적으로 작동하는 계의 카오스 행동은 여기서 요구되는 유형의 '비컴퓨팅성'을 마련해주지 못한다. 정확히 계산하기는 어렵긴 하지만, (이산적인) 혼돈계는 여전히 컴퓨팅 가능한 계이다. 한 증거로서, 그런 계는 실제로 전자식 컴퓨터를 이용하여 조사할 수 있다는 사실을 꼽을 수 있다! 그리고 첫 번째 조건은 두 번째 조건과 관련되어 있다. 왜냐하면 해당 이론의 연속적인 파라미터에 대한 이산적인 근사의 정밀도가 '적절한지'를 고려할지 여부는 혼돈계의 경우 우리가 그것의 실제 행동을 컴퓨팅할 것인지 — 아니면 그런 계의 전형적인 행동으로 족할지 — 여부에 달려 있기 때문이다. 만약 후자의 경우 — 그리고 내가 1부에서 주장했듯이, 인공지능의 목적은 이것으로 충분한 듯 보인다 — 라면, 이산적인 근사가 완벽하지 않은지 여부 그리고 원래 데이터의 작은 오류가 계의 후속 행동에서 매우 큰 오류로 이어질지 여부를 걱정할 필요가 없다. 우리가 필요로 하는 것이 이뿐이라면, 위의 조건들은 순수하게 고전적인 물리계에 관해 논의한 1부의 내용에 따라서, 필요한 유형의 비컴퓨팅성에 대해 아무런 진지한 가능성의 여지도 마련해주지 않는다.

하지만 (물리적 행동을 모델링하는) 어떤 연속적인 수학적 계가 드러내는 정교한 카오스적 행동에는 어떠한 이산적인 근사로도 포착할 수 없는 어떤 것이 있을지 모를 가능성을 배제해서는 안 된다. 나는 그런 계를 알지 못하지만, 비록 그런 계가 존재한다손 치더라도 AI에는 아무런 보탬이 되지 않을 것이다. 적어도 현재의 AI로서는 그렇다. 왜냐하면 지금 존재하는 AI는 정말이지 이산적 컴퓨팅(즉, 아날로그 컴퓨팅이 아니라 디지털 컴퓨팅. §1.8 참고)에 의한 모델링에 기대고 있기 때문이다.

양자물리학에서는 완벽하게 무작위적인 속성의 어떤 추가적인 자유가 있는데, 이는 양자론의 방정식들(기본적으로 슈뢰딩거 방정식)이 제공하는 것으로서 결정론적인(그리고 컴퓨팅 가능한) 행동을 넘어선다. 전문적으로 말하자면, 이 방정식들은 카오스적이지 않지만, 카오스의 부재 대신에 앞서 말한 무작위적 요소가 존재하여 결정론적인 과정을 보완해준다. 앞에서 특히 §3.18에서 보았듯이 그런 순수하게 무작위적 요소들이라 하더라도 필요한 비알고리듬적 활동을 제공하지는 않는다. 그러므로 현재 우리가 이해하기에는 고전물리학이든 양자물리학이든 여기서 요구되는 유형의 비컴퓨팅적인 행동을 위한 여지를 허용하지 않는다. 따라서 우리는 필요한 비컴퓨팅적 활동을 다른 어딘가에서 찾을 수밖에 없다.

4.3 의식: 새로운 물리학 아니면 '창발 현상'?

1부에서 나는 (수학적 이해의 특정한 경우를 논의하는 자리에서) 의식이라는 현상은 두뇌에서 일어나는 어떤 비컴퓨팅적인 물리적 과정의 존재에 의해서만 생길 수 있다고 주장했다. 하지만 그런 (추정상의) 비컴퓨팅적 과정은 또한 비생명적인 물질의 활동에 내재적인 것이어야 한다고 가정해야 한다. 왜냐하면 살아 있는 인간의 뇌는 궁극적으로 우주의 비생명적인 물체와 동일한 물리 법칙을 따르면서 동일한 물질로 이루어져 있기 때문이다. 따라서 우리는 두 가지를 묻지 않을 수 없다. 첫째, 왜 의식 현상은 우리가 아는 한 오직 두뇌에서(또는 두뇌와 관련하여)만 생기는가? 비록 의식이 또 다른 적절한 물리적 시스템에서도 존재할지 모른다는 가정을 배제해서는 안 되겠지만 말이다. 둘째, 어떻게 모든 물질적인 것들의 활동에 — 적어도 잠정적으로는 — 내재되어 있다고 여겨지는 비컴퓨팅성과 같은 중요해 보이는 (추정상의) 요소가 이제껏 전적으로 물리학의 탐구 영역에서 배제되어 있었는가?

의심할 바 없이 첫째 질문의 답은 두뇌의 미묘하고 복잡한 구성과 관계가 있긴 한데, 하지만 그것만으로는 충분한 설명이 되지 않는다. 여기서 내가 제시하는 아이디어에 따르면 두뇌의 구성은 물리 법칙의 비컴퓨팅적 활동을 이용하도록 설정되어 있음에 반해, 보통의 물질들은 그렇게 구성되어 있지 않다. 이러한 구도는 의식의 본성에 관한 좀 더 흔하게 제시되는 어떤 한 견해[3] (기본적으로 𝒜의 견해)와는 뚜렷한 차이가 있다. 이 견해에 따르면 의식적인 인식은 고도의 복잡성과 정교성을 특징으로 하여 생기는 일종의 '창발 현상 (emergent phenomenon)'일 뿐으로서, 비생명적 물질의 활동에서 흔히 보이는 것과는 근본적으로 다른 어떤 구체적이고 새로우며 근본적인 물리적 과정들을 필요로 하지 않는다고 한다. 1부에서 내가 제시한 사례는 이와 다르게 주장하는데, 내 주장이 타당하려면 비컴퓨팅적 물리학을 이용하도록 구체적으로 설정된 두뇌의 미묘한 구성이 있어야만 한다. 두뇌의 이러한 구성의 속성에 관해서 더 자세한 언급은 나중에 하고자 한다(§7.4~§7.7).

두 번째 질문에 관해서는 우리는 반드시 그런 비컴퓨팅성의 흔적이 비생명적인 물질에서 어느 정도 분간할 수 있는 수준으로 존재한다고 예상해야만 한다. 하지만 통상적인 물질에 관한 물리학은 언뜻 보기에는 그런 비컴퓨팅적 행동에게 아무런 가능성도 주지 않는 듯 보인다. 나중에 나는 어떻게 그런 비컴퓨팅적인 행동이 정말로 이제껏 우리의 주의를 벗어날 수 있었는지와 더불어 어떻게 그런 행동이 오늘날의 관찰과 양립할 수 있는지 꽤 자세히 설명해볼 참이다. 하지만 지금으로선 당분간 이와는 방식이 매우 다르며 기존의 알려진 물리적 과정과 매우 비슷한 현상을 기술하는 편이 유용할 것이다. 비록 어떤 유형의 비컴퓨팅적 행동과도 관련이 — 적어도 직접적인 관련이 — 없긴 하지만, 이 알려진 물리적 현상은 다른 여러 측면에서 추정상의 비컴퓨팅적 요소와 매우 비슷하며, (비록 실제로 존재하는데도) 통상적인 물체의 자세한 행동에서는 도무지 이해하기 어렵다. 하지만 이 현상은 적절한 수준에서 자신의 존재를 드러내며, 우리가 세계의 작동을 이해하는 방식을 근본적으로 변화시켰다. 사실 이 이야기는 과학의 행진에 핵심적인 것이다.

4.4 아인슈타인 기울어짐(*tilt*)

아이작 뉴턴의 시대 이후로 중력이라는 물리 현상 그리고 이 현상에 대한 매우 정확한 수학적 기술(1687년 뉴턴이 처음으로 자세히 밝힘)은 과학적 사고의 발전에 핵심적인 역할을 했다. 이처럼 수학적으로 설명된 이후부터 중력은 다른 물리적 과정들을 기술하는 데에도 훌륭한 모범이 되었다. 고정된(평평한) 배경 공간을 통해 일어나는 물체들의 운동은 그 물체들에 작용하는 힘에 의해 지배되며, 이 힘들은 개별 물체들 사이에 상호 인력(또는 척력)으로 작용하여 아주 세밀한 수준까지 물체들의 운동을 지배한다. 뉴턴의 중력 이론이 두드러진 성공을 거두게 되자, 덩달아 모든 물리적 과정들이 이런 식으로 기술될 수 있다고 믿게 되었다. 전기적인 힘이든 자기적인 힘이든 분자 내의 힘이든 또는 다른 어떤 힘들 또한 중력의 경우에 훌륭하게 작용했던 것과 동일한 일반적 방식으로 입자들 사이에 작용하며 이들 입자의 정확한 운동을 지배한다고 여겨진 것이다.

1865년에 이르자 그러한 관점은 확연히 수정되었다. 바로 그 해에 위대한 스코틀랜드 물리학자 제임스 클럭 맥스웰이 전기장 및 자기장의 정확한 행동을 기술하는 일군의 놀라운 방정식을 발표했기 때문이다. 이 연속적인 장들은 이제 다양한 이산적 입자들과는 별도로 독립적으로 존재함이 드러났다. (이 두 가지 장의 결합인) 전자기장은 빛, 전파 또는 X선 등의 형태로 빈 공간에 에너지를 실어 나를 수 있으며 뉴턴 입자들만큼이나 위대하며 이 입자들과 공존하는 실체이다. 그럼에도 불구하고 일반적인 기술은 여전히 상호 접촉의 영향 하에 고정된 공간을 움직이는 물리적 대상에 대한 것이기에, 뉴턴의 방안이 제시한 큰 그림은 실질적으로 바뀌지 않았다. 심지어 1913~1926년 사이에 닐스 보어, 베르너 하이젠베르크, 에르빈 슈뢰딩거, 폴 디랙 등이 도입한 양자론조차도 혁신적인 기이함에도 불구하고 우리의 물리적 세계관의 이런 측면을 바꾸지 않았다. 여전히 물리적 대상이 힘의 장을 통해 서로에게 상호 작용을 미치며 모든 것은 이 한 가지의 동일한 고정된 평평한 공간을 배경으로 삼는다고 여겼다.

양자론이 발전해나가던 초창기 무렵, 때마침 알베르트 아인슈타인도 뉴턴주의 중력의 기반을 철저히 다시 파헤쳐서 마침내 1915년에 새로운 혁신적인 이론 하나를 내놓았다. 이전과는 중력을 완전히 다르게 설명한 아인슈타인의 일반상대성이론이 바로 그것이다(ENM 202~211쪽(국내판 321~335쪽) 참고). 이제 중력은 더 이상 힘이 아니게 되었고, 모든 입자들과 힘들의 활동 무대인 공간(실제로는 시공간) 그 자체의 곡률의 일종으로 제시되었다.

이 당혹스러운 견해에 모든 물리학자들이 기뻐한 것은 아니다. 물리학자들은 중력만이 유독 다른 모든 물리적 활동과 매우 다르게 취급되어서는 안 된다고 여겼다. 특히나 중력은 이전부터 최초의 패러다임을 제시해준 것인 데다, 이후의 다른 모든 물리학 이론들이 뉴턴의 중력 개념을 모델로 삼았기 때문이었다. 또 한 가지 우려스러운 점은 중력은 다른 물리적 힘들에 비해 매우 약하다는 데 있었다. 가령 수소 원자 내의 전자와 양성자 사이의 중력은 두 입자 사이의 전기적 인력보다 다음 비율로 작다.

1/28 500 000 000 000 000 000 000 000 000 000 000 000.

그러므로 중력은 물질을 구성하는 개별 입자 수준에서는 전혀 드러나지도 않는다!

때때로 이런 질문이 제기되곤 한다. 중력이란 일종의 여분의 효과가 아닐까? 다른 모든 힘들이 거의 대부분 하지만 완전하게는 아니고 상쇄되고 남은 효과 말이다. (어떤 힘들은 실제로 이런 속성을 지니는 것으로 알려져 있다. 가령 반데르발스 힘, 수소 결합 및 런던 힘 등이 그러하다.) 이에 따르면, 여타 다

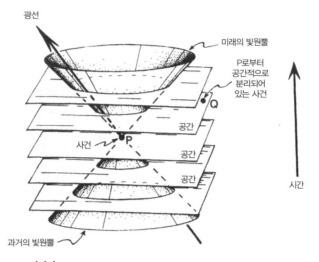

광선

미래의 빛원뿔

P로부터
공간적으로
분리되어
있는 사건

Q

공간

사건 P

공간

공간

시간

과거의 빛원뿔

그림 4.1 사건 P의 빛원뿔은 P를 통과하는 시공간의 모든 광선들로 이루어진다. 이것은 P를 향해 안쪽으로 모여들다가(과거의 빛원뿔) 그 시점에 다시 P에서 뻗어나가는(미래의 빛원뿔) 빛의 역사를 나타낸다. 사건 Q는 P로부터 공간적으로 분리되어 있으며(P의 빛원뿔 바깥에 놓여 있음) P의 인과적 영향 밖에 놓여 있다.

른 모든 것들과 꽤 다른 까닭에 다른 모든 힘들과 완전히 다른 수학적 방법으로 기술되어야 하는 물리적 현상이라기보다, 중력은 그 자체의 고유성을 지니는 현상이 아니라 단지 일종의 '창발 현상'일 테다. (가령, 위대한 소련 과학자이자 인도주의자인 안드레이 사하로프는 한때 중력을 이런 속성을 지닌 것으로 보았다.[4])

하지만 이런 종류의 아이디어는 통하지가 않는다. 왜 그런가 하면, 중력은 실제로 시공간 사건들 사이의 인과관계에 영향을 미치며, 게다가 이런 효과를 갖는 유일한 물리량이기 때문이다. 다르게 풀이하자면, 중력은 빛원뿔(light cone)을 '기울게' 하는 고유한 능력을 갖고 있다. (조금 후에 이 말이 무슨 뜻인지 살펴볼 것이다.) 중력 이외의 다른 어떤 물리적 장(場)도 빛원뿔을 기울게 할 수 없으며 비중력적 물리적 영향력들은 어떤 것도 그렇게 할 수 없다.

'빛원뿔을 기울게 한다는 것'이 무슨 뜻일까? '시공간 사건들 사이의 인과관계'란 무엇일까? 이런 용어들을 설명하려면 잠시 본론에서 벗어날 필요가 있다. (이 벗어남은 나중에 또 별도로 중요성을 갖는다.) 어떤 독자들은 관련 개념들에 이미 익숙할지도 모르기에, 여기서 나는 그 외의 다른 독자들로 하여금 필요한 개념에 익숙해지도록 간략하게 설명하겠다. (더욱 완벽한 논의는 ENM 5장 194쪽(국내판 309, 310쪽) 참고) **그림 4.1**은 보통의 빛원뿔을 시공간 다이어그램에 그린 것이다. 시간은 다이어그램에서 아래에서 위로 진행하는 것으로 표시되어 있으며 공간은 수평으로 뻗어간다. 시공간 다이어그램의 한 점은 한 사건을 나타내는데, 사건은 어떤 특정한 시간에서 어떤 특정한 공간상의 점이다. 따라서 사건은 시간적 지속의 양도 영(zero)이고 아울러 공간적 확장의 양도 영이다. 사건 P를 중심으로 하는 전체 빛원뿔은 구형으로 퍼지는 빛 펄스의 시공간 역사를 나타내는데, 빛은 P를 향해 안쪽으로 모여들다가 그 시점에 다시 P에서 뻗어나간다. 이때 속력은 언제나 빛의 속력으로서 일정하다. 그러므로 P의 전체 빛원뿔은 개별적인 역사 속에서 사건 P와 실제로 마주치는 모든 광선들로 구성된다.

P의 빛원뿔은 두 부분으로 구성되는데, 과거 빛원뿔*은 광선이 모여드는 것을 나타내며 미래 빛원뿔은 뻗어나가는 광선을 나타낸다. 상대성이론에 따르면 시공간 사건 P에 인과적 영향을 미칠 수 있는 모든 사건들은 P의 과거 빛원뿔의 내부 또는 원뿔 상에 놓여 있다. 마찬가지로 P에 의해 인과적으로 영향을 받을 수 있는 모든 사건들은 미래 빛원뿔의 내부 또는 원뿔 상에 놓여 있다. 과거 및 미래 빛원뿔의 바깥 영역에 놓인 사건들은 P에 영향을 미칠 수도 없고 P에 의해 영향을 받을 수도 없는 것들이다. 그런 사건들을 가리켜 P로부터 공간적으로 분리되어 있다고 한다.

---

* ENM의 그림은 오직 미래 빛원뿔만을 묘사하고 있다.

분명히 짚어두어야 할 점으로서, 이러한 인과관계 개념은 상대성이론의 특징이므로 뉴턴 물리학에서는 적절하지 않다. 뉴턴 물리학에서는 정보를 전달하는 빛의 속력 제한이 없다. 오직 상대성이론에서만 그러한 속력 제한이 있으며, 그 속력은 빛의 속력이다. 어떤 인과적 효과도 이 유한한 속력보다 더 빠르게 진행할 수 없다는 것이 상대성이론의 근본적인 원리다.

하지만 '빛의 속력'이 의미하는 바를 해석하는 데는 반드시 적잖은 주의가 따라야 한다. 실제 빛 신호는 유리처럼 굴절하는 매질을 지날 때 약간 느려진다. 그런 매질 속에서 어떤 물리적인 빛 신호가 진행하는 속력은 여기서 우리가 말하는 '빛의 속력'보다 느려지기에, 어떤 물리적 대상 또는 빛 신호 이외의 어떤 물리적 신호가 그런 매질 속을 진행하는 빛의 실제 속력보다 더 빠를 가능성이 있다. 어떤 물리적 실험에서 그러한 현상이 관찰될 수 있는데, 일례로 체렌코프 복사라고 알려진 환경에서 그 현상을 관찰해볼 수 있다. 이 경우, 어떤 굴절 매질 속으로 입자를 쏘는데 이 입자의 속력은 절대적인 '빛의 속력'보다는 아주 근소하게 작지만 빛이 실제로 그 매질 속을 진행하는 속력보다는 크다. 이때 실제 빛의 충격파가 생기는데 이것을 체렌코프 복사라고 한다.

혼란을 피하기 위해선 이 더 큰 '빛의 속력'을 절대 속력이라 부르는 방법이 최선이다. 시공간의 빛원뿔은 절대 속력을 결정하지만 그렇다고 꼭 실제로 진행하는 빛의 속력을 결정하지는 않는다. 매질 속에서 실제 빛의 속력은 절대 속력보다 얼마만큼 작으며, 체렌코프 복사를 일으키는 입자들의 속력보다도 작다. 모든 신호나 물체의 속력 한계를 정하는 것은 절대 속력(즉, 각각의 빛원뿔)이며, 비록 실제 빛이 꼭 절대 속력으로 진행하지는 않지만 진공 속에서는 절대 속력으로 진행한다.

여기서 우리가 말하는 '상대성'이론이란 특수상대성이론, 즉 중력이 배제된 이론이다. 특수상대성이론의 빛원뿔은 **그림 4.2**에서처럼 전부 균일하게 배열되는데, 이 시공간을 민코프스키 공간이라고 한다. 아인슈타인의 일반상대

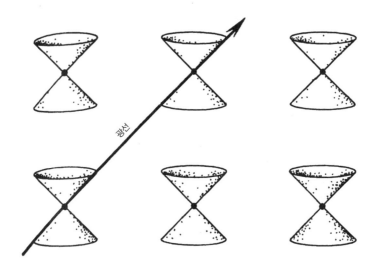

그림 4.2 민코프스키 공간. 특수상대성의 시공간. 빛원뿔은 모두 균일하게 배열되어 있다.

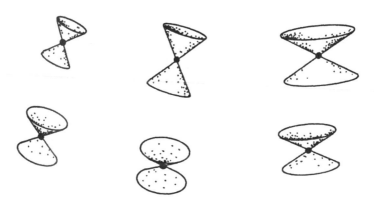

그림 4.3 아인슈타인의 일반상대성의 *기울어진* 빛원뿔

성이론에 따르면, '절대 속력'을 빛원뿔의 시공간 상황에 의해 결정되는 것으로 계속 여기는 한 이전의 논의는 여전히 유효하다. 하지만 **그림 4.3**에서처럼 중력의 효과 때문에 빛원뿔은 균일하지 않은 분포를 보인다. 이것을 가리켜 나는

기울어지지 않는
민코프스키 빛원뿔

(통상적인 빛의) 절대 속력을 규정하는 원뿔

민코프스키 빛의
속력을 넘어서다

그림 4.4 아인슈타인의 일반상대성이론에 따른 빛의 전파는 민코프스키 공간 틀 내에서 '굴절 매질'의 효과로 생각할 수는 없다. 그럴 경우 신호가 민코프스키 빛의 속력보다 더 빨리 전파될 수 없다는 특수상대성의 근본 원리에 위배된다.

빛원뿔의 '기울어짐(tilt)'이라고 부르고자 한다.

이 빛원뿔 기울어짐은 장소에 따라 달라치는 빛의 속력 — 그러니까 절대 속력 — 이란 관점에서 생각해볼 수 있는데, 여기서 이 속력은 운동 방향과는 무관할지 모른다. 이런 식으로 생각하면, '절대 속력' 또한 굴절 매질에 관한 논의에서 나온 '실제 빛의 속력'과 비슷한 어떤 것으로 볼 수 있다. 따라서 이제 중력장이란 실제 빛뿐만 아니라 모든 물질 입자와 신호의 행동에 영향을 미치는 일종의, 우주에 가득 찬 굴절 매질을 제공하는 것으로 볼 수 있다.* 정말로 이런 식으로 중력의 효과를 설명하려는 시도가 종종 있었는데, 어느 정도 성과가 있었다. 하지만 이는 어떤 중요한 측면에서 보자면, 완벽하게 만족스러운 설명은 아니며 일반상대성이론을 심각하게 오해하게 만들 수 있다.

우선, 비록 이 '중력적인 굴절 매질'은 절대 속력을 감속시키는 것으로 종종

---

* 놀랍게도, 이 아이디어를 제안한 건 뉴턴 본인이었다. (그의 저서 『광학』 제3권에 실린 18~22번 질문을 읽어보기 바란다.)

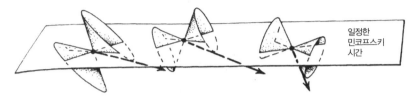

그림 4.5 원리상으로 빛원뿔 기울어짐은 매우 극단적으로 일어나 빛 신호들이 민코프스키 과거로 진행될 수도 있다.

여겨질 수 있다. 보통의 굴절 매질의 경우처럼 말이다. 하지만 이것만으로는 제대로 작동하지 않는 중요한 상황들(가령, 한 고립된 질량의 매우 멀리 떨어진 중력장)이 있으며, 추정상의 매질이 어떤 장소에서는 절대 속력을 증가시킬 수도 있다(펜로즈 1980년. **그림 4.4** 참고). 이런 결과는 특수상대성의 틀 안에서 얻을 수 있는 것이 아니다. 그 이론에 따르면 굴절 매질은 아무리 특이하다 하더라도 매질이 없는 진공에서의 빛의 속력보다 더 빠르게 신호의 속력을 증가시킬 수 있는 효과를 낼 수 없다. 이는 그 이론의 기본적인 인과성 원리에 위배되는 것이다. 왜냐하면 그런 속력 증가가 가능하면 신호가 (매질이 없는) 민코프스키 빛원뿔의 바깥으로 전파되는 일이 생기는데, 이는 허용되지 않기 때문이다. 특히 위에서 기술한 중력의 '빛원뿔 기울기' 효과는 다른 비중력장들의 어떤 여분 효과로 해석될 수도 없다.

훨씬 더 극단적인 어떤 상황에서는 빛원뿔의 기울어짐을 이런 식의 방법으로는 전혀 기술할 수 없게 된다. 비록 절대 속력이 어떤 방향으로 '증가하도록' 허용하더라도 말이다. **그림 4.5**의 한 상황이 바로 그런 경우에 해당되는데, 여기서 빛원뿔들은 직각보다 더 큰 어처구니없어 보이는 각도로 기울어져 있다. 사실 이런 식의 극단적인 기울어짐은 '인과성 위반'이 일어나는 아주 의심스럽기 그지없는 상황에서만 생긴다. 이론적으로 말해서, 관찰자가 신호를 그*의 과거로 보낼 때 생길 수 있는 현상이다(7장의 **그림 7.15** 참고). 놀랍게도 이런

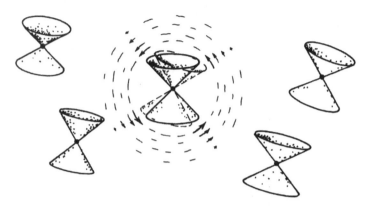

그림 4.6 시공간을 빛원뿔들이 그려진 고무판이라고 상상하자. 임의의 개별 빛원뿔은 (고무판 속에서) 회전을 통하여 표준 민코프스키 공간으로 전환될 수 있다.

속성에 대한 고려는 나중에 우리가 논의할 내용과 실제적으로 관련성을 갖는다(§7.10)!

단일한 빛원뿔의 '기울어진 정도'가 물리적으로 측정할 수 있는 성질의 것이 아닌 더욱 미묘한 지점이 있는데, 이 경우 그것을 절대 속력을 실체로 감소시키는 또는 증가시키는 역할을 한다고 보는 것은 물리적으로 아무런 의미가 없다. **그림 4.3**을 고무판 위에 그린 그림이라고 생각해보면 이 말이 무슨 뜻인지 명확히 이해하기 쉬울 것이다. 그러면 어떤 특정 빛원뿔은 정점의 이웃에서 회전하고 변형되다가(**그림 4.6** 참고) 마침내 특수상대성의 보통의 민코프스키 공간(**그림 4.2**)의 모양처럼 '수직'으로 서게 된다. 하지만 어떤 특정한 사건에서의 빛원뿔이 '기울어져 있는지' 여부는 어떠한 국소적 실험으로는 결코 판단할 수가 없다. 만약 기울어짐 효과를 정말로 '중력적 매질' 탓이라고 여긴다면 우리는 왜 이 매질이 어떠한 단일 시공간 사건에서도 관측될 수 없는 아주 희한

---

* 물론 '그'는 '남성'을 의미하지는 않는다. 독자에게 드리는 말씀 참고.

한 효과를 생기게 하는지 설명해야만 한다. 특히 **그림 4.5**에 묘사된 극단적인 상황처럼 중력적 매질 개념이 전혀 통하지 않는 경우는 만약 단일한 빛원뿔만을 고려한다면, 민코프스키 공간에서처럼 빛원뿔이 전혀 기울어지지 않은 상황에서 생기는 것과 물리적으로 하등 다를 바가 없다.

하지만 일반적으로 특정한 빛원뿔을 민코프스키 방향으로 회전시키려면 이웃 빛원뿔들은 민코프스키 방향에서 멀어지는 쪽으로 왜곡될 수밖에 없다. 일반적으로 '수학적 방해'가 발생하여 고무판을 변형시킬 때 모든 빛원뿔들이 **그림 4.2**에서와 같은 표준적인 민코프스키 배열로 변환될 수 없도록 가로막는다. 사차원 시공간일 경우 이 방해는 바일 곡률 텐서 — ENM에서는 **WEYL**이라는 기호로 이를 표시했다(ENM 210쪽(국내판 332, 333쪽) 참고) — 라고 불리는 수학적 대상에 의해 기술된다. (**WEYL** 텐서는 시공간의 전체 리만 곡률 텐서에 담긴 정보의 절반 — '등각인 절반' — 만을 기술한다. 하지만 독자들로서는 여기서 이러한 용어의 의미에 대해서 신경 쓸 필요는 없다.) 오직 **WEYL**이 0일 때에만 우리는 모든 빛원뿔들을 민코프스키 배열로 회전시킬 수 있다. **WEYL** 텐서는 중력장을 측정하는 기능을 하는데 — 중력적 조수 변형 (gravitational tidal distortion)을 일으킨다는 의미에서 — 따라서 기울어진 빛원뿔들을 방해 작용을 통해 '다시 바로 설' 수 있도록 해주는 것은, 그런 의미에서 바로 중력장이다.

이 텐서량은 확실히 물리적으로 측정할 수 있는 것이다. 가령 달의 **WEYL** 중력장은 지구에 조수 변형 작용을 행사한다. 지구 조수가 생기는 것은 주로 이 때문이다(ENM 204쪽(국내판 325쪽) **그림 5.25**). 이 효과는 빛원뿔과 직접적인 관련성은 없고 다만 중력에 관한 뉴턴식 효과의 한 특성일 뿐이다. 더 적절한 예는 중력 렌즈라는 또 하나의 관찰 가능한 효과인데, 이것은 아인슈타인 이론의 고유한 한 특성이다. 중력 렌즈가 처음으로 관찰된 사례는 아서 에딩턴 (Arthur Eddington)이 1919년 프린시페 섬으로 원정을 떠났을 때 알려지게 되었

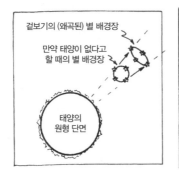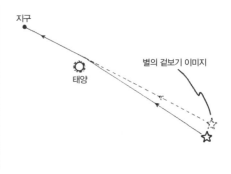

그림 4.7 빛원뿔 기울어짐으로 인한 직접적으로 관찰 가능한 효과. 시공간 곡률은 먼 별 배경장의 왜곡에서 확연히 드러나는데, 태양의 중력장이 빛을 휘게 만드는 효과로 인한 것이다.

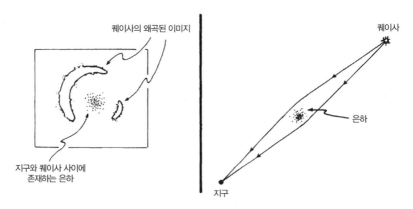

그림 4.8 아인슈타인의 빛 휘어짐 효과는 이제 관측 천문학의 중요한 한 도구가 되었다. 중간에 존재하는 은하의 질량은 먼 퀘이사의 이미지가 왜곡되는 정도를 통해 알아낼 수 있다.

다. 거기서 태양의 중력장에 의한 빛의 배경장(background field)의 왜곡 현상이 면밀하게 밝혀졌다. 이 배경장의 국소적 왜곡으로 인해 실제 배경의 작은 원형 패턴이 타원형 패턴으로 보이게 되었다(**그림 4.7**). 이것은 시공간의 빛원뿔 구조에 미치는 **WEYL**의 효과가 거의 직접적으로 드러난 사례이다. 근래에 중력 렌즈 효과는 관측 천문학과 우주론에 매우 중요한 도구가 되었다. 먼 퀘이사에서 온 빛은 때때로 그 사이에 존재하는 은하에 의해 왜곡되며(**그림 4.8**), 퀘이사의 겉모습에서 관찰된 왜곡은 시간 지연 효과와 더불어 거리, 질량 등에 관한 중요한 정보를 전해준다. 이 모든 것들은 빛원뿔 기울어짐, 아울러 **WEYL**의 직접적으로 관찰 가능한 효과가 실제 현상임을 알려주는 관찰 가능한 증거이다.

방금 말한 내용은 빛원뿔의 '기울어짐, 즉 중력으로 인한 인과성의 왜곡이 미묘한 현상일 뿐만 아니라 실체 현상이며 아울러 물질의 덩어리가 충분히 커지기만 하면 저절로 일어나는 여분의 또는 '창발적' 속성으로는 설명할 수 없다는 점을 잘 드러내준다. 중력은 다른 물리적 과정들과는 구별되는 자신만의 고유한 속성이 있는데, 이는 소립자 규모에서 중요한 힘의 수준에서는 직접 분간할 수가 없긴 하지만 언제나 존재하는 속성이다. 알려진 물리학에서는 중력 이외의 다른 어떤 것도 빛원뿔을 기울게 할 수 없기에 중력은 이런 기본적인 측면에서 다른 모든 알려진 힘들 및 물리적 영향력과는 다른 어떤 것이다. 고전적인 일반상대성이론에 따르면 지극히 작은 먼지 규모의 물질로 인해서 빛원뿔이 아주 미미하게 기울어지는 현상이 정말로 발생한다. 심지어 개별 전자도 빛원뿔을 틀림없이 기울어지게 만든다. 하지만 그런 물체로 인한 기울어짐의 정도는 터무니없을 만큼 너무나 작기에 직접적으로 드러날 만한 효과를 나타내지는 않는다.

중력의 여러 효과들은 먼지 알갱이보다 훨씬 더 크긴 하지만 달보다는 훨씬 더 작은 물체들 사이에서 관찰되어 왔다. 1798년에 행해진 한 유명한 실험에서 헨리 캐번디시는 질량이 10^5그램 정도인 한 구의 중력을 측정했다. (존 미첼이 이전에 했던 실험을 바탕으로 한 것이었다.) 현대적인 기술을 사용하면 질량이 훨씬 더 작은 물질의 중력도 알아낼 수 있다. (쿠크(Cooke)의 1988년 문헌 참고) 하지만 어떠한 상황에서라도 중력의 빛원뿔 기울어짐 효과를 알아내는 일은 현재의 기술을 완전히 넘어선다. 빛원뿔이 직접적으로 관찰되는 경우는 질량이 매우 클 때뿐이다. 그렇긴 하지만 먼지 알갱이처럼 작은 물체로도 그런 효과가 일어난다는 사실 자체는 아인슈타인 이론의 명백한 결과다.

중력의 세세한 효과들은 다른 물리적 장들 내지 힘들의 어떠한 조합으로도 시뮬레이션할 수 없다. 중력의 정확한 효과들은 정말로 고유한 속성을 지니고 있기에 창발적인 또는 부차적인 현상이라거나 다른 훨씬 더 두드러진 물리적 과정에 수반되는 현상으로 결코 간주할 수 없다. 이전에는 다른 모든 물리적 활동들을 위한 고정된 배경 무대로 여겨졌던 시공간의 속성 그 자체가 중력을 설명해준다. 뉴턴의 우주에서는 중력은 특별한 어떤 것으로 보이지 않았다. 나중에 드러난 다른 모든 힘들을 위한 패러다임을 제공해주는 것으로 보였을 뿐이다. 하지만 아인슈타인의 우주(경이롭게도 관찰을 통해 확인되었으며 오늘날의 물리학자들이 인정하는 견해)에서는 중력은 완전히 다른 어떤 것이다. 결코 어떤 창발적인 현상이 아니라 그 자신의 고유한 속성을 지닌 어떤 것이다.

하지만 중력이 다른 물리적 과정들과 다르다는 사실에도 불구하고, 중력을 물리학의 나머지 모든 것들과 통합시키는 심오한 조화가 있다. 아인슈타인의 이론은 다른 법칙들과 이질적인 것이 아니라 단지 그것들을 새로운 관점에서 드러낼 뿐이다. (특히 에너지, 운동량 및 각운동량 보존의 법칙에 대해서 그러하다.) 아인슈타인의 중력을 나머지 물리학과 통합하는 일은 뉴턴의 중력이, 나중에 아인슈타인이 보여주었듯이, 나머지 물리 현상들과는 실제로 다르다는 사실에도 불구하고 나머지 물리학에 어떤 패러다임을 제공했다는 역설을 설명해줄 한 방법이다. 무엇보다도 아인슈타인은 우리가 어떤 이해의 단계에 들어섰다 하더라도 우리가 적합한 물리적 견해를 꼭 알아냈다고 너무 안이하게 믿지 말라는 가르침을 준 셈이다.

의식 현상에 관해서도 이것에 대응될 만한 어떤 내용을 배울 수 있다고 기대해도 좋지 않을까? 만약 그렇다고 할 때, 그 현상이 분명히 드러나도록 하기 위해서 커져야 할 것은 꼭 질량이지는 — 적어도 오직 질량만이지는 — 않을 것이며, 어떤 유형의 미묘한 물리적 조직일 것이다. 1부에서 제시된 주장들에 따르면, 그러한 조직은 보통의 물질의 행동에서 이미 드러나는 어떤 숨겨진 비컴퓨팅적 요소를 이용할 방법을 알아냈을 테다. 일반상대성이론의 빛원뿔 기울어짐과 마찬가지로 (지극히 작은 입자들의 행동에 대한 연구에 국한된 경우에서처럼) 우리의 주의를 완전히 벗어나는 요소를 이용할 것이라는 말이다.

하지만 빛원뿔 기울어짐이 비컴퓨팅성과 어떤 관계가 있을까? 우리는 이 질문의 흥미진진한 한 측면을 §7.10에서 탐구할 것이다. 하지만 현재의 논의 단계에서는 아무것도 탐구하지 않을 테며, 다만 그것이 하나의 교훈을 준다는 점만을 말하고자 한다. 즉, 물리학에서 이제껏 고려된 것과는 완전히 다르며 일반적인 물질의 행동에서는 숨겨진 채 관찰되지 않은 어떤 근본적으로 중요하고 새로운 성질이 나타날 수 있다는 점 말이다. 아인슈타인은 여러 심오한 고려들을 통해 혁신적인 견해를 마련하게 되었는데, 어떤 고려들은 수학적으로 정교하고 또 어떤 고려들은 물리학적으로 미묘했다. 하지만 이들 중 가장 중요한 것은 갈릴레오 시기부터 드러나긴 했지만 이해되지는 않았던 것이었다(등가의 원리. 즉, 모든 물체들은 중력장에서 동일한 속력으로 낙하한다). 게다가 그런 고려들이 아인슈타인 당대의 알려진 물리 현상들과 양립할 수 있다는 것이 아인슈타인의 아이디어가 성공하는 데 꼭 필요한 전제조건이었다.

마찬가지로 우리는 사물의 행동 어딘가에 숨겨진 어떤 비컴퓨팅적 활동이 있을 수 있다고 생각해볼 수 있다. 그런 짐작이 성공적인 결과를 낳으려면 아마도 수학적으로도 정교하고 물리학적으로도 미묘한 심오한 고려들이 필요하며 그것이 오늘날 알려진 모든 세세한 물리 현상들과 모순을 일으키지 않아야 한다. 그런 이론에 이르는 길을 얼마나 추구할 수 있을지 우리는 살펴보고자 한다.

하지만 선결과제로서, 컴퓨팅적 개념들이 현재의 물리학에 포함되어 있다는 강력한 주장을 먼저 훑어보자. 역설적이게도 우리는 일반상대성 그 자체가 자연의 가장 놀라운 사례들 가운데 하나를 드러내준다는 점을 알게 될 것이다.

4.5 컴퓨팅과 물리학

　　　　　지구에서 약 30,000광년 떨어진, 독수리자리의 두 별은
믿을 수 없을 만큼 밀도가 높은 죽은 별로서 서로의 주위를 돈다. 이 두 물체의
물질은 매우 압축되어 있기에 테니스 공 하나 크기의 질량이 화성의 달 데이
모스와 맞먹는다. 중성자별 상태의 이 두 별은 서로를 7시간 45분 6.9816132초
마다 돈다. 질량은 각각 우리 태양의 1.4411 및 1.3874배이다(소수점 마지막 자
리에서 약 7의 오차가 생길 수 있다). 이 두 별 중 첫 별은 전자기 복사파(전파)
를 매 59밀리초마다 우리 지구 쪽으로 방출하는데, 이는 그 별이 1초에 약 17번
자신의 축 주위로 회전(자전)함을 알려준다. 이것이 바로 펄서이며, 이 두 별은
유명한 쌍성 펄서 시스템 PSR 1913 + 16을 이룬다.

　　펄서가 처음 알려진 해는 1967년이었다. 그 해에 케임브리지 전파 관측소
에서 조셀린 벨(Joselyn Bell)과 앤서니 휴이시(Anthony Hewish)가 처음 발견했
다. 중성자별은 대체로 적색거성의 핵이 중력으로 인해 붕괴되어 생기는데, 이
때 격렬한 초신성 폭발이 일어난다. 중성자별은 엄청나게 밀도가 높다. 핵 입
자들, 그중에서도 주로 중성자들에 의해 압축되는데 어느 정도로 압축되느냐
하면 핵 입자들의 전체 밀도가 중성자 그 자체의 밀도와 비견될 만큼 압축된
다. 붕괴될 때 중성자별은 별의 물질 내부에 자기장의 역선들을 가두어 두는데
별이 붕괴될 때 생기는 엄청난 압축 덕분에 이 자기장은 어마어마한 정도로 집
중된다. 그러면 자기장 역선들은 별의 자기북극으로부터 방출되어 상당한 거
리만큼 우주 공간 바깥으로 향했다가 다시 별의 자기남극으로 되돌아온다(**그
림 4.9** 참고).

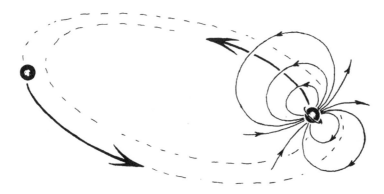

그림 4.9 PSR 1913 + 16. 두 중성자별이 서로 주위를 돈다. 둘 중 하나는 펄서로서 대전된 입자들을 가두어 놓은 엄청나게 강한 자기장을 띠고 있다.

중성자별의 붕괴는 자전 속력을 엄청나게 증가시킨다(각운동량 보존의 결과임). 위에서 언급한 펄서의 경우에는(지름이 약 20km) 일 초에 무려 약 17번이나 자전한다! 그렇다 보니 이로 인해 펄서의 극도로 강한 자기장이 일 초에 17번씩 회전하게 된다. 왜냐하면 중성자별 내의 자기장의 역선들은 별의 몸체에 고정되어 있기 때문이다. 별의 바깥에서는 자기장의 역선들이 대전된 입자들을 데리고 다니는데, 별로부터 어떤 거리에 이르면 이 입자들의 속력은 틀림없이 빛의 속력 가까이 접근한다. 그렇게 되면 이 대전 입자들은 격렬하게 복사파를 방출하는데, 이렇게 방출된 강력한 전파는 마치 거대한 등대에서 나온 빛처럼 엄청나게 먼 거리에까지 비친다. 이 빛 신호들 중 일부가 지구에 도달하는데, 이 빛은 반복적으로 반짝거리므로 지구에 있는 천체관찰자에게는 전파의 연속적인 '깜빡거림'으로 보인다. 이것이 바로 펄서의 특징이다(**그림 4.10**).

펄서의 자전 속력은 매우 안정되어 있기에, 지구에서 제작된 가장 완벽한 (원자)시계와 맞먹거나 심지어 그것보다 더 뛰어난 시계 역할을 해준다. (훌륭

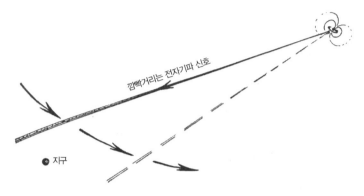

그림 4.10 갇혀 있던 대전 입자들이 펄서와 함께 회전하면서 전자기파 신호를 방출한다. 이 빛 신호는 일초에 17번 지구를 훑고 지나간다. 이것이 뾰족한 펄스 모양의 전파 신호로 지구에서 수신된다.

한 펄서 시계는 일 년에 시간의 차이나는 정도가 10^{-12}초 이하이다.) 만약 펄서가 PSR 1913 + 16의 경우처럼 쌍성의 일부라면 펄서가 이웃 별 주위로 도는 궤도 운동은 도플러 효과를 이용하여 정밀하게 모니터링할 수 있다. 이때 지구에서 수신하는 펄서의 '깜빡임'의 비율은 펄서가 지구로부터 멀어질 때보다 지구에 가까이 다가올 때 약간 더 크다.

PSR 1913 + 16의 경우, 두 별이 실제로 서로에 대해 그리는 상호 궤도의 무척 정확한 모습을 알아내어 아인슈타인의 일반상대성이론에서 예상되는 여러 다양한 현상들을 실제로 확인할 수 있다. 이런 현상의 예로서 '근일점 전진' — 이 특이한 현상은 1800년대 후반에 태양을 도는 수성의 궤도에서 처음으로 목격되었다가 아인슈타인이 1916년에 설명해낸 현상으로서, 이 설명으로 인해 그의 일반상대성이론이 처음으로 검증되었다 — 과 더불어 자전축에 영향을 미치는 다양한 유형의 일반상대론적 '요동' 등을 꼽을 수 있다. 아인슈타인의 이론은 두 작은 물체가 서로에 대해 상호 궤도 운동을 하면서 보이는 행동을 매우 분명하게(결정론적으로 그리고 컴퓨팅 가능한 방식으로) 드러내준다.

아울러 주의 깊고 정교한 근사법에다 다양한 표준적인 컴퓨팅 기법들을 이용하여 매우 정확하게 이 운동을 계산해낼 수 있다. 그런 컴퓨팅에는 가령 별들의 질량 및 초기 운동 상태와 같은 어떤 미지의 파라미터들이 개입되지만, 펄스 신호에서 얻는 충분한 데이터를 통해 이런 정보를 매우 정확하게 알아낼 수 있다. 컴퓨팅을 통해 알아낸 모습과 펄서 신호의 형태로 지구에서 수신된 매우 세세한 정보 간에는 매우 놀라운 일치를 보이며 일반상대성이론을 훌륭하게 지지해준다.

내가 아직 언급하지 않은 일반상대성의 효과가 한 가지 더 있는데, 바로 중력복사이다. 이것은 쌍성 필서의 역학에 중요한 역할을 한다. 나는 이전 절에서 어찌해서 중력이 여타의 모든 물리적 장들과 근본적으로 다른지를 집중적으로 설명했다. 하지만 중력과 전자기 현상이 서로 매우 비슷하게 작동하는 다른 측면들도 있다. 전자기장의 중요한 속성 중 하나는 빛 또는 전파처럼 공간 속에 퍼지는 파동의 형태로 존재할 수 있다는 점이다. 고전적인 맥스웰 이론에 따르면, 그런 파동들은 전자기력을 통해 서로에게 상호작용을 하는 대전 입자들이 서로에 대해 궤도 운동을 하면 방출된다. 마찬가지로 고전적인 상대성이론에 따르면, 서로 간의 중력장 상호작용을 통해 서로에게 상호 궤도 운동을 하는 중력 물체들로부터는 중력파동이 방출된다. 보통의 경우에는 이 파동들은 매우 약하다. 태양계에서 중력복사의 가장 강력한 원천은 목성이 태양 주위를 운동할 때 생기는데, 목성-태양 시스템이 이런 형태로 방출하는 에너지의 양은 고작 40와트 전구의 에너지 양에 해당된다!

하지만 다른 상황, 가령 PSR 1913 + 16과 같은 경우에는 전혀 다르다. 이때 이 시스템에 의한 중력복사는 실로 의미심장한 역할을 한다. 여기서 아인슈타인의 이론은 그 시스템이 방출하게 될 중력복사 및 이때 전달되는 에너지의 자세한 속성을 확실히 예측해준다. 이 에너지 손실로 인해 두 중성자별은 천천히 나선형을 그리며 궤도 안쪽으로 향하고 아울러 그만큼 자전주기가 짧아진다.

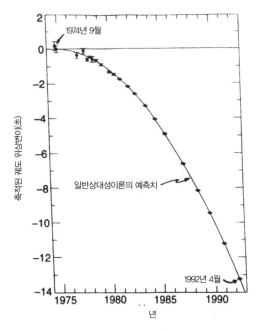

그림 4.11 이 그래프(조셉 테일러 제공)는 20년에 걸쳐 관찰된 펄서의 자전주기 감소와 아인슈타인의 이론에 따른 중력복사로 인한 계산된 에너지 손실이 정확히 일치함을 보여준다.

조셉 테일러와 러셀 헐스는 1974년 푸에르토리코에 있는 엄청나게 큰 아레시보 전파망원경으로 이 쌍성 펄서를 처음으로 관찰했다. 그 이후로 테일러와 그의 동료들은 자전주기를 면밀하게 모니터링했는데, 자전주기가 빨라진 정도는 일반상대성이론의 예측치와 정확하게 일치했다(**그림 4.11** 참고). 이 업적으로 인해 헐스와 테일러는 1993년에 노벨물리학상을 받았다. 사실 세월이 흘러가면서 이 쌍성 시스템으로부터 차곡차곡 얻어진 지식들은 아인슈타인의 이론이 옳다는 점을 더욱 더 확실히 확인시켜주었다. 정말로 만약 그 시스템 전체를 아인슈타인 이론 전반을 통해 ─ 뉴턴 역학적으로 궤도를 계산한 다음에 표준적인 일반상대성 효과를 고려하여 수정한다. 즉 중력복사로 인한 에너지

손실 때문에 생기는 궤도의 변화를 고려한다 — 계산한 행동과 비교하면, 아인슈타인의 이론은 약 10^{-14} 미만의 정확도로 옳다는 것이 확인된다. 이로써 아인슈타인의 일반상대성 이론은 이런 특별한 의미에서 이제껏 과학사에서 알려진 것 중에서 가장 정확하게 검증된 이론임이 드러났다!

이 사례에서 우리는 특별히 '깨끗한' 시스템, 즉 일반상대성이론만 있으면 완벽하게 계산이 이루어지는 시스템을 다루었다. 물체의 내부 구성 때문에 생기는 복잡성, 또는 중간에 끼어드는 매질로 인하거나 자기장으로 인한 항력과 같은 것들은 운동에 의미심장한 영향을 미치지 않는다. 게다가 물체는 오직 두 개뿐인 데다 여기에 이들의 상호 중력장만 고려하면 되므로, 일반상대성이론에 따라 예상되는 행동을 매우 세세하게 컴퓨팅하는 것이 가능하다. 이는 컴퓨팅된 이론적 모델과 관찰된 행동 사이의 (과학사 전반에 걸쳐 몇 가지 물체만을 대상으로 하여 이제껏 성취된 사례 중에서) 가장 완벽한 비교 사례일 터이다.

물체의 개수가 이보다 훨씬 더 많을 때에도 현대 컴퓨터 기술의 자원들을 총동원하여 시스템의 행동을 매우 상세하게 모델링하는 것은 여전히 가능하다. 특히 태양계의 모든 행성들 및 이들 행성의 가장 중요한 위성들의 운동은 어윈 샤피로와 그의 동료들에 의해 매우 자세하고 광범위한 계산을 통해 모델링되었다. 이로써 일반상대성이론은 다시금 중요한 검증을 거쳐 확인되었다. 역시나 아인슈타인의 이론은 모든 관찰 데이터와 일치했으며, 뉴턴역학만 완벽하게 적용했더라면 생겼을 수 있는, 관찰된 행동에서 발생한 다양한 작은 편차들을 해소해주었다.

훨씬 더 많은 개수의 물체들 — 때로는 백만 개 정도 규모 — 이 개입되는 계산 또한 현대 컴퓨터로 수행될 수 있지만, 이는 일반적으로(늘 그렇지는 않지만) 뉴턴 이론에 전적으로 바탕을 두고 있다. 단순화를 위한 가정들을 도입하면, 모든 입자들이 다른 모든 입자들에 대해 미치는 효과를 일일이 절대적으로 계산하기보다 어떤 평균적인 기법을 통해 많은 입자들의 효과를 근사할 수 있을 것이다. 이런 방식의 계산은 천문학에서 흔히 행해지는데 별들이나 은하의 세세한 형성과정 내지는 은하 생성 이전의 초기 우주의 물질 덩어리에 관심을 갖고 연구할 때 주로 사용된다.

하지만 이러한 계산이 얻으려고 하는 것에는 한 가지 중요한 차이가 있다. 우리는 어떤 시스템의 실제 진화에 관심이 있다기보다는 어떤 전형적인 진화에 관심을 둔다. 혼돈계에 관한 이전의 논의에서와 마찬가지로 우리가 기대하는 최선의 방법은 바로 전형적인 진화에 관심을 두는 것이다. 그러한 방식을 통해 우주에 있는 물질의 구성과 초기 분포에 관한 다양한 과학적 가설들을 검사함으로써, 일반적으로 우주의 진화가 실제로 관찰되는 바와 얼마나 잘 들어맞는지 알아낼 수 있다. 그런 상황에서는 세부적인 일치점을 찾기를 기대하는 것이 아니라, 일반적인 겉모습과 다양한 통계적 파라미터들을 모델과 관찰 결과 사이에서 확인할 수 있다.

이런 유형의 극단적인 상황은 입자들의 개수가 너무 커서 입자 각각의 움직임을 따라가기란 사실상 불가능할 때 생긴다. 이때에는 그 대신에 입자들을 통계적으로 다루어야만 한다. 가령 기체를 수학적으로 다룰 때에는 개별 입자의 특정한 운동에 관심을 두지 않고 대체로 입자 운동의 여러 가능한 조합들의 총체를 통계적으로 취급하는 방식을 택한다. 기온, 압력, 엔트로피 등과 같은 물리량들이 그러한 총체의 성질인데, 이런 총체가 운동하는 속성들은 통계적인 관점에서 다루어진다.

관련 역학방정식들(뉴턴, 맥스웰, 아인슈타인 그 외의 어떤 이의 것이든)과 더불어 그러한 상황에서는 한 가지 물리적 원리가 반드시 개입된다. 열역학 제2법칙이 그것이다.[5] 사실 이 법칙은 역학적으로는 가능할지 몰라도 실제적으로는 도저히 불가능한 운동으로 이어지는 개별 입자 운동의 초기 상태를 배제시키는 역할을 한다. 제2법칙을 도입함으로써 계의 향후 행동은 당면 문제에 전혀 실제적인 관련성이 없는 매우 비전형적인 상태가 아니라 정말로 '전형적인' 쪽으로 모델링이 된다. 제2법칙의 도움 덕분에, 개별 입자의 운동을 상세히 파악하는 것이 실제적으로 결코 이루어질 수 없을 정도로 매우 많은 입자들이 관여하는 계의 장래 행동을 계산하는 일이 가능하다.

흥미로우면서 정말로 심오하기도 한 한 가지 질문이 여기서 제기된다. 즉 왜 계의 그러한 행동은 과거를 향해서는 신뢰할 만한 수준으로 파악될 수 없는가? 뉴턴, 맥스웰 그리고 아인슈타인의 역학방정식들은 전부 시간에 대해 완벽하게 대칭인데도 말이다. 왜냐하면 실제 세계에서는 열역학 제2법칙이 시간의 반대 방향으로 적용되지 않기 때문이다. 이렇게 되는 궁극적인 까닭은 시간이 시작 — 우주의 기원인 빅뱅 — 될 때 생겼던 아주 특별한 조건들과 관계가 있다(이 문제에 관한 논의는 ENM 7장 참고). 사실, 이 초기 조건들은 너무나 정교하게 특별한지라 관찰된 물리적 행동이 확실한 수학적 가설에 의해 모델링되는 매우 정교한 사례에 속한다.

빅뱅의 경우, 이에 관련되는 가설의 핵심적인 부분은 아주 초기 단계일 때 우주의 물질이 열적평형 상태에 있었다는 것이다. '열적평형'이 무슨 뜻일까? 열적평형에 대한 연구는 위에서 나온 쌍성 펄서의 경우와 같은 몇 가지 대상의 세세한 운동에 관한 정교한 모델링과는 정반대의 극단을 드러내준다. 여기서 우리의 관심은 가장 순수하고 가장 신뢰할 만한 의미에서 단지 '전형적인 행동'이다. 평형 상태는 일반적으로 완벽하게 '안정을 찾은' 계의 상태로서, 계는 미세하게 흔들리기는 해도 그 상태에서 크게 벗어나지 않는다. 많은 수의 입자들로 이루어진(또는 자유도가 큰) 한 계 — 따라서 세세한 개별 입자 운동에 관심을 갖는 것이 아니라 기온과 압력과 같은 평균화된 행동 및 평균적인 측정치가 관심사인 계 — 의 경우, 이것이 바로 열역학 제2법칙(최대 엔트로피)에 따라, 그 계가 궁극적으로 수렴하는 열적평형 상태이다. '열적'이라는 단서가 의미하는 바는 많은 수의 개별 입자 운동들에 대한 일종의 평균화가 있다는 것이다.

그런 평균, 즉 개별 행동보다는 전형적인 행동에 관심을 갖는 것이 열역학의 주제다.

엄밀하게 말하자면, 한 계의 열역학적 상태 내지는 열적평형에 관해 언급할 때는 앞서 말한 바에 따라 개별 상태와 관련된 것이 아니라 거시 규모에서는 전부 동일해 보이는 상태들의 총체에 관한 것이다(그리고 엔트로피는 대충 말하자면 이 총체 안의 상태들의 수의 로그이다). 평형 상태에 있는 한 기체의 경우, 우리가 만약 압력, 부피 그리고 기체 입자들의 양과 구성을 고정시키면 열적평형 상태에서 가능한 입자 속도들의 매우 구체적인 분포가 얻어진다(맥스웰이 처음으로 이를 기술했다). 이보다 더 자세한 분석을 해보면, 이상화된 열적평형 상태에서 벗어난 통계적 요동이 예상되는 범위가 드러난다. 지금 우리는 물질에 관한 통계적 행동의 연구라는 더욱 정교한 영역으로 들어서고 있는데, 이 이상의 이야기는 통계역학이 다루어야 할 주제에 해당된다.

그렇다면, 물리적 행동을 수학적 구조로 모델링하는 데에는 본질적으로 비컴퓨팅적인 것은 없는 듯 보인다. 적절한 계산을 실시해보면 계산된 것과 관찰된 것 사이에는 상당한 일치가 있다. 하지만 농도가 약한 기체들보다 더 복잡한 계들 또는 중력 물체들의 큰 집합을 고려할 때에는 해당 물질의 양자역학적 속성으로 인해 생긴 문제들을 완전히 비껴갈 수가 없다. 특히 열역학적 행동의 가장 순수하고 가장 정확하게 검증된 사례 — 흑체 상태라고 알려진 물질과 복사의 열적평형 상태 — 에서도 이 문제를 완전히 고전적으로 다룰 수가 없고 양자적 과정이 근본적으로 개입되었음이 드러났다. 정말로 양자론의 전체 주제를 촉발시킨 것은 바로 1900년에 있었던 막스 플랑크의 흑체 복사 분석이었다.

그럼에도 불구하고 물리 이론(여기서는 양자론)의 예측들은 성공적으로 입증되었다. 실험을 통해 관찰된 주파수 그리고 그 주파수에서의 복사파의 세기 사이의 관계가 플랑크가 제시한 수학 공식과 매우 근접하게 일치했던 것이

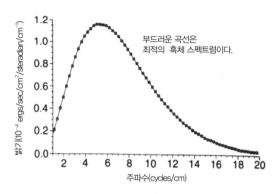

그림 4.12 COBE 관측 값과 빅뱅 복사파의 '열적' 속성의 예상치 사이의 정확한 일치.

다. 본서의 이 절은 고전물리학 이론의 컴퓨팅적 속성에 관한 것이긴 하지만, 관찰과 플랑크 공식 사이의 이제껏 가장 완벽한 일치 사례를 언급하지 않고 넘어갈 도리가 없다. 또한 이 사례는 빅뱅의 표준 모델을 관찰을 통해 훌륭하게 확인해주었다. 우주가 창조된 지 몇 분 후의 정확한 열적 조건들을 드러내준 것이다. **그림 4.12**에서 낱개의 작은 상자처럼 생긴 점들은 COBE 위성이 관찰한 상이한 주파수에서의 우주배경복사의 여러 세기 값들이다. 연속적인 곡선은 플랑크의 공식에 따라 그린 것으로서, 복사파의 온도를 2.735(±0.06)K의 (최적)값으로 삼았다. 공식의 예측치와 실제 관찰 값 사이의 일치가 실로 경이롭다.

위에서 언급한 구체적인 사례는 천체물리학의 영역에서 가져온 것인데, 이 분야에서는 복잡한 계산과 실제 세계에서 일어나는 계의 관찰된 행동에 대한 비교 연구가 잘 발전되어 있다. 천체물리학에서는 실험을 직접 할 수 없기 때문에 이론을 검증하려면 제시된 여러 상황들에서 표준 물리 법칙을 바탕으로 세세한 계산 결과들을 정밀한 관측 값과 비교해야 한다. (이 관측 값은 지상에서 또는 상층 대기의 풍선이나 비행기 또는 로켓이나 인공위성을 통해서 얻을 수도 있다. 이때 일반적인 망원경뿐 아니라 여러 상이한 종류의 탐지기가 활용된다.) 그러한 계산은 여기서 우리가 관심을 갖는 것들과 구체적으로 관련성을 갖지는 않지만, 내가 여기서 언급하는 주된 이유는 그러한 계산들이 특별히 분명한 사례들을 제시하기 때문이다. 즉, 컴퓨팅 과정이 자연을 정말로 얼마나 실제적으로 모방하는지 설명함으로써 그런 계산이 자연을 탐구하는 경이로운 한 방법임을 드러내주기 때문이다. 한편 여기서 우리가 더 직접적으로 관심을 가져야할 것은 생물학적 계에 대한 연구이다. 왜냐하면 1부의 결론에 따라 우리가 어떤 비컴퓨팅적인 물리적 활동의 역할을 찾아야 할 곳은 바로 의식하는 두뇌의 행동에 있기 때문이다.

의심할 바 없이 컴퓨팅 모델은 생물학적 계의 모델링에 중요한 역할을 하지만, 그런 계들은 천체물리학이 다루는 계들보다 훨씬 더 복잡하다. 따라서 컴퓨팅 모델을 믿을 만하게 만들기가 훨씬 더 어렵다. 대단한 정확성을 얻을 만큼 '깨끗한' 계들은 매우 적다. 상이한 유형의 혈관 속을 흐르는 피의 흐름과 같은 비교적 단순한 계들은 꽤 효과적으로 모델링할 수 있으며, 또한 신경 섬유를 따라 흐르는 신호의 전송도 마찬가지다. 비록 후자의 경우는 고전물리학의 영역에 속하는지 조금 불분명해지고 있기는 하지만 말이다. 왜냐하면 이 경우에는 고전물리학뿐 아니라 화학적 작용도 중요하기 때문이다.

화학적 작용은 양자 효과의 결과이기에, 엄격히 말해 화학에 의존하는 과정들을 다룰 때에는 고전물리학의 영역을 벗어난다고 보아야 한다. 그렇기는 하지만 그런 양자 기반의 작용이라도 본질적으로 고전적인 방법에 의해 다룰 수 있기는 하다. 기술적으로 보자면 꼭 옳지는 않지만, 대부분의 경우에서 양자론의 더욱 미묘한 효과들 — 화학, 고전물리학 그리고 기하학의 표준 규칙들에 포함될 수 있는 것들을 넘어서는 효과들 — 은 지금 우리가 다루는 사안과는 무관하다. 한편 내가 보기에 이것은 (아마도 심지어 신경신호 전달계를 비롯하여) 많은 생물학적 계들의 모델링을 위해서는 합리적으로 안전한 절차이긴 하지만, 더욱 미묘한 생물학적 작용들을 전적으로 고전적인 기반 위에서 일반적인 결론을 내리는 것은 위험해 보인다. 특히 인간 두뇌와 같은 가장 정교한 생물학적 계일 경우는 더욱 그렇다. 두뇌에 관한 신뢰할 만한 컴퓨팅 모델의 이론적 가능성에 관해 일반적인 추론을 하려고 한다면 양자론의 불가사의와 정말로 친숙해져야 한다.

다음 두 장에서 우리는 이를 시도할 것이다. 원리상으로 양자론이란 친숙해지기가 가능하지 않은 것이긴 하지만, 그 이론을 살짝 변형시키면 적어도 내가 보기엔 가능한 정도까지는 틀림없이 세계를 믿을 만하게 드러내기에 더 알맞을 수 있음을 알게 될 것으로 보인다.

5.1 양자론: 수수께끼와 역설

양자론은 작은 규모에서 물리적 실체를 훌륭하게 기술하지만 많은 불가사의를 담고 있다. 의심할 바 없이 이 이론의 작동 방식과 친해지기는 어려우며 특히 이런 종류의 '물리적 실체' — 또는 이 실체의 부재 — 가 이 세계에 대해 의미하는 바를 이해하기는 더더욱 어렵다. 액면가로 보자면, 이 이론은 (나를 비롯하여) 많은 이들이 매우 불만스럽게 여길 어떤 철학적인 관점으로 이어진다. 기껏해야 그리고 그 이론의 설명을 최대한 문자 그대로 받아들인다 하더라도 이 이론은 세계에 대한 아주 이상한 견해를 제시해준다. 최악의 경우 그리고 이 이론의 가장 유명한 주창자들의 선언을 곧이곧대로 받아들인다면, 이 이론은 세계에 대해 아무런 견해도 제시해주지 않는다.

내가 보기에는 우선 이 이론이 우리에게 가져다주는 두 가지 종류의 꽤 다른 불가사의를 분명히 구별해야 한다. 내가 Z-불가사의 또는 수수께끼(puzzle) 불가사의라고 부르는 것은 진짜로 아리송하긴 하지만, 우리가 사는 세계에 대한 직접적으로 실험에 의해 지지되는 양자적 진리이다. 또한 이런 일반적인 속성의 것들에는 실험적으로 아직 규명되지는 않았지만 기존에 확립된 것들의 관점에서 볼 때 의심할 바 없이 양자론의 예측들이 틀림없이 들어맞는 어떤 것들이 있다. **Z**-불가사의의 가장 두드러진 예는 아인슈타인-포돌스키-로젠(EPR) 현상이라는 것이 있다. 이에 대해서는 나중에 자세히 다루도록 한다(§5.4, §6.5). 그리고 다른 종류의 불가사의는 내가 **X**-불가사의, 즉 역설(paradox) 불가사의라고 부르는 것이다. 한편 이것은 양자적 형식론이 세계의 참 모습이라고 우리에게 알려주는 것이긴 하지만 너무나 역설적이어서 우리가 도저히 그것이 어떤 의미로든 '실제로' 참이라고 믿을 수가 없는 것들이다. 그런 형식론을 진지하게 받아들여 그것이 믿을 만한 세계의 참 모습이라고 하기에는 너무나 역설적인 불가사의를 말한다. 가장 유명한 **X**-불가사의는 슈뢰딩거의 고양이 역설인데, 여기서 형식적 양자론에 따르면 큰 규모의 물체인 가령 고양이도 서로 완전히 다른 두 가지 상태에 동시에 존재할 수 있다고 알려준다. 즉, '죽은 고양이'와 '산 고양이'가 동시에 존재하는 중간 상태가 존재한다는 것이다. (이 역설은 §6.6에서 다시 다룬다. §6.9 **그림 6.3** 그리고 ENM 290~293쪽(국내판 452~456쪽) 참고)

종종 제기되는 주장으로, 우리 세대가 양자론에 친숙해지기 어려운 까닭은 순전히 과거의 물리 개념에 너무 깊게 발목이 묶여 있기 때문이라는 말이 있다. 따라서 세대가 거듭될수록 양자론의 불가사의에 더 잘 적응이 되면서 충분히 많은 세대가 지나고 난 다음에는 **Z**-불가사의든 **X**-불가사의든 전혀 어려움 없이 받아들이게 될 것이라고 한다. 하지만 내 자신의 견해는 이것과 근본적으로 다르다.

내가 믿기에는 **Z**-불가사의는 정말로 차츰 익숙해져서 언젠가는 자연스럽게 받아들일 수 있겠지만, **X**-불가사의는 전혀 그렇지 않다. 내 생각에 **X**-불가사의는 철학적으로 받아들일 수 없는 것일 뿐이고 단지 양자론이 불완전한 이론이라서 — 또는 **X**-불가사의가 나타나기 시작하는 현상의 수준에서 완벽하게 정확하지 않기 때문에 — 생길 뿐이다. 내가 보기에 향상된 양자론에서는

X-불가사의는 양자 불가사의 목록에서 그냥 제외될(즉, 빠질) 것이다. 우리가 앞으로도 줄곧 골머리를 앓아야 할 것은 오직 **Z**-불가사의뿐이다!

이를 염두에 두면, **Z**-불가사의와 **X**-불가사의의 경계를 어디에서 그어야 하는가라는 문제가 생긴다. 어떤 물리학자들은 주장하기를, 이런 의미에서 **X**-불가사의라고 분류되어야 할 양자 불가사의는 존재하지 않으며, 양자 형식론이 제기하는 모든 이상한 그리고 역설처럼 보이는 것들은 우리가 바르게 이해하면 세계에 대해 실제로 참이라고 한다. (그런 사람들은 만약 전적으로 논리적이고 물리적 실체에 대한 '양자 상태의' 설명을 진지하게 받아들인다면 일종의 '다중 세계' 관점을 믿는 것일 테다. 이에 대해서는 §6.2에서 다룬다. 이 관점에 따르면, 슈뢰딩거의 죽은 고양이와 산 고양이는 서로 다른 '평행' 우주에 거주하는 셈이다. 만약 당신이 고양이를 보고 있다면, 당신의 복사본이 두 개 존재하여, 각각의 우주에서 하나는 죽은 고양이를 바라보고 다른 하나는 산 고양이를 바라보는 셈이다.) 다른 물리학자들은 이와 정반대의 극단으로 기울어 주장하기를, 내가 (우리가 나중에 다룰) EPR 유형의 수수께끼들이 장래의 실험에 의해 실제로 지지될 것이라고 여기고서 양자 형식론에 너무 관대했다고 한다. 나는 **Z**-불가사의와 **X**-불가사의 간에 어디서 선을 그어야 할지에 관해 모든 사람들이 같은 견해를 가져야 한다고 고집하지는 않는다. 내 자신의 선택은 내가 나중에 §6.12에서 내놓을 관점에 따른 것일 뿐이다.

여기서 양자론의 본질을 완벽하게 철저히 파고드는 것은 적절하지 않다고 본다. 대신에 이 장에서 나는 양자론의 **Z**-불가사의의 속성에 초점을 맞추어 양자론의 필요한 특징들을 비교적 간략하고 적절하게 설명하고자 한다. 다음 장에서는 현재의 양자론이 비록 지금까지 실시된 모든 실험과 놀라운 일치를 보이긴 했지만, **X**-불가사의 때문에 이 이론이 불완전한 이론임이 분명하다는 나의 믿음을 몇 가지 이유를 들어 제시할 것이다. 양자론의 세부적인 내용을 더 깊게 살피고 싶은 독자들은 ENM 6장의 내용, 가령 디랙(1947)과 데이비스(1984)에 관한 내용을 보기 바란다.

나중에 이런 내용과 관련하여(6장 §6.12에서), 양자론의 완성을 위한 방안들이 적절한 수준에 이른 최근의 한 아이디어를 제시한다(그리고 독자들에게 미리 귀띔하자면 이 아이디어는 내가 ENM에서 제시한 것과는 상당히 다르다. 비록 둘 다 동기는 매우 비슷하지만 말이다). 그 다음에 §7.10(그리고 §7.8)에서 그런 방안이 우리가 필요로 하는 일반적인 종류의 방식에서 비컴퓨팅적인 것이라고 내가 믿는 몇 가지 짐작상의 이유를 제시하고자 한다. 한편 표준적인 양자론은 측정 절차의 일부로서 무작위적 요소를 포함한다는 의미에서만 비컴퓨팅적이다. 1부(§3.18, §3.19)에서 강조했듯이, 무작위적 요소만으로는 정신성을 이해하기 위해 궁극적으로 필요한 비컴퓨팅성의 유형을 제공하지는 못한다.

양자론의 가장 두드러진 몇 가지 Z-불가사의부터 살펴보도록 하자. 양자론의 두 난제로 이 불가사의를 설명해 보겠다.

5.2 엘리추–베이드먼 폭탄 검사 문제

어떤 폭탄의 설계를 상상해보자. 이 폭탄은 앞 부분에 매우 예민한 뇌관이 있어서 살짝 건드리기만 해도 터진다. 가시광선의 광자 하나만으로도 확실히 그렇게 할 수 있다. 단 뇌관이 망가져서 폭발을 일으키지 않는 경우(불발탄)가 아니라면 말이다. 뇌관은 폭탄의 앞 부분에 부착된 거울 한 개로 구성되는데, 따라서 만약 (가시광선) 광자가 거울에 반사되면 이 광자의 튕겨나감만으로도 버튼이 눌려져 폭탄이 터지게 된다. 물론 폭탄이 불발탄이 아닐 경우이다. 이때는 예민한 단추가 고장 난 경우다. 고전적인 방식으로 작동하는 장치의 영역에서는 일단 폭탄이 조립되고 난 다음에

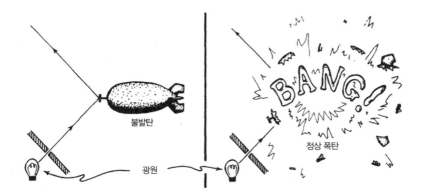

그림 5.1 엘리추-베이드먼 폭탄 검사 문제. 폭탄에 달린 극히 예민한 뇌관은 단일 가시광선 광자의 충격에도 반응을 한다. 단 이 폭탄은 뇌관이 고장난 불발탄이 아니라고 가정한다. 문제는 이렇다. 미심쩍은 폭탄들이 많이 있다고 할 때 그중에서 불발탄이 아닌 정상 폭탄을 찾아라.

는 어떤 식으로든 흔들어보지 않고서는 — 분명 폭탄을 터뜨리게 될 행동 — 뇌관이 고장이 났는지 여부를 확인할 길이 없다. (여기서 뇌관이 고장 나는 경우란 오로지 맨 처음에 폭탄을 조립할 때 고장이 생긴 것만을 가정한다.) **그림 5.1**을 보기 바란다.

이런 폭탄들이 많이 주어져 있다고 할 때(돈은 문제가 아니다!), 불량품의 비율은 꽤 높을지 모른다. 여기서 문제는 불량품이 아님이 확실한 폭탄 하나를 찾는 것이다.

이 문제(그리고 해답)를 처음 제시한 사람은 압샬롬 엘리추(Avshalom Elitzur)와 레브 베이드먼(Lev Vaidman)이다(1993년). 당분간 이 문제의 해답은 미루겠다. 왜냐하면 양자론 그리고 내가 Z-불가사의라고 말한 것에 익숙한 일부 독자들은 스스로 해답을 찾으려 손(또는 어쩌면 머리)을 써볼지 모르기 때문이다. 따라서 당분간은 한 가지 해답이 분명 존재하며 이 해답은 이런 폭탄의 수가 무한정 많다면 현재 기술의 영역 안에 충분히 들어온다는 점만을 말하고 넘어가겠다. 양자론에 정통하지 않은 이들 — 또는 굳이 시간을 낭비해가며 해답을 찾고 싶지 않은 이들 — 은 당분간은 그냥 기꺼이 내 말을 참아 달라(아니면 바로 §5.9로 가기 바란다). 필요한 기본적인 양자 개념들을 설명한 다음 적당한 시기에 해답을 제시하겠다.

현 단계에서는, 이 문제가 (양자역학적) 해답을 지니고 있다는 사실이 양자물리학과 고전물리학의 심오한 차이점을 드러낸다는 점만을 지적할 필요가 있다. 고전적으로 보자면, 실제로 폭탄을 흔드는 것 말고는 뇌관이 고장 나 있는지 알아낼 방법이 없다. 이 경우에는 뇌관이 멀쩡하다면 폭탄이 폭발하여 사라지고 만다. 양자론에 따르면 이야기가 달라진다. 뇌관이 실제로 흔들리지 않더라도 흔들릴지 모른다는 가능성만으로도 어떤 물리적 효과가 생긴다! 양자론이 지닌 특이한 점은 철학자들이 반사실성이라고 하는 것, 즉 실제로 일어나는 것이 아니라 다만 일어날지 모르는 일로부터도 실제의 물리적 효과가 생길 수 있다는 것이다. 다음에 다룰 Z-불가사의에서 우리는 반사실성의 문제들이 다양한 종류의 상황에서 출몰함을 알게 될 것이다.

5.3 마법의 12면체

두 번째 Z-불가사의로서 짧은 이야기 하나 그리고 이어서 수수께끼 하나를 내겠다.[1] 내가 아름답게 만들어진 정12면체를 최근에 받았다고 가정해보자(**그림 5.2**). 이 선물을 보낸 이는 '본질적인 장신구(Quintessential Trinkets)'라는 이름의 고명한 한 무리의 사람들인데, 이들은 멀리 떨어진 적색 거성인 베텔게우스 주위를 도는 한 행성에 산다. 그들은 이것과 똑같은 12면체를 내 동료 중 한 명에게 보냈는데, 그는 알파센타우리 별 주위를 도는 한 행성에 산다. 알파센타우리 별은 지구에서 약 4광년 떨어져 있으며 내 동료에게 선

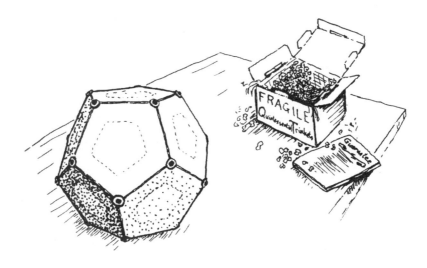

그림 5.2 마법의 12면체. 내 동료는 알파센타우리에서 나와 동일한 복사본을 갖고 있다. 각 꼭짓점에 단추가 하나 있는데, 어느 하나를 누르면 종이 울리고 번쩍거리며 불꽃이 튈지 모른다.

물이 도착하는 데 걸린 시간은 지구에 있는 내게 도착하는 데 걸린 시간과 거의 같다. 각각의 12면체는 각 꼭짓점에 누를 수 있는 단추가 있다. 내 동료와 나는 각자 따로 자신의 12면체에 한 번에 하나씩 각각의 단추를 누르는데, 이때 완전히 각자의 선택에 따라 임의의 시간에 단추를 누른다. 단추 하나를 눌러도 아무런 일이 일어나지 않으면 다음 단추로 넘어가면 된다. 한편 어떤 단추를 하나 누르면 종이 울리고 아울러 불꽃이 화려하게 번쩍이며 그 12면체가 망가지게 될지 모른다.

각각의 12면체에는 내 12면체와 동료의 12면체에 무슨 일이 일어날 수 있는지를 설명해주는 특징 소개 목록이 동봉되어 있다. 우선 우리는 각자의 12면체를 서로 정확하게 대응되도록 조심스레 방향을 잡아야 한다. 우리의 12면체를 가령 안드로메다 은하와 M-87 은하의 중심부와 어떻게 정렬해야 하는지에 관한 자세한 지시는 '본질적인 장신구' 측에서 제공한다. 중요한 일은 나의 12

면체와 내 동료의 12면체가 반드시 완벽하게 서로 정렬되어야 한다는 것뿐이다. 특징 목록은 어쩌면 꽤 길 수도 있지만 그 목록에서 우리가 필요로 하는 것은 꽤 단순한 어떤 것이다.

우리는 본질적인 장신구가 이런 성질의 것들을 아주 오랫동안 — 이를테면 일억 년 단위로 — 제작해오고 있음을 그리고 이런 특성을 보장하는 면에서 지금껏 결코 틀린 적이 없음을 염두에 두어야만 한다. 그런 까닭에 그들은 일억 년 동안이나 아주 좋은 평판을 쌓아왔기에, 우리는 그들이 하는 말이라면 무엇이든 참이라고 확신해도 좋다. 게다가 누구라도 12면체에 틀린 점을 찾아내면 거액의 현금을 상으로 준다! (하지만 아직 누구도 이 상을 타간 사람은 없다.)

우리에게 필요한 특징은 단추 누르기의 순서에 관한 것이다. 내 동료와 나는 각자의 12면체의 꼭짓점 하나를 독립적으로 고른다. 나는 이 꼭짓점을 **선택된** 꼭짓점이라고 부르겠다. 우리는 그 특정한 단추들을 누르지는 않고 대신 차례로 그리고 우리가 임의로 선택하는 방식에 따라 그 **선택된** 꼭짓점에 인접하는 꼭짓점들 위에 있는 세 개의 단추 각각을 누른다. 만약 이 단추들 중 하나에서 벨이 울리면 해당 12면체에서 작업을 중단하는데, 하지만 벨이 꼭 울리게 되는 것은 아니다. 벨이 울릴지는 다음 두 가지 성질에 따른다(**그림 5.3**).

(a) 내 동료와 내가 마침 대각선상으로 서로 반대편에 있는 꼭짓점을 각자의 **선택된** 꼭짓점으로 고르게 되면, 벨은 우리가 서로 대각선상으로 서로 반대편에 있는 (**선택된** 꼭짓점에 인접한) 단추를 누를 때에만 울릴 수 있다. 우리들 중 하나가 각자의 단추를 누르는 특정 순서와는 무관하다.

(b) 내 동료와 내가 마침 정확하게 **대응하는**(즉, 중심으로부터 동일한 방향에 있는) 꼭짓점을 각자의 **선택된** 꼭짓점으로 고르게 되면, 벨은 우리가 누르게 되는 여섯 개 단추 중 적어도 어느 하나에서는 반드시 울리게 된다.

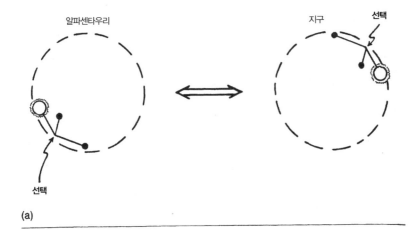

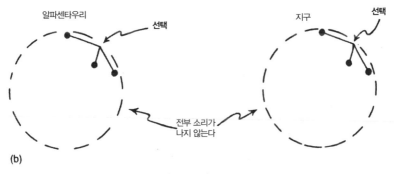

그림 5.3 본질적인 장신구가 보장하는 특성. (a) 만약 서로 반대편의 꼭짓점을 **선택**하면, 벨은 오직 서로 대각선상에 있는 단추를 누를 때에만 울릴 수 있다. (b) 서로 대응되는 꼭짓점을 **선택**하면, 벨은 여섯 군데 단추 모두에서 울리지 않을 수는 없다.

이제 나는 내 자신의 12면체가 알파센타우리에서 일어나는 일과는 독립적으로 만족해야 하는 규칙에 관한 어떤 내용을 도출하고자 한다. 단지 본질적인 장신구가 실제 나와 내 동료 중 어느 한 명이 어느 단추를 누르게 될지를 전혀 모르면서도 그처럼 12면체의 고유한 특성을 보장할 수 있다는 사실만으로부

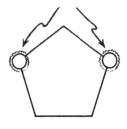

인접한 것 옆에 있는 두 꼭짓점

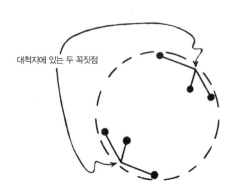

대척지에 있는 두 꼭짓점

그림 5.4 두 12면체가 서로 독립적인(연결되어 있지 않은) 대상이라는 가정 하에 얻어진 추론은 이러하다. 즉, 내 12면체 상의 각 단추는 벨 울림(이 단추를 흰색으로 칠한다) 아니면 벨 울리지 않음(이 단추를 검은색으로 칠한다) 둘 중 하나로 미리 설정되어 있는데, 여기서 인접한 것 옆에 있는 두 단추는 모두 벨 울림일 수는 없으며 대척지에 있는 한 쌍의 꼭짓점들에 인접한 여섯 개의 단추는 모두 벨 울리지 않음일 수는 없다.

터 말이다. 핵심 가정은 이렇다. 즉, 나의 12면체와 내 동료의 12면체와 관련하여 어떠한 원거리 '영향'도 서로 간에는 존재하지 않는다. 그러므로 두 12면체는 제작자의 손을 떠난 이후로는 서로 분리된 완벽하게 독립적인 대상으로 행동한다고 나는 가정한다. 내 추론은 이렇다(**그림 5.4**).

(c) 내 12면체의 꼭짓점들 각각은 벨 울림(**흰색**) 아니면 벨 울리지 않음(**검은색**) 둘 중의 하나로 미리 설정되어 있음이 틀림없다. 여기서 꼭짓점의 벨 울림 특성은 **선택된** 꼭짓점에 인접한 첫 번째나 두 번째 또는 세 번째 단추들 중 어느 것을 누르는지와는 무관하다.

(d) 인접한 것 옆에 있는 두 꼭짓점은 둘 다 벨 울림(즉, 둘 다 **흰색**)일 수는 없다.

(e) 대척지에 있는 한 쌍의 꼭짓점에 인접한 여섯 개의 꼭짓점들은 모두 벨 안 울림(즉, 모두 **검은색**)일 수는 없다.

(대척치라는 용어는 동일한 12면체 상에서 대각선상으로 서로 반대편에 있는 꼭짓점일 경우를 가리킨다.)

(c)를 추론할 수 있는 근거는 내 동료가 내 자신의 **선택된** 꼭짓점과 대각선상으로 반대편에 있는 꼭지점을 자신의 **선택된** 꼭짓점으로 고를지 모른다는 사실 때문이다. 적어도 본질적인 장신구는 내 동료가 그렇게 하지 않을 것임을 알 방법이 없을 테다(반사실성!). 그러므로 만약 나의 세 단추 중 하나에서 벨이 울리면, 분명 내 동료가 자신의 세 단추 중 첫 번째로 나의 것과 대각선상으로 반대편에 있는 단추를 눌러 반드시 내 동료의 벨도 울리게 된다. 이는 내가 나의 세 단추 중 어느 것을 어떤 순서로 누르든지 상관없이 그렇게 된다. 따라서 ('영향력' 부재 가정에 의해) 본질적인 장신구 측에서 내가 단추를 누르는 순서와 무관하게 그 특정한 꼭짓점이 벨 울림이 되도록 미리 설정해놓았다고 명백히 확신할 수 있다. 이는 (a)와 모순되지 않도록 하기 위해서다.

마찬가지로, (d) 또한 (a)로부터 도출된다. 왜냐하면 내 12면체에서 인접한 것 옆에 있는 두 꼭짓점이 둘 다 벨 울림이라고 가정해보자. 이 둘 중 어느 것을 누르더라도 벨은 반드시 울리게 된다. 그리고 이들의 공통된 이웃 꼭짓점을 나의 **선택된** 꼭짓점으로 골랐다고 가정하자. 내가 그 단추들을 누르는 순서는 벨이 울리는 것에 분명 차이를 만드는데, 이는 내 동료가 마침 자신의 **선택된** 꼭짓점으로 나의 것과 대각선상으로 반대편에 있는 것을 골랐다면(이는 본질적인 장신구 측에서 반드시 대비해 놓았어야 하는 상황) (a)와 모순된다.

마지막으로 (e)는 (b) 및 우리가 방금 밝혀낸 내용으로부터 도출된다. 왜냐하면 내 동료가 자신의 **선택된** 꼭짓점으로서 내 자신에 의해 **선택된** 꼭짓점에 대응되는 것을 골랐다고 가정해보자. 만약 나의 선택된 꼭짓점에 인접하는 나의 세 단추 중 어느 것도 벨 울림이 아니라면, 그렇다면 (b)에 의해 내 동료의 세 단추 중 어느 하나는 틀림없이 벨 울림이다. 이것은 내 동료의 벨 울림 단추의 반대편에 있는 내 자신의 꼭짓점 또한 틀림없이 벨 울림이어야 한다는 (a)로부터 도출된다. 따라서 (e)가 얻어진다.

여기서 수수께끼가 나온다. 12면체의 각 꼭짓점을 규칙 (d) 및 (e)에 따라 일관되게 **흰색** 아니면 **검은색** 둘 중 하나로 색칠해보자. 그러면 아무리 열심히 해도 여러분은 성공하지 못한다는 점을 알게 될 것이다. 따라서 더 나은 수수께끼는 그렇게 색칠을 할 수 없음을 증명하는 것이다. 충분히 의욕에 넘치는 독자들이 나름의 논증을 찾을 기회를 갖도록 하기 위해 나는 지금으로선 내 자신의 증명을 미루어 부록 B에 실어 두었다. 거기서 나는 그렇게 색칠을 할 수 없다는 점을 밝히는 꽤 직접적인 증명을 제시한다. 아마 어떤 독자들은 더 깔끔한 증명을 내놓을지도 모른다.

일억 년 만에 처음으로 본질적인 장신구 측에서 실수를 했음이 드러날 수 있을까? (c), (d) 및 (e)에 따라 꼭짓점들을 색칠하는 것이 불가능함을 밝혀냈기에 **거액**의 상금을 요청하고서 우리는 약 4년을 간절히 기다린다. 동료의 메시지, 즉 그가 무엇을 했고 그의 벨이 울리긴 했는지 그리고 언제 울렸는지에 관한 내용이 내게로 오는 데 드는 시간이다. 하지만 메시지가 도착하고 보니 상금을 탈 희망은 깡그리 사라지고 만다! 왜냐하면 알고 보니 본질적인 장신구가 옳다는 점이 다시 드러났으니 말이다!

부록 B의 논증에 따르면, 어떠한 고전적인 유형의 모델에 의해서도 본질적인 장신구가 보장할 수 있는 조건들을 만족하는 마법의 12면체, 즉 제작자의 손을 떠난 이후 분리된 독립적인 대상으로 활동하는 두 개의 12면체를 만들 수는 없다. 왜냐하면 요구되는 두 가지 성질 (a)와 (b)를 두 12면체 사이에 유지되는 일종의 '연결' 없이 보장하는 것이 가능하지 않기 때문이다. 이 '연결'은 우리가 각자의 자리에서 단추를 누르기 직전까지 은밀히 숨어 있다가 약 4광년의 거리를 뛰어넘어 즉시 활동하는 듯하다. 하지만 본질적인 장신구는 불가능해 보이는 듯한 그런 속성을 보장할 수 있으며 아직 한 번도 오류를 범한 적이 없다!

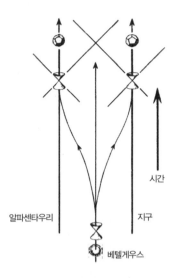

시간

알파센타우리　　　　　　　　　지구

베텔게우스

그림 5.5 두 12면체의 역사의 시공간 다이어그램. 베텔게우스에서 보낸 신호는 공간적으로 분리된 사건으로 알파센타우리와 지구에 도달한다.

본질적인 장신구(Quintessential Trinkets) — 또는 줄여서 QT — 는 어떻게 실제로 그렇게 하는 것일까? 물론 'QT'는 실제로 양자론(Quantum Theory)을 나타낸다! QT가 실제로 행한 일은 스핀값이 3/2인 한 원자를 각각의 12면체의 중심에 매달아둔 것이다. 이 두 원자는 총 스핀 0의 한 초기 결합 상태로 베텔게우스에서 만들어졌으며 그 이후 조심스레 분리되어 두 12면체의 중심에 고립되어 있기에 둘이 합쳐진 총 스핀 값은 여전히 0이다. (이것이 무슨 의미인지는 §5.10에서 살펴보도록 하자.) 자 그러면, 내 동료와 나 중 어느 한 명이 12면체의 한 꼭짓점에 있는 단추들 중 하나를 누를 때, 그 특정한 꼭짓점의 중심으로부터 나오는 방향으로 특정한 종류의 (부분적) 스핀 측정이 이루어진다. 만약 이 측정의 결과가 긍정이면 벨이 울리고 곧이어 화려한 불꽃이 터진다. 이 측정의 속성에 관해서는 나중에(§5.18) 더 구체적으로 논할 것인데, §5.18과 부록 B에서 나는 왜 규칙 (a)와 (b)가 양자역학의 표준적인 규칙의 결과인지를 보여줄 것이다.

놀랍게도 결론은 이렇다. 즉, 원거리 '영향'이 존재하지 않는다는 가정 자체가 실제로 양자론에 어긋난다! **그림 5.5**의 시공간 다이어그램을 보면, 나와 내 동료가 행한 단추 누르기는 분명 공간적으로 분리되어 있기에(§4.4 참고), 상대성이론에 따라 우리가 어느 단추를 누르는지 또는 어느 단추가 실제로 벨을 울리는지에 관한 정보를 담은 신호가 우리 사이에 전달될 수가 없다. 하지만 양자론에 따르면, 그럼에도 불구하고 공간적으로 분리된 사건을 가로질러 두 12면체를 연결하는 일종의 '영향'이 존재한다. 사실 이 '영향'은 이것을 이용하여 유용한 정보를 즉각적으로 보낼 수는 없는 것이기에 특수상대성이론과 양자론 사이에는 어떤 작동상의 모순은 없다. 하지만 특수상대성의 참뜻과는 모순을 일으킨다. 여기서 양자론의 심오한 **Z**-불가사의의 하나가 드러난다. 바로 양자적 비국소성의 현상이다. 두 12면체 각각의 중심에 놓인 두 원자는 이른바 단일한 어떤 얽힌 상태를 구성하는데, 이는 표준적인 양자론의 규칙에 따르면 분리된 독립적인 대상으로 고려될 수 없는 것이다.

5.4 EPR 유형의 Z-불가사의의 실험적 상태

내가 여기서 제시한 구체적인 사례는 EPR 측정이라고 불리는 (사고)실험의 부류에 속하는 한 예다. 1935년에 알베르트 아인슈타인, 보리스 포돌스키 그리고 네이선 로젠이 함께 쓴 유명한 논문에서 따온 이름이다. (EPR 효과에 관한 더 자세한 논의는 §5.17을 보기 바란다.) 이 논문의 처음에 발표된 버전에서는 스핀을 언급하지 않고 위치와 운동량의 어떤 조합에 관해서만 언급했다. 그 후 데이비드 봄(David Bohm)이 스핀 버전을 내놓았다. 스핀 1/2인 입자(가령, 전자) 한 쌍이 스핀 0의 어떤 결합된 상태로부터 방출된다는 내용이었다. 이 사고실험의 결론은 다음과 같다고 볼 수 있다. 즉, 공간 상의 한 지점에서 한 쌍의 양자적 입자 중 어느 하나에 대해 실시된 측정은 어떤 매우 특별한 방식으로 다른 하나에 즉시 '영향을 미칠' 수 있다. 다른 입자가 원래 입자로부터 어떠한 거리만큼 떨어져 있더라도 말이다. 하지만 그러한 '영향'은 실제 메시지를 한 입자에서 다른 입자로 보내는 데 이용될 수는 없다. 양자론의 어법에 따르면, 두 입자는 서로 '얽힘' 상태에 있다고 한다. 양자 얽힘 현상 — 진정한 **Z**-불가사의의 하나 — 은 에르빈 슈뢰딩거가 양자론의 한 특징으로 처음 주목했던 것이다(1935b).

한참 후, 1966년에 발표된 한 놀라운 정리에서 존 벨(John Bell)은 다양한 스핀 측정값의 조합 가능성 사이에 유지되는 어떤 수학적 관계(벨 부등식)가 있음을 보여주었다. 그러한 스핀 값은 보통의 고전물리학의 경우에서처럼 두 입자 중 어느 것에 대해서도 측정되며 둘이 서로 분리된 독립적인 실체로 존재하는 데 꼭 필요한 결과이다. 하지만 양자론에서 이 관계는 매우 특이한 방식으로 위배될 수 있다. 이는 그러한 관계가 정말로 실제의 물리계에 의해 위배되는지 여부를 진짜 실험을 통해 검증할 가능성을 열어주었다. 양자론에서는 그 관계가 마땅히 위배되어야(즉, 벨의 부등식이 실제 실험 결과에 의해 성립되지 않아야 한다는 뜻-옮긴이) 한다고 말하는 반면에, 공간적으로 분리된 대상들은 서로 독립적으로 행동해야 한다고 보는 고전적인 유형의 관점(즉, 상대성이론의 관점-옮긴이)에서는 이 부등식 관계가 반드시 만족(성립)되어야 한다고 말한다. (이에 관한 사례들에 대해서는 ENM 284, 301쪽(국내판 442~444쪽)을 보기 바란다.)

그러한 얽힘이 무엇을 의미하지 않는지를 설명하기 위한 방법으로, 존 벨은 베르틀만의 양말 사례를 즐겨 들었다. 베르틀만은 그의 동료로서 늘 색깔이 서로 다른 짝짝이 양말을 신고 다녔다. 이것은 베르틀만이란 사람에 관해 알려진 사실이다. (나도 직접 베르틀만을 만나 보았는데 내 자신의 관찰 결과도 이

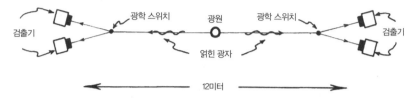

그림 5.6 알랭 아스페와 그의 동료들의 EPR 실험. 광자 쌍이 얽힌 상태로 광원에서 방출된다. 각 광자의 편광을 어느 방향으로 측정할지에 관한 결정은 광자가 충분히 비행 상태에 들기 전에는 내려지지 않는다. 따라서 측정의 방향을 알려주는 메시지가 반대편 광자에게 전달되기에는 너무 늦다.

사실과 일치함을 확인할 수 있었다.) 그러므로 만약 누군가가 베르틀만의 왼쪽 양말을 보았더니 녹색이었다면 오른쪽 양말은 녹색이 아니라는 지식을 즉시 얻게 되는 셈이다. 그렇기는 하지만, 베르틀만의 왼쪽 양말과 오른쪽 양말 사이에 어떤 불가사의한 영향이 즉시 전파된다고 추론하는 것은 비합리적일 테다. 두 양말은 독립된 대상이기에 본질적인 장신구가 굳이 나서서 두 양말을 서로 다르게 만드는 속성이 유지되도록 해야 할 필요가 없다. 그 효과는 단지 베르틀만이 사전에 서로 다른 색깔의 양말을 신기로 결정한 데서 생기는 것뿐이다. 베르틀만의 양말은 벨의 부등식을 위반하지 않으며 두 양말 사이를 연결하는 원거리 '영향'은 존재하지 않는다. 하지만 QT의 마법 12면체의 경우에는 '베르틀만 양말'식의 설명으로는 QT측에서 보장하는 속성들을 결코 설명할 수 없다. 어쨌거나 이전 절에서 했던 설명의 요점은 바로 이것이었다.

벨이 원래의 논문을 발표한 지 꽤 세월이 흐른 뒤에 다수의 실제 실험이 제안되었고,[2] 이어서 실시되었는데,[3] 그 절정에 해당하는 것이 바로 알랭 아스페와 그의 동료들이 1981년에 파리에서 행한 유명한 실험이다. 이 실험에서는 '얽힌' 광자들(§5.17 참고)의 쌍들을 사용하여 약 12미터 떨어진 곳으로 이 광자들을 서로 반대 방향으로 방출하였다. 양자론의 예상이 성공적으로 검증되어 EPR 유형의 Z-불가사의가 물리적으로 실재하는 것임이 확인되었다. 표준적인 양자론의 예측대로 실험 결과가 벨의 부등식을 위반했던 것이다. **그림 5.6**

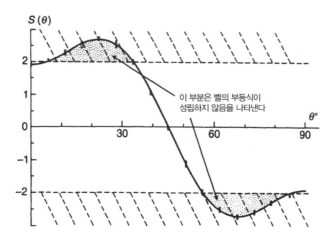

이 부분은 벨의 부등식이
성립하지 않음을 나타낸다

그림 5.7 아스페 실험은 양자론의 예측과 잘 맞아 떨어진다. 고전적인 벨의 부등식에 위배된다. 검출기가 더 나아진다고 해서 이 일치가 깨진다고 보기는 어렵다.

을 보기 바란다.

하지만 짚고 넘어가야 할 점이 있는데, 비록 아스페의 실험 결과가 양자론의 예측과 딱 맞아 떨어지긴 했지만, 양자적 비국소성이라는 현상이 규명된 것이라고 받아들이길 거부하는 몇몇 물리학자들이 여전히 존재한다. 그들은 아스페 실험(그리고 이와 비슷한 다른 실험들)의 광자 검출기가 꽤 덜 민감하다는 점 그리고 장시간에 걸친 실험에서의 방출된 광자 쌍들 대부분이 여전히 검출되지 않았다고 지적할지 모른다. 따라서 그들은 주장하기를, 만약 광자 검출기가 더 민감해지면 어떤 발전 단계에서 양자론의 예측과 실제 실험 관찰 결과 사이의 일치는 사라질 것이며, 국소적이고 고전적인 물리계가 회복됨으로써 벨의 부등식이 성립할 것이라고 한다. 내 생각에는, 아스페 실험에서 드러난 양자론과 실험 결과 사이의 확고한 일치(**그림 5.7**을 참고)가 엉터리 — 검출기가 예민하지 못해서 생기는 엉터리 — 일 가능성은 없어 보이며 더군다나 검출기가 더 완벽해짐으로써 벨의 부등식이 다시 성립되게 될 정도로 이론과의 일

치가 사라질 가능성은 더욱 없어 보인다.[4]

벨이 처음에 제시한 주장은 서로 다를 수 있는 여러 결과들의 가능성들 사이의 관계(부등식)를 제공했다. 한 물리적 실험에서 생기는 실제 가능성들을 판단하라면 장기간에 걸쳐 데이터를 관찰하고 이를 적절한 통계 분석에 의해 조사해야 한다. 더욱 최근에는 (가상적) 실험을 위한 여러 대안적 방안들이 제기되었는데, 이 방안들은 가능성에 기반한 것이 결코 아니라 전적으로 이다/아니다 식에 기반한다. 최근에 제안된 이런 방안 중 첫 번째는 그린버거(Greenberger), 혼(Horne) 및 차일링거(Zeilinger)가 1989년에 제시한 것으로, 세 곳의 분리된 장소(가령, 만약 본질적인 장신구가 이 방안을 활용한다고 하면 지구, 알파센타우리 그리고 시리우스)에 있는 스핀 1/2 입자들에 대한 스핀 측정을 이용한다. 이보다 좀 더 일찍 1967년에 코헨(Kochen)과 슈페커(Specker)가 스핀 1인 입자를 이용하여 매우 비슷한 아이디어를 내놓았다. 하지만 이들이 제안한 기하학적 구성은 매우 복잡했다. 그리고 벨 자신도 심지어 이보다 더 일찍 1966년에 매우 비슷하지만 다소 덜 명확한 방안을 내놓기도 했다. (이런 초기의 사례들은 처음에는 EPR 현상의 관점에서 기술되지 않다가, 어떻게 그렇게 할지는 1983년에 헤이우드(Heywood)와 레드헤드(Redhead) 그리고 같은 해에 스테어스(Stairs)에 의해 명확해졌다.[5]) 내가 제시한 12면체를 이용한 특별한 사례는 해당 기하학이 명확히 드러난다는 점에서 얼마간 이점이 있다.[6] (이런 다양한 Z-불가사의의 사례들과 등가인 것을 검사하는 어떤 실험들이 실제로 제안되어 있다. 내가 여기서 제안한 것과는 다른 물리적 형태이긴 하지만 말이다. 차일링거 등의 1994년 문헌 참고)

5.5 양자론의 기반암: 특이한 역사

양자론의 기본 원리는 무엇인가? 이를 명시적으로 언급하기 전에 나는 역사적인 일탈을 한번 감행해보고 싶다. 이는 그 이론의 가장 중요한 두 가지 개별적인 수학적 구성요소들의 지위를 강조하는 데 얼마간 도움이 될 것이다. 현대 양자론의 그 두 가지 근본적인 요소들이 둘 다 십육 세기로, 게다가 서로 완전히 독립적으로 한 명의 사람에게로 거슬러 올라간다는 점은 매우 놀라운 사실이자 우리가 감쪽같이 모르고 있던 일이다!

이 사람, 즉 제롤라모 카르다노(Gerolamo Cardano, 그림 5.8)는 1501년 9월 24일 이탈리아 파비아에서 (결혼을 하지 않은 부모에게서) 불명예스럽게 태어났지만 자라서 당대의 가장 뛰어나고 유명한 의사가 되었으며 마침내 1576년 9월 20일 로마에서 불명예스럽게 죽었다. 카르다노는 비범한 사람이었지만 오늘날에는 제대로 알려져 있지 않다. 내가 주제를 잠시 벗어나 그에 관해 다루

그림 5.8 제롤라모 카르다노(1501~1576). 뛰어난 의사, 발명가, 도박꾼, 저술가 및 수학자. 아울러 확률론과 복소수의 발견자인데, 이는 현대 양자론의 두 가지 기본 구성요소다.

었다가 양자역학으로 온전히 되돌아가는 것을 독자들이 양해해주기 바란다.

그는 양자역학에서는 전혀 알려져 있지 않지만, 그의 이름은 적어도 자동차 역학에서는 잘 알려져 있다! 일반적인 자동차의 기어박스와 뒷바퀴를 이어줌으로써 휘어지는 뒷 축의 변화하는 수직 운동을 흡수하기 위해 필요한 유연성을 가져다주는 보편적인 결합 장치를 가리켜 카르단 축(cardan-shaft)이라고 한다. 카르다노는 이 장치를 1545년경에 발명하여, 1548년에는 신성로마제국의 황제 카를 5세가 타는 마차의 차축의 일부로 포함시켰다. 그럼으로써 아주 거친 길에서도 마차가 매끄럽게 달릴 수 있게 되었다. 그는 다른 발명품도 많이 내놓았는데, 가령 현대의 금고에 사용되는 것과 비슷한 번호 자물쇠가 그 한 예다. 그는 의사로 큰 명예를 얻어 왕과 왕자들의 주치의를 맡기도 했다. 의학 발전에 크게 이바지하여 의학 및 기타 관련 문제들에 관한 다수의 책을 썼다. 최초로 임질과 매독과 같은 성병이 실제로는 서로 별도의 두 질병이어서 서로 다른 치료법이 필요하다는 점을 알아낸 최초의 사람이었던 듯하다. 그는 결핵 환자들에게 '요양원'식 치료법을 처음으로 제안했는데, 이 치료법은 약 300년이 지나 1830년경에 조지 보딩턴(George Boddington)에 의해 재발견되었다. 1552년에 카르다노는 심각한 천식 질환을 앓던 스코틀랜드의 대주교 존 해밀턴을 치료하여 낫게 했는데, 이로써 영국 역사에 나름 영향을 미치게 되었다.

이런 업적이 양자론과 무슨 관계가 있을까? 사실 아무런 관련이 없는데, 다만 앞서 언급한 업적들이 그가 양자론의 두 가지 가장 중요한 구성요소가 될 것을 실제로 발견했을 정도의 정신적 자질을 지닌 사람이라는 점을 입증해주기는 한다. 그는 의사와 발명가로서 두각을 드러냈을 뿐 아니라 또 하나의 분야, 즉 수학에도 뛰어났다.

그가 수학 분야에서 이룬 첫 번째 업적은 확률론이다. 양자론은 잘 알려져 있다시피 결정론적 이론이라기보다는 확률적인 이론이다. 이 이론의 규칙들은 근본적으로 확률의 법칙에 의존하고 있다. 1524년에 카르다노는 『확률이라는 게임에 관한 책(Liber de Ludo Aleae)』을 썼는데, 이 책이 바로 확률에 관한 수학적 이론의 토대를 마련했다. 카르다노는 책을 쓰기 몇 해 전에 이 법칙들을 공식화하여 실제로 잘 써먹고 있었다. 이 법칙들을 실제적인 방식으로 적용함으로써 파비아의 의과대학에 학비를 댈 수 있었던 것이다. 바로 도박이다! 어린 나이의 그는 카드 게임에서 속임수를 통해 돈을 벌기란 위험천만한 일임을 분명 잘 알고 있었던 듯하다. 왜냐하면 자신의 어머니를 과부로 만들고 만 남자가 그런 짓을 하다가 비극적인 종말을 맞이했으니까. 카르다노는 자신이 발견한 확률론을 적용하여 정직하게 돈을 벌 수 있음을 알아차렸다.

카르다노가 발견한, 양자론의 다른 근본적인 구성요소는 무엇일까? 이 두 번째 구성요소는 복소수라는 개념이다. 복소수는 다음 형태의 수다.

$$a + ib.$$

여기서 'i'는 음수 1의 제곱근이다. 즉,

$$i = \sqrt{-1}.$$

그리고 여기서 a와 b는 보통의 실수(즉, 소수점으로 표현할 수 있는 수)다. 자 그러면 복소수 $a + ib$에서 a를 실수부라고 하고 b를 허수부라고 하자. 카르다노는 이런 이상한 종류의 수를 내놓으면서, 이것을 바탕으로 일반적인 삼차방정식의 해를 연구했다. 삼차방정식은 다음 꼴이다.

$$Ax^3 + Bx^2 + Cx + D = 0.$$

여기서 A, B, C 및 D는 주어진 실수이며 x의 값이 이 방정식의 해다. 1545년에 그는 『위대한 술법(Ars Magna)』이란 책을 썼는데, 이를 통해 그가 삼차방정식의 해를 완벽하게 분석한 최초의 사람이었음을 알 수 있다.

 이 해의 발표와 관련하여 안타까운 이야기 한 가지가 전해온다. 1539년에 니콜로 '타르탈리아'(Nicolo 'Tartaglia')라는 이름으로 알려진 한 수학 교사가 있었는데, 이 사람이 이미 삼차방정식의 어떤 폭넓은 유형에 대한 일반해를 구하는 법을 알고 있었고 카르다노가 어떤 친구를 보내 그 해가 무언지를 알아오게 했다. 하지만 타르탈리아는 자신의 해를 알려주길 거부했다. 그러자 카르다노는 스스로 연구를 시작해 해를 구하는 법을 금세 발견하였고 1540년에 『산수와 간단한 측정의 실제(Practica arithmeticae et mensurandi singularis)』라는 제목의 책을 통해 그 결과를 발표했다. 사실 카르다노는 타르탈리아가 발견했던 것을 더 확장시켜 모든 경우를 다룰 수 있게 하였고 해를 얻는 일반적인 방법에 대한 분석을 『위대한 술법』에 실었다. 두 책에서 카르다노는 타르탈리아의 절차가 통하는 경우들의 부류에 대해서는 타르탈리아에게 발견의 우선권이 있음을 인정했지만, 『위대한 술법』에서 타르탈리아가 자신에게 발표를 허락해주었다고 주장하는 실수를 저질렀다. 타르탈리아는 격분하여 주장하기를, 그가 한때 카르다노의 집에 찾아가 자신의 해를 알려주면서 그 비밀을 결코 누설하지 않기로 선서하고 맹세한다는 조건을 달았다고 했다. 어찌 되었든 카르다노로서는 타르탈리아가 이전에 했던 연구를 확장시킨 자신의 연구를 발표하려면 타르탈리아가 내놓은 이전의 해를 발설하지 않기는 어려웠을 것이다. 그러니 카르다노는 제반 사정을 숨기지 않을 수밖에 없었을 터이다. 그럼에도 불구하고 타르탈리아는 카르다노에게 평생 원한을 품은 채 때를 기다렸다. 카르다노의 명예에 심각한 흠집을 낸 다른 충격적인 상황이 벌어진 이후에 1570년에 드디어 타르탈리아는 카르다노의 몰락에 마지막 일격을 가했다. 타르탈리아는 종교재판에 긴밀히 관여했는데 카르다노에게 불리하게 작용할 수 있는 온갖 자료들을 모아서 그의 체포와 투옥을 위해 준비했다. 카르다노는 스코틀랜드 대주교(앞에서 나왔듯이 그가 천식을 낫게 해준 사람)가 보낸 특별 사면장에 의해 겨우 감옥에서 석방되었다. 이 대주교가 1571년에 로마에 여행 왔다가 사면을 청하며 그 근거로서 카르다노는 '하나님의 사람들이 장수할 수 있도록 몸을 돌보며 치료하느라 애쓰는 학자'라고 칭송한 덕분이었다.

위에서 언급한 다른 '충격적인 상황'이란 카르다노의 장남 지오반니 바티스타의 살인죄 재판에 관한 것이다. 이 재판에서 그는 자신의 명예를 걸고 아들을 지지했다. 하지만 자신의 명예에 전혀 도움이 되지 못했는데 아들은 실제로 자신의 아내를 죽여 유죄였기 때문이다. 아들은 이전에도 살인을 저질렀는데 이를 은폐하기 위해 억지로 결혼을 했고 그 아내 역시 죽였던 것이다. 분명 아들이 아내를 죽인 일에는 형보다 더 비열한 동생 알도가 도와주고 사주한 것이었다. 이 동생은 그 후에 형을 배신하였고 나중에는 자기 아버지마저 볼로냐의 종교재판소에 넘겨주었다. 알도는 그 보상으로서 볼로냐의 종교재판소에서 고문 및 처형을 담당하는 일을 맡았다. 심지어 카르다노의 딸도 아버지의 명예에 먹칠을 했다. 직업 매춘부로 활동하다가 매독에 걸려 죽었으니 말이다.

자상한 아버지로서 아이들과 아내에 헌신적이었던 것으로 보이며 게다가 교육을 받았고 정직했으며 감수성이 높았던 제롤라모 카르다노가 어떻게 그런 형편없는 자식들을 두었어야 했는지는 심리학의 한 흥미로운 연구 거리로 삼을 만하다. 의심할 바 없이 그는 이런저런 여러 가지 일에 관심을 쏟다 보니 가정사에 신경을 자주 쓰지 못했다. 분명 아내가 죽은 후 일 년 넘게 집을 떠나 대주교를 치료하러 스코틀랜드에 갔던 것은(카르다노의 원래 임무는 파리의 한 모임에서 치료를 맡는 것뿐이었다) 아이들의 양육에 도움이 되지 못했다. 아울러 분명 그는 점성술에 따라 자신이 1546년에 죽게 될 것이라고 확신한 탓에 저술과 연구에만 열심이었는데, 이로 인해 아내에게 소홀했던 바람에 그 해에 자신이 아니라 아내가 대신 죽고 말았다.

충분히 짐작할 수 있듯이, 카르다노는 불운한 운명과 심각하게 실추된 명예 — 자식의 문제, 종교재판 그리고 특히 타르탈리아와의 갈등 등이 한데 겹쳐 — 때문에 자신이 응당 받아야 할 것보다 오늘날 훨씬 덜 알려지게 되었다. 하지만 내가 보기에 그는 분명 가장 위대한 르네상스 인물들 중 한 명에 속한다. 불명예스러운 환경에서 자라긴 했지만 배움의 분위기는 그의 인격 형성기에 중요한 역할을 했다. 그의 아버지 파시오 카르다노는 측량사였다. 제롤라모 카르다노는 어렸을 때 아버지를 따라 레오나르도 다빈치를 만나러 갔던 일을 회상했다. 아버지와 다빈치는 밤늦도록 기하학의 문제들을 논의했다고 한다.

카르다노가 타르탈리아의 이전 연구 결과를 발표한 일 그리고 발표 허락을 받았다고 잘못 주장한 일과 관련하여, 새로운 지식은 비밀리에 숨겨두기보다 세상에 발표하는 것이 중요하다는 점을 반드시 인정해야한다. 타르탈리아가 자신의 발견 내용을 비밀에 부치는 것을 생계 수단으로 삼은 점은 당연히 수긍이 되지만(공개적인 수학 대회에 자주 참여했다는 점을 볼 때), 수리과학의 발전에 심오하고 지속적인 영향을 미친 것은 바로 카르다노의 발표 덕분이었다. 게다가 우선권의 문제에 관한한 이 권리는 또 다른 학자인 시피오네 델 페로(Scipione del Ferro)였던 듯하다. 이 사람은 1526년에 죽을 때까지 볼로냐 대학의 교수였다. 적어도 델 페로는 타르탈리아가 나중에 재발견하게 되는 해를 이미 알고 있었다. 하지만 이 해를 수정하여 나중에 카르다노가 고려하게 될 경우들을 설명할 수 있다는 사실을 어느 정도까지 알고 있었는지는 불확실하고 아울러 델 페로가 복소수를 알아냈다는 증거도 없다.

다시 삼차방정식으로 돌아가 이 문제를 더 자세히 살펴보자. 카르다노의 업적이 왜 그토록 근본적인지를 이해하기 위해서다. 일반적인 삼차방정식은 어렵지 않게($x \mapsto x + a$ 형태로 치환함으로써) 다음 형태로 변형할 수 있다.

$$x^3 = px + q.$$

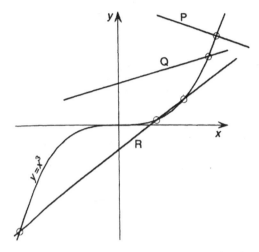

그림 5.9 삼차방정식 $x^3 = px + q$의 해는 직선 $y = px + q$와 삼차곡선 $y = x^3$의 교점으로 시각적으로 구할 수 있다. 타르탈리아의 경우는 $p \leq 0$인 경우로서 직선 P가 아래쪽으로 기운다. 반면에 카르다노의 경우는 $p > 0$일 때로서 직선 Q 또는 R의 모습이다. 환원불능(Casus irreducibils)은 직선 R이 곡선과 세 점에서 교차할 때 일어난다. 이 경우에는 해를 표현하려면 복소수가 필요하다.

여기서 p와 q는 실수이다. 이렇게 변형하는 법은 당시에도 잘 알려져 있었을 테다. 하지만 유념해야 할 점은, 오늘날 우리가 음수라고 부르는 것은 당시에는 실제 '수'라고 일반적으로 인정되지 않았기에, p와 q의 다양한 부호에 따라 여러 가지 버전의 방정식으로 표현되었을 테다(가령, $x^3 + p'x = q$, $x^3 + q' = px$ 등). 이는 방정식의 모든 항들이 음의 수를 갖지 않는 듯이 보이도록 하기 위해 서였다. 여기서 나는 (필요하다면 음수도 허용하는) 현대의 표기법을 채택하여 지나치게 복잡한 상황을 피하고자 한다.

위에서 주어진 삼차방정식의 해는 곡선 $y = x^3$과 $y = px + q$를 그리고 두 곡선이 교차하는 곳을 찾으면 시각적으로 표시된다. 교차점의 x값이 방정식의 해다. **그림 5.9**를 보기 바란다. $y = x^3$은 곡선으로 그리고 $y = px + q$는 직선으로 그려져 있는데, 여기에는 여러 가지 가능성이 제시되어 있다. (카르다노나 타르탈리아가 그런 시각적 설명을 사용했는지 나는 모르지만 그랬을 가능성은 있다. 여기서 이 방법은 일어날 수 있는 여러 상황들을 시각화하는 데 도움이 된다.) 자 그러면, 이러한 표시 방법으로 볼 때, 타르탈리아가 해를 구한 경우란 p가 음수(또는 0)일 때이다. 이 경우 직선은 오른쪽 아래로 기울어지는데, 그중 전형적인 한 경우가 **그림 5.9**의 직선 P로 그려져 있다. 주목할 점은, 그러한 경우에 직선이 곡선과 교차하는 점은 오직 한 곳뿐이므로 삼차방정식은 오직 한 개의 해만 갖는다. 현대식 표기법으로 타르탈리아의 해는 다음과 같이 표현할 수 있다.

$$x = \sqrt[3]{\left(w - \frac{1}{2}q\right)} - \sqrt[3]{\left(w + \frac{1}{2}q\right)}$$

여기서

$$w = \sqrt{\left\{\left(\frac{1}{2}q\right)^2 + \left(\frac{1}{3}p'\right)^3\right\}}$$

p'은 $-p$를 나타낸다. 이 표현에 보이는 양들이 음이 아닌 값을 갖도록 하기 위해서다(또한 $q > 0$으로 택한다).

카르다노가 이 절차를 확장시킨 방법에 의하면 $p > 0$인 경우도 허용된다. 그러면 우리는 해를 적을 수 있다(양의 p 그리고 음의 q에 대해서. 하지만 q의 부호는 그다지 중요하지 않다). 이제 직선은 오른쪽 위를 향한다(Q 또는 R로 표시). 어떤 주어진 값 p에 대해(즉, 어느 주어진 기울기에 대해), 만약 $q'(=-q)$가 충분히 크면(따라서 직선이 충분히 높은 데서 y축과 교차한다면) 이번에도 단 한 개의 해만 존재한다. (현대적인 표기법으로) 이에 대한 카르다노의 표기는 아래와 같다.

$$x = \sqrt[3]{\left(\frac{1}{2}q' + w\right)} + \sqrt[3]{\left(\frac{1}{2}q' - w\right)}.$$

여기서

$$w = \sqrt{\left\{\left(\frac{1}{2}q'\right)^2 - \left(\frac{1}{3}p\right)^3\right\}}.$$

여기서 알 수 있듯이, 현대의 표기법 및 음수에 대한 현대적 개념을 사용하면 (그리고 음수의 세제곱근이 그 수의 양의 형태의 세제곱근의 음수라는 사실에 비추어 보면), 카르다노의 표현은 기본적으로 타르탈리아의 것과 동일하다. 하지만 카르다노의 표현에는 완전히 새로운 어떤 것이 드러난다. 지금 q'이 너무 큰 수가 아니라면, 직선은 곡선과 세 군데서 교차할 수 있기에 따라서 원래 방정식에는 세 개의 해(만약 $p > 0$이면 두 개의 해는 음수)가 있다. 이것 — 이른바 '환원불가능' — 은 $((1/2)q')^2 < ((1/3)p)^3$일 때 생기며, 이제 w는 음수의 체곱근이 되어야 한다. 그러므로 세제곱근 기호 안에 들어 있는 $(1/2)q' + w$와 $(1/2)q' - w$라는 수는 오늘날 우리가 복소수라고 부르는 수다. 하지만 두 세제곱근은 방정식에 해를 제공하려면 합해서 어떤 실수가 되어야만 한다.

카르다노는 이 불가사의한 문제를 잘 알고 있었으며, 나중에 자신의『위대한 술법』에서 방정성의 해를 구하는 과정에 복소수가 생김으로써 일어나는 의문을 명시적으로 언급했다. 그는 서로 곱하면 40이 되고 더하면 10이 되는 두 수를 찾는 문제를 고려하여 (올바른) 답을 내놓았다. 다음 두 복소수였다.

$$5 + \sqrt{-15} \quad \text{그리고} \quad 5 - \sqrt{-15}.$$

도표를 이용하자면, 이 문제를 **그림 5.10**에서처럼 곡선 $xy = 40$과 직선 $x + y = 10$의 교차점을 찾는 문제로 볼 수 있다. 그림에서 알 수 있듯이 곡선은 실제로 교차하지 않는데(실수의 관점에서), 이는 문제의 해를 표현하기 위해 복소수가 필요함을 알려준다. 카르다노는 그런 수를 못마땅하게 여겨 그 수들을 다루는 일이 '정신적으로 고통스러웠다'고 털어놓았다. 그렇기는 하지만 삼차방정식을 연구하는 데는 어쩔 수 없이 이런 종류의 수를 고려해야만 했다.

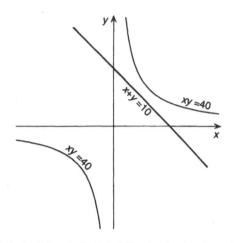

그림 5.10 두 수의 곱은 40이고 합은 10이 되는 두 수를 찾는 카르다노의 문제는 곡선 $xy = 40$과 직선 $x + y$ $= 10$의 교차점을 찾는 문제로 표현될 수 있다. 그렇다면 분명 이 문제는 실수로는 풀 수가 없다.

그림 5.9에서처럼 삼차방정식의 해를 구하는 데 복소수가 등장하는 것은 **그림 5.10**의 문제(기본적으로 이차방정식 $x^2 - 10x + 40 = 0$의 해를 구하는 문제)에서 이 수가 등장하는 것보다 훨씬 더 미묘한 의미가 있다. 후자의 경우에는 허수가 허용되지 않는다면 아무런 해도 존재하지 않음이 분명하기에 그런 수는 완전히 허구이며 단지 실제로 해가 존재하지 않는 방정식에 '해'를 어떻게든 내놓기 위해서 도입된 것이라고 볼 수도 있다. 하지만 이런 견해는 삼차방정식의 풀이에서 일어난 상황을 설명하지 못한다. 여기서 '환원불가능'(**그림 5.9**의 직선 R)의 경우, 방정식에는 실제로 세 개의 해가 존재하기에 이들의 존재를 부정할 수는 없다. 하지만 이 해들 가운데 어떤 것을 무리수로(즉, 이 경우에는 제곱근과 세제곱근으로) 표현하려면 복소수라는 불가사의한 세계를 거쳐 가지 않을 수 없다. 비록 우리의 최종 목적지는 다시 실수의 세계이더라도 말이다.

아마 카르다노 이전에는 어느 누구도 이 불가사의한 세계 자체 그리고 그

것이 '실재'의 세계의 바탕을 이룰지 모른다는 점을 알아차리지 못했다. (다른 이들이, 가령 각각 서기 1세기와 3세기에 알렉산드리아의 헤론과 알렉산드리아의 디오판토스가 음수도 일종의 '제곱근'을 가질 수 있을지 모른다고 심심풀이 삼아 상상해보긴 했던 듯하지만, 둘 다 과감하게 그런 '수'를 실수와 결합시켜 복소수를 내놓지는 못했으며, 더군다나 그런 수가 방정식의 실수 해와 근본적인 관련성이 있음을 알아차리지도 못했다.) 아마 카르다노는 성격이 신비주의적인 면과 과학적이고 합리적인 면이 함께 섞여 있었기 때문에 장차 가장 강력한 수학적 개념으로 발전하게 될 이 수를 처음으로 포착할 수 있었던 듯하다. 이후 봄벨리(Bombelli), 코츠(Coates), 오일러(Euler), 베셀(Wessel), 아르강(Argand), 가우스(Gauss), 코시(Cauchy), 바이어슈트라스(Weierstrass), 리만(Riemann), 레비(Levi), 루이(Lewy) 등을 비롯한 많은 이들의 연구를 통해 복소수 이론은 가장 아름답고 보편적으로 적용 가능한 수학적 개념으로 활짝 꽃피었다. 하지만 이십 세기의 첫 사반세기에 양자론이 출현하기 전까지는 복소수가 우리가 사는 실제 물리적 세계의 근본적인 구조를 떠받치는 기이하고도 보편적인 역할을 한다는 점은 전혀 드러나지 않았다. 더군다나 복소수가 확률과 심오한 관련성을 지닌다는 점도 이전에는 인식되지 못했다. 심지어 카르다노도 자신이 수학에 기여한 두 가지 위대한 업적 사이에 어떤 불가사의한 근본적 관련성이 있다고는 짐작조차 할 수 없었다. 이 관련성이 가장 극미의 수준에서 물질적 우주의 근본 토대를 이룬다.

5.6 양자론의 기본 규칙들

이 관련성이란 도대체 무엇일까? 어떻게 복소수와 확률론이 함께 결합하여 우리 세계의 내부 작동을 의심할 바 없이 훌륭하게 설명한다는 말인가? 대충 말하자면 복소수의 법칙들이 지배하는 영역은 현상의 아주 극미한 토대 수준에서인 데 반해, 확률이 활약하는 영역은 이런 미소한 수준과 우리에게 익숙한 일상적 인식의 수준 간의 연결 지점이다. 이 말이 실제로 무슨 뜻인지 이해하려면 좀 더 구체적인 이야기가 필요하다.

우선 복소수의 역할부터 살펴보자. 복소수는 이상하게 등장한 것이어서 물리적 실재를 실제로 설명해준다고 받아들이기는 매우 어렵다. 특히 어려운 까닭은 우리가 실제로 인식하는 현상 수준에서 그리고 뉴턴, 맥스웰 및 아인슈타인의 고전적 법칙들이 적용되는 수준에서 사물의 행동에 대해 알려주는 바가 없는 듯하기 때문이다. 그러므로 양자론이 작동하는 방식을 파악하려면, 우리는 준비 단계로서 물리적 활동에는 두 가지 구별되는 수준이 있음을 고려해야 한다. 하나는 이러한 복소수가 특이한 역할을 행하는 양자적 수준이고 다른 하나는 익숙한 대규모의 물리 법칙들이 작동하는 고전적 수준이다. 오직 양자적 수준에서만 복소수는 이러한 역할, 즉 고전적 수준에서는 완벽하게 사라지는 듯 보이는 역할을 행한다. 그렇다고 해서 양자 법칙이 작동하는 수준과 고전적으로 인식되는 현상의 수준 사이에 어떤 물리적인 구분이 실제로 존재할 필요는 없다. 하지만 당분간은 그러한 구분이 있다고 상상하는 편이 도움이 된다. 양자론에서 실제로 도입된 절차들을 제대로 이해하기 위해서 편의상 그렇게 구분할 뿐이다. 더 깊은 질문, 즉 실제로 그러한 물리적 구분이 존재하는지 여부는 나중에 다시 주요 관심사로 다룰 것이다.

이러한 양자 수준이란 어떤 수준을 말하는 것일까? 틀림없이 그것은 분자, 원자 또는 소립자처럼 어떤 의미에서 '충분히 작은' 물리적인 것들의 수준으로 보아야 한다. 하지만 이 '작음'은 물리적 거리를 가리킬 필요는 없다. 양자 수준의 효과들은 먼 거리에 걸쳐 일어날 수 있다. 내가 앞서 §5.3에서 이야기한 두 12면체의 거리가 4광년이었던 점 또는 아스페의 실험에서 광자 쌍의 실제 거리가 12미터였던 점(§5.4)을 상기하자. 양자 수준을 결정하는 것은 작은 물리적 크기가 아니라 이보다 더 미묘한 어떤 것인데 당분간은 이를 구체적으로 정하지 않는 편이 더 나을 것이다. 하지만 대체로 우리가 에너지의 매우 작은 차이에 관심을 가질 때 대체로 적용하는 것이라고 여기면 도움이 될 것이다. 이 사안에 관해서는 §6.12에서 더 철저히 살펴볼 것이다.

한편 고전적인 수준은 우리가 일상적으로 경험하는 수준으로서, 여기서는 고전물리학의 실수 법칙들이 적용된다. 가령 일상적인 설명이 의미를 갖는 영역으로서 한 골프공의 위치, 속력 및 모양 등이 문제되는 경우다. 양자 수준과 고전 수준 사이에 어떤 물리적 구분이 실제로 있느냐 여부는 §5.1에서 언급했듯이 X-불가사의의 사안과 긴밀한 관련이 있다. 이 의문은 당분간 미루기로 하고, 단지 그것을 양자 수준을 고전 수준과 분리시키는 편의상의 문제라고만 여기도록 하자.

복소수는 양자 수준에서 정말로 어떠한 근본적인 역할을 할까? 한 개별 입자를 하나의 전자라고 생각해 보자. 고전 물리학에서 보자면, 이 전자는 A 위치에 있거나 아니면 B 위치에 있다고 할 수 있다. 하지만 양자역학적 설명에서는 전자가 처할 수 있는 상태의 가능성들이 훨씬 더 넓다. 전자는 이곳 아니면 저곳이라는 특정한 위치에만 있을 뿐만 아니라 여러 가지 가능성들 중 한 곳에 교대로 있을 수 있으며, 어떤 의미에서 전자는 두 위치에 동시에 존재할 수도 있다! 전자가 A 위치에 있는 상태를 $|A\rangle$로 표시하고 전자가 B에 있는 상태를 $|B\rangle$로 표시하기로 하자.* 양자론에 따르면, 전자가 처할 수 있는 여러 가능한 상태들은 다음 식으로 표현된다.

---

* 나는 여기서 양자 상태에 대해 표준 디랙 '켓(ket)' 표기법을 사용하고 있다. 우리에겐 꽤 편리한 표기법이다. 양자역학의 표기법에 익숙하지 않은 독자들이라도 여기서 그 의미를 신경 쓸 필요는 없다.

폴 디랙은 이십 세기의 뛰어난 물리학자 중 한 명이다. 그의 업적으로는 양자론의 법칙들을 일반적으로 정식화한 것과 더불어 그가 전자에 대해 발견한 '디랙 방정식'을 통한 상대론적 일반화 등이 있다. 그는 진리의 '낌새를 차리고' 예술적인 측면에서 자신의 방정식을 판단하는 비범한 능력을 지닌 인물이었다.

$$w|A\rangle + z|B\rangle.$$

여기서 가중치 요소 w와 z는 복소수다(적어도 둘 중 하나는 0이 아니어야 한다).

이것이 무슨 의미인가? 만약 가중치 요소가 음이 아닌 실수라면, 이러한 결합은 어떤 의미에서 전자의 위치에 관한 확률 가중치 기댓값을 나타낸다고 볼 수 있다. 여기서 w와 z는 전자가 각각 A 또는 B에 있을 상대적 확률을 가리킨다. 그렇다면 비율 $w:z$는 전자가 A에 있을 확률:전자가 B에 있을 확률의 비를 나타낸다. 따라서 만약 전자가 오직 이 두 가능성만 가진다면, 전자를 A에서 발견할 기대 확률은 $w/(w+z)$이고 전자를 B에서 발견할 기대 확률은 $z/(w+z)$이다. 만약 $w=0$이라면, 전자는 확실히 B에 있을 테고 만약 $z=0$이라면 전자는 확실히 A에 있을 테다. 만약 상태가 단지 '$|A\rangle + |B\rangle$'라면 전자가 A 또는 B에 있을 확률은 동일하다는 뜻이다.

하지만 w와 z는 복소수이므로, 그런 해석은 아무런 의미가 없다. 양자 가중치 w와 z의 비율은 확률의 비율이 아니다. 확률은 언제나 실수여야 하기에 그럴 수가 없는 것이다. 이런 양자 수준에서 작동하는 것은 카르다노의 확률론이 아니다. 양자 세계가 확률론적 세계임은 매한가지이긴 하지만 말이다. 대신에 불가사의한 그의 복소수 이론은 양자 수준의 활동에 대하여 수학적으로 정확한 그리고 확률과 무관한 수학적 설명을 제공하는 바탕이 된다.

익숙한 일상생활의 관점에서는, 복소수 가중 요소 w와 z로 인해 한 전자가 동시에 두 장소의 중첩 상태에 있다는 것이 무슨 '의미'인지 가늠할 길이 없다. 당분간 우리는 그냥 이것이 양자 수준의 물리계에서 받아들여야만 하는 설명 방식이라고 인정할 수밖에 없다. 그런 중첩은 미시세계의 실제 구조에 중요한 일부를 구성하고 있다. 우리에게 지금껏 밝혀진 자연의 모습으로서는 말이다. 양자 수준의 세계가 이처럼 낯설고 불가사의한 방식으로 실제로 작동하는 듯이 보이는 것은 하나의 사실이다. 그런 설명은 완전히 명백하다. 이런 설명을 통해 드러나는 미시세계는 정말로 수학적으로 정확하고 게다가 완벽하게 결정론적인 방식에 따라 작동한다!

5.7 유니터리 진행 U

이 결정론적인 작동 방식이 과연 무엇일까? 그것은 이른바 유니터리 진행(unitary evolution)이라는 것으로서 U로 표시한다. 이 진행은 정확한 수학 방정식들로 기술되지만 우리가 이 방정식들이 실제로 무엇인지를 아는 것은 중요하지 않다. U의 어떤 특별한 속성들만 알면 된다. '슈뢰딩거 그림'이라고 불리는 것에서 U는 이른바 슈뢰딩거 방정식에 의해 기술되는데, 이 방정식은 양자 상태, 즉 파동함수가 시간에 따라 변하는 비율을 알려준다. 그리스 문자 ψ('프사이'라고 읽음) 또는 $|\psi\rangle$로 종종 표시되는 양자 상태는 어떤 계가 가질 수 있는 모든 가능한 대안들에 대하여 복소수 가중 요소를 적용한 값들의 총합을 나타낸다. 그러므로 위에서 언급한 특정한 사례, 즉 하나의 전자가 위치 A에 있거나 또는 위치 B에 있을 수 있는 대안들을 가지는 경우 양자 상태 $|\psi\rangle$는 다음과 같은 복소수 조합이 된다.

$$|\psi\rangle = w|A\rangle + z|B\rangle.$$

여기서 w와 z는 복소수다(둘 다 0이여서는 안 된다). 우리는 $w|A\rangle + z|B\rangle$를 두 상태 $|A\rangle$와 $|B\rangle$의 선형 중첩이라고 부른다. $|\psi\rangle$(또는 $|A\rangle$ 또는 $|B\rangle$)는 상태 벡터라고 종종 불린다. 더욱 일반적인 양자 상태(또는 상태 벡터)는 다음과 같은 형태이다.

$$|\psi\rangle = u|A\rangle + v|B\rangle + w|C\rangle + \cdots + z|F\rangle.$$

여기서 $u, v, \cdots, z$는 복소수(모두 0이지는 않음)이고 그리고 $|A\rangle, |B\rangle, \cdots, |F\rangle$는 한 입자가 놓일 수 있는 다양한 위치(또는 한 입자의 다른 상태, 가령 스핀의 상태. 참고 §5.10)를 나타낸다. 더 일반적으로 말하자면, 한 파동함수 내지는 상태 벡터에 대해 무한한 합이 허용된다(왜냐하면 한 점입자가 처할 수 있는 위치는 무한히 많이 존재할 수 있기 때문이다). 하지만 그런 문제는 여기서는 중요하지 않다.

여기서 양자 형식론의 한 가지 전문적인 점을 꼭 언급해야 하겠다. 뭐냐하면, 의미를 갖는 것은 오직 복소 가중 요소의 비율뿐이라는 점이다. 이에 대해서는 나중에 더 자세히 이야기하기로 한다. 당분간은 임의의 단일 상태 벡터 $|\psi\rangle$에 대하여 임의의 복소값 $u|\psi\rangle$는 $|\psi\rangle$와 동일한 물리적 상태를 나타낸다는 점만 알고 있으면 된다. 그러므로 가령 $uw|A\rangle + uz|B\rangle$는 $w|A\rangle + z|B\rangle$와 동일한 물리적 상태를 나타낸다. 따라서 w와 z 각각이 아니라 오직 비율 $w : z$만이 물리적 의미를 지닌다.

이제 슈뢰딩거 방정식(즉, **U**)의 가장 기본적인 특징은 그것이 선형적이라는 점을 알게 되었다. 말하자면, 만약 두 상태, 가령 $|\psi\rangle$와 $|\phi\rangle$가 있을 때, 그리고 만약 슈뢰딩거 방정식에 따라 시간 t 이후에 $|\psi\rangle$와 $|\phi\rangle$가 각각 새로운 상태 $|\psi\rangle'$과 $\phi\rangle'$으로 진행한다고 할 때, 선형 중첩 $w|\psi\rangle$와 $z|\phi\rangle$는 동일한 시간 t 이후에 이에 대응하는 $w|\psi'\rangle$과 $z|\phi'\rangle$으로 진행해야만 한다. 시간 t 이후의 진행을 '$\rightsquigarrow$' 라는 기호로 표시하자. 그렇다면 선형성은 다음과 같이 표시된다. 만약

$$|\psi\rangle \rightsquigarrow |\psi'\rangle \text{ 그리고 } |\phi\rangle \rightsquigarrow |\phi'\rangle$$

이면, 진행은 다음과 같다.

$$w|\psi\rangle + z|\phi\rangle \rightsquigarrow w|\psi'\rangle + z|\phi'\rangle.$$

이것은 (따라서) 두 개별 양자 상태보다 더 많은 상태들의 선형 중첩에도 적용된다. 가령 $u|\chi\rangle + w|\psi\rangle + z|\phi\rangle$는 시간 t 이후에 $u|\chi'\rangle + w|\psi'\rangle + z|\phi'\rangle$으로 진행한다. 만약 $|\chi\rangle$, $|\psi\rangle$, $|\phi\rangle$가 각자 개별적으로 $|\chi'\rangle$, $|\psi'\rangle$, $|\phi'\rangle$으로 진행한다면 말이다. 그러므로 진행이 일어나는 방식은 마치 한 중첩의 각 구성요소가 다른 요소들의 존재를 의식하지 못하는 식으로 일어나는 듯하다. 어떤 이의 말에 의하면, 이러한 구성요소들의 상태들에 의해 기술되는 각각의 상이한 '세계'는 다른 요소들과 동일한 결정론적 슈뢰딩거 방정식에 따라 각자 독립적으로 진행한다. 그리고 전체 상태를 기술하는 특정한 선형 중첩은 진행이 일어날 때 복소수 가중을 변하지 않게 보존한다.

이런 관점에 따르면 중첩과 복소수 가중은 사실상 물리적 영향을 전혀 미치지 않는다고 볼 수도 있다. 왜냐하면 별도의 상태들의 시간 진행은 마치 다른 상태들이 존재하지 않는 듯 일어나기 때문이다. 하지만 이것은 오해의 소지가 있다. 한 사례를 들어 실제로 어떤 일이 일어나는지 설명해 보겠다.

절반이 은도금된 거울에 빛이 부딪히는 상황을 고려해보자. 이 거울은 반투명의 거울로서 부딪히는 절반의 빛은 반사되고 나머지 절반은 투과된다. 현재 양자론에서는 빛은 광자라는 입자로 구성된 것으로 본다. 광자의 흐름이 이 거울에 부딪히면 절반의 광자들은 반사될 것이고 나머지 절반은 투과된다고 우리는 상상할 법하다. 하지만 그렇지 않다! 양자론이 알려준 바에 따르면, 그 대신 각각의 개별 광자가 거울에 부딪힐 때 반사와 투과의 중첩 상태에 놓인다. 만약 거울에 부딪히기 전의 광자가 상태 $|A\rangle$이고, 그 후에 $\mathbf{U}$에 따라 진행하여 $|B\rangle + i|C\rangle$라는 상태가 되었다고 하자. 여기서 $|B\rangle$는 그 광자가 거울을 투

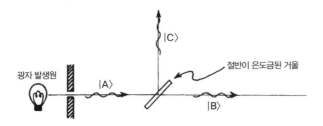

그림 5.11 |A⟩ 상태에 있는 한 광자가 절반이 은도금된 거울에 부딪힌 이후 그 상태는 (U에 따라) 의 |B⟩ + i|C⟩의 중첩 상태로 진행한다.

과했을 때의 상태를 나타내고 |C⟩는 거울에 반사되었을 때의 상태를 나타낸다. **그림 5.11**을 보기 바란다. 그렇다면 이렇게 표현할 수 있다.

$$|A⟩ \leadsto |B⟩ + i|C⟩.$$

여기서 'i' 요소가 생기는 까닭은 이 거울에서 반사된 광자 빔과 투과된 광자 빔 사이에 일어나는 1/4파장만큼의 전체 위상 이동[7] 때문이다. (더 완벽하게 나타내려면, 시간 의존 진동 요소와 전반적인 표준화를 포함시켜야 하지만 이는 현재의 논의에서는 별 의미가 없다. 현 논의에서 나는 오직 우리의 당면 목적에 핵심적으로 필요한 내용만을 다룬다. 진동 요소에 관해서는 §5.11에서 그리고 표준화의 문제에 대해서는 §5.12에서 더 자세히 다루겠다. 더 완벽한 설명을 보려면 양자론에 관한 표준적인 저술을 보기 바란다.[8] 또한 ENM 243~250쪽(국내판 378~388쪽)을 참고)

입자에 관한 고전적인 관점에서 보자면 |B⟩와 |C⟩는 광자가 처해 있을 수 있는 각각의 상태를 나타낸다고 여겨야 하겠지만, 양자역학에서는 광자가 이상하고 복잡한 중첩을 통해 실제로 동시에 두 가지 상태에 처한다고 여겨야 한다. 이것이 고전적인 확률 가중의 문제일 수 없음을 이해하려면 이 사례를 더

깊이 살펴봐야 하는데, 광자 상태의 두 부분 — 두 광자 빔 — 이 다시 모이는 경우를 생각해보자. 이렇게 하려면 우선 각 광자를 전부 은도금된 거울에 다시 반사시킨다고 해보자. 반사 후에[9], 광자 상태 $|B\rangle$는 $\mathbf{U}$에 따라 또 다른 상태 $i|D\rangle$로 그리고 상태 $|C\rangle$는 $i|E\rangle$로 진행한다.

$$|B\rangle \rightsquigarrow i|D\rangle \text{ 그리고 } |C\rangle \rightsquigarrow i|E\rangle.$$

그러므로 전체 상태 $|B\rangle + i|C\rangle$는 $\mathbf{U}$에 의해,

$$|B\rangle + i|C\rangle \rightsquigarrow i|D\rangle + i(i|E\rangle)$$
$$= i|D\rangle - |E\rangle.$$

($i^2 = -1$이기 때문이다). 자 이제, 이 두 빔이 네 번째 거울, **그림 5.12**처럼 다시 철반이 은도금된 거울에 부딪힌다고 생각하자. (여기서 나는 모든 빔의 파장이 동일하므로 내가 무시하고 있는 진동 요소가 계속 아무런 역할을 하지 않는다고 가정한다.) 상태 $|D\rangle$는 $|G\rangle + i|F\rangle$의 조합으로 진행하는데 여기서 $|G\rangle$는 투과된 상태를 $|F\rangle$는 반사된 상태를 나타낸다. 마찬가지로 $|E\rangle$는 $|F\rangle + i|G\rangle$로 진행한다. 왜냐하면 이번에는 $|F\rangle$가 투과된 상태이고 $|G\rangle$가 반사된 상태이기 때문이다. 따라서

$$|D\rangle \rightsquigarrow |G\rangle + i|F\rangle \text{ 그리고 } |E\rangle \rightsquigarrow |F\rangle + i|G\rangle.$$

전체 상태 $i|D\rangle - |E\rangle$는 이제 ($\mathbf{U}$의 선형성으로 인해) 다음과 같이 진행한다.

$$i|D\rangle - |E\rangle \rightsquigarrow i(|G\rangle + i|F\rangle) - (|F\rangle + i|G\rangle)$$

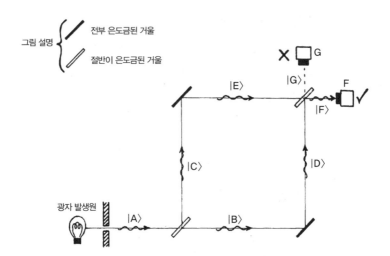

그림 5.12 광자 상태의 두 부분은 전부 은도금된 두 거울에 의해 모여 다시 절반이 은도금된 마지막 거울과 부딪힌다. 두 빔은 서로 간섭을 일으켜 전체 상태는 |F〉로 나타난다. G에 있는 검출기는 광자를 포착할 수 없다(마하-젠더 간섭계).

$$= i|G\rangle - |F\rangle - |F\rangle - i|G\rangle$$
$$= -2|F\rangle.$$

(곱하기 요소 −2가 여기서 나타나는 것은 아무런 물리적 역할이 없다. 왜냐하면 위에서 언급했듯이 만약 한 계의 전체 물리적 상태 — 여기서는 |F〉 — 가 영이 아닌 복소수로 곱해지더라도 물리적 상태는 변하지 않기 때문이다.) 그러므로 가능성 |G〉는 광자가 처할 수 있는 상태가 아니다. 두 광자 빔이 합쳐지면 단일한 가능성 |F〉만을 낳는다. 이처럼 흥미로운 결과가 생기는 까닭은 두 빔이 처음 거울 및 마지막 거울과 만나는 사이에 광자의 물리적 상태에서 동시에 존재하기 때문이다. 이때 두 빔은 서로 간섭한다라고 말한다. 그러므로 광자와 거울 사이의 이러한 부딪힘 사이에서 광자의 두 대안적인 '세계'는 실제로 서로 분리되어 있지 않고 그러한 간섭 현상을 통해 서로에게 영향을 미칠 수

있다.

명심해 두어야할 점은, 이것이 단일 광자의 속성이라는 것이다. 각각의 개별 광자는 자신에게 열려 있는 두 가지 경로 모두를 더듬는다고 볼 수밖에 없다. 하나의 광자인 채로 말이다. 중간 단계에서 두 광자로 쪼개지지 않지만 광자의 위치는 여러 가능성들이 함께 섞인 이상한 유형의 복소수 가중 공촌을 경험한다. 이것이 바로 양자론의 특징이다.

5.8 상태 벡터 축소 R

위에서 고찰한 사례에서 광자는 결국에는 중첩되지 않은 상태로 나타난다. 검출기(광전지)가 **그림 5.12**에서 F와 G로 표시된 지점에 놓여 있다고 하자. 이 사례에서 광자는 상태 $|F\rangle$로 나타나고 상태 $|G\rangle$에는 아무런 성분이 존재하지 않으므로, 따라서 F에 있는 검출기는 광자를 포착하고 G에 있는 검출기는 광자를 포착하지 못한다.

만약 $w|F\rangle + z|G\rangle$와 같은 중첩된 상태가 이 검출기에 닿는 더욱 일반적인 상황에서는 어떤 일이 벌어질까? 검출기들은 광자가 상태 $|F\rangle$에 있는지 아니면 상태 $|G\rangle$에 있는지를 알아내기 위해 측정을 시작한다. 양자 측정은 양자 수준으로부터 고전적인 수준으로 양자 사건을 확대시키는 효과가 있다. 양자 수준에서는 선형 중첩은 U 진행의 지속적인 활동 하에서 일어난다. 하지만 효과가 고전적인 수준으로 확대되자마자 그 효과는 실체의 발생으로 지각될 수 있기에, 우리는 이러한 이상한 복소수 가중된 조합 상태를 결코 알아내지 못한다. 이 사례의 경우를 통해 우리가 알 수 있는 것은, 이 대안들이 특정한 확률로 일어나는 곳에서 F의 검출기 아니면 G의 검출기 중 어느 하나가 광자 검출을 기록한다는 점뿐이다. 양자 상태는 $w|F\rangle + z|G\rangle$의 중첩된 상태에서 단지

|F⟩ 아니면 |G⟩의 상태로 불가사의하게 '도약'한다. 계의 상태를 기술하는 데 있어서는 이처럼 중첩된 양자 수준 상태로부터 이것 아니면 저것의 고전적 수준의 상태로 '도약'이 일어난다. 이것을 가리켜 상태 벡터 축소 또는 상태함수의 붕괴라고 하며, 나는 문자 **R**을 이용하여 이 작용을 표시한다. **R**이 어떤 실제의 물리적 과정인지 아니면 일종의 환영 내지는 근사로 보아야 할 것인지는 나중에 더 진지하게 다루어 볼 문제다. 적어도 수학적인 설명의 차원에서 우리가 때때로 **U**를 제쳐두고서 전혀 다른 이 절차 **R**을 도입해야 한다는 사실은 양자론의 기본적인 **X**-불가사의이다. 당분간 이 문제를 너무 자세히 살피지 않고 **R**을 결과적으로 양자 수준으로부터 고전적인 수준으로 사건을 확대하는 절차의 한 특징으로 여기는 편이 나을 것이다.

한 중첩된 상태에 대한 측정에서 여러 가지 대안적 결과가 나오는 이러한 경우에 대하여 어떻게 그 상이한 확률들을 실제로 계산할 수 있을까? 이 확률들을 결정하기 위한 분명한 규칙이 정말로 존재한다. 이 규칙에 따르면, 가령 위의 상황에서 각각 검출기 F와 G를 이용하여 상태 |F⟩와 |G⟩ 중에 어느 하나를 결정하고 이어서 다음 중첩 상태와 마주하는 검출기들 상에서

$$w|F⟩ + z|G⟩$$

F에 있는 검출기가 기록하는 확률 대 G에 있는 검출기가 기록하는 확률의 비는 다음과 같이 주어진다.

$$|w|^2 : |z|^2.$$

여기서 이 값들은 복소수 w와 z의 절댓값의 제곱이다. 한 복소수의 절댓값의 제곱은 그 복소수의 실수부 및 허수부의 제곱의 합이다. 따라서

$$z = x + \mathrm{i}y.$$

여기서 x와 y는 실수이다. 절댓값의 제곱은 다음과 같다.

$$|z|^2 = x^2 + y^2$$
$$= (x + \mathrm{i}y)(x - \mathrm{i}y)$$
$$= z\bar{z}.$$

여기서 $\bar{z}(= x - \mathrm{i}y)$는 z의 켤레복소수라고 한다. w도 마찬가지다. (나는 위의 논의에서 은연중에 한 가지를 가정하고 있다. 즉 $|\mathrm{F}\rangle$와 $|\mathrm{G}\rangle$ 등으로 표시한 상태들이 적절하게 표준화된 상태라는 가정이다. 이에 대해서는 나중에 설명하겠다. §5.12 참고. 표준화는 엄밀하게 말해서 이런 형태의 확률 규칙이 유효하게 적용되도록 하기 위해 필요하다.)

여기서 그리고 오직 여기에서만 카르다노의 확률이 양자 세계에 들어간다. 양자 수준의 복소수 가중은 그 자체로서 상대적 확률로서의 역할을 하지는 않지만(그 까닭은 복소수로 표시되는 확률이기 때문이다), 그런 복소수에 대한 절댓값 제곱(squared moduli)이라는 실수가 그러한 역할을 한다. 양자 상태의 측정은 결과적으로 다음 상황에서 일어난다. 즉, 어떤 물리적 과정의 거대한 확대, 즉 양자 수준으로부터 고전적 수준으로의 도약이 일어날 때이다. 한 광전지의 경우, 단일한 양자 사건의 기록 — 광자의 수신이라는 형태로 생기는 현상 — 은 결국 고전적 수준의 교란, 가령 '찰칵'거리는 소리를 야기한다. 이와 달리 우리는 광자의 도착을 기록하기 위해 민감한 광전판을 사용할 수도 있다. 이때에는 이 광자 도착이라는 양자적 사건은 고전적 수준으로 확대되어 판 위에 시각적인 표시의 형태로 드러난다. 각각의 경우 측정 도구는 미세한 양자 사건을 훨씬 더 큰 고전적 규모의 관측 가능한 효과를 야기할 수 있는 미묘한 시스템으로 구성된다. 바로 이 양자적 수준에서 고전적 수준으로의 이동에서 카르다노의 복소수는 절댓값이 제곱되어짐으로써 카르다노의 확률이 된다!

이 규칙이 특정한 상황에서 어떻게 적용되는지 알아보자. 오른쪽 아래에 거울을 두는 대신에 그곳에 광전지를 두었다고 가정하자. 그렇다면 이 광전지는 다음 상태와 마주칠 것이다.

$$|B\rangle + i|C\rangle.$$

여기서 상태 $|B\rangle$는 광전지가 기록되게끔 할 것이지만 $|C\rangle$는 광전지에 아무 영향을 미치지 않는다. 그러면 각 확률의 비는 $|1|^2 : |i|^2 = 1 : 1$이다. 달리 말해, 가능한 두 결과의 확률이 각각 동일하므로 광자가 광전지를 활성화시킬 가능성은 활성화시키지 않을 가능성과 마찬가지라고 할 수 있다.

조금 더 복잡한 상황 구성을 고려해보자. 광전지를 오른쪽 아래 거울 자리에 두는 대신에 위의 사례에 나오는 광자빔들 중 하나를 광자를 흡수할 수 있는 장애물로 가로막는다고 가정하자. **그림 5.13**에 보이는 광자 상태 $|D\rangle$에 한 광자 빔을 보낸다는 말이다. 그렇다면 앞서 생겼던 간섭 효과는 상실될 것이다. 그렇다면 광자가 (가능성 $|F\rangle$와 더불어) 가능성 $|G\rangle$를 포함하는 상태로 나타날 수 있다. 광자가 장애물에 실제로 흡수되지 않는다면 말이다. 만약 광자가 장애물에 흡수되면, 광자는 $|F\rangle$나 $|G\rangle$의 어떠한 조합으로도 전혀 나타나지 않을 것이다(하나의 광자 빔을 발사하기 때문이다-옮긴이). 하지만 그렇지 않다면 광자의 상태는 마지막 거울에 다가갈 때 단지 $-|E\rangle$가 될 것이고 이는 $-|F\rangle - i|G\rangle$로 진행할 것이기에 $|F\rangle$와 $|G\rangle$ 둘 다 최종 결과에 관여한다.

여기서 살펴본 특별한 사례에서 장애물이 존재하지만 광자를 흡수하지 않는 경우 두 가능성 $|F\rangle$와 $|G\rangle$에 대한 각각의 복소 가중치는 -1과 $-i$이다 ($-|F\rangle - i|G\rangle$인 상태가 나타나기 때문이다). 따라서 각 확률의 비는 $|-1|^2 :$

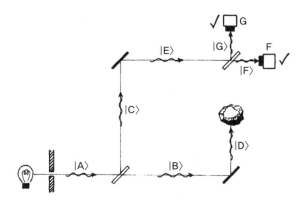

그림 5.13 만약 장애물이 광자 빔 |D⟩에 놓인다면 G에 있는 검출기가 광자의 도착을 기록하는 일이 가능해진다(장애물이 광자를 흡수하지 않을 때).

$|-i|^2 = 1:1$이다. 그러므로 이번에도 가능한 두 가지 결과 각각의 확률이 동일하다. 따라서 광자가 F에 있는 검출기와 G에 있는 검출기를 활성화시킬 가능성은 동일하다.

이제 장애물 그 자체를 마땅히 '측정 도구'로 볼 수도 있다. '장애물이 광자를 흡수한다'와 '장애물이 광자를 흡수하지 않는다'란 두 대안이 그 자체로는 복소수 가중이 할당되지 않는 고전적인 대안이란 점 때문이다. 비록 장애물이 광자를 흡수하는 양자 사건을 고전적으로 관찰 가능한 사건으로 확대시키는 방식에 의해 미묘하게 구성되어 있지는 않겠지만, 우리는 그것이 그렇게 구성 '되었을 수' 있음을 고려하지 않을 수 없다. 여기서 핵심을 말하자면, 광자를 흡수하자마자 장애물을 이루는 실제 물질의 상당량이 광자에 의해 조금 교란이 발생하기 때문에 이 교란에 담긴 모든 정보를 함께 모아서 양자 현상의 특징을 이루는 간섭 효과를 끄집어내기가 불가능해진다. 그러므로 장애물은 반드시 — 적어도 실제적으로 — 고전적인 수준의 대상으로 여겨져야 하며, 그것이 광자의 흡수를 실제적으로 관찰 가능한 방식으로 기록하는지 여부와 관계없이 측정 도구의 목적에 이바지한다. (이 사안에 관해서는 §6.6에서 다시 다룬다.)

이를 염두에 두고서 우리는 또한 마음껏 '제곱한 절댓값 규칙'을 이용하여 장애물이 실제로 광자를 흡수할 확률을 계산할 수 있다. 장애물이 마주치는 광자 상태는 $i|D\rangle - |E\rangle$이며, $|E\rangle$가 아니라 $|D\rangle$ 상태에서 광자를 찾는다면 그 광자를 흡수한다. 흡수 대 비흡수의 확률 비는 $|i|^2 : |-1|^2 = 1:1$이다. 따라서 이번에도 두 대안이 일어날 확률은 동일하다.

또한 이와 어느 정도 비슷한 상황을 상상해볼 수 있다. 이번에는 D에 장애물을 두는 대신에 오른쪽 아래 거울에 어떤 측정 장치를 부착할 수 있다. 이전의 경우처럼 거울을 검출기로 대체하지 않고서 말이다. 이 장치가 매우 민감하여 광자가 거울에 반사되면서 거울에 전해주는 어떤 충격도 검출할(즉, 고전적 수준으로 확대할) 수 있다고 상상해보자. 그리고 이 검출 신호는 최종적으로는 눈금의 운동에 의해 전송된다(**그림 5.14** 참고). 그러므로 광자 상태 $|B\rangle$는 거울과 마주치자마자 이 눈금 운동을 활성화시키지만 광자 상태 $|C\rangle$는 그렇지 않다. 광자 상태 $|B\rangle + i|C\rangle$가 주어질 때 이 장치는 '파동함수를 붕괴'시켜 그 상태를 마치 $|B\rangle$(눈금이 움직임) 아니면 $|C\rangle$(눈금이 정지해 있음) 둘 중 하나로 읽는데, 그 각각의 확률은 서로 동일하다($|1|^2 : |i|^2 = 1:1$). 과정 **R**은 이 단계에서 일어난다. 뒤이어 일어나는 광자의 행동에 대해서는 위의 경우와 같은 논증을 따라갈 수 있다. 그렇기에 장애물이 있는 경우에서처럼 G에 있는 검출기와 F에 있는 검출기에서 최종적으로 광자를 검출할 확률은 (눈금이 움직이든 움직이지 않든지 관계없이) 이번에도 동일하다. 이런 설정의 경우, 눈금의 움직임이 활성화될 수 있도록 하기 위해서는 오른쪽 아래 거울을 살짝 '비틀거리게' 해야 한다. 그러면 거울이 이처럼 견고하지 않기 때문에 A와 G 사이의 두 광자 경로 간의 '파괴적인 간섭'(원래 G의 검출기가 기록하는 것을 교란했던 간섭)을 일으키는 데 필요한 예민한 구조가 망가질 것이다(그 덕분에 F와 G 두 군데에서 모두 광자가 검출된다는 뜻-옮긴이).

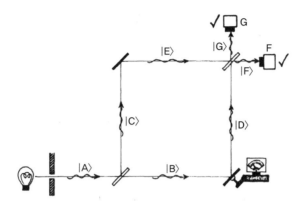

그림 5.14 오른쪽 아래 거울을 살짝 '비틀거리게' 하고 이 비틀거림을 어떤 검출기를 통해 기록함으로써 비슷한 효과를 얻을 수 있다. 이는 광자가 실제로 그 거울에 반사되는지 여부와 무관하게 일어난다. 이번에도 간섭 현상이 사라져 G에 있는 검출기는 광자를 검출할 수 있다.

독자들도 잘 알겠지만, 언제 ― 그리고 정말이지 왜 ― 양자 규칙이 양자 수준의 복소수 가중 결정론에서 (수학적으로는 해당 복소수의 절댓값 제곱을 취함으로써) 고전적 수준의 확률 가중 비결정론적 상태로 바뀌는가라는 문제는 속시원하게 만족스러운 점이 없다. F와 G에 있는 광자 검출기 내지는 오른쪽 아래 거울과 같은 물질이 고전적인 대상으로서의 특징을 갖게 해주고, 반면에 광자는 양자 수준에서 아주 다르게 취급되게 해주는 것은 친청 무엇이란 말인가? 단지 광자는 물리적으로 단순한 계여서 양자 수준의 대상으로는 완벽하게 인정되는 반면에, 검출기와 장애물은 복잡한 물체여서 양자 수준 행동의 미묘함이 어쨌든 평균하여 사라져 버리게 되는 근사적 취급을 받는 것일까? 많은 물리학자들은 확실히 다음과 같이 주장한다. 엄밀히 말해 우리는 모든 물리적 대상들을 양자역학적으로 다루어야 하는데, 크거나 복잡한 계를 고전적으로 다루는 것은 편의상의 문제일 뿐이다. 그리고 '**R**' 절차에 개입되는 확률 규칙들은 어쨌든 근사의 특징이다. 우리는 §6.6과 §6.7에서 살펴보겠지만, 이 견해는 우리를 실제로 어려움 — 양자론의 **X**-불가사의로 인해 생겨난 어려움 — 에서 꺼내주지 못하며, 더군다나 복소수 가중의 절댓값 제곱에 의해 확률이 생겨나는 기적과도 같은 **R**-규칙을 설명해주지도 못한다. 하지만 당분간은 걱정을 누그러뜨리고 그 이론의 의미를 특히 **Z**-불가사의와 관련하여 계속 탐구하여야 한다.

5.9 엘리추-베이드먼 폭탄 검사 문제의 해답

이제 §5.2에서 나온 폭탄 검사 문제의 해답을 내놓아야 할 시점이 되었다. 여기서 유념해야 할 점은 폭탄에 달린 민감한 거울을 위의 논의에서 나온 장애물이나 검출기가 부착된 비틀거리는 거울과 같은 방식으로서가 아니라 측정 장치로 사용할 수 있는지를 알아보는 것이다. 거울들로 이루어진 어떤 시스템을 구성해보자. 거울들 가운데 두 개는 위에서와 똑 같이 절반이 은도금된 것이지만, 이번에는 폭탄의 거울(폭탄 끝에 달린 거울)이 **그림 5.14**의 오른쪽 아래 거울의 역할을 하게 된다.

요점은 이렇다. 만약 폭탄이 (이 수수께끼의 목적을 감안하여) 불발탄이라면, 폭탄에 달린 거울은 어떤 한 고정된 위치에서 막혀 있으며, 따라서 그 상황은 **그림 5.12**에 묘사된 바와 마찬가지다. 광자 방출기는 한 단일 광자를 첫 거울에 상태 |A⟩로 보낸다. §5.7에서와 똑같은 상황이므로 결국 광자는 앞에서와 마찬가지로 |F⟩ 상태로 나타난다. 그러므로 F에 있는 검출기는 광자의 도착을 기록하지만 G에 있는 검출기는 그럴 수가 없다.

하지만 만약 폭탄이 불발탄이 아니라면, 거울은 광자에 반응할 수 있으므로 폭탄은 자신의 거울(즉, 폭탄 끝에 달린 거울)에 광자가 부딪혔음을 알게 되면 폭발한다. 폭탄은 정말로 측정 장치이다. 양자 수준의 두 가지 가능성, 즉 '광

자가 거울에 부딪힘'과 '광자가 거울에 부딪히지 않음'은 폭탄에 의해 확대되어 고전적 수준의 가능성, 즉 '폭탄이 폭발한다'와 '폭탄이 폭발하지 않는다'로 이어진다. 폭탄은 상태 $|B\rangle$에 있는 광자와 마주칠 때는 폭발을 일으킴으로써 그리고 상태 $|B\rangle$에 있지 않은 — 상태 $|C\rangle$에 있는 — 광자와 마주칠 때에는 폭발을 일으키지 않음으로써 $|B\rangle + i|C\rangle$에 반응한다. 이 두 가지 사건의 상대적 확률은 $|1|^2 : |i|^2 = 1:1$이다. 만약 폭탄이 폭발하면 광자의 존재를 검출한 것으로서, 그 후에 일어나는 일은 우리의 관심사가 아니다. 하지만 폭탄이 폭발하지 않는다면, 광자의 상태는 ($\mathbf{R}$의 작용에 의하여) $i|C\rangle$로 축소되어 왼쪽 위에 있는 거울에 부딪히고서 그 거울에서 나올 때는 $-|E\rangle$가 된다. 최종(절반이 은도금된) 거울과 만난 후에는 $-|F\rangle - i|G\rangle$가 되므로, 'F에 있는 검출기가 광자의 도착을 기록하는 경우'와 'G에 있는 검출기가 광자의 도착을 기록하는' 경우라는 두 가지 가능한 결과의 상대적 확률은 $|-1|^2 : |-i|^2 = 1:1$이다. 이것은 이전에 살핀 사례, 즉 장애물이 광자를 흡수하지 않는 사례 또는 눈금이 움직이지 않는 사례와 마찬가지다. 그러므로 이제 G에 있는 검출기가 광자를 수신할 가능성은 확실하다.

그렇다면 이러한 폭탄 검사들 중 하나에서 폭탄이 폭발하지 않을 때 G에 있는 검출기가 광자의 도착을 기록한다고 가정하자. 이미 언급한 대로 이렇게 되는 경우란 오직 폭탄이 불발탄이 아닐 때뿐이다! 불발탄일 때는 오로지 F에 있는 검출기만이 광자의 도착을 기록할 수 있다. 그러므로 G가 실제로 기록하는 모든 상황에서는 폭탄은 확실히 작동한다. 즉 불발탄이 아니다! §5.2에서 제시한 대로 이것이 바로 폭탄 검사 문제의 해답이다.[*]

확률이 개입되는 위의 사례에서는 검사를 오래 실시하면 정상적인 폭탄의 절반은 폭발하여 사라지게 된다. 게다가 정상적인 폭탄이 폭발하지 않는 경우들의 오직 절반에서만 G에 있는 검출기가 광자의 도착을 기록한다. 그러므로 폭탄들을 하나씩 차례차례 검사하면 원래 정상적인 폭탄들의 오직 사분의 일만이 실제로 정상임이 입증된다. 그런 다음에 다시 나머지 폭탄들을 검사하여 G에 있는 검출기에서 광자 검출이 기록되는 폭탄들을 제외시킨다. 그리고 이런 전체 과정을 계속하여 반복한다. 결국 처음에 시작했던 정상적인 폭탄들의 딱 삼분의 일(1/4 + 1/16 + 1/64 + … = 1/3)이 남지만, 이제 이것들은 천부 정상 폭탄임이 입증된 것이다. (폭탄을 어디에 쓸지는 나도 잘 모르는데, 하지만 아마도 묻지 않는 편이 신중한 처사일 듯!)

독자가 보기에 이 절차는 시간낭비처럼 보일지 모르겠지만, 어쨌든 그렇게 할 수 있다는 것은 놀라운 사실이다. 고전적으로 보자면 그렇게 할 수 있는 방법이 없을 것이다. 오직 양자론에서만 반사실적인 가능성이 실제로 물리적 결과에 영향을 미칠 수 있다. 양자 절차 덕분에 우리는 불가능할 듯 보였던 것을 이룩했다. 정말로 이는 고전물리학으로는 불가능한 것이다. 게다가 또 짚어두어야 할 점은, 어떤 정교화 작업을 거치면 이 낭비는 삼분의 이에서 결과적으로 절반까지 줄어들 수 있다(엘리추와 베이드먼의 1993년 문헌). 더욱 놀랍게도 P. G. 크위앗(P. G. Kwiat), H. 바인푸르터(H. Weinfurter), A. 차일링거 그리고 M. 카세비치(Kasevich)는 최근에 이와 다른 절차를 사용하여 이 낭비를 사실상 영으로 줄이는 방법을 보여주었다!

---

* 샤보스(Shabbos) 스위치. 엘리추와 베이드먼 둘 다 이스라엘의 대학에 소속되어 있기에, 이들은 유대교 신앙을 엄격히 고수하는, 따라서 안식일 동안 전기 제품을 켜거나 끄는 것이 금지되어 있는 사람들을 돕는 장치를 아르투르 에커트(Artur Ekert)와의 대화에서 제안했다. 그 장치에 특허를 받아 돈을 버는 대신에 중요한 아이디어를 공개하기로 너그러이 결정하여 유대교 사회 전체가 혜택을 받을 수 있게 하자는 것이다. 필요한 것은 연속적인 광자 빔을 방출하는 광자 발생원 하나와 절반이 은도금된 거울 두 개, 전부 은도금된 거울 두 개 그리고 해당 전기 제품에 부착된 광전지 하나이다. 이 설정은 **그림 5.13**과 마찬가지며 G에 광전지가 놓여 있도록 구성한다. 전기 제품을 활성화시키거나 비활성화시키기 위해, **그림 5.13**의 장애물처럼 D에 있는 광자 빔에 손가락을 놓는다. 만약 광자가 손가락에 부딪히면 전기 제품에는 아무런 일도 일어나지 않는다. 분명 죄가 되지 않는다. (왜냐면 광자는 어찌 되었든 간에 심지어 안식일에도 손가락에 줄곧 부딪치니 말이다(안식일에도 당연히 빛은 비치니 광자가 손가락에 부딪힌다는 뜻-옮긴이).) 하지만 만약 (하나님의 뜻에 따라) 손가락이 광자와 전혀 만나지 못하면 전기 제품의 스위치가 활성화될 50%의 가능성이 있다. 분명 스위치를 활성화시키는 광자를 수신하지 못하는 것 또한 죄가 아니다! (여기에는 개별 광자를 방출하는 광자 발생원은 만들기가 어렵다 ─ 그리고 비싸다 ─ 는 실제적인 이유에서 반대가 제기될 수 있다. 하지만 굳이 그렇게 볼 필요는 없다. 어떤 광자 발생원이라도 무방하다. 왜냐하면 이 주장은 광자 각각에 개별적으로 적용될 수 있기 때문이다.)

한 번에 광자를 하나씩 발생시키는 실험 장치를 구성하는 어려운 문제에 관해서는, 그런 장치를 지금 제작할 수 있다는 점을 꼭 언급해두어야겠다(그랭거(Grangier) 등의 1986년 문헌 참고).

마지막으로 한 마디 하자면, 측정 장치가 이 논의에 나오는 폭탄처럼 아주 극적인 대상이어야 하는 것은 아니다. 정말이지 그러한 '장치'는 광자의 검출 내지는 미검출을 바깥 세계에 실제로 전할 필요는 없다. 약간 비틀거리는 거울은 그 자체로서 측정 장치 역할을 한다. 만약 그것이 충분히 가벼워서 광자와의 충돌로 인해 상당히 움직여 이 운동을 마찰의 형태로 전파한다면 말이다. 거울이 비틀거린다는 사실 자체만으로도 G에 있는 검출기가 광자를 수신하도록 해주어 광자가 다른 길로 갔음을 알려준다. 비록 거울이 실제로 비틀거리지 않더라도 말이다. 광자가 G에 도착하도록 해주는 것은 단지 거울이 비틀거리게 된다는 잠재성뿐이다. 앞서 언급한 장애물조차 이와 매우 비슷한 역할을 한다. 사실 그것은 연속적인 상태 $|B\rangle$와 $|D\rangle$에 의해 기술되는 광자의 경로 어딘가에서 광자의 존재를 '측정'하는 데 이바지한다. 광자를 수신할 수 있는데도 수신하는 데 실패하는 것 또한 실제로 수신하는 것과 마찬가지의 '측정'에 해당된다.

이런 수동적인 그리고 비침투적인 유형의 측정을 가리켜 널 측정(null measurement) 또는 비상호작용적 측정(interaction-free measurement)이라고 하는데(딕(Dicke)의 1981년 문헌 참고), 상당한 이론적(그리고 어쩌면 궁극적으로 심지어 실제적) 의미를 지닌다. 그런 상황에서 양자론의 예측들을 직접 검사하는 실험도 있다. 특히 크위앗, 바인푸르터 그리고 차일링거는 최근에 엘리추-베이드먼 폭탄 검사 문제와 긴밀한 관련이 있는 유형의 한 실험을 최근에 실시했다! 이제는 그런 실험의 결과를 받아들이는데 익숙해지면서 양자론의 예측들은 완벽하게 확인되었다. 널 측정은 그야말로 양자론의 심오한 Z-불가사의에 속한다.

5.10 스핀의 양자론, 리만 구면

두 가지 기초적인 양자 수수께끼 가운데 두 번째 것을 언급하려면 양자론의 구조를 좀 더 자세히 들여다볼 필요가 있다. 나의 12면체와 또한 내 동료의 12면체가 그 중심에 3/2 스핀의 원자를 갖고 있었음을 상기해보자. 스핀이란 무엇이며 양자론에서 스핀은 어떤 특별한 중요성을 갖는가?

스핀은 입자의 내재적인 속성이다. 이것은 기본적으로 골프공이나 크리켓공 또는 지구 전체와 같은 고전적 물체의 회전 — 또는 각운동량 — 과 동일한 물리적 개념이다. 하지만 그런 큰 물체의 경우와는 (사소한) 차이가 있는데, 이런 물체들이 각운동량에 주로 기여하는 바는 그 물체의 모든 입자들이 서로에 대해 궤도 운동을 하는 데서 비롯하지만, 단일 입자의 경우 스핀은 그 입자 자체에 내재되어 있는 속성이다. 사실 한 소립자의 스핀은 스핀 축의 방향이 달라지더라도 크기가 언제나 동일한 값을 갖는다는 흥미로운 특징을 갖고 있다. 한편 이 '축' 또한 일반적으로 고전적으로 일어날 수 있는 것과는 매우 다른 방식으로 행동한다. 스핀의 크기는 기본적인 양자역학적 단위 $\hbar$로 기술된다. 이 단위는 플랑크 상수 h를 2π로 나눈 디랙의 기호이다. 한 입자의 스핀 측정값은 언제나 (음이 아닌) 정수 또는 h의 반정수(半整數) 배이다. 예를 들자면 0, $(1/2)\hbar$, $\hbar$, $(3/2)\hbar$, $2\hbar$ 등이다. 이러한 입자들을 가리켜 각각 스핀 0, 스핀 1/2, 스핀 1, 스핀 3/2, 스핀 2 등을 가졌다고 말한다.

가장 단순한 경우부터 시작하자. 즉 스핀 1/2인 경우로서 전자 또는 핵자(양성자 또는 중성자)가 이에 해당된다(너무 단순한 스핀 0은 다루지 않는다. 이경우에는 오직 한 가지의 구대칭 스핀의 상태만이 존재한다). 스핀 1/2인 경우, 스핀의 모든 상태들은 단 두 가지 상태의 선형 중첩이다. 즉, 위쪽 수직선 주위를 도는 오른손잡이 스핀의 상태인 |↑〉와 아래쪽 수직선 주위를 도는 왼손잡

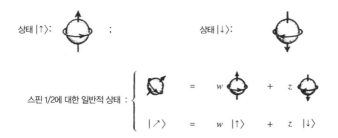

상태 |↑⟩: ; 상태 |↓⟩:

스핀 1/2에 대한 일반적 상태 :

$$\text{◯} = w \text{◯} + z \text{◯}$$

$$|↗⟩ = w |↑⟩ + z |↓⟩$$

그림 5.15 스핀 1/2인 입자(가령 전자, 양성자 또는 중성자)의 경우, 모든 스핀 상태는 두 가지 상태 '위(up) 스핀'과 '아래(down) 스핀'의 복소 중첩이다.

이 스핀의 상태인 |↓⟩가 있다(**그림 5.15** 참고). 스핀의 일반적인 상태는 다음과 같이 어떤 복소수 조합이 된다. $|\psi⟩ = w|↑⟩ + z|↓⟩$. 사실 밝혀진 바에 따르면 각각의 그러한 조합은 입자의 (크기 $(1/2)\hbar$인) 스핀의 상태가 두 복소수 w, z의 비에 의해 결정되는 어떤 특정한 방향임을 나타낸다. 두 상태 |↑⟩와 |↓⟩의 특정한 선택에 대해서는 아무런 특별할 것이 없다. 이 두 상태의 모든 다양한 조합들은 원래의 두 스핀 상태와 마찬가지로 나름의 어떤 특정한 방향을 가리킬 뿐이다.

이 관계를 좀 더 명시적이고 기하학적으로 살펴보자. 그렇게 하면 복소수 가중 요소인 w, z가 보기처럼 그렇게 추상적인 것이 결코 아님을 이해하는 데 도움이 된다. 사실 이 수들은 공간의 기하학과 분명한 관계를 맺고 있다. (내가 상상하건대 그런 기하학적인 현실화는 카르다노를 기쁘게 했을지 모르며 자신의 '정신적인 고문'을 수행하는 데 도움을 주었을 테다. 비록 양자론 자체가 우리들에게 새로운 정신적인 고문을 가하긴 하지만!)

우선 복소수를 이제는 표준이 된, 평면 상의 점으로 표시하기에 관해 살펴보면 도움이 되겠다. (이 평면은 아르강 평면, 가우스 평면, 베셀 평면 또는 단지 복소평면 등 여러 가지 이름으로 불린다.) 그 개념은 단지 복소수 $z = x + iy$(여

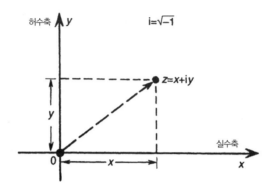

그림 5.16 (베셀-아르강-가우스) 복소평면에 복소수 표현하기.

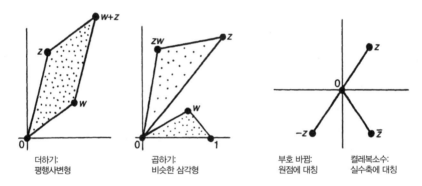

더하기:
평행사변형

곱하기:
비슷한 삼각형

부호 바뀜:
원점에 대칭

켤레복소수:
실수축에 대칭

그림 5.17 복소수의 기본 연산에 대한 기하학적 설명

기서 x, y는 실수)를 일반적인 직교좌표계의 평면 상의 점인 (x, y)로 어떤 선택된 직교축에 대하여 표시하는 것이다(**그림 5.16** 참고). 그러므로 가령 네 개의 복소수 1, 1 + i, i 및 0은 한 정사각형의 꼭짓점을 이룬다. 두 복소수의 더하기와 곱하기는 간단한 기하학 규칙이 있다(**그림 5.17**). 복소수 z에 대해 $-z$를 취하는 것은 원점에서의 대칭을 나타내고, 복소수 z에 대해 켤레복소수 $\bar{z}$를 취하는 것은 x축에 대한 대칭을 나타낸다.

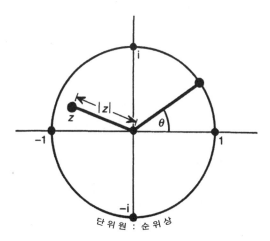

그림 5.18 단위원은 복소수 $z = e^{i\theta}$(θ는 실수)으로 이루어진다. $|z| = 1$이다.

복소수의 절댓값은 원점으로부터 그 점까지의 거리다. 그리고 절댓값의 제곱은 이 수의 제곱이다. 단위원은 원점에서부터 단위 거리인 점들의 자취인데 (**그림 5.18**), 이는 단위 절댓값(unit modulus) 또는 때로는 순위상(pure phase)이라고 불리는 다음 형태의 복소수를 나타낸다.

$$e^{i\theta} = \cos\theta + i\sin\theta.$$

여기서 θ는 실수이며 원점에서 단위원 상의 한 점을 이루는 직선이 x축과 이루는 각도이다.*

이제 복소수 쌍의 비를 표현하는 방법을 알아보자. 위의 논의에서 나는 어떤 상태를 영이 아닌 복소수로 곱하더라도 그 상태가 물리적으로 변하지는 않

---

* 실수 e는 "자연로그의 밑"으로서 e = 2.7182818285…이다. e^z이란 표현은 그야말로 'e의 z승'을 가리키며, 다음 식이 성립한다.

$$e^z = 1 + z + \frac{z^2}{1 \times 2} + \frac{z^3}{1 \times 2 \times 3} + \frac{z^4}{1 \times 2 \times 3 \times 4} + \cdots$$

음을 지적했다(기억하다시피 가령 $-2|F\rangle$는 물리적으로 $|F\rangle$와 물리적으로 동일하다고 여겨진다). 그러므로 일반적으로 $|\psi\rangle$는 임의의 영이 아닌 복소수 u에 대하여 $u|\psi\rangle$와 물리적으로 동일하다. 다음 상태에 이를 적용하면,

$$|\psi\rangle = w|\uparrow\rangle + z|\downarrow\rangle.$$

여기서 w와 z를 영이 아닌 복소수 u와 곱하더라도 그 상태에 의해 표시되는 물리적 상태가 바뀌지는 않는다. 상이한 물리적 스핀 상태를 제공하는 것은 두 복소수 w와 z의 비다($uz : uw$는 $u \neq 0$이라면 $z : w$와 동일하다).

　복소수의 비는 기하학적으로 어떻게 표현해야 할까? 복소수의 비와 평범한 복소수와의 핵심적인 차이는 모든 유한한 복소수와 더불어 무한대('∞' 기호로 표시) 또한 비로서 허용된다는 점이다. 그러므로 만약 일반적으로 단일한 복소수 z/w로 비 $z : w$를 표현하려면 $w = 0$일 경우 곤란이 생긴다. 이 가능성을 해결하기 위해 $w = 0$일 때에는 단지 z/w에 대해 ∞를 사용한다. 이는 특정한 상태 '아래 스핀'($|\psi\rangle = z|\downarrow\rangle = 0|\uparrow\rangle + z|\downarrow\rangle$)를 고려할 때 생긴다. 이제 $w = 0$이고 $z = 0$인 경우는 허용되지 않지만 $w = 0$ 혼자만일 경우는 완벽히 허용될 수 있다. (대신에 w/z를 사용하여 비를 표현할 수도 있다. 이때는 $z = 0$인 경우를 다루기 위해 ∞가 필요하며 이는 특정한 상태 '위 스핀'을 나타낸다. 둘 중 어느 쪽으로 하는지는 중요하지 않다.)

　가능한 모든 복소수 비의 공간을 표현하는 방법은 구를 이용하는 것인데, 이를 가리켜 리만 구면이라고 한다. 리만 구면의 점들은 복소수들 또는 ∞를 나타낸다. 적도 평면이 복소평면이고 중심이 그 평면의 원점(0)인 단위 반지름의 구면을 리만 구면으로 볼 수 있다. 이 구면의 실제 적도는 복소평면 내의 단위원과 동일하다(**그림 5.19**). 이제 한 특정한 복소수 비, 가령 $z : w$를 표현하려면, 복소수 $p = z/w$(당분간 $w \neq 0$이라고 가정한다)를 나타내는 복소평면 상

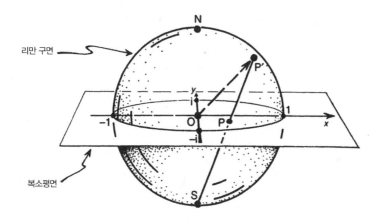

그림 5.19 리만 구면. $p = z/w$를 나타내는 복소평면 상의 점 P는 남극 S로부터 구면 상의 점 P′으로 투영된다. 구의 중심 O의 바깥으로 향하는 OP 방향은 **그림 5.15**에 나오는 일반적인 스핀 1/2 상태의 스핀 방향이다.

의 점 P를 표시한다. 그 다음 복소평면 상의 점 P를 남극 S로부터 리만 구면 상의 점 P′으로 투영시킨다. 달리 말해서 S에서 P로 직선을 그어서 이 직선이 구면에 닿는 점을 P′으로 표시한다(S 자신은 제외). 구면 상의 점과 평면 상의 점 간의 이러한 매핑을 가리켜 평사투영(stereographic projection, 입체투영 또는 입체사영이라고도 한다-옮긴이)이라고 한다. 남극 S 자체가 ∞를 나타내는 것이 타당한지 알아보려면, 평면 내의 점 P를 아주 먼 거리로 이동시키자. 그러면 점 P에 대응하는 점 P′은 남극 S에 매우 가깝게 접근할 것이며, P가 무한대로 가면 극한 S에 이른다.

리만 곡면은 두 가지 상태로 이루어진 계의 양자적 풍경을 드러내는 데 근본적인 역할을 한다. 이 역할은 언제나 명시적으로 드러나지는 않지만 리만 곡면은 언제나 그 장면 뒤에 존재한다. 그것은 어떤 추상적이고 기하학적인 방식으로 임의의 두 가지 상이한 양자 상태로부터 양자 선형 중첩에 의해 구성될 수 있는 물리적으로 구별 가능한 공간을 기술한다. 가령, 두 가지 상태란 한 광

자가 처할 수 있는 두 가지 위치, 말하자면 |B⟩와 |C⟩일 수도 있다. 이에 대한 일반적인 선형 조합은 $w|B⟩ + z|C⟩$의 형태이다. 비록 §5.7에서 우리는 절반이 은도금된 거울에서 반사/투과의 결과로 |B⟩ + i|C⟩라는 특정한 경우만을 이용했지만, 다른 조합들도 어렵지 않게 얻을 수 있다. 거울을 은으로 덮는 비율만 달리하고 아울러 방출되는 광자 빔들 중 하나의 경로에 굴절 매질의 한 부분을 집어넣으면 된다. 이런 방법으로 가능한 모든 상태들을 표현하는 완벽한 리만 구면을 만들 수 있고, 이 리만 구면은 두 가지 대안, 즉 |B⟩와 |C⟩로부터 $w|B⟩ + z|C⟩$라는 모든 다양한 물리적 상황들을 표현해낼 수 있는 것이다.

이와 같은 경우에 리만 구면의 기하학적 역할이 명백한 것은 결코 아니다. 하지만 리만 구면의 역할이 기하학적으로 명백한 다른 종류의 상황들이 있다. 가장 확실한 사례는 전자나 양성자와 같은 스핀 1/2인 입자의 스핀 상태에서 일어난다. 일반적인 상태는 다음 조합으로 표현할 수 있다.

$$|\psi⟩ = w|\uparrow⟩ + z|\downarrow⟩.$$

(물리적으로 등가인 확률들의 비율 집합으로부터 적절하게 |↑⟩와 |↓⟩를 선택함으로써) 밝혀진 바에 의하면, 이 |ψ⟩는 비 z/w를 나타내는 리만 구면 상의 점의 방향이 가리키는 축 주위로 오른손잡이인 크기 $(1/2)\hbar$인 스핀의 상태를 나타낸다. 그러므로 공간 내의 모든 방향은 임의의 스핀 1/2인 입자에 대한 가능한 스핀 방향의 역할을 한다. 비록 대다수의 상태들이 처음에는 '대안들(|↑⟩ 또는 |↓⟩)의 불가사의한 복소 가중 조합'으로 나타내지지만, 이 조합들은 원래의 두 대안 즉, |↑⟩와 |↓⟩보다 더 불가사의한 것도 덜 불가사의한 것도 아니다. 각 스핀은 다른 스핀만큼이나 물리적인 실재이다.

더 높은 스핀의 상태는 어떨까? 밝혀진 바로는, 그 경우 상황이 조금 더 복잡해지고 더 불가사의해진다! 내가 제시할 일반적인 설명은 오늘날의 물리

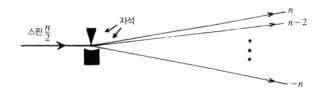

그림 5.20 슈테른-게를라흐 측정. 스핀 $(1/2)n$에 대하여 $n+1$가지의 가능한 결과들이 있다. 이는 스핀의 얼마만큼이 측정된 방향에서 발견되는지에 따라서 정해진다.

학자들에게 아주 잘 알려진 것은 아니지만 1932년에 에토레 마요라나(Ettore Majorana, 이탈리아의 뛰어난 물리학자로, 31살의 나이에 나폴리만으로 들어가는 배 위에서 사라져 버렸다. 어떤 영문인지는 제대로 밝혀지지 않았음)가 내놓은 것이다.

우선 물리학자들에게 아주 익숙한 것부터 살펴보자. 스핀 $(1/2)n$인 원자(또는 입자)가 있다고 가정하자. 이번에도 우리는 처음에 위쪽 방향을 선택하여, 원자의 스핀 중 '얼마만큼'이 그 방향으로(위쪽 주위를 오른손잡이로 도는 방향으로) 실제로 향하는지 물어볼 수 있다. 슈테른-게를라흐 장치라고 알려진 표준적인 도구가 있는데, 이 장치는 비균질 자기장을 사용하여 측정값을 얻는다. 이 측정에 의해 $n+1$가지의 상이한 결과들이 나오는데, 이는 원자가 $n+1$개의 상이한 빔들 중 어떤 한 빔에 놓여 있다고 드러나는지에 따라 구분될 수 있다. **그림 5.20**을 보기 바란다. 선택된 방향에 놓여 있는 스핀의 양은 원자가 놓여 있다고 드러난 특정한 빔에 의해 결정된다. $(1/2)\hbar$ 단위로 측정할 때 이 방향의 스핀의 양은 $n, n-2, n-4, \cdots, 2-n, -n$의 값들 중 하나를 갖는 것으로 드러났다. 그러므로 스핀 $(1/2)n$인 원자의 경우 스핀의 가능한 상이한 상태들은 이런 가능성들의 복소 중첩이 된다. 스핀 $n+1$인 경우에 대한 슈테른-게를라흐 측정의 가능한 여러 상이한 결과들은, 측정 장치의 자기장 방향이 위쪽 수직을 가리킬 때, 다음과 같이 표시된다.

$$|\uparrow\uparrow\uparrow\cdots\uparrow\rangle, \; |\downarrow\uparrow\uparrow\cdots\uparrow\rangle, \; |\downarrow\downarrow\uparrow\cdots\uparrow\rangle, \; \cdots, \; |\downarrow\downarrow\downarrow\cdots\downarrow\rangle.$$

이는 그 방향으로의 각각의 스핀 값 $n, n-2, n-4, \cdots, 2-n, -n$에 대응되는데, 여기서 각 경우에 화살의 개수는 모두 n개이다. 각각의 위쪽 화살표는 위쪽 방향으로 $(1/2)\hbar$ 스핀을 제공하는 것으로 그리고 각각의 아래쪽 화살표는 아래쪽 방향으로 $(1/2)\hbar$ 스핀을 제공하는 것으로 볼 수 있다. 위쪽/아래쪽 방향으로 향한 (슈테른-게를라흐) 스핀 측정에서 얻어진 각 경우에서 이 값들을 합하면 스핀의 총량을 얻게 된다.

이것의 일반적인 중첩은 다음 복소 조합으로 주어진다.

$$z_0|\uparrow\uparrow\uparrow\cdots\uparrow\rangle + z_1|\downarrow\uparrow\uparrow\cdots\uparrow\rangle + z_2|\downarrow\downarrow\uparrow\cdots\uparrow\rangle + \cdots + z_n|\downarrow\downarrow\downarrow\cdots\downarrow\rangle.$$

여기서 복소수 $z_0, z_1, z_2, \cdots, z_n$은 0이 아니다. 저러한 상태를 '위쪽'이나 '아래쪽'이 아닌 단일 스핀의 방향으로 표현할 수 있을까? 마요라나가 결과적으로 보여주었던 바는 이것이 정말로 가능하다는 것이지만, 우리는 다양한 화살표들이 꽤 독립적인 방향으로 향하도록 허용해야만 한다. 화살표들이 한 쌍의 반대 방향으로만 정렬되도록 할 필요는 없다. 슈테른-게를라흐 측정의 결과에서 그러하듯이 말이다. 그러므로 우리는 스핀 $(1/2)n$의 일반 상태를 n개의 독립적인 그러한 '화살표 방향'의 모음으로 표현한다. 이들이 리만 구면의 n개 점들에 의해 주어진다고 여겨도 좋다. 여기서 각 화살표의 방향은 구의 중심으로부터 구면 상의 해당 점으로 뻗어나가는 방향이다(**그림 5.21**). 이것은 정렬되지 않은 점들의 모음(또는 화살표의 방향들)임을 분명히 해두는 것이 중요하다. 그러므로 이 점들에 대해 첫째, 둘째, 셋째 등의 순서를 할당하는 것은 의미가 없다.

이것은 스핀의 아주 특이한 모습이다. 양자역학적인 스핀을 고전적인 수준에서 익히 보아오던 통상적인 개념과 동일한 현상으로 여기고자 한다면 말이

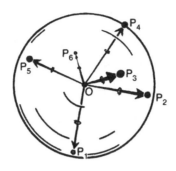

그림 5.21 스핀 $(1/2)n$의 일반 상태에 대한 마요라나의 설명은 리만 구면 상의 정렬되지 않은 n개 점의 집합 $P_1, P_2, \ldots, P_n$이다. 여기서 각 점은 구의 중심으로부터 해당 점까지 바깥으로 향하는 스핀 $(1/2)n$의 한 성분으로 볼 수 있다.

다. 골프공과 같은 고전적인 대상의 스핀은 그 대상이 실제로 회전하는 중심이 되는 잘 정의된 축이 있는 반면에, 양자 수준의 대상은 여러 가능한 방향을 향하는 온갖 종류의 축들 주위를 한 번에 모두 회전하는 것이 허용된다. 만약 고전적인 대상이 어떤 의미에서 '크다'는 점만 제외하고 양자적 대상과 똑같다고 여기려 한다면 우리는 아마도 모순에 부딪히고 말 것이다. 스핀의 크기가 더 클수록 더 많은 방향들이 개입된다. 왜 고전적 대상들은 서로 다른 여러 방향들을 한 번에 모두 회전하지 않을까? 이것은 양자론의 **X**-불가사의의 한 예다. 어떤 것이 (어떤 특정되지 않은 수준에서) 방해를 가하는 탓에, 양자 상태의 대다수 유형들은 우리가 실제로 지각할 수 있는 고전적 수준의 현상에서 발생하지 않는다(또는 적어도 아주 거의 발생하지 않는다). 스핀에 대해 우리가 알아낸 바는 고전적 수준을 상당히 따르는 유일한 상태라고는 화살표 방향들이 어떤 한 특정한 방향, 즉 고전적으로 회전하는 대상의 회전 방향(축) 주위에 주로 모여 있다는 것뿐이다.

양자론에는 '대응 원리'라는 것이 있는데, 이에 따르면 사실상 물리적 양(가령 스핀의 크기)이 커질 때 그 계는 고전적 행동(가령 화살표들이 대체로 모두 동일한 방향을 향하는 경우)과 매우 가까운 방식으로 행동하는 것이 가능해진 다고 한다. 하지만 이 원리는 어떻게 그러한 상태들이 오직 슈뢰딩거 방정식 **U** 에 의해서 발생할 수 있는지를 알려주지 않는다. 사실 '고전적인 상태들'이 이 런 식으로 일어나는 경우는 거의 없다. 고전적인 상태들은 이와 다른 절차, 즉 상태 벡터 축소 **R**로 인해 생겨난다.

5.11 입자의 위치와 운동량

이런 종류의 사례 중에 더 명백한 경우로서 한 입자 의 위치에 대한 양자역학적 개념을 꼽을 수 있다. 이미 살펴보았듯이, 한 입자 의 상태는 둘 이상의 상이한 위치들의 중첩으로 이루어질 수 있다. (§5.7의 논 의를 떠올려보면, 한 광자의 상태는 그것이 절반이 은도금된 거울과 부딪힌 후 두 개의 서로 다른 빔에 동시에 위치할 수 있는 것이다.) 그런 중첩은 전자, 중성 자, 원자 또는 분자처럼 어떠한 다른 종류의 입자 — 단일한 것이든 여러 입자 가 모인 것이든 — 에도 적용될 수 있다. 게다가 양자 형식론의 **U** 부분에는 골 프공과 같은 큰 대상들이 그런 혼란스러운 위치 상태에 처할 리가 없다는 말은 전혀 나오지 않는다. 하지만 우리가 보는 골프공은 여러 위치에 동시에 중첩되 어 있지 않으며, 더군다나 회전 상태가 여러 축 주위를 동시에 회전하지도 않 는다. 왜 어떤 대상들은 '양자 수준'의 대상이 되기에는 너무 크거나 너무 덩치 가 큰 어떤 것이 되어 실제 세계에서 그러한 중첩 상태로 나타나지 않을까? 표 준적인 양자론에서는 잠재적 대안들의 양자 수준 중첩으로부터 단일한 실제 의 고전적 결과로 이처럼 전환을 시켜주는 것은 오로지 **R**의 작용 때문이다. **U** 의 작용만으로는 거의 언제나 '불합리하게 보이는' 고전적인 중첩으로 귀결될 뿐이다. (이 사안에 대해서는 §6.1에서 다시 다룬다.)

한편, 양자 수준에서는 어떤 명백한 위치가 존재하지 않는 그러한 입자의 상태들이 근본적인 역할을 수행할 수 있다. 왜냐하면 만약 그 입자가 어떤 명백한 운동량을 갖는다면(따라서 어떤 방향으로 확실하게 정의된 방식으로 움직이며 동시에 여러 상이한 방향들의 중첩에 처하지 않는다면), 그 입자의 상태는 모든 상이한 위치들의 동시 중첩이어야만 한다. (이는 슈뢰딩거 방정식의 한 특정한 특징인데, 이에 대해서는 여기에서 적절히 설명하기에는 너무 전문적이다. 가령 ENM 243~250(국내판 378~388쪽) 그리고 디랙(1947년 문헌)과 데이비스(1984년 문헌)를 참고하기 바란다. 또한 이 문제는 위치와 운동량을 동시에 명확하게 정의하는 데 한계를 설정해준 하이젠베르크의 불확정성의 원리와도 밀접한 관련이 있다.) 사실 잘 정의된 운동량의 상태들은 운동 방향으로 진동성의 공간적 행동(oscillatory spatial behavior)을 띠는데, 이런 특성은 §5.7에서 논의한 광자 상태에서는 우리가 무시했던 점이다. 엄밀히 말해서, '진동'은 그다지 적절한 용어가 아니다. 밝혀지기로는, '진동'은 상상하건대 복소 가중 요소들이 복소평면의 원점을 앞뒤로 반복해서 오가는 식의, 한 줄의 선형적인 떨림과 같은 것이 아니다. 그 대신에 이러한 요소들은 원점 주위를 일정한 속도로 회전하는 순위상이다(**그림 5.18** 참고) 이 속도를 통해 플랑크의 유명한 공식 $E = h\nu$에 따른 입자의 에너지 E에 비례하는 주파수를 얻을 수 있다. (운동량 상태에 대해 시각적으로 '코르크 마개 따개'로 표현한 ENM의 그림 6.11 참고) 양자론에서 중요한 문제이긴 하지만, 이 책의 논의에서는 아무런 역할이 없기에 독자들은 이 부분은 마음 놓고 지나쳐도 된다.

더 일반적으로 말하자면, 복소 가중 요소들은 이런 특정한 '진동성' 형태를 가질 필요가 없으며, 점에서 점으로 아무렇게나 변할 수 있다. 가중 요소들은 입자의 파동함수라고 불리는 위치의 복소 함수를 제공한다.

5.12 힐베르트 공간

절차 **R**이 표준 양자역학적 설명에서 어떻게 작동하는지 좀 더 명시적으로(그리고 더 정확하게) 알려면, 어떤 (비교적 사소한) 정도의 수학적 전문지식에 기댈 필요가 있다. 한 양자계의 모든 가능한 상태들의 부류는 이른바 힐베르트 공간을 구성한다. 이것이 완전히 수학적인 세부사항에서 어떤 의미인지를 설명하는 것은 불필요하겠지만, 힐베르트 공간을 어느 정도 이해하는 일은 양자세계의 모습을 명확히 하는 데 도움이 된다.

힐베르트 공간의 첫 번째이자 가장 중요한 속성은 복소 벡터 공간이라는 점이다. 이 말이 실제로 뜻하는 바는 양자 상태에 대해 우리가 앞서 고찰했던 복소수 가중 조합을 수행하는 것이 허용된다는 말이다. 힐베르트 공간의 요소들을 표기하기 위해 계속 디랙의 '켓' 기호를 사용하고자 한다. 따라서 만약 $|\psi\rangle$와 $|\phi\rangle$가 둘 다 힐베르트 공간의 원소라면, 임의의 복소수 쌍 w와 z에 대해 $w|\psi\rangle + z|\phi\rangle$ 또한 이 공간의 원소다. 여기서는 심지어 $w = z = 0$인 경우도 허용되는데 이때는 **0**이 힐베르트 공간의 원소가 된다. 이 경우는 어떤 가능한 물리적 상태를 나타내지 않는 힐베르트 공간의 원소인 셈이다. 한 벡터 공간에 대한 일반적인 대수적 규칙은 다음과 같다.

$$|\psi\rangle + |\phi\rangle = |\phi\rangle + |\psi\rangle,$$
$$|\psi\rangle + (|\phi\rangle + |\chi\rangle) = (|\psi\rangle + |\phi\rangle) + |\chi\rangle,$$
$$w(z|\psi\rangle) = (wz)|\psi\rangle,$$
$$(w + z)|\psi\rangle = w|\psi\rangle + z|\psi\rangle,$$
$$z(|\psi\rangle + |\phi\rangle) = z|\psi\rangle + z|\phi\rangle,$$
$$0|\psi\rangle = \mathbf{0},$$
$$z\mathbf{0} = \mathbf{0}.$$

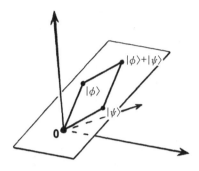

그림 5.22 힐베르트 공간을 삼차원 유클리드 공간이라고 여긴다면, 두 벡터 $|\psi\rangle$와 $|\phi\rangle$의 합을 통상적인 평행사변형법으로 표현할 수 있다($\mathbf{0}$, $|\psi\rangle$ 그리고 $|\phi\rangle$의 평면에서).

여기서 보듯이, 우리가 익히 알고 있는 방식대로 대수적 표기를 사용할 수 있다.

힐베르트 공간은 한 입자의 스핀 상태의 경우에서처럼 때로는 유한한 개수의 차원을 가질 수 있다. 스핀 1/2인 경우, 힐베르트 공간은 단지 이차원으로서, 그 원소는 두 상태 $|\uparrow\rangle$와 $|\downarrow\rangle$의 복소 선형 조합들이다. 스핀 $(1/2)n$인 경우, 힐베르트 공간은 $(n+1)$차원이다. 하지만 때때로 힐베르트 공간은 입자의 위치 상태의 경우에서처럼 무한한 개수의 차원일 수 있다. 여기서 입자가 가질지 모를 각 대안적 위치는 힐베르트 공간에 대한 개별적인 한 차원을 제공하는 것으로 볼 수 있다. 입자의 양자 위치를 기술하는 일반 상태는 이러한 모든 상이한 개별 위치들의 복소 중첩(입자의 파동함수)이다. 사실 이런 종류의 무한 차원 힐베르트 공간에 대해서는 어떤 수학적인 복잡성이 생기는 탓에 논의를 쓸데 없이 혼란스럽게 만들게 된다. 따라서 나는 여기서 주로 유한 차원의 경우에만 집중하고자 한다.

힐베르트 공간을 시각화하고자 할 때 우리는 두 가지 어려움과 부딪힌다. 첫째, 이 공간은 우리가 직접 상상해보기 어려울 정도로 너무 많은 차원을 갖

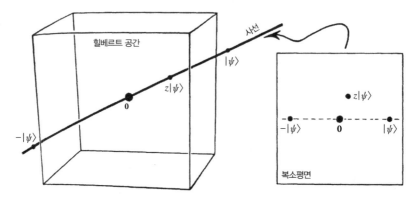

그림 5.23 힐베르트 공간의 사선은 상태 벡터 $|\psi\rangle$의 모든 복소 배수들로 이루어진다. 원점 **0**으로부터 힐베르트 공간을 지나는 직선이라고 볼 수 있지만, 유념해야 할 점은 이 직선이 실제로는 복소평면이라는 것이다.

는 편이다. 둘째, 이 공간은 실수 공간이 아니라 복소수 공간이다. 그럼에도 불구하고 수학에 관한 어떤 직관을 발전시키려면 이런 문제들을 잠시 무시하는 것이 편할 때가 많다. 따라서 당분간은 통상적인 이차원 또는 삼차원 구조를 이용하여 힐베르트 공간을 표현하도록 하자. **그림 5.22**에서는 실제 삼차원인 경우에 대하여 선형 중첩의 작동 방식이 기하학적으로 묘사되어 있다.

양자 상태 벡터 $|\psi\rangle$가 임의의 복소 배수 $u|\psi\rangle(u \neq 0)$와 동일한 물리적 상태를 나타낸다는 점을 상기하자. 시각적으로 보자면, 이는 어떤 특정한 물리적 상태가 실제로 힐베르트 공간 내의 한 점에 의해서가 아니라 힐베르트 공간의 점 $|\psi\rangle$와 원점 **0**을 잇는 전체 직선 — 사선(ray)라고 함 — 에 의해 표현된다는 뜻이다. **그림 5.23**을 보기 바란다. 하지만 유념해야 할 점은, 힐베르트 공간은 실수가 아니라 복소수라는 사실 덕분에 사선은 보통의 일차원 직선처럼 보이긴 하지만 실제로는 전적으로 복소평면이다.

지금까지 우리는 힐베르트 공간을 하나의 복소 벡터 공간으로서의 구조에 대해서만 관심을 가졌다. 힐베르트 공간은 이외에도 다른 한 속성이 있는데,

그것은 벡터 공간 구조로서의 속성 못지않게 중요하며 축소 절차 **R**을 기술하는 데 핵심적인 개념이다. 힐베르트 공간의 이 또 다른 속성이 바로 에르미트 스칼라 곱(즉 내적)인데, 이것을 임의의 힐베르트 공간 벡터 쌍에 적용되면 단일 복소수를 얻을 수 있다. 이 작용을 통해 우리는 두 가지 중요한 점을 표현할 수 있다. 첫째는 힐베르트 공간 벡터의 제곱 길이(squared length) — 한 벡터를 자신과 곱한 스칼라 곱 — 의 개념이다. 표준화된 상태(앞서 §5.8에서 언급했던 대로 절댓값 제곱 규칙이 엄밀히 적용될 수 있기 위해 필요한 것)는 제곱 길이가 단위 값인 힐베르트 공간 벡터에 의해 주어진다. 스칼라 곱이 갖는 두 번째 중요한 점은 힐베르트 공간 벡터들 사이의 직교성의 개념이다. 이것은 두 벡터의 곱이 영일 때 생긴다. 벡터들 사이의 직교성은 어떤 의미에서 벡터들이 서로에 대해 '직각'을 이루고 있는 성질이라고 보면 된다. 보통의 의미에서 보면 직교 상태는 서로에 대해 독립적인 상태이다. 양자물리학에서 이 개념이 지닌 중요성은 임의의 측정의 상이한 대안적 결과들은 항상 서로 직교한다는 데 있다.

직교 상태의 예로는 앞서 스핀 1/2인 입자의 경우에서 마주쳤던 $|{\uparrow}\rangle$와 $|{\downarrow}\rangle$을 꼽을 수 있다. (힐베르트 공간의 직교성은 일반적인 공간적 의미로 수직성의 개념에 대응되지는 않는다. 스핀 1/2의 경우에 직교 상태 $|{\uparrow}\rangle$와 $|{\downarrow}\rangle$는 수직이라기보다 서로 반대로 향하는 물리적 구성을 나타낸다.) 다른 예로서 스핀 $(1/2)n$의 경우에 우리가 마주쳤던 $|{\uparrow}{\uparrow}\cdots{\uparrow}\rangle$, $|{\downarrow}{\uparrow}\cdots{\uparrow}\rangle$, $\cdots$, $|{\downarrow}{\downarrow}\cdots{\downarrow}\rangle$을 들 수 있다. 여기서 이들 각각은 나머지 전부와 직교한다. 또한 한 양자 입자가 처할 수 있는 모든 상이한 위치들은 직교한다. 게다가 광자가 절반이 은도금된 거울과 부딪힌 후 광자 상태의 투과된 부분 및 반사된 부분으로서 생기는 §5.7의 상태 $|B\rangle$와 $i|C\rangle$도 직교하며, 전부 은도금된 두 거울에 의해 반사된 후 진행하는 두 상태 $i|D\rangle$와 $-|E\rangle$도 마찬가지다.

이 마지막 사실은 슈뢰딩거 진행 **U**의 한 중요한 속성을 잘 드러내준다. 처음에 직교하는 임의의 두 상태는 각자 $\mathbf{U}$에 따라 동일한 시간 간격 동안 진행하더라도, 서로 직교하는 상태를 계속 유지한다. 그러므로 직교성은 $\mathbf{U}$에 의해 보존된다. 더욱이 $\mathbf{U}$는 상태들 간의 스칼라 곱의 값을 실제로 보존한다. 전문적으로 말해, 이것이 바로 유니터리 진행이 실제로 뜻하는 의미다.

위에서 언급했듯이 직교성의 핵심 역할은 한 양자계에 '측정'이 실시될 때마다, (고전적 수준으로 확대되면서) 서로 구별 가능한 결과로 각자 이어지는 다양한 양자 상태들은 서로 반드시 직교한다는 점에 있다. 이것은 특히 §5.2와 §5.9의 폭탄 검사 문제에서처럼 널 측정에 적용된다. 어떤 상태를 검출할 수 있는 도구를 이용하여 그 특정한 양자 상태를 미검출하는 일이 일어날 수 있는 이유는 검출기가 검출하게 될 상태와 직교인 어떤 상태로 그 양자 상태를 '도약'하게 만들기 때문이다.

방금 말했듯이 직교성은 수학적으로 말해 상태들 간의 스칼라 곱의 사라짐으로 표현될 수 있다. 이 스칼라 곱은 일반적으로 말해 힐베르트 공간의 원소들의 임의의 쌍에 할당된 한 복소수이다. 만약 두 원소(상태)가 $|\psi\rangle$와 $|\phi\rangle$라면, 이 복소수는 $\langle\psi|\phi\rangle$로 적는다. 스칼라 곱은 다음과 같이 많은 단순한 대수적 속성을 만족한다.

$$\overline{\langle\psi|\phi\rangle} = \langle\phi|\psi\rangle,$$
$$\langle\psi|(|\phi\rangle+|\chi\rangle) = \langle\psi|\phi\rangle + \langle\psi|\chi\rangle,$$
$$(z\langle\psi|)|\phi\rangle = z\langle\psi|\phi\rangle,$$
$$\langle\psi|\psi\rangle > 0 \,(\text{단}, |\psi\rangle = \mathbf{0}\text{이 아닐 때}).$$

게다가 만약 $|\psi\rangle = \mathbf{0}$이라면 $\langle\psi|\psi\rangle = 0$이다. 나는 여기서 그런 세세한 문제들로 독자들을 성가시게 하고 싶지 않다. (이런 문제에 관심 있는 독자라면 양자론의 표준 텍스트를 찾아보길 바란다. 가령 디랙(1947년 문헌) 참고)

여기서 스칼라 곱이 가져야 할 핵심적인 것은 위에서 암시된 적이 있는 다음 두 가지 성질(정의)이다.

$$|\psi\rangle와 |\phi\rangle는 오직 \langle\psi|\phi\rangle = 0일 경우에만 직교한다.$$
$$\langle\psi|\psi\rangle는 |\psi\rangle의 제곱 길이이다.$$

직교성의 관계는 $|\psi\rangle$와 $|\phi\rangle$ 사이에서 대칭이다($\overline{\langle\psi|\phi\rangle} = \langle\phi|\psi\rangle$이기 때문이다). 게다가 $\langle\psi|\psi\rangle$는 언제나 음이 아닌 실수이기에 음이 아닌 제곱근을 가지며 이것을 가리켜 $|\psi\rangle$의 길이(또는 크기)라고 일컬을 수 있다.

임의의 상태 벡터를 그 물리적 해석을 바꾸지 않고서 영이 아닌 복소수로 곱할 수 있기에, 우리는 언제나 그 상태를 표준화할 수 있다. 이로써 단위 길이를 가진 단위 벡터 또는 표준화된 상태가 얻어진다. 하지만 상태 벡터가 한 순위상(여러 형태의 $e^{i\theta}$값. θ는 실수. §5.10 참고)에 의해 곱해질 수 있는지에 대해서는 모호성이 존재한다.

5.13 힐베르트 공간에서 R을 기술하기

R의 작용을 힐베르트 공간에서 어떻게 표현할까? 가장 단순한 측정 사례, 즉 '예/아니오' 측정을 살펴보자. 이 측정에서는 측정된 양자 대상이 어떤 속성을 갖고 있음을 측정 도구가 긍정적으로 알려주면 **예**를 기록하고 그런 속성을 갖고 있음을 알려주지 않으면 **아니오**를 기록한다(또는 이와 같은 뜻으로, 그 양자 대상이 그 속성을 갖고 있지 않음을 긍정적으로 기록한다). 이에는 내가 여기서 관심을 갖는 가능성, 즉 **아니오**가 **널** 측정에서 기록된 경우도 포함된다. 가령, §5.8에 나오는 광자 검출기들 중 일부

가 이런 종류의 측정을 실시했다. 이 검출기들은 만약 광자가 수신되면 **예**를, 수신되지 않으면 **아니오**를 기록한다. 이 경우 **아니오** 측정이 바로 널 측정이다. 그렇긴 하지만 이 측정은 그 상태를 만약 예 측정이 이루어졌다면 발생했을 상태와 직교인 어떤 상태로 '도약'시킨다. 마찬가지로 §5.10에 나오는 슈테른-게를라흐 스핀 측정기는 스핀 1/2인 원자에 대해 직접적으로 이렇게 할 수 있다. 만약 원자의 스핀이 $|\uparrow\rangle$로 측정되면 그 결과는 **예**인데, 이때는 $|\uparrow\rangle$에 해당되는 빔이 발견되는 경우다. 반대로 원자가 그런 빔에서 발견되지 않으면, 따라서 $|\uparrow\rangle$에 직교하는 상태이므로 틀림없이 $|\downarrow\rangle$ 상태인 것이고 결과는 **아니오**가 나온다.

더 복잡한 측정들에 대해서도 일련의 연속적인 예/아니오 측정으로 구성되는 것으로 볼 수 있다. 가령 스핀 $(1/2)n$인 원자를 살펴보자. 위쪽 방향으로의 스핀 양의 측정에 대해 $n+1$개의 상이한 가능성을 얻기 위해서 우리는 우선 그 스핀 상태가 $|\uparrow\uparrow\cdots\uparrow\rangle$인지 여부를 물을 수 있다. 그렇게 하려면 이 '완전히 위쪽' 스핀 상태에 해당하는 빔 속의 원자를 검출하면 된다. 만약 측정 결과가 **예**라면 측정은 완료된다. 만약 **아니오**라면, 그러니까 널 측정이 되는데, 이때 우리는 스핀이 $|\downarrow\uparrow\cdots\uparrow\rangle$인지 물을 수 있고 계속 이런 식으로 측정해나갈 수 있다. 각 경우에 **아니오** 답은 널 측정으로서 단지 **예** 답을 얻지 못했음을 가리킨다. 더 자세하게는 상태가 원래 다음과 같았다고 가정하자.

$$z_0|\uparrow\uparrow\uparrow\cdots\uparrow\rangle + z_1|\downarrow\uparrow\uparrow\cdots\uparrow\rangle + z_2|\downarrow\downarrow\uparrow\cdots\uparrow\rangle + ... + z_n|\downarrow\downarrow\downarrow\cdots\downarrow\rangle.$$

그리고 스핀이 전부 '위'인지 묻는다. 만약 답이 **예**이면 우리는 상태가 정말로 $|\uparrow\uparrow\uparrow\cdots\uparrow\rangle$임을 확신한다. 또는 측정을 하자 상태가 $|\uparrow\uparrow\uparrow\cdots\uparrow\rangle$로 도약했다고 여기게 된다. 하지만 답이 **아니오**라면, 이러한 널 측정의 결과로서 우리는 그 상태가 다음 직교 상태로 도약했다고 여겨야만 한다.

$$z_1|\downarrow\uparrow\uparrow\cdots\uparrow\rangle + z_2|\downarrow\downarrow\uparrow\cdots\uparrow\rangle + \ldots + z_n|\downarrow\downarrow\downarrow\cdots\downarrow\rangle.$$

이제 우리는 상태가 $|\downarrow\uparrow\uparrow\cdots\uparrow\rangle$인지를 확인하기 위해 다시 측정을 시도한다. 이번에 답이 **예**라면 그 상태가 정말로 $|\downarrow\uparrow\uparrow\cdots\uparrow\rangle$라고 우리는 말할 수 있다. 또는 그 상태가 방금 $|\downarrow\uparrow\uparrow\cdots\uparrow\rangle$로 '도약'했다고 말할 수 있다. 하지만 답이 **아니오**라면, 상태는 다음으로 '도약'한다.

$$z_2|\downarrow\downarrow\uparrow\cdots\uparrow\rangle + \ldots + z_n|\downarrow\downarrow\downarrow\cdots\downarrow\rangle.$$

이런 식으로 계속된다.

상태 벡터가 탐닉하는 — 또는 적어도 탐닉하는 듯 보이는 — 이 '도약'은 양자론의 가장 수수께끼 같은 측면이다. 대다수의 양자물리학자들은 이 '도약'을 물리적 실재의 한 특징으로 인정하기가 매우 어렵다고 여기는 쪽이거나 아니면 실재가 그런 터무니없는 방식으로 작동할 리가 없다고 아예 인정하기를 거부하는 쪽이거나 이 두 부류 중 하나라고 봐도 과언이 아니다. 하지만 '실재'에 관해 누가 무슨 견해를 고수하든 말든, 그것은 엄연히 양자 형식론의 한 핵심적인 특징이다.

위의 설명에서 나는 때때로 투영 가설이라고 불리는 것에 기댔다. 이 가설은 '도약'이 반드시 취하게 될 형태를 구체화시키는 것이다(예를 들어, $z_0|\uparrow\uparrow\cdots\uparrow\rangle + z_1|\downarrow\uparrow\cdots\uparrow\rangle + \cdots + z_n|\downarrow\downarrow\cdots\downarrow\rangle$는 $z_1|\downarrow\uparrow\cdots\uparrow\rangle + \cdots + z_n|\downarrow\downarrow\cdots\downarrow\rangle$으로 '도약'한다). 이 용어에 대한 기하학적인 이유를 곧 살펴보겠다. 일부 물리학자들은 투영 가설이 양자론의 비본질적인 가정이라고 주장한다. 대신에 그들은 널 측정이 아니라 양자 상태가 어떤 물리적 상호작용에 의해 교란되는 측정을 언급한다. 그러한 교란은 위의 사례에서 답 **예**가 얻어질 때 일어난다. 광자 검출기가 광자를 검출하여 기록할 때 또는 원자가 슈테른-게를라흐 측정 도구를 통과한

후 한 특정 빔 속에 있음이 실제로 측정될 때(즉 측정 결과가 **예**일 때)이다. 내가 여기서 고려하는 유형의 널 측정의 경우(답이 **아니오**인 경우), 투영 가설은 정말로 핵심적이다. 왜냐하면 그것이 없다면 양자론이 (올바르게) 주장하는 내용이 뒤따른 측정에서 반드시 일어나는지 확인할 수가 없기 때문이다.

투영 가설이 무슨 내용인지 더 명확히 알기 위해 이 모든 것에 대해 힐베르트 공간이 어떻게 기술하는지 알아보자. 나는 한 특정한 종류의 측정 — 나는 이를 원시적 측정(primitive measurement)이라고 부르고자 한다 — 을 실시할 텐데, 이 측정은 예/아니오 유형으로서, **예** 답은 양자 상태가 어떤 특정한 상태 $|\alpha\rangle$(또는 이것의 영이 아닌 복소 배수 $u|\alpha\rangle$)임을 — 또는 이 상태로 '도약'했음을 — 확인시켜준다. 그러므로 원시적 측정의 경우 **예** 답은 물리적 상태가 한 특정한 것임을 결정해주는데, 한편으로는 **아니오** 답을 이끌어내는 다른 여러 대안들이 존재할 가능성을 알려주기도 한다. 위에서 나온 스핀 측정, 즉 스핀이 $|\downarrow\downarrow\uparrow\cdots\uparrow\rangle$와 같은 특정한 상태인지 여부를 확인하려고 한 측정이 바로 원시적 측정의 사례에 속한다.

원시적 측정에서 **아니오** 답은 해당 상태를 $|\alpha\rangle$에 직교하는 다른 어떤 것으로 투영시킨다. 이에 대한 기하학적인 설명이 **그림 5.24**에 나온다. 직교 상태는 큰 화살표로 그려진 $|\psi\rangle$이다. 측정의 결과 해당 상태는 답이 예이면 $|\alpha\rangle$의 배수로 '도약'하고, 답이 아니오이면 $|\alpha\rangle$에 직교하는 공간으로 투영된다. 아니오일 경우는 표준 양자론에 따라 우리가 고찰해야 할 상태가 아니라는 점 말고는 문제될 것이 없다. 하지만 **예**일 경우, 그 양자계가 측정 도구와 상호작용을 했기에 $|\alpha\rangle$보다 훨씬 더 미묘한 어떤 것이 되었다는 사실로 인해 상황이 복잡해진다. 사실 일반적으로 그 상태는 이른바 얽힌 상태로 진행하는데, 이는 원래의 양자 상태를 측정 도구와 얽히게 한다. (얽힌 상태는 §5.17에서 다룬다.) 그럼에도 불구하고 양자 상태의 진행은 그것이 마치 $|\alpha\rangle$의 배수로 정말로 도약한 것처럼 나아갈 필요가 있을 것이다. 그래야 잇따른 진행이 모호하지 않게 일어

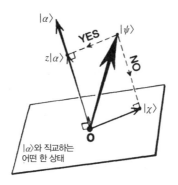

그림 5.24 원시적 측정은 상태 $|\psi\rangle$를 선택한 상태 $|\alpha\rangle$의 배수로(답이 예) 또는 $|\alpha\rangle$와 직교하는 어떤 한 상태로(답이 아니오) 투영시킨다.

날 수 있게 된다.

이 도약을 아래의 대수적인 방식으로 표현할 수 있다. 상태 벡터 $|\psi\rangle$는 언제나 다음 식으로 적을 수 있다(고유하게, $|\alpha\rangle$가 주어졌을 경우).

$$|\psi\rangle = z|\alpha\rangle + |\chi\rangle.$$

여기서 $|\chi\rangle$는 $|\alpha\rangle$와 직교한다. 벡터 $z|\alpha\rangle$는 $|\alpha\rangle$에 의해 정해지는 사선 위에 $|\psi\rangle$를 직교 투영한 것이고, $|\chi\rangle$는 $|\alpha\rangle$의 직교여공간(orthogonal complement space)으로 $|\psi\rangle$를 직교 투영한 것이다(즉, $|\alpha\rangle$에 수직인 모든 벡터들의 공간으로 직교 투영한 것이다). 만약 측정 결과가 **예**라면 상태 벡터는 이후의 진행의 출발점으로서 $z|\alpha\rangle$(또는 그냥 $|\alpha\rangle$)로 도약했다고 틀림없이 볼 수 있다. 만약 **아니오**라면 $|\chi\rangle$로 도약한 것이다.

이 두 가지 대안적인 결과들에 부여된 확률을 어떻게 얻을 수 있을까? 이전에 나왔던 '절댓값 제곱 규칙'을 사용하기 위해, 우리는 이제 $|\alpha\rangle$가 단위 벡터가 되도록 아울러 $|\chi\rangle$ 방향의 어떤 단위 벡터 $|\phi\rangle$를 선택하여 $|\chi\rangle = w|\phi\rangle$가

되도록 정한다. 이제

$$|\psi\rangle = z|\alpha\rangle + w|\phi\rangle.$$

(여기서 사실 $z = \langle\alpha|\psi\rangle$이고 $w = \langle\phi|\psi\rangle$) 그리고 **예**와 **아니오**의 상대적 확률을 $|w|^2$에 대한 $|z|^2$의 비로 얻을 수 있다. 만약 $|\psi\rangle$ 자체가 단위 벡터라면 $|z|^2$과 $|w|^2$이 바로 각각 **예**와 **아니오**의 실제 확률이다.

　이것을 다른 방식으로 풀이할 수도 있는데, 이는 현재 맥락에서 조금 더 간단하다(그리고 나는 이것이 정말로 동일한 설명이 되는지 여부를 검증하는 일은 관심 있는 독자들에게 연습 과제로 남겨둘 참이다). **예** 또는 **아니오** 결과 각각의 실제 확률을 얻으려면, 단지 (단위 벡터로 표준화되었다고 가정하지 않은) 벡터 $|\psi\rangle$의 제곱 길이를 검사하여 이 제곱 길이가 어떤 비율로 각각의 투영으로 인해 줄어드는지 알아보면 된다. 각 경우 줄어드는 요소가 바로 우리가 얻고자 하는 확률이다.

　마지막으로 꼭 짚어두어야 할 것으로, **예** 상태가 꼭 단 하나의 사선에 속할 필요가 없는 일반적인 예/아니오 측정(더 이상 꼭 원시적인 측정일 필요는 없는)의 경우에도 논의는 본질적으로 비슷하다. **예(YES)**의 하위공간 **Y**와 **아니오(NO)**의 하위공간 **N**이 있을 테다. 이 하위공간들은 서로 직교여공간일 것인데 어느 하나의 각 벡터가 다른 하나의 모든 벡터들과 직교이며 아울러 함께 원래의 힐베르트 공간 전체에 걸쳐 있다는 의미에서 그렇다. 투영 가설에 의하면, 측정을 하자마자 원래 벡터 $|\psi\rangle$는 **예** 답이 얻어지면 **Y**로, **아니오** 답이 얻어지면 **N**으로 직교 투영된다. 이번에도 각자의 확률은 상태 벡터의 제곱 길이가 투영상에 줄어드는 정도에 의해 주어진다(ENM 263쪽(국내판 408쪽) 그림 6.23 참고). 투영 가설의 지위는 위에서 나오는 널 측정보다는 조금 덜 명확하지만, 긍정적 측정이므로 이로 인한 상태는 측정 도구의 상태와 얽히게 된다. 그런 이

유로 다음에 이어질 논의에서 나는 **예** 공간이 단일의 사선($|\psi\rangle$의 복소수 배)으로 이루어지는 좀 더 단순한 원시적 측정을 고수할 것이다. 우리의 논의에서는 이것으로 충분할 테다.

5.14 가환 측정

일반적으로 한 양자 상태를 연속적으로 측정할 경우, 측정이 이루어지는 순서가 측정 결과에 중요한 요소가 될 수도 있다. 작동 순서가 상태 벡터에 차이를 만드는 측정을 가리켜 비가환(non-commuting)이라고 한다. 만약 측정의 순서가 아무런 역할을 하지 않는 측정이라면 이를 가리켜 가환 (commuting)이라고 한다. 힐베르트 공간의 경우, 이러한 성질을 이해할 수 있는 까닭은 한 주어진 상태 벡터 $|\psi\rangle$를 연속적으로 직교 투영하면 최종 결과가 이 투영이 실시되는 순서에 일반적으로 의존한다는 사실 때문이다. 가환 측정에서는 순서가 아무런 차이를 만들지 못한다.

원시적 측정에서는 어떻게 될까? 한 쌍의 개별적인 원시적 측정이 가환일 조건은 그 측정들 중 하나의 **예** 사선이 다른 측정의 **예** 사선과 직교하는 것임은 어렵지 않게 알 수 있다.

가령, §5.10에서 고찰한, 스핀 $(1/2)n$인 원자에 실시되는 원시적 스핀 측정의 경우, 순서는 정말로 무관하다. 왜냐하면 고려 중인 다양한 상태들, 즉 $|\uparrow\uparrow\cdots\uparrow\rangle$, $|\downarrow\uparrow\cdots\uparrow\rangle$, $\cdots$, $|\downarrow\downarrow\cdots\downarrow\rangle$이 서로에게 모두 직교하기 때문이다. 그러므로 내가 선택했던 원시적 측정들의 특정한 순서는 최종 결과에 아무런 영향을 미치지 않기에 전부 가환이다. 하지만 그 다양한 스핀 측정들이 다른 방향으로 실시되었다면 일반적으로 그렇지 않았을 테다. 이 경우에는 일반적으로 비가환이다.

5.15 양자역학적 '그리고'

양자역학에서는 둘 이상의 독립적인 부분이 관여하는 계를 다루는 표준적인 절차가 있다. 이 절차는 특히 스핀 3/2인 서로 멀리 떨어진 두 입자로 이루어진 계를 논의하는 데(§5.18에서 제시함) 필요하다. §5.3에서 본질적인 장신구가 두 마법 12면체의 중심에 놓았던 두 입자가 바로 그러한 예다. 또한 그 절차는 가령 한 검출기가 검출 대상인 입자의 양자 상태와 얽히기 시작할 때 이를 양자역학적으로 설명하는 데에도 필요하다.

우선 단 두 개의 독립적인(상호작용을 하지 않는) 부분으로 이루어진 계를 살펴보자. 가정하기로, 각 부분은 다른 부분이 없다고 할 때 각각 상태 벡터 $|\alpha\rangle$와 상태 벡터 $|\beta\rangle$로 기술된다. 그렇다면 둘이 함께 존재할 때의 결합 계는 어떻게 기술해야 할까? 일반적인 절차는 이른바 이들 벡터의 텐서곱(또는 외적)을 구성하는 것인데, 다음과 같이 적는다.

$$|\alpha\rangle|\beta\rangle.$$

이 곱은 '그리고'라는 일반적인 개념을 표준 양자역학적으로 표현하는 방법이라고 보면 된다. 각각 $|\alpha\rangle$와 $|\beta\rangle$로 표현되는 독립적인 두 개의 양자 계가 이제 둘 다 동시에 존재한다는 의미에서 그렇다. (가령, $|\alpha\rangle$는 한 전자가 한 위치 A에 있음을 나타내고 $|\beta\rangle$는 한 수소 원자가 얼마만큼 떨어진 위치 B에 있음을 나타낸다고 하자. 그렇다면 이제 전자가 A에 있고 그리고 수소 원자가 B에 있는 상태는 $|\alpha\rangle|\beta\rangle$로 나타낸다.) $|\alpha\rangle|\beta\rangle$란 양은 하나의 단일한 양자 상태 벡터, 이를테면 $|\chi\rangle$이므로 다음과 같이 타당하게 적을 수 있다.

$$|\chi\rangle = |\alpha\rangle|\beta\rangle.$$

여기서 강조해야 할 점으로, 이러한 '그리고' 개념은 양자 선형 중첩과는 완전히 다르다. 선형 중첩은 $|\alpha\rangle + |\beta\rangle$로 양자적으로 기술되며, 더 일반적으로는 $z|\alpha\rangle + w|\beta\rangle$($z$와 w는 복소 가중 요소)로 기술된다. 가령, 만약 $|\alpha\rangle$와 $|\beta\rangle$가 한 단일한 광자가 가질 수 있는 상태, 이를 테면 각각 A에 위치하는 상태 그리고 얼마만큼 떨어진 B에 위치하는 상태라고 하면, $|\alpha\rangle + |\beta\rangle$는 양자론의 기이한 처방에 따라 그 위치가 A와 B 사이에 나누어지는 한 단일 광자가 가질 수 있는 상태이지 두 광자에 대한 상태가 아니다. 반면에 각각 A와 B에 있는 두 광자로 이루어진 한 쌍은 상태 $|\alpha\rangle|\beta\rangle$로 나타낸다.

텐서곱은 아래와 같이 '곱'이란 말에서 예상되는 대수 규칙을 만족한다.

$$(z|\alpha\rangle)|\beta\rangle = z(|\alpha\rangle|\beta\rangle) = |\alpha\rangle(z|\beta\rangle),$$
$$(|\alpha\rangle + |\gamma\rangle)|\beta\rangle = |\alpha\rangle|\beta\rangle + |\gamma\rangle|\beta\rangle,$$
$$|\alpha\rangle(|\beta\rangle + |\gamma\rangle) = |\alpha\rangle|\beta\rangle + |\alpha\rangle|\gamma\rangle,$$
$$(|\alpha\rangle|\beta\rangle)|\gamma\rangle = |\alpha\rangle(|\beta\rangle|\gamma\rangle).$$

한 가지 예외라면 '$|\alpha\rangle|\beta\rangle = |\beta\rangle|\alpha\rangle$'라고 적는 것은 엄밀히 말해 옳지 않다. 하지만 양자역학적 맥락에서 '그리고'라는 단어를 해석할 때, 결합된 계 '$|\alpha\rangle$ 그리고 $|\beta\rangle$'가 결합된 계 '$|\beta\rangle$ 그리고 $|\alpha\rangle$'와 물리적으로 다르다고 보는 것은 비합리적이다. 양자 수준에서 자연이 실제로 행동하는 방식을 조금 더 깊이 파헤쳐보면 이 문제가 해결된다. 상태 $|\alpha\rangle|\beta\rangle$를 수학자들이 말하는 '텐서곱'으로 해석하는 대신에 앞으로 나는 '$|\alpha\rangle|\beta\rangle$'라는 표기가 수리물리학자들이 오늘날 그라스만곱(Grassmann product)이라고 일컫는 바를 포함한다고 해석한다. 그러면 다음의 추가적인 규칙이 나온다.

$$|\beta\rangle|\alpha\rangle = \pm|\alpha\rangle|\beta\rangle.$$

여기서 마이너스 부호는 상태 $|\alpha\rangle$와 $|\beta\rangle$가 둘 다 홀수 개의, 정수가 아닌 스핀의 입자들을 가지는 바로 그런 경우에 생긴다. (그런 스핀을 갖는 입자들은 1/2, 3/2, 5/2, 7/2, … 등의 값 중 하나를 갖는데, 이들 입자를 페르미온(fermion)이라고 한다. 0, 1, 2, 3, … 등의 스핀을 갖는 입자들은 보손(boson)이라고 하는데, 이 입자들은 위 표기의 부호에 영향을 미치지 않는다.) 독자들로서는 여기서 이런 전문적이 내용에 관심을 갖지 않아도 된다. 물리적 상태에 관한 한 이 설명에서 '$|\alpha\rangle$ 그리고 $|\beta\rangle$'는 '$|\beta\rangle$ 그리고 $|\alpha\rangle$'와 정말로 동일하다.

세 개 이상의 독립된 부분을 갖는 상태일 경우에는 이 과정을 그대로 반복하면 된다. 그러므로 세 개의 부분, 즉 세 개별 상태가 $|\alpha\rangle$, $|\beta\rangle$ 그리고 $|\gamma\rangle$일 경우, 세 부분이 동시에 전부 존재하는 상태는 다음과 같이 표시된다.

$$|\alpha\rangle|\beta\rangle|\gamma\rangle.$$

이는 내가 (그라스만곱의 용어로 해석한) 위에서 적었던 것, 즉 $(|\alpha\rangle|\beta\rangle)|\gamma\rangle$ 또는 $|\alpha\rangle(|\beta\rangle|\gamma\rangle)$와 동일하다. 네 가지 이상의 독립 부분도 이와 비슷하다.

서로 상호작용을 하지 않는 계 $|\alpha\rangle$와 $|\beta\rangle$에 대하여 슈뢰딩거 진행 **U**의 한 가지 중요한 속성은 결합된 계의 진행이 개별 계의 결합된 진행이라는 점이다. 그러므로 만약 일정한 시간 t 후에 계 $|\alpha\rangle$가 (혼자서) $|\alpha'\rangle$으로 진행하고, $|\beta\rangle$가 (혼자서) $|\beta'\rangle$으로 진행한다면, 결합된 계 $|\alpha\rangle|\beta\rangle$는 이와 동일한 시간 t 후에 $|\alpha'\rangle|\beta'\rangle$으로 진행한다. 게다가 (따라서) 만약 $|\alpha\rangle|\beta\rangle|\gamma\rangle$라는 한 계의 서로 상호작용하지 않는 세 개의 부분 $|\alpha\rangle$, $|\beta\rangle$ 그리고 $|\gamma\rangle$가 있고 그 각각이 $|\alpha'\rangle$, $|\beta'\rangle$ 그리고 $|\gamma'\rangle$으로 진행한다면, 결합된 계는 $|\alpha'\rangle|\beta'\rangle|\gamma'\rangle$으로 진행한다. 네 개 이상의 부분도 마찬가지다.

이는 §5.7에서 언급했던 **U**의 선형성과도 아주 비슷하다. 중첩된 상태들이 개별 상태의 진행의 중첩으로서 진행하게 했던 그 성질인 것이다. 가령, $|\alpha\rangle +$

$|\beta\rangle$는 $|\alpha'\rangle + |\beta'\rangle$으로 진행한다. 하지만 이 둘은 서로 꽤 다른 것임을 알아차리는 것이 중요하다. 서로 상호작용하지 않는 독립적 부분들로 이루어진 하나의 전체 계는 전체로서 각 개별 부분이 다른 각 부분의 존재를 모르는 듯이 진행한다는 사실에는 특별히 놀랄 점이 없다. 여기에서는 부분들이 정말로 서로 상호작용하지 않는다는 점이 핵심적이다. 그렇지 않다면 이 속성은 틀린 것이 된다. 한편 선형성은 정말로 놀라운 것이다. 이때에는 **U**에 따라 중첩된 계는 다른 각 계들을 전혀 모른 채, 어떠한 상호작용이 있든 말든 아주 독립적으로 진행한다. 이 사실만으로도 선형성의 절대적 진리성에 의심이 들 만도 하다. 하지만 전적으로 양자 수준에서 일어나는 현상들이 그렇게 작동한다는 것은 철저하게 확인된 바이다. 이에 어긋나는 듯 보이는 것은 오로지 **R**의 작용이다. 이 문제는 나중에 다시 다룬다.

5.16 곱 상태의 직교성

내가 제시한 대로의 곱 상태는 직교성의 개념과 관련하여 어떤 이상한 점이 하나 있다. 만약 두 개의 직교 상태 $|\alpha\rangle$와 $|\beta\rangle$가 있다고 한다면, 임의의 $|\psi\rangle$에 대하여 $|\psi\rangle|\alpha\rangle$와 $|\psi\rangle|\beta\rangle$도 직교여야 하지 않겠냐고 우리는 예상할지 모른다. 가령 $|\alpha\rangle$와 $|\beta\rangle$가 한 광자가 처할 수 있는 두 가지 상태인데, $|\alpha\rangle$는 어떤 광전지에 의해 검출된 상태이고 $|\beta\rangle$는 광전지가 아무것도 검출하지 못했을 때(널 측정) 추론된 광자 상태라고 하자. 자 그러면, 그 광자는 한 결합된 계의 단지 한 부분에 있다고 여기게 되는데, 이때 어떤 다른 대상 — 가령, 말하자면 달의 어딘가에 있는 또 하나의 광자 — 을 이에 연계시켜 이 다른 대상의 상태가 $|\psi\rangle$라고 하자. 이 경우 이 결합된 계에서 두 상태 $|\psi\rangle|\alpha\rangle$와 $|\psi\rangle|\beta\rangle$가 얻어진다. 이 논의에서 $|\psi\rangle$를 포함시킨 것만으로는 이 두 상태

의 직교성에 분명 아무런 차이를 만들지 않는다. 정말로 보통의 '텐서곱' 정의 (이 책에서 사용된 그라스만곱의 유형과는 달리)에서는 그러하며, $|\psi\rangle|\alpha\rangle$와 $|\psi\rangle|\beta\rangle$의 직교성은 $|\alpha\rangle$와 $|\beta\rangle$의 직교성에서 도출된다.

하지만 양자론의 전체 절차에 따라 자연이 실제로 작동하는 듯 보이는 방식은 이처럼 아주 단순명쾌하지 않다. 만약 상태 $|\psi\rangle$가 $|\alpha\rangle$ 및 $|\beta\rangle$ 둘 다와 완전히 독립적이라고 여겨질 수 있다면 이 상태가 존재한다고 해서 다른 영향을 미치지 않을 테다. 하지만 전문적으로 말해서, 달에 있는 한 광자의 상태조차 광전지로 지구의 광자를 검출하는 상황과 완전히 무관하다고 볼 수 없다.* (이 것은 여기에서 사용된 그라스만식 곱 '$|\psi\rangle|\alpha\rangle$'의 사용과 관계가 있다. 이보다 더 익숙한 표현으로는, 광자 상태 내지는 다른 보손들의 상태가 포함되는 '보즈 통계'와 관계가 있고, 또는 전자, 양성자 또는 다른 페르미온 상태들이 포함되는 '페르미 통계'와 관계가 있다. ENM 277, 278쪽(국내판 430~435쪽) 그리고 가령 디랙의 1947년 논문 참고) 만약 이론의 규칙에 완벽히 정확하게 따르고자 한다면 고작 한 단일 광자의 상태를 논의할 때조차도 우주의 모든 광자들을 고려해야만 한다. 그럼에도 불구하고 굳이 그렇게 하지 않더라도 (다행하게도) 아주 높은 수준의 정확성을 얻을 수 있다. 당면 문제와 분명 아무런 관계가 없는 임의의 상태 $|\psi\rangle$가 있고 이 문제의 당면 관심사는 오직 직교 상태 $|\alpha\rangle$와 $|\beta\rangle$일 때, 상태 $|\psi\rangle|\alpha\rangle$와 $|\psi\rangle|\beta\rangle$는 (심지어 그라스만식의 곱에 의하더라도) 아주 높은 정밀도로 직교한다.

---

* 흥미롭게도 이런 유형의 현상은 실제 관찰과 심오한 관련성을 지닐 수 있다. 핸버리 브라운-트위스(Hanbury Brown-Twiss) 효과(1954, 1956)란 것이 있는데, 이에 따르면 가까운 별의 직경을 측정할 때 그 값은 그 별의 반대편 측면들로부터 지구에 도달하는 광자들의 상호작용으로 인한, 이러한 '보손(boson)' 성질에 영향을 받는다.

5.17 양자 얽힘

  우리는 EPR 효과 — §5.3의 마법 12면체로 예를 든 양자역학적 **Z**-불가사의(§5.4 참고) — 를 관장하는 양자물리학을 이해할 필요가 있다. 아울러 양자론의 기본적인 **X**-불가사의 — 우리가 다음 장에서 논의할 측정 문제의 바탕을 이루는, 두 과정 **U**와 **R** 사이의 역설적인 관계 — 에도 익숙해져야 한다. 이 두 가지를 위해서 나는 추가로 한 가지 중요한 개념인 얽힘 상태를 소개하고자 한다.

  우선 측정의 단순한 과정에 어떤 것이 개입되는지 알아보자. 한 광자가 한 중첩 상태, 가령 $|\alpha\rangle + |\beta\rangle$에 있는데, 여기서 상태 $|\alpha\rangle$는 검출기를 활성화시키지만 이 상태에 직교하는 $|\beta\rangle$는 검출기를 활성화시키지 않는다고 하자. (이런 유형의 사례는 §5.8에서 이미 고찰했다. 이때 G에 있는 검출기는 상태 $-|F\rangle - i|G\rangle$와 마주쳤다. 여기서 $|G\rangle$는 검출기를 활성화시킨 반면에 $|F\rangle$는 검출기를 활성화시키지 않는다.) 검출기 자체도 한 양자 상태, 가령 $|\Psi\rangle$에 있다고 가정한다. 이는 양자론의 일반적인 관례다. 고전적인 수준의 대상을 양자역학적으로 기술하는 것이 과연 합당한지 나로서는 마뜩치 않지만, 이런 관례는 이런 식의 논의에서 대체로 의문시되지 않는다. 어쨌거나 광자가 처음에 마주치는 검출기의 요소가 양자론의 표준적인 규칙에 따라 다루어질 수 있다고 우리는 가정해도 좋다. 검출기를 대체로 이러한 규칙에 따라 다루는 것이 의심쩍은 사람들은 이 상태 벡터 $|\Psi\rangle$가 가리키는 것이 이러한 원래의 양자 수준 요소들(입자들, 원자들, 분자들)임을 고려해야만 한다.

  광자가 검출기에 도착하기 직전에(또는 광자의 파동함수의 $|\alpha\rangle$ 부분이 검출기에 도착하기 전에), 물리적 상황은 검출기 상태 그리고 광자 상태, 즉 $|\Psi\rangle(|\alpha\rangle + |\beta\rangle)$로 이루어진다. 그리고 다음 식이 성립한다.

$$|\Psi\rangle(|\alpha\rangle + |\beta\rangle) = |\Psi\rangle|\alpha\rangle + |\Psi\rangle|\beta\rangle.$$

이것은 검출기(요소) 그리고 다가오는 광자를 기술하는 $|\Psi\rangle|\alpha\rangle$ 상태와 검출기(요소) 그리고 다른 곳에 있는 광자를 기술하는 상태 $|\Psi\rangle|\beta\rangle$의 중첩이다. 그 다음에 슈뢰딩거 진행 **U**에 따라 $|\Psi\rangle|\alpha\rangle$(다가오는 광자와 더불어 검출기)가 어떤 새로운 상태 $|\Psi_Y\rangle$(검출기가 **예**(YES) 답을 기록함을 가리킴)가 된다고 가정하자. 이는 광자가 검출기 요소와 마주친 후에 이 요소와 행한 상호작용 덕분이다. 또한 가정하기를, 만약 광자가 검출기와 마주치지 않으면 **U**의 작용으로 말미암아 검출기 상태 $|\Psi\rangle$는 저절로 $|\Psi_N\rangle$(검출기가 **아니오**(NO) 답을 기록함을 가리킴)으로 진행하고 $|\beta\rangle$는 $|\beta'\rangle$으로 진행한다고 하자. 그렇다면 이전 절에서 언급한 슈뢰딩거 진행의 성질에 의해, 전체 상태는 다음과 같다.

$$|\Psi_Y\rangle + |\Psi_N\rangle|\beta'\rangle.$$

이는 얽힌 상태의 한 특정한 사례이다. 여기서 '얽힘'은 전체 상태가 단지 그 부분계(subsystem, 광자)의 상태와 다른 부분계(검출기)의 상태의 곱으로 적을 수 없다는 사실을 가리킨다. 사실, 상태 $|\Psi_Y\rangle$는 그 자체가 어떤 식으로든 자신의 환경과 얽힌 상태일 수 있다. 하지만 이는 추가적인 상호작용의 세세한 문제여서 지금의 논의와는 무관하다.

상호작용을 하기 직전의 결합계의 중첩 상태를 나타내는 각 부분인 $|\Psi\rangle|\alpha\rangle$와 $|\Psi\rangle|\beta\rangle$는 (본질적으로) 직교한다. 왜냐하면 $|\alpha\rangle$와 $|\beta\rangle$ 자체가 직교하며 $|\Psi\rangle$는 이 둘 중 어느 것과도 완전히 독립적이기 때문이다. 그러므로 이 둘이 **U**의 작용에 의해 진행된 결과인 상태 $|\Psi_Y\rangle$와 $|\Psi_N\rangle|\beta'\rangle$은 또한 직교함이 틀림없다. (**U**는 언제나 직교성을 보존한다.) 상태 $|\Psi_Y\rangle$는 거시적으로 관찰할 수 있는 어떤 것, 가령 '딸깍거리는' 소리로 진행할 수도 있다. 이는 광자가

정말로 검출되었음을 가리키며, 만약 딸깍거리는 소리가 나지 않으면 상태는 이와 직교인 가능성 $|\Psi_N\rangle|\beta'\rangle$임이 — 또는 이 상태로 '도약'했음이 — 틀림없다. 딸깍거리는 소리가 나지 않는다면 검출이 일어났을지도 모르지만 실제로는 일어나지 않았다는 반사실적 가능성이 그 상태를 $|\Psi_N\rangle|\beta'\rangle$으로 '도약'시키는데, 이는 얽힌 상태가 아니다. 널 측정이 얽힘 상태를 해제시킨 것이다.

얽힌 상태의 독특한 특징은 **R**의 작용과 함께 일어나는 '도약'이 비국소적인(또는 심지어 분명히 역행적(逆行的, retroactive)인) 듯 보인다는 점이다. 이는 단순한 널 측정의 특징보다 훨씬 더 곤혹스러운 것이다. 그러한 비국소성은 특히 EPR(아인슈타인-포돌스키-로젠) 효과라고 불리는 것에서 일어난다. 이는 진정한 양자 수수께끼로서 양자론의 **Z**-불가사의 가운데 가장 당혹스러운 것에 속한다. 그 개념은 원래 아인슈타인에게서 비롯되었는데, 양자 형식론이 자연을 완벽하게 설명할 수 없음을 드러내 보려는 시도에서 나왔다. 하지만 EPR 현상의 상이한 버전들이 그 후에도 많이 제시되었는데(가령 §5.3의 마법 12면체), (아인슈타인의 예상과 달리) 그중 많은 것들이 우리가 사는 세계의 실제 작동 방식의 특징임이 실험을 통해 직접적으로 확인되었다(§5.4 참고).

EPR 효과는 다음 유형의 상황에서 생긴다. 어떤 한 물리계가 초기 상태 $|\Omega\rangle$에 있다가 (**U**에 의해) 두 직교 상태들의 한 중첩 상태로 진행하는데, 이들 각각을 공간적으로 분리된 물리적 부분들의 한 쌍을 기술하는 독립적인 상태들의 한 쌍의 곱이라고 하자. 그러면 $|\Omega\rangle$는 다음 얽힌 상태로 진행한다.

$$|\psi\rangle|\alpha\rangle + |\phi\rangle|\beta\rangle.$$

$|\psi\rangle$와 $|\phi\rangle$가 부분들 중 하나에 대해 직교하는 상태들이며 $|\alpha\rangle$와 $|\beta\rangle$가 다른 하나에 대해 직교하는 상태들이라고 가정하자. 첫 번째 부분이 상태 $|\psi\rangle$ 또는 $|\phi\rangle$에 있는지를 확인하는 측정은 그 즉시 두 번째 부분이 이에 대응하는 상태

$|\alpha\rangle$ 또는 $|\beta\rangle$에 있는지를 결정하게 된다.

지금까지는 불가사의할 것이 없다. 이 상황은 베르틀만 박사의 양말과 마찬가지로 볼 수 있다(§5.4). 그의 두 양말은 어김없이 색깔이 다름을 알고 있기에 — 그리고 오늘날 그의 한쪽 양말은 분홍색이고 다른 쪽 양말은 녹색임을 우리가 안다고 가정하자 — 그의 왼쪽 양말이 녹색(상태 $|\psi\rangle$)이거나 아니면 분홍색(상태 $|\phi\rangle$)인지 여부에 대한 관찰은 즉시 오른쪽 양말이 그에 대응하여 분홍색(상태 $|\phi\rangle$) 아니면 녹색(상태 $|\psi\rangle$)임을 결정할 것이다. 하지만 양자 얽힘의 효과는 이와 심오하게 다를 수 있으며, '베르틀만 양말' 식의 설명은 모든 관찰 가능한 효과들을 전혀 설명할 수 없다. 이런 문제는 대안적인 종류의 측정을 계의 두 부분에 실시할 선택권이 있을 때 생긴다.

한 가지 사례를 들어 이 논증이 무슨 뜻인지 알아보자. 초기 상태 $|\Omega_0\rangle$이 어떤 입자의 스핀 상태가 스핀 0임을 나타낸다고 가정하자. 이 입자는 그 후에 각각 스핀이 1/2인 두 개의 새로운 입자로 붕괴하는데 이 새로운 입자들은 서로에게서 왼쪽과 오른쪽으로 상당히 멀리 이동한다. 각운동량의 성질 및 각운동량 보존의 법칙으로 인해, 멀리 떨어진 두 입자의 스핀 방향은 서로 반대여야만 하며, 아울러 초기 상태 $|\Omega_0\rangle$이 스핀 0의 상태이므로, 다음이 얻어진다.

$$|\Omega\rangle = |L\uparrow\rangle|R\downarrow\rangle - |L\downarrow\rangle|R\uparrow\rangle.$$

여기서 'L'은 왼손잡이 입자를 가리키며 'R'은 오른손잡이 입자를 가리킨다(그리고 마이너스 부호는 표준 관례에 의해 생긴다). 그러므로 만약 왼손잡이 입자의 스핀을 위쪽 방향으로 측정하기로 했다면, 답 **예**(즉 $|L\uparrow\rangle$을 찾았다면)는 자동적으로 오른손잡이 입자를 상태 $|R\downarrow\rangle$에 두게 된다. 답 **아니오**($|L\downarrow\rangle$)는 자동적으로 오른손잡이 입자를 위쪽 스핀의 상태($|R\uparrow\rangle$)로 두게 된다. 한 장소에서 한 입자를 관찰한 것이 아주 멀리 떨어진 곳의 매우 다른 입자의 상태에 즉

시 영향을 미칠 수 있는 듯하다. 아직까지는 베르틀만 양말과 비교할 때 그다지 불가사의하다고는 할 수 없다.

하지만 얽힌 상태는 이와 다르게 선택한 측정에 따라 다른 방식으로 표현할 수도 있다. 예를 들면, 왼쪽 손잡이 스핀을 앞에서와 달리 수평 방향으로 측정해 볼 수도 있다. 그러면 **예**는 가령 $|L\leftarrow\rangle$에, 그리고 **아니오**는 $|L\rightarrow\rangle$에 해당된다. 이제 (한 간단한 계산에 의해. ENM 283쪽(국내판 440, 441쪽) 참고) 이전과 동일한 결합 계를 다른 얽힌 방식으로 이렇게 적을 수 있다.

$$|\Omega\rangle = |L\leftarrow\rangle|R\rightarrow\rangle - |L\rightarrow\rangle|R\leftarrow\rangle.$$

그러므로 왼쪽의 **예** 답은 자동적으로 오른손잡이 입자를 상태 $|R\rightarrow\rangle$에 두게 되고, **아니오** 답은 자동적으로 그것을 $|R\leftarrow\rangle$에 두게 된다. 이에 대응하는 것은 우리가 왼손잡이 스핀 측정에 대해 어떠한 방향을 선택하든 생기게 된다.

이런 종류의 상황에 있어서 놀라운 점은 왼손잡이 입자의 스핀 방향을 선택하는 것만으로도 오른손잡이 입자의 스핀 축의 방향을 고정시켜버리는 듯하다는 점이다. 사실 왼손잡이 측정의 결과가 얻어지기 전까지는 오른손잡이 입자에 전달되는 실제 정보는 없다. 단지 '스핀 축의 방향을 고정시키기'는 그 자체만으로는 실제 관찰될 수 있는 어떤 작용도 하지 않는다. 이런 사실을 잘 이해할 수 있는데도 불구하고, 여전히 때때로 사람들은 EPR 효과를 이용하여 한 장소에서 다른 장소로 즉시 신호를 보낼 수 있다는 생각에 빠져든다. 왜냐하면 상태 벡터 축소 **R**이 입자들의 EPR 쌍의 양자 상태를 그 입자들이 아무리 멀리 떨어져 있더라도 동시에 '축소'시키기 때문이다. 하지만 사실 이 절차로는 왼손잡이 입자에서 오른손잡이 입자로 신호를 전달할 방법이 없다(지라르디 등(1980) 참고).

양자역학적 형식론을 표준적으로 사용하면 다음과 같은 결과가 생긴다. 측정이 한 입자, 가령 왼손잡이 입자에 대해 행해지자마자 전체 상태는 즉시 원래의 얽힌 상태 — 이때 어떠한 입자도 혼자서는 스핀상태가 명확히 정의되지 않는다 — 로부터 왼손잡이 입자가 오른손잡이 입자와 얽힘이 풀린 상태로 즉시 축소되어, 그 이후 두 스핀은 명확히 정의된다. 수학적인 상태 벡터 설명으로는 왼쪽의 측정이 오른쪽에 즉시 영향을 미친다. 하지만 내가 지적한 대로 이 '즉시 효과'는 물리적 신호를 보낼 수 있는 성질의 것은 아니다.

상대성 원리에 따라, 물리적 신호 — 실제 신호를 전송할 수 있는 것 — 는 반드시 빛의 속력으로 또는 그보다 조금 느리게 진행한다는 제약을 받는다. 하지만 EPR 효과는 이런 식으로는 제대로 이해할 수 없다. EPR 효과를 빛의 속력이라는 제약 때문에 유한하게 전파되는 신호라고 여기는 것은 양자론의 예측과 일치하지 않는다. (마법 12면체 사례가 이 사실을 잘 보여준다. 왜냐하면 내 동료의 12면체와 내 것 사이의 얽힘은 빛 신호가 우리 사이에 전파되는 데 4년의 시간을 기다릴 것 없이 즉시 효과를 미치기 때문이다. §5.3, §5.4, 아울러 후주 4도 참고) 그러므로 EPR 효과는 일상적인 의미의 신호일 리가 없다.

이런 사실에 비추어볼 때, 어떻게 EPR 효과가 실제로 어떤 관찰 가능한 결과를 갖는지 궁금해진다. 그 효과가 그러한 결과를 갖는다는 것은 유명한 존 벨의 정리에서 도출된다(§5.4 참고). 스핀 1/2인 두 입자에 대해 행할 수 있는 다양한 측정들(왼손잡이 입자 및 오른손잡이 입자에 대해 스핀 방향을 독립적으로 선택하여 실시하는)에 대하여 양자론이 예측하는 결합확률들은 비가환적인 왼손잡이 및 오른손잡이 대상들에 대한 어떠한 고전적 모델로도 얻을 수 없다. (이런 종류의 사례로서는 ENM 284, 285쪽 그리고 301쪽(국내판 442~444쪽)을 보기 바란다.) §5.3의 마법 12면체와 같은 사례들은 심지어 더 강한 효과를 내놓는데, 여기서는 단지 확률보다는 정밀한 예/아니오 제약과 더불어 불가사의가 생겨난다. 그러므로 왼손잡이 및 오른손잡이 입자들이 서로에게 즉각적인 메시지를 실제로 전달할 수 있다는 의미에서 서로 의사소통을 한다고 말할 수는 없더라도 그 입자들은 각각을 별도의 독립적인 대상으로 여길 수 없다는 의미에서 여전히 서로에게 얽혀 있다. 측정에 의해 최종적으로 얽힘에서 풀리기 전까지는 말이다. 양자 얽힘은 직접적인 의사소통과 완전한 분리 사이의 어디엔가 놓여 있는 어떤 불가사의한 현상이다. 그리고 이와 비견될 만한 어떠한 고전적인 현상도 존재하지 않는다. 게다가 얽힘은 거리에 따라 줄어들지 않는 효과이다(따라서 가령 중력이나 전기적 인력의 거리 제곱에 반비례하는 법칙을 따르지 않는다). 아인슈타인은 그런 효과가 존재할지 모른다는 전망은 매우 혼란스러운 것임을 알아차리고서, 이를 '유령 같은 원거리 작용'이라고 일컬었다(머민, 1985년 문헌 참고).

사실, 양자 얽힘은 공간적 분리뿐 아니라 시간적 분리도 완전히 무시하는 효과처럼 보인다. 만약 한 EPR 쌍의 한 요소에 대해 측정이 이루어지고 그 후에 다른 요소에 대해 측정이 이루어지면, 첫 번째 측정은 일반적인 양자역학적 설명에 있어서 얽힘을 해제시키는 효과를 갖는 것으로 여겨지므로, 두 번째 측정은 측정이 실제로 검사하는 얽혀 있지 않은 단일한 요소에만 관여한다. 하지만 첫 번째가 아니라 두 번째 측정이 얽힘 해제를 역행적으로 일으킨다고 여기더라도 완전히 동일한 결과가 얻어진다. 두 측정의 시간적 순서의 무관련성을 표현하는 또 하나의 방법은 두 측정이 가환이라고 말하는 것이다(§5.14 참고).

이런 종류의 대칭은 EPR 측정이 특수상대성의 관찰 가능한 결과와 일치하기 위해서 갖추어야 할 필수적인 특징이다. 공간적으로 분리된 사건(서로의 빛원뿔의 바깥에 놓인 사건. **그림 5.25** 및 §4.4의 논의 참고)에서 실시되는 측정은 반드시 가환이어야 하며 아울러 어느 측정이 '먼저' 실시되는지에 관한 점은 정말로 중요하지 않다. 특수상대성의 확고한 원리에 따라서 그러하다. 틀림없이 그러한지 알기 위해서는, 전체적인 물리적 상황이 **그림 5.26**에서처럼 상이한 두 관찰자의 좌표계의 관점들에 따라 기술된다고 생각하면 된다(또한 EMN 287쪽(국내판 447, 448쪽) 참고. (이 두 '관찰자들'은 실제로 측정을 행하는 이들

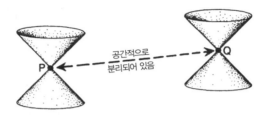

그림 5.25 시공간의 두 사건은 만약 각각이 다른 것의 빛원뿔 바깥에 놓여 있으면 공간적으로 분리되어 있다고 한다(또한 **그림 4.1** 참고). 이 경우, 둘 다 서로에게 인과적 영향을 미칠 수 없으며 두 사건에서 이루어진 측정은 틀림없이 가환이다.

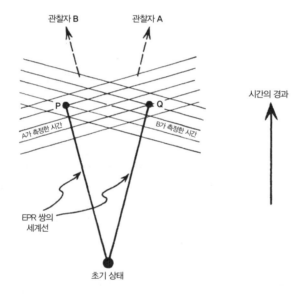

그림 5.26 특수상대성이론에 따라 상대운동을 하고 있는 관찰자 A와 B는 공간적으로 분리된 두 사건 P, Q 중 어느 것이 먼저 일어났는지에 대해 상반된 견해를 갖고 있다(A는 Q가 먼저라고 여기는 반면에 B는 P가 먼저라고 여긴다).

과 관련성을 가질 필요는 없다.) 그림에 나와 있는 이 상황에서 두 관찰자는 어느 측정이 '첫 번째' 측정인지에 대해 상반된 견해를 갖고 있다. EPR 유형의 측정에 관하여서는 양자 얽힘 현상 — 이 문제에 있어서, 얽힘의 해체* 또한 — 은 공간적 분리도 시간적 순서에도 무관심하다.

5.18 마법의 12면체 해설

스핀 1/2인 입자들의 한 EPR 쌍에 대하여 이 공간적 또는 시간적 비국소성이 나타나는 것은 오직 확률에서다. 하지만 양자 얽힘은 '단지 확률에 영향을 미치는 어떤 것'보다 실제로 훨씬 더 견고하고 정확한 현 상이다. 마법의 12면체(그리고 이전의 어떤 구성들[10])와 같은 사례들은 양자 얽 힘의 이상한 비국소성이 단지 확률의 문제가 아니라 어떠한 고전적인 국소적 인 방식으로는 전혀 설명할 수 없는 정확한 예/아니오 효과를 가져다준다.

§5.3에 나오는 마법의 12면체의 실제 작동에 바탕을 이루는 양자역학을 이 해해보자. 기억하다시피, 본질적인 장신구는 베텔게우스에서 총 스핀 0의 한 계(초기 상태 $|\Omega\rangle$)가 스핀이 각각 3/2인 두 개의 원자로 쪼개지고, 이 원자들 중 하나가 각 12면체의 중심에 미묘하게 달려 있도록 설정해놓았다. 그런 다음 에 두 12면체를 조심스레 이동시켜 하나는 나에게 그리고 다른 하나는 알파센 타우리에 있는 내 동료에게 보내서 각 원자의 스핀 상태가 교란되지 않도록 해 놓았다. 우리들 중 어느 하나가 12면체의 단추를 눌러 마침내 스핀 측정을 실 시하기 전까지는 말이다. 한 12면체의 꼭짓점들 중 하나의 단추가 눌러지면, 이는 그 12면체의 중심에 있는 원자에 대한 슈테른-게를라흐 측정을 활성화 시키고 — 이때 §5.10에서 언급한 비균질 자기장을 사용한다 — 스핀 3/2인 경 우엔 기억하시다시피 (측정 도구가 위쪽 방향으로 향해 있는 경우) 네 가지 상

---

* 입자들의 한 쌍에 대한 얽힘의 성질 자체가 하나의 얽힌 성질인 사례들이 있다(차일링거 등. 1992년)

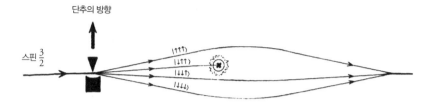

그림 5.27 본질적인 장신구는 12면체의 단추가 눌러지면 그 방향(여기서는 '위쪽')의 스핀 3/2인 원자에 대해 스핀 측정이 이루어지게 설정해놓았다. 여기서 상태 |↓↑↑⟩은 벨을 울린다(예). 답이 아니오면, 빔들은 재결합되고 어떤 다른 방향에서 측정이 반복된다.

호 직교하는 상태 |↑↑↑⟩, |↓↑↑⟩, |↓↓↑⟩ 그리고 |↓↓↓⟩에 대응하는 네 가지 가능한 결과가 나오게 된다. 이 상태들은 원자가 측정 도구와 마주친 후 그 원자가 취할 수 있는 네 가지 서로 다른 위치다. 본질적인 장신구가 설정한 것은 무엇이냐면, 임의의 어떤 단추가 눌러졌을 때 스핀 측정 도구가 그 단추의 (12면체의 중심에서 바깥으로 향하는) 방향으로 향하게 하는 것이다. 만약 원자가 이들 네 가지 가능한 장소들 중 두 번째에서 발견되면 벨이 울린다(예)(**그림 5.27**). 말하자면(위쪽 방향의 경우에 대한 표기법을 사용하여), **예** 반응 — 벨이 울리게 하고 이어서 화려한 불꽃이 터지게 한다 — 을 이끌어내는 것은 |↓↑↑⟩ 상태인 것이다. 그리고 다른 세 상태는 아무런 반응도 이끌어내지 못한다(즉 **아니오**). **아니오**의 경우, 원자의 나머지 세 위치들은 한데 뭉친다(가령, 비균질 자기장의 방향을 거꾸로 만들어서). 이때에는 이들 세 위치들 사이의 차이가 어떠한 외부적인 교란 효과도 만들지 않고 다만 다른 단추가 눌러지는 결과로 다른 방향이 선택되도록 준비를 한다. 여기서 우리는 각 단추 누르기 효과가 §5.13에서 설명한 원시적 측정임에 주목한다.

스핀 0 상태 |Ω⟩에서 비롯하는 스핀 3/2의 두 원자에 대하여, 총 상태는 다음과 같이 나타낼 수 있다.

$$|\Omega\rangle = |L\uparrow\uparrow\uparrow\rangle\,|R\downarrow\downarrow\downarrow\rangle - |L\uparrow\uparrow\downarrow\rangle\,|R\downarrow\downarrow\uparrow\rangle + |L\uparrow\downarrow\downarrow\rangle\,|R\downarrow\uparrow\uparrow\rangle - |L\downarrow\downarrow\downarrow\rangle\,|R\uparrow\uparrow\uparrow\rangle.$$

만약 나의 원자가 오른손잡이라면, 그리고 가장 위쪽 단추를 내가 처음으로 눌렀더니 벨이 울려서 그 상태가 정말로 $|R\downarrow\uparrow\uparrow\rangle$인 줄을 내가 알았다면, 그리고 나의 동료가 하필 내가 처음 누른 단추와 반대편에 위치한 단추를 눌렀다면 그의 벨은 반드시 울리게 된다(그의 상태는 $|L\uparrow\downarrow\downarrow\rangle$). 게다가 만약 나의 벨이 첫 단추 누르기에서 울리지 않는다면, 마찬가지로 그의 벨도 나와 반대편의 단추 누르기에서 틀림없이 울리지 않는다.

이제 우리는 본질적인 장신구가 보장하는 §5.3의 (a)와 (b) 성질이 이 원시적 단추 누르기 측정에서 정말로 유효한지 확인할 필요가 있다. 부록 C에는 스핀 상태, 특히 스핀 3/2에 대한 마요라나 설명의 어떤 수학적 속성들이 나와 있는데, 그것을 읽으면 이 논증을 충분히 해결할 수 있을 것이다. 만약 우리가 리만 구면을 12면체의 꼭짓점들을 전부 통과하는 구면 — 12면체의 외첩구 — 이라고 여긴다면 우리의 현 논의를 단순화시켜준다. 12면체의 어떤 꼭짓점 P에서 눌러진 단추에 대한 **예** 상태의 마요라나 설명은 점 P 자체가 P에 대척지인 점 P*와 더불어 두 번 취해지는 것임을 알게 된다. 이는 북극에서 취해진 P에 대한 상태 $|\downarrow\uparrow\uparrow\rangle$이다. 이 **예**를 상태 $|P*PP\rangle$로 표시할 수 있다.

스핀 3/2의 한 핵심 성질은 12면체의 인접한 것 옆에 있는 두 꼭짓점에 대한 단추 누르기에 대응하는 원시적 측정의 **예** 상태들이 서로 직교한다는 것이다. 왜 그럴까? 마요라나 상태 $|A*AA\rangle$와 $|C*CC\rangle$는 A와 C가 12면체에 인접한 것 옆에 있을 때면 언제나 실제로 직교한다는 점은 틀림없이 확인된다. 이제 **그림 5.28**에서 드러나듯이, A와 C는 이 두 점이 12면체의 내부에 있으며 중심 및 8개의 꼭짓점을 공유하는 한 청육면체의 인접한 꼭짓점들일 때면 언제나 12면체 상의 인접하는 것 옆에 있다. 부록 C에 의하면, 마지막 문단에서 $|A*AA\rangle$와 $|C*CC\rangle$는 A와 C가 정육면체의 인접한 꼭짓점들이기만 하면 정말로 직교한

그림 5.28 한 정육면체는 정 12면체의 내부에 20개의 꼭짓점들 중 8개를 공유하면서 그 안에 놓일 수 있다. 정육면체의 인접한 꼭짓점들은 12면체의 인접한 것 옆에 있는 꼭짓점임을 알 수 있다.

다. 이로써 결과는 해명되었다.

　이것이 우리에게 알려주는 내용은 무엇일까? 특히 다음 내용을 알려주는 데, 즉 **선택된** 한 꼭짓점에 인접한 세 꼭짓점에 대한 단추 누르기들은 모두 가환 측정(§5.14)이며, 이 세 꼭짓점들은 전부 서로 인접한 것 옆에 있다. 그러므로 이 단추들을 누르는 순서는 결과에 아무런 차이를 만들지 않는다. 또한 단추 누르기 순서는 알파켄타우리에 있는 내 동료와도 무관하다. 만약 그가 내 단추와 반대편에 있는 꼭짓점을 자신의 **선택된** 꼭짓점으로 골랐다면, 그가 누를 수 있는 세 단추들은 나의 것과 반대편에 위치한다. 위에서 말한 바에 따라 나의 벨과 그의 벨은 반대편 꼭짓점에서 울리거나 — 우리의 단추 누르기 순서와 관계없이 — 아니면 우리의 벨 중 어느 것도 이런 단추 누르기를 통해 울리지 않는다. 이로써 (a)가 해명되었다.

　(b)는 어떨까? 알다시피, 스핀 3/2에 대한 힐베르트 공간은 사차원이므로 나의 벨이 울리게 할 수 있는 세 가지 상호 직교하는 가능성들, 가령 |A*AA⟩, |C*CC⟩ 그리고 |G*GG⟩는 — 나의 **선택된** 꼭짓점을 B로 택했을 경우(**그림 5.29** 참고) — 다른 가능한 결과의 발생을 차단하지 않는다. 남아 있는 가능성이 생길 때란 벨이 이 세 가지 단추 누르기에도 불구하고 울리지 않을 때인데,

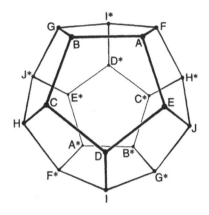

그림 5.29 §5.18과 부록 B를 위한 12면체의 꼭짓점들을 표시하기.

이때는 결과적으로 널 측정이 되며(벨이 세 단추 누르기에서도 울리지 않는 경우) 이로써 그 상태는 |A*AA⟩, |C*CC⟩ 그리고 |G*GG⟩ 모두와 상호 직교하는 (고유한) 상태임이 확인된다. 이 상태를 |RST⟩라고 표시하자. 여기서 세 점 R, S 및 T는 마요라나 설명에 나오는 리만 구면상의 점이다. 이 세 점의 실제 위치를 확인하기는 결코 쉽지 않다. (제이슨 짐바(Jason Zimba)가 이 위치들을 명확하게 찾아내긴 했다(1993년)). 이 점들이 정확히 어디에 있는지는 현 논의에서 중요하지 않다. 우리는 단지 그 점들이 **선택된** 꼭짓점 B와 관련된 12면체의 기하학에 의해 결정되는 위치에 있다는 사실만 알면 된다. 그러므로 특히(대칭에 의해), 내가 B 대신에 B에 대척지인 꼭짓점 B*를 나의 **선택된** 꼭짓점으로 골랐다면, 상태 |R*S*T*⟩ — 여기서 R*, S*, T*는 R, S, T의 대척지 — 는 각각 B*에 인접하는 A*, C*, G*의 세 꼭짓점 모두에서 벨이 울리지 않은 결과로서 생긴다.

이제 내 동료가 자신의 12면체에서 꼭짓점 B를 선택하고, 이는 나의 12면체에서 내가 선택하는 꼭짓점 B와 정확히 대응된다고 가정하자. 만약 벨이 B

에 인접한 그의 세 꼭짓점 A, C, G 어디에서도 울리지 않는다면, 그의 (가환적인) 측정은 연속적으로 나의 원자로 하여금 반대편에 있는 나의 세 꼭짓점 A*, C*, G*에 대한 단추 누르기에 대응하는 세 상태에 직교하는 상태에 있도록 강제한다. 즉 내 원자는 강제로 $|R*S*T*\rangle$ 상태에 놓이게 된다. 하지만 만약 나의 벨 또한 A, C, G에 대한 나의 세 번의 단추 누르기에서 울리지 않으면, 이는 나의 상태가 $|RST\rangle$에 있도록 강제한다. 하지만 부록 C의 성질 C.1에 의해 $|RST\rangle$는 $|R*S*T*\rangle$에 직교하므로, 우리의 벨이 전부 여섯 번의 단추 누르기에서 울리지 않는 것은 불가능하다. 이로써 (b)도 해명되었다.

이는 어떻게 본질적인 장신구가 양자 얽힘을 사용하여 두 성질 (a)와 (b)를 보장할 수 있었는지를 설명해준다. §5.3에서 관찰한 바에 따르면, 만약 두 12면체가 독립적인 대상으로 행동한다면, 색칠하기 성질 (c), (d) 및 (e)는 곧바로 도출되는데, 이는 우리로 하여금 해결불가의 꼭짓점 색칠하기 문제로 이끈다(부록 B에 명시적으로 나와 있다). 그러므로 본질적인 장신구가 양자 얽힘을 이용하여 해낸 일은 만약 두 12면체가 일단 본질적인 장신구의 공장을 떠나고 나서 독립적인 대상으로 취급될 수 있는 것이라고 한다면 불가능한 어떤 것이다. 양자 얽힘은 단지 이상한 현상인 것만이 아니라 한 물리적 상황의 외부 환경의 확률론적 효과들을 한시라도 무시할 수 없다는 점을 알려준다. 그 효과가 적절히 고립될 수 있을 때에라야 확실한 기하학적 구성을 지닌, 수학적으로 매우 정교한 어떤 것이 될 수 있다.

서로 분리되어 있는 것으로 여길 수 있는 실체들이란 관점으로는 아무런 설명도 가능하지 않으며, 양자역학적 형식론의 예상들을 전혀 설명할 수 없다. 일반적으로 양자 얽힘 현상의 설명에는 '베르틀만 양말' 유형의 설명이 존재할 수 없다. 이제, 표준적인 양자역학적 진행 ─ 절차 U ─ 의 규칙들에 따라 이렇게 결론 내릴 수 있다. 대상들은 서로 아무리 멀리 떨어져 있더라도 이런 이상한 방식으로 '얽혀' 있음이 틀림없다고 말이다. 얽힘이 풀릴 수 있는 것은 오직

R에 의해서다. 하지만 R이 '실제' 과정이라고 우리는 믿고 있는가? 그렇지 않다면 이 얽힘은, 비록 실제 세계의 엄청난 복잡성으로 인해 드러나지 않고 숨어 있긴 하지만, 영원히 존재하는 것임이 틀림없다.

그렇다면 우주의 삼라만상은 다른 어떤 것과 얽혀 있다고 보아야만 하는 것일까? 앞서 언급했듯이(§5.17), 양자 얽힘은 고전물리학의 어느 것과도 아주 다른 것이다. 고전물리학의 경우 효과는 거리에 따라 감소하기 때문에 지구의 어느 실험실에서 관찰되는 사물의 행동을 설명하기 위해 안드로메다 은하에서 무슨 일이 벌어지고 있는지 알 필요가 없다. 양자 얽힘은 정말로 아인슈타인이 마뜩찮게 부른 대로 정말로 일종의 '유령 같은 원거리 작용'인 듯하다. 하지만 이것은 '메시지를 실제로 보내는 데는 이용할 수 없는 극도로 미묘한 종류의 어떤 활동'이다.

직접적인 의사소통을 제공하는 데에는 미치지 못함에도 불구하고 양자 얽힘의 잠재적인 ('유령 같은') 원거리 효과를 무시할 수는 없다. 이 얽힘이 존재하는 한, 엄밀히 말해서 우주의 어떤 대상도 그 자체의 어떤 것이라고 볼 수는 없다. 내 견해로는, 물리학 이론의 이러한 상황은 전혀 만족스럽지 않다. 표준 이론의 바탕에는 왜 실제적으로 얽힘을 무시할 수 있는지에 관해 전혀 제대로 된 설명이 없다. 우리가 실제로 관찰하는 고전적인 세계와는 아무 관계도 없는 엄청나게 복잡한 양자 얽힘 덩어리가 바로 우주라고 보지 않아야 할 이유가 있을까? 실제적으로 얽힘을 푸는 것은 절차 R의 연속적인 이용이다. 내 동료와 내가 우리의 12면체의 중심에서 얽힌 원자에 대해 측정하는 경우처럼 말이다. 이런 질문이 떠오른다. R 활동은 어떤 의미에서 양자 얽힘이 정말로 풀리도록 하는 실체의 물리적 과정인가? 아니면 단지 일종의 환영일 뿐인 것인가?

이 곤혹스러운 문제는 다음 장에서 다루고자 한다. 내가 보기에는 이 문제는 물리 활동에 있어서 비컴퓨팅성이 지니는 역할을 탐구하는 데 핵심이다.

6
양자론과 실재

6.1 R은 실제 과정인가?

　　　　　　앞장에서 우리는 양자론의 곤혹스러운 **Z**-불가사의와 친숙해지려고 시도했다. 이 현상들 전부가 실험을 통해 검증되지는 않았지만 (가령 몇 광년 거리에 걸쳐 양자 얽힘 현상¹이 실제로 일어나는지는 검증되지 않았지만), 이미 충분한 실험 결과가 이런 종류의 효과를 지지하므로, 그것만으로도 **Z**-불가사의란 우리가 사는 세계의 구성요소들의 행동에 관한 참된 측면을 드러내는 것이라고 진지하게 여기지 않을 수 없다.

　양자 수준에서의 물리적 세계가 행하는 활동은 참으로 반직관적이고, 우리의 경험상 더 친숙하게 느껴지는 '고전적인' 행동과는 여러 면에서 판이하게 다르다. 우리 세계의 양자적 행동에는 몇 미터나 떨어진 거리에서도 존재하는 양자 얽힘 효과가 분명 포함되어 있다. 적어도 전자, 광자, 원자 또는 분자 등과 같은 양자 수준 대상들에 대해서는 말이다. 심지어 먼 거리에까지 일어나는 이 '작은' 것들의 이상한 양자적 행동과 큰 것들이 보이는 더 친숙한 고전적인 행동 사이의 차이가 양자론의 **X**-불가사의 문제의 근본 바탕을 이룬다. 두 종류의 물리 법칙이 존재하여, 하나는 한 수준의 현상에서 작동하고 다른 하나는 다른 수준의 현상에서 작동하는 일이 정말로 있을 수 있을까?

그런 생각은 우리가 예상하는 물리학과는 아주 상반된다. 정말로, 갈릴레오-뉴턴의 십칠 세기 역학의 심오한 성과들 중 하나는 천체의 운동이 지구상에서 작동하는 것과 똑같은 법칙을 따른다는 사실을 간파한 것이다. 고대 그리스 및 그 이전 시기부터 줄곧, 천상을 관장하는 법칙들과 지상을 관장하는 법칙들은 서로 완전히 다르다고 여겨졌다. 갈릴레오와 뉴턴은 모든 규모에서 어떻게 두 법칙이 같을 수 있는지를 우리에게 가르쳐주었다. 과학의 발전에 있어서 핵심적인 통찰이 아닐 수 없었다. 하지만 (런던 대학교의 이언 퍼시벌(Ian Percival) 교수가 강조했듯이) 양자론을 따를 경우 우리는 고대 그리스인들과 같은 관점으로 되돌아가게 되는 듯 보인다. 즉 한 부류의 법칙들은 고전적인 수준에서 작동하고 또 한 부류의 법칙들은 양자 수준에서 작동한다는 관점 말이다. 내 견해 — 그리고 아주 소수의 물리학자들이 이에 동참하는 한 견해 — 로는, 이런 식의 물리 이해는 임시방편에 불과하다. 우리는 모든 규모에서 균일하게 작동하는 적절한 양자적/고전적 법칙들을 발견함으로써 갈릴레오와 뉴턴이 촉발시킨 것에 버금가는 정도의 과학 발전을 이끌어낼 수 있다고 본다.

하지만 독자들로서는, 양자론에 대한 우리의 표준적인 이해는 양자 수준에서의 우주의 모습을 드러낼 뿐 고전적인 현상들을 설명해내지 못하는 것은 아닌지 의심을 품을 만하다. 나는 그렇지 않다는 입장으로, 어떤 의미에서 조금 크거나 복잡하지만 양자 수준의 법칙에 따라 전적으로 행동하는 물리계가 적어도 매우 높은 정확도로 고전적 대상들과 똑같은 법칙에 따라 행동할 것이라고 주장하는데, 이에 대해 많은 이들이 반박할 것이다. 우선 우리는 이 주장 — 큰 규모의 대상들이 보이는 분명히 '고전적인' 행동이 이들의 극소한 구성요소들의 양자적 행동에서 비롯된다는 주장 — 이 믿을 만한지부터 살펴보자. 그리고 만약 그렇지 않다면, 모든 수준에서 타당한 일관된 관점에 도달하려면 어디로 향해야 하는지 알아보자. 하지만 독자들에게 미리 주의를 당부하고자 하는 바는 이 문제 전체는 숱한 논쟁 투성이라는 점이다. 상이한 견해들이 가득하기에, 이들 전부를 포괄적으로 요약하기란 벅찬 노릇이다. 더군다나 내가 보기에 불가능하거나 타당하지 않은 관점들 전부를 자세히 반박하기란 엄두도 못 낼 일이다. 내가 제시하는 견해들은 상당히 내 자신의 관점에서 나온 것임을 독자들이 너그러이 이해해주기를 바란다. 불가피하게 나는 내 자신의 것과는 너무나 생경한 관점들에 대해서는 전적으로 공정할 수는 없을 테니, 내가 필시 취하게 될지 모를 부당한 입장에 대해서는 미리 독자에게 사과를 드린다.

상이한 대안들의 양자 중첩이 지배하는 양자 수준의 활동이 **R**의 작용에 의하여 그런 중첩이 일어나지 않는 듯 보이는 고전적인 수준에 자리를 내주는 어떤 명확한 규모(스케일)를 찾아내는 일은 무척 어렵다. 이는 절차 **R**의 내재적인 '미끄러움'에서 비롯하는데, 관찰의 측면에서 볼 때 이러한 절차 **R**의 내재적 특성 때문에 우리는 그런 현상이 '생기는' 어떤 정확한 지점을 찾아내지 못한다. 이는 많은 물리학자들이 그 절차를 하나의 실제 현상으로 간주하지 않는 한 가지 이유이다. 양자 교란 효과들이 관찰되는 수준보다 더 높은 수준에서 관찰하기만 한다면야 우리가 어디에서 **R**을 적용하든 실험에는 아무런 차이를 만들지 않을 것이다. 하지만 복소 선형 중첩이 아니라 고전적인 대안들이 정말로 발생하는 것을 직접적으로 인식할 수 있는 수준보다 더 높으면 안 된다(하기사 곧 살펴보겠지만 심지어 이 한계 지점에서조차 어떤 이들은 중첩이 존재한다고 주장하기는 한다.)

어떻게 우리는 어떤 수준에서 **R**이 실제로 발생하는지를 알아낼 수 있을까? 만약 이 절차가 정말로 물리적으로 발생하기는 한다면 말이다. 물리적 실험으로 그러한 질문에 답하는 방법을 찾기란 어렵다. 만약 **R**이 실체 물리적 과정이라면, 양자 교란 효과가 관찰되는 극미의 수준과 고전적인 행동이 실제로 지각되는 훨씬 더 큰 수준 그 사이의 어딘가에서 그것이 일어나는 수준은 매우 광범위한 영역에 걸칠 것이다. 게다가 이 '수준'의 차이는 물리적 크기에 관한 것이 아닌 듯 보인다. (§5.4에서) 이미 보았듯이, 양자 얽힘의 효과는 몇 미터 떨어진 거리에까지 미칠 수 있으니 말이다. 나중에 보게 되겠지만, 이러한 수준의 규모에 관한 측정은 물리적 차원보다는 에너지 차이의 관점에서 보는 편이 더 낫다. 그렇다 치더라도, 사물들의 큰 끝단(극미의 양자 규모의 반대편에 있는 대규모의 사물들을 가리키는 듯함-옮긴이)에서 '관건'은 우리의 의식적인 지각이다. 물리 이론의 관점에서 보자면 어설픈 문제이긴 하다. 왜냐하면 우리는 두뇌 속의 어떠한 물리적 과정이 지각과 관련이 있는지를 전혀 모르기 때문이다. 그럼에도 불구하고 이런 과정의 물리적 속성은 실제 **R** 과정의 이론에 대하여 큰 끝단 쪽의 한계를 제공하는 듯하다. 이는 두 가지 극단 사이의 광범위한 영역을 허용하며, **R**이 개입될 때 무슨 일이 실제로 일어나는지에 관해서는 숱한 상이한 입장들이 폭넓게 존재한다.

주요 논의 사안들 중 하나는 양자 형식론의, 또는 심지어 양자 수준 세계 자체의 '실재성'에 관한 것이다. 이와 관련하여 나는 봅 발트(Bob Wald) 교수가 내게 건넨 말을 인용하지 않을 수 없다. 시카고 대학의 교수인 그가 몇 년 전에 한 디너 파티에서 한 말이다.

정말로 양자역학을 믿는다면 그걸 진지하게 여길 수는 없습니다.

내가 보기에 이 말은 양자론 그리고 그것에 관한 사람들의 태도에 관해 심오한 어떤 것을 표현하고 있다. 양자론이 전혀 수정될 필요 없다고 여기며 열렬히 인정하는 사람들은 그 이론이 '실재하는' 양자 수준 세계의 실제 행동을 나타낸다고 여기지 않는 편이다. 양자론의 발전과 해석을 이끌었던 주요 인물인 닐스 보어는 이런 관점의 가장 극단에 서 있던 사람에 속한다. 그는 상태 벡터를 편의에 불과한 것으로 여겼다. 어떤 계에 대해 실시될지 모르는 '측정'의 결과에 관한 확률을 계산하기 위해서만 유용한 수단으로 여겼다는 말이다. 상태 벡터 자체는 어떤 종류의 양자 수준 실재를 객관적으로 설명하는 것이 아닌, 단지 그 계에 대한 '우리의 지식'만을 나타내는 것으로 여겨졌다. 정말로 '실재'의 개념이 양자 수준에 유의미하게 적용될지도 의심스럽게 여겨졌다. 보어는 '정말로 양자역학을 믿었던' 사람임이 확실했지만, 상태 벡터에 대해서는 그것이 양자 수준의 물리적 실재를 기술한다고 '진지하게 여겨지지는' 않아야 한다는 견해였다.

이러한 양자론의 관점에 대한 명백한 대안은 상태 벡터가 실제 양자 수준 세계 — 양자론의 방정식들이 제공하는 수학 규칙에 따라 완벽하지는 않더라도 매우 높은 정확성을 향해 진행하는 세계 — 를 정확하게 수학적으로 기술한다고 믿는 것이다. 내가 보기에는 여기서 두 가지 큰 길이 뻗어 나온다. 절차 **U**가 양자 상태의 진행에 관여하는 모든 것이라고 여기는 사람들이 있다. 절차 **R**은 따라서 일종의 환영, 편의 또는 근사로 여겨질 뿐, 양자 상태에 의해 기술되는 실제 현상의 진행의 일부로 여겨지지 않는다. 아마 그런 사람들은 다세계 해석 또는 에버렛(Everett) 해석으로 알려진 방향으로 끌리는 부류이다.[2] 이런 종류의 관점이 어떤 내용인지는 조금 후에 설명하겠다. 한편 양자 형식론을 철두철미하게끔 '진지하게 여기는' 사람들은 **U**와 **R** 둘 다 상태 벡터로 기술되며 물리적으로 실재하는 양자/고전 수준 세계의 실제 행동을 나타낸다고 믿는 이들이다. 하지만 양자 형식론을 그처럼 진지하게 받아들이면, 그 이론이 모든 수준에서 완벽하게 정확해질 수 있다고 실제로 믿기는 어려워진다. **R**의 작용은 이 절차의 성질상 **U**의 여러 속성들, 특히 선형성과 상충을 일으킨다. 이런 의미에서 '양자역학을 정말로 믿기'는 여간 어려운 일이 아니다. 다음 절에서 나는 이 문제들을 더 깊이 파헤치고자 한다.

6.2 다세계 유형의 관점들

우선 새로운 '현실적' 관점, 즉 종종 '다세계' 해석이라고 불리는 유형으로 결국 이르게 되는 관점을 얼마만큼 우리가 따를 수 있는지부터 알아보자. 이 관점에서는 전적으로 U의 활동 하에 진행하는 상태 벡터가 진정한 실재를 드러내준다고 인정한다. 그러므로 필연적으로 골프공이나 사람들과 같은 고전적 수준의 대상들은 반드시 양자 선형 중첩의 법칙을 따를 수밖에 없다. 그런 중첩 상태가 고전적 수준에서 극도로 드물게 일어난다면야 그다지 곤란할 일은 없을 듯하다. 하지만 문제는 U의 선형성에 있다. U의 활동 하에서는 중첩된 상태들에 대한 가중 요소들은 물질이 얼마나 많이 포함되느냐 여부와 무관하게 동일하다. 절차 U는 그 자체로서는 단지 어떤 계가 크거나 복잡해진다는 이유만으로 중첩이 '풀리게' 하지는 않는다. 그런 중첩은 고전적 수준의 대상들에서도 결코 '사라지지' 않기에, 우리는 고전적 대상들 또한 명백하게 중첩된 상태로 종종 나타날 수밖에 없다는 의미에 직면한다. 여기서 우리가 꼼짝 없이 직면하게 되는 의문은 이렇다. 이럴 수도 있고 저럴 수도 있는 상태들로 이루어진 그런 큰 규모의 중첩은 왜 고전적 수준의 세계에 대한 우리의 인식에 영향을 주지 않을까?

다세계 유형의 관점에 서 있는 주창자들이 이를 어떻게 해석하는지부터 이해해보자. §5.17에서 논의된 것과 같은 상황을 살펴보자. 즉, 상태 $|\Psi\rangle$로 기술되는 광자 검출기가 중첩된 광자 상태 $|\alpha\rangle + |\beta\rangle$와 마주치는데, 여기서 $|\alpha\rangle$는 검출기를 활성화시키고 $|\beta\rangle$는 활성화시키지 않는다. (아마 광원에서 방출된 광자는 절반이 은도금된 거울에 부딪혔을 것이고, $|\alpha\rangle$와 $|\beta\rangle$는 광자 상태의 투과된 부분과 반사된 부분을 각각 나타낼지 모른다.) 지금 우리로서는 상태 벡터 개념을 검출기와 같은 고전적 수준의 대상에 적용시킬 수 있는지 여부는 문제 삼지 않는다. 왜냐면 이 관점에 따를 때 상태 벡터는 모든 수준의 실재

를 정확히 표현하는 것으로 인정되기 때문이다. 그러므로 상태 $|\Psi\rangle$는 검출기를 기술할 수 있는 것이지, §5.17에서처럼 단지 어떤 양자 수준의 일부분들만을 기술하는 것이 아니다. §5.17의 내용을 다시 떠올려보자면, 광자와 마주치는 시간 이후에 검출기 및 광자의 상태는 곱 $|\Psi\rangle(|\alpha\rangle + |\beta\rangle)$으로부터 다음 얽힌 상태로 진행한다.

$$|\Psi_Y\rangle + |\Psi_N\rangle|\beta'\rangle.$$

이 전체 얽힌 상태가 바로 이제 그 상황의 실재를 나타내는 것으로 여겨진다. 그러니까 이 관점에서는 검출기가 광자(상태 $|\Psi_Y\rangle$)를 수신 및 흡수했다던가 아니면 광자를 수신하지 못하고 광자가 검출되지 않은 상태로 있거나 둘 중 하나라고 보는 것이 아니라(상태 $|\Psi_N\rangle|\beta'\rangle$), 두 가지 대안이 중첩 상태로, 즉 중첩이 보존되는 하나의 전체 실재의 일부로서 공존한다고 여긴다. 이를 더욱 확장시켜 인간 실험자가 검출기를 검사하여 검출기가 광자의 수신을 기록하는지 여부를 알아볼 수 있다. 인간은 검출기를 검사하기 전에 어떤 양자 상태, 가령 $|\Sigma\rangle$에 있는데, 따라서 그 단계에서의 결합된 상태 '곱'은 다음과 같다.

$$|\Sigma\rangle(|\Psi_Y\rangle + |\Psi_N\rangle|\beta'\rangle).$$

그렇다면 그 상태를 검사한 후 인간 관찰자는 검출기가 광자(상태 $|\Sigma_Y\rangle$)를 수신 및 흡수했음을 알아차리거나 아니면 검출기가 광자(직교 상태 $|\Sigma_N\rangle$)를 흡수하지 못했음을 알아차리게 된다. 만약 관찰자가 검출기를 관찰한 후 그것과 상호작용을 하지 않는다고 가정하면, 다음 형태의 상태 벡터로 그 상황을 기술할 수 있다.

$$|\Sigma_Y\rangle|\Psi'_Y\rangle + |\Sigma_Y\rangle|\Psi'_N\rangle|\beta''\rangle.$$

이제 두 가지 상이한 (직교하는) 관찰자 상태가 있는데, 이 둘은 모두 계의 전체 상태 속에 포함된다. 그중 하나에 따르면 관찰자는 검출기가 광자의 수신을 기록하는 것을 알아차리는 상태에 있는데, 이는 광자가 정말로 수신된 검출기 상태와 동반된다. 다른 하나에 따르면 관찰자는 검출기가 광자 수신을 기록하지 않는 것을 알아차리는 상태에 있으며, 이는 광자가 수신되지 않는 검출기 상태와 동반된다. 다세계 유형의 관점에서는 그렇다면 관찰자 '자아'의 상이한 경우(복사본)가 전체 상태 내에서 공존하며 주변 세계를 상이하게 지각한다고 본다. 관찰자의 각 복사본에 동반되는 세계의 실제 상태는 해당 복사본의 지각과 일치한다는 것이다.

우리는 이를 더욱 '현실적인' 물리적 상황으로 일반화시킬 수 있다. 위의 경우처럼 단 두 가지가 아니라 엄청나게 많은 수의 상이한 양자적 대안들이 지속적으로 우주의 역사에 걸쳐 일어나는 상황으로 말이다. 그러므로 이 다세계 유형의 관점에 따르면 우주의 총 상태는 정말로 서로 다른 수많은 '세계들'로 이루어지며 임의의 인간 관찰자의 서로 다른 많은 경우들이 존재하게 된다. 각 경우는 그 관찰자 자신의 지각과 일치하는 세계를 지각하며, 그것이 만족스러운 이론이 되는 데는 이것만으로 충분하다고 한다. 절차 **R**은 이 관점에 따르면 하나의 환영이며, 대규모의 관찰자가 양자 얽힘 세계를 지각하는 방식의 한 결과로서 생길 뿐이라고 본다.

나로서는 이 관점이 매우 불만족스럽다고 말하지 않을 수 없다. 아무리 좋게 봐줘도 이 견해는 완전히 일리가 없다고 말할 정도는 아니지만, 정말로 우려스럽다고 볼 수밖에 없다. 이 관점의 심각한 문제점은 이 관점이 해결해야 할 '측정 문제'의 해답을 실제로 제공하지 못한다는 데 있다.

양자 측정 문제는 어떻게 절차 **R**이 **U**에 의해 진행되는 양자계의 대규모 행동의 한 속성으로서 (사실상) 생길 수 있는지를 이해하는 일이다. 이 문제는 **R**에 따르는 행동을 일어나게 할 법한 어떤 한 방법을 지적한다고만 해서 풀리지 않는다. 대신에, **R**(이라는 환영?)이 일어나는 환경을 이해하게 해주는 이론을 내놓아야만 한다. 게다가 **R**에 관련되는 놀라운 정확성을 해명할 수 있어야만 한다. 어쩌면 사람들은 양자론의 정확성이 그것의 역학 방정식들, 가령 **U**에 있다고 종종 여긴다. 하지만 **R** 자체 또한 확률을 예측하는 데 매우 정확하며, 이것이 어떻게 해서 가능한지 이해할 수 없다면 만족스러운 이론을 얻지 못할 것이다.

추가적인 요소들이 없을 경우 다세계 관점은 이런 것들 중 어느 것과도 실제로 적절하게 부합하지 못한다. 어떻게 '지각하는 존재'가 세계를 직교하는 대안들로 구분하는지에 관한 이론이 없다면, 그러한 존재가 완전히 다른 위치에 있는 여러 골프공들 또는 코끼리들의 선형 중첩을 인식할 수 없으리라고 예상할 이유가 없다(그런 이론이 없으면, 지각하는 존재가 사물들을 선형 중첩 상태로, 즉 여러 상태의 혼합으로 여기게 된다는 뜻인 듯하다-옮긴이). (꼭 짚어 두어야 할 점은, 위에 나온 $|\Sigma_Y\rangle$ 및 $|\Sigma_N\rangle$에서와 같은 '지각자 상태'의 직교성만으로는 이러한 상태들을 배제하는 데 아무런 기여도 하지 못한다는 점이다. §5.17의 **EPR** 논의에서 $|L\leftarrow\rangle$과 $|L\rightarrow\rangle$의 사례를 $|L\uparrow\rangle$과 $|L\uparrow\rangle$의 사례와 비교해보자. 각각의 경우에 상태들의 쌍은 $|\Sigma_Y\rangle$ 및 $|\Sigma_N\rangle$와 마찬가지로 직교한다. 그렇다고 둘 중 하나는 놓아두고 다른 하나를 선택하도록 하는 것은 없다.) 게다가 다세계 관점은 복소수 가중 요소들의 절댓값 제곱이 기적적으로 상대적 확률이 되도록 해주는 매우 정확하고 경이로운 규칙들을 설명해주지 않는다.[3] (또한 §6.6 및 §6.7에서 나온 논의와 비교해보자.)

6.3 |ψ⟩를 진지하게 여기지 않기

상태 벡터 |ψ⟩가 양자 수준의 물리적 실재의
실제 모습을 드러낸다고 여기지 않는 관점들도 많은 버전이 존재한다. 이런 관
점들에서 |ψ⟩는 계산 도구의 역할만 하는 것으로 여겨진다. 확률 계산에만 유
용하다고 여기거나 아니면 물리계에 관한 실험자의 '지식 상태'의 표현 수단으
로만 여긴다는 것이다. 때때로 |ψ⟩는 한 개별 물리계의 상태가 아니라 가능한
비슷한 물리계들의 한 초합을 표현하는 것으로 여겨진다. 복잡하게 얽힌 한 상
태 벡터 |ψ⟩는 '모든 실질적인 목적에서'(for all practical purpose, 즉 FAPP. 존 벨
이 사용한 간결한 표현[4]) 그러한 물리계들의 조합과 동일한 방식으로 행동한다
— 그리고 물리학자들이 측정 문제에 관해 알아야 할 것은 그것뿐이라는 주장
이 종종 제기된다. 때로는 |ψ⟩는 양자 수준의 실재를 기술할 수 없다는 주장도
나오는데, 왜냐하면 우리의 세계에서 그 수준에 대한 '실재', 즉 '측정'의 결과들
로만 이루어진 실재를 논의한다는 것 자체가 어불성설이라고 여기기 때문이
다.

나 자신(그리고 아인슈타인과 슈뢰딩거도 마찬가지. 내겐 좋은 동지가 있
는 셈이다)과 같은 사람이 보기에는, (어떤 유형의) 측정 도구처럼 우리가 지각
할 수 있는 대상에 대해 그것이 더 깊은 바탕 수준에서 작용될 수 있음을 부정
하면서 '실재'라는 용어를 사용하는 것은 말이 되지 않는다. 의심할 바 없이 세
계는 양자 수준에서 기이하고 낯설지만 그것은 '실제가 아닌' 것이 아니다. 과
연 어떻게 실제 대상들이 비실제적 요소들로부터 만들어질 수 있을까? 게다가
양자 세계를 관장하는 수학 법칙들은 대단히 정확하다. 대규모 대상들의 행동
을 기술하는, 우리에게 더 익숙한 방정식들만큼이나 정확하다. '양자 요동' 및
'불확정성 원리'와 같은 설명들 탓에 짐작하게 되는 아리송한 이미지에도 불구
하고 말이다.

하지만 양자 수준에서 유지되는 어떤 종류의 실재가 반드시 존재함을 인정하더라도, 이 실재가 상태 벡터 $|\psi\rangle$에 의해 정확하게 기술될 수 있는지는 여전히 의심스럽다. 사람들이 $|\psi\rangle$의 '실재성'에 대해 반박을 가하는 여러 주장들이 있다. 우선, $|\psi\rangle$는 이 불가사의한 비국소적이고 불연속적인 '도약'을 때때로 경험해야 하는 듯 보이는데, 내가 **R**이라는 글자로 표시해온 작용이 바로 그것이다. 이는 세계를 물리적으로 타당하게 기술하는 방식 같아 보이지 않는다. 특히나 우리에게는 이미 놀랍도록 정확한 연속적인 슈뢰딩거 방정식 **U**가 있으며, 이것은 $|\psi\rangle$가 (대부분의 시간 동안) 진행하는 방식을 관장한다고 짐작되니 말이다. 하지만 앞서 보았듯이, **U** 자체만으로는 우리는 다세계 유형의 관점의 난관 및 당혹감에 부딪히고 만다. 그리고 만약 우리가 주위에서 지각하는 실제 우주를 빼닮은 설명을 원한다면, 그때는 정말로 **R**의 속성이 필요하다.

$|\psi\rangle$의 실재성에 대한 또 하나의 반박으로 제시된 것은 이렇다. 일종의 교대 **U, R, U, R, U, R,** …이 양자론에서 사실상 사용되는데, 이것은 시간에 대칭적인 설명이 아니라는 것이다(왜냐하면 **R**은 각 **U** 활동의 시작 시점을 결정하지 종료 시점을 결정하지 않기 때문이다). 아울러 **U** 시간 진행이 역전되는, 완벽하게 등가인 또 하나의 설명이 존재한다(ENM 355, 356쪽(국내판 544~547쪽) 그림 8.1, 8.2 참고). 우리는 왜 이들 중 하나가 '실재'를 제공해주고 다른 것은 그렇지 않다고 여겨야만 할까? 심지어 앞으로 진행하는 상태 벡터와 뒤로 진행하는 상태 벡터 둘 다 물리적 실재에 대한 설명의 공존하는 부분들로 진지하게 여겨져야 한다고 보는 관점도 있다. (코스타 드 보르가르(Costa de Beauregard) 1989, 워보스(Werbos) 1989, 아하로노프(Aharonov) 및 베이드먼 1990). 나는 이런 생각들의 밑바탕에 심오하게 중요한 어떤 것이 있을 수 있다고 믿긴 하지만, 당분간은 이 문제를 살피고 싶지 않다. 이 주제들 및 몇몇 관련 주제들을 §7.12에서 살짝 다루고자 한다.

$|\psi\rangle$가 실재에 대한 설명이라고 진지하게 여기는 견해에 대한 가장 빈번한

반박들 가운데 하나는 그것이 직접적으로 '측정 가능하지' 않다는 주장이다. 만약 어떤 완전한 미지의 상태가 제시되었을 때, 그 상태 벡터가 (어떤 비율 정도까지) 실제로 무엇인지를 결정할 실험적 방법이 없다는 의미에서 측정 가능하지 않다는 것이다. 가령 스핀 1/2인 한 원자의 스핀 사례를 살펴보자. §5.10, **그림 5.19**를 상기해보면, 원자의 스핀의 각 가능한 상태는 일상적인 공간에서 한 특정한 방향에 의해 결정될 테다. 하지만 그 방향을 알지 못하면, 우리는 그것을 결정할 방법이 없다. 고작 할 수 있는 것이라고는 어떤 방향을 정해 놓고서 다음 질문을 던지는 일뿐이다. 원자의 스핀이 그 방향일까(**예**) 아니면 반대 방향일까(**아니오**)? 스핀 상태가 처음에 어떻게 정해졌든지 간에 그것의 힐베르트 공간 방향이 **예** 공간 아니면 **아니오** 공간 중 하나로 어떤 확률로 투영된다. 그리고 그 점에서 우리는 그 스핀의 상태가 '실제로' 무엇이었는지에 관한 대부분의 정보를 잃어버린다. 스핀 1/2인 한 원자에 대하여 스핀 측정을 통해 우리가 얻을 수 있는 것이라고는 한 비트의 정보(즉, 예/아니오 질문에 대한 대답)뿐이지만, 반면에 한 연속체의 가능한 상태들은 그것을 정확하게 결정하려면 무한한 개수의 정보가 필요할 테다.

그렇다 하더라도, 반대 견해, 즉 상태 벡터 $|\psi\rangle$는 어쨌든 물리적으로 '비실제적인' 것이며, 아마도 한 물리계에 관한 '우리의 지식'의 총합을 설명해주는 것뿐이라고 보는 견해를 받아들이기도 여전히 어렵다. 내가 보기에 이를 인정하기 특히 어려운 까닭은 그러한 '지식'의 역할이란 것 자체가 매우 주관적이기 때문이다. 과연 누구의 지식이란 말일까? 분명 나의 지식은 아니다. 나는 주변의 모든 물체들의 세세한 행동에 관한 개별 상태 벡터에 관해 실제로 아는 바가 매우 적다. 하지만 그 물체들은 정확하게 조직화된 활동을 수행하는데, 이는 그 상태 벡터에 대해 '알려졌을지' 모를 어떤 내용과도 그리고 그것을 알지 모를 어떤 사람과도 무관하다. 한 물리계에 관한 상이한 지식을 지닌 상이한 실험자들이 상이한 상태 벡터를 사용하여 그 계를 기술할까? 결코 그렇지 않

다. 이러한 차이들이 결과에 비본질적인 실험의 특성들에 관한 것일 때만 그렇게 해도 좋을 것이다.

$|\psi\rangle$의 실재성에 관한 그런 주관적인 견해를 거부하는 가장 강력한 이유들 중 하나는[5] $|\psi\rangle$가 무엇이든지간에 언제나 ― 적어도 원리상으로는 ― 한 원시적 측정(§5.13 참고)이 있으며, 이 측정의 **예** 공간이 $|\psi\rangle$에 의해 결정되는 힐베르트 공간 사선으로 이루어진다는 사실에서 나온다. 요점을 말하자면, ($|\psi\rangle$의 복소수 배의 사선에 의해 결정되는) 물리적 상태 $|\psi\rangle$는 이 상태에 대한 **예** 결과가 확실하다는 사실에 의해 고유하게 결정된다는 것이다. 다른 어떤 물리적 상태도 이런 속성을 지니고 있지 않다. 다른 상태의 경우에는 확실성에 못 미치는 어떤 확률이 있을 뿐이어서 결과가 **예**일 수도 **아니오**일 수도 있다. 그러므로 $|\psi\rangle$가 실제로 무언지를 알려주는 실험은 존재하지 않긴 하지만, 물리적 상태 $|\psi\rangle$는 그것에 대해 실시될지 모를 한 측정의 결과임이 틀림없는 것에 의해 고유하게 결정된다. 이번에도 역시 반사실성의 문제인데(§5.2, §5.3), 이로써 반사실적인 사안들이 양자론의 예측들에 얼마나 중요한지를 알 수 있다.

요점을 좀 더 명확히 이해하기 위해, 한 양자계가 어떤 알려진 상태, 가령 $|\phi\rangle$로 설정되어 있으며 어떤 시간 t 후에 그 상태는 **U**의 활동 하에서 다른 상태 $|\psi\rangle$로 진행한다는 것이 계산된다고 상상하자. 예를 들어, $|\phi\rangle$는 스핀 1/2인 원자의 '위 스핀' 상태($|\phi\rangle = |\uparrow\rangle$)를 나타내는데, 우리는 그것이 이전의 어떤 측정 활동에 의해 그 상태로 놓이게 되었다고 가정할 수 있다. 이 원자가 그 스핀에 따라 정렬된 자기 모멘트를 갖고 있다고(즉, 원자가 그 스핀 방향을 가리키는 작은 자석이라고) 가정하자. 원자가 자기장 속에 놓이면 스핀 방향은 잘 정의된 방식으로 움직이게 되는데, 이는 **U**의 활동으로서 정확하게 계산되어 시간 t 후에 새로운 상태(가령, $|\psi\rangle = |\rightarrow\rangle$)가 나온다. 이 계산된 상태가 물리적 실재의 일부라고 진지하게 여겨질까? 이를 부인하기는 어렵다. 왜냐하면 $|\psi\rangle$는 우리가 위에서 언급했던 원시적 측정으로 그것을 측정하기로 선택했을지

모를 가능성, 즉 그 측정의 예 공간이 $|\psi\rangle$의 배수로 정확히 이루어질 가능성을 위해 준비된 것이기 때문이다. 여기서 이것은 → 방향으로의 스핀 측정이다. 계는 해당 측정에 대해 확실하게 예 대답을 내놓을 것을 알고 있어야 하며, 반면에 $|\psi\rangle = |\rightarrow\rangle$ 이외에 스핀의 다른 어떠한 상태도 이를 보장할 수는 없다.

실제로는 스핀 결정과 다른 많은 종류의 물리적 상황들이 존재하는데, 거기서는 그러한 원시적 측정은 완전히 무용지물일 테다. 하지만 양자론의 표준적인 규칙들에 따르면 이러한 측정들이 원리상으로는 실시될 수 있다. 어떤 '너무나 복잡한' 유형의 $|\psi\rangle$에 대하여 이런 종류의 측정을 실시할 수 있는 가능성을 부정하는 것은 양자론의 틀을 바꾸어버리는 일일 것이다. 아마도 그 틀은 바뀌긴 바뀌어야 하겠지만 말이다(§6.12에서 나는 그런 방향으로 어떤 구체적인 제안들을 내놓을 것이다). 하지만 상이한 양자 상태들 간의 객관적인 차이가 부정되려면, 즉 $|\psi\rangle$가 어떤 명확한 물리적 의미에서 (적어도 어떤 비율까지) 객관적인 실재라고 여겨지지 않는다면, 적어도 어떤 종류의 변화가 필요하다는 점은 명백히 이해된다.

측정 이론과 관련하여 종종 제안되는 '최소한의' 변화는 초선택 규칙(superselection rule)[6]이라고 불리는 것의 도입이다. 이는 어떤 특정한 유형의 원시적 측정이 한 계에 대해 행해질 가능성을 결과적으로 거부하는 규칙이다. 여기서 이에 대해서 자세히 논하고 싶지는 않다. 왜냐하면 내가 보기에 그러한 제안은 어떤 일관된 일반적인 관점이 측정 문제와 관련하여 등장하게 된 단계로 전혀 발전하지 못했기 때문이다. 내가 여기서 강조하고 싶은 유일한 점은 심지어 이런 성질의 최소한의 변화조차 엄연히 변화이며, 어떤 종류의 변화가 필요하다는 핵심을 전하기에 충분하다는 것이다.

마지막으로 꼭 짚어두어야 할 것으로, 양자론에는 여러 다른 접근법이 있다. 이들 관점들은 통상적인 이론의 예측과 상충되지 않으면서도, 상태 벡터 $|\psi\rangle$가 그 자체로서 실재를 나타내는 것으로 '진지하게 여겨지는' 관점과는 여

러 면에서 상이한 '실재의 모습'을 제시한다. 이런 관점의 예로는 루이 드 브로이(Louis de Broglie)(1956년)와 데이비드 봄(1952년)의 안내파(pilot wave) 이론을 들 수 있다. 이 비국소적 이론에 따르면 한 파동함수 $|\psi\rangle$ 그리고 고전적인 입자들로 이루어진 한 계와 등가인 어떤 것이 있는데, 이 이론에서는 그 둘을 '실제인' 것으로 여긴다. (또한 봄과 힐리(Hiley) 1994 참고). 또한 가능한 행동의 전체 '역사들'을 포함하는 견해들도 있는데(양자론에 대한 리처드 파인만의 접근법에서 시작된 견해), 이에 따르면 '물리적 실재'라는 관점은 일반적인 상태 벡터 $|\psi\rangle$가 제공하는 것과는 얼마간 다르다. 이런 유형의 접근법의 최근 주창자들로서, 아울러 사실상 반복되는 부분적 측정(아하로노프 등이 내놓은 한 해석에 따른 측정)의 가능성을 또한 고려하는 이들로는 그리피스(Griffiths, 1984), 옴네스(Omnes, 1992), 겔만 및 하틀(Gell-Mann & Hartle, 1993)이 있다. 여기서 이런 다양한 대안들을 속속들이 논의하는 것은 적절하지 않은 듯하다(하지만 꼭 짚어두어야 할 점으로서, 다음 절에서 소개하는 밀도 행렬은 위의 관점들 중 일부 — 또한 하크(Haag)의 연산자 이론(1992) — 에 중요한 역할을 한다. 짧게 언급하자면, 이런 절차들에는 꽤 흥미로운 여러 가지 점들과 어떤 참신한 독창성을 담고 있긴 하지만, 측정 문제가 이런 다양한 종류의 방법들만으로 정말로 해결될 수 있는지는 아직 영 확신이 서지 않는다. 물론 세월이 흘러 언젠가 내가 틀렸음이 밝혀지는 일도 분명 일어날 가능성이 있다.

6.4 밀도 행렬

많은 물리학자들은 자신들이 실용적인 사람들이며 $|\psi\rangle$의 '실재성' 문제에는 관심이 없다는 입장을 취할 것이다. $|\psi\rangle$에서 필요한 것이라고는 어떤 계의 장래의 물리적 행동에 관한 합당한 확률을 계산할 수만 있으면 그만

이라고 말할 테다. 종종, 이전에 어떤 물리적 상황을 나타내는 것으로 여겨졌던 한 상태가 극도로 복잡한 어떤 상태로 진행하는데, 이때 세세한 환경과의 얽힘이 개입되는 바람에 양자 교란 효과가 그것과 비슷한 다른 많은 상태들과는 판이하게 다름을 실질적으로 알아차릴 가능성이 전혀 없다. 그러한 '실용적인' 물리학자들은 분명 이렇게 주장할 것이다. 즉, 이 진행에서 비롯된 특정한 상태 벡터가 그것과 구별할 수 없는 다른 상태들보다 더 '실재성'을 지닌다고 주장하는 것은 타당하지 않다고 말이다. 정말로 그들 입장에서는 어떤 특정한 상태 벡터를 사용하여 '실재'를 기술하는 것만큼이나 벡터 상태들의 어떤 혼합 확률(probability mixture)을 사용하는 것도 좋다고 본다. 그러니까, 만약 한 계의 초기 상태를 나타내는 어떤 상태 벡터에 U를 적용하여 모든 실질적인 목적에서(벨의 FAPP) 상태 벡터들의 그러한 한 혼합 확률과 구별할 수 없는 어떤 것이 나온다면, U에 의해 진행되는 상태 벡터가 아니라 그 혼합 확률이 세계를 기술하기에 충분한 것이라고 본다.

종종 주장되듯이 — 적어도 FAPP — 절차 R은 이런 관점에서 이해할 수 있다. 앞으로 두 절에 걸쳐 이 중요한 문제를 다루고자 한다. 나는 (명백해 보이는) U/R 모순이 그러한 방법만으로 해결될 수 있다는 말이 정말로 참인지 여부를 묻고자 한다. 하지만 우선 (명백해 보이는?) R 과정을 설명하기 위한 표준적인 FAPP 유형의 접근법에서 도입된 절차들에 관하여 조금 더 구체적으로 알아보자.

이런 절차들의 핵심은 밀도 행렬이라고 일컫는 한 수학적 대상이다. 밀도 행렬은 양자론의 한 중요한 개념인데, 상태 벡터보다는 바로 이 양이 측정 과정을 표준적이고 수학적으로 기술하는 데 밑바탕이 된다. 또한 내 자신의 덜 전통적인 접근법, 특히 표준적인 FAPP 절차들과의 관계에 관한 접근법에도 핵심적인 역할을 한다. 이런 까닭에, 안타깝게도 우리가 이전에 필요로 했던 것보다 양자론의 수학적 형식론을 좀 더 깊게 파헤쳐야 한다. 이에 대해 잘 모르는 독자라도 기죽지 않기를 바란다. 비록 전부 다 이해되지는 않더라도, 독자가 이 책에 나오는 수학적 주장들을 훑어만 보아도 도움이 될 것이며 분명 얻는 바가 있을 터이다. 또한 나중에 나올 주장들 가운데 일부 그리고 왜 우리에게 양자역학의 발전된 한 이론이 실제로 필요한지와 관련된 미묘한 점들을 이해하는 데도 상당한 도움이 될 것이다!

밀도 행렬은 한 단일의 상태 벡터가 아니라 많은 다양한 대안적인 상태 벡터들의 한 혼합 확률을 나타내는 것이라고 볼 수 있다. '혼합 확률'이란 단지 해당 계의 실제 상태가 어떤 것인지, 어디에서 각 가능한 대안적 상태 벡터가 하나의 확률을 할당받는지에 대한 얼마간의 불확실성이 있음을 뜻한다. 이들은 보통의 고전적인 의미에서 실수 확률일 뿐이다. 하지만 밀도 행렬이 개입되면, 이러한 설명에 있어서 이 확률 가중 혼합에서 생기는 고전적인 확률들과 **R** 절차에서 비롯되는 양자역학적 확률 사이에 어떤 (의도적인) 혼란이 일어난다. 핵심 개념은 이렇다. 즉, 우리는 그 둘을 조작적으로 구분할 수 없기에, 그 둘을 구분하지 않는 수학적 설명 — 밀도 행렬 — 이 조작적으로 적합하다.

이 수학적 설명이 도대체 무엇이란 말인가? 여기서 아주 세세하게 들어가고 싶지는 않고 단지 기본 개념의 소개로도 도움이 될 것이다. 이 밀도 행렬은 사실 매우 멋들어진 개념이다.* 우선 각 개별 상태 $|\psi\rangle$ 대신에 우리는 다음과 같이 표현되는 대상을 사용한다.

$$|\psi\rangle\langle\psi|.$$

---

* 이 개념은 뛰어난 헝가리계 미국인 수학자인 존 폰 노이만이 1932년에 처음 내놓았다. 게다가 그는 앨런 튜링의 기념비적 연구에 뒤이어 전자식 컴퓨터 개발의 밑바탕이 되는 이론을 처음으로 내놓은 주요 인물이기도 하다. 3장의 후주 9에 언급한 게임 이론 또한 폰 노이만의 머리 속에서 나온 것이다. 그리고 여기서 더욱 중요한 점으로서, 내가 '**U**'와 '**R**'이라고 이름 붙인 두 양자 절차를 처음으로 명확히 구별한 사람도 바로 폰 노이만이다.

이것이 무슨 뜻일까? 정확한 수학적 정의는 여기서 우리들에게 중요하지 않지만, 이 표현은 상태 벡터 $|\psi\rangle$와 그것의 '복소 켤레'인 $\langle\psi|$ 간의 일종의 '곱'(§5.15에서 언급한 텐서 곱의 한 형태)을 나타낸다. 여기서 우리는 $|\psi\rangle$를 표준화된 상태 벡터($\langle\psi|\psi\rangle = 1$인 것)으로 택하는데, 그러면 $|\psi\rangle\langle\psi|$는 벡터 $|\psi\rangle$가 나타내는 물리적 상태에 의해 고유하게 결정된다(§5.10에서 논의된 위상인자 허용(phase-factor freedom) $|\psi\rangle \mapsto e^{i\theta}|\psi\rangle$와 독립적임). 디랙의 용어로 하자면, 원래의 $|\psi\rangle$는 '켓(ket)' 벡터라 하고 $\langle\psi|$는 그것에 대응하는 '브라(bra)' 벡터라고 한다. 브라 벡터 $\langle\psi|$와 켓 벡터 $|\phi\rangle$는 아래와 같이 둘이 함께 결합되어 스칼라 곱('브라켓')을 이룰 수 있다(브라켓(bracket)은 괄호라는 뜻의 영어 단어임-옮긴이).

$$\langle\psi|\phi\rangle.$$

이는 §5.12에서 나왔던 표기다. 이 스칼라 곱은 일반적인 복소수인 데 반해, 밀도 행렬과 함께 생기는 텐서 곱 $|\psi\rangle\langle\phi|$는 더욱 복잡한 수학적인 '것' — 어떤 벡터 공간의 원소 — 을 내놓는다.

'대각합(trace)'이라는 특정한 수학 연산이 있는데, 이를 통해 우리는 이 '것'을 일반적인 복소수로 넘겨줄 수 있다. $|\psi\rangle\langle\phi|$와 같은 단일한 표현에 대하여, 이것은 항의 순서를 바꾸어 스칼라 곱을 만드는 것에 해당된다. 즉,

$$\text{trace}(|\psi\rangle\langle\phi|) = \langle\phi|\psi\rangle.$$

반면에 항들의 합에 대해서는, 'trace'는 선형적으로 작동한다. 가령,

$$\text{trace}(z|\psi\rangle\langle\phi| + w|\alpha\rangle\langle\beta|) = z\langle\phi|\psi\rangle + w\langle\beta|\alpha\rangle.$$

$\langle\psi|$ 그리고 $|\psi\rangle\langle\phi|$와 같은 대상들의 모든 수학적 속성들을 자세히 살펴보지는 않겠지만, 몇 가지 점들은 언급할 가치가 있다. 우선, 곱 $|\psi\rangle\langle\phi|$는 곱 $|\psi\rangle|\phi\rangle$의 경우에 대해 449쪽에서 나열한 것과 동일한 대수 법칙들을 그대로 만족한다(마지막 것은 예외인데, 그것은 여기서의 논의와는 무관한 것이다).

$$(z|\psi\rangle)\langle\phi| = z(|\psi\rangle\langle\phi|) = |\psi\rangle(z\langle\phi|),$$
$$(|\psi\rangle + |\chi\rangle)\langle\phi| = |\psi\rangle\langle\phi| + |\chi\rangle\langle\phi|,$$
$$|\psi\rangle(\langle\phi| +\langle\chi|) = |\psi\rangle\langle\phi| + |\psi\rangle\langle\chi|.$$

아울러 언급해야 할 것으로서, 브라 벡터 $\bar{z}\langle\psi|$는 켓 벡터 $z|\psi\rangle$의 복소 켤레이다. ($\bar{z}$는 복소수 z의 일반적인 켤레 복소수이다. 415쪽 참고) 그리고 $\langle\psi| +\langle\chi|$는 $|\psi\rangle + |\chi\rangle$의 복소 켤레이다.

가령, 각각 a와 b의 확률을 갖는 $|\alpha\rangle$, $|\beta\rangle$라는 표준화된 상태의 어떤 혼합 확률을 나타내는 밀도 행렬을 기술하고 싶다고 하자. 적절한 밀도 행렬은 이 경우 다음과 같다.

$$D=a|\alpha\rangle\langle\alpha| + b|\beta\rangle\langle\beta|.$$

표준화된 세 상태 $|\alpha\rangle$, $|\beta\rangle$, $|\gamma\rangle$가 각각 확률 a, b, c를 갖는다면 아래와 같다.

$$D=a|\alpha\rangle\langle\alpha| +b|\beta\rangle\langle\beta| +c|\gamma\rangle\langle\gamma|.$$

상태가 더 많은 경우 이런 식으로 계속된다. 대안들에 대한 확률들은 전부 더하면 1이 된다는 사실로부터 임의의 밀도 행렬에 대하여 다음의 중요한 속성이 도출된다.

$$\text{trace}(\boldsymbol{D}) = 1.$$

어떤 측정에서 생기는 확률을 밀도행렬을 이용하여 어떻게 계산할 수 있을까? 우선 원시적 측정의 경우부터 살펴보자. 우리는 계가 물리적 상태 $|\psi\rangle$(예)에 있는지 아니면 $|\psi\rangle$와 직교하는 상태(**아니오**)에 있는지를 묻는다. 측정 자체는 밀도 행렬과 매우 비슷한 한 수학적 대상(프로젝터(projector))에 의해 다음과 같이 표현된다.

$$\boldsymbol{E} = |\psi\rangle\langle\psi|.$$

그러면 **예**를 얻을 확률 p는 아래와 같다.

$$p = \text{trace}(\boldsymbol{DE}).$$

여기서 곱 $\boldsymbol{DE}$는 그 자체로 밀도 행렬과 같은 '것'으로서 일반적인 대수 규칙을 사용하여 얻어진다. 다만 '곱하기'의 순서에 주의해야 한다. 가령, 위의 두 항의 합 $\boldsymbol{D} = a|\alpha\rangle\langle\alpha| + b|\beta\rangle\langle\beta|$에 대해 다음이 얻어진다.

$$\begin{aligned}
\boldsymbol{DE} &= (a|\alpha\rangle\langle\alpha| + b|\beta\rangle\langle\beta|)|\psi\rangle\langle\psi| \\
&= a|\alpha\rangle\langle\alpha|\psi\rangle\langle\psi| + b|\beta\rangle\langle\beta|\psi\rangle\langle\psi| \\
&= (a\langle\alpha|\psi\rangle)|\alpha\rangle\langle\psi| + (b\langle\beta|\psi\rangle)|\beta\rangle\langle\psi|.
\end{aligned}$$

$\langle\alpha|\psi\rangle$와 $\langle\beta|\psi\rangle$항은 다른 표현들과 '가환'될 수 있다. 왜냐하면 이들은 단순히 숫자일 뿐이기 때문이다. 우리가 순서에 반드시 주의해야 하는 것은 $|\alpha\rangle$와 $\langle\psi|$와 같은 '것들'이다. 그리고 다음이 얻어진다($z\bar{z} = |z|^2$. 414, 415쪽 참고)

$$\mathrm{trace}(\boldsymbol{DE}) = (a\langle\alpha|\psi\rangle)\langle\psi|\alpha\rangle + (b\langle\beta|\psi\rangle)\langle\psi|\beta\rangle$$
$$= a|\langle\alpha|\psi\rangle|^2 + b|\langle\beta|\psi\rangle|^2.$$

앞에서 보았듯이(§5.13, 445쪽), $|\langle\alpha|\psi\rangle|^2$과 $|\langle\beta|\psi\rangle|^2$은 각 결과 $|\alpha\rangle$와 $|\beta\rangle$에 대한 양자 확률이고, 여기서 a와 b는 총 확률에 고전적인 기여를 하는 값이다. 그러므로 양자 확률과 고전적인 확률이 이 최종 표현에 전부 함께 혼합되어 있다.

더욱 일반적인 예/아니오 측정의 경우에도 논의는 기본적으로 동일하다. 단 예외라면, 위에서 정의된 $\boldsymbol{E}$ 대신에 다음과 같은 더욱 일반적인 프로젝터를 사용한다는 점이다.

$$\boldsymbol{E} = |\psi\rangle\langle\psi| + |\phi\rangle\langle\phi| + \cdots + |\chi\rangle\langle\chi|.$$

여기서 $|\psi\rangle$, $|\phi\rangle$, $\cdots$, $|\chi\rangle$는 힐베르트 공간 내의 예 상태에 걸쳐 있는 서로 직교하는 표준화된 상태들이다. 이에 대해 다음의 일반 성질이 있다.

$$\boldsymbol{E}^2 = \boldsymbol{E}.$$

이것은 프로젝터의 특성이다. 밀도 행렬이 $\boldsymbol{D}$인 계 상에 프로젝터 $\boldsymbol{E}$에 의해 정의되는 측정에 대하여 **예**의 확률은 이전과 똑같이 $\mathrm{trace}(\boldsymbol{DE})$다.

여기서 주목할 중요한 사실로서, 요구되는 확률은 만약 밀도 행렬 및 해당 측정을 기술하는 프로젝터를 알기만 하면 계산할 수 있다. 밀도 행렬이 특정한 상태들로 인해 함께 합쳐지는 특정한 방식은 알 필요가 없다. 총 확률은 고전적인 확률들과 양자적 확률들의 적절한 조합으로 저절로 나온다. 최종 확률의 얼마만큼이 각 부분에서 나오는지에 대해서는 신경 쓰지 않아도 된다.

고전적 확률들과 양자적 확률들이 밀도 행렬 내에서 함께 뒤섞이는 흥미로운 방식을 조금 더 자세히 살펴보자. 예를 들어 이렇게 가정하자. 즉, 스핀 1/2인 입자가 하나 있는데, 우리는 (표준화된) 스핀 상태가 |↑⟩인지 아니면 |↓⟩인지 전혀 모른다. 그러므로 각각의 확률을 1/2와 1/2라고 잡으면, 밀도 행렬은 다음과 같다.

$$D = (1/2)|↑⟩⟨↑| + (1/2)|↓⟩⟨↓|.$$

이제 (간단한 계산으로) 드러나듯이, 정확하게 똑같은 밀도 행렬 D가 임의의 다른 직교 확률들(가령, (표준화된) 상태 |→⟩와 |←⟩, 여기서 |→⟩ = (|↑⟩ +|↓⟩)/$\sqrt{2}$ 그리고 |←⟩ = (|↑⟩ − |↓⟩)/$\sqrt{2}$)의 동일한 혼합 확률 1/2, 1/2로 생긴다.

$$D = (1/2)|→⟩⟨→| + (1/2)|←⟩⟨←|.$$

입자의 스핀을 위쪽 방향으로 측정하기로 선택한다면, 이에 관한 프로젝터는 다음과 같다.

$$E = |↑⟩⟨↑|.$$

그러면 위의 첫 번째에 따른 **예**의 확률은 다음과 같다.

$$\begin{aligned}
\text{trace}(DE) &= (1/2)|⟨↑|↑⟩|^2 + (1/2)|⟨↓|↑⟩|^2 \\
&= (1/2) \times 1^2 + (1/2) \times 0^2 \\
&= 1/2.
\end{aligned}$$

여기서 우리는 $\langle\uparrow|\uparrow\rangle = 1$ 그리고 $\langle\downarrow|\uparrow\rangle = 0$을 이용하고 있다(둘 다 표준화되어 있고 서로 직교). 그리고 두 번째에 따른 예의 확률은 다음과 같다.

$$\text{trace}(\boldsymbol{DE}) = (1/2)|\langle\rightarrow|\uparrow\rangle|^2 + (1/2)|\langle\leftarrow|\uparrow\rangle|^2$$
$$= (1/2)\times(1/\sqrt{2})^2 + (1/2)\times(1/\sqrt{2})^2$$
$$= 1/4 + 1/4 = 1/2.$$

여기서는 오른쪽/왼쪽 상태 $|\rightarrow\rangle$와 $|\leftarrow\rangle$는 측정된 상태 $|\uparrow\rangle$와 직교이지도 평행이지도 않고, 사실 $|\langle\rightarrow|\uparrow\rangle| = |\langle\leftarrow|\uparrow\rangle| = 1/\sqrt{2}$.

비록 둘 다 똑같은 확률이 나오긴 했지만(당연한 결과다. 왜냐하면 밀도 행렬이 동일하니까), 이 두 경우에 대한 물리적 해석은 꽤 다르다. 우리는 임의의 상태의 물리적 '실재'란 어떤 명백한 상태 벡터에 의해 기술됨을 인정하긴 하지만, 이 실제 상태 벡터가 무엇인지에 대해서는 고전적인 불확실성이 존재한다. 위의 두 경우 중 첫 번째에서는 상태가 $|\uparrow\rangle$ 아니면 $|\downarrow\rangle$이지만, 둘 중 어느 것인지는 모른다. 두 번째에서는 $|\rightarrow\rangle$ 아니면 $|\leftarrow\rangle$이지만, 둘 중 어느 것인지는 모른다. 첫 번째에서, 그 상태가 $|\uparrow\rangle$인지 묻는 측정을 실시할 때 그것은 고전적 확률의 단순한 문제이다. 이 상태가 $|\uparrow\rangle$일 단순명쾌한 확률이 1/2이다. 단지 이것으로 충분하다. 두 번째에서는 우리가 동일한 질문을 던질 때, 측정이 직면하는 것은 $|\rightarrow\rangle$와 $|\leftarrow\rangle$의 혼합 확률이며, 각각은 고전적인 확률 부분 1/2에다 양자역학적 확률 부분 1/2를 곱한 값을 합쳐서 총 확률 1/4 + 1/4 = 1/2가 된다. 여기서 알 수 있듯이, 밀도 행렬은 이 확률이 고전적 부분과 양자역학적 부분에서 얼마만큼이 합쳐져 생긴 것이든 간에 정확한 확률을 내놓는다.

위의 사례는 다음 이유로 꽤 특별하다. 즉, 밀도 행렬이 이른바 '퇴화된 고유값(degenerate eigenvalue)'을 갖는데(여기서 두 고전적 확률은 1/2, 1/2로서 동일하다는 사실), 이 덕분에 우리는 직교하는 대안들의 혼합 확률로서 두 가지 이상의 설명을 얻을 수 있다. 하지만 이는 현재의 논의에서 핵심적으로 중요한 내용은 아니다. (전문가들의 마음을 편하게 하려고 언급했을 뿐이다.) 우리는 언제나 한 혼합 확률 내의 대안적 상태들이 상호 직교하는 대안적 상태들의 한 집합보다 더 많은 다수의 상태들을 포함하도록 허용할 수 있다. 이를테면, 위의 상황에서 우리는 여러 가지 다른 많은 스핀 방향들의 복잡한 혼합 확률을 가질 수 있다. 밝혀진 바에 따르면, 임의의 어떠한 밀도 행렬에 대해서든 — 단지 퇴화된 고윳값을 지닌 행렬만이 아니라 — 그 행렬을 대안적 상태들의 혼합 확률로 표현하는 완전하게 상이한 방법들이 아주 많이 존재한다.

6.5 EPR 쌍에 대한 밀도 행렬

이제 밀도 행렬에 의한 기술이 특히 적합한 — 그렇긴 하지만 그것의 해석에 깃든 거의 역설적인 측면을 잘 드러내주는 — 상황의 한 유형을 살펴보자. 이는 EPR 효과와 양자 얽힘과 관련되어 있다. §5.17에서 논의된 물리적 상황을 고려해보자. 스핀 0의 한 입자(상태 $|\Omega\rangle$)가 스핀 1/2인 두 입자로 쪼개어져 각각 왼쪽과 오른쪽으로 아주 멀리 떨어지는 경우다. 이 둘의 결합된(얽힌) 스핀 상태에 대한 표현은 아래와 같다.

$$|\Omega\rangle = |L\uparrow\rangle|R\downarrow\rangle - |L\downarrow\rangle|R\uparrow\rangle.$$

오른손잡이 입자의 스핀이 어떤 관찰자의 측정 도구에 의해 곧 검사되지만, 왼손잡이 입자는 너무 멀리 떨어진 터라 그 관찰자가 접근할 수 없다고 가정하자. 어떻게 관찰자는 오른손잡이 입자의 스핀 상태를 기술할까?

그가 아래 밀도 행렬을 사용한다고 봄이 아주 적절할 테다.

$$D = (1/2)|R\uparrow\rangle\langle R\uparrow| + (1/2)|R\downarrow\rangle\langle R\downarrow|.$$

왜냐하면 아래와 같은 이유에서다. 그는 또 한 명의 관찰자 — 멀리 떨어져 있는 어떤 동료 — 가 왼쪽 입자의 스핀을 위/아래 방향으로 측정하기로 선택했다고 상상할지 모른다. 그는 상상 속 동료가 그 스핀 측정에 대해 어떤 결과를 얻을지 알아낼 도리가 없다. 하지만 이것은 확실히 안다. 즉, 만약 동료가 결과 $|L\uparrow\rangle$을 얻었다면, 자신의 입자 상태는 $|R\downarrow\rangle$일 것이며, 반면에 동료가 $|L\downarrow\rangle$을 얻었다면 자신의 입자 상태는 틀림없이 $|R\uparrow\rangle$이다. 그는 또한 (양자론의 표준 규칙들에 따라 이 상황의 확률에 대해서 예상할 수 있는 것으로부터) 마찬가지로 상상 속 동료도 $|L\uparrow\rangle$와 $|L\downarrow\rangle$를 얻을 확률이 동일함을 안다. 그러므로 그는 결론 내리기를, 자신의 입자 상태는 두 대안 $|R\uparrow\rangle$, $|R\downarrow\rangle$에 대해 하나의 동일한 혼합 확률(즉, 각자 확률 1/2, 1/2)이다. 따라서 밀도 행렬은 위에 나온 대로 D일 수밖에 없다.

하지만 그는 동료가 방금 왼손잡이 입자를 왼쪽/오른쪽 방향으로 측정했다고 상상했을 수도 있다. 완전히 동일한 추론에 의해(대안적 표현 $|\Omega\rangle =$ $|L\leftarrow\rangle|R\rightarrow\rangle - |L\rightarrow\rangle|R\leftarrow\rangle$을 사용하여. 457쪽 참고) 이번에 그는 이렇게 결론 내린다. 즉, 자신의 입자의 스핀 상태는 오른쪽과 왼쪽의 한 동일한 혼합 확률이며, 이에 따라 밀도 행렬은 다음과 같이 주어진다.

$$D = (1/2)|R\rightarrow\rangle\langle R\rightarrow| + (1/2)|R\leftarrow\rangle\langle R\leftarrow|.$$

위에서 나왔듯이 이는 방금 전에 다룬 밀도 행렬과 완전히 동일한 것이지만, 대안적 상태들의 한 혼합 확률로서의 그 해석은 아주 다르다! 관찰자가 어느

---

* '독자에게 드리는 말씀'을 읽어 보기 바란다.

해석을 채택할지는 중요하지 않다. 그의 밀도 행렬은 오른손잡이 입자가 얻을 수 있는 모든 정보를 제공한다. 게다가 그의 동료는 상상 속의 존재일 뿐이므로 관찰자는 왼손잡이 입자에서 행해진 어떠한 스핀 측정도 고려할 필요가 없다. 동일한 밀도 행렬 D는 그가 자신의 입자를 실제로 측정하기 전에 오른손잡이 입자의 스핀 상태에 관해 알 수 있는 모든 정보를 알려준다. 정말로 우리는 오른손잡이 입자의 '실제 상태'는 임의의 특정한 상태 벡터보다는 밀도 행렬 D에 의해 더 정확하게 주어진다고 가정할 수 있다.

이런 일반적인 유형에 대한 고찰을 통해, 우리는 밀도 행렬이 상태 벡터보다 어떤 환경에서의 양자적 '실재'에 대한 더욱 적합한 설명을 제공하는 것이라고 여기게 된다. 하지만 이는 방금 고려한 것과 같은 상황에서 종합적인 관점을 제공하지는 않는다. 왜냐하면 원리상으로 관찰자의 상상의 동료가 실제 존재여서 두 관찰자가 마침내 자신들의 결과를 서로에게 알리지 말라는 법이 없기 때문이다. 한 관찰자의 측정과 다른 관찰자의 측정 사이의 상관성은 왼손잡이 입자와 오른손잡이 입자 별도의 개별적인 밀도 행렬로는 설명할 수 없다. 이 때문에 위에서 주어진 실제 상태 벡터 $|\Omega\rangle$가 제공하는 전체 얽힌 상태가 필요한 것이다.

가령, 만약 두 관찰자가 자신들의 입자의 스핀을 위/아래 방향으로 측정하기로 했다면, 반드시 두 측정 결과는 서로 정반대일 것이다. 두 입자에 대한 개별 밀도 행렬은 이 정보를 제공하지 못한다. 더 중요한 점으로서, 벨의 정리(§ 5.4)에 따르면, 결합된 입자 쌍의 얽힌 상태를 측정하기 이전에 모델링할 고전적인 유형의 국소적인('베르틀만의 양말') 방법은 없다. (ENM 6장 후주 14를 보면 이 사실이 간단하게 증명 — 핵심 증명은 스탭(Henry Stapp)에 의한 것임 (1979년. 또한 스탭의 1993년 문헌 참고) — 되어 있다. 이 증명이 다룬 대상은 관찰자들 중 하나가 자기 입자의 상태를 위/아래 또는 오른쪽/왼쪽 중 어느 하나로 측정하기로 정하고, 반면에 다른 한 관찰자는 이들 방향에 대해 45°인 두 방향 중 하나로 정하는 경우다. 만약 스핀 1/2인 두 입자 대신에 스핀 3/2인 두 입자를 사용한다면, §5.3의 마법의 12면체는 이런 종류를 더욱 설득력 있게 보여준다. 왜냐하면 이때에는 확률이 필요하지 않기 때문이다.)

따라서 밀도 행렬은 계의 두 부분에 대한 측정이 왜 실시 및 비교될 수 없는지에 대하여 원리상으로 어떤 이유가 있을 때에만 이런 상황의 '실재'를 기술하는 데 적합할 수 있다. 보통 상황에서는 왜 그래야 하는지 이유가 없는 편이다. 비정상적인 상황들 — 가령, 스티븐 호킹(Stephen Hawking, 1982년)이 고려한 것으로서, EPR 쌍의 한 입자가 블랙홀 속에 갇혔을 때 — 에서는 밀도 행렬이 근본적인 수준에서 필요한 더욱 심각한 경우가 있을지 모른다(호킹의 주장). 하지만 그렇다고 해서 본질적으로 양자론의 기본 틀에 변화가 생기지는 않는다. 그런 변화 없이도 밀도 행렬의 핵심적인 역할은 근본적이라기보다는 FAPP 이다. 물론 이 역할도 중요하긴 하지만 말이다.

6.6 R에 대한 FAPP 설명?

이제 밀도 행렬이 **R** 과정이 어떻게 생기는 '듯 보이는지'에 관한 표준적인 — FAPP — 설명에 어떤 역할을 하는지 알아보자. 핵심 개념을 말하자면, 한 양자계 그리고 한 측정 도구는 이 둘이 존재하는 환경과 더불어 — 모두 **U**에 따라 함께 진행한다고 가정한다 — 마치 측정의 효과들이 필연적으로 이 환경과 얽히게 될 때마다 **R**이 발생하는 듯이 행동한다.

양자계는 처음에는 주위 환경과는 고립된 것으로 보지만, '측정'되자마자 측정 도구에 대규모의 효과를 발생시켜 측정 도구는 곧 주변 환경과 상당할 정도의 얽힘을 갖게 되고 얽힘을 맺는 주변 환경의 영역도 점점 커지게 된다. 이 단계에서의 상황은 앞 절에서 논의한 EPR 상황과 여러 면에서 비슷하다. 양자

계는 자신이 방금 영향을 준 측정 도구와 더불어 오른손잡이 입자가 행하는 것과 같은 역할을 하는 데 반해, 측정으로 영향을 받은 환경은 왼손잡이 입자가 행하는 것과 같은 역할을 한다. 측정 도구를 검사하고자 하는 물리학자는 위의 논의에서 나온, 오른손잡이 입자를 검사하는 관찰자와 비슷한 역할을 할 테다. 그 관찰자는 왼손잡이 입자에 행해질지 모르는 어떠한 측정에도 접근할 수가 없었는데, 마찬가지로 이 물리학자도 환경이 측정 도구에 의해 교란을 받게 되는 자세한 방법에는 접근하지 못한다. 환경은 엄청나게 많은 무작위적으로 움직이는 입자들로 이루어져 있는데, 환경 내의 입자들이 교란되는 정확한 방식 속에 포함된 자세한 정보들은 실제적으로 물리학자한테는 소실되어 꺼낼 수 없게 된다고 보아도 좋다. 이는 위의 사례에서 왼손잡이 입자의 스핀에 관한 어떠한 정보라도 오른손잡이 관찰자에게는 접근불가인 상황과 비슷하다. 오른손잡이 입자일 때와 마찬가지로, 측정 도구의 상태는 순수한 양자 상태보다는 밀도 행렬에 의해 적절히 기술된다. 따라서 그것은 순수한 상태 그 자체보다는 상태들의 혼합 확률로 취급된다. 이 혼합 확률은 절차 **R**에 따른 확률 가중 대안들을 제공하는데, 이로써 — 적어도 FAPP 상으로 — 표준적인 주장이 진행된다.

한 사례를 살펴보자. 한 광자가 어떤 광원에서 방출되어 검출기 방향으로 향한다고 가정하자. 광원과 검출기 사이에는 부분적으로 은도금된 거울이 있는데, 거울과 부딪힌 후 광자의 상태는 다음과 같은 중복 상태이다.

$$w|\alpha\rangle + z|\beta\rangle.$$

여기서 투과된 상태 $|\alpha\rangle$는 검출기를 활성화시키지만(**예**), 반사된 상태 $|\beta\rangle$는 활성화시키지 않는다(**아니오**). 여기서 모든 상태가 표준화되어 있다고 가정하면, 절차 **R**에 따라 다음이 얻어진다.

예의 확률 $= |w|^2$, **아니오**의 확률 $= |z|^2$.

철반이 은도금된 거울일 경우(§5.7에서 살펴본 원래 사례에서는 $|\alpha\rangle$와 $|\beta\rangle$가 각각 $|B\rangle$와 $i|C\rangle$), 이 두 확률은 각각 1/2이기에, $|w| = |z| = 1/\sqrt{2}$ 이다.

검출기는 원래 상태 $|\Psi\rangle$이다가, 광자(상태 $|\alpha\rangle$)를 흡수하면 $|\Psi_Y\rangle$(**예**)로 진행하며 광자(상태 $|\beta\rangle$)를 흡수하지 못하면 $|\Psi_N\rangle$(**아니오**)로 진행한다. 만약 환경을 무시할 수 있다면, 그 단계에서의 상태는 다음 형태이다.

$$w|\Psi_Y\rangle + z|\Psi_N\rangle|\beta\rangle.$$

(모든 상태는 표준화되어 있다고 가정한다). 하지만 거시적 대상인 검출기가 주위 환경과 재빨리 상호작용을 일으킨다고 가장하자. 아울러 우리는 날아가는 광자(처음 상태 $|\beta\rangle$)가 실험실 벽에 흡수되어 환경의 일부가 된다고 가정할 수도 있다. 이전과 마찬가지로 검출기는 광자를 수신하느냐 여부에 따라 각각 $|\Psi_Y\rangle$와 $|\Psi_N\rangle$ 상태로 정해지지만, 그렇게 하면서 검출기는 다른 방식으로 각 경우에 대해 환경을 교란하게 된다. 우리는 상태 $|\Phi_Y\rangle$를 $|\Psi_Y\rangle$에 동반되도록, 그리고 $|\Phi_N\rangle$을 $|\Psi_N\rangle$에 동반되도록 할당할 수 있으며(역시 표준화되어 있다고 가정하지만 반드시 직교일 필요는 없음) 전체 상태는 다음과 같은 얽힌 형태로 표현할 수 있다.

$$w|\Phi_Y\rangle|\Psi_Y\rangle + z|\Phi_N\rangle|\Psi_N\rangle.$$

지금까지 앞서의 물리학자는 포함되지 않았지만 그는 곧 검출기를 검사하여 그것이 **예** 또는 **아니오**를 기록했는지 살펴볼 참이다. 물리학자는 검출기를 검사하기 직전에 어떻게 검출기의 양자 상태를 보는 것일까? 이전 논의에서 오른

손잡이 입자의 스핀을 측정하는 관찰자와 마찬가지로 물리학자는 밀도 행렬을 사용하는 편이 적합할 테다. 상태가 $|\Phi_Y\rangle$ 아니면 $|\Phi_N\rangle$인지 여부를 확인하기 위해 환경에 실제 측정이 실시되지 않는다고 우리는 가정해도 좋다. 위에서 기술한 EPR 쌍에서 왼손잡이 입자에 대한 경우처럼 말이다. 따라서 밀도 행렬은 검출기의 양자 상태를 적절히 기술해준다.

이 밀도 행렬은 무엇일까? 표준적인 유형의 주장[7](이 환경을 모델링하는 어떤 특별한 방식에 바탕을 둔 것이며 아울러 EPR식 상관관계의 비중요성과 같은 어떤 불완전하게 검증된 가정에도 바탕을 둔 것)에 따르면, 이 밀도 행렬은 급속하게 그리고 매우 가깝게 다음 형태로 접근한다는 결론이 얻어진다.

$$D = a|\Psi_Y\rangle\langle\Psi_Y| + b|\Psi_N\rangle\langle\Psi_N|.$$

여기서

$$a = |w|^2 \ \text{그리고} \ b = |z|^2.$$

이 밀도 행렬은 확률 $|w|^2$으로 **예**를 기록하고 $|z|^2$으로 **아니오**를 기록하는 검출기의 혼합 확률을 나타내는 것으로 해석할 수 있다. 이것은 **R** 과정에 의해 물리학자가 자신의 실험 결과로 알게 될 바로 그것이다. 그렇지 않을까?

우리는 이 결론을 내리는 데 조금 더 주의를 기울여야만 한다. 밀도 행렬 D는 정말로 이 물리학자로 하여금 그가 필요로 하는 확률들을 계산할 수 있게 해준다. 만약 그가 자신에게 열려 있는 대안들이 단지 검출기의 상태가 $|\Psi_Y\rangle$ 아니면 $|\Psi_N\rangle$ 둘 중 하나라고 가정할 수 있다면 말이다. 하지만 이 가정은 결코 우리 논의의 결과가 아니다. 이전 절에서 살펴보았듯이, 밀도 행렬은 상태들의 혼합 확률로서 많은 대안적인 해석들을 갖고 있다. 특히 철반이 은도금된 거울

의 경우, 우리는 위에서 나온 스핀 1/2인 입자에 대해 얻었던 것과 똑같은 다음 형태의 밀도 행렬을 얻는다.

$$D = (1/2)|\Psi_Y\rangle\langle\Psi_Y| + (1/2)|\Psi_N\rangle\langle\Psi_N|.$$

이것은 아래와 같이 다시 표현될 수 있다. 가령

$$D = (1/2)|\Psi_P\rangle\langle\Psi_P| + (1/2)|\Psi_Q\rangle\langle\Psi_Q|.$$

여기서 $|\Psi_P\rangle$와 $|\Psi_Q\rangle$는 검출기가 지닐 수 있는 두 가지 꽤 상이한 직교 상태 — 고전적 물리학의 관점에서 보면 꽤 터무니없는 — 로서 아래와 같다.

$$|\Psi_P\rangle = (|\Psi_Y\rangle + |\Psi_N\rangle)/\sqrt{2} \text{ 그리고 } |\Psi_Q\rangle = (|\Psi_Y\rangle - |\Psi_N\rangle)/\sqrt{2}.$$

물리학자가 자신의 검출기 상태가 밀도 행렬 D에 의해 기술된다는 점을 고려한다는 사실만으로는 검출기가 **예** 상태($|\Psi_Y\rangle$) 아니면 **아니오** 상태($|\Psi_N\rangle$) 중 어느 하나임을 그가 늘 알게 된다는 것이 결코 설명되지 않는다. 왜냐하면 상태가 고전적으로 터무니없는 $|\Psi_P\rangle$와 $|\Psi_Q\rangle$(이는 각각 '**예** 더하기 **아니오**'와 '**예** 빼기 **아니오**'의 양자 선형 중첩을 기술한다)의 동일 확률 가중 결합이더라도 똑같은 밀도 행렬이 주어지니 말이다!

대규모 검출기에 대하여 $|\Psi_P\rangle$ 및 $|\Psi_Q\rangle$와 같은 물리적으로 터무니없는 상태를 강조하는 차원에서 고양이 한 마리가 들어가 있는 상자로 이루어진 '측정 도구'의 사례를 살펴보자. 여기서 고양이는 만약 검출기가 광자(상태 $|\alpha\rangle$)를 수신하면 죽게 되고 그렇지 않으면(광자 상태 $|\beta\rangle$) 죽지 않는다. 한 마디로 슈뢰딩거 고양이다(§5.1 및 **그림 6.3** 참고). **예** 대답은 '죽은 고양이'의 형태로 제시

되고 **아니오** 대답은 '산 고양이'의 형태로 제시된다. 하지만 밀도 행렬이 이 두 상태의 동일한 혼합의 형태를 지님을 알게 되는 것만으로는 고양이가 (동일한 확률로) 죽었는지 살았는지를 확실히 알 수 없다. 왜냐하면 밀도 행렬이 알려주는 바라고는 '죽음 더하기 살아 있음' 아니면 '죽음 빼기 살아 있음'이 동일한 확률로 둘 중 하나이라는 것뿐이기 때문이다! 밀도 행렬 그 자체는 이 두 가지 고전적으로 터무니없는 확률들이 우리가 알고 있는 실제 세계에서 경험되지 않음을 알려주지 않는다. **R**의 설명에 대한 '다세계' 식 접근법에서와 마찬가지로 우리는 어쩔 수 없이 이번에도 한 의식 있는 관찰자(여기서는 우리의 '물리학자')가 어떤 종류의 상태를 지각할 수 있는지를 고찰해볼 수밖에 없다. 과연 왜 '죽은 고양이 더하기 산 고양이'와 같은 상태는 의식 있는 외부* 관찰자가 지각할 수 있는 것이 아닐까?

이렇게 대답하는 사람도 있을 법하다. 즉, 물리학자가 검출기에 실시하려고 하는 '측정'은 어쨌거나 검출기가 **예** 또는 **아니오** — 즉, 이 사례에서는 고양이가 죽었는지 아니면 살았는지 — 를 기록하는지 여부를 결정하려는 것뿐이라고 말이다. (이는 이전 절에서 오른손잡이 입자의 스핀이 위쪽인지 아니면 아래쪽인지를 결정하려는 관찰자와 비슷하다.) 이 측정에 대해서 밀도 행렬은 그것을 표현하기 위해 어떠한 방법을 선택하든지 간에 정말로 정확한 확률을 제공한다. 하지만 여기서 의문이 들지 않을 수 없다. 왜 고양이를 본다는 행위로 인해 이런 유형의 측정이 실시되는가? 양자계를 '본다는' 그리고 이에 따라 양자계를 지각한다는 행위를 통해 우리가 '죽은 고양이 더하기 산 고양이'의 결합과 마주칠 수 없다는 점에 대해서 양자계의 **U** 진행은 아무것도 알려주지 않

---

* 물론 고양이 자신의 의식의 문제도 고려되어야 할 것이다! 이런 측면은 유진 P. 위그너(Eugen P. Wigner)가 제시한 슈뢰딩거의 고양이 버전(1961년)에서 집중적으로 다루어졌다. 그가 제시한 사고실험인 '위그너의 친구'는 슈뢰딩거 고양이의 어떤 모욕적인 측면 때문에 힘겨워하면서도 고양이가 처한 중복 상태 각각을 충분히 의식하고 있다!

는다. 우리는 이전과 마찬가지 지점에 되돌아와 있다. 인식이란 무엇인가? 우리의 뇌는 실체로 어떻게 구성되어 있는가? 이런 종류의 질문을 던지지 않아도 되었기에 우리는 처음에 **R**에 관한 FAPP 설명을 먼저 했던 것이다!

이렇게 주장할 사람들도 있을 것이다. 즉, 우리가 살펴본 사례들은 두 확률이 각각 1/2로 동일한(퇴화된 고유값의 경우), 대표성이 없는 특별한 경우라고 말이다. 그런 상황에서만 밀도 행렬은 서로 직교하는 대안들의 확률 가중 혼합으로서 두 가지 이상의 방법으로 표현될 수 있다. 하지만 이것은 중요한 제약은 아니다. 왜냐하면 대안들의 직교성은 밀도 행렬을 확률 가중 혼합으로 해석하는 데 요구되는 사항이 아니기 때문이다. 사실, 휴스턴(Hughston) 등의 최근 논문(1993년)에서 드러난 바에 의하면, 여기서 살펴본 것과 같이 해당 계가 또 다른 별도의 계와 얽혀 있다는 이유로 밀도 행렬이 생기는 상황들에서는, 밀도 행렬을 대안적인 상태들의 혼합 확률로 나타내기 위해 어떠한 방법을 선택하든지 간에, 그 별도의 계에 대해 실시될 수 있는 측정이 언제나 존재하며 이로 인해 그 계는 밀도 행렬을 나타내는 이러한 특별한 방식을 낳게 된다고 한다. 어쨌든 확률들이 동일한 경우에는 모호성이 존재하므로 이것만으로도 밀도 행렬에 의한 기술은 검출기의 대안적인 실제 상태들이 분명히 무엇인지를 기술하는 데 충분하지 않음이 드러난다.

요약하자면, 밀도 행렬이 **D**임을 안다는 것만으로는 그 계가 이 특별한 **D**를 생기게 하는 상태들의 어떤 특별한 집합의 혼합 확률인지 알지 못한다. 동일한 **D**를 얻는 완전히 다른 방식들이 언제나 매우 많이 존재하는데, 그것들 중 대다수는 상식적인 관점에서 보면 '터무니없다'. 게다가 이런 종류의 모호성은 임의의 밀도 행렬에 적용된다.

표준적인 논의들은 밀도 행렬이 '대각행렬'(정사각행렬 A의 주대각선 성분 이외의 모든 성분이 0일 때, A를 대각행렬(diagonal matrix)이라 한다~옮긴이)임을 보여주려는 것 이상으로 발전하지 못할 때가 종종 있다. 무슨 뜻이냐면, 결과적으로 그 행렬이 상호 직교하는 대안들의 확률 가중 혼합으로 표현될 수 있다는 뜻이다. 또한 이 대안들이 우리가 관심 있는 고전적인 대안들일 때 그렇게 표현될 수 있다는 뜻이기도 하다. (이 마지막 조건이 없으면 모든 밀도 행렬은 대각행렬이 된다!) 하지만 앞서 보았듯이 밀도 행렬이 이런 식으로 표현될 수 있다는 사실 그 자체는 검출기가 예와 아니오의 '터무니없는' 양자 중첩을 동시에 지각하지 못한다는 것을 우리에게 알려주지 않는다.

그러므로 빈번하게 주장되는 바와 달리, 표준적 주장은 환경이 개입될 때 **R**이라는 '환영'이 어떻게 **U** 진행의 일종의 근사적 기술로서 발생하는지를 설명해주지 않는다. 이 주장이 정말로 보여주는 바는 **R** 절차가 그런 환경 하에서 **U** 진행과 평화롭게 공존할 수 있다는 점이다. 우리에게는 **U** 진행과 별도인 양자론의 일부로서 **R**이 여전히 필요하다(적어도 어떤 종류의 상태를 의식적인 존재가 지각할 수 있는지를 알려주는 이론이 부재한 경우에는).

이것은 그 자체로서 양자론의 전반적인 일관성을 위해 중요하다. 하지만 또한 이 공존과 이 일관성이 엄밀한 지위라기보다는 **FAPP**의 지위를 가짐을 알아차리는 것이 중요하다. 이전 절의 마지막 논의에서 보았듯이, 밀도 행렬을 이용한 오른손잡이 입자에 대한 기술은 두 입자 모두에게 실시될지 모르는 측정들 사이의 비교가 없는 경우에만 적합했다. 그 때문에 단지 확률 가중 중첩이 아니라 자신의 양자를 지닌 전체 상태가 필요했다. 마찬가지로 현 논의에서 검출기를 밀도 행렬을 이용해 기술하는 일은 환경에 대한 미세한 세부 사항들이 측정될 수 없고 실험가의 검출기에 대한 관찰 결과들을 비교할 수 없을 때에만 적합하다. **R**이 **U**와 공존할 수 있는 경우란 환경의 미세한 세부사항들이 측정을 면제받을 때뿐이다. 그리고 미묘한 양자 간섭 효과들, 그러니까 (표준 양자론에 따라) 환경에 대한 세부적인 기술의 엄청난 복잡성 속에 숨어 있는 효과들은 결코 관찰될 수 없다.

분명히 표준 주장에는 진리에 대한 어떤 훌륭한 측정이 포함되어 있다. 하지만 그것이 답의 전부일 수는 결코 없다. 그런 간섭 현상의 효과들이 어떤 장래의 기술 진보로 인해 드러나지 않으리라고 어떻게 확신할 수 있겠는가? 우리에게는 분명 어떤 새로운 물리적 규칙이 필요하다. 즉, 현재로서는 실제적으로 실시될 수 없는 어떤 실험이 실제로 원리상으로 결코 실시될 수 없는 것인지 여부를 알려주는 규칙 말이다. 그런 규칙에 따르면, 그러한 간섭 효과들을 검색하는 것이 원리상으로 불가능하다고 보이는 어떤 물리적 활동의 수준이 있을 테다. 아마도 어떤 새로운 물리 현상이 등장하게 되고, 양자 수준 물리학의 복소 가중 중첩들은 단지 FAPP 식의 대안이 아니라 실체로 고전적 수준의 물리적 대안들이 될 것이다. FAPP 관점은 현 상태로 보자면 실제의 물리적 실재를 전혀 드러내주지 못한다. FAPP는 한 물리 이론의 임시방편 이상의 것이 결코 될 수 없다. 비록 가치 있는 임시방편이기는 하지만 말이다. 그리고 이런 점은 §6.12에서 내가 제시하게 될 제안을 위해서도 중요하다.

6.7 FAPP는 절댓값 제곱 규칙을 설명하는가?

앞선 세 개의 절에서는 거의 드러나지 않고 지나쳐도 무방한 하나의 암묵적인 가정이 더 들어 있었다. 이 가정의 필요성만으로도 우리가 **R** 절차의 절댓값 제곱 규칙을 **U** 진행으로부터 추론할 수 있다는 어떠한 제안도 — 심지어 FAPP 상으로도 — 실제로 무효로 만든다. 밀도 행렬을 사용할 때 우리가 정말로 묵시적으로 가정했던 바는 확률 가중 혼합이 그러한 대상에 의해 적절하게 기술된다는 것이다. $|\alpha\rangle\langle\alpha|$와 같은 표현, 즉 그 자체로서 '어떤 것 곱하기 그것의 복소 켤레' 형태의 적절성은 절댓값 제곱 규칙의 가정과 긴밀히 관련되어 있다. 밀도 행렬로부터 확률을 얻는 규칙은 고전적 확률을 양자적 확률과 올바르게 결합시키는데, 그렇게 되는 유

일한 이유란 절댓값 제곱 규칙이 밀도 행렬의 개념 바로 그 자체에 내재되어 있기 때문이다.

유니터리 진행(U)의 과정이 수학적으로 밀도 행렬의 개념 그리고 힐베르트 공간 스칼라 곱 $\langle\alpha|\beta\rangle$와 꼭 들어맞는다는 것은 정말로 참이긴 하지만, 그렇다고 해서 절댓값 제곱에 의해 계산되어지는 것이 확률이라는 점은 결코 알려주지 않는다. 이번에도 그것은 R과 U가 서로 공존하고 있다는 것일 뿐, R이 U와 어떻게 다른지를 설명해주지는 않는다. 유니터리 진행은 확률의 개념에 대해서는 아무 것도 알려주지 않는다. 양자 확률이 이 절차에 의해 계산될 수 있다는 것은 명백히 하나의 추가적인 가정이다. 다세계 접근법으로든 FAPP로든 R이 U와 일관성을 지닌다고 아무리 증명하려고 시도해보더라도 말이다.

양자역학이 대체로 실험에 의해 지지되는 까닭은 확률이 틀림없이 계산될 수 있음을 그 이론이 알려주는 바로 그 방식에서 생기기 때문에, 위험을 각오하고서 양자역학의 R 부분을 무시할 수 있다. 그것은 U와는 다른 것이며 U의 결과도 아니다. 틀림없이 그러하다는 것을 보여주려는 이론가들의 고되고 반복적인 시도에도 불구하고 말이다. 그것은 U의 결과가 아니기에 우리가 그 자체로서 하나의 물리적 과정으로서 받아들여야할 어떤 것이다. 그렇다고 해서 그것이 그 자체로서 하나의 물리 법칙이라는 말은 아니다. 의심할 바 없이 그것은 우리가 아직 이해하지 못하는 어떤 것에 대한 근사이다. 이전 절 말미의 논의가 강하게 제시하듯이, 측정 과정에서 R 절차를 사용하는 것은 정말로 하나의 근사이다.

어떤 새로운 것이 필요하다는 점을 인정하고서, 정당한 주의를 기울이면서 우리에게 앞으로 열리게 될지도 모르는 다양한 미지의 길들을 탐험해보자.

6.8 상태 벡터를 축소시키는 것은 의식인가?

물리계를 기술하는 데 있어서 $|\psi\rangle$의 역할을 진지하게 여기는 사람들 중에는 다음과 같이 주장하는 사람들이 있다. 즉, 모든 규모에서 U를 신뢰하는 것에 대한 대안으로서 다세계 유형의 관점을 믿으면서, R의 속성 중 어떤 것은 실제로 관찰자의 의식이 개입되자마자 생긴다고 여기는 이들이 있다. 유명한 물리학자 유진 위그너(Eugene Wigner)는 한때 이런 성질의 이론 하나를 내놓았다(위그너 1961년). 전반적인 개념은 이렇다. 비의식적인 물질 — 또는 그냥 무생물 — 은 U에 따라 진행하지만, 의식적인 실체(또는 '생명')가 물리적으로 그 상태와 얽히자마자 어떤 새로운 것이 등장하며 R로 이어지게 될 물리적 과정이 들어서서 실체로 그 상태를 축소시킨다는 것이다.

이러한 견해를 들고 나와, 의식적 실체가 자연이 그 시점에서 행하는 특정한 선택에 '영향을 미칠' 수 있다고 제안할 필요는 없다. 그런 제안은 분명 흐릿한 물가로 우리를 데려갈 테며, 내가 아는 한, 의지의 의식적 활동이 양자역학적 실험의 결과에 영향을 미칠 수 있다는 너무나 단순한 제안은 관찰된 사실들과 심각한 충돌을 빚는다. 그러므로 우리는 여기서 '의식적인 자유의지'가 R과 관련하여 어떤 활발한 역할을 꼭 해야 함을 요구하지 않는다(하지만 어떤 대안적인 관점들을 보려면 §7.1을 참고).

분명 어떤 독자들은 이렇게 예상할지 모른다. 즉, 내가 양자 측정 문제와 의식의 문제 사이의 연관성을 찾고 있으므로 내가 이런 전반적인 성질에 관한 생각들에 매력을 느낄 것이라고 말이다. 확실히 말해두지만 나는 그렇지 않다. 어쨌든 의식은 전 우주에 걸쳐 꽤 드문 현상이라고 볼 수 있다. 아마도 상당히 많은 의식 현상이 지구의 여러 곳에서 일어나는 듯한데, 하지만 오늘날까지 드러난 증거에 의하면,[8] 우리들로부터 수백 광년 너머의 깊은 우주 속에서는 —

설령 있다손 치더라도 — 고도로 발전된 의식이 없는 듯하다. 물리적 대상들이 그 속의 의식적 거주자들의 시각 또는 청각 내지 촉각에 의한 인식 여부에 따라 완전히 다른 방식으로 진행한다는 것은 '실제의' 물리적 우주의 모습으로서는 이상하기 그지없다.

이를테면 기후를 살펴보자. 카오스적인 물리적 과정에 따라(§1.7 참고) 어떤 행성에서 나타나는 기후의 세세한 패턴은 수많은 개별적인 양자 사건들에 틀림없이 민감하게 반응한다. 만약 과정 **R**이 의식 없이 실제로 발생하지 않는다면, 어떤 특정한 실제 기후 패턴도 양자 중첩된 대안들의 늪을 빠져나와 형성되지 않을 것이다. 어떤 먼 행성의 기후 패턴이 어떤 의식적인 존재가 그것을 어떤 시점에 의식하기 전까지는 헤아릴 수 없이 많은 상이한 확률들의 복소 중첩 상태들로 존재하며, 오직 그 시점에 이르러야만 중첩된 기후가 실제 기후가 된다고 우리는 정말로 믿을 수 있을까?

조작적 관점에서 보자면 — 즉, 어떤 의식적 존재의 조작적 관점에서 보자면 — 그러한 중첩된 '기후'는 어떤 불확실한 실제 기후와 전혀 다를 바가 없다(FAPP!). 하지만 이것 자체는 물리적 실재의 문제에 대한 만족스러운 해답이 아니다. 앞서 보았듯이, **FAPP** 관점은 '실재'의 이러한 깊은 사안들에 대한 해결책이 아니고 현재의 양자역학의 **U**와 **R** 절차가 공존하도록 허용해주는 임시방편일 뿐이다. 적어도 기술 발전에 의해 더욱 정확하고 일관된 견해가 등장하기 전까지는 말이다.

그러므로 나는 양자역학의 문제들에 대한 해답을 찾기 위해 다른 곳으로 눈을 돌리자고 제안하는 바이다. 의식의 문제가 양자 측정의 문제 — 또는 양자역학의 **U/R** 역설 — 와 궁극적으로 연결되어 있긴 하지만, 내가 보기에는 양자론의 내적인 물리적 사안들을 해결할 수 있는 것은 의식 자체(또는 우리에게 낯익은 형태의 의식)가 아니다. 내가 믿기로는 우리가 의식이라는 주제를 물리적 활동의 관점에서 진정으로 진전시키길 기대하기 훨씬 이전에도, 양자 측정의 문제를 과감히 다루어 잘 해결할 수 있다. 그리고 측정 문제는 전적으로 물리적인 관점에서 풀릴 수 있음이 틀림없다. 일단 만족할 만한 해답을 얻게 되면 우리는 의식의 문제에 관한 어떤 종류의 해답을 얻는 방향으로 나아갈 더 나은 위치에 서게 될지 모른다. 내가 보기에는, 양자 측정 문제를 푸는 것은 마음을 이해하는 데 선결과제이지 둘은 결코 동일한 문제가 아니다. 마음의 문제는 측정 문제보다 훨씬 더 어렵다!

6.9 $|\psi\rangle$를 정말로 진지하게 여기기

지금까지, 세계에 대한 양자적 설명을 진지하게 여긴다고 자처하던 관점들은 그것을 진정으로 진지하게 여기는 단계엔 못 미친다. 내가 보기에는 말이다. 양자 형식론은 그 내용을 쉽사리 진지하게 여기기란 너무나 기이하며, 대다수 물리학자들은 이에 강하게 동조하는 노선에서 벗어나 있다. 왜냐하면 해당 계가 양자 수준에 있는 한 우리는 $\mathbf{U}$에 따라 진행하는 상태 벡터 $|\psi\rangle$뿐만 아니라 $\mathbf{R}$의 곤혹스러운 불연속적이고 확률적인 활동에 대면하게 되는데 그 활동은 양자 수준 효과들이 확대되어 고전적 수준에 있는 사물들에 영향을 미칠 만큼 확대가 되자마자 $|\psi\rangle$에 불연속적인 '도약'을 일으키는 듯 보인다. 그러므로 만약 $|\psi\rangle$를 실재의 모습을 드러내는 것이라고 여기고자 한다면, 우리는 이 도약을 물리적으로 실체로 발생하는 일이라고 여겨야만 한다. 그것에 대해 우리가 불편한 느낌을 갖게 되든지 상관없이 말이다. 하지만 양자 상태 벡터에 관한 설명의 현 상황에 대해 이처럼 진지하게 여긴다면, 우리는 양자론의 실제 규칙들에 어떤(가급적이면 매우 미묘한) 변화를 도입할 준비를 또한 해야만 한다. 왜냐하면 $\mathbf{U}$의 작용은 엄밀히 말해 $\mathbf{R}$과 양립할 수 없으며, 어떤 미묘한 '문서 작업'이 있어야만 양자 수준의 행동과 고전적

수준의 행동의 설명 사이의 틈을 매울 수 있을 것이다.

사실, 오랜 세월 동안 이러한 노선을 따라 일관된 이론을 세우려는 여러 가지 독특한 시도들이 있었다. 부다페스트의 카로이하지(Karolyhazy)가 이끄는 헝가리 학파는 1966년경 이래로 중력 효과가 실제의 물리적 현상으로서 일종의 **R** 절차로 이어진다는 관점을 내놓았다(코마르(Komar) 1969년 참고). 조금 다른 노선으로서 미국 뉴욕 주 클린턴에 있는 해밀턴 칼리지의 필립 펄(Phillip Pearle)은 1976년경 이래로 **R**이 실제의 물리적 현상으로서 발생하는 비중력적 이론을 제시해오고 있다. 더욱 최근에는 1986년에 흥미로운 새로운 접근법이 지안칼로 지라르디(Giancarlo Ghirardi), 알베르토 리미니(Alberto Rimini) 그리고 툴리오 웨버(Tullio Weber)에 의해 제시되었는데, 존 벨로부터 아주 긍정적인 격려를 받은 후에 다른 이들에 의해 숱한 추가적인 제안과 발전된 내용들이 뒤따랐다.[9]

다음 절에서 주제와 관련되 내용들 중 내가 선호하는 내용, 즉 지라르디-리미니-웨버(GRW) 이론에서 빌려온 접근법을 제시하기 전에, 우선 그들이 제안한 내용을 여기서 요약하는 편이 유용할 것이다. 기본 개념은 $|\psi\rangle$의 실재성 그리고 특히 표준적인 **U** 절차의 정확성을 인정하는 것이다. 그러면, 국소적이고 자유로운 한 단일 입자의 파동함수는 처음에는 슈뢰딩거 방정식에 따라 시간이 흐르면서 공간 속의 모든 방향을 향해 바깥으로 퍼져나간다(**그림 6.1**). (기억하다시피, 한 입자의 파동함수는 입자가 처할 수 있는 상이한 여러 위치들에 대한 복소 가중 요소를 기술한다. **그림 6.1**의 그래프는 이 가중 요소의 실수부를 시각적으로 기술하는 것이라고 보아도 좋다.) GRW 이론의 새로운 특징은 아주 작은 확률이긴 하지만 갑자기 이 파동함수가 뾰족이 솟은 어떤 함수 — 가우스 함수, 이 함수가 펼쳐진 정도는 어떤 파라미터 σ에 의해 정해진다 — 와 곱해질 수 있다는 것이다. **그림 6.2**가 바로 이 함수를 보여준다. 입자의 파동함수는 즉시 매우 국소화되었다가 다시 바깥쪽으로 퍼져나가기 시작한다. 이 가

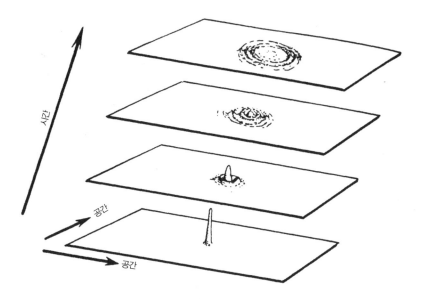

그림 6.1 한 입자의 파동함수의 슈뢰딩거 시간 진행은 처음에는 한 점 가까이에서 국소화되어 있다가 차츰 모든 방향으로 퍼진다.

우스 함수의 정점이 어느 한 장소 또는 다른 장소에 위치할 확률은 그 장소에서 파동함수의 값의 절댓값 제곱에 비례한다. 이런 식으로 이 이론은 양자론의 표준적인 '절댓값 제곱 규칙'과의 일관성을 얻는다.

이 절차는 얼마나 자주 적용될까? 대략 1억(10^8)년에 한번 꼴이다! 이 시간 간격을 T라고 하자. 그러면, 1초의 시간 내에 이 상태 축소가 한 입자에게 일어날 확률은 10^{-15}미만이다(1년은 초로 환산하면 약 3×10^7초이므로). 그러므로 한 단일 입자의 경우 이는 전혀 눈에 띄지 않는다. 하지만 이제 상당히 큰 어떤 물체가 하나 있고 그 물체의 입자들 각각이 이와 동일한 과정을 겪는다고 상상해보자. 만약 그 속에 약 10^{25}개의 입자가 있다면(가령, 작은 쥐 한 마리의 경우), 그 속의 어떤 입자가 이런 식의 '히트'를 겪을 확률은 한 단일 입자의 확률보다는 엄청나게 커질 테므로, 우리는 그 물체 속에서 약 1초의 10^{-10} 동안의 시간에

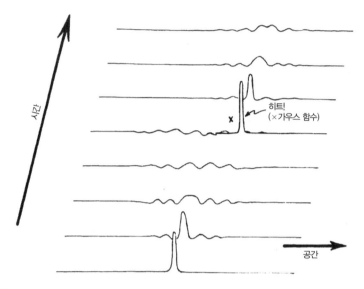

그림 6.2 원래의 지라르디-리미니-웨버(GRW) 이론에서는 파동함수는 대부분의 시간 동안 표준적인 슈뢰딩거 **U** 진행에 따라 진행한다. 하지만 대략 (입자 당) 10^8년에 한번 꼴로 그 상태는 '히트(hit)'를 겪어서 입자의 파동함수는 뾰족한 가우스 함수 — **R**의 GRW 버전 — 에 의해 곱해진다.

히트가 일어나리라고 예상할 수 있다. 그런 히트는 어떤 것이든 그 물체의 전체 상태에 영향을 미친다. 왜냐하면 히트를 당하는 특정한 입자가 물체의 나머지 입자들과 얽힌 상태에 있으리라고 예상되기 때문이다.

　이 개념을 슈뢰딩거 고양이에 어떻게 적용할지 살펴보자.[10] 슈뢰딩거 고양이 역설 — 본질적으로 양자론의 기본적인 **X**-불가사의 — 에서 우리는 고양이와 같은 대규모 물체가 두 가지 명백하게 다른 상태, 즉 산 고양이와 죽은 고양이의 양자 선형 중첩에 놓여 있다고 상상한다(§5.1, §6.6 참고). 양자역학적으로는 이렇게 말하기 쉽겠지만, 그 결과 나타나는 상황은 우리가 사는 실제 세계의 한 특징으로 받아들이기는 어렵다. 슈뢰딩거 자신도 이 점을 조심스레 지적했듯이 말이다. (하지만 일부 '|ψ⟩ 실재론자들'은 다세계 관점 내지는 의식에 의해 유도되는 상태 축소 이론 등의 노선을 따르기도 한다. §6.2, §6.8 참고) 슈

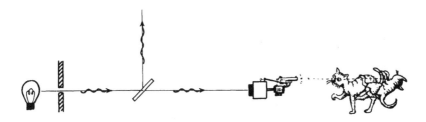

그림 6.3 슈뢰딩거의 고양이. 양자 상태는 반사된 그리고 투과된 광자의 선형 중첩이다. 투과된 성분은 고양이를 죽이는 장치를 작동시키기에, **U** 진행에 따라 고양이는 삶과 죽음의 중첩 상태로 존재한다. 이 문제를 해결하기 위해 GRW 이론에 따르면, 고양이 속의 입자들은 거의 즉각 히트를 겪게 되는데, 그중 첫 번째가 고양이의 상태를 죽거나 아니면 살아 있거나 둘 중 하나로 국소화시킨다고 한다.

뢰딩거 고양이를 구성하기 위해서는, 한 대규모 변화에 영향을 미치는 미묘한 종류의 한 양자 사건 — 사실, 측정 — 만을 마련하면 된다. 예를 들면, 한 광원에서 한 단일 광자가 방출되어 절반이 은도금된 거울에 반사/투과되는 경우를 살펴보자(§5.7). 광자의 파동함수의 투과된 부분은 고양이를 죽이는 장치와 연결된 검출기에 닿고, 반사된 부분은 검출기에 닿지 않고 벗어나 고양이에게 해를 끼치지 않는다고 하자. **그림 6.3**을 보기 바란다. 위에서 벌인 검출기에 대한 논의에서와 마찬가지로(§6.6), 죽은 고양이를 포함하는 한 부분 그리고 산 고양이 및 검출기에서 벗어나는 광자를 포함하는 다른 한 부분이 서로 얽힌 상태가 생길 테다. 두 가지 가능성은 축소 과정(**R**)이 일어나지 않는 한 그 상태 벡터로 함께 공존할 것이다. '측정'의 불가사의인 이것이 바로 양자론의 핵심적인 **X**-불가사의이다.

하지만 GRW 이론에서는 고양이와 같이 큰 물체는 약 10^{27}개의 핵 입자들로 이루어져 있기에 거의 즉시 그 안의 입자들 중 하나가 가우스 함수에 의해 '히트'를 겪게 되며(**그림 6.2**), 이 입자의 상태는 고양이 내의 다른 입자들과 얽히게 되므로 그 입자의 상태 축소가 다른 입자들을 '끌어당겨' 전체 고양이가 죽거나 아니면 살아 있거나 둘 중 하나의 상태가 되도록 만든다. 이런 방식으로 슈뢰딩거 고양이의 **X**-불가사의 — 그리고 측정 문제 일반의 불가사의 —
는 풀린다.

독창적인 발상이긴 하지만 다분히 임기응변적이다. 물리학의 다른 영역
에서는 그러한 현상을 가리키는 것이 전혀 없으며 T와 σ에 대해 제안한 값도
'합리적인' 결과를 얻기 위해 임의로 선택된 것이다. (디오시(Diósi, 1989년)는
GRW 이론과 비슷한 이론을 제안했는데, 거기서는 사실상 파라미터 T와 σ가
뉴턴의 중력상수 G에 의하여 고정된다. 그의 생각은 내가 곧 설명할 내용과 밀
접한 관련성이 있다.) 이런 종류의 이론들에 깃들어 있는 또 한 가지 더욱 심각
한 문제점은 에너지 보존의 원리를 (살짝) 위반한다는 것이다. 이것은 §6.12의
논의에서 상당히 중요한 의미를 지닌다.

6.10 중력적으로 유도된 상태 벡터 축소?

R의 어떤 형태가 실제 물리적 과정
이 되려면 양자론의 수정안이 중력 효과를 진지하게 포함시켜야 하지 않겠느
냐는 주장에는 상당히 강력한 이유들*이 있다. 그러한 이유들 중 일부는 표준
양자론의 기본 틀 자체가 아인슈타인의 중력 이론이 요구하는 휘어진 공간 개
념과 대체로 들어맞지 않는다는 사실과 관계가 있다. 심지어 에너지와 시간 —
양자론의 절차들에 기본이 되는 요소 — 과 같은 개념들도 완전히 일반적인 중
력적 맥락에서 표준 양자론의 통상적인 요구사항들과 일관되게 정의될 수 없
다. 또한 중력이라는 물리적 현상에 고유한 빛원뿔 '기울어짐' 효과(§4.4)도 떠

---

* ENM 7장과 8장에서 나는 그런 이유들을 꽤 자세히 소개했으니 그 주장들을 여기서 다시 꺼내지 않아도 될
것이다. 다만 그런 이유들은 여전히 유효하다는 점만 말해두면 족하다. 비록 §6.12의 구체적인 기준은 ENM에
서 제시한 내용(367~371쪽(국내판 562~569쪽))과는 다르긴 하지만 말이다.

올려보자. 따라서 양자론의 기본적 원리들의 어떤 수정안이 나와야지만 아인슈타인의 일반상대성이론과 양자론이 (궁극적으로) 적절하게 조화를 이루리라고 예상된다.

하지만 대다수 물리학자들은 그러한 조화가 성공하기 위해서 수정이 필요한 쪽이 양자론일 수도 있다는 가능성을 못마땅하게 여기는 듯하다. 대신 그들은 아인슈타인의 이론 자체가 수정되어야 한다고 주장한다. 그들은 고전적인 상대성이론은 그 자체의 문제점을 갖는다는 사실을 꽤 타당하게 지적한다. 왜냐하면 상대성이론에 따르면 블랙홀과 빅뱅에서 우리가 마주치게 되는 시공간 특이점이 나올 수밖에 없는데, 여기서는 곡률이 무한대가 되어 시공간의 개념 자체가 더 이상 유효하지 않기 때문이다(ENM 7장 참고). 나로서도 양자론과 적절히 조화를 이루기 위해서는 일반상대성이론이 수정되어야 함을 의심하지 않는다. 그리고 이는 우리가 '특이점'이라고 현재 기술하는 그러한 영역에서 실체로 어떤 일이 벌어지는지를 이해하는 데도 정말로 중요할 것이다. 하지만 그렇다고 해서 양자론에 변화가 필요하지 않다는 말은 아니다. §4.5에서 보았듯이, 일반상대성이론은 굉장히 정확한 이론이며 양자론 자체보다 결코 덜 정확하지 않다. 아인슈타인의 이론의 밑바탕을 이루는 물리적 통찰과 그에 못지않은 양자론의 물리적 통찰은 두 위대한 이론이 함께 최종적으로 적절한 조화를 이룰 때 확실히 살아남을 것이다.

하지만 이에 동의하는 많은 사람들도 여전히 다음과 같이 주장할 것이다. 즉, 어떠한 형태이든 양자중력(quantum gravity)이 관련되는 해당 규모들은 양자 측정 문제와는 완전히 부적절하다고 말이다. 그들은 지적하기를, 양자중력이 특징적으로 나타나는 길이 규모, 이른바 플랑크 스케일, 10^{-33}cm는 심지어 핵입자의 크기보다 약 10의 20승 아래의 규모이다. 그리고 이들은 그런 극미의 거리에서 물리학이 측정 문제와 어떠한 관계가 있을 수 있는지 심각한 의문을 제기한다. 측정 문제는 어쨌거나 대규모의 (적어도) 언저리에 있는 현상에 관

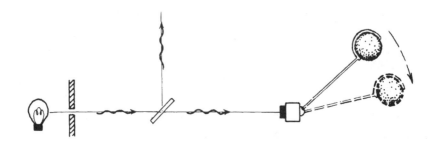

그림 6.4 고양이 대신에 이 측정은 구형 덩어리의 단순한 움직임으로 이루어질 수 있다. **R**이 발생하려면 이 덩어리는 얼마나 크고 무거워야 또는 얼마나 많이 움직여야 할까?

한 것이니 말이다. 하지만 여기서 양자중력 개념이 어떻게 적용될 수 있는지에 대해 한 가지 오해가 있다. 10^{-33}cm도 물론 해당되긴 하지만, 우선 떠오르는 생각은 이와는 다른 것이다.

어떤 유형의 상황, 즉 슈뢰딩거 고양이의 경우와 어느 정도 비슷한 상황을 고려해보자. 여기서는 거시적으로 구별 가능한 대안들로 이루어진 한 쌍이 선형적으로 중첩되어 있는 상태를 만들고자 시도한다. 가령, **그림 6.4**에 묘사된 내용이 그런 상황이다. 여기서 한 광자가 절반이 은도금된 거울에 부딪히는데 광자 상태는 투과된 부분과 반사된 부분의 선형 중첩이 된다. 광자의 파동함수의 투과된 부분은 (고양이가 아니라) 거시적 규모인 구형의 덩어리를 움직이는 장치를 활성화시켜(또는 앞으로 활성화시키게 되어) 그 덩어리가 한 위치에서 다른 위치로 이동하게 만든다. 슈뢰딩거 진행 **U**가 적용되는 한, 그 덩어리의 '위치'는 그것이 원래 있는 장소에서의 상태와 움직여 이동한 장소에서의 상태의 중첩을 포함한다. 만약 **R**이 실제의 물리적 과정으로서 작용한다면, 그 덩어리는 한 위치 또는 다른 위치 중 하나로 '도약'하게 되는데, 이것이 실제의 '측정'을 이루게 된다. 여기서 핵심 개념은, GRW 이론과 마찬가지로, 이것은 정말로 하나의 전체적으로 객관적인 물리적 과정이며 그 덩어리의 질량이 충분히 크거나 그것이 움직인 거리가 충분히 멀기만 하다면 일어나게 된다는 것이다. (특히, 의식적 존재가 그 덩어리의 움직임 또는 움직이지 않음을 실제로 마침 '지각'했는지 여부와는 아무 관계가 없다.) 나는 상상하건대, 광자를 검출하여 그 덩어리를 움직이게 하는 장치는 그 자체로 충분히 작아서 완전히 양자역학적으로 다루어질 수 있는 것이며, 측정을 기록하는 것은 오로지 그 덩어리이다. 가령, 한 극단적인 경우로, 그 덩어리가 충분히 불안정한 자세로 놓여 있기에 광자가 부딪히기만 해도 상당히 많이 움직일 수 있다고 상상해도 좋을 것이다.

양자역학의 표준 **U** 절차들을 적용함으로써, 우리는 광자가 거울과 부딪힌 후 광자의 상태는 전혀 다른 두 위치에 있는 두 부분들로 이루어짐을 알게 된다. 두 부분 중 하나는 장치와 그리고 최종적으로는 그 덩어리와 얽히게 되므로, 양자 상태는 그 덩어리에 대한 꽤 다른 두 위치의 선형 중첩이 된다. 이제 그 덩어리는 자신의 중력장을 갖게 되는데, 이것 또한 틀림없이 이 중첩에 포함되게 된다. 그러므로 이제는 두 가지 상이한 중력장들의 중첩 상태가 된다. 아인슈타인의 이론에 따르면, 이는 서로 다른 두 개의 시공간 기하학이 중첩된다는 뜻이다! 여기서 이런 의문이 든다. 두 기하학이 충분히 서로 달라져서 양자역학의 규칙들이 변해야만 하는 어떤 지점이 존재하는가? 그리고 서로 다른 기하학을 한 중첩 상태 속으로 구겨 넣는 대신에, 자연은 둘 중 어느 하나를 선택하며 **R**과 비슷한 일종의 축소 절차를 밟지 않을까?

요점을 말하자면, 상이한 시공간 기하학이 개입되는 상태가 될 때 상태의 선형 중첩을 어떻게 고려해야 할지에 대해 우리는 실제로 아무런 개념을 갖고 있지 않다. '표준 이론'이 처한 근본적인 어려움 하나는 기하학들이 서로 유의미하게 달라질 때 우리는 한 기하학의 점을 다른 기하학의 어느 특정 점과 구별하여 확인할 방법이 절대적으로 없다는 것이다. 두 기하학은 엄밀히 말해 서로 별도의 공간에 관한 것이다. 따라서 별도의 이 두 공간 내에서 물질의 상태

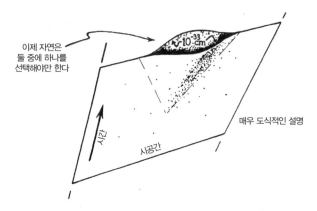

이제 자연은
둘 중에 하나를
선택해야만 한다

시간

시공간

매우 도식적인 설명

그림 6.5 플랑크 스케일 10^{-33}cm는 양자 상태 축소와 어떤 관련성이 있을까? 대략적인 아이디어는 이렇다. 중첩되어 있는 두 상태 사이에 덩어리의 충분한 이동이 있어서 그 결과 시공간이 10^{-33}cm 규모로 차이가 날 때 양자 축소가 발생한다고 보는 것이다.

들의 한 중첩을 형성할 수 있다는 발상 그 자체가 심오하게 모호해진다.

이제 우리는 두 기하학이 실제로 서로 '유의미하게 달라지는' 것으로 보아야 할 시점이 언제인지 물어야만 한다. 바로 여기서 결과적으로 플랑크 스케일 10^{-33}cm가 등장한다. 대략적인 주장에 의하면, 이들 기하학 사이의 차이가 드러나는 규모는 적절한 의미에서 볼 때 축소가 일어나기 위해서는 10^{-33}cm와 비슷하거나 더 큰 정도이다. 가령 우리는 이 두 기하학이 어떻게든 하나로 일치된다고 상상해볼 수도 있지만(**그림 6.5**), 값의 차이가 너무 크면 이런 종류의 규모에서는 축소 **R**이 발생한다. 따라서 **U**에 포함된 중첩이 유지되기보다 자연은 분명 두 기하학 중 하나를 선택하게 된다.

기하학의 그런 미세한 변화는 어느 정도 규모의 질량 또는 움직인 거리에 대응할까? 사실, 중력 효과는 매우 작은 까닭에, 드러난 바에 의하면 이 규모는 꽤 크며 양자 수준과 고전 수준의 경계선으로서 결코 비합리적이지 않다. 그런 문제에 대해서 어느 정도 감을 잡으려면, 절대 단위(또는 플랑크 단위)에 대해 알아보는 편이 도움이 될 것이다.

6.11 절대 단위

기본 개념(처음에* 막스 플랑크(1906년)가 내놓았으며 이후 특히 A. 휠러(A. Wheeler. 1975년)가 계승한 개념)은 자연의 세 가지 가장 근본적인 상수, 즉 빛의 속력 c, 플랑크 상수(를 2π로 나눈) $\hbar$, 그리고 뉴턴의 중력상수 G를 모든 물리적 값들을 순수한 (차원과 무관한) 숫자로 변환하는 데 필요한 단위로 사용한다는 것이다. 구체적으로 말해, 이 세 상수 모두가 아래와 같이 단위 값을 갖도록 길이, 질량 그리고 시간의 단위를 선택한다는 것이다.

$$c = 1, \hbar = 1, G = 1.$$

플랑크 스케일 10^{-33}cm는 보통의 단위에서는 $(G\hbar/c^3)^{1/2}$으로 표현되는데, 이제는 단지 1의 값을 갖게 되므로, 따라서 그것은 길이의 절대 단위이다. 이에 대응하는 시간의 절대 단위는 빛이 플랑크 거리를 진행하는 데 걸리는 시간으로서 플랑크 시간이라고 한다. 이는 $(G\hbar/c^5)^{1/2}$으로서 약 10^{-43}초이다. 또한 질량의 절대 단위는 플랑크 질량이라고 하는데, $(\hbar c/G)^{1/2}$으로서 약 2×10^{-5}그램이다. 보통의 양자 현상의 관점에서 보면 매우 큰 질량이지만 고전적인 관점에서 보면 꽤 작은 값이다. 벼룩 한 마리의 질량 정도이다.

분명 이들은, 플랑크 질량은 어쩌면 예외겠지만, 매우 실용적인 단위가 아

---

* 매우 비슷한 개념을 25년 전에 아일랜드 물리학자 조지 존스톤 스토니(George Johnstone Stoney, 1881년)가 내놓았는데, 여기에서는 플랑크 상수가 아니라 전자의 전하량이 기본 단위로 여겨졌다(당시에는 플랑크 상수가 알려져 있지 않았다). (이 점을 지적해준 존 배로우(John Barrow)에게 감사드린다.)

니다. 하지만 양자중력과 관련되는 효과들을 다루기에는 매우 유용하다. 절대 단위로 보자면 물리적 양들이 대략 어떻게 표현되는지 알아보자.

$$초 = 1.9 \times 10^{43}$$
$$일 = 1.6 \times 10^{48}$$
$$년 = 5.9 \times 10^{50}$$
$$미터 = 6.3 \times 10^{34}$$
$$센티미터 = 6.3 \times 10^{32}$$
$$마이크론 = 6.3 \times 10^{28}$$
$$페르미(fermi, '강한 상호작용'과 관련된 길이의 단위) = 6.3 \times 10^{19}$$
$$핵자의 질량 = 7.8 \times 10^{-20}$$
$$그램 = 4.7 \times 10^{4}$$
$$에르그 = 5.2 \times 10^{-17}$$
$$켈빈 온도 = 4 \times 10^{-33}$$
$$물의 밀도 = 1.9 \times 10^{-94}$$

6.12 새로운 기준

이제 나는 중력적으로 유도된 상태 벡터 축소에 대한 새로운 기준[11] 하나를 내놓겠다. 이것은 내가 ENM에서 제시한 것과 상당히 다르며 디오시 등이 제안한 최근의 이론과 가깝다. ENM에서 나온 중력과 **R** 절차 사이의 관련성을 찾는 동기는 여전히 유효하지만, 지금 내가 내놓으려는 제안은 다른 방향에서 어떤 추가적인 이론적 지지를 받고 있다. 게다가 이 제안에는 이전의 정의에 끼어들었던 일부 개념적인 문제점들로부터 자유로우며 이용하기

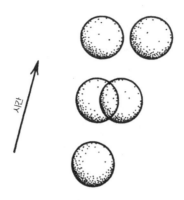

그림 6.6 축소 시간 h/E를 계산하기 위해 한 덩어리를 다른 덩어리에게서 멀어지게 하고서, 오직 중력만을 고려하여 이때 드는 에너지 E를 계산한다고 상상하자.

도 훨씬 더 쉽다. ENM에서 나온 제안은 하나의 기준에 관한 것이었는데, 이 기준에 따르면 두 상태는(그들 각자의 중력장에 대하여, 즉 그들 각자의 시공간에 대하여) 둘이 양자 선형 중첩 상태로 공존할 수 있기에는 서로 너무 상이하다고 판단될지 모른다. 따라서 **R**은 바로 그 단계에서 발생하게 될 테다. 하지만 지금 내놓는 생각은 이와 조금 다르다. 우리는 상태들이 중첩이 가능하기에는 서로 너무나 달라져버리는 시점이 언제인지를 결정할 상태들 간의 중력 차이에 관한 절대적인 값을 찾지는 않는다. 대신 우리는 서로 크게 달라지는 중첩 상태들을 불안정하다고 여긴다. 마치 가령 불안정한 우라늄 핵처럼 말이다. 그리고 우리는 그러한 차이 값에 의해 결정될 상태 벡터 축소의 속도(비율)가 있는지를 묻는다. 차이가 클수록 축소가 발생하는 속도는 커질 것이다.

　명확한 설명을 위해서, 우선 새로운 기준을 위의 §6.10에서 기술한 특정한 상황에 적용하고자 한다. 하지만 이를 쉽게 일반화하여 다른 많은 사례들을 다룰 수도 있다. 구체적으로 말해서 우리는 위의 상황에서 한 덩어리를 다른 덩어리로부터 옮기는 데 드는 에너지를 단지 중력 효과를 고려하여 다루고자 한다. 그러므로 이렇게 상상해보자. 두 덩어리가 처음에는 하나로 합쳐져 있다가 서로 관통하는 단계를 거쳐(**그림 6.6**), 나중에는 관통하는 정도가 줄어들어 한 덩어리가 서서히 다른 덩어리로부터 멀어져 가며 나중에는 두 덩어리가 분리의 단계에 도달하여 중첩 상태로 존재하게 된다. 이 작용이 일어나는 데 드는 중력 에너지(절대 단위로 측정됨*)의 역수를 취하면, 상태 축소가 발생 — 따라서 덩어리의 중첩된 상태가 즉시 어느 한 국소화된 상태로 도약하게 되기 — 하기까지 걸리는 근사 시간(역시 절대 단위)이 얻어진다.

만약 그 덩어리가 구형으로서 질량이 m이고 반지름이 a라면 이 에너지에 대해 m^2/a라는 일반적인 차수(order)의 양이 얻어진다. 사실 에너지의 실제 값은 덩어리가 얼마나 멀리 움직였는지에 따라 정해지지만, 이 거리는 그 두 덩어리가 최종 변위에 이를 때 (많이) 중첩되지 않는다면 그다지 중요하지 않다. 접촉 위치로부터 멀어지는데, 심지어 바깥으로 무한히 멀리까지 멀어지는 데 드는 추가적인 에너지는 한 덩어리인 상태로부터 접촉 위치까지 움직이는 데 드는 에너지와 동일한(또는 5/7배 정도의) 차수이다. 그러므로 크기의 차수에 관한한, 두 덩어리가 분리 후 서로에게서 멀어지는 변위가 이 크기에 이바지하는 양은 무시해도 좋다. 단 둘이 실제로 (본질적으로) 분리된다면 말이다. 이 이론에 따를 때 축소 시간은 다음 차수이며

$$\frac{a}{m^2}$$

이는 절대 단위의 값이며, 밀도를 포함한 식으로 바꾸면 대략 아래와 같다.

$$\frac{1}{20\rho^2 a^5}.$$

* 우리는 여기서 채택된 절대 단위보다 더욱 일상적인 단위로 이 축소 시간을 표현하기를 좋아하는 편이다. 사실, 축소 시간에 대한 표현은 그냥 h/E일 뿐인데, 여기서 E는 위에서 언급한 중력 분리 에너지인지라 여기서는 h 이외의 다른 절대 상수가 등장하지 않는다. 빛의 속도 c가 포함되지 않는다는 사실을 통해, 이런 속성의 '뉴턴 식' 모델 이론이 연구할 가치가 있음을 알 수 있다. 크리스티안(Christian, 1994년)의 연구가 그러한 한 예이다.

여기서 ρ가 덩어리의 밀도이다. 이는 보통의 밀도일 경우(가령, 물방울 하나) 약 $10^{186}/a^5$의 값이다.

확실히 이 식은 어떤 단순한 상황에서 매우 '타당한' 답을 제공한다. 가령, 핵자(중성자 또는 양성자) 하나의 경우, a가 '강한 상호작용 크기' 10^{-13}cm라고 정하면, 이는 절대 단위로 약 10^{20}이고 m은 약 10^{19}이므로 축소 시간은 거의 10^{58}이다. 이는 천만 년을 넘는 값이다. 분명 이 시간은 큰 값이다. 왜냐하면 개별 중성자에 대해 직접적으로 관찰된 적이 있는 양자 간섭 효과에 비추어 보면 말이다.[12] 만약 축소 시간이 매우 짧게 얻어졌다면 이는 그러한 관찰 결과와 어긋났을 테다.

가령 반지름 10^{-5}cm인 작은 물방울과 같은 더욱 '거시적인' 것을 고려한다면, 축소 시간은 시(時) 단위의 값이 된다. 만약 물방울의 반지름이 10^{-4}cm라면 축소 시간은 일 초의 약 이십 분의 일이 되며, 만약 반지름이 10^{-3}cm라면 일 초의 백만 분의 일 미만이 된다. 일반적으로 공간적으로 떨어져 있는 두 상태의 중첩으로 존재하는 대상을 다룰 때 우리는 둘 사이의 중력 상호작용만을 고려하여 이 변위를 일으키는 데 드는 에너지를 구할 뿐이다. 이 에너지의 역수는 그 중첩 상태에 대한 일종의 '반감기'인 셈이다. 이 에너지가 클수록 중첩 상태가 지속할 수 있는 시간은 더 짧아진다.

실제 실험 상황에서는 양자 중첩 덩어리들이 주위 환경 속의 물질을 교란하지 ― 그리고 그런 물질과 얽히지 ― 않도록 하기가 매우 어려운데, 그런 경우 우리는 이러한 환경에 포함된 중력 효과들도 고려해야 한다. 만약 그런 교란으로 인해 설령 환경 내의 물질이 상당한 거시적 규모로 운동하지 않더라도 이는 적절한 조치이다. 심지어 개별 입자들의 극미한 변위조차도 중요할 수 있다. 비록 일반적으로는 하나의 거시적 '덩어리' 운동일 때보다는 얼마간 더 큰 전체적인 질량 규모일 때에 해당되는 말이긴 하지만.

이런 종류의 교란이 이 논의에서 지니고 있을지 모를 효과를 명확히 드러

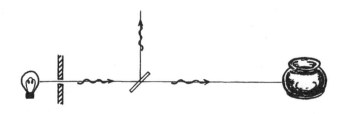

그림 6.7 한 덩어리를 움직이는 대신에 광자 상태의 투과된 부분이 한 유체 물질 덩어리에 그냥 흡수되는 상황을 가정하자.

내기 위해서, 이상화된 위의 실험 상황에서 나오는 덩어리로 움직이는 장치를 대신하여, 거울을 통해 투과되면 광자를 그냥 흡수해버리는 한 덩어리의 유체 물질을 가정해보자(**그림 6.7**). 그러면 이제 덩어리 장치는 '환경'의 역할을 하게 되는 셈이다. 한 덩어리가 다른 덩어리로부터 멀어지는 탓에 거시적으로 서로 구별되는 두 상태 간의 선형 중첩을 고려하는 대신에, 우리는 이제 원자 위치의 두 배열 사이의 차이에만 관심을 갖는다. 여기서 입자의 한 위치 배열은 다른 배열로부터 무작위적으로 떨어진 곳에 있다. 보통의 유체 물질 한 덩어리가 반지름 a라면, 축소 시간은 덩어리가 집합적으로 움직일 때의 차수인 $10^{186}/a^5$이 아니라 아마도 $10^{130}/a^3$(어느 정도는 가정을 어떻게 하느냐에 따라)이라고 예상할 수 있다. 이로써, 축소가 일어나려면 덩어리 전체가 움직이는 앞의 경우보다 이때의 유체 덩어리는 더 커야 함을 알 수 있다. 하지만 비록 거시적으로 전체적인 운동이 없더라도 이 이론에 따르면 축소는 여전히 일어난다.

§5.8에서 나온 양자 간섭에 관한 논의 중 살펴보았던 광자 빔을 가로막는 장애물 이야기를 다시 떠올려보자. 한 장애물에 의한 광자의 흡수 — 내지는 흡수의 가능성 — 만으로 **R**을 일으키기 충분할 것이다. 실제로 관찰 가능한 어떤 거시적인 현상이 생기지 않더라도 말이다. 이는 고려 대상인 어떤 계와 얽혀 있는 환경 내의 한 충분한 장애물이 어떻게 **R**을 일으키고 따라서 좀 더 전통적

인 FAPP 절차들과 연결되는지를 보여준다.

정말로 대다수의 실제 측정 과정에서 주위 환경 속에 있는 다수의 미시적 입자들은 십중팔구 교란된다. 여기서 제시되고 있는 아이디어에 따르면, 바로 이 경우가 종종 지배적인 효과를 낸다. 앞에서 맨 처음 기술했던 거시적인 전체 '덩어리의 이동'이 아니라 말이다. 실험 상황이 매우 주의 깊게 제어되지 않는다면 어느 정도 크기 물체의 어떠한 거시적 운동도 주변 환경을 크게 교란하게 되며, 아마도 그 환경의 축소 시간 — 어쩌면 약 $10^{130}/b^3$, 여기서 b는 고려 중인, 물방울과 얽힌 환경 영역의 반지름 — 이 대상 그 자체가 갖게 될지 모르는 축소 시간 $10^{186}/a^5$을 압도하게 된다(즉, 이 시간보다 훨씬 작다). 가령, 만약 교란되는 환경의 반지름 b가 1밀리미터의 약 십분의 일 정도로 작다면, 축소는 그 이유만으로도 1초의 백만 분의 일 정도의 시간이 걸려 일어날 것이다.

그러한 모습은 §6.6에서 논의된 전통적인 설명과 많이 닮아 있다. 하지만 지금 우리는 **R**이 이런 환경에서 실제로 일어날 한 가지 명확한 기준을 갖고 있다. 물리적 실재에 대한 하나의 설명 방법으로서 전통적인 FAPP 관점에 대하여 §6.6에서 제기된 반론을 떠올려보기 바란다. 여기서 제시되고 있는 것과 같은 기준을 적용하면 그러한 반론은 더 이상 통하지 않는다. 환경에 충분한 교란이 존재하게 되면, 현재 논의되는 아이디어에 따라 축소는 그 환경에서 실체로 급속하게 일어난다. 그리고 이에는 그 환경이 얽혀 있는 임의의 '측정 도구'들에서의 축소가 동반된다. 어떤 것도 축소를 되돌릴 수 없으며 원래의 얽힌 상태를 부활시킬 수 없다. 심지어 기술상의 엄청난 진보를 상상하더라도 말이다. 따라서 측정 도구가 실제로 **예** 또는 **아니오** 중 어느 하나를 기록하는 경우와 모순되지 않는다. 현재 논의하는 상황이 정말로 그렇게 되듯이 말이다.

내가 상상하기로는, 이런 식의 설명은 많은 생물학적 과정에도 적합하며, 직경 일 마이크론보다 훨씬 작은 크기의 생물학적 구조가 의심할 바 없이 고전적인 대상으로 행동하는 타당한 이유를 제공해준다. 위에서 설명한 방식대로 자신의 환경과 긴밀히 얽혀 있는 생물계는 이 환경의 지속적인 축소 때문에 자신의 상태를 지속적으로 축소시킬 것이다. 한편, 어떤 이유로 인해 생물계한테는 적절한 상황에서는 오랫동안 자신의 상태를 축소시키지 않은 채로 있는 편이 더 나을지도 모른다고 상상해 본다면, 그런 경우에 그 계는 어떤 방식으로 주변 환경과 효과적으로 단절되어 있을 필요가 있을 테다. 이런 고려는 나중에 (§7.5) 중요해진다.

강조해야 할 점은, 중첩된 상태의 수명을 결정하는 에너지는 그 상황에 전체적으로 관여하는 전체 (덩어리) 에너지가 아니라 에너지 차이라는 점이다. 그러므로 꽤 크지만 그리 많이 움직이지 않는 덩어리의 경우 — 아울러 그것이 결정이어서 개별 원자들이 무작위적으로 이동하지 않는다고 가정하면 — 양자 중첩은 오랫동안 유지될 수 있다. 그 덩어리는 위에서 고려한 물방울보다 훨씬 더 클 수 있다. 또한 주위에 다른 매우 큰 덩어리들이 있을 수 있다. 단, 그것들이 우리가 관심 있는 그 중첩 상태와 상당히 얽혀 있지 않다면 말이다. (이러한 점들은 일관되게 진동하는 고체 — 아마도 결정체 — 를 사용하는 중력파 검출기와 같은 고체상태 장치를 다룰 때 중요하게 고려될 것이다.[13])

지금까지 나온 크기 척도는 꽤 가능성 있어 보이긴 하지만 이런 개념이 더욱 엄격한 조사를 견뎌내는지 알아보려면 분명 더 많은 작업이 필요하다. 어떤 결정적인 검사는 표준 이론이 대규모의 양자 중첩에 의존하는 효과들을 예상하게 되는 실험적 상황을 찾게 될 것이다. 지금 내가 제시하는 제안들은 그러한 중첩이 유지될 리가 없다고 요구하지만 말이다. 만약 재래식 양자 예측이 그런 상황에서 관찰에 의해 지지된다면 내가 지금 제시하고 있는 이론들은 폐기되거나 적어도 상당히 수정되어야 할 테다. 만약 관찰 결과 중첩이 유지되지 않는다면, 현재 내가 제시하는 이론이 얼마간 지지를 받게 될 테다. 안타깝게도 나는 아직까지는 적합한 실험을 위한 어떤 실제적인 방법이 제시되었다는 이야기를 들은 적이 없다. 초전도체 그리고 SQUIDs(이것은 초전도체에서 일어나는 대규모 양자 중첩에 의존하고 있다)와 같은 장치는 이런 사안에 적합한 유망한 실험 분야를 제시하게 될 듯하다(레깃(Leggett)의 1984년 문헌). 하지만 내가 제시하고 있는 이론은 추가적인 발전이 있어야지만 이런 상황에 직접 적용할 수 있을 것이다. 초전도체에서는 상이한 중첩 상태들 간에 매우 적은 덩어리 변위(mass displacement)가 일어난다. 하지만 대신에 상당한 정도의 운동량 변위(momentum displacement)가 있기에, 이 상황을 다루기 위해서는 현재 이론의 추가적인 이론적 발전이 필요하다.

위에서 제기된 이론은 안개상자 — 대전 입자가 그 속에 존재하면 주위의 증기에서 작은 물방울의 응결이 일어나 그 사실을 알게 해주는 장치 — 와 같은 단순한 상황을 다루기 위해서라도 얼마간의 수정이 필요하다. 한 대전 입자가 양자 상태에 있다고 가정해 보자. 이 입자는 안개상자 내의 어떤 위치에 있는 입자와 상자 바깥에 있는 입자의 선형 중첩으로 이루어져 있다. 상자 내에 있는 입자의 상태 벡터 부분은 물방울 응결이 일어나도록 만들고 상자 바깥에 있는 입자의 상태 벡터 부분은 그렇지 않다. 따라서 그 상태는 이제 거시적으로 상이한 두 상태의 중첩으로 이루어진다. 둘 중 한 쪽에서는 증기로부터 물방울이 생기고 다른 한 쪽에서는 그냥 균일한 증기만 있다. 우리는 중첩되어 있다고 여겨지는 두 상태에서 어느 한쪽 증기 분자를 다른 쪽 분자들로부터 떼어내는 데 드는 중력 에너지를 계산해야 한다. 하지만 또 다른 복잡성이 개입된다. 왜냐하면 응결된 물방울의 중력 자체 에너지(gravitational self-energy)와 응결되지 않은 증기의 자기 에너지가 서로 다르기 때문이다. 그러한 상황을 취급하고자 한다면, 위에서 제시된 기준을 다르게 구성하는 일이 적절할지 모른다. 이제 우리는 양자 선형 중첩에 처해 있다고 볼 수 있는 두 상태의 질량 분포들 간의 차이인, 질량 분포의 중력 자체 에너지를 살펴볼 수 있다. 이 자체 에너지의 역수는 축소 시간척도에 관한 하나의 대안적인 제안을 내놓는다(펜로즈 (1994b) 참고). 사실, 이 대안적인 기준 구성은 앞서 고려한 그런 상황들과 똑같은 결과를 낳지만, 안개상자의 경우에는 어느 정도 다른(더욱 빠른) 축소 시간을 내놓는다. 정말로 다양한 대안적인 일반적 이론들마다 축소 시간에 대해서는 상황들별로 서로 다른 답을 내놓는다. 비록 이 절의 시작 부분에서 상정한 덩어리의 운동에서 보이는 단순한 두 상태의 중첩에 대해서는 이론들끼리 서로 동일한 답을 내놓지만 말이다. 그런 이론들 중 최초의 것은 디오시(1989년)가 낸 것이다(이에 대해 지라르디, 그라시 및 리미니가 어떤 문제점을 제시했으며 또한 이들은 해결책도 함께 제시했다). 나는 여기서 이런 다양한 이론들을 군이 구분하지 않겠다. 이들 모두는 다음 장에 포함된 '§6.12의 제안들'이라는 문구에 해당되는 것들이다.

여기서 제시되고 있는 '축소 시간'에 관한 제안이 나오게 된 구체적인 동기는 무엇일까? 내 자신의 첫 동기(펜로즈(1993a))는 내가 여기서 설명하기에는 너무 전문적이며, 어쨌든 아직 결론이 나지 않았고 불완전하다.[14] 이런 종류의 물리적 이론에 대한 독립적인 사례를 곧 제시하고자 한다. 비록 불완전하기는 하지만, 그 주장은 상태 축소가 결국 여기서 제시되고 있는 일반적인 속성을 지닌 하나의 중력 효과임을 설득력 있고 일관되게 지지한다.

GRW 유형의 이론이 갖는 에너지 보존의 문제는 이미 §6.9에서 언급되었다. 입자들이 관여하게 되는(입자들의 파동함수가 가우스 함수에 의해 자연스레 곱해질 때 생기는) '히트'는 에너지 보존의 사소한 위반이 발생하도록 만든다. 게다가 이런 종류의 과정에는 에너지의 비국소적인 이동이 있는 듯 보인다. 이는 **R** 절차가 하나의 실체 물리적 효과라고 여겨지는 일반적인 유형의 이론들의 한 특징 — 명백히 피할 수 없는 특징 — 인 듯하다. 내 생각에는, 이는 중력 효과가 축소 과정에 중요한 역할을 한다는 이론들에 추가적인 강력한 증거를 제공한다. 일반상대성이론의 에너지 보존은 미묘하고 포착하기 어려운 사안이다. 중력장 자체는 에너지를 담고 있는데, 이 에너지는 한 계의 전체 에너지에(따라서 질량에. 아인슈타인의 공식 $E = mc^2$에 따라) 이바지한다. 하지만 불가사의한 비국소적인 방식으로 빈 공간을 채우고 있는 것은 어떤 모호한 에너지다.[15] 특히 쌍성 펄서인 PSR 1913 + 16(§4.5 참고)에서 중력파의 형태로 방출되는 질량-에너지를 떠올려보라. 이 파동은 빈 공간의 구조 자체에서 생기는 진동이다. 두 중성자별의 상호 인력장에 포함되어 있는 에너지는 또한 두 중성자별의 운동에서 결코 무시할 수 없는 중요한 한 요소이다. 하지만 빈 공간에 깃들어 있는 이런 종류의 에너지는 본질적으로 애매모호한 에너지다. 그 것은 에너지 밀도의 국소적 기여 부분들의 '더하기'에 의해 얻어질 수 없다. 더군다나 어느 특정한 시공간 영역에 국소화될 수도 없다(ENM 220, 221쪽(국내판 346~369쪽) 참고). 그렇다 보니, 애매모호한 **R** 절차의 비국소적 에너지 문제를 고전적인 중력의 문제들과 관련시켜, 이 둘을 잘 조화시켜 하나의 일관된 전체적인 이론을 내놓고 싶은 유혹이 인다.

내가 여기서 내놓고 있는 제안들이 이런 전체적인 일관성을 획득하고 있을까? 나는 그럴 수 있을 가능성이 충분하다고 믿지만, 그런 일관성을 얻기 위한 정교한 기본틀은 아직 마련하지 못했다. 하지만 이론상으로는 그럴 수 있을 가능성이 분명 존재한다. 앞서 언급했듯이 우리는 축소 과정을 불안정한 입자 또는 핵의 붕괴와 같은 어떤 것으로 여길 수 있다. 두 가지 상이한 위치에 있는 한 덩어리의 중첩 상태란 특정한 '반감기' 후 붕괴하는 불안정한 핵과 같은 것이라고 생각해보자. 중첩된 덩어리의 위치들의 경우, 우리는 마찬가지로 한 특정한 수명(분리의 중력 에너지의 역수 값으로서, 대충 평균적으로 주어지는 수명) 후에 그 덩어리가 한 위치 또는 다른 위치 — 두 가지 가능한 붕괴 방식에 따라 — 로 붕괴하는 불안정한 양자 상태라고 생각할 수 있다.

이제 입자 또는 핵의 붕괴에 있어서, 붕괴 과정의 수명(즉, 반감기)은 원래 입자의 질량-에너지의 작은 불확실성의 역수이다. 이는 하이젠베르크의 불확정성 원리의 한 결과이다. (가령, 하나의 α입자를 방출하면서 붕괴하여 납의 원자핵이 되는 불안정한 폴로늄-210 원자핵의 질량은 붕괴 시간의 역수로 나타내지는 불확실성으로는 정확하게 정의되지 않는다. 이 경우 붕괴 시간은 약 138일인데, 이는 폴로늄 원자핵의 질량의 고작 약 10^{-34}의 질량 불확실성이! 하지만 불안정한 개별 입자들의 경우 불확실성은 질량의 훨씬 더 큰 비율을 차지한다.) 그러므로 축소 과정에 포함되는 '붕괴'는 또한 마땅히 원래 상태의 에너지의 한 본질적인 불확실성을 포함하게 된다. 이 불확실성은 지금 제시하고 있는 제안에 따르면 중첩된 상태의 중력 자체 에너지의 불확실성 내에 본질적으로 놓여 있다. 그러한 중력 자체 에너지는 일반상대성이론에 큰 어려움을 야기하며, 에너지 밀도 기여 부분들의 합에 의해 주어지지 않는 애매모호한 비국소적 장(場)에너지를 포함한다. 또한 그것은 §6.10에서 언급된 두 개의 중첩된 상이한 시공간 기하학을 확인하기에 관한 본질적인 불확실성을 포함한다. 만약 우리가 이 중력 기여 부분을 정말로 중첩된 상태의 에너지의 한 본질적인 '불확실성'이라고 간주한다면, 여기서 제시되고 있는 해당 상태에 대한 수명과 맞아떨어진다. 그러므로 현재의 이론은 두 가지 에너지 문제들 사이의 일관성의 분명한 연관성을 제공하며, 적어도 어떤 충분히 일관된 이론이 결국에는 이런 노선을 따라 등장하게 될 가능성을 시사해준다.

마지막으로 여기서 우리와 특별히 관련성이 깊은 두 가지 중요한 질문이 있다. 첫째, 그런 고려들이 두뇌 활동에 대해 어떤 역할을 할 수 있을까? 둘째, 순수하게 물리학적인 근거에서 (적절한 종류의) 비컴퓨팅성이 이 중력적으로 유도된 축소 과정의 한 특징일지 모른다고 예상할 어떤 이유가 있을까? 다음 장에서 우리는 정말로 흥미로운 어떤 가능성들이 있음을 알게 될 것이다.

7
양자론과 두뇌

7.1 두뇌 기능에 거시 규모의
양자 활동이 깃들어 있다?

전통적인 관점에 따른다면 두뇌활동은 본질적으로 고전적인 물리학을 통해 이해할 수 있는 것이다. 또는 그럴 것으로 보인다. 신경 신호는 보통 '껐다 켰다' 현상으로 보통 여겨진다. 이는 컴퓨터 전자회로의 전류가 흐르는 방식과 마찬가지로서, 발생하거나 발생하지 않거나 둘 중 하나다. 양자활동의 특징인 불가사의한 충첩은 전혀 존재하지 않는다. 밑바탕 수준에서는 양자 효과가 분명 나름의 역할을 할 것으로 인정되기는 하지만, 생물학자들 사이에선 그러한 양자적 요소가 거시 규모에 미치는 영향을 논의할 때 고전적인 기본 틀에서 굳이 벗어날 필요성이 없다는 견해가 일반적이다. 원자와 분자의 상호작용을 제어하는 화학적 힘들은 정말로 양자역학에 기원을 두고 있으며, 한 뉴런에서 다른 뉴런으로 신호를 전달하는 신경천달 물질의 행동을 관장하는 것은 대체로 화학 작용이다. 하지만 일반적인 가정에 의하면, 뉴런 자체의 행동 그리고 뉴런들끼리의 관계는 완벽히 고전적인 방식으로 모델링하는 편이 적절하다. 따라서 널리 인정되듯이, 두뇌 전반의 물리적 기능을 고전적인 계로서 모델링하는 것은 아주 타당하다. 그러니 양자물리학의 미묘하고 불가사의한 특징들은 두뇌를 기술하는 데 그다지 명확한 역할을 하지 못한다.

그런 의미에서, 두뇌에서 발생할지 모르는 어떠한 유의미한 활동도 '일어남' 또는 '일어나지 않음' 둘 중 하나인 것으로 여겨진다. 그렇기에 동시에 '일어남'과 '일어나지 않음' — 복소수 가중 요소가 결부되는 — 을 허용하는 양자론의 기이한 중첩은 의미 있는 역할을 하지 않는다고 간주된다. 어떤 미시적 수준의 활동에서는 그러한 양자 중첩이 '실제로' 일어난다고 인정될지도 모르지만, 그런 양자 현상의 특징인 간섭 효과는 더 큰 규모에서는 아무런 역할을 하지 않는 듯하다. 그러므로 그런 중첩은 어느 것이든 통계적인 혼합으로 다루는 편이 적합할 것으로 여겨진다. 그러면 두뇌 활동에 관한 고전적인 모델링은 모든 실제적인 목적에서 완전히 만족스러울 것이다.

하지만 이에 관하여 서로 엇갈리는 견해들이 있다. 특히 유명한 신경생리학자 에클스(Eccles)는 시냅스 활동에서 양자 효과가 갖는 중요성에 대하여 역설했다(특히 다음을 보기 바란다. 벡(Beck) 및 에클스(1992년), 에클스(1994년)). 그는 전접합 신경소포체망(presynaptic vesicular grid) — 두뇌의 추상세포(錐狀細胞) 내에 있는 파라결정(paracrystalline. 거의 결정에 가까운-옮긴이) 상태의 육각형 격자 — 이 양자 활동이 일어나기 적합한 장소라고 지적했다. 또한 어떤 사람들(심지어 나도 포함. ENM 400, 401쪽(국내판 606~608쪽) 그리고 펜로즈(1987년) 참고)은 망막의 광민감성 세포들(구조상 두뇌의 일부임)이 미량의 광자에 반응할 수 있다는 사실(헤흐트(Hecht) 등. 1941년) — 적절한 환경만 갖추어지면 한 단일 광자에도 반응할 수 있음(베일러(Baylor) 등. 1979년) — 로부터 두뇌에는 본질적으로 양자 검출 장치에 적합한 뉴런이 존재할지 모른다는 점을 밝혀내려고 시도했다.

양자 효과가 두뇌 속에서 훨씬 더 큰 활동을 야기할지 모를 가능성이 드러나자 어떤 사람들은 그러한 환경에서 양자 비결정성(quantum indeterminacy)이 마음이 물리적 두뇌에 영향을 준다는 단초를 제공할지 모른다는 희망을 피력했다. 여기서 명시적으로든 묵시적으로든 한 이원론적 관점이 도입될 가능성이 높다. 아마도 '외부적 마음'(external mind, 여기서 '외부적(external)'이란 신체와 동떨어진, 신체와 무관하게 작동함을 의미하는 듯하다-옮긴이)'의 '자유의지'가 그러한 비결정적 과정에서 실제로 비롯되는 양자적 선택에 영향을 미칠 수 있을지도 모른다는 관점이다. 이 견해에서는 이원론적 존재의 '마음 요소'가 두뇌 행동에 영향을 미치게 되는 것은 아마도 양자론의 **R** 과정의 활동을 통해서라고 본다.

그런 제안은 어정쩡하게 보인다. 왜냐하면 특히 표준 양자론에서 양자 비결정성은 양자 수준 규모에서는 일어나지 않기 때문이다. 이 수준에서는 언제나 결정론적인 **U**-진행이 유지되기 때문이다. **R**의 비결정성이 일어나는 것으로 보이는 쪽은 오로지 양자 수준에서 고전 수준으로 확대되는 과정이다. 표준적인 FAPP 관점에서 보면, 이 비결정성은 충분한 양의 환경이 해당 양자 사건과 얽힐 때에만 '발생'한다. 사실 §6.6에서 보았듯이, 표준 견해에서는 실제로 '발생한다'는 것이 무슨 의미인지조차 불분명하다. 종래의 양자물리학적 근거에서 볼 때, 그 이론이 광자, 원자 또는 작은 분자와 같은 단일 양자적 입자가 중요하게 관여하는 수준에서 비결정성이 발생함을 실제로 보장해주기는 어려울 듯하다. (가령) 한 광자의 파동함수가 광전지에 부딪힐 때, 그 파동함수는 계가 '양자 수준에' 머물러 있다고 여겨질 수 있는 한 (**U** 활동에 따라) 결정론적인 사건들의 연쇄적인 발생을 야기한다. 마침내 상당한 양의 환경이 교란을 겪게 되고, 종래의 관점에 따라 **R**이 FAPP로 일어났다고 여겨진다. '마음 요소'가 계에 어떤 식으로든 영향을 주는 지점은 오직 이러한 비결정론적 단계라고 주장할 수 있을 뿐이다.

이 책에서 내가 제시하고 있는 상태 축소에 대한 관점에 따르면(참고 §

6.12), **R**-과정이 실제로 작용하게 되는 수준을 찾기 위해서는 상당한 양의 물질(직경이 수 마이크론에서 밀리미터인 물질, 또는 상당한 정도의 덩어리 이동이 개입되지 않는다면 어쩌면 훨씬 더 큰 물질도 가능)이 양자 상태에서 얽힐 때에 해당되는 꽤 큰 규모를 살펴봐야 한다. (따라서 나는 이러한 꽤 구체적이긴 하지만 한편 잠정적인 과정을 **OR**이라고 명명하고자 한다. 이는 Objective Reduction(객관적 축소)의 줄임말이다.)* 어쨌든 만약 위의 이원론적인 관점, 즉 (아마도 양자론의 순수한 무작위성을 더욱 미묘한 다른 어떤 것으로 대체함으로써) 외부적 '마음'이 물리적 행동에 영향을 미칠지도 모르는 지점을 찾고자 하는 관점을 고수하고자 한다면, 우리는 정말로 그 '마음'의 영향이 단일 양자 입자보다 훨씬 더 큰 규모에 어떻게 진입할 수 있는지를 알아내야만 한다. 그러니까 양자 수준과 고전적 수준 사이에 교차가 어디에서 일어나는지를 살펴야 한다는 말이다. 이전 장에서 보았듯이 그런 교차가 무엇인지, 존재하긴 하는 것인지 그리고 일어난다면 어디에서 일어나는지 우리는 의견이 전체적으로 일치하지 않는다.

나의 견해로는, 과학적 관점에서 보았을 때 (논리적으로) 신체와 동떨어진 이원론적인 어떤 '마음'이 **R**의 활동에서 일어나는 듯한 선택 과정에 영향을 어떻게든 미친다는 것은 그다지 유용하지 않다고 본다. 만약 '의지'가 자연이 **R** 과정에서 일어나는 대안들을 선택하는 것에 어떻게든 영향을 줄 수 있다면, 왜 실험가가 '의지력'의 작용에 의하여 양자 실험의 결과에 영향을 미칠 수 없겠는가? 만약 이것이 가능하다면 양자 확률의 위반이 판을 치게 될 것이다. 나로서

---

* ENM에서 나는 이런 종류의 것에 대하여 '올바른 양자중력' — 줄여서 CQG(correct quantum gravity) — 이라는 설명을 사용하였다. 지금 여기서는 중점을 두는 바가 조금 다르다. 나는 양자중력의 완전히 일관된 이론을 찾는 심오한 문제와 이 절차를 연관시키는 데 강조점을 두고 싶지 않다. 강조할 곳은 §6.12에서 제시된 구체적인 제안들, 하지만 아울러 어떤 숨겨진 근본적인 비컴퓨팅적 요소들과 일치하는 어떤 절차이다. OR이라는 약어를 사용하게 되면 다음과 같은 추가적인 의미가 있다. 즉, 객관적 축소 절차에서 물리적 결과는 정말로 이것 아니면 저것이지, 이전에 일어났던 결합된 중첩 상태가 아니라는 의미 말이다.

는 도저히 그런 것이 진리에 가까울 수 있다고는 믿을 수 없다. 물리 법칙에 종속되지 않는 외부의 '마음'이라는 것은 과학적 설명이라고 타당하게 불릴 수 있는 것 너머의 영역이며, 결국 ⑨의 관점에 호소하는 셈이다(§1.3 참고).

하지만 그런 관점을 엄밀한 방식으로 반박하기는 어렵다. 왜냐하면 그것은 자체의 속성상 과학적 논증에 종속되는 분명한 규칙들을 애초에 결여하고 있으니 말이다. 어떤 이유로든 과학이 마음이라는 문제를 영원히 제대로 다룰 수 없다고 확신하는 사람들이 있다면, (⑨의 관점에서) 나는 다만 이렇게 부탁하고 싶다. 즉, 일단 내 말을 계속 들어주면서 과학의 영역 안에는 오늘날 허용되는 제한된 영역을 훌쩍 넘어 명백히 확장될 어떤 가능성이 결국에는 열리게 될지를 눈여겨봐달라는 것이다. 만약 '마음'이 물리적 신체와 상당히 동떨어진 것이라면, 왜 마음의 많은 특징들이 두뇌 활동의 속성과 긴밀하게 연결되는지 이해하기가 어려워진다. 나의 관점에서 보자면, 우리는 두뇌를 구성하는 실제의 '물질적' 구조 속을 더 깊숙이 탐색해야 한다. 아울러 '물질적' 구조가 양자 수준에서 실제로 무엇인지에 대한 질문 자체도 더 깊숙이 탐구해야 한다! 내 견해를 말하자면, 자연의 근본 바탕에 실제로 놓여 있는 진리를 더 깊숙이 탐구하는 것 말고는 궁극적으로 다른 방법이 없다.

그렇기는 하지만, 적어도 한 가지는 분명해 보인다. 우리는 그냥 단일 입자, 원자 또는 심지어 작은 분자의 양자 효과에 주목해서는 안 되며 훨씬 더 큰 규모에서 명백한 양자적 성질을 띠고 있는 양자계의 효과에 눈을 돌려야 한다는 것이다. 만약 대규모의 양자 결맞음이 존재하지 않는다면 비국소성, 양자 병렬성(여러 개의 중첩된 활동들이 동시에 수행되는 성질)과 같은 미묘한 양자 수준 효과들 또는 반사실성의 효과들은 두뇌 활동의 고전적 수준에 이르게 될 때 아무런 의미도 갖지 않게 될 것이다. 양자 상태를 그것의 주위 환경으로부터 적절히 '차단'하지 않으면 그러한 효과들은 그 환경에 내재하는 무작위성 속에서, 즉 두뇌를 구성하는 생물학적 물질들과 유체들의 무작위적 운동 속에서 즉시 사라져버릴 것이다.

양자 결맞음(quantum coherence)이란 무엇인가? 이 현상은 다수의 입자들이 본질적으로 주위 환경과 얽혀 있지 않은 한 단일한 양자 상태를 지니면서 집합적으로 협동할 수 있는 상황에 관한 것이다. ('결맞음'이라는 단어는 일반적으로 상이한 위치에서의 진동들이 서로 박자를 맞춤을 가리킨다. 여기서, 양자 결맞음의 경우 우리는 파동함수의 진동하는 속성에 관심을 갖기에, 결맞음이란 우리가 한 단일 양자 상태를 다루고 있다는 사실을 가리킨다.) 그런 상태는 초전도체(여기서는 전기저항이 영이 된다)와 초유동체(유체의 마찰력 또는 점성이 영이 된다) 현상에서 가장 극적으로 일어난다. 그런 현상의 특징적인 구성요소는 환경이 이 양자 상태를 교란할 때 벌어지게 되는 에너지 틈(energy gap)이 존재한다는 것이다. 만약 그 환경의 온도가 너무 높으면 주위 입자들 다수의 에너지가 커져서 이 틈을 뚫고서 그 상태와 얽히게 되어 양자 결맞음이 깨진다. 따라서 초전도체 및 초유동체 현상은 매우 낮은 온도에서만 보통 일어난다고 알려져 있다. 절대온도 영도보다 고작 몇 도 높은 정도에서 말이다. 이러한 이유 때문에 양자 결맞음 효과가 인간 두뇌와 같은 그런 '뜨거운' 대상 ─ 또는 여느 다른 생물계들 ─ 과 관계가 있을 가능성은 일반적으로 줄곧 의심스럽게 여겨졌다.

하지만 최근에 어떤 놀라운 실험 결과에 의하면, 적합한 재료일 경우 초전도체 현상은 115K라는 훨씬 더 높은 온도에서도 일어날 수 있다(솅(Sheng) 등 (1988년) 참고). 생물학적 관점에서 보면 이것도 섭씨 약 −158도 정도로 여전히 매우 차갑긴 하다. 액체 질소보다 약간 더 높은 온도일 뿐이니 말이다. 하지만 이보다 더욱 놀라운 관찰 결과를 라그(Laguës) 등이 내놓았는데(1993년), 이 관찰 결과는 고작 '시베리아' 정도의 온도인 섭씨 약 −23도에서 초전도체 현상이 발생함을 가리키는 것처럼 보인다. 아직도 생물학적인 관점에서는 어느 정도 '차가운' 쪽이긴 하지만 그런 고온 초전도체 현상은 생물계와 정말로 관련이 있는 양자 결맞음 효과가 있을 수 있다는 추측을 강하게 지지한다.

사실 고온 초전도체 현상이 관찰되기 오래전에 유명한 물리학자 헤르베르트 프뢸리히(Herbert Fröhlich. 1930년대에 '통상적인' 저온 초전도체를 이해하는 데 근본적인 이바지를 한 물리학자)가 양자 효과가 생물계에 행할 수 있는 역할 한 가지를 제안했다. 이 연구는 일찍이 1938년에 생물체의 막에서 관찰된 한 당혹스러운 현상에 의해 시작되었다. 이후 프뢸리히는 1968년에(내 형제인 올리버 펜로즈(Oliver Penrose)와 라르스 온사게르(Lars Onsager)가 내놓은 한 개념(1956년)을 도입해서 진행된 연구였는데, 나도 이 주제를 살펴보다가 이 사실을 알고 놀랐다) 다음과 같은 제안을 했다. 활동 세포들 속에서 일어나는 진동 효과는 10^{11}Hz의 마이크로파와 공명하고 있는데, 이는 생물학적 양자 결맞음 현상의 결과라는 것이다. 낮은 온도를 필요로 하는 대신에 그 효과들은 대사 활동에서 생겨나는 큰 에너지가 있으면 발생한다. 프뢸리히가 1968년에 예상했던 바로 그러한 종류의 효과가 지금은 많은 생물계에서 관찰되고 있음이 훌륭한 증거에 의해 뒷받침되고 있다. 이것이 두뇌 활동과 어떠한 관련성을 가질지는 나중에(§7.5) 살펴보도록 한다.

7.2 뉴런, 시냅스 그리고 컴퓨터

지금까지 양자 결맞음이 생물계에서 진정으로 유의미한 역할을 하는지 그 뚜렷한 가능성을 찾는 일은 고무적이긴 하지만, 이것과 두뇌 활동에 직접적으로 해당될지 모를 어떤 과정 사이의 분명한 관련성은 아직 드러나지는 않았다. 두뇌에 대해 우리가 이해하고 있는 대부분의 내용은 아직도 여전히 초보적인 수준으로서 고전적인 모습이다(본질적으로 1943년에 맥컬럭(McCullogh)과 피츠(Pitts)가 내놓은 것). 여기서는 신경과 이들을

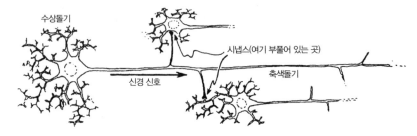

수상돌기

시냅스(여기 부풀어 있는 곳)

신경 신호

축색돌기

그림 7.1 뉴런의 구조. 시냅스를 통해 다른 뉴런과 연결되어 있다.

연결해주는 시냅스는 오늘날의 전자컴퓨터의 트랜지스터 배선(인쇄회로기판)의 경우와 본질적으로 비슷하다. 더 자세히 말해, 고전적인 신경 신호 전달 구조로서 신호는 뉴런의 가운데 있는 둥근 부분에서 나와서 축색돌기라는 매우 긴 섬유를 따라 이동하는데, 이 축색돌기는 두 가닥으로 갈라지면서 여러 군데에 별도의 가지를 이룬다(**그림 7.1**). 각 가지의 끝에는 시냅스가 달려 있는데, 이 접합부에서 신호가 시냅스간극을 넘어 다음 뉴런으로 전송된다. 바로 이 단계에서 신경전달 화학물질이 이전 뉴런이 발화한 메시지를 한 세포(뉴런)에서 다음 세포로 이동시키며 전달한다. 이런 시냅스 접합은 다음 뉴런의 나무처럼 생긴 수상돌기 또는 세포체에서도 일어난다. 어떤 시냅스는 흥분성이어서 신경전달 물질이 다음 뉴런의 발화를 촉진시키는 반면에, 또 어떤 시냅스는 억제성이어서 (상이한) 신경전달 물질이 뉴런의 발화를 억제시킨다. 다음 뉴런에 대한 상이한 시냅스 활동의 효과들은 본질적으로 합쳐지며(흥분성일 때는 '더하기'로 억제성일 때는 '빼기'로), 어떤 문턱값(역치, 閾値)에 이르면 다음 뉴런이 발화하게 된다.* 더 정확히 말해, 발화할 가능성이 매우 크다. 그런 모든 과정에는 또한 어떤 우연 요소도 개입된다.

적어도 지금까지는 시냅스 연결 및 시냅스의 개별적 강도가 고정된다고 가정할 때 이런 현상이 사실상 원리상으로는 컴퓨팅적으로 시뮬레이션될 수 있

다는 점엔 의심의 여지가 없다(물론 무작위적 요소도 컴퓨팅 문제를 전혀 일으
키지 않는다. §1.9 참고). 정말로 여기서 제시되는 뉴런-시냅스 구조(시냅스가
고정되어 있고 그 연결 강도도 고정되어 있는 구조)가 본질적으로 컴퓨터와 동
일함을 알아차리기는 어렵지 않다(ENM 392~396쪽(국내판 596~601쪽) 참고).
하지만 두뇌 가소성이라고 알려진 현상 덕분에 적어도 이런 연결들 중 일부의
강도는 시시때때로, 심지어 어쩌면 일초 미만의 시간 규모에서도 달라질 수 있
다. 물론 연결 자체도 그렇게 달라질 수 있듯이 말이다. 여기서 중요한 질문 하
나가 제기된다. 어떤 절차가 이러한 시냅스 변화를 관장할까?

　(인공 신경네트워크에 채택된 것과 마찬가지의) 연결주의 모델에서는, 어
떤 종류의 컴퓨팅 규칙이 그러한 시냅스 변화를 관장한다. 이 규칙을 구체화시
키자면 이렇다. 즉, 그 계는 외부에서 들어오는 입력과 관련하여 어떤 미리 할
당된 기준을 바탕으로 하여 자신의 과거 성능을 향상시킬 수 있다는 것이다.
이미 1949년에 도날드 헵(Donald Hebb)은 이런 유형의 간단한 규칙을 하나 제
시했다. 현대의 연결주의 모델들[1]은 어떤 명확한 컴퓨팅 규칙이 있기 마련이
다. 왜냐하면 그 모델들은 언제나 보통의 컴퓨터로 실행될 수 있는 것이기 때
문이다(§1.5 참고). 하지만 내가 1부에서 내놓은 주장들의 근본 동력은 그러한
컴퓨팅 절차로는 인간의 의식적 이해의 발현을 적절히 설명할 수 없다는 것이
다. 그러므로 우리는 적합한 유형의 제어 '메커니즘'이 될 만한 다른 어떤 것을
찾아야만 한다. 적어도 실제의 의식적 활동과 얼마만큼 관련성을 갖고 있을지
모를 시냅스 변화의 경우에 대해서는 말이다.

---

* 적어도 이것은 전통적인 뉴런의 구조다. 요즘에는 이 단순한 '합하기' 식 설명이 상당히 지나친 단순화일지
모르며, 어떤 '정보처리'는 개별 뉴런의 수상돌기 내에서 발생할 가능성이 높다는 증거가 존재한다. 이런 가능
성을 강조한 이가 칼 프리브램(Karl Pribram) 등이다(프리브램(1991년) 참고). 이런 일반적인 제안을 따르는 일
부 초기의 제안들은 얼윈 스콧(Alwyn Scott)이 내놓았다(1973, 1977년. 그리고 개별 세포들 내부의 '지능'이 존
재할 가능성에 관해서는 가령 알브레히트-뷜러(Albrecht-Buehler), 1985년 참고). 단일 뉴런 내에서 복잡한 '수
상돌기 처리'가 발생한다는 것은 §7.4의 결론과 맞아떨어진다.

다른 발상들도 제시되었는데, 이를테면 제럴드 에델만(Gerald Edelman)은 그의 최근 저서 『밝은 공기, 빛나는 불꽃(Bright Air, Brilliant Fire)』(국내판 『신경과학과 마음의 세계』(범양사, 2006)-옮긴이)에서 (그리고 그의 1987, 1988, 1989년 초기 삼부작도 아울러) 다음과 같은 제안을 했다. 즉, 헵(Hebb) 식 규칙 대신에 일종의 '다윈' 식 원리가 두뇌 속에서 작동하여, 이러한 연결을 지배하는 일종의 자연선택 원리에 의해 두뇌의 성능이 지속적으로 향상된다고 주장한 것이다. 이는 면역계가 물질들을 '인식'하는 능력을 개발하는 방식과 상당한 연관성을 지닌다. 중요성은 뉴런들 사이의 의사소통에 관여하는 신경전달 물질 및 기타 화학물질들의 복잡한 역할에 맞추어진다. 하지만 이러한 과정들은 현재로서는 여전히 고전적이고 컴퓨팅적 방식으로 다루어진다. 정말로 에델만과 그의 동료들은 컴퓨팅적으로 제어되는 장치(다윈 I, II, III, IV 등으로 명명됨)를 제작했는데, 이들은 점차로 복잡도가 커지면서 그가 정신 활동의 기반에 놓여 있다고 제시한 유형의 절차들을 시뮬레이션하도록 고안되었다. 일반적인 범용 컴퓨터가 제어 활동을 수행한다는 사실 그 자체로부터 이러한 방안이 여전히 컴퓨팅적 — 일부 '상향식' 규칙 체계를 갖춘 — 이라는 점이 도출된다. 그런 방안이 세부적으로 다른 재래식 절차와 얼마나 다른지는 중요하지 않다. 그것은 어쨌거나 1부의 논의에 포함되는 표제를 달고 나온다. 특히 §1.5, §3.9의 논의들 그리고 §3.23에 나오는 가상의 대화에 요약되어 있는 논의들을 참고하기 바란다. 그러한 논의들만으로도 이러한 방안이 의식적 마음의 실제 모델을 제공한다는 것이 전혀 가능하지 않음을 잘 알 수 있다.

컴퓨팅이라는 고정관념에서 벗어나기 위해서는 시냅스 연결을 제어하는 다른 어떤 수단들이 필요하다. 그리고 어찌 되었든지 간에 그것은 틀림없이 어떤 형태의 양자 결맞음이 중요한 역할을 행하는 어떤 물리적 과정을 포함하고 있을 것이다. 만약 그 과정이 본질적인 면에서 면역계의 활동과 비슷하다면 면역계 자체도 틀림없이 양자 효과에 의존하고 있다고 보아야 한다. 아마도 정말로 면역계의 인식 메커니즘이 작동하는 특별한 방식에는 본질적으로 양자적 특성이 있을 것이다. 특히 이에 대해서 마이클 콘라드(Micahel Conrad)가 주장한 대로 말이다(1990, 1992, 1993). 나로서는 그다지 놀라운 것이 아니지만, 그처럼 양자 활동이 면역계의 작동에 대해 행할 수 있는 역할은 에델만의 두뇌 모델의 핵심 부분을 이루지는 않는다.

비록 시냅스 연결이 어떤 방식에 의해 결맞은 양자역학적 효과들에 의해 제어된다 하더라도 실제 신경 신호 활동이 본질적으로 양자역학적인 것일 수 있는지를 알기는 어렵다. 그러니까, 한 뉴런이 동시에 발화하기도 하고 발화하지 않기도 하는 두 가지 양자 중첩 상태로 이루어질 수 있다는 것을 어떻게 이해해야 할지 난감하다는 뜻이다. 신경 신호들은 그런 상태에 있다고 믿기에는 꽤나 거시적인 규모에서 활동하는 듯하다. 신경 전달이 신경을 감싸는 도톰한 미엘린초에 의해 절연되어 내부 깊숙한 곳에서 이루어진다는 사실에도 불구하고 말이다. §6.12에서 내가 역설한 (**OR**)의 관점에서 보면, 객관적인 상태 축소는 신경이 발화할 때 급속하게 일어난다는 것을 분명히 예상할 수 있다. 이는 덩어리의 대규모 운동이 있어서가 아니라(요구되는 기준에서 볼 때 그런 운동은 충분하지 않음), 신경을 따라 전파되는 전기장 — 신경 신호에 의해 발생 — 이 두뇌 물질을 감싸는 외부환경에서 검출될 수 있기 때문이다. 이 전기장은 무작위적인 방식으로 상당히 많은 양의 두뇌 물질을 교란할 것이므로, 아마도 **OR**의 활동에 관한 §6.12의 기준은 신경 신호가 발화되자마자 충족됨이 분명하다. 그러므로 이때는 뉴런이 발화함과 발화하지 않음의 양자 중첩은 아마 더 이상 유지될 수 없게 된다.

7.3 양자 컴퓨팅

　　뉴런 발화의 이러한 환경 교란 속성은 내가 ENM에서 주장했던 대략적인 유형의 제안에 대해서는 내게는 늘 가장 불편한 요소로 여겨지는 특성이다. ENM의 주장에서는 뉴런들이 발화함과 발화하지 않음의 동시 중첩이라는 양자 효과가 정말로 필요한 듯 보였으니 말이다. 상태 축소에 대한 현재의 **OR** 기준에 의하면 과정 **R**은 이전의 경우보다 더 작은 환경 교란에 의해서도 발생하므로, 그러한 중첩이 상당히 유지될 수 있다는 가능성을 믿기는 더욱 어려워진다. 개념적으로 볼 때, 만약 상이한 뉴런 발화의 패턴들에 대해 동시에 다수의 '계산'을 수행할 수 있다면, 단지 튜링 컴퓨팅이 아니라 양자 컴퓨팅의 속성을 지니는 어떤 활동이 두뇌에 의해 수행될 수도 있을 것이다. 양자 컴퓨팅이 두뇌 활동의 수준에서 작동할 가능성이 분명 없어 보임에도 불구하고 이러한 개념에 어떠한 측면들이 깃들어 있는지 살펴보는 것은 유용할 것이다.

　　양자 컴퓨팅은 데이비드 도이치(David Deutsch, 1985)와 리처드 파인만(1985, 1986)이 그 핵심 내용을 제시한 이론적인 개념인데(아울러 베니오프(Benioff, 1982)와 앨버트(Albert, 1983) 참고), 지금은 많은 사람들이 활발하게 탐구하고 있는 분야이다. 핵심 개념은 튜링 기계의 고전적 개념을 그에 대응하는 양자 기계로 확장한 것이다. 따라서 이 확장된 '기계'가 실행하는 모든 다양한 활동들은 양자 수준의 계에 적용되는 양자 법칙 ― 중첩이 허용되는 ― 에 지배를 받는다. 그러므로 대체로 그것은 중첩 상태를 활동의 핵심 부분으로 유지하면서 그 장치의 진행을 관장하는 **U**의 활동으로 이루어진다. **R**-절차는 그 활동의 끝에서만 유효해지는데, 이때에서야 컴퓨팅의 결과를 확인하기 위해 계가 '측정'된다. 사실 (비록 이것이 늘 인식되지는 않지만) **R**의 활동은 이따금씩 컴퓨팅 도중에 더욱 사소한 방식으로도, 가령 컴퓨팅이 끝났는지 여부를 확인하기 위해서도 일어난다.

알려진 바에 의하면, 비록 양자 컴퓨터가 원리상으로 재래식 튜링 컴퓨터가 이미 할 수 있는 것 이상의 것을 행할 수는 없지만, 양자 컴퓨팅이 복잡성 이론의 의미에서 튜링 컴퓨팅을 능가할 수 있는 어떤 부류의 문제들이 존재한다(도이치(1985) 참고). 무슨 말이냐면, 그러한 부류의 문제들에 대해서는 양자 컴퓨터가 원리상으로 재래식 컴퓨터보다 훨씬 빠르다 — 단지 더 빠르다 — 는 뜻이다. 특히 양자 컴퓨터가 뛰어난 역할을 하는 흥미로운(하지만 어느 정도 인공적인) 문제 유형에 대해서는 도이치와 조사(Jozsa)의 1992년 문헌을 보기 바란다. 게다가 지금은 큰 정수의 인수분해라는 중요한 문제를 피터 쇼어(Peter shor)의 최근 논증에 따라 양자 컴퓨터를 이용하여 (최적화 해법의 일종인 다항 시간 해법으로) 풀 수 있다.

'표준적인' 양자 컴퓨팅에서는 양자론의 일상적인 규칙들이 도입되는데, 여기서 그 계는 본디 전체 작동을 절차 **U**에 따라 실시하다가 어떤 특정한 지점에서 **R**이 등장한다. 그러한 절차에는 '컴퓨팅'이 지니는 통상적인 의미에서 볼 때 '비컴퓨팅적인' 것이 존재하지 않는다. 왜냐하면 **U**는 컴퓨팅 가능한 활동이며 **R**은 순전히 확률론적인 절차이기 때문이다. 원리상으로 양자 컴퓨터가 행할 수 있는 작업은 또한 원리상으로 적절한 랜더마이저(randomizer)를 장착한 튜링 기계로 행할 수 있다. 그러므로 1부의 논증에 따르자면, 심지어 양자컴퓨터조차도 인간의 의식적 이해에 필요한 작업을 수행할 수는 없을 것이다. 희망이 있다면, 단지 임시방편의 무작위적 절차 **R**이 아니라 상태 벡터가 축소되는 것처럼 '보일' 때 실제로 일어나는 미묘한 어떤 활동이 우리를 진정으로 비컴퓨팅적인 영역으로 인도해주는 것이다. 그러므로 추정상의 **OR** 과정의 완벽한 이론은 본질적으로 비컴퓨팅적인 방안이 되어야 할 것이다.

ENM 속의 아이디어에 따르면, 중첩된 튜링 컴퓨팅이 잠시 실행될 수는 있지만 이는 **R**을 대신하여 새로 등장하게 될 물리학에 의해서만 이해될 수 있는 어떤 비컴퓨팅적인 활동(즉, **OR**) 속에 자리 잡게 될 것이다. 하지만 만약 환경의 너무 많은 부분이 각각의 뉴런 신호에 의해 교란되는 탓에 뉴런 컴퓨팅의 중첩이 허용되지 않는다면, 표준적인 양자 컴퓨팅의 개념을 어떻게 이용할 수 있을지 알기는 어렵다. **R**을 대신하여 **OR**과 같은 어떤 추정상의 비컴퓨팅적 과정을 활용하는 이러한 절차의 수정판은 말할 것도 없이 말이다. 하지만 우리는 훨씬 더 유망한 또 한 가지 가능성이 있음을 곧 살펴볼 것이다. 어떻게 그럴 수 있는지 이해하려면 두뇌 세포의 생물학적 속성을 더욱 깊이 들여다보아야 한다.

7.4 세포골격과 미세소관

만약 우리가 뉴런이 동물의 정교한 활동을 제어하는 유일한 것이라고 믿는다면, 짚신벌레는 한 가지 심오한 문제를 우리에게 던져 준다. 왜냐하면 짚신벌레는 극히 작은 수많은 털과 같은 다리 — 섬모(纖毛) — 로 연못에서 헤엄치는데, 다양한 메커니즘을 사용하여 박테리아성 먹이를 향해 이 다리들을 뻗다가, 위험을 감지할 때는 다리를 거두어들여 다른 방향으로 헤엄쳐 간다. 짚신벌레는 또한 장애물이 나오면 우회해서 헤엄쳐 벗어난다. 게다가 짚신벌레는 분명 과거의 경험을 통해 학습할 수 있는 듯 보인다.[2] 물론 무척 놀라워 보이는 이 기능에 대해 어떤 이들은 상당한 반박을 가하기도 하지만 말이다.[3] 어떻게 단 한 개의 뉴런이나 시냅스도 없는 동물이 이 모든 일을 할 수 있을까? 정말로 한 개의 뉴런도 갖지 못한 단세포 동물인 짚신벌레는 그러한 기능을 탑재할 곳이 없는데 말이다(**그림 7.2**를 보기 바란다).

하지만 분명 짚신벌레 — 또는 아메바와 같은 다른 단세포 동물 — 의 행동을 관장하는 복잡한 제어 시스템이 있다는 점은 분명하지만, 그것이 신경계는

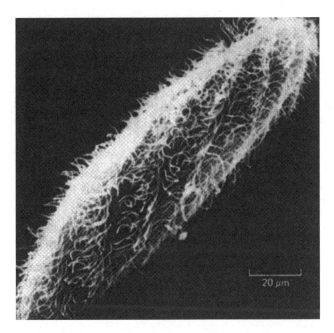

그림 7.2 짚신벌레. 헤엄치는 데 쓰이는 털과 같은 모양의 섬모가 보인다. 이 섬모는 짚신벌레의 세포골격이 외부로 노출되어 있는 끝 부분이다.

아니다. 그 기능을 담당하는 구조는 분명 세포골격이라고 불리는 것의 일부임이 분명해 보인다. 이름에서 알 수 있듯이, 세포골격은 세포의 모양을 유지시켜주는 틀이지만, 그 이상의 역할을 한다. 섬모 그 자체는 세포골격 섬유의 말단이지만, 세포골격은 그 세포에 대한 제어 시스템을 포함하고 있는 듯하다. 아울러 다양한 분자들을 한 장소에서 다른 장소로 옮기는 '컨베이어 벨트' 역할도 맡는다. 요약하자면 세포골격은 단일 세포에 대한 역할을 수행하기에 골격의 결합이라기보다는 근육 계통, 다리, 심혈관계 및 신경계가 전부 하나로 말려 있는 셈이다!

　여기서 우리에게 중요한 것은 세포골격이 맡는 세포의 '신경계'로서의 역할이다. 왜냐하면 뉴런 자체는 단일 세포이며 각 뉴런은 자신의 세포골격을 지

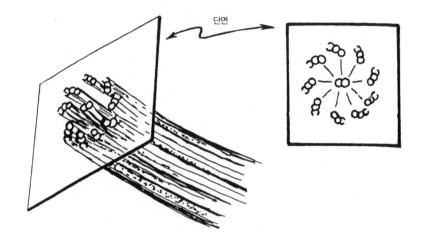

그림 7.3 세포골격의 중요 부분은 선풍기 모양의 단면 구조로 배열된 아주 작은 관(미세소관)의 다발로 이루어져 있다.

니기 때문이다! 그렇다면 각 개별 뉴런이 그 자체로서 자신의 '개인 신경계'와 유사한 어떤 것을 지니고 있다는 뜻일까? 이것은 흥미로운 사안으로서 다수의 과학자들은 이런 일반적인 속성이 실제로 참일지 모른다는 견해에 이르렀다. (스튜어트 해머로프(Stuart Hameroff)의 선구적인 1987년도 저서인 『궁극의 컴퓨팅: 생체분자 의식과 나노 기술』 및 해머로프와 와트(Watt)의 1982년 문헌 그리고 새로운 저널인 《나노바이올로지(Nanobiology)》에 실린 숱한 논문을 참고하기 바란다.)

그러한 사안들을 다루려면 우선 세포골격의 기본 조직부터 살펴보아야 한다. 세포골격은 다양한 형태의 구조로 배열된 단백질 분자들, 즉 액틴, 미세소관 및 중간섬유로 이루어져 있다. 여기서 우리의 주된 관심사는 미세소관들이다. 미세소관은 속이 빈 원기둥형 관으로서 바깥 직경은 약 25nm이고 안쪽 직경은 약 14nm이다('nm'는 나노미터로서 10^{-9}m). 또한 때로는 두 가닥, 세 가닥 또는 부분적인 세 가닥의 미세소관들로 이루어진 더 큰 관상 섬유 조직이기도

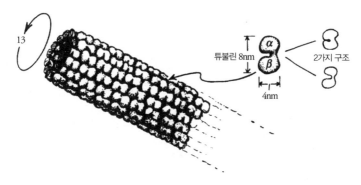

그림 7.4 미세소관. 미세소관은 속이 빈 관으로서 보통 13개 행의 튜불린 이합체로 이루어져 있다. 각 튜불린 분자는 (적어도) 두 가지 구조를 취할 수 있다.

한데, 이 경우에는 **그림 7.3**에 나와 있듯이 단면 배열이 선풍기 형태이며 한 쌍의 미세소관이 중심을 향해 아래로 향한다. 짚신벌레의 섬모는 이런 식의 구조이다. 각 미세소관은 그 자체로서 튜불린(tubulin)이라는 하부 단위로 이루어진 단백질 중합체이다. 각 튜불린 하부 단위는 '이합체(dimer)'이다. 즉 그것은 약 450개의 아미노산으로 구성된 α-튜불린과 β-튜불린이라는 별도의 두 부분으로 이루어져 있다. 이합체는 구형의 단백질 쌍으로서 '땅콩 모양'에 가까우며, 관 전체를 따라 비스듬한 육각형 격자로 조직되어 있다. 이 모습이 **그림 7.4**에 묘사되어 있다. 각 미세소관에는 튜불린 이합체가 일반적으로 13행이 있다. 각 이합체는 약 8nm × 4nm × 4nm이며 그 속의 원자 개수는 11×10^4이다(따라서 그 속에는 그만큼 많은 핵자들이 있으므로, 그 질량은 절대 단위로 하면 약 10^{-14}이다).

각 튜불린 이합체는 전체적으로 (적어도) 두 가지 상이한 기하학적 구조(conformation)로 존재할 수 있다. 둘 중 한 구조에서는 미세소관의 방향에 대해 약 30도 기울어져 있다. 증거에 의하면, 이 두 구조는 이합체의 전기 분극의 두 가지 상이한 상태에 대응한다고 한다. 분극이 일어나는 까닭은 α-튜불린/β-

그림 7.5 중심소체(세포의 눈이라는 주장이 있음)는 분리된 T자 모양으로 구성되어 있는데, 이는 **그림 7.3** 에서 묘사된 것처럼 두 다발의 미세소관들로 이루어진다.

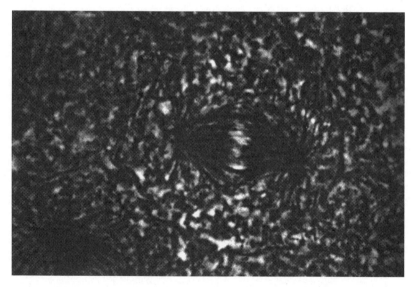

그림 7.6 체세포분열 과정(세포 나눔)에서 미세소관들이 잡아당김으로써 염색체가 떨어진다.

튜불린 접합점의 가운데에 있는 전자가 한 장소에서 다른 장소로 이동하기 때문이다.

세포골격의 '제어 센터'는 미세소관 초직화 센터 또는 중심체라고 불리는 구조인 듯하다. 중심체 내에는 중심소체라고 알려진 특수한 구조가 있다. 이것은 아홉 개의 세 가닥 미세소관의 두 원기둥으로 이루어져 있는데, 여기서 원기둥은 일종의 분리된 **T**'자를 형성한다(**그림 7.5**). (원기둥은 **그림 7.3**에 묘사된 섬모 안의 모양과 일반적으로 비슷하다.) 알브레흐트-뷜러(1981, 1991년)에 따르면, 중심소체는 세포의 눈 역할을 한다! 아주 흥미로운 발상이긴 하지만 아직 충분히 인정되지는 않았다. 통상적인 세포의 일반적인 생존 기간 동안 중심체의 역할이 무엇이든 간에, 그것은 적어도 한 가지 근본적으로 중요한 임무를 맡고 있다. 한 중요한 단계에서 그것은 둘로 나누어지는데, 각 부분은 한 다발의 미세소관을 끌어당긴다. 각 부분이 미세소관들이 집결하는 초점이 된다고 말하는 편이 더 정확할 것이다. 이 미세소관 섬유들이 어떤 식으로든 중심체를 (중심립이라는 가운데 지점에 있는) 핵 속의 별도의 DNA 가닥에 연결함으로써 DNA 가닥들은 분리된다. 이로써 전문적인 용어로 체세포분열(mitosis)이라는 특이한 과정이 시작되는데, 이는 단순히 말해 세포가 나누어진다는 뜻이다(**그림 7.6**).

한 단일 세포 내에 두 개의 무척 상이한 '본부'가 있다는 것은 아주 이상하다 생각된다. 한편으로는 핵이 있는데, 여기서는 세포의 근본적인 유전 물질이 들어 있다. 이 유전 물질은 세포의 유전 그리고 그 자신의 특별한 정체성을 제어하고 그 세포를 구성하는 재료인 단백질의 생산을 관장한다. 다른 한편으로는 중심체가 있는데, 이것은 세포의 움직임과 세부적인 구조를 제어하는 구조인 세포골격의 초점으로 작용하는 듯 보이는 중심소체라는 구성 성분으로 이루어져 있다. 이 두 개의 상이한 구조가 진핵세포(지구상의 모든 동물 및 거의 모든 식물의 세포. 하지만 박테리아, 남조류 및 바이러스는 제외됨) 속에 존재하는 까닭은 몇 십억 년 전에 일어난 고대의 '감염'의 결과라고 여겨진다. 이전에 지구에 살고 있던 세포들은 원핵세포였다. 이 원핵세포는 박테리아 및 남조류의 형태로 지금도 존재하는데 이 세포들은 세포골격이 없다. 한 제안(세이건(Sagan) 1976년)에 따르면, 초기의 어떤 원핵세포들이 일종의 스피로헤타(spirochete), 즉 세포골격성 단백질로 이루어진 채찍 같은 꼬리로 헤엄치는 유기체와 얽히게 — 또는 어쩌면 이 유기체에 '감염' — 되었다고 한다. 서로 이질적인 이 유기체들은 이후 단일 진핵세포로서 하나의 공생 관계 속에서 영원히 함께 살게 되었다. 그리하여 이 '스피로헤타들'은 궁극적으로 세포의 세포골격이 되었다고 한다. 우리들이 미래에 어떻게 살아가야 할지를 알려주는 산증인이 아니겠는가!

수학적 관점에서 보면, 포유류의 미세소관 구조는 흥미로운 구조이다. 숫자 13은 수학적으로 특별한 의미가 있어 보이지는 않지만, 천만의 말씀이다. 이 숫자는 아래에 나오는 유명한 피보나치 수의 하나다.

$$0, 1, 1, 2, 3, 5, 8, 13, 21, 34, 55, 89, 144, \cdots$$

여기서 각각의 연속적인 수는 이전 두 수의 합으로 얻어진다. 별다른 의미가 없는 수처럼 보일지 모르지만 피보나치 수는 (큰 규모의) 생물계에서 빈번하게 나타난다고 잘 알려져 있다. 가령, 전나무 열매, 해바라기 씨앗 그리고 종려나무 줄기에서 소용돌이 또는 나선형 배열이 보이는데, 여기에는 시계 방향 비틀림과 반시계 방향 비틀림이 서로 관통하는 모습이 나타난다. 이때 시계 방향 비틀림의 줄 수와 반시계 방향 비틀림의 줄 수는 이웃하는 두 피보나치 수이다(**그림 7.7**). (그 구조를 한쪽 끝에서부터 다른 쪽 끝으로 살펴보면, '선로 바꿈'이 일어나 수들이 연속적인 피보나치 수들의 인접 쌍으로 옮기는 것을 알 수 있다.) 흥미롭게도 미세소관의 비스듬한 육각형 패턴도 이와 매우 비슷한 특

그림 7.7 해바라기 씨. 다른 많은 식물들에서처럼, 피보나치 수가 유감없이 드러난다. 바깥 영역에는 89개의 시계 방향 나선과 55의 반시계 방향 나선이 있다. 중심에 가까이 가면 다른 피보나치 수를 볼 수 있다.

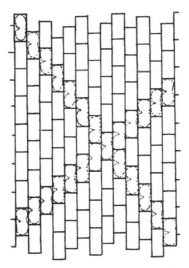

그림 7.8 길이 방향으로 미세소관의 틈을 내고 이를 펼쳐서 하나의 띠 모양으로 만든다고 상상해보자. 튜불린들은 사선으로 배열되어 있는데, 5군데 내지 8군데 떨어진(사선의 기울어진 방향이 오른쪽인지 왼쪽인지에 따라 달라진다) 반대편 모서리에서 만난다.

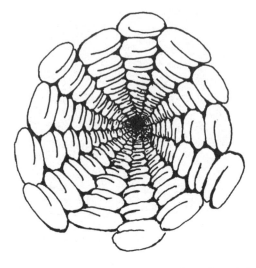

그림 7.9 미세소관을 위에서 아래로 내려다본 모습! 이 미세소관의 튜불린들이 나타내는 5 + 8의 나선 배열을 볼 수 있다.

징 — 일반적으로 훨씬 더 정교한 구조 — 을 나타낸다. 그런데 (적어도 보통의 경우), **그림 7.8**에서처럼 이 패턴은 5개의 반시계 방향 나선형 배열과 8개의 시계 방향 나선형 배열로 이루어져 있음을 알 수 있다. **그림 7.9**에서 나는 이 구조가 미세소관 내부에서는 어떻게 '보이는지'를 나타내려고 시도했다. 숫자 13은 여기서 5와 8의 합으로서 자신의 역할을 드러낸다. 또한 흥미롭게도 빈번히 나타나는 이중 미세소관은 보통 총 21행의 튜불린 이합체가 미세소관의 바깥 경계를 이룬다. 13 다음의 피보나치 수가 21 아닌가! (그렇다고 해서 이런 생각에 너무 빠지면 안 된다. 가령 섬모와 중심소체 내의 미세소관 다발에서 나타나는 '9'는 피보나치 수가 아니다.)

왜 피보나치 수가 미세소관 구조에 나타날까? 전나무 열매와 해바라기 씨앗 등의 경우에는 그럴듯한 다양한 이론들이 있으며, 앨런 튜링도 이 주제에 관해 진지하게 생각한 사람이었다(호지스(Hodges)(1983년) 437쪽). 하지만 아

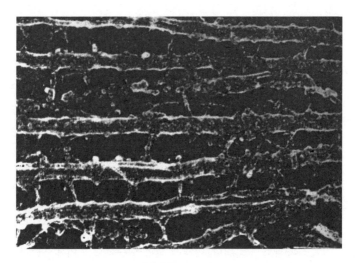

그림 7.10 미세소관은 이웃 미세소관들과 미세소관 연관 단백질(MAPs)의 다리에 의해 서로 연결되는 경향이 있다.

마도 그러한 이론들은 미세소관에는 적절하지 않으며, 이 수준에는 다른 아이디어가 적합할 듯하다. 코루가(Koruga, 1974년)의 제안에 의하면, 이 피보나치 수들은 미세소관이 지닌 '정보 처리기'로서의 능력을 해석하는 데 도움을 줄지 모른다고 한다. 정말로 해머로프와 그의 동료들은 십 년 이상 주장하기를,[4] 미세소관은 세포 자동자(cellular automata)로서의 역할을 할지 모른다고 했다. 이 세포 자동자에서는 복잡한 신호들이 튜불린의 상이한 전기 분극에 의한 파동의 형태로서 미세소관을 따라 전송 및 처리될 수 있다. 기억하다시피, 튜불린 이합체는 (적어도) 두 가지 상이한 구조로 존재할 수 있다. 그리고 이 상태는 한쪽에서 다른 한쪽으로 변환이 가능한데, 이는 분명 이들의 전기 분극이 서로 바뀔 수 있기 때문이다. 각 이합체의 상태는 그것의 여섯 이웃들 각각의 분극 상태에 의해 영향을 받게 되는데(그들 사이의 반델발스 상호작용 때문에), 이 분극 상태는 이웃들의 구조와 관련하여 각 이합체의 구조를 관장하는 어떤 구체적인 규칙들을 생기게 한다. 이로써 모든 종류의 메시지가 각 미세소관의 길

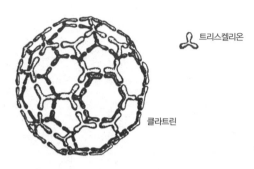

트리스켈리온

클라트린

그림 7.11 클라트린 분자(전체적인 구조에서 불러린과 비슷하지만, 훨씬 더 복잡한 하부구조 ─ 탄소 원자가 아니라 트리스켈리온 단백질 ─ 로 이루어져 있다). 클라트린은 보통의 축구공 구조를 닮았다.

이 방향으로 전파되고 처리된다. 이렇게 전파되는 신호는 미세소관이 다양한 분자들을 실어 나르는 방식 그리고 이웃 미세소관들 사이의 다양한 상호연결 ─ MAPs(microtubule associated proteins 미세소관 연관 단백질)라고 불리는 다리 모양으로 연결된 단백질의 형태로 ─ 과 관련 있는 듯 보인다. **그림 7.10**을 보기 바란다. 코루가는 미세소관에서 실제로 관찰되는 이런 종류의 피보나치 수 관련 구조에서 특수한 효율성이 나타남을 역설한다. 분명 미세소관에 이런 종류의 구조가 나타나는 데는 어떤 마땅한 이유가 있음이 틀림없다. 왜냐하면 진핵세포 일반에 적용되는 수에는 얼마간 변이가 있긴 하지만 13개의 행은 포유류의 미세소관에서 거의 보편적으로 나타나기 때문이다.

　그렇다면 과연 미세소관의 구조가 뉴런에 대해 어떤 중요성을 갖는다는 것일까? 각 개별 뉴런에는 자신만의 세포골격이 있다. 그 역할은 무엇일까? 확신하기로는, 향후의 연구에 의해 많은 내용이 드러나게 되겠지만, 이미 알려진 바도 상당하다. 특히 뉴런의 미세소관은 직경(대략 25~30nm)에 비해 정말로 아주 길 수 있는데, 수 밀리미터 이상의 길이에 이를 수도 있다. 게다가 환경에 따라 커지기도 하고 작아지기도 하면서 신경전달 물질을 이동시킨다. 축색돌기와 수상돌기의 길이 방향을 따라 진행하는 미세소관도 있다. 비록 단일 미세

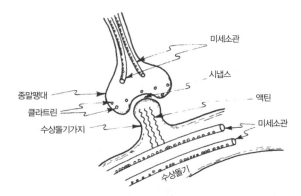

그림 7.12 그림 7.11에 묘사된 구조의 클라트린(그리고 미세소관 말단)은 축색돌기의 종말팽대(synaptic bouton) 속에 있으며 시냅스의 강도를 제어하는 일을 맡고 있는 듯하다. 이 강도는 수상돌기가지에 있는 수축성 액틴 필라멘트에 의해서도 영향을 받을 수 있는데, 이것은 미세소관에 의해 제어된다.

소관은 한 축색돌기의 전체 길이까지 뻗어나가지는 못하는 듯 보이지만, 서로 의사소통하는 네트워크를 구성하여 그런 기능을 행한다. 각 미세소관이 바로 옆의 미세소관과 위에서 언급한 MAPs로 연결되어 서로 의사소통을 나누는 것이다. 미세소관은 시냅스의 강도를 유지하는 일 그리고 분명 필요 시 이 강도를 변화시키는 일도 담당하는 것으로 보인다. 게다가 새로운 신경 말단을 성장시켜 이 말단이 다른 신경 세포와 연결되는 쪽으로 안내해주기도 한다.

뉴런은 두뇌가 충분히 자란 후에는 더 이상 나누어지지 않으므로, 뉴런 속의 중심체가 이런 특정한 유형의 역할을 맡지는 않는다. 중심소체는 뉴런의 중심체 — 뉴런의 핵 가까이에서 발견된다 — 속에 없을 때가 종종 있다. 미세소관은 거기서부터 뻗어나가 축색돌기의 시냅스 말단 근처까지 이어진다. 또한 다른 쪽 방향으로는 수상돌기 속으로 뻗고 수축성 액틴을 거쳐, 시냅스간극의 시냅스후말단(postsynaptic end)을 종종 형성하는 수상돌기가시에까지 이어진다(**그림 7.12**). 이 수상돌기가시는 성장과 퇴화를 겪는데, 이 과정은 두뇌 가소성의 중요한 한 부분을 형성하는 듯하다. 이 두뇌 가소성 덕분에 두뇌의 전체적인 상호연결망은 지속적으로 미묘한 변화를 겪게 된다. 미세소관이 정말로 두뇌 가소성의 제어에 중요하게 관여한다는 상당한 증거가 드러나고 있는 듯하다.

또한 언급되는 분명 흥미로운 한 가지로서, 축색돌기의 시냅스전말단(presynaptic end)에는 기하학적 관점에서 매력적인, 미세소관과 연관되어 있는 어떤 물질이 존재하는데, 이것은 신경전달물질의 방출과도 중요하게 관련되어 있다. 이 물질 — 이른바 클라트린(clathrin) — 은 클라트린 트리스켈리온(clathrin triskelion)이라고 알려진 단백질 삼합체(trimer)로부터 만들어지는데, 이것은 세 가닥 (폴리펩티드) 구조를 이룬다. 클라트린 트리스켈리온들은 함께 서로 끼워 맞춰서 아름다운 수학적 구조를 이루는데, 이 구조는 '풀러린'(또는 '버키볼')이라고 알려진 탄소분자들과 전반적인 조직 면에서 동일하다. 참고로 풀러린이란 이름은 미국 건축가 버크민스터 풀러(Buckminster Fuller)가 지은 유명한 지오데식 돔(geodesic dome, 같은 길이의 직선 부재를 써서 구면(球面) 분할을 한 트러스 구조에 의한 돔 형식의 하나–옮긴이)과 비슷하다고 해서 붙여졌다.[5] 클라트린은 풀러린 분자보다 훨씬 크지만, 하나의 전체 클라트린 트리스켈리온은 풀러린의 단일 탄소 원자를 대신하여 여러 개의 아미노산을 포함하고 있는 구조다. 시냅스에서 신경전달물질의 방출과 연관되어 있는 특정한 클라트린은 주로 깎은 정이십면체 구조이다. 우리에게 익숙한 축구공의 다면체가 바로 이 구조다(**그림 7.11** 그리고 **7.12**를 보기 바란다)!

이전 절에서 중요한 질문이 제기되었다. 즉, 무엇이 시냅스 강도의 변화를 관장하며 아울러 시냅스 연결이 이루어지는 장소들을 조직하는가? 우리가 도달한 한 가지 분명한 믿음은 바로 세포골격이 이 과정에서 중심적인 역할을 한다는 점이다. 그렇다면 이것이 비컴퓨팅성이 마음에 적용되는지를 알아보는 우리의 탐구에 어떻게 도움이 될까? 지금까지 우리가 알아낸 바는 만약 단위가 뉴런 자체였을 때 얻을 수 있었던 것보다 위에서 언급한 구조들 덕분에 컴퓨팅 능력이 엄청나게 발전할 잠재적 가능성이 생겼다.

정말로 만약 튜불린 이합체가 기본적인 컴퓨팅 단위라면 우리는 두뇌의 잠재적 컴퓨팅 능력이 AI 문헌에서 지금껏 고려되었던 정도를 훨씬 뛰어넘을 가능성을 상상해보아야 한다. 한스 모라벡은 자신의 저서 『마음의 아이들(Mind Children)』(1988년)에서 '뉴런 자체' 모델을 바탕으로 하여 다음과 같이 가정했다. 즉, 인간의 두뇌는 원리상으로 초당 약 10^{14}회의 기본 연산을 수행할 수 있지만 그 이상은 안 되는데, 왜냐하면 연산을 수행하는 뉴런의 개수가 약 10^{11}개이며, 그 각각은 초당 약 10^3번의 신호를 전송할 수 있기 때문이다(§1.2 참고). 한편 만약에 튜불린 이합체를 기본 컴퓨팅 단위라고 여긴다면, 한 뉴런당 약 10^7개의 이합체가 있는 데다가 기본 연산 수행의 속도가 약 10^6배로 빨라지므로, 결과적으로 초당 약 10^{27}번의 연산이 가능해짐을 우리는 염두에 두어야 한다. 현재 컴퓨터는 이제야 겨우 초당 10^{14}번의 연산이라는 수치에 처음으로 가까워지기 시작하고 있는 형편이므로 모라벡 등이 강하게 주장하듯이, 예측 가능한 장래에 10^{27}이라는 수치가 달성될 전망은 없어 보인다.

물론 두뇌는 이런 수치가 가정하는 100% 미세소관 효율에는 근처도 못 간다는 주장도 타당하게 제기될 수는 있다. 그럼에도 불구하고 분명, '미세소관 컴퓨팅'(해머로프(1987년) 참고)의 가능성은 임박한 인간 수준 인공지능에 관한 일부 주장들에 대하여 완전히 다른 관점을 제시한다. 어떤 선충의 신경 조직을 매핑(mapping)하여 컴퓨팅을 통해 시뮬레이션해보니 선충의 정신 능력이 컴퓨팅에 의해 밝혀졌다고 하는 주장들[6]을 우리가 믿을 수 있을까? §1.15에서 언급했듯이, 개미의 실제 능력조차 AI의 표준 절차에 의해 얻어진 어떤 것보다 지금까지 더 앞서 있는 듯 보인다. 개미가 단지 '뉴런 스위치'만으로 행할 수 있는 것과 달리 나노 수준의 '미세소관 정보처리기'의 어마어마한 배열을 사용한다면 얼마나 큰 능력을 발휘할지 궁금해진다. 하지만 짚신벌레의 경우는 이에 해당하지 않는 사안이다.

하지만 1부의 주장들은 더 강한 주장을 담고 있다. 나는 인간의 이해 능력은 어떠한 컴퓨팅적 수준을 훌쩍 넘어선다고 주장한다. 두뇌의 활동을 제어하는 것은 미세소관이므로, 미세소관의 활동 속에는 단지 컴퓨팅과는 다른 어떤 것이 깃들어 있음이 틀림없다. 나는 주장하기로, 그러한 비컴퓨팅적 활동은 미묘한 방식으로 미시적 과정들과 결합하여 이루어지는 어떤 타당한 대규모 양자 결맞음 현상의 결과임이 분명하며, 따라서 계는 현재 물리학의 임시방편적인 **R**-절차를 분명 대체할 새로운 물리적 과정을 이용할 수 있을 것이다. 첫 걸음으로서 우리는 세포골격 활동에서 양자 결맞음이 행하는 진정한 역할을 찾아내야만 한다.

7.5 미세소관 내부의 양자 결맞음?

이를 뒷받침할 증거가 도대체 있기는 할까? §7.1의 논의에서 언급했듯이, 생물계에서 양자 결맞음 현상이 일어날 가능성에 대한 프뢸리히의 아이디어(1975년)를 다시 떠올려보자. 그의 주장에 따르면, 대사 작용의 에너지가 충분히 크기만 하다면 그리고 관련 물질의 유전체(誘電體)적 속성이 지극히 크다면, 생물계에 해당하는 비교적 높은 온도에서 초전도체와 초유동체 현상 — 때로는 보스-아인슈타인(Bose-Einstein) 응축이라고도 함 — 에서 일어나는 것과 비슷한 대규모의 양자 결맞음이 일어날 가능성이 있다. 밝혀지기로는, 대사 에너지가 정말로 충분히 크고 유전체적 성질이 특별히 거대한(프뢸리히는 1930년대에 이 놀라운 사실을 관찰하고서 자신의 전반적인 아이디어를 얻기 시작했다) 경우뿐 아니라, 이제는 프뢸리히가 예측했듯이 세포 내에서 10^{11}Hz의 진동이 일어난다는 직접적인 증거 또한 찾아냈다(그룬들러(Grundler)와 케일만(Keilmann), 1983년).

보스-아인슈타인 응축(또한 레이저의 활동에서 생기는 현상)에서는 많은 수의 입자들이 단일 양자 상태로서 집합적으로 참여한다. 이 상태에는 단일 입자에 적합한 종류의 파동함수가 있지만, 여기서는 이 상태에 참여하고 있는 입자들의 전체 집합에 이 파동함수가 적용된다. 기억하다시피 단일 양자 입자의 펼쳐진 양자 상태(여기서 '펼쳐진(spread-out)' 양자 상태란 한 단일 입자가 여러 가지 상태들의 중첩에 처해 있음을 가리키는 듯하다-옮긴이)는 반직관적 속성을 띤다(§5.6, §5.11). 보스-아인슈타인 응축물은 마치 다수의 입자를 포함하고 있는 전체 계가 전반적으로 단일 입자의 양자 상태와 매우 흡사하게 행동한다. 모든 것의 규모가 적절히 커진 것만 제외하고 말이다. 대규모의 결맞음으로 인해 양자 파동함수의 많은 기이한 특징들이 거시적 수준에서도 유지된다.

프뢸리히의 원래 아이디어는 그러한 대규모 양자 상태가 세포막에서 일어날 가능성이 있다는 것인 듯하다.* 하지만 추가적인 — 그리고 어쩌면 더욱 그럴 법한 — 가능성은 이런 종류의 양자 행동을 찾을 곳은 바로 미세소관 속에 있다는 것이다. 아마 이를 뒷받침할지 모를 증거도 있다.[7] 일찍이 1974년에 해머로프(1974년)는 미세소관이 '유전체 도파관' 역할을 할지도 모른다고 제안했다. 자연이 세포골격 구조의 속이 빈 관을 어떤 멋진 목적에 사용하기로 선택했다는 발상은 정말로 솔깃하다. 아마 관은 그 자체로서 효과적인 절연 기능을 제공함으로써, 관 내부의 양자 상태가 상당한 시간 동안 주위 환경과 얽히지 않도록 할 것이다. 흥미롭게도 이와 관련하여 밀라노 대학의 에밀리오 델 주디체(Emilio del Giudice)와 그의 동료들(델 주디체 등, 1983년)은 주장하기를, 세포 내의 세포질 속의 전자기파의 양자 자체초점 효과로 인해 신호가 고작 미세

---

* 프뢸리히의 아이디어와 관련하여, 의식의 특성으로 보이는 듯한 '자아에 관한 단일한 감각'을 보스-아인슈타인 응축이 제공할지 모른다는 발상의 강력한 주창자로서 이언 마셜(Ian Marshall, 1989), 또한 조하르(Zohar, 1990년), 조하르와 마셜(1994년) 그리고 록우드(Lockwood, 1989년)도 참고하기 바란다. 두뇌의 거시 규모 결맞음은 '홀로그램' 활동의 강력한 초기 주창자는 칼 프리브램이었다(1966, 1975, 1991년).

소관의 안쪽 직경 크기에 갇힌다고 한다. 이로써 도파관 이론이 중요한 역할을 맡게 될뿐더러, 이 효과는 또한 미세소관의 형성 그 자체에도 필수적이다.

여기서 또 한 가지 흥미로운 사안이 있는데, 이는 물의 속성 그 자체에 관한 것이다. 관은 그 자체로서는 텅 비어 있는 듯 보인다. 이는 그 자체로서 일종의 집합적인 양자 진동에 우호적인 어떤 제어된 조건들이 마련되는 데 흥미롭고도 중요한 사실이다. 여기서 '비어 있음'이란 그 속에 본질적으로 오직 물만이 들어 있다는 뜻이다(심지어 용해된 이온도 없다는 뜻이다). '물'은 무작위적으로 움직이는 분자들이 그 속에 들어 있기에 양자 결맞음 진동이 발생하기에 알맞게끔 조직된 구조가 아니다. 하지만 세포 속의 물은 바다 속의 일반적인 물 — 분자들이 일관적이지 않은 무작위적인 방식으로 움직여 무질서한 물 — 과는 전혀 다르다. 세포 속의 물의 일부 — 얼마만큼인지에 대해서는 논란이 있지만 — 는 질서가 잡힌 상태로 존재한다(때로는 이를 '주변'수(vicinal water)라고 한다. 해머로프(1987년) 172쪽 참고). 그런 질서정연한 물의 상태는 세포골격 표면에서 바깥쪽으로 약 3nm 이상 뻗어 있을 수도 있다. 미세소관 속의 물 또한 질서정연하며, 이로 인해 이 미세소관 속에서 또는 미세소관과 관련하여 양자 결맞음 진동이 일어날 가능성이 충분하다고 가정하더라도 비합리적이지 않은 듯하다. (특히 다음을 보기 바란다. 지부(Jibu) 등(1994년))

이런 흥미로운 발상이 결국 어떤 지위를 얻게 되든지 간에, 내가 보기에 하나는 확실하다. 세포골격에 대해 전적으로 고전적인 방식으로 논의하는 것은 그것의 특성을 제대로 설명할 가능성이 거의 없다는 점이다. 이는 뉴런 자체의 상황과는 꽤 다르다. 거기서는 완전히 고전적인 관점의 논의가 대체로 적합한 듯하기 때문이다. 정말로 세포골격 활동에 관한 현재의 문헌들을 조사해보면 양자역학적 개념이 지속적으로 관여한다는 사실이 드러나기에, 나는 아무 의심 없이 이런 경향이 앞으로도 계속 증가하리라고 본다.

하지만 또한 분명히 세포골격이나 두뇌 활동과 관련하여 유의미한 양자적 효과가 발생할 가능성을 여전히 확신하지 않는 사람들 또한 많을 것이다. 비록 미세소관의 기능 그리고 의식적인 두뇌 활동에 본질적으로 양자적 속성의 중요한 효과가 있긴 하지만, 어떤 결정적인 실험으로 그 존재를 입증하기가 쉽지는 않아 보인다. 만약 행운이 따라 준다면, 물리계의 보스-아인슈타인 응축물의 존재를 드러내는 데 이미 이바지하고 있는 표준 절차들 중 일부 — 가령, 고온 초전도체 현상 — 가 미세소관에 적용 가능함이 밝혀질 수도 있다. 한편 우리는 그다지 운이 좋지 않을 수도 있는데, 그때에는 아주 새로운 어떤 것이 필요하다. 한 가지 흥미로운 가능성은 미세소관 흥분이 EPR 현상에서 일어나는 일종의 비국소성(벨의 부등식 등. §5.3, §5.4, §5.17 참고)을 나타냄을 입증하는 것일지 모른다. 왜냐하면 이런 종류의 효과들에는 (국소적인) 고전적인 설명이 불가능하기 때문이다. 가령 한 미세소관 — 또는 떨어져 있는 여러 미세소관 — 의 두 지점에서 어떤 측정을 실시하는데, 측정 결과가 이 두 지점에서 생기는 서로 독립적이며 고전적인 활동으로는 설명할 수 없는 경우라면 비국소성이 입증될 테다.

그런 제안들이 어떤 지위를 얻고 있든지 간에 미세소관 연구는 아직은 비교적 걸음마 단계에 있다. 하지만 내가 보기에는 분명 앞으로 놀라운 발전이 뒤따를 것이다.

7.6 미세소관과 의식

의식 현상이 세포골격의 활동 그리고 특히 미세소관과 관련되어 있다는 직접적인 증거가 존재할까? 정말로 그런 증거가 존재한다. 이 증거 — 어떤 원인에 의해 의식이 존재하지 않게 되는지를 살펴봄으로써 의식이라는 사안에 대해 알려주는 증거! — 의 본질을 파헤쳐보자.

의식의 물리적 바탕에 관한 질문에 답하려면 구체적으로 무엇이 의식을 작동하지 않게 만드는지를 조사하는 것이 중요한 탐구 방향이 된다. 전신마취가 바로 이런 속성 — 만약 마취제의 농도가 너무 높지 않다면 완전히 되돌릴 수 있음 — 을 지니고 있다. 그리고 놀랍게도 전신마취는 서로 화학반응을 하지 않는 완전히 상이한 다수의 물질들에 의해서도 유도될 수 있다. 그처럼 화학적으로 상이한 물질들이 전신마취제의 목록에 포함된다. 예를 들면, 아산화질소(N_2O), 에테르($CH_3CH_2OCH_2CH_3$), 클로로포름($CHCl_3$), 할로세인($CF_3CHClBr$), 이소플루란($CHF_2OCHClCF_3$) 그리고 화학적으로 불활성 기체인 크세논도 이에 포함된다!

만약 전신마취를 담당하는 것이 화학물질이 아니라면 무엇이 담당할까? 분자들 사이에 화학적 힘보다 훨씬 약한 다른 유형의 상호작용이 일어날 수 있다. 그중 하나로 반델발스 힘을 꼽을 수 있다. 반델발스 힘은 천기쌍극차 모멘트(일반적인 자석의 강도를 나타내는 자기쌍극자 모멘트에 대응하는 '전기적인' 모멘트)를 갖는 분자들 사이의 약한 인력이다. 기억하다시피, 튜불린 이합체는 두 가지 구조를 지닐 수 있다. 그렇게 되는 까닭은 각 이합체의 물이 없는 영역 한가운데 있는 전자가 두 가지 별도의 위치 중 어느 하나를 차지할 수 있기 때문인 듯하다. 이합체의 전체적인 모양은 이러한 위치 정하기에 영향을 받는데, 이합체의 전기쌍극자 모멘트도 마찬가지다. 이합체가 한 구조에서 다른 구조로 '전환(switching)하는' 능력은 이웃 물질들에 의해 가해진 반델발스 힘에 의해 영향을 받는다. 따라서 어떤 주장(해머로프와 와트, 1983년)에 의하면, 전신마취제는 반델발스 상호작용의 작용자를 통해 작동하며(물이 제거된 '소수성'($疏水性$, 물과 친하지 않은 성질-옮긴이) 영역에서. 프랭크스(Franks)와 리브(Lieb)(1982년) 참고), 이 상호작용은 튜불린의 일상적인 전환 활동을 방해한다. 마취 기체가 개별 신경 세포 속으로 스며들면 전기쌍극자 성질(보통의 화학적 성질과는 직접적인 관련이 거의 없는 성질)이 미세소관의 활동을 차단할 수 있다. 이것은 분명 전신마취제가 작동하는 방식일 수 있다. 마취제의 작용에 관해 일반적으로 인정되는 세부적인 메커니즘이 없긴 하지만, 한 가지 일관된 견해에 따르면 이러한 물질들의 반델발스 상호작용이 두뇌 단백질의 형태적 역학을 통해 그런 일을 담당한다고 한다. 이에 관련된 단백질이 뉴런 미세소관 속의 튜불린 이합체이며, 아울러 의식의 정지를 일으키는 것은 미세소관 기능의 차단일 가능성이 아주 높다.

전신마취에 의해 직접 영향을 받는 것은 세포골격이라는 제안을 지지하는 주장으로서, 이런 물질에 의해 마취되는 것은 단지 포유류나 조류와 같은 '고등 동물'만이 아니라고 한다. 짚신벌레, 아메바 또는 심지어 푸른 점균류(무려 1875년에 클로드 베르나르(Claude Bernard)가 처음 알아냈음)도 대략 동일한 농도의 마취제에 의해 비슷한 영향을 받는다. 마취제가 마취 효과를 가하는 장소가 짚신벌레의 섬모이든 중심소체이든지 간에, 아마도 세포골격의 어떤 부분임은 분명해 보인다. 만약 그러한 단세포 동물의 제어계가 세포골격임을 인정한다면, 마취 작용이 일어나는 곳도 세포골격이라고 인정하는 것이 논리적으로 타당하다.

그렇다고 해서 꼭 그런 단세포 동물이 의식을 가지고 있다는 말은 아니다. 그것은 전혀 별개의 사안이다. 왜냐하면 의식 상태를 발생시키는 데는 세포골격의 적절한 기능뿐 아니라 다른 많은 것들이 필요할 테니 말이다. 하지만 여기서 제시된 그러한 주장들을 바탕으로 여실히 드러나는 바는 우리의 의식 상태(또는 상태들)는 세포골격을 필요로 한다는 사실이다. 세포골격의 적절한 작동 시스템이 없다면 의식은 사라지며, 세포골격의 기능이 금지되자마자 즉시 의식은 멈춘다. 그리고 그 기능이 회복되자마자 즉시 의식은 되돌아온다. 그 동안에 다른 손상이 초래되지 않았다면 말이다. 물론 짚신벌레 — 또는 정말로 개별 인간의 간세포 — 가 실제로 의식의 어떤 기본적인 형태를 지닐 수 있는지 여부에 대해 진지한 의문이 제기되기는 하지만, 이 의문은 그런 고려들로는 답해지지 않는다. 어쨌든 분명히 두뇌의 세부적인 신경 조직이 의식이 어떤 형태를 취할지를 관장하는 데 근본적으로 관여할 테다. 게다가 만약 그 조직이 중요하지 않다면 우리의 간은 우리의 두뇌와 마찬가지로 의식을 일으킬 수도 있을 것이다. 그럼에도 불구하고 앞선 논의들이 강하게 제시하고 있는 바는 중요한 것은 단지 우리 두뇌의 신경 조직만이 아니라는 점이다. 뉴런의 세포골격의 기본 바탕이 되는 작용이 의식이 존재하는 데 필수적인 것인 듯하다.

아마도 의식이 일반적으로 생겨나려면 흔히 말하는 세포골격이 아니라 생명 활동이 미세소관의 활동 속에 포함되도록 정교하게 고안했을 어떤 본질적으로 물리적인 활동이 필요하다. 이 본질적으로 물리적인 활동이 무엇일까? 이 책 1부의 논의들의 기본 동력은 우리가 만약 의식에 대한 물리적 바탕을 찾고자 한다면 컴퓨팅 시뮬레이션을 넘어서는 어떤 것이 필요하다는 관점이다. 2부의 주장은 앞의 장(章)에서 양자 수준과 고전적 수준의 경계에 주목하라는 것인데, 현재의 물리학자들은 임시방편인 **R**-절차를 사용하라고 가르치지만 나는 **OR**이라는 새로운 물리학 이론이 필요함을 역설했다. 이번 장에서는 양자 활동이 고전적 행동에 중요한 역할을 하는 두뇌의 장소를 콕 집어내고자 시도하는데, 이를 위해 이 양자/고전 인터페이스가 두뇌의 행동에 근본적인 영향을 미치는 지점이 세포골격이 제어하는 시냅스 연결임을 고려하고 있다. 이에 대해 조금 더 자세히 파헤쳐보자.

7.7 마음에 관한 모델?

§7.1에서 언급했듯이 신경 신호 자체는 완전히 고전적인 방식으로 다룰 수 있음을 인정하는 편이 적절한 듯 보인다. 그런 신호가 그 단계에서 양자 결맞음이 유지될 수 없을 정도로 주위 환경을 교란시킨다는 사

실에 비추어서 말이다. 만약 시냅스 연결과 그 강도가 고정되면, 각 뉴런의 발화가 다음 뉴런에 영향을 미치는 방식 또한 고전적으로 다룰 수 있는 것일 테다. 이 단계에서 등장하는 무작위적인 요소와 무관하게 말이다. 그런 환경에서 두뇌의 활동은 컴퓨팅 시뮬레이션이 원리상으로 가능하다는 의미에서 전적으로 컴퓨팅적이다. 그렇다고 해서 시뮬레이션이 그런 방식으로 배선되어 있는 구체적인 뇌의 활동들을 정확히 모방한다는 의미는 아니다. 대신에 두뇌의 천형적인 활동에 관한 시뮬레이션이 얻어지고 따라서 그러한 뇌에 의해 제어되는 개인의 천형적인 행동이 밝혀질 것이라는 뜻이다(§1.7 참고). 더군다나 이것은 분명 원리상 그렇다는 말이다. 현재의 기술로 그런 시뮬레이션이 실제로 수행될 수 있다고는 아무도 주장하지 못한다. 나는 또한 여기서 무작위적 요소들은 진정으로 무작위적이라고 가정한다. 이런 확률에 영향을 주게 되는 이원론적인 외부적 '마음'의 가능성은 여기서 고려 대상이 아니다(§7.1 참고).

그러므로 우리가 인정하는 바로는(적어도 잠정적으로), 시냅스 연결이 고정되어 있다면 두뇌는 정말로 일종의 컴퓨터처럼 작동한다. 비록 무작위적 요소들이 내장된 컴퓨터이긴 하지만 말이다. 1부의 주장에서 살펴본 대로, 그런 관점은 인간의 의식을 이해하기 위한 모델을 결코 제공할 수 없다. 한편 만약 해당 뉴런 컴퓨터를 정의하는 구체적인 시냅스 연결이 지속적인 변화를 겪는다면 그리고 그런 변화의 제어가 어떤 비컴퓨팅적인 활동에 의해 지배된다면, 그런 확장된 모델이 의식적인 두뇌의 행동을 정말로 시뮬레이션할 수 있을 가능성은 사라지지 않는다.

이것은 과연 어떤 비컴퓨팅적 활동일 수 있을까? 이와 관련하여 우리는 의식의 전체적인 성질을 염두에 두어야만 한다. 약 10^{11}개의 개별 세포골격이 각자 별도로 어떤 비컴퓨팅적인 입력을 제공하는 것일 뿐이라면, 그런 점이 우리에게 얼마나 유용한지 알기는 어렵다. 1부의 주장들에 따르면, 비컴퓨팅적인 행동은 정말로 의식의 활동과 연결되어 있으며, 적어도 어떤 의식적 활동들,

구체적으로는 무언가를 이해하는 활동은 비컴퓨팅적이라고 볼 수 있다. 하지만 이는 개별 세포골격 또는 한 세포골격 내의 개별 미세소관에 해당되지는 않는다. 어떤 특정한 세포골격 내지 미세소관이 괴델 논증의 어느 부분을 '이해'한다고는 누구도 주장하지 못한다! 이해는 훨씬 더 전체적인 규모에서 작동하는 어떤 것이다. 그리고 만약 세포골격이 관련된다면, 아주 많은 수의 세포골격이 한꺼번에 관여하는 어떤 집합적인 현상임이 틀림없다.

앞서 살펴보았듯이 프뢸리히의 아이디어에 의하면, 거시 규모의 집합적 양자 현상 — 아마도 보스-아인슈타인 응축물의 성질을 지니는 — 은 분명 생물체 내, 심지어 '상온의' 두뇌 안에서 가능한 일이다(또한 마샬(1989년) 참고). 여기서 우리는 단일 미세소관이 비교적 대규모의 양자 결맞음 상태에 개입한다는 것뿐 아니라 그러한 상태가 하나의 미세소관에서 이웃 미세소관으로 확장됨이 틀림없다고 상상한다. 그러므로 이 양자 결맞음이 전체 미세소관의 길이 방향으로 뻗어나갈 뿐 아니라(그리고 알다시피 미세소관은 상당한 길이만큼 뻗을 수 있다), 한 뉴런 내의 세포골격 속의 전부는 아니더라도 꽤 많은 상이한 미세소관들이 함께 이 동일한 양자 결맞음 상태에 참여함이 틀림없다. 이뿐만 아니라 양자 결맞음은 뉴런과 뉴런 사이의 시냅스 장벽을 뛰어넘을 것이 분명하다. 그것이 오직 개별 세포만을 개입시킨다면 전체적인 속성이라고 할 수 없을 테니 말이다! 이러한 설명에 있어서 단일한 마음의 통일성은 오직 어떤 형태의 양자 결맞음이 적어도 전체 두뇌의 상당한 부분에 걸쳐 뻗어 있어야만 생길 수 있다.

그런 성과는 자연이 생물학적인 수단으로만 얻기에는 놀라운 것 — 거의 믿을 수 없는 것 — 일 테다. 하지만 내가 믿기로는, 여러 정황상 자연은 분명 그렇게 해왔으며, 주된 증거는 우리가 정신을 지니고 있다는 사실에서 나온다. 생물계 그리고 생물계가 어떻게 마법을 실행하는지에 대해서는 앞으로 이해해야 할 것이 많다. 생물학에서는 현재의 직접적인 물리학적 기법들로 행할 수 있는 것을 훨씬 능가하는 것들이 많이 있다. (가령, 정교한 거미줄을 엮어내는 밀리미터 크기의 작은 거미를 생각해 보라.) 게다가 알다시피 몇 미터 거리에 걸쳐 일어나는 어떤 양자 결맞음 효과 ─ 광자 쌍에서 나타나는 EPR 얽힘 현상 ─ 가 아스페 등의 실험에서 (물리적인 수단으로) 이미 관찰되었다(§5.4 참고). 그런 대규모의 양자 효과를 검출할 수 있는 실험을 수행하기가 기술적으로 어려움에도 불구하고 우리는 자연이 그런 많은 일들을 행할 생물학적 방법을 찾아냈을 가능성을 배제해서는 안 된다. 생물계에서 발견되는 '창의성'을 결코 과소평가해서는 안 된다.

하지만 내가 제시하고 있는 주장들은 단지 대규모의 양자 결맞음 이상의 것을 요구한다. 우리의 두뇌라고 하는 생물계가 인간 물리학자들이 아직 모르는 물리학의 세부사항들을 어떤 식으로든 장착하고 있기를 요구하는 것이다! 바로 이 물리학이 양자 수준과 고전적 수준을 이어주고, 내가 주장하건대, 고도로 미묘한 비컴퓨팅적인(하지만 분명 여전히 수학적인) 물리학적 개념으로 임시방편의 R-절차를 대체하게 될 숨어 있는 OR 이론이다.

인간 물리학자들이 아직 대체로 이 숨겨진 이론을 모르고 있다는 사실이, 자연이 그것을 생물계에 사용하고 있지 않다는 반증으로 성립될 수는 물론 없다. 자연은 뉴턴이 나오기 오래전부터 뉴턴 역학의 원리들을, 그리고 맥스웰이 나오기 한참 전부터 전자기 현상을 그리고 플랑크, 아인슈타인, 보어, 하이젠베르크, 슈뢰딩거 그리고 디랙이 나오기 훨씬 전부터 양자역학을 활용해왔다. 약 수십억 년 전부터 말이다! 많은 이들이 우리가 지금 생물 활동의 모든 미묘함의 바탕을 이루는 모든 기본적인 원리들을 알고 있다고 믿게 된 것은 현 시대의 교만이다. 어떤 유기체가 다행스럽게도 그런 미묘한 활동을 운명적으로 간파하게 되면 그러한 물리적 과정이 수여하는 혜택을 누리게 될 뿐이다. 그러면 자연은 그 유기체 및 그 후손들에게 미소를 지으며 그 미묘한 물리적 활동이 세대를 거듭하면서 점점 더 많이 보존되도록 허용해준다. 자연선택이라는 자연의 강력한 과정을 통해서 말이다.

첫 번째 진핵세포 생명체들이 등장했을 때 이 생명체들은 자신들 내부의 원시적 미세소관의 존재로부터 큰 혜택을 얻었음을 틀림없이 알아차렸다. 내가 여기서 제시하고 있는 설명에 따라 어떤 종류의 조직적인 영향력이 생겨났는데, 그것 덕분에 아마도 그 생명체들은 어떤 기본적인 종류의 의도적 방식으로 행동할 수 있었고 또한 그 덕분에 경쟁자들보다 더 잘 생존했을 것이다. 의심할 바 없이 그런 영향력을 '마음'이라고 부르기는 적절하지 않을 것이다. 하지만 어쨌든 그것은, 내가 보기에, 양자 수준 과정과 고전적 수준 과정 사이의 어떤 미묘한 상호작용 덕분에 생겨났다. 이 상호작용의 미묘한 성질은 정교한 물리적 **OR** 활동 덕분에 존재하게 되었다. (아직도 자세히 알려지지 않은 이 **OR** 활동은 덜 정교하게 조직된 상황에서는 현재 우리가 채택하고 있는 엉성한 양자역학적 **R**-과정처럼 보인다.) 이들 세포 생명체들의 먼 후손들 — 오늘날의 짚신벌레와 아메바 그리고 또한 개미, 나무, 개구리, 미나리아재비 그리고 인간 — 은 이 정교한 활동이 그러한 고대의 세포 생명체들에게 부여한 혜택들을 유지해왔으며 이 혜택들을 변용하여 완벽하게 서로 다르게 보이는 많은 목적들에 맞게끔 이용해왔다. 하나의 고도로 발달된 신경계 속에 통합될 때라야만 이 활동은 마침내 자신의 엄청난 잠재력을 활짝 실현시킬 수 있고, 아울러 우리가 실제로 '마음'이라고 부르는 것을 발생시킬 수 있다.

그렇다면 우리 두뇌 속 뉴런의 큰 집합체 속의 세포골격 안에 든 미세소관 전체가 전체적인 양자 결맞음에 참여할지 모른다는 가능성을 받아들이기로 하자. 아니면 적어도 두뇌 속에 상이한 미세소관들의 상태들 사이에 충분한 양자 얽힘이 존재한다는 점만이라도 받아들이자. 그렇다면 이 미세소관들의 집합적 활동들에 대한 전반적인 고전적 설명은 적절치 않게 된다. 우리는 미세소관 속에 복잡한 '양자 진동'이 일어난다고 상상할 수 있는데, 여기서 미세소관 자체가 제공하는 절연 기능은 모든 양자 결맞음이 상실되지 않도록 하는 데 충분하다. 미세소관을 따라 일어날 것으로 해머로프와 그의 동료들이 예상한 세포 자동자 방식의 컴퓨팅이 미세소관 내부에서 일어나는 추정상의 양자 진동(가령, 델 쥬디체 등(1983년) 또는 지부 등(1994년) 참고)과 결합될 수 있다는 가정은 솔깃한 발상이 아닐 수 없다.

이와 관련하여 놀랍게도 프뢸리히가 자신의 집합적인 양자 진동에 대해 예상했으며 이후 그룬들러와 케일만(1983년)의 관찰로 뒷받침을 받은 주파수 범위 — 즉, 5×10^{10}Hz (즉, 초당 5×10^{10}번의 진동) — 는 미세소관 세포 자동자의 튜불린 이합체의 '전환 시간'이라고 해머로프와 그의 동료들이 예상한 주파수 범위와 동일한 영역이다. 그러므로 만약 프뢸리히의 메커니즘이 정말로 미세소관 속에서 작동하는 것이라면, 이 두 종류의 활동 사이에는 일종의 결합(coupling)이 있음이 분명한 듯 보인다.[*]

하지만 만약 이 두 활동 사이의 결합이 너무 강하면, 미세소관을 양자역학적으로 취급하여 이루어지는 컴퓨팅이 없이는 내부 진동을 위한 양자적 성질을 유지하기는 불가능할 것이다. 그렇다면 미세소관에 일종의 양자 컴퓨팅이 일어난다고 보아야 한다(§7.3 참고)! 이것이 정말로 가능성이 있는 이야기인지를 반드시 물어 보아야 한다.

어려운 점은 그 가능성이 실현되려면 이합체 구조의 변화가 외부의 주변 물질에 상당한 교란을 가하지 않아야 하는 데 있는 듯하다. 이와 관련하여 다음을 지적하지 않을 수 없다. 즉, 질서정연한 물이 든 미세소관은 감싸면서 다른 물질은 배척하는 영역이 있는 듯 보이는데(해머로프(1987년) 172쪽 참고),

---

[*] 하지만 그러한 비교적 높은 주파수와 더욱 익숙한 '뇌파' 활동(가령 8~12Hz의 α파) 사이에 어떤 직접적인 연관성이 있는지는 다소 불분명하다. 단지 상상해보건대, 그런 저주파수는 '비트 주파수(beat frequency. 주파수가 근접한 두 파동을 겹칠 때 양 주파수의 차로 진동하는 파동이 생기는데, 그것의 주파수를 가리킨다~옮긴이)'로 생길지 모른다. 하지만 어떤 관련성이 밝혀지지는 않았다. 특별히 주목할 점으로서, 이와 관련하여 최근에 관찰된 35~75Hz의 진동이 의식 각성을 담당하는 두뇌 영역과 관련되어 있다고 한다. 이 진동은 어떤 곤혹스러운 비국소적 성질을 지니고 있는 듯 보인다. (에크혼(Eckhorn) 등(1988년), 그레이(Gray) 및 싱어(Singer)(1989년), 크릭(Crick) 및 코흐(Koch)(1990, 1992년), 크릭(1994년) 참고)

이것은 양자 차폐의 기능을 할지 모른다. 한편 미세소관에서 바깥으로 뻗는 MAPs(§7.4 참고)가 있는데(일부는 다른 물질들의 운반자 역할을 담당한다), 이 MAPs 상호연결은 미세소관을 따라 신호가 이동하는 것에 영향을 받는 듯 보인다(해머로프 122쪽 참고). 이 사실에서 알 수 있는 바는 미세소관이 탐닉하는 '컴퓨팅'은 그것을 고전적으로 다루어야 할 정도로 환경을 교란할지 모른다는 것이다. 교란의 정도는 §6.12에서 제시된 **OR** 기준에 따를 때 덩어리 이동의 관점에서 보면 꽤 작지만, 전체 계가 양자 수준에 머무르려면 이 교란은 세포 속으로 나아가 세포의 경계를 넘어서 더 바깥으로 확장되지 않아야 한다. 내가 보기에, 실제의 물리적 상황과 관련하여 아울러 어떻게 §6.12의 **OR** 기준이 적용될지에 관하여서는 전적으로 고전적인 설명이 이 단계에서 적합한지 여부에 관해 확신할 수 없는 불확실성이 남아 있다.

하지만 논의의 목적상 미세소관의 컴퓨팅이 본질적으로 고전적으로 다루어져야 한다고 가정하자. 상이한 컴퓨팅들의 양자적 조합이 상당한 역할을 한다고 여길 수 없다는 의미에서 말이다. 한편 또한 일종의 양자 진동이 정말로 미세소관 내부에서 일어나며, 각 미세소관의 내부에서 일어나는 양자적 측면과 외부에서 일어나는 고전적 측면들 사이에 일종의 미묘한 결합이 있다고 가정하자. 이런 상황에서 보자면, 바로 이 미묘한 결합에서 우리가 필요로 하는 새로운 **OR** 이론의 세부사항이 아주 중요한 역할을 하게 된다. 양자적 내부 '진동'이 외부의 컴퓨팅에 얼마간 영향을 미칠 테지만, 이는 결코 비합리적인 현상이 아니다. (미세소관의 세포 자동자 방식의 행동을 담당하는 것으로 보이는 메커니즘의 관점에서 말이다.) 즉, 이웃하는 튜불린 이합체들 간에는 약한 반델발스 유형의 영향력이 발생한다.

그렇다면 두뇌의 넓은 영역에 걸쳐 미세소관 내부에서 일어나는 활동들을 일관되게 결합시키는 일종의 전체적인 양자 상태가 존재한다는 말이다. 이 상태(이것은 표준적인 양자 형식론이라는 재래식 관점에서 보자면 단순히 '양자

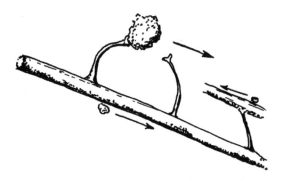

그림 7.13 MAPs가 큰 분자들을 이동시키는데 반해, 다른 분자들은 미세소관을 따라 직접 이동한다.

상태'라고 할 수 없을지 모른다)는 미세소관을 따라 일어나는 컴퓨팅에 영향력을 미친다. 이 영향력은 내가 역설하고 있는 추정상의 숨겨진 비컴퓨팅적 **OR** 물리학을 정교하고 정확하게 설명해준다. 튜불린 내의 구조 변화라는 '컴퓨팅적' 활동은 미세소관이 바깥으로 물질들을 이동시키는(**그림 7.13** 참고) 방식을 제어하며, 궁극적으로는 시냅스전말단과 시냅스후말단에서 시냅스 강도에도 영향을 미친다. 이런 식으로 미세소관 내부의 미량의 결맞은 양자 조직이 '빠져나와서' 특정 순간의 신경 컴퓨터의 시냅스 연결 변화에 영향을 미칠 것이다.

이러한 메커니즘과 관련하여 다양한 방식의 추측이 가능하다. 가령, 양자얽힘의 EPR 유형의 효과들이 보여주는 당혹스러운 비국소성이 그러한 메커니즘에 어떤 역할을 할 가능성이 있다. 반사실성이라는 기이한 양자적 특성도 나름의 역할을 할 수도 있다. 아마도 뉴런 컴퓨터는 자신이 실제로는 수행하지 못하는 어떤 컴퓨팅을 가능하게 만들지 모른다. 즉 (폭탄 검사 문제에서처럼) 그런 컴퓨터가 컴퓨팅을 수행할지 모른다는 그 사실만으로도 컴퓨팅을 수행할 수 없을 경우와는 다른 효과를 일으킬 것이다. 이런 식으로 어떤 특정 순간에서 뉴런 컴퓨터의 고전적인 '배선'은 내부 세포골격 상태에 영향을 미칠 수 있다. 비록 그 특정하게 '배선된' 컴퓨터를 활성화시킬 뉴런 발화가 실제로 일어나지 않을지라도 말이다. 우리가 지속적으로 파헤치게 될 낯익은 정신적 활동에서 이런 유형과 비슷한 일들이 일어날 수 있다. 하지만 이런 성질의 문제들은 여기서 더 이상 탐구하지 않는 편이 낫다고 본다.

내가 잠정적으로 제시하고 있는 견해에 따르면, 의식은 이러한 양자역학적으로 얽힌 내부 세포골격 상태 그리고 양자적 수준의 활동과 고전적 수준의 활동 사이의 상호작용(**OR**)의 외적인 발현일 것이다. 뉴런이 보여주는 컴퓨터와 유사한 고전적인 방식으로 상호연결된 시스템은 우리가 '자유의지'라고 부르는 것(이것이 무엇이든지 간에)의 발현인 이 세포골격 활동에 의해 지속적으로 영향을 받을 것이다. 이런 관점에서 보면 뉴런의 역할은 어쩌면 확대 장치와 비슷하다. 이 장치로 인해 작은 규모의 세포골격 활동이 몸의 다른 기관들 ― 가령, 근육 ― 에 영향을 미칠 수 있는 것으로 전환되는 셈이다. 따라서 현재 인기를 끌고 있는, 두뇌와 마음에 대한 작동 방식을 알려주는 뉴런 수준의 설명은 세포골격 활동의 더 깊은 수준의 그림자에 지나지 않는다. 그리고 마음의 물리적 바탕을 찾아야 할 곳은 당연히 바로 이 깊은 수준이다!

이러한 추측은 현재의 과학적 이해와 어긋나지 않는다. 지난 장에서 보았듯이, 현재의 물리학 내부에서의 고찰을 통해 드러난 강력한 이유들로 인해 현재의 물리적 개념들은 수정이 불가피해졌다. 그래야만 미세소관에 그리고 세포골격/뉴런 인터페이스에 적용될 수 있는 수준에서 새로운 결과들을 내놓을 수 있다. 1부의 논의에서 이야기했듯이 우리에게는 의식의 물리적 본향을 찾으려면 어떤 비컴퓨팅적인 물리적 활동을 열어젖힐 단초가 필요하다. 그리고 나는 2부에서 주장하기를, 그러한 활동이 가능한 유일한 장소는 내가 **R**이라고 명명했던 양자 상태 축소 과정을 대체할 설득력 있는 과정(**OR**) 안에 있다고 주장하였다. 이제 우리가 제기해야만 하는 질문은 **OR**이 정말로 비컴퓨팅적인 속성이라고 믿을 어떤 순전히 물리적인 근거가 있는지 여부이다. 곧 알게 되겠지만, 내가 §6.12에서 제시한 제안들과 맥락을 같이 하는 그러한 어떤 근거들이 정말로 존재한다.

7.8 양자중력의 비컴퓨팅성: 1

앞선 논의의 핵심적인 요구사항은 일종의 비컴퓨팅성이 전통적인 양자론에서 사용되는 확률론적인 **R**-절차를 대체할 새로운 물리학의 한 특징이 되어야만 한다는 것이다. 내가 §6.10에서 주장했듯이 이 새로운 물리학, 즉 **OR**은 아인슈타인의 일반상대성이론과 양자론의 원리들을 결합시켜야만 한다. 즉 양자중력적 현상이어야 한다. 마침내 양자론과 일반상대성이론 둘 다를 올바르게 통합함으로써(그리고 적절하게 둘 다를 수정함으로써) 등장할 어떤 본질적인 특징이 바로 비컴퓨팅성이라는 증거가 과연 존재할까?

양자중력에 대한 특별한 접근법으로서 로버트 게로치(Robert Geroch)와 제임스 하틀(James Hartle)(1986년)은 컴퓨팅적으로 풀 수 없는 어떤 문제에 맞닥뜨렸다. 4다양체(manifold)에 대한 위상기하학적 등가성 문제가 바로 그것이다. 기본적으로 그들의 접근법은 두 사차원 공간이 언제 '동일'해지는지를 위상기하학적 관점에서 결정하는가에 관한 것이다(즉, 둘 중 하나를 지속적으로 변형시켜 언제 나머지 하나와 합동이 될 수 있는지를 알아내는 것이다. 이때 공간을 어떤 식으로든 찢거나 붙이는 것은 허용되지 않는다). **그림 7.14**는 이를 이차원 공간의 경우에 대해 묘사하고 있다. 여기서 알 수 있듯이 찻잔의 표면은 위상기하학적으로 반지의 표면과 동일하지만, 공의 표면과는 서로 다르다. 이차원 공간에서는 위상기하학적 등가성 문제가 컴퓨팅으로 풀릴 수 있지만, A. A. 마르코프(Markov)가 1958년에 밝혀낸 바에 따르면 이 문제를 사차원 공간에서 풀 알고리듬은 존재하지 않는다. 사실, 이로써 다음이 증명된다. 만약

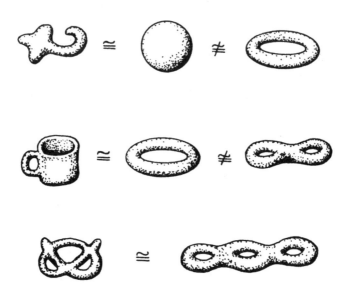

그림 7.14 이차원 닫힌 곡면들은 컴퓨팅으로 분류가 가능하다(대략 '손잡이'의 개수를 셈으로써). 한편 사차원 닫힌 '곡면'들은 컴퓨팅으로 분류할 수 없다.

그러한 알고리듬이 있다면 그것을 정지 문제를 풀 수 있게 해주는 다른 알고리듬으로 변환할 수 있을 것이다. 즉, 그 알고리듬으로 튜링 기계가 멈출지 여부를 결정할 수 있을 것이다. 하지만 §2.5에서 보았듯이 그러한 알고리듬은 존재하지 않기에 4다양체의 등가 문제를 풀 알고리듬도 존재할 수 없는 것이다.

컴퓨팅으로 풀 수 없는 다른 부류의 수학 문제들도 있다. 그중 두 가지가 힐베르트의 열 번째 문제와 타일 깔기 문제로서 이미 §1.9에서 논의되었다. 또 한 가지 사례로 (반군(半群)에 대한) 문제를 들 수 있다. ENM 130~132쪽(국내판 218~222쪽)을 보기 바란다.

분명하게 짚어두어야 할 점으로서, '컴퓨팅으로 풀 수 없음'이란 원리상 그 부류의 문제들을 개별적으로 풀 수 없다는 의미가 아니다. 다만 그 부류의 모든 문제들을 풀 체계적인 (알고리듬적인) 수단이 없다는 의미이다. 임의의 개별적인 사안에서는 어쩌면 컴퓨팅의 도움을 받으면서 인간의 창의성과 통찰력으로 해답에 이를 수 있겠지만, 어떤 부류의 문제들은 인간의 힘으로는 (또는 기계의 도움을 받는 인간의 힘으로는) 접근할 수 없을지 모른다. 이에 관해서 제대로 알려진 것은 없기에 저마다 자신의 견해를 내놓을 수는 있겠다. 하지만 §2.5에서 제시된 대로 괴델-튜링 유형의 논증이 3장의 주장들과 함께 결과적으로 보여주는 바는 (필요시 컴퓨팅의 도움을 받아가며) 인간의 이해와 통찰에 의해 접근 가능한 그런 부류의 문제들은 그 자체로서 컴퓨팅으로 접근 불가능한 부류를 이룬다는 것이다. (가령 §2.5의 정지 문제의 경우가 보여주는 바에 의하면, 인간이 보기에 정지하지 않는다고 확인될 수 있는 컴퓨팅의 부류는 어떠한 견고한 알고리듬 A에 의해서도 요약될 수 없다. 그리고 3장의 주장들이 거기서 등장하게 된다.)

양자중력에 대한 게로치-하틀 접근법에서 4다양체의 등가성 문제가 그들의 분석 소재가 되는 까닭은 양자론의 표준 규칙에 따라 양자중력적 상태가 복소 가중 요소가 개입하는 모든 가능한 기하학 — 여기서는 시공간 기하학으로서 사차원임 — 의 중첩들을 포함하기 때문이다. 그런 중첩을 일종의 고유한 방식으로(즉, '더 많이 셈하기'를 하지 않고서) 명시하는 방법을 이해하려면, 이들 시공간들 중 두 가지가 어떤 경우에 서로 다르고 어떤 경우에 서로 동일하다고 여겨지는지를 알아낼 필요가 있다. 따라서 위상기하학적 등가성 문제는 그런 결정의 일부로서 생겨난다.

이런 질문이 제기될 법하다. 만약 양자중력에 대한 게로치-하틀 접근법의 성질 중 어떤 것이 물리적으로 옳음이 드러난다면, 물리계의 진행에 본질적으로 비컴퓨팅적인 것이 존재한다는 의미일까? 나는 이 질문에 대한 답이 분명하다고 나는 여기지 않는다. 심지어 위상기하학적 등가성 문제를 컴퓨팅으로 풀 수 없다는 것이 더욱 넓은 범위인 기하학적 등가성 문제도 풀 수 없는 것으로 만드는지도 나로서는 불확실하다. 또한 그들의 접근법이 내가 여기서 역설하고 있는 **OR** 개념과 어떻게 관련되는지(또는 관련되기는 하는지)도 불분명하다. **OR**에서는 중력 효과가 포함되는 바로 그 단계에서 양자론의 구조의 어떤 실제적인 변화가 예상되는데 그들의 접근법이 이러한 점을 담아내고 있는지가 불확실한 것이다. 그럼에도 불구하고 양자중력 이론이 마침내 물리적으로 옳은 이론으로 증명되었을 때 게로치-하틀 접근법은 양자중력 이론 내에서 비컴퓨팅성이 진정한 역할을 맡을 분명한 가능성을 드러내준다.

7.9 신탁 기계와 물리 법칙들

이 모든 것에도 불구하고, 별도의 질문 한 가지를 던져볼 수 있다. 임박한 양자중력 이론이 비컴퓨팅적인 이론임이 정말로 드러난다고 가정하자. 그 이론이 정지 문제를 풀 수 있게 해주는 물리적 장치를 제작할 수 있도록 해준다는 구체적인 의미에서 말이다. 그렇다면 이로써 1부의 괴델-튜링 논증에 대한 우리의 고려들에서 비롯된 모든 문제가 충분히 풀릴까? 놀랍게도 이 질문에 대한 답은 아니오이다!

정지 문제를 푸는 능력이 이 문제에 왜 도움이 되지 않는지 알아보도록 하자. 1939년에 튜링은 이 사안과 관련 있는 한 중요한 개념을 소개했다. 그는 이것을 신탁(oracle)이라고 불렀다. 신탁의 개념은 정지 문제를 정말로 풀 수 있는 어떤 것(아마도 어떤 가상적인 것으로서 실제로 물리적으로 제작될 필요는 없다고 그는 여겼다)일 테다. 그러므로 만약 우리가 신탁에게 한 쌍의 자연수 q, n을 주면, 어떤 유한한 시간 후에 그것은 컴퓨팅 $C_q(n)$이 결국에 멈출지 아니면 멈추지 않을지 여부에 따라 **예** 또는 **아니오** 답을 내놓는다(§2.5 참고). §2.5의 논의들은 전적으로 컴퓨팅적인 방식으로 작동하는 신탁이 제작될 수 없다는 튜링의 결과를 증명해준다. 하지만 그런 증명이 우리에게 신탁이 물리적으로 제작이 불가능하다고 알려주는 것은 아니다. 그런 결론이 도출되기 위해서는 물리 법칙이 그 속성상 컴퓨팅적이라는 점을 알 필요가 있다. 어쨌거나 이 사안은 2부의 논의 주제이기도 하다. 또한 꼭 짚고 넘어가야 할 점으로서, 신탁 기계의 제작에 대한 물리적 가능성은 내가 아는 한 내가 역설하고 있는 관점을 의미하지 않는다. 위에서 언급했듯이, 모든 정지 문제가 인간의 이해와 통찰로 접근 가능할 필요가 없으므로 장치를 제작할 수 있다고 해서 정지 문제를 풀수 있게 된다고 결론 내릴 필요가 없다.

튜링은 이 문제에 대한 논의에서 신탁을 원하는 임의의 단계에서 호출할 수 있는 컴퓨팅 가능성의 한 수정안을 고찰했다. 그에 따라 (신탁 알고리듬을 실행하는) 신탁 기계는 보통의 튜링 기계와 같지만, 단 한 가지 예외로서 보통의 컴퓨팅 작업에 다음과 같은 또 하나의 작업이 덧붙는다. '신탁을 호출하여 $C_q(n)$이 결국에 멈출지 여부를 물어라. 대답이 나오면 계산을 계속하여 그 답을 이용하라.' 신탁은 필요하다면 거듭 호출될 수 있다. 신탁 기계는 보통의 튜링 기계처럼 다분히 결정론적인 것임에 주목하자. 이로써 컴퓨팅 가능성은 결정론 그 자체와 동일하지 않다는 사실도 드러난다. 원리상으로 튜링 기계처럼 결정론적으로 작동하는 우주가 있는 것과 마찬가지로 신탁 기계처럼 결정론적으로 작동하는 우주 또한 존재할 수 있다는 것일 뿐이다. (§1.9 그리고 ENM의 170쪽(국내판 274쪽)에서 기술된 '장난감 우주'가 사실상 신탁 기계 우주인 셈이다.)

우리 우주가 신탁 기계처럼 작동한다는 것이 사실일 수 있을까? 흥미롭게도 이 책 1부의 주장들은 튜링 기계 모델에 적용될 수 있었던 것과 마찬가지로 수학적 이해의 신탁 기계 모델에도 거의 아무런 변경 없이 적용될 수 있다. 단지 필요한 것이라고는 §2.5의 논의에 나오는 $C_q(n)$을 '자연수 n에 적용되는 q번째 신탁 기계를 나타내는 표기'라고 읽으면 그만이다. 이것을 $C'_q(n)$이라고 다시 적도록 하자. 신탁 기계는 보통의 튜링 기계와 마찬가지로 (컴퓨팅적으로) 목록화될 수 있다. 신탁 기계의 명시화에 관해서라면 유일한 추가적 특징이라고는 신탁이 기계의 작동에 등장하게 되는 단계를 반드시 알아차려야 한다는 것인데, 사실 이것은 전혀 새로운 문제점이 되지 않는다. 우리는 이제 §2.5의 알고리듬 $A(q, n)$을 신탁 알고리듬 $A'(q, n)$으로 대체할 것인데, 이것은 신탁 기계의 작동 $C'_q(n)$이 멈추지 않는지를 확실히 결정하기 위해 인간의 이해력과 통찰력으로 가용할 수 있는 수단들의 총체를 나타내는 것으로 간주한다. 이전과 똑같은 논의를 따라 다음 결론이 나온다.

> $\mathscr{G}'$ 인간 수학자는 수학적 진리를 확인하기 위해 견실한 신탁 알고리듬을 활용하지 않는다.

이로부터 우리는 신탁 기계처럼 작동하는 물리학은 우리의 문제를 풀지 못할 것이라고 결론짓는다.

사실, 전 과정이 다시 반복될 수 있고, 필요한 경우 이차 신탁 ─ 보통의 신탁 기계가 멈출지 여부를 알려줄 수 있는 것 ─ 을 호출할 수 있는 '이차 신탁 기계'에 적용될 수 있다. 위와 마찬가지로 다음 결론이 나온다.

> $\mathscr{G}''$ 인간 수학자는 수학적 진리를 확인하기 위해 견실한 이차 신탁 알고리듬을 활용하지 않는다.

분명히 짚어두어야 할 점으로, 이 과정은 거듭 반복될 수 있다. **Q19**와 관련한 논의에서 반복되는 괴델화 과정과 마찬가지 방식으로 말이다. 모든 회귀적 (컴퓨팅 가능한) 서수 α에 대해 우리는 α차수 신탁 기계라는 관념이 얻어지며 아마도 다음 결론이 얻어진다.

$\mathscr{G}^\alpha$ 인간 수학자는 임의의 컴퓨팅 가능한 서수 α에 대하여, 수학적 진리를 확인하기 위해 견실한 α차수 신탁 알고리듬을 활용하지 않는다.

이 모든 것의 최종 결론은 꽤 놀랍다. 왜냐하면 이 결론이 시사하는 바에 따르면, 우리는 신탁 기계(그리고 아마도 이 이상)의 모든 컴퓨팅 가능한 수준을 넘어서는 비컴퓨팅적 물리 이론을 찾아야만 하기 때문이다.

의심할 바 없이, 내 주장 속에서 그나마 남아 있던 실낱같은 희망마저도 이 단계에서 사라져버렸다고 생각하는 독자들이 있을 것이다! 그렇게 생각하는 독자들을 탓할 마음은 조금도 없다. 하지만 그렇다고 해서 내가 자세히 제시한 모든 주장들이 아무 소용이 없다는 말은 결코 아니다. 특히 2장과 3장의 주장들을 전부 다시 되짚어보면 분명 α차수 신탁 기계는 해당 논의의 튜링 기계를 대체하는 내용이 된다. 나는 그 주장들이 크게 영향을 받지는 않는다고 여기지만 모든 것을 이런 관점으로 나타내는 것에 대해서는 솔직히 마음이 멈칫한다. 하지만 언급해두어야 할 점이 또 한 가지 있는데, 인간의 수학적 이해가 원리상으로 임의의 신탁 기계만큼 위력적일 필요는 없다는 것이다. 위에서 언급했듯이 결론 $\mathscr{G}$는 꼭 인간의 통찰력이 원리상 정지 문제의 각 경우들을 모조리 풀 만큼 위력적임을 꼭 의미하지는 않는다. 그러므로 우리가 찾는 물리 법칙들이 원리상 컴퓨팅 가능한 신탁 기계의 모든 수준을 능가한다고(또는 심지어 그 첫 번째 수준에 도달한다고) 꼭 결론짓지 않아도 된다. 우리는 임의의 구체적인 신탁 기계(또한 0차 신탁 기계, 즉 튜링 기계도 포함하여)와 등가가 아닌 어떤 것만 찾으면 된다. 물리 법칙은 어쩌면 (신탁 기계와는) 단지 다른 어떤 것으로 이어질 수 있다.

7.10 양자중력의 비컴퓨팅성: 2

　　　　　　　　양자중력의 문제로 다시 돌아가자. 꼭 짚어두어야 할 점으로서 현재로선 이에 대해 인정된 이론이 없다. 심지어 인정될 만한 후보 이론조차 없는 실정이다. 하지만 여러 가지 매력적인 제안들은 있다.[8] 지금 내가 언급하고 싶은 특정한 아이디어는 상이한 시공간의 양자 중첩을 고려하기 위해 필요한 개념인 게로치-하틀 접근법과 공통점이 있다. (많은 접근법들은 이와는 달리 오직 삼차원 공간의 기하학의 중첩을 필요로 한다.) 데이빗 도이치가 내놓은 제안[9]은 닫힌 시간 선(closed timelike line)들이 있는 '비합리적인' 시공간 구조를 시간이 꽤 합리적으로 작동하는 '합리적인' 시공간 구조와 중첩시켜야 한다는 것이다. 그런 시공간을 나타난 것이 **그림 7.15**이다. 시간 선은 한 (고전적) 입자가 가졌을 수 있는 역사를 기술하며, '시간(timelike)'이란 그 선이 그것의 점들 각각에서 국소적인 빛원뿔 내부로 언제나 향한다는, 그리하여 상대성이론에서 요구되는 국소적인 절대 속력을 초과하지 않는다는 사실을 가리킨다(§4.4 참고). 닫힌 시간 선의 중요성은 실제로 그 선을 가진 '관찰자'를 그* 자신의 세계선으로, 즉 그 시공간 내에서 자신의 역사를 기술하는 선으로 여길 수 있다는 것이다. 그런 관찰자라면 자신이 지각하는 어떤 유한한 시간이 경과한 후 과거의 자신을 발견하게 될 터이다(시간여행!) 그가 실제로 경험하지 않았던 어떤 것을 자신이 하게 되는 가능성이 열려 있다는 것은 모순이다. (대체로 그러한 논의는 그로 하여금 자신이 태어나기 전에 자신의 조부모를 죽이게 만드는 일 또는 이와 마찬가지의 놀라운 일을 하게 만든다.)

　이런 종류의 주장들에 의할 때, 닫힌 시간 선을 지닌 시공간이 실제의 고전적 우주의 모형일 수 있다고 여길 근거는 무척 희박하다. (흥미롭게도 1949년

---

* '독자에게 드리는 말씀'을 읽어 보기 바란다.

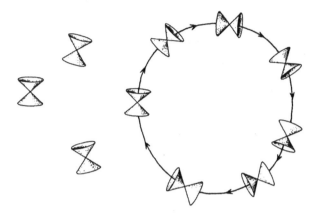

그림 7.15 한 시공간에서 빛원뿔 기울어짐의 방향이 충분히 여러 가지이면 닫힌 시간 선들이 생길 수 있다.

에 닫힌 시간 선을 지닌 시공간 모형을 처음으로 제안한 사람은 바로 쿠르트 괴델이었다. 괴델은 그런 시공간의 모순적인 측면들을 우주론 모형에서 그것을 배제할 적절한 이유로 간주하지는 않았다. 여러 이유 때문에 우리는 대체로 이 사안에 대해 이전보다 더 강한 입장을 취한다. 하지만 손(Thorne)의 1994년 문헌을 보기 바란다. 재미있게도 괴델은 그런 시공간이 곧 이용될 것이라고 보았다!) 닫힌 시간 선을 지닌 시공간의 기하학 구조를 고전적인 우주를 기술하는 방식에서 배제하는 것이 정말로 합리적으로 보이긴 하지만, 그런 구조가 양자 중첩에 포함될 수 있는 잠재적인 현상에서 배제되지는 않아야 한다는 주장이 제기될 수 있다. 이것이 바로 도이치의 핵심 요점이다. 비록 그런 기하학적 구조가 총 상태 벡터에 기여하는 바가 무척이나 작을지 모르지만 그 구조의 잠재적 존재성은 (도이치에 따르면) 놀라운 효과를 지닌다. 만약 지금 그런 상황에서 양자 컴퓨팅을 수행하는 것이 무슨 의미인지를 고찰한다면, 우리는 비컴퓨팅적인 연산이 행해질 수 있다는 결론에 명백히 도달한다! 이렇게 되는 까닭은 그런 닫힌 시간 선을 지닌 시공간 기하학의 구조에서는 필요하다면 튜링 기계 연산이 자신의 출력에 되먹임되면서 무한정 계속 돌아가게 되므로 '컴퓨팅이 멈추는가?'라는 질문이 양자 컴퓨팅의 최종 결과에 실제로 영향을 미치기 때문이다. 도이치는 자신의 양자중력이론에서 양자 신탁 기계가 가능하다는 결론에 이른다. 내가 이해할 수 있는 한, 그의 주장은 더 높은 차수의 신탁 기계에도 적용될 것이다.

물론 많은 독자들은 이 모든 것에는 적절한 양의 소금이 곁들여져야 한다고 느낄지 모르겠다. 정말로 그 이론은 양자중력에 관한 하나의 일관된(또는 심지어 가능한) 이론을 실제로 제공하지는 못한다. 그럼에도 불구하고 그 발상들은 자신의 틀 안에서 논리적이며 흥미로운 점을 내포하고 있다. 그리고 내가 보기에 언젠가 양자중력에 관한 적절한 이론이 마침내 발견된다면, 도이치가 제안한 개념들의 어떤 중요한 흔적들이 그 이론에 담겨 있을 것이다. 내가 보기에 특히 §6.10과 §6.12에서 강조했듯이, 양자론의 법칙들은 양자론과 상대성이론 간의 올바른 조화가 이루어질 때 반드시 (**OR**에 따라) 수정이 이루어져야 한다. 하지만 나는 도이치의 접근법에서 비컴퓨팅성 — 심지어 $\mathscr{G}^a$에 필요한 듯 보이는 정도까지 — 이 자신의 양자중력 개념의 한 특징이라는 점이 비컴퓨팅적 활동의 가능성을 상당히 지지해준다고 여긴다.

마지막으로 덧붙이자면, 도이치가 지적하고 있는 비컴퓨팅적 효과를 제공하는 것은 바로 아인슈타인의 일반상대성이론의 빛원뿔의 잠재적인 기울어짐(§4.4 참고)이라는 것이다. 일단 빛원뿔이 정상적인 상황에서 아인슈타인의 이론에 따라 초금이라도 기울어질 수 있다면, 빛원뿔이 닫힌 시간 선이 나타날 정도로까지 기울어질 잠재적 가능성은 존재한다. 이 잠재적 가능성은 반사실의 역할을 하게 되는데, 양자론에 따르면, 놀랍게도 이는 실제의 효과를 나타내기 위해서다!

7.11 시간 그리고 의식적 지각

의식에 관한 주제로 되돌아가자. 우리가 지금 들어와 있는 이상한 영역으로 우리를 인도한 것은 의식이 수학적 진리의 지각에 미친 특정한 역할이다. 하지만 분명 의식에는 수학에 관한 지각 이상의 것이 있다. 우리가 이 특정한 길을 따라온 까닭은 그 길을 따라 다른 어떤 곳으로도 갈 수 있어 보였기 때문이다. 의심할 바 없이 많은 독자들은 우리가 다소간 도달했던 '다른 어떤 곳'을 그다지 좋아하지 않을 것이다. 하지만 우리의 새로운 조망대에서 되돌아보자면 우리의 옛 문제들 중 일부는 새로운 관점에서 조명되고 있음을 알게 될지 모른다.

의식적 지각의 가장 두드러진 그리고 직접적인 특징들 중 하나는 시간의 경과이다. 우리에게 아주 익숙한 현상인지라 물리계의 행동에 관한 경이로울 정도로 정확한 이론들이 현 시점까지 그것에 대해 사실상 아무 것도 할 말이 없다는 사실을 알게 되면 충격을 느끼지 않을 수 없다. 더군다나 이와 관련한 최상의 물리 이론들은 우리의 지각이 시간에 대해 우리에게 말해주는 바와 대부분 모순된다.

일반상대성이론에 따르면, '시간'은 단지 시공간 사건의 장소를 기술하는 데 있어서 좌표의 한 특정한 선택일 뿐이다. 물리학자의 시공간 해석에서 '시간'을 '흐르는' 어떤 것으로 만들어주는 것은 전혀 존재하지 않는다. 정말로 물리학자들은 오직 하나의 공간 차원과 더불어 단일한 시간 차원이 있는 시공간 모형을 종종 고찰한다. 그러한 이차원 시공간에서는 어느 것이 공간이고 어느 것이 시간이라고 말할 게 없다(**그림 7.16**을 보기 바란다). 하지만 누구도 공간을 '흐른다'고 여기지 않는다. 정말로 시간 진행은 종종 물리적 문제로 여겨지는데, 이는 계의 현 상태로부터 미래를 계산하는 데 관여하는 문제이다(§4.2 참고). 하지만 이것은 결코 필요한 절차가 아니며, 계산이 보통 이런 식으로 수행

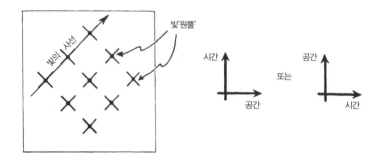

그림 7.16 이차원 시공간에서는 시간과 공간을 구별하고 말고 할 것이 없다. 하지만 어느 누구도 공간이 '흐른다'고 주장하지는 않는다!

되는 까닭은 단지 우리가 세계를 경험하는 일을 우리가 경험하는 듯한 '흐르는' 시간의 관점에서 수학적으로 모델링하는 데 관심을 두기 때문일 뿐이다. 아울러 우리가 미래를 예측하는 데 관심이 있기 때문이다.[10] 우리가 세계에 관한 컴퓨팅 모형을 시간 진행의 관점에서 바라보도록 (자주, 하지만 늘 그렇지는 않고) 편들게 하는 것은 분명 우리의 경험 탓이다. 반면에 물리 법칙 자체는 그러한 내재적인 편견을 담고 있지 않다.

사실, 우리로 하여금 '흐르는' 시간의 관점에서 사고하도록 요구하는 것은 오직 의식 현상뿐이다. 상대성이론에 따르면 단지 '정적인' 사차원 시공간이 있을 뿐 '흐르는' 것은 존재하지 않는다. 시공간은 단지 거기에 있을 뿐이어서, 시간은 공간과 마찬가지로 '흐르지' 않는다. 시간이 흐르도록 만드는 것은 오직 의식이기에, 우리는 만약 의식과 시간 사이의 관계가 또한 다른 측면에서도 이상하더라도 놀랄 이유가 없다.

정말로 시간을 '흐르는' 듯이 여기는 의식적 인식 현상과 물리학자들이 '시간 좌표'로 언급되는 것을 표시하기 위해 실수 파라미터 t를 사용하는 것 사이를 너무 뚜렷하게 구별하는 일은 현명하지 않다. 첫째, 상대성이론에 따르면 만약 그것이 시공간 전체에 적용되려면 파라미터 t의 선택에 어떤 고유성도 존재하지 않아야 한다. 어느 하나와 다른 하나를 선택할 것 없이, 서로 양립할 수 없는 여러 가지 대안들이 가능하다. 둘째, '실수'라는 정확한 개념은 시간의 경과에 관한 우리의 의식적 지각과 아무런 관련이 없음이 분명하다. 우리가 아주 작은 시간 규모 — 가령, 일 초의 고작 백분의 일 — 를 감각을 통해 파악하지 못하기 때문이다. 반면에 물리학자들의 시간 규모는 약 10^{-25}초(전자 및 다른 대전 입자들과 상호작용하는 전자기장에 관한 양자론인 양자전기역학의 정밀도에 의해 증명됨)까지 거뜬히 내려가고, 심지어 플랑크 시간인 10^{-43}초까지 내려간다. 게다가 실수로 표현되는 수학자의 시간 개념에는 미소함에 관한 아무런 한계도 요구되지 않기에, 이 개념이 모든 규모에서 물리학적으로 유효한지 여부와는 무관하게 언제나 유의미하게 적용된다.

의식적 경험과 (물리학자들이 자신들의 물리학 설명에서 '시간'으로 사용하는) 파라미터 t 사이의 관계에 관해 더 구체적으로 알아볼 수 있을까? 한 주관적인 경험이 이 물리적 파라미터와 관련하여 '언제' 실제로 발생하는지를 검사할 실험적인 방법이 정말로 존재할 수 있을까? 한 의식적 사건이 어떤 임의의 특정한 시간에 발생한다는 것이 객관적인 의미에서 어떤 의미를 가질까? 사실 이 사안과 결정적으로 관련성이 있는 실험이 실시된 적이 있지만, 드러난 바에 의하면 그 결과는 매우 곤혹스러우며 거의 역설적인 의미를 갖는다. 이런 실험들 중 일부에 관해 기술한 내용이 ENM 439~444쪽(국내판 665~673쪽)에 나오긴 하지만, 여기서 다시 살펴보는 편이 적절할 것이다.

1970년대 중반에 H. H. 코른후버(Kornhuber)와 그의 동료들(데케(Deecke) 등(1976년) 참고)은 뇌전도(EEG)를 이용하여 여러 인간 참여자들의 머리의 여러 지점에서 전기 신호를 기록했다. 차유의치(의식의 능동적인 측면)의 활동과 연관되어 있을지 모르는 두뇌 활동이 일어나는 시간을 측정하기 위한 실험이었다. 참가자들은 다양한 시간 별로 검지손가락을 구부리라는 부탁을 받았는데, 다만 천척으로 차신들이 원하는 순간에 갑자기 구부리라는 것이었다. 이

손가락 움직임과 관련된 두뇌 활동이 일어나는 임의의 시간을 측정할 수 있도록 하기 위해서였다. EEG 흔적에서 얻은 유의미한 신호들은 다수의 시행 횟수에 걸쳐 평균을 내서 얻어질 수 있었다. 드러난 결과는 놀랍게도, 기록된 전압은 실제 손가락 구부리기가 있기 전에 1초에서 1.5초 정도의 시간 동안 점진적으로 증가했다. 이것은 의지의 의식적 활동이 발생하려면 1초 이상 걸린다는 의미일까? 실험자들이 실제로 의식하고 있는 한, 손가락을 구부리는 결정은 손가락이 구부려지기 직전에 순간적으로 내려졌을 테니 1초 이상 길게 걸리지 않았음이 확실하다. (유념해야 할 점으로, 외부 신호에 대한 '사전프로그래밍된' 반응 시간은 이보다 훨씬 더 짧은 일 초의 약 오분의 일이었다.)

이 실험을 통해 다음과 같이 결론을 내릴 수 있을 듯하다. (i) '자유의지'의 의식적 활동은 순전히 환상이며, 어떤 의미에서 두뇌의 선행하는 무의식적 활동 속에 이미 사전프로그래밍되어 있는 것이다. 또는 (ii) 자유의지는 '마지막 순간'에 행하는 역할이 있을 수 있으므로, 약 일 초 전에 무의식적으로 이루어졌던 결정을 때로는(보통은 그렇지 않지만) 되돌릴 수 있다. 또는 (iii) 행동 주체는 손가락 구부리기가 일어나기 일초 전쯤 손가락을 구부리겠다는 의지를 실제로 의식적으로 내놓지만, 어떤 일관적인 방식으로 그것을 지각하지 못하기에 한참 이후에 손가락이 구부려지기 직전에야 의식적 활동이 일어난다.

더욱 최근의 실험에서 벤저민 리벳(Benjamin Libet)과 그의 동료 연구자들은 이 실험을 반복했는데, 여기서는 손가락 구부리기를 의욕하는 실제 활동이 일어나는 시간을 더 직접적으로 측정하도록 고안된 정교한 방안을 추가했다. 즉, 피실험자에게 결정이 이루어지는 순간에 시곗바늘의 위치를 알아차리도록 요구했던 것이다(자세한 내용은 리벳의 1990, 1992년 문헌 참고). 이 실험의 결론은 이전의 결론들을 확인해주었지만 (iii)은 부정하는 내용이었다. 결과적으로 리벳은 (ii)를 지지하는 듯 보인다.

다른 부류의 실험에서는 의식의 감각적 (또는 수동적) 측면이 활동하는 시간을 측정했다. 1979년 리벳과 페른슈타인(Fernstein)의 실험이다. 피실험자들은 피부의 어떤 지점으로부터 감각 신호를 수신하는 데 관여하는 두뇌의 한 부분에 전극을 꽂는 데 동의했다. 이 직접적인 자극과 더불어 피부의 해당 지점을 자극할 때도 있었다. 이 실험의 전반적인 결론에 따르면, 피실험자가 의식적으로 어떤 감각 작용을 의식할 수 있기 전에는 약 0.5초의 뉴런 활동 시간(하지만 상황에 따라 다소 변이가 생긴다)이 걸리지만, 직접적 피부 자극의 경우 피실험자들은 피부가 실제로 자극 받기 이전에 자극을 이미 의식하는 듯했다.

이들 실험 각각은 그 자체로서는 모순적이지 않다. 다만 어쩌면 꽤 혼란스러울 뿐이다. 아마도 피실험자의 분명한 의식적 결정은 적어도 일 초쯤 이른 시간에 무의식적으로 실제로 이루어지는 듯하다. 아마도 의식적 감각 작용은 실제로 촉발되기 전에 약 0.5초 정도의 두뇌 활동을 분명 필요로 하는 듯하다. 하지만 만약 이 두 가지 발견을 함께 종합해보면, 외적인 자극이 어떤 의식적으로 제어되는 반응으로 이어지게 되는 활동에서는 그 반응이 일어나기 전에 1.5초 정도의 시간 지연이 필요하다는 결론이 나오는 듯하다. 왜냐하면 의식은 0.5초가 지나기까지는 생겨나지 않는 데다, 의식이 이용되려면 자유의지라는 느릿한 기계가 분명 작동해야 되는데 여기서 또 일 초가 더 지연되기 때문이다.

우리의 의식적 반응이 실제로 그렇게 느릴까? 일상적인 대화에서는 그렇지 않은 듯하다. (ii)를 받아들이게 되면, 대다수의 반응 행동은 전적으로 무의식적이며 반면에 때때로 그런 반응을 의식적인 활동을 통해 약 일 초 후에 중단시킬 수 있다는 결론에 이르게 된다. 하지만 만약 반응이 대체로 무의식적이라면, 의식적인 반응처럼 느리게 되기 전까지는 의식이 그것을 중단시킬 가능성은 없다. (그렇지 않다면, 의식적인 활동이 등장하게 될 때 무의식적인 반응이 이미 이루어져 있어서 의식이 그것에 영향을 미치기에는 너무 늦고 만다!) 그러므로 의식적 활동이 때때로 신속해질 수 있기 전까지는, 무의식적 반응 그

차체로 약 일 초가 걸린다. 이와 관련하여 다시 상기할 것으로, '사전프로그래밍된' 무의식적 반응은 훨씬 더 빠르게, 일 초의 약 오분의 일 정도의 시간에 일어날 수 있다.

물론 신속한(가령 일 초의 오분의 일) 무의식적인 반응이 (i)의 가능성과 더불어 여전히 남아 있을 수 있는데, 이는 나중에 일어나게 될 어떤 의식적인(감각적인) 활동을 무의식적인 반응 시스템이 완전히 무시할 수 있다는 말이다. 이 경우 (그리고 (iii)의 상황은 더욱 나쁘다) 상당히 빠른 대화에서 우리의 의식이 맡게 되는 유일한 역할은 방관자의 역할로서 단지 비유하자면, 전체 드라마를 "느린 화면으로 다시보기"를 통해 알아차리는 것과 마찬가지다.

여기서 실제의 모순은 존재하지 않는다. 자연선택은 의도적인 사고를 담당하라고 의식을 만들었을 수 있지만, 상당히 빠른 활동에서 의식은 단지 승객일 뿐이다. 1부의 전체 논의는 어쨌거나 매우 느린 일종의 의식적 사고(수학적 이해)와 관련된 것이었다. 아마도 의식의 기능은 그런 느리고 사려 깊은 정신 활동의 목적으로만 진화했다. 반면에 더욱 빠른 반응 시간은 전적으로 무의식적인 활동이며, 능동적인 역할을 하지 않는 지연된 의식적 지각이 동반된다.

의식이란 작동할 긴 시간이 허용될 때 등장한다는 것은 확실히 참이다. 하지만 일상 대화 — 또는 탁구, 스쿼시 또는 자동차 경주 — 와 같은 상당히 빠른 활동에서 의식은 아무런 역할을 맡을 수 없다는 이론의 가능성을 나로서는 신뢰할 수 없음을 고백해야겠다. 내가 보기에, 위의 논의에는 적어도 한 가지 심오한 허점이 있는데 그 허점은 의식적 사건에 관한 정확한 시간 측정이 실제로 타당하다는 가정에서 생긴다. 의식적 경험이 발생하는 '실제 시간'이 정말로 존재할까? 즉, 어떤 경험에 대한 '자유의지에 따른 반응'의 결과의 시간보다 선행하는 특정한 '경험의 시간'이 존재할까? 내가 보기에는 이 절의 서두에서 설명했듯이, 의식이 시간이라는 물리 개념에 대해 갖고 있는 이례적인 관계에서 보았을 때, 의식적 사건이 반드시 일어나게 되는 그런 명백한 '시간'이 존재하지

않을 가능성이 클 것으로 보인다.[11]

이것과 일치하는 가장 온당한 가능성은 시간에는 비국소적인 측면이 있어서 의식적 경험과 물리적 시간 사이의 관계에는 내재적인 애매함이 있다는 것이다. 하지만 내가 추측하기로는, 이보다 더욱 미묘하고 놀라운 것이 작용하고 있는 듯하다. 만약 의식이 양자론의 핵심적인 내용 없이는 물리적 관점에서 이해할 수 없는 것이라면, 의식과 자유의지 사이에 실제로 존재할지 모를 인과성, 비국소성 그리고 반사실성 성질에 관한 우리의 견고한 결론에 양자론의 Z-불가사의가 개입할지 모른다. 가령, 아마도 §5.2와 §5.9의 폭탄 검사 문제에서 나오는 반사실성 유형이 어떤 종류의 역할을 담당하고 있는 듯하다. 실제로는 그렇지 않지만 어떤 행동 내지 사고가 발생할 수 있을지 모른다는 사실만으로도 행동에 영향을 미칠 수 있다. (이는 가령 위에 나온 가능성 (ii)를 배제하는 논리적으로 보이는 듯한 추론을 무효로 만들지 모른다.)

일반적으로 양자 효과가 개입할 때에는 사건들의 시간적 순서와 관련된 논리적으로 보이는 듯한 결론에 도달하는 데 매우 주의를 기울여야 한다(다음 절의 EPR 고찰은 이 점을 강조하고 있다). 뒤집어 보자면, 만약 의식의 어떤 발현에 있어서 사건들의 시간적 순서에 관한 고전적 추론이 어떤 모순적인 결론에 이르게 된다면 이는 양자 활동이 정말로 작용하고 있음을 강력히 시사하는 것이다!

7.12 EPR과 시간: 새로운 세계관이 필요하다

양자 비국소성과 반사실성이 개입될 때 의식에 관해서만이 아니라 물리학 자체와 관련하여 시간에 대한 우리의 물리적 개념을 의심할 만한 이유들이 있다. 만약 우리가 EPR 상황에서 상

태 벡터 $|\psi\rangle$에 대해 '실재론적' 관점을 강하게 가지면(§6.3과 §6.5에서 그러지 않기가 얼마나 어려운지를 역설했다), 우리에게는 심오하게 어려운 난제가 하나 주어진다. 그런 난제는 §6.9에서 기술된 GRW 이론 및 내가 역설하고 있는 §6.12의 **OR**식 이론에 진정한 어려움을 던져준다.

§5.3의 마법 12면체 그리고 §5.18에 나온 그것에 관한 설명을 떠올려보자. 그러면 이런 의문이 든다. 다음 두 가능성 중 어느 것이 사물의 '실재'를 나타내는가? 원래 얽혀 있는 전체 상태를 순식간에 축소시키는(따라서 얽힘을 푸는) 것은 내 동료가 실시한 단추 누르기인가? (그래서 그의 단추 누르기로 인해 나의 12면체의 원자의 상태가 즉시 생겨나고 얽힘에서 풀리게 되고, 아울러 바로 그 축소된 상태가 나의 뒤따른 단추 누르기로부터 비롯될 수 있는 가능성을 정의하는가?) 아니면, 내가 실시하는 단추 누르기가 먼저여서 원래의 얽힌 상태에 작용하여 그 상태를 즉시 내 동료의 12면체의 원자 상에 축소시킴으로써, 그 축소를 통해 얽힘이 풀린 상태를 마주치는 쪽은 내 동료가 되는 것인가? 결과에 관한 한 어느 쪽으로 이 문제를 다루든 중요하지 않다. §6.5의 논의에서 이미 언급했던 대로 말이다. 그런 점이 중요하지 않아서 다행이다. 왜냐하면 만약 중요하다면 이는 원거리(공간적으로 분리된) 사건에 대한 '동시성'의 개념이 물리적으로 관찰 가능한 효과를 가질 수 없다는 아인슈타인의 상대성 원리를 위반하게 되니 말이다. 하지만 $|\psi\rangle$가 실재를 나타낸다고 믿는다면 이 실재는 위의 두 가지 상황에서 정말로 서로 다른 것이다. 어떤 이들은 이를 근거로 $|\psi\rangle$에 대해 실재론적 관점을 갖지 않아야 한다고 여긴다. 다른 사람들은 실재론적 관점을 지지하는 다른 강력한 이유들을 인정할 것이다(§6.3 참고). 한편 이들은 아인슈타인의 세계관을 기꺼이 폐기할 것이다.

나는 두 쪽 모두 — 양자 실재론 그리고 상대론적 시공간 관점 — 를 살려내고자 시도하는 편이다. 하지만 그렇게 하는 데에는 물리적 실재를 나타내는 현재의 방식에 근본적인 변화가 필요하다. 우리가 양자 상태를 기술하는 방식이 지금 우리에게 익숙한 설명을 반드시 따라야만 한다고 고집하기보다는, 우리는 비록(적어도 처음에는) 익숙한 설명과 수학적으로 등가이긴 하지만 전혀 다른 어떤 것을 찾아야 한다.

사실 이런 종류의 일에 훌륭한 선례가 있다. 아인슈타인이 일반상대성을 발견하기 전에 우리는 뉴턴의 놀랍도록 정확한 중력 이론에 철저히 익숙해져 있었다. 뉴턴의 이론에서는 입자들이 평평한 공간 속에서 이리저리 움직이며 중력의 역제곱 법칙에 따라 서로를 잡아당기고 있다고 우리는 알고 있었다. 이런 구도에 어떤 근본적인 변화를 도입한다는 것은 뉴턴 이론의 놀라운 정확성을 파괴할 것이 분명하다고 여겼을 법하다. 하지만 그런 근본적인 변화를 바로 아인슈타인이 실제로 도입했다. 중력 역학에 관한 아인슈타인의 새로운 관점에서는 이전의 구도가 완전히 뒤바뀐다. 공간은 더 이상 평평하지 않다(게다가 그것은 심지어 '공간'이 아니라 '시공간'이다). 중력이란 힘은 존재하지 않게 되었으며, 그것은 시공간 곡률의 변화라는 개념으로 대체되었다. 그리고 입자들도 운동하지 않고 시공간 위에 그려진 '정적인' 곡선으로 나타내진다. 그렇다고 해서 뉴턴 이론의 놀라운 정확성이 파괴되었을까? 전혀 그렇지 않다. 사실은 엄청난 정도로 향상된 셈이다(§4.5 참고)!

이와 비슷한 일이 양자론에도 일어날 수 있다고 예상해도 되지 않을까? 나는 그럴 가능성이 매우 높다고 생각한다. 하지만 심오한, 관점의 변화가 필요한 터라 그런 변화의 구체적인 본질에 대해 깊이 생각하기가 어려워진다. 게다가 분명 터무니없는 일로 보이기도 한다!

이 절을 끝내는 차원에서 터무니없어 보이는 두 가지 아이디어를 언급하고자 한다. 그렇다고 너무 터무니없는 정도는 아니며 각자 자신의 장점도 지니고 있다. 첫 번째는 야키르 아하로노프와 레프 베이드먼(1990년) 그리고 코스타드 보르가르(Costa de Beauregard(1989년)) 및 폴 워보스(Paul Werbos(1989년))가 내놓은 것이다. 이 아이디어에 따르면, 양자적 실재는 두 가지 상태 벡터로 기술되는데, 하나는 **R**의 마지막 발생으로부터 시간상 앞쪽으로 정상적으로 진행하며, 다른 하나는 미래에 **R**의 다음 발생으로부터 시간상 뒤쪽으로 진행한다. 이 두 번째 상태 벡터*는 과거에 일어났던 일이 아니라 미래에 생기게 될 일에 의해 지배된다는 의미에서 '목적론적으로' 행동한다. 이는 어떤 이들이 보기에는 받아들일 수 없는 특징이다. 하지만 이 이론의 함의는 표준 양자론과 완전히 동일하기에, 이런 속성 때문에 배제되어서는 안 된다. 이 이론이 표준 양자론보다 우월한 점은 시공간 관점에서 표현할 수 있는 EPR 상황의 상태를 아인슈타인의 상대성이론의 핵심 내용과 일관되게 완벽히 객관적으로 기술할 수 있다는 것이다. 그러므로 이 이론은 이 절의 서두에서 언급된 난제의 (일종의) 해답을 제공한다. 하지만 대신에 많은 이들이 우려스럽게 여길지 모르는, 목적론적으로 행동하는 양자 상태를 가지게 된다. (나로서는 이 이론의 목적론적 측면이 전적으로 수용할 만하다. 실제 물리적 행동에 있어서의 문제점으로 이어지지만 않는다면 말이다.) 자세한 내용을 알고 싶은 독자는 관련 문헌을 읽어보길 권한다.

아울러 언급하고 싶은 두 번째 아이디어는 트위스터 이론(twistor theory)이다(**그림 7.17**). 이 이론도 다분히 EPR 난제에서 비롯된 것이지만, (보통의 의미에서) 그 난제에 대한 해답을 아직 내놓고 있지 못하다. 이 이론의 강점은 다른 곳, 즉 어떤 근본적인 물리 개념들을 뜻밖에도 수학적으로 아름답게 기술하는 데 있다(맥스웰의 전자기 방정식처럼 말이다. §4.4 그리고 ENM 184~187쪽(국내판 295~300쪽) 참고. 이 이론은 매력적인 수학 공식을 내놓는다). 이 이론은 시공간에 대한 비국소적인 설명을 제공하는데, 여기서 전체 광선들은 단일 점으로 표현된다. 바로 이 시공간 비국소성이 그 이론을 EPR 상황의 양자 비국소

---

* 뒤로 진행하는 상태 벡터를 '브라-벡터' $\langle \phi |$로 표시하는 데에는 수학적인 중요성이 있다. 반면에 보통의 앞쪽으로 진행하는 상태 벡터는 표준적인 '켓-벡터' $| \psi \rangle$로 표시한다. 상태 벡터의 쌍은 곱 $| \psi \rangle \langle \phi |$로 나타낼 수 있다. 이는 §6.4의 밀도행렬 표기와도 일치한다.

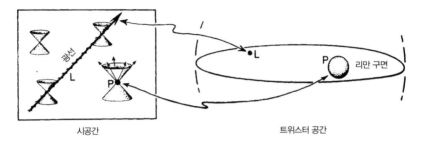

시공간   트위스터 공간

그림 7.17 트위스터 이론은 시공간을 물리적으로 새롭게 보게 해준다. 여기서 전체 광선은 점으로 표현되며 사건은 전체 리만 구면으로 표현된다.

성과 관련되도록 만든다. 또한 복소수 및 이 수와 관련된 기하학적 성질에 근본적으로 바탕을 두고 있기에 **U**-양자론의 복소수와 시공간 구조 사이의 긴밀한 관계를 얻을 수 있다. 특히 §5.10의 리만 구면이 시공간의 한 점의 빛원뿔(그리고 그 지점에 있는 관찰자의 '천구')과 관련하여 근본적인 역할을 한다. (관련 개념에 대한 비전문적인 설명은 데이비드 피트(David Peat(1988년))를 참고하거나, 비교적 짧지만 전문적인 내용을 원하면 스티븐 휴겟(Stephen Huggett)과 폴 토드(Paul Tod)의 책(1985년)을 보기 바란다.[12])

여기서 이 문제를 너무 깊게 파헤치는 것은 적절하지 않을 것이다. 내가 이 문제를 언급한 까닭은 단지 이미 매우 정확한 물리적 세계의 모습을 지금 우리가 고수하고 있는 모습과 전혀 다른 어떤 것으로 바꿀 다양한 가능성이 있음을 지적하기 위해서다. 그런 변화에 꼭 필요하고 중요한 일관성 유지를 위해, 우리는 새로운 설명을 통해 **U**-양자론(그리고 일반상대성이론)의 모든 성공적인 결과들을 재생할 수 있어야 한다. 하지만 이보다 더 나아가서 양자론의 물리적으로 적절한 수정을 이루어낼 수 있어야 한다. **R**-절차가 어떤 실제의 물리적 과정으로 대체되는 수정안 말이다. 적어도 이것이 내가 강하게 믿는 바이다. 그리고 나의 현재 견해로는, 이 '적절한 수정'은 §6.12에서 기술된 개념들의 **OR**

노선을 따르는 어떤 것이어야만 한다. 꼭 언급해야 할 점으로서, GRW 이론처럼 상대성이 '실재론적인' 상태 축소와 결합되는 이론들은 지금까지 매우 심각한 문제점과 마주쳤다(특히 에너지 보존과 관련해서 그렇다). 이는 내 견해, 즉 우리가 세계를 바라보는 방식의 근본적인 변화가 필요하며 그러고 나서야 이 중요한 물리적 사안들에 심오한 발전을 이룰 수 있다는 나의 믿음을 강화해준다.

또한 의식 현상의 물리학적 이해에 관한 진정한 발전이 이루어지려면 — 하나의 선결 조건으로서 — 우리의 물리적 세계관에 대한 그와 같은 근본적인 변화가 필요하다고 나는 믿는다.

8
의미?

8.1 인공지능형 '장치'

이상의 논의로부터 인공지능의 궁극적 가능성을 결론지을 수 있을까? 1부의 주장들은 전자식 컴퓨터로 제어되는 로봇 기술이 실제로 지능을 갖춘 기계를 인공적으로 제작할 길을 열어주지 않음을 역설하고 있다. 기계가 자신이 무엇을 하고 있는지를 이해하고 그 이해에 따라 어떤 일을 한다는 측면에서 보자면 말이다. 전자식 컴퓨터는 정신 현상과 관련된 많은 사안들을 명확하게 만드는 데 분명 중요성을 지니고 있으며(아마도 대체로 진정한 정신적 현상이 아닌 것이 무언지에 대해 우리에게 알려줌으로써), 아울러 과학적, 기술적 및 사회적 발전에 매우 크고 귀중한 도움을 주기도 한다. 하지만 나는 의식을 통해 어떤 문제를 살필 때 우리가 하는 일은 컴퓨터가 하는 일과는 매우 다르다는 결론을 내리고 싶다.

하지만 꼭 짚어두어야 할 점으로, 2부의 논의에서 내가 펼친 주장은 진정으로 지능적인 장치를 만드는 것이 불가능하다는 말이 결코 아니다. 그런 장치가 컴퓨팅적으로 제어된다는 의미의 '기계'가 아니기만 한다면 말이다. 대신 그것은 우리의 의식 작용을 담당하는 것과 동일한 의미의 물리적 활동을 포함해야만 할 것이다. 아직 우리는 그 활동에 관한 물리 이론이 전혀 없으므로 그러한 장치가 언제 만들어질지 그리고 만들어지기는 할지에 대해 추측하는 일은 시기상조이다. 그럼에도 불구하고 그러한 장치의 제작은 내가 옹호하는 관점 𝒞(§1.3 참고), 즉 정신은 비컴퓨팅적이긴 하지만 과학적인 방법으로 결국에는 이해될 수 있다는 관점 안에서 고려해볼 수 있다.

나는 그러한 장치가 생명체의 성질을 갖고 있어야만 한다고 보진 않는다. 나는 생물학과 물리학 사이의(또는 생물학, 화학 및 물리학 사이의) 본질적인 구분이 가능하다고 보지 않는다. 정말로 생물계는 물리적 창조물들이 보이는 가장 정교한 측면들을 훨씬 앞지르는 구조상의 미묘함을 갖고 있는 편이다. 하지만 분명 우리는 우주에 대한 이해도 걸음마 단계일 뿐이며 특히 정신 현상에서는 그런 점이 두드러진다. 그러므로 감히 예상하건대, 이 세계의 물리적 구성도 앞으로 차츰 매우 정교하게 드러날 것이다. 아울러 이러한 미래의 정교화 과정에는 지금으로서는 고작 흐릿하게만 인식되는 물리적 효과들도 포함될 것이다.

조만간에 분명 양자론의 난해한 (Z-불가사의) 효과들 중 일부가 적절한 상황에서 적용되는 사례가 생길 것이다. 이미 암호작성술에는 양자 효과를 도입하여 고전적인 장치로는 불가능한 일을 수행해낼 아이디어들이 나와 있다. 특히 본질적으로 양자 효과에 기반을 둔 이론적 제안들이 있는데(C. 베넷 (Bennett) 외(1983년) 참고), 여기에선 비밀 정보가 한 사람에게서 다른 사람에게로 보내질 때 제삼자가 들키지 않고 도청하는 일이 불가능하다. 이런 아이디어를 바탕으로 이미 실험 장치도 제작된 터라, 그런 아이디어가 몇 년 이내에 상업적으로도 이용되리라는 점도 의심의 여지가 없다. 양자 효과를 이용하는 암호작성술의 전반적인 분야 내에는 수많은 다른 방안들이 쏟아지고 있으므로, 이제 양자 암호작성술이라는 초창기 학문은 급속도로 발전하고 있다. 게다가 언젠가는 실제로 양자 컴퓨터를 제작하는 것이 가능해질지도 모른다. 하지만 현재로서는 이런 이론적인 제작은 실제적인 구현과는 아주 거리가 멀며 언제 양자 컴퓨터가 실제로 제작될지, 또는 제작될 수 있을지 예측하기가 어렵다 (오버마이어(Obermayer) 외(1988*a*, *b*)).

하물며 지금 우리가 알지도 못하는 물리 이론을 바탕으로 작동하는 장치를 제작할 가능성(또는 그 시기)을 예측하기는 더욱 어렵다. 내가 보기에는 그런 이론이 나와야지만 우리는 비컴퓨팅적으로 ─ 즉, 내가 이 책에서 사용하고 있는 튜링 기계로 접근할 수 없다는 의미에서 '비컴퓨팅적으로' ─ 작동하는 장치의 바탕이 되는 물리학을 이해할 수 있을 것이다. 내 주장에 따르면, 그런 장치를 만들기 위해서는 우선 양자 상태 축소에 관한 적절한 물리(**OR**) 이론을 찾아야 한다. (그런데 그러한 이론이 언제 가능한지 알기는 매우 어렵다.) 그런 후에라야 그 장치의 제작을 생각할 수 있다. 아울러 그런 **OR** 이론의 구체적 성질은 그 자체만으로도 당면 과제에 대한 뜻밖의 측면을 드러내줄지 모른다.

적어도 가정하기를, 우리는 그런 비컴퓨팅적 장치를 만들려고 한다면 우선 그 이론부터 찾아야 한다. 하지만 상상해 보면 그 반대일 수도 있다. 실제 사례를 보자면, 놀랍도록 새로운 물리적 효과가 이론적 설명이 나오기 한참 전에 발견된 적이 종종 있었다. 좋은 예가 바로 초전도체 현상인데, 이것은 처음에는 실험적으로 관찰되었다가(1911년에 헤이커 카메를링 오너스(Heike Kamerlingh Onnes)에 의해) 무려 거의 50년이 지난 1957년에서야 마침내 온전한 양자론적 설명이 바딘(Bardeen), 쿠퍼(Cooper) 그리고 슈리퍼(Schrieffer)에 의해 이루어졌다. 더군다나 고온 초전도체 현상은 1986년에 발견되었는데(솅(Sheng) 등(1988년) 참고), 이때에도 사전에 순전히 이론적인 근거에서 그 현상을 믿을 만한 이유는 제시되지 않았다. (1994년 초까지도 이 현상에 대한 적절한 이론적 설명은 나오고 있지 않다.) 한편, 비국소적 활동의 경우 언제 한 특정한 무생물이 비컴퓨팅적으로 행동할지를 알 수 있기는 어렵다. 컴퓨팅의 전체 개념은 직접적인 관찰의 문제라기보다는 이론과 밀접하게 관련되어 있다. 하지만 어떤 비컴퓨팅적인 이론 내에는 그 이론의 비컴퓨팅적인 특징을 지닌 행동이 있을 수 있는데, 그것은 검증될 수 있는 데다 어떤 실제 장치가 그런 행동을 보여줄 수도 있다. 추측하기로는, 우선 이론을 갖지 않으면 비컴퓨팅적 행동이 물리적으로 제작된 대상에서 관찰되거나 드러날 가능성은 매우 낮을 것이다.

추가적인 논의를 위하여 이제 그러한 물리 이론 — 내가 주장했듯이 그 이론은 양자 상태 축소에 관한 비컴퓨팅적인 **OR** 이론이어야 함 — 을 갖고 있으며, 아울러 그 이론을 실험적으로 확인했다고 상상해보자. 그렇다면 어떻게 우리는 나아가 지능적인 장치를 만들게 될까? 단지 이것만을 바탕으로 그렇게 할 수는 없다. 그 이론에 또 하나의 성과가 추가되어야 한다. 그것은 어떤 적절한 구조의 결과로서 의식이 실제로 어떻게 등장하게 되는지를 알게 해주는 성과이자, 아울러 비컴퓨팅적인 **OR** 효과가 적절히 갖추어진 성과이다. 나로서는 그것이 어떤 종류의 이론적 발전인지 모른다. 초전도체에 관한 위의 사례에서처럼 그런 필요한 속성을 지닌 장치가 의식에 관한 적절한 이론 없이도 얼마간 우연 덕분에 생겨날 수 있으리라는 상상도 가능할 법하다. 물론 그런 일은 다윈 식의 진화 과정이 이용되는 덕택에 의식이 제공하는 직접적인 혜택을 통해 마침내 지능이 (설령 우리가 그런 메커니즘을 전혀 이해하지 못하더라도) 생겨나지 않는다면 좀체 가능하지 않을 듯하다. 이는 매우 장황한 일일 수밖에 없는데, 특히 의식이 자신의 장점을 발현하는 데 얼마나 오랜 시간이 걸리는지를 고려할 때 더욱 그러하다. 독자는 지능형 장치를 제작하는 훨씬 더 만족스러운 방법은 우리가 이미 수천 년 동안 사용해왔던 무계획적이지만 놀랍도록 효과적이며 흥미진진한 절차를 도입하는 것이라고 결론을 내릴 법하다!

물론 그렇다고 해서 우리가 의식과 지능에 실제로 무슨 일이 벌어지는지 알고 싶은 마음을 거둘 리는 없다. 나도 그것을 알고 싶다. 기본적으로 이 책의 주장들은 의식 안에 일어나지 않는 일이 (요즘 흔히 믿고 있는 바와 달리) 상당한 규모의 컴퓨팅적인 활동이며 의식 안에서 일어나는 일은 우리가 물질, 시간, 공간 그리고 이들을 관장하는 법칙들의 속성을 훨씬 더 심오하게 이해하지 않는 한 적절히 이해할 수 없으리라는 것이다. 또한 우리는 두뇌에 관한 세세한 생리학을 훨씬 더 잘 알아야 한다. 특히 최근까지 별로 주목을 받지 않았던 아주 미소한 수준에 관하여 말이다. 우리는 의식이 생기거나 사라지는 환경에 관해서도 더 잘 알아야 한다. 또한 의식의 작동 시간이라는 흥미로운 문제 그리고 의식이 무엇에 이용되는지 그리고 의식을 갖는다는 것이 지닌 구체적인 이득이 무엇인가라는 흥미로운 문제 — 아울러 객관적인 검사가 가능한 다른 많은 사안들 — 에 관해서도 더 잘 알아야 한다. 이는 매우 넓은 분야에 걸친 일이어서 매우 다양한 방향의 발전이 정말로 고대되는 바이다.

8.2 컴퓨터가 잘하는 또는 잘 못하는 일

비록 컴퓨터에 관한 현재의 개념이 실제의 지능이나 의식을 전혀 얻지 못한다고 인정된다고 하더라도, 현대의 컴퓨터는 놀라운 능력을 지고 있으며 아울러 미래에는 이 능력이 엄청나게 증가할 전망이다(§1.2, §1.0 그리고 모라벡의 1998년 문헌 참고). 비록 이 기계들은 자신들이 하고 있는 일을 이해하지는 못하겠지만, 거의 믿을 수 없을 정도로 빠르고 정확하게 일을 수행할 것이다. (여전히 의식이 없긴 하지만)그런 활동은 우리가 마음을 써서 얻는 것을 우리보다 더 효과적으로 얻을 수 있을까? 우리는 컴퓨터 시스템이 아주 능숙하게 수행하는 종류의 일에 소질이 있는 것일까? 아니면 마음이 언제나 더 익숙한 일에 소질이 있는 것일까?

이미 컴퓨터는 체스를 굉장히 잘 둘 수 있는데, 인간 챔피언 수준에 도달할 만큼 체스 실력이 뛰어나다. 체커 게임에서 컴퓨터 치누크(Chinook)는 최정상의 챔피언 매리언 틴슬리(Marion Tinsley)를 제외하고는 어느 누구보다도 자신이 뛰어남을 증명해냈다. 하지만 고대 동양의 게임인 바둑에서는 컴퓨터는 거의 아무런 성과도 없어 보인다. 그런 게임은 아주 빨리 진행하는 경우라야 컴퓨터에게 이득이 된다. 반면에 오랫동안 게임을 할 수 있는 상황이라면 사람에게 득이 된다. 두세 수 정도의 체스 행마 문제는 컴퓨터로 거의 순식간에 풀 수 있다. 사람으로서는 무척 어려울지 모르는 경우라도 말이다. 한편 가령 50 내지 100수가 필요하지만 어떤 간단한 아이디어가 결부된 행마 문제의 경우 컴퓨터로서는 고전을 면치 못하겠지만 반면에 숙달된 사람은 그다지 큰 어려움을 겪지 않을지 모른다(또한 §1.15 **그림 1.7** 참고).

이런 차이가 생기는 까닭은 컴퓨터가 능한 일과 사람이 능한 일이 서로 다르기 때문이다. 컴퓨터는 자신이 무엇을 하는지 이해하지 못하고서 단지 계산을 수행한다. 비록 그 컴퓨터의 프로그래머의 이해가 반영되어 있기는 하지만 말이다. 컴퓨터는 아주 많은 저장된 지식을 담고 있을 수 있는데, 사람 또한 그럴 수 있다. 컴퓨터는 전적으로 마음이 없는 방식으로 프로그래머의 이해를 지극히 빠르고 정확하게 반복하여 적용할 수 있다. 인간의 능력을 훨씬 앞서는 수준으로 말이다. 인간은 게임이 무엇인지를 전반적으로 이해하고 있으면서, 지속적으로 다시 판단을 적용해야 하며 의미 있는 계획을 수립해야 한다. 이것은 컴퓨터로서는 전혀 불가능한 자질인데, 하지만 대개 컴퓨터는 실제적인 이해의 결여를 만회하기 위해 자신의 컴퓨팅 능력을 사용할 수 있을 뿐이다.

컴퓨터가 고려해야 할 한 수(手)당 가능한 경우의 수가 평균적으로 p라고 가정하자. 그렇다면 m가지 수(手)에 대해 컴퓨터가 고려할 대안은 약 p^m일 것이다. 만약 각 대안의 계산에 평균 가령 t시간이 걸린다면, 다음 식이 얻어진다.

$$T = t \times p^m.$$

여기서 m가지 수(手)를 계산하는 데 걸리는 총 시간이 T이다. 체커 게임에서 수 p는 그리 크지 않고 약 4인데, 이는 컴퓨터로 적절한 시간에 상당한 수(手)만큼, 실제로 약 20수($m = 20$) 정도까지 계산할 수 있다. 반면에 바둑 게임의 경우에는 $p = 200$ 정도이므로 컴퓨터 시스템은 고작 다섯 수($m = 5$) 정도밖에 계산해낼 뿐이다. 체스의 경우는 그 중간쯤이다. 이제 우리가 명심해야 할 점으로서, 인간의 판단과 이해는 컴퓨터보다 훨씬 더 느리지만(인간은 t가 크고 컴퓨터는 t가 작음), 이 판단이 유효수 p를 상당히 줄여줄 수 있다(인간은 유효수 p가 작고 컴퓨터는 p가 큼). 왜냐하면 인간은 고려할 가치가 있는 적은 개수의 대안들만을 판단하기 때문이다.

따라서 일반적으로 p가 큰 게임이지만 이해와 판단을 통해 그 수를 유효하게 줄일 수 있는 게임은 인간에게 상대적으로 유리하다. 왜냐하면, 적절히 큰 T가 주어져 있을 때 '유효수 p'를 줄이는 인간의 행동은 공식 $T = t \times p^m$에서 큰 m을 얻게 함으로써 시간 t를 아주 작게 만드는 것(컴퓨터가 능한 일)보다 더 이득을 가져다주기 때문이다. 하지만 작은 T의 경우에는 t를 매우 작게 하는 편이 더 효과적일 수 있다(왜냐하면 m값이 작을 가능성이 크기 때문이다). 이 사실은 공식 $T = t \times p^m$의 '지수' 형태에서 간단히 드러나는 결과이기도 하다.

이런 고찰은 조금 엉성하긴 하지만 내가 보기에 핵심은 꽤 명확하다. (여러분이 수학 전문가가 아니지만 $T = t \times p^m$이 어떤 특징이 있는지 파악하고 싶다면, t, p, m의 값들을 몇 가지 넣어보기 바란다.) 여기서 훨씬 더 깊이 이 문제를 파고들 것까지는 없겠지만 한 가지를 분명히 밝혀두면 유용할 것이다. 'm'에 의해 정해지는 '큰 계산 가짓수'는 인간에게 이로운 것이 아니라는 주장이 제기될 법하다. 하지만 실체로는 이로운 것이다. 인간이 몇 가지 수를 내다보며 한 위치의 값어치를 판단하면서 더 이상 계산하는 것이 도움이 되지 않는다고 고려할 때, 이것은 유효한 계산이 된다. 왜냐하면 인간의 판단은 앞으로 이어지는 수들의 가능한 효과를 요약한 것이기 때문이다. 어쨌든 이런 식의 대강의 고려를 통해, 왜 컴퓨터는 체커 게임보다 바둑을 잘 두기가 훨씬 어려운지 왜 컴퓨터는 길지 않고 짧은 체스 행마 문제에 능한지 그리고 왜 컴퓨터는 짧은 시간 제한이 있을 때 상대적으로 유리한지 이해할 수 있다.

이런 주장들은 특별히 정교하지는 않지만, 요점은 인간이 이해를 바탕으로 한 판단이라는 자질이 컴퓨터에게는 결여되어 있는 핵심이라는 것이다. 위의 논의들이 전반적으로 이를 지지해준다. §1.15의 **그림 1.7**의 체스 위치에 대한 고찰에서도 마찬가지로 이를 지지해준다. 의식적인 이해는 비교적 느린 과정이지만 진지하게 살펴봐야 할 대안들의 개수를 상당히 줄일 수 있기에 계산의 유효수를 상당히 줄일 수 있다. (대안들은 심지어 어떤 지점 이상으로는 시도해볼 필요가 없을 때도 있다.) 사실 내가 보기에 만약 컴퓨터가 미래에 무슨 성과를 낼지 고찰하자면, 답을 얻을 좋은 방법은 '실제적인 이해가 과제의 수행에 필요한가?'라는 질문을 던져보는 것이다. 우리 일상생활의 많은 것들은 별 생각 없이도 할 수 있는 것인데, 컴퓨터로 제어되는 로봇이 그런 일에 매우 능숙할 수 있다. 이미 그런 종류의 임무를 매우 성실히 수행하는 인공적인 뉴런 네트워크로 제어되는 기계들이 나와 있다. 가령, 이 기계들은 얼굴을 인식하고 광물을 탐사하며 아울러 서로 다른 소리를 구별하고 신용카드 사기를 확인하는 등의 방법으로 기계의 결함을 찾아내는 일을 꽤 잘 해낼 수 있다.[1] 일반적으로 이런 방법들은 성공적이며, 이 기계들의 능력은 평균적인 인간 숙련자들의 능력에 근접하거나 때로는 능가한다. 하지만 그런 상향식 프로그래밍으로는 하향식 시스템, 가령 체스 게임을 두는 컴퓨터라든지 인간으로서는 어림도 없는 수치 계산을 해내는 컴퓨터로 작동하는 강력한 기계 '숙련자'를 배출하지 못한다. (상향식) 인공 뉴런 네트워크 시스템으로 효과적으로 다룰 수 있는 과제의 경우에도 인간이 이 과제들을 수행할 때와 같은 깊은 이해가 존재한다고 볼 수 없으며 컴퓨터가 이루어내는 성공의 정도에는 어떤 한계가 있을 것으로 예상된다. 수치 계산, 체스 컴퓨터 또는 과학적 목적의 컴퓨터에서처럼 컴퓨터의 프로그래밍에 상당할 정도의 구체적인 하향식 구조가 있는 경우에는 컴퓨터의 능력은 매우 효과적일 수 있다. 이런 경우에도 역시 컴퓨터는 스스로 실제이해를 필요로 하지 않는다. 인간 프로그래머가 나서서 그런 이해를 제공해줄뿐이기 때문이다(§1.21 참고).

또한 꼭 짚고 넘어가야 할 점으로, 컴퓨터는 하향식 시스템에서도 아주 빈번하게 오류가 발생한다. 왜냐하면 프로그래머가 실수를 하기 때문이다. 하지만 그것은 인간의 오류의 결과이므로 전혀 별개의 사안이다. 자동 오류교정 시스템을 도입할 수는 있지만 — 나름의 가치가 있다 — 너무 미묘한 오류는 이런 식으로 포착해낼 수 없다.

전적으로 컴퓨터에 의해 제어되는 시스템에 너무 큰 신뢰를 두는 것이 위험할 수도 있는 상황은 그 시스템이 오랫동안 자기 임무를 상당히 잘 수행할수 있어서 사람들로 하여금 그것이 자신의 일을 이해하고 있다는 인상을 줄 때이다. 그러다가 뜻밖에 그 시스템은 완전히 터무니없는 짓을 할지 모르는데, 이때 그 시스템에는 실체로는 아무런 이해가 깃들어 있지 않음이 드러난다(**그림 1.7**에 나오듯 체스 위치에 관한 딥 소트의 사례처럼). 그러므로 늘 이런 점에 주의를 기울여야 한다. '이해'란 컴퓨팅적인 자질이 아님을 확실히 알고 있으면 순전히 컴퓨터로 제어되는 로봇은 그런 자질을 지닐 가능성이 전혀 없음을 우리는 알 수 있게 된다.

물론 인간은 이해라는 자질을 지니고 있으므로 컴퓨터와는 매우 다르다. 그래도 컴퓨터와 마찬가지로 실제로는 이해가 존재하지 않을 때 그것이 존재한다는 인상을 주는 일이 사람에게도 있을 수 있기는 하다. 어느 한쪽에 진정한 이해가 있고 다른 쪽에는 기억 용량과 계산 능력이 있다. 컴퓨터는 전자가 아니라 후자를 담당한다. 어떤 수준에서 가르치든지 간에 모든 교사라면 으레알 듯이(하지만 안타깝게도 정부는 잘 모른다), 훨씬 더 소중한 것은 이해의 자질이다. 제자들에게 심어주고 싶은 것은 규칙이나 정보를 단지 앵무새처럼 흥내 내는 일이 아니라 바로 이 자질이다. 정말로 학생의 이해력을 검사하려면 (특히 수학의 경우에서처럼) 단지 기억력이나 계산 능력과는 뚜렷이 다른, 시험 질문을 만들어내는 능력을 살펴보아야 한다. 다른 자질에도 나름의 가치가 있기는 하지만 말이다.

8.3 미학적 자질 등

나는 위의 논의에서 '이해'의 자질을 강조했다. 순전히 컴퓨팅적인 시스템은 결코 지니지 못한 어떤 본질적인 것이 이해라고 보았다. 이 자질은 어쨌거나 §2.5의 괴델 논증에서 나온 것이다. 그리고 마음이 없는 컴퓨팅 활동에서는 그런 자질이 없음으로 인해 컴퓨팅의 본질적인 한계가 드러난다. 그렇기에 우리는 컴퓨팅을 넘어서는 더 나은 것을 찾으려고 노력해야 한다. 하지만 '이해'는 의식적 인식이 소중한 역할을 하는 여러 자질들 중 하나일 뿐이다. 더 일반적으로 말해, 우리와 같은 의식적 존재들은 우리가 직접적으로 사물을 '느낄' 수 있는 어떠한 환경에서도 혜택을 입는다. 나는 주장하건대, 이는 순전히 컴퓨팅적으로 작동하는 시스템은 결코 얻을 수 없는 것이다.

이런 질문이 있을 수 있다. 컴퓨터로 제어되는 로봇은 느끼는 능력의 부재로 인해 어떤 식으로 손해를 입을까? 따라서 가령 별빛의 아름다움이나 고즈넉한 밤에 타지마할의 경이로운 장관 또는 바흐의 푸가가 보여주는 복잡한 정교함 또는 심지어 피타고라스 정리의 냉혹한 아름다움조차 느낄 수 없을까? 그런 현상을 마주쳤을 때 우리가 느낄 수 있는 것을 로봇은 느낄 수 있는 능력이 없다고 단순히 대답할 수도 있다. 하지만 단지 그것만이 아니다. 우리는 이와 다른 질문을 던질 수 있다. 로봇이 실제로 어떤 것도 느낄 수 없음을 인정하더라도, 영특하게 프로그래밍된 컴퓨터는 위대한 예술 작품을 만들 수 있지 않을까?

　내가 보기에 이것은 까다로운 질문이다. 하지만 나로서는 짧게 '만들 수 없다'라고 답하겠다. 컴퓨터는 좋음과 나쁨을 또는 뛰어남과 평범함을 판단하는 데 필요한 감각적 자질을 가질 수 없기 때문이다. 하지만 다시 이렇게 물을 수 있다. 컴퓨터가 자신의 '미학적 기준'을 개발하고 자신의 판단을 내리기 위해 왜 실제로 '느끼는' 일이 필요할까? 그런 판단은 단지 오랜 기간의 (상향식) 훈련을 거치면 '등장'할 수 있다고 상상해볼 수도 있다. 하지만 이해의 자질에서와 마찬가지로 내가 보기에는 그런 기준은 컴퓨터의 의도적인 입력의 일부여야 할 텐데, 그렇다면 이 기준은 미학적인 감각을 지닌 인간이 실행하는 자세한 하향식 해석(컴퓨터의 도움을 받을 수는 있는)에서 주의 깊게 정제된 것일 가능성이 무척 높다. 정말로 바로 이런 종류의 방식이 다수의 AI 연구자들에 의해 실행되어 왔다. 가령, 크로스토퍼 롱겟 히긴스(Christopher Longuet Higgins)는 서섹스 대학에서 수행된 연구에서 자신이 마련한 기준에 따라 음악을 작곡하는 다양한 컴퓨터 시스템을 구현해냈다. 심지어 18세기에 모차르트와 그의 동시대인들도 이미 알려진 예술적으로 즐거운 요소들을 무작위적인 요소들과 결합시켜 약간 근사한 곡을 만들 수 있는 '음악 주사위'를 만드는 법을 보여주었다. 비슷한 장치가 시각 예술에도 도입되었는데, 가령 해럴드 코헨(Harold Cohen)이 프로그래밍한 'AARON' 시스템은 어떤 규칙에 따라 고정된 입력 요소들을 결합시켜 무작위적인 성분을 발생시킴으로써 수많은 '독창적인' 선을 그려낼 수 있다. (마가렛 보덴(Margaret Boden)의 책 『창조적인 컴퓨터(The Creative Computer)』(1990년)를 보면 이런 종류의 '컴퓨터 독창성'에 관한 많은 사례들을 볼 수 있다. 또한 미치(Michie)와 존슨(Johnson)의 1984년 문헌 참고)

　내가 보기에는, 일반적으로 인정되듯이, 이런 식의 활동을 통한 산물은 아직까지는 얼마간 재능이 있는 인간 예술가가 이룰 수 있는 수준과는 비교 상대가 되지 않는다. 내 느낌으로는 컴퓨터의 입력이 어떤 상당한 수준에 이르더라도 결여되어 있는 것은 작품의 어떤 '영혼'이라고 말해도 부당하지 않을 것이다! 다시 말하자면, 컴퓨터의 작품은 아무것도 표현하지 못하는데, 왜냐하면 컴퓨터 자체가 아무것도 느끼지 못하기 때문이다.

물론 때로는 그런 무작위적으로 생성된 컴퓨터 예술이 단지 우연히 진정으로 예술적인 가치를 지니기도 한다. (이는 완전히 무작위적으로 글자를 타이핑해서 희곡 「햄릿」을 써내는 일과 비슷하다.) 정말로 지금 이 사안과 관련하여 자연은 암석 생성이나 하늘의 별들처럼 무작위적인 수단으로 많은 예술 작품을 만들 수 있다는 점은 인정되어야 마땅하다. 하지만 그 아름다움을 느끼는 능력이 없다면 아름다운 것과 추한 것을 구별할 수단이 없다. 전적으로 컴퓨팅적인 시스템이 근본적인 한계를 보이는 부분은 바로 이 선택 과정이다.

이번에도 역시 컴퓨팅 기준을 인간이 컴퓨터에 입력하는 방식인데, 같은 종류의 많은 사례들을 생성하는 문제인 한 그런 방식은 (흔해 빠진 대중 예술이 그렇듯이) 꽤 잘 작동한다. 이런 활동의 산물이 지겹게 여겨져 새로운 것이 필요하게 되기 전까지는 말이다. 그 지점에서 어떤 진청한 미학적 판단이 개입되어야만 어떤 '새로운 아이디어'가 예술적 가치를 지니고 어떤 것이 그렇지 않은지를 알아낼 수 있을 것이다.

그러므로 이해의 자질과 더불어, 전적으로 컴퓨팅적인 시스템에서는 늘 결여되어 있는 다른 자질들이 있다. 가령 미학적 자질이 그것이다. 내가 보기에, 이런 자질들에는 도덕적 판단처럼 우리의 인식을 필요로 하는 다른 종류의 자질들도 포함되어야 한다. 1부에서 보았듯이 무엇이 참인지 또는 무엇이 참이 아닌지 여부에 관한 판단은 순수한 컴퓨팅으로 환원될 수 없다. 아름다운지 또는 선한지에 관한 판단도 마찬가지다(어쩌면 더욱 그러하다). 이런 문제들은 인식을 필요로 하므로 전적으로 컴퓨팅적으로 제어되는 로봇에게는 불가능하다. 로봇에게는 감각을 지닌 외부에 있는 의식적인 존재 — 아마도 인간 — 로부터 지속적인 제어 입력이 가해져야만 한다.

비컴퓨팅적인 속성과 무관하게 이런 질문을 제기할 수 있다. '아름다움'과 '선함'이라는 자질은 '절대적'이란 용어가 진리 ― 특히 수학적 진리 ― 에 적용될 때와 같은 플라톤적 의미에서 절대적일까? 플라톤은 그런 관점을 지지하는 입장이었다. 우리의 의식이 그런 절대성에 닿을 수 있는지 그리고 그런 점이 우리의 의식에 본질적인 힘을 부여하는 것일 수 있을까? 아마도 여기서 우리의 의식이 실제로 '무엇인지' 그리고 무엇을 '위한' 것인지에 관한 단서가 놓여 있을지 모른다. 의식은 플라톤적인 절대성의 세계에 이르는 '다리'로서의 모종의 역할을 할까? 이 사안들은 이 책의 마지막 절에서 다시금 다루고자 한다.

도덕성의 절대적 속성에 관한 질문은 §1.11의 법적인 사안들과 관련이 있다. 또한 §1.11의 말미에서 제기되었듯이 '자유의지'에 관한 질문 ― 우리의 유전, 환경적 요소들 그리고 우연적 영향을 초월하여 우리의 행동에 심오한 역할을 행하는 별도의 '자아'가 존재할 수 있을까? ― 과도 관련이 있다. 내가 보기에 우리는 이 질문의 답과는 한참 멀리 떨어져 있다. 이 책의 논의들과 관련하여 내가 확실히 주장할 수 있는 것이라고는 자유의지란 현재 우리가 '컴퓨터'라고 부르는 장치의 능력을 원리상 틀림없이 초월한다는 점이다.

8.4 컴퓨터 기술에 내재된 위험

광범위한 기술은 혜택만큼이나 위험도 가져다 줄 공산이 크다. 그러므로 컴퓨터로 인한 명백한 이득만큼이나 이런 특정한 기술의 급속한 발전에는 사회에 잠재적 위협 요소들이 많이 있다. 주된 문제들 중 하나는 컴퓨터가 보이는 지극히 상호연결된 복잡성을 들 수 있다. 이로 인해 어떤 개인도 컴퓨터에 깃든 의미를 총체적으로 이해할 수 없다. 컴퓨터들을 거의 온 지구 구석구석에 걸쳐 연결시키는 것은 단지 컴퓨터 기술의 문제만이 아니라 거의 즉시에 이루어지는 전 지구적 통신의 문제이기도 하다. 주식시장이 작동하는 불안정한 방식에서 기인할 수 있는 문제점들이 있다. 주식시장의 거래는 전 세계적 규모의 컴퓨터 예측을 바탕으로 사실상 즉시 실행된다. 여기서 어쩌면 문제점은 상호 연결된 시스템 전체를 개인이 이해하지 못해서가 아니라, 개인들로 하여금 경쟁자보다 더 나은 계산과 추측으로 즉시 돈을 벌도록 고안된 시스템에 내재된 불안정성(불공정성은 말할 것도 없이) 때문일 수 있다. 하지만 상호연결된 시스템 전반의 복잡성 그 자체만으로 인해서도 다른 불안정성과 잠재적 위험이 생길 가능성이 농후하다.

내 짐작에 어떤 사람들은 그것이 그다지 심각한 문제가 아니라고 여길지 모른다. 만약 향후에 그처럼 상호연결된 시스템이 인간의 이해력을 벗어날 정도로 아주 복잡해지더라도 말이다. 그런 사람들은 신념에 차서 전망하기를, 결국 컴퓨터는 스스로 시스템에 대한 필요한 이해를 습득할 것이라고 한다. 하지만 앞서 보았듯이 이해는 컴퓨터가 행할 수 있는 자질이 아니기에 그런 사람들로부터 진정한 위안을 얻을 수는 결코 없다.

이와 다른 종류이지만 또 한 가지 문제점이 있는데, 기술 발전이 너무 빠른 탓에 컴퓨터 시스템은 시장에 등장하자마자 곧 '구식'이 되어 버린다는 것이다. 지속적인 업데이트의 필요성 그리고 경쟁 압력 때문에 종종 적절히 검사되지 않은 시스템을 사용하는 상황은 향후 더욱 악화될 것이 분명하다.

새로운 컴퓨터 기술 그리고 변화의 급작성으로 인해 우리가 직면하기 시작하는 심오한 문제점들은 너무나 많아서 여기에서 다 요약하기란 어리석은 짓일 테다. 개인 사생활, 산업 스파이 그리고 컴퓨터 사보타주와 같은 사안들이 우선 떠오른다. 앞으로 생길 수 있는 또 한 가지 충격적인 문제점은 어떤 사람의 모습을 '위조'하는 능력이다. 이로 인해 그 모습의 실제 사람은 원하지 않는데도 텔레비전 화면에 그 사람의 모습이 버젓이 나올 수도 있다.[2] 구체적으로 컴퓨터의 문제는 아니지만 컴퓨터와 관련된 사회적 문제들이 있다. 예를 들어,

음원이나 시각적 영상의 재생 능력이 놀랍도록 정확해짐으로 인해 극소수의 대중 공연자들의 활동이 전 세계적으로 확산되는 탓에, 인기가 없는 이들에게는 아마도 불이익이 돌아가게 될 것이다. 소수의 개인들 — 가령 법조계나 의료계에 속하는 — 의 전문지식과 노하우가 하나의 컴퓨터 소프트웨어 패키지에 담길 수 있게 되면 지역 변호사들이나 의사들에게 피해를 줄 수 있다. 그 비슷한 일들을 지금도 우리는 목격한다. 하지만 내 짐작에, 개인적으로 이루어지는 지역적 이해는 컴퓨터로 제어되는 전문가 시스템이 지역 기반의 전문지식을 대체하기보다는 단지 그런 전문지식에 도움을 주게 되는 쪽으로 작용하게 될 것이다.

물론 이런 모든 발전이 성공적으로 이루어진다면 우리들에게 '긍정적인 면'도 있다. 왜냐하면 전문지식이 훨씬 더 자유롭게 이용 가능해지며 더 많은 대중들에게 이해될 수 있기 때문이다. 마찬가지로 개인 사생활 문제와 관련하여 지금 '공개 키(public key)' 시스템이 있는데(가드너(Gardner) 1989년 문헌), 이것은 원리상으로 개인 또는 소규모 이해관계자들 — 다수가 사용할 때만큼이나 효과적으로 — 이 사용할 수 있으며 도청을 막는 완벽한 보안성을 제공해주는 듯하다. 이는 그 속성상 매우 빠른 강력한 컴퓨터 — 이 컴퓨터의 유효성은 큰 수를 인수분해하는 컴퓨팅 난이도에 달려 있다 — 의 성능에 의존하고 있는데, 요즘에는 양자 컴퓨팅이 이런 컴퓨터에 도전하고 있다(§7.3을 보기 바란다. 아울러 양자 컴퓨팅의 미래 실현 가능성에 대한 아이디어를 보려면 오버마이어 등(1988a, b) 참고) §8.1에서 언급했듯이 도청을 막는 보안 장치로서 양자 암호제작술을 사용하게 될 가능성이 있다. 이 또한 그 유효성은 상당한 컴퓨팅 처리량에 달려 있다. 분명 어떤 새로운 기술의 혜택과 위험을 평가하는 일은 컴퓨터와 직접 관련된 것이든 그렇지 않은 것이든 간에 결코 쉬운 문제가 아니다.

컴퓨터와 관련된 사회적 문제에 대해 마지막으로 덧붙이자면, 짧은 가상의 이야기를 하나 들려주고 싶다. 새로 등장하게 될 잠재적 문제들 전반에 관한 우려를 담은 이야기이다. 어느 누구도 이전에 이런 우려를 드러내는 것을 나는 본 적이 없기에, 앞으로 생길 수 있는 컴퓨터와 관련된 위험의 새로운 유형을 제시하고자 한다.

8.5 교묘하게 조작된 선거

오랜 기다림 끝에 선거일이 다가온다. 몇 주에 걸쳐 숱한 여론조사가 실시된다. 일관되게 여당이 3~4퍼센트 앞서고 있다. 물론 이 수치에는 얼마간의 오르내림과 편차가 존재한다. 여론조사 수치는 한 번에 몇백 명 정도의 유권자를 대상으로 한 비교적 작은 표본을 바탕으로 한 것인 데 반해 (수천만 명의) 총인구는 지역별로 상당한 의견 편차가 있기 때문이다. 정말로 이 여론조사 각각의 오차범위는 하나같이 3 내지 4%에 이르기 때문에 어느 것도 실제로 믿을 수는 없다. 하지만 전체 증거는 더욱 인상적이다. 여론조사들을 전부 합치면 오차범위는 훨씬 적으며, 조사들 간의 의견일치는 통계적 근거에서 예상되는 약간의 변이를 보일 뿐인 듯하다. 이제 평균적인 결과는 2% 미만의 오차로 신뢰할 수 있다. 어떤 이들은 주장하기를, 실제 선거일 전날 밤에 이 여론조사 수치에는 여당 쪽에서 근소한 변동이 나타났으며 선거 당일에 이전의 부동층(또는 심지어 확고한 결정을 내린 사람들도) 중 소수의 비율이 마음이 바뀌어 마침내 여당에 표를 던졌다고 한다. 그렇다고 하더라도 여론조사 수치에서 여당으로 기운 정도는 결과적으로 야당들에 비해 약 8%를 넘지 않는 한 별 소용이 없을 것이다. 왜냐하면 그래야지만 결과적으로 야당들 간의 연정을 막아낼 수 있는 규모의 다수당이 되기 때문이다. 하지만 여론조사는 단지 일종의 추측일 뿐이다. 그렇지 않은가? 오직 진짜 선거만이 국민들의 실제

목소리를 대변하며, 이것은 선거일의 실제 투표 수치에서 얻어진다.

마침내 투표일이 되어 투표가 이루어진다. 검표 결과는 누가 보더라도 깜짝 놀랄 만하다. 특히 그토록 많은 에너지와 경비를 쏟아 부었던 여론조사 기관들이 받은 충격이 가장 크다. 선거 전에 내놓은 예측 때문에 이 기관들의 평판에 가해진 충격은 말할 것도 없이 말이다. 여당이 다시 안전한 다수당이 된 것은 물론이고, 접전을 벌였던 야당과의 8% 차이라는 목표를 달성했다. 많은 투표권자들이 아연실색하고 있으며 심지어 치를 떨기도 한다. 다른 이들은 비록 깜짝 놀라긴 했지만 동시에 기뻐한다. 하지만 결과는 잘못된 것이다. 투표 조작은 누구도 눈치 채지 못하는 아주 교묘한 수법으로 이루어졌다. 미리 투표 용지들이 들어 있던 투표함도 없었으며 어떤 투표함도 잃어버리거나 바꿔치기하거나 복제하지 않았다. 개표하는 사람들도 양심적이었으며 대부분 정확했다. 하지만 결과는 끔찍할 만큼 틀렸다. 어떻게 된 것이며 누구의 책임일까?

어쩌면 여당의 전체 수뇌부들조차 무슨 일이 벌어졌는지 완전히 모르고 있다. 그들은 비록 수혜자이긴 하지만 직접적인 책임은 없다. 만약 여당이 선거에서 진다면 자신들의 존재에 위협을 느끼는 다른 이들이 장막 뒤에 도사리고 있다. 그들은 여당보다 야당이 더 신뢰하는(충분히 그럴 만한 이유로!) 조직의 일부이다. 여당은 조심스레 이 조직의 엄격한 비밀 활동을 유지하고 심지어 확장시켜왔다. 비록 그 조직은 합법적이지만 많은 실제 활동은 그렇지 않으며, 정치적 속임수라는 불법적 활동을 저지른다. 아마도 그 조직의 구성원들은 여당의 적들이 나라를 파괴하거나 심지어 외부 세력에게 '팔아넘기려' 한다는 (잘못된) 두려움을 정말로 갖고 있다. 그 조직의 구성원들 중에는 컴퓨터 바이러스 제작의 전문가 — 기상천외한 재주를 지닌 전문가 — 들이 있다.

컴퓨터 바이러스가 무슨 일을 할 수 있는지 떠올려 보라. 누구라도 알 만한 일은 어느 지정된 날에 바이러스에 감염된 컴퓨터에 있는 모든 기록을 삭제하는 것이다. 아마 컴퓨터 운영자들도 컴퓨터 화면 상의 글자들이 제자리에서 밑으로 떨어지면서 사라지는 모습을 기겁을 하며 지켜볼 것이다. 아마도 어떤 음란한 메시지가 화면에 나타날 것이다. 어쨌든 모든 데이터는 복구할 수 없을 정도로 사라질지 모른다. 게다가 컴퓨터에 삽입된 모든 디스크도 감염되는 바람에 옆에 있는 다른 컴퓨터도 덩달아 오염될 것이다. 원리상으로는 백신 프로그램을 사용하여 그런 감염을 발견하면 치료할 수 있지만, 바이러스는 그 속성상 미리 알려졌을 때에야 가능한 일이다. 바이러스가 공격한 후에는 아무 소용이 없다.

그런 바이러스는 보통 아마추어 해커가 만드는데, 이들은 종종 불만을 품은 컴퓨터 프로그래머로서 어떨 때는 나름 이해할 만한 이유로 또 어떨 때는 아무 이유 없이 해악을 끼치고자 한다. 하지만 위 조직의 구성원들은 아마추어가 아니다. 그들은 높은 보수를 받는 그야말로 프로들이다. 아마 그들이 벌이는 활동들 다수는 국가의 이익을 위한 '진정한' 것일 테다. 하지만 그들은 직속 상관의 지시 하에 도덕적으로 떳떳하지 못한 방식으로 활동하기도 한다. 그들이 만든 바이러스는 표준적인 백신 프로그램으로는 찾아낼 수 없으며 바로 지정된 그 날 — 여기서는 분명 여당의 지도자 및 그 지도자의 신임을 받는 자들이 알고 있는 선거일에 — 에 타격을 가하도록 사전에 프로그래밍되어 있다. 임무 — 데이터 삭제보다 훨씬 더 교묘한 임무 — 를 수행한 후에는 바이러스는 저절로 파괴되어 이런 바이러스가 있었음을 알려주는 아무런 흔적을 남기지 않으며 자신의 악행을 결코 드러내지 않는다.

그런 바이러스가 선거에서 효과적인 활동을 하려면 손으로든 휴대용 계산기로든 인간이 확인하지 않는 개표의 어떤 단계가 있어야만 한다. (바이러스는 프로그래밍이 가능한 컴퓨터만을 감염시킬 수 있다.) 아마 개별 투표함의 내용물은 올바르게 개표되었을 것이지만 이 개표의 결과들은 합산되어야 한다. 손이나 휴대용 계산기로 합산하는 것보다 컴퓨터로 합산하면 — 아마도 가령 100개 투표함의 표들을 한꺼번에 합함으로써 — 얼마나 더 효율적이고 정확하고 최신식인가! 분명 오류가 나올 여지가 없다. 왜냐하면 어떤 컴퓨터를 이용하여 합산하더라도 결과는 동일할 테니 말이다. 여당의 당원들은 제일 야당의 당원들 또는 여느 이해관계 당사자 내지는 중립적인 관찰자와 동일한 결과를 얻는다. 아마 그들은 각자 다른 컴퓨터 모델을 사용하지만 그것은 아무 상관이 없다. 그 조직의 전문가들은 이들 상이한 컴퓨터 시스템들을 알고 있으며 그 각각에 대해 별도의 바이러스를 제작했다. 이 상이한 바이러스들 각각을 제작하는 일은 조금씩 달라서 각각 별도의 컴퓨터 시스템에 특수한 것이긴 하지만, 그 결과는 동일하며 기계마다 똑같은 결과가 나오므로 아무리 의심 많은 사람이라도 믿지 않을 수 없다.

기계들이 전부 일치된 값을 내긴 하지만 수치는 모두 틀렸다. 실제 투표를 어느 정도 반영하면서 어떤 정확한 공식에 따라 교묘하게 조작되었다. 상이한 기계들이라도 결과가 일치하도록 하면서 말이다. 여당을 그들이 필요로 하는 다수당으로 만들기 위해서다. 그리고 신뢰도에는 조금의 무리가 가긴 하지만 결과는 겉보기에 틀림없이 받아들일 만한 정도이다. 마지막 순간에 상당수의 투표자들이 두려움을 느끼고 여당에 표를 던진 것처럼 보인다.

이 이야기에서 내가 서술한 가상의 상황에서 이들은 그렇게 하지 않았으며 결과는 잘못된 것이다. 비록 이 이야기는 실제로 최근의(1992년) 영국 선거에서 영감을 얻은 것이지만, 영국에 도입된 공식적인 개표 시스템은 이런 종류의 속임수를 허용하지 않음을 나는 확실히 밝혀둔다. 모든 개표 과정은 손으로 이루어지기 때문이다. 시대에 뒤떨어지고 비효율적인 방식 같아 보이지만 이 방식을 유지하는 것이 중요하다. 또는 적어도 이런 종류의 속임수를 확실히 예방하는 어떤 시스템을 유지할 필요가 있다.

사실 긍정적인 면에서 보자면 현대 컴퓨터는 선거권자들의 의견을 지금보다 훨씬 더 공정하게 나타내줄 수 있는 투표 시스템을 도입할 놀라운 기회를 제공해준다. 여기서는 그런 문제를 다룰 계제가 아니긴 하지만, 요점을 말하자면 각 투표권자가 한 개인별로 한 표를 던졌다는 사실보다 훨씬 더 많은 정보를 전달하는 것이 가능하다. 컴퓨터로 제어되는 시스템이 있으면 이 정보는 즉각 분석되어 투표가 끝난 직후에 결과가 바로 알려질 수 있다. 하지만 위의 이야기에서 드러나듯이 그런 시스템은 극도로 경계해야 한다. 위에서 설명한 일반적인 속성을 지닌 온갖 속임수를 확실히 방지할 철저하고 명백한 확인 수단이 마련되기 전까지는 말이다.

경계를 해야 할 것은 꼭 선거만이 아니다. 가령 경쟁 회사의 계좌에 대한 사보타주 행위는 '컴퓨터 바이러스' 기술이 사용될 또 한 가지 분야가 될 수 있다. 상상해보자면, 주도면밀하게 제작된 은밀한 컴퓨터 바이러스를 파괴적인 용도에 사용하는 방식은 많이 있다. 나는 위의 이야기가 컴퓨터에 대해 인간이 명백하고 신뢰할 만한 권위를 갖게 될 지속적인 필요성을 절실히 느끼게 해주기를 바란다. 컴퓨터는 아무것도 이해하지 못할 뿐 아니라 특정하게 프로그래밍하는 세부적인 방식을 이해하는 소수의 사람들에 의해 조작을 당하기가 매우 쉽다.

8.6 의식의 물리적 현상?

2부의 목적은 과학적 설명 안에서 주관적 경험이 물리적 근거를 찾을 어떤 지점을 탐구하는 것이었다. 나는 그렇게 되려면 현재의 과학적 이해를 확장해야 한다고 주장했다. 내가 보기에, 물리적 실재에 관해 우리가 현재 지니고 있는 관점을 정말로 근본적으로 바꾸려면 양자 상태 축소 현상에 눈을 돌려야 함은 분명한 듯하다. 물리학이 현재의 물리적 관점에 생소한 어떤 것을 수용할 수 있으려면 우리는 심오한 변화를 기대해야만 한다. 실재의 본질에 대한 우리의 철학적 관점의 근본 바탕을 바꾸어야 한다는 말이다.

나는 이 책의 마지막 절에서 이에 관해 짧게 몇 가지를 언급하겠다. 지금으로서는 어느 정도 단순해 보이는 질문을 던져보도록 하자. 내가 지금껏 제시하고 있는 주장들을 바탕으로 할 때, 이미 알려진 세계의 어디를 살펴보아야 의식이 발견될 것인가?

시작부터 명백히 밝혔던 것이지만, 내가 제시하고 있는 주장들은 긍정적인 측면에 대해서는 그다지 할 말이 별로 없다. 나의 주장들은 현재의 컴퓨터는 의식이 없다고만 했지, 언제 한 대상이 의식을 가질 것으로 예상되는지에 대해서는 많은 말을 하지 않고 있다. 적어도 지금까지 경험상 짐작되기로는, 이런 현상을 발견할 가능성이 높은 곳은 바로 생물 구조 안이라는 것이다. 척도의 한쪽 끝에는 인간이 있는데, 분명 의식이 무엇이든지 간에 그것은 깨어 있는 (그리고 어쩌면 꿈꾸고 있는) 인간 두뇌와 관련하여 대체로 존재하는 현상임이 분명한 듯하다.

척도의 다른 쪽 끝은 어떤가? 나는 집합적인 (결맞은) 양자 효과를 발견할 가능성이 높은 곳으로서 우리가 살펴보아야 할 곳은 뉴런이라기보다는 세포골격 속의 미세소관이라고 줄곧 주장해왔다. 아울러 그러한 양자 결맞음이 없다면, (과학적 관점에서 의식 현상을 담아내기 위한 비컴퓨팅적 전제조건을 마련해주는) 새로운 **OR** 물리학이 행할 충분한 역할을 찾지 못할 것이라고도 역설했다. 하지만 세포골격은 진핵세포 — 식물과 동물을 구성하는 세포 — 와 더불어 짚신벌레와 아메바와 같은 단세포 동물 어디에나 흔히 있다(하지만 박테리아에는 없다). 우리는 의식의 어떤 흔적을 짚신벌레에게서도 찾을 수 있다고 예상해야만 하는 것일까? 짚신벌레가 자신이 하는 일을 어떤 의미로든 '안다'고 할 수 있을까? 어쩌면 두뇌 또는 간에 있는 개별적인 인간 세포들은 어떨까? 나로서는 그런 질문에 대답할 수 있도록 의식의 물리적 속성에 대해 이해하고자 할 때 생기는 그처럼 명백히 터무니없는 상황을 받아들여야만 하는지는 잘 모르겠다. 하지만 이 문제와 관련하여 내가 분명히 믿는 한 가지가 있는

데, 과학적 질문은 언젠가는 답할 수 있다는 것이다. 현재로서는 답을 내는 것이 너무나 막막해 보이더라도 말이다

일반적인 철학적 근거에서, 짚신벌레가 의식의 흔적을 소유할 수 있는지의 문제는 말할 것도 없이, 자신 이외의 임의의 실체가 의식적 인식이라는 자질을 소유하는지 여부도 알 수 없다는 주장이 때때로 제기된다. 나의 사고방식에 따르면 이것은 너무 좁고 비관적인 입장이다. 어쨌거나 어떤 대상의 물리적 자질이 존재하는지 규명하는 일에는 절대적인 확실성의 문제가 관심사가 아니다. 나로서는 천문학자들이 수백 광년 떨어진 천체에 대해 주장할 때와 마찬가지의 확실성으로 의식적 인식의 소유에 관한 질문에 답하지 못할 이유가 없다고 본다. 달의 반대편이 어떤 모습인지 그리고 태양과 별들의 물질 구성요소가 무엇인지 결코 알 수는 없으리라고 주장하던 시기는 그리 먼 과거가 아니다. 하지만 달의 전체 표면이 지금은 (우주 공간에서의 관찰 덕분에) 지도로 그려져 있고 태양의 구성 물질도 상세히 파악되어 있다(태양 빛의 스펙트럼 선을 관찰하고 아울러 태양 내부의 물리적 구조를 철저히 모델링함으로써). 멀리 떨어진 별들의 자세한 구성 성분도 아주 잘 알려져 있다. 초기 단계의 전체 우주의 전반적인 구성 성분조차도 많은 사항별로 매우 잘 파악되어 있다.

하지만 필요한 이론적 개념들이 마련되지 않은 탓에 의식의 존재에 관한 판단은 아직 대체로 짐작일 뿐이다. 이 사안에 관한 나의 짐작을 말하자면, 나는 이 지구 상에서 의식이 인간에게 국한되어 있지 않다고 확신한다. 아주 감동적인 데이비드 아텐보로(David Attenborough)의 텔레비전 프로그램[3]에서는 가령 코끼리가 느낄 줄 아는 동물일 뿐 아니라 이 느낌이 인간의 종교적 믿음과 그다지 다르지 않다고 믿지 않을 수가 없는 일화들을 볼 수 있다. 한 마리의 지도자 — 암컷이며, 자매가 몇 년 전에 죽었다 — 가 무리를 이끌고 자매가 죽은 곳을 찾으러 갔는데, 자매의 뼈와 마주치자 그 지도자는 아주 조심스럽게 자매의 뼈를 집어 올렸고 다른 코끼리들이 그 뼈를 차례차례 옆의 코끼리에게

건네주었다. 이때 코끼리들은 저마다 그 뼈를 자기 몸에 잠깐 동안 소중히 품었다. 코끼리 또한 의식이 있음은 다른 텔레비전 프로그램에서도 확실히 (비록 끔찍하긴 했지만) 드러났다.[4] 헬리콥터에서 찍은 영상은 점잖게 말해 '도태시키기' 작전이라고 명명된 상황을 담은 것인데, 여기서 코끼리들은 전체 무리에게 학살이 임박했음을 잘 알고서 공포에 질려 있는 모습이 확연히 드러난다. 두려움으로 울부짖으면서 고통스러워하는 모습이 이 영상에 여실히 나타나 있다.

또한 원숭이에게도 의식(그리고 자아에 대한 의식)이 있다는 훌륭한 증거가 있다. 그리고 나는 그보다 상당히 '열등한' 동물들에게도 의식 현상이 존재한다는 데 별 의심이 없다. 가령, 또 다른 텔레비전 프로그램 — (일부) 다람쥐의 놀라운 민첩성, 결단력 그리고 풍부한 자원 활용을 다룬 내용 — 에서[5] 나는 특히 깜짝 놀란 한 장면이 있다. 한 다람쥐가 전깃줄을 타고 다니고 있었는데, 전깃줄 방향으로 멀리 떨어져 있는 어떤 지점에 달려 있는 견과류 담긴 통을 떨어뜨리려면 전깃줄을 깨물면 된다는 사실을 알아차린 것이다. 이런 통찰이 다람쥐의 이전 경험의 일부이거나 본능이라고 보기는 어렵다. 그 행동이 가져올 능동적인 결과를 이해하기 위해 다람쥐는 위상기하학을 얼마만큼 근본적으로 이해하고 있음이 틀림없다(§1.19와 비교). 그렇게 하려면 의식이 반드시 필요하다!

의식이 정도의 문제일 수 있다는 점은 별로 의심할 바가 없는 듯하다. 그리고 의식은 단지 '있다' 내지 '없다'의 문제가 아니다. 내 자신의 경험만 보더라도, 서로 다른 시기에 나는 의식이 큰 정도로 또는 작은 정도로 존재한다고 느낀다(가령, 꿈의 상태에서는 말짱히 깨어 있을 때보다 상당히 의식이 적은 듯 보인다).

그렇다면 어디까지 내려가야 할까? 이에 대해서는 의견이 천차만별이다. 나로서는 곤충이 이런 자질을 상당히 아니면 적어도 조금이라도 지니고 있다고 믿기가 늘 어렵다. 역시 다큐멘터리 영상을 보고 나서 든 느낌이다. 곤충 한 마리가 다른 곤충을 게걸스럽게 잡아먹고 있는 모습이었는데 그 곤충은 자신 또한 제 삼의 곤충에게 잡아먹히고 있다는 사실을 까맣게 모르고 있는 듯했다. 그럼에도 불구하고 §1.15에서 언급했듯이 개미의 행동 패턴은 놀랍도록 복잡하고 미묘하다. 개미의 놀랍도록 효율적인 제어 시스템이 우리 인간에게 있는 이해의 자질로부터 원리상으로 도움을 받았다고 믿지 않아야 하지 않을까? 개미의 제어 신경 세포들은 자신의 세포골격을 갖고 있는데, 만약 이 세포골격 속에 (내가 제시하고 있는, 그리고 우리가 인식을 갖기 위해 근본적으로 필요한) 양자 결맞음 상태를 유지할 수 있는 미세소관이 들어 있다면, 개미 또한 이 파악하기 어려운 자질의 수혜자라고 보아야 하지 않을까? 만약 두뇌 속의 미세소관이 집합적 양자 결맞음 활동을 유지하는 데 필요한 고도의 정교함을 지니고 있다면, 자연선택이 그것을 오직 우리 인간 그리고 (일부) 우리의 다세포 친척 종들만을 위해서 진화시켰다고 보기는 어렵다. 양자 결맞음 상태는 초기의 진핵 다세포 동물들에게도 소중했음이 틀림없다. 비록 그런 동물들에게 갖는 가치는 지금 우리 인간에게 갖는 가치와는 매우 다를지 모르겠지만 말이다.

대규모 양자 결맞음은 물론 그 자체로서는 의식을 의미하지는 않는다. 만약 그렇다면 초전도체도 의식이 있다고 보아야 할 것이다! 하지만 그런 결맞음이 의식에 필요한 것의 일부일 가능성은 농후하다. 우리 인간의 두뇌에는 수많은 조직이 있는데, 의식은 우리 사고의 한 천체적인 특징인 듯 보이므로 우리는 아마도 단일 미세소관 또는 단일 세포골격 수준보다 훨씬 더 큰 규모의 결맞음 현상을 찾아야만 할 것이다. 많은 수의 상이한 뉴런들의 별도의 세포골격의 상태들 사이에는 상당한 양자 얽힘이 분명 존재하기에, 두뇌의 넓은 영역이 일종의 집합적인 양자 상태에 관여할 테다. 하지만 그보다 훨씬 더 많은 것들이 요구된다. 어떤 유형의 유용한 비컴퓨팅적 활동이 개입할 수 있기 위해서는 — 의식의 핵심적 부분이라고 내가 여기는 일 — 계가 OR의 진정으로 비무착

위척인(비컴퓨팅적인) 측면들을 구체적으로 사용해야 할 것이다. 내가 §6.12에서 내놓았던 특정한 제안들은 정밀하고 수학적으로 비컴퓨팅적인 **OR** 활동이 중요성을 가지기 시작하는 규모가 어디서부터인지에 관해 적어도 몇 가지 아이디어를 준다.

그러므로 내가 이 책에서 내놓았던 고찰들을 바탕으로 할 때 의식적 인식이 존재하기 시작하는 수준을 적어도 짐작은 할 어떤 방법을 기대할 수는 있겠다. 컴퓨팅 가능한 (또는 무작위적인) 물리학에 따라 적절하게 기술될 수 있는 과정들은 내 관점에서 볼 때는 의식을 담아내지 못할 터이다. 한편 정밀한 비컴퓨팅적인 **OR** 활동이 개입한다고 해서 그 자체로 의식의 존재를 의미하치는 않는다. 비록 내가 보기에 그것이 의식을 위한 선결조건이긴 하지만 말이다. 확실히 매우 명확한 기준은 아니지만 지금으로서는 내가 제시할 수 있는 최상의 기준이다. 이 기준을 바탕으로 얼마나 더 진척된 논의가 가능한지 알아보도록 하자.

나는 양자/고전 경계가 어디에서 생기는지에 관해 §6.12에서 나온 제안들을 바탕으로 논의를 전개하고자 한다. 그리고 또한 §7.5~§7.7의 생물학적 추정에 따라 한 세포 또는 세포들로 이루어진 계 속의 미세소관 시스템의 내부/외부 인터페이스와 관련이 있는 그 경계를 찾아야만 할 것이다. 또 한 가지 핵심적인 아이디어로서, 만약 상태 벡터 축소가 단지 환경의 너무 많은 요소들이 고려 중인 계와 얽힌다는 이유만으로 생긴다면, 사실상 **OR**은 단지 표준적인 FAPP 주장들(§6.6에 설명되어 있음)이 적용되는 무작위척 과정으로서 발생할 것이다. 그렇다면 **OR**은 **R**과 마찬가지로 작동하는 셈이다. 필요한 것은 이 상태 축소가 추정상의 **OR** 이론의 (미지의) 비컴퓨팅적인 세부사항들이 작동하는 바로 그 지점에서 생겨야 한다는 것이다. 비록 이 이론의 세부사항들은 알려져 있지 않지만 적어도 우리는 그 이론이 관련되기 시작한다고 볼 수 있는 수준에 관한 아이디어는 원리상으로 얻을 수 있다. 그러므로 **OR**의 이 비컴퓨팅적인 측면들이 중요한 역할을 하기 위해서는 일종의 양자 결맞음이 유지될 필요가 있다. 양자 결맞음이 물질의 충분한 움직임을 일으켜 무작위적인 환경이 상당히 개입하기 전에 **OR**이 작동하게 되기까지는 말이다.

미세소관에 대해 내가 제시하고 있는 설명은 '양자 결맞음 진동'이 미세소관 내부에서 일어나며 이 진동은 미세소관 상의 튜불린 이합체의 구조 전환에서 일어나는 '컴퓨팅적 세포 자동자 유형의' 활동과 결합되어 있다는 것이다. 양자 진동이 고립되어 있는 한, 그 수준은 **OR**이 발생하기에는 너무 낮을 것이다. 하지만 그 결합은 튜불린들도 그 상태에 개입하도록 만들어 어떤 지점에서 **OR**은 활동하게 된다. 우리에게 필요한 것은 미세소관의 환경이 그 상태와 얽히기 이전에 **OR**이 작동하는 것이다. 왜냐하면 얽히자마자 **OR**의 비컴퓨팅적 측면은 사라지며 그 활동은 그저 무작위적인 **R**-과정이 되어 버리기 때문이다.

그러므로 우리는 (가령 짚신벌레 또는 인간의 간 세포와 같은) 단세포 내에서 튜불린의 구조 전환 활동의 양이 §6.12의 기준이 충족되는 충분한 덩어리 운동을 일으킬 수 있는지, 따라서 **OR**이 그 단계에서 작동하게 될지 아니면 그런 운동이 충분하지 않아서 환경이 교란될 때까지 **OR**이 작동을 연기하게 될지 — 그러면 (비컴퓨팅적) 작용은 일어나지 않음 — 여부를 물을 수 있다. 표면상으로 보자면, 튜불린 구조 전환 활동에는 그다지 많은 덩어리 운동이 일어나지 않는 듯하므로 이 수준에서는 **OR**이 작동하지 않을 듯하다. 하지만 세포들이 많이 모이면 훨씬 더 유망한 상황이 형성될 듯하다.

아마도 이런 설명은 지금까지 살펴본 바로는 의식을 위한 비컴퓨팅적 선결조건이 적당한 크기의 두뇌의 경우처럼 대규모의 세포 집합에서만 생길 수 있다는 관점을 정말로 지지한다.[6] 하지만 현 단계에서는 이런 식의 분명한 결론을 내리는 일은 매우 조심스러워야 한다. 그런 관점의 물리학적 및 생물학적 측면은 둘 다 내가 제시하고 있는 관점에 대해 어떤 명확한 결론을 내리기에는 너무 조악하다. 내가 여기서 주장하고 있는 구체적인 주장조차도 물리학적 및 생물학적 측면에서 의식이 등장하는 지점에 관해 분명한 추론이 나오기까지는 상당히 많은 추가 연구가 필요하다.

또한 반드시 고려해야만 하는 다른 사안들도 있다. 가령 이런 질문이 가능하다. 두뇌의 얼마만큼이 의식적 상태에 실제로 관여할까? 두뇌 전체는 관여하지 않을 가능성이 높다. 정말로 두뇌 활동의 많은 부분은 의식적이지 않은 듯 보인다. 소뇌(§1.14 참고)는 놀랍게도 완전히 무의식적으로 활동하는 듯 보인다. 소뇌는 우리가 신체 활동을 의식적으로 수행하고 있지 않는 시간에 우리의 활동을 미묘하고 정밀하게 제어한다(가령 ENM 379~381쪽(국내판 577~579쪽) 참고). 소뇌는 전적으로 무의식적인 활동 때문에 정말로 번번이 '단지 하나의 컴퓨터'라고 불린다. 소뇌의 세포 내지 세포골격 조직에서 대뇌의 경우와 다르게 어떤 본질적인 차이가 있는지를 알면 분명 유용할 것이다. 왜냐하면 의식은 대뇌 구조와 훨씬 더 밀접한 관계를 맺는 듯 보이기 때문이다. 흥미롭게도, 단지 뉴런 및 시냅스의 개수를 바탕으로 보자면 이 둘 사이에는 큰 차이가 없다. 뉴런 개수는 대뇌가 소뇌보다 아마도 딱 두 배 더 많지만 소뇌의 개별 세포들 간에는 일반적으로 훨씬 더 많은 시냅스 연결이 있기 때문이다(§1.14 **그림 1.6** 참고). 단지 이런 요소보다 더 미묘한 어떤 것이 작용하고 있음이 틀림없다.*

또한 아마도 무의식적인 소뇌의 제어 활동이 의식적인 두뇌 작용으로부터 '학습되는' 방식을 연구하면 유용한 내용을 얻을 수 있을 것이다. 소뇌의 학

---

* 신경해부학 분야의 문외한이긴 하지만, 소뇌와 공유하고 있지 않은 듯 보이는 두뇌 조직에 관해 (뜻밖의?) 이상한 점이 있다는 사실에 충격을 받을 수밖에 없다. 대다수의 감각 신경 및 운동 신경은 서로 교차하므로 대뇌의 왼쪽 측면은 몸의 오른쪽 측면과 주로 관련되고 그 반대 경우도 마찬가지다. 이뿐만 아니라 시각을 담당하는 부분은 대뇌의 뒤쪽에 있지만 눈은 앞쪽(얼굴)에 있다. 발을 담당하는 부분은 맨 위에 있는 반면에 발 자체는 맨 아래에 있다. 각 귀의 청력을 주로 담당하는 부분은 해당 귀에 대각선으로 반대편에 있다. 이것이 완벽하게 대뇌의 보편적 특징은 아니지만 나로서는 우연이 아니라고 느낄 수밖에 없다. 소뇌는 이런 식으로 구성되어 있지 않다. 의식은 신경 신호가 긴 경로를 따라 흐르는 것으로부터 어떤 식으로든 혜택을 받을 수 있지 않을까?

습 과정의 경우에는 연결주의 철학에 따라 인공 뉴런 네트워크를 훈련하는 방식과 매우 비슷하다. 하지만 그렇다 치더라도 그리고 비록 소뇌의 어떤 활동들을 (부분적으로) 이런 식으로 — 시각 피질을 이해하기 위한 연결주의 접근법에 내포되어 있는 방식으로[7] — 이해할 수 있다고 하더라도, 의식에 관여하는 대뇌 활동의 측면에도 그와 동일한 과정이 적용되어야 할 이유는 없다. 정말로 내가 이 책의 1부에서 역설했듯이, 의식 자체가 활동하는 고차적인 인지 기능은 연결주의 관점과는 매우 다른 어떤 것이 정말로 있음이 틀림없다.

8.7 세 가지 세계와 세 가지 불가사의

나는 이러한 연구 주제들을 합쳐보려고 한다. 내가 이 책 전체에 걸쳐 언급하고자 하는 핵심 사안은 의식 현상이 우리의 과학적 세계관과 어떻게 관련될 수 있느냐는 것이다. 분명 나는 의식에 관한 사안 일반에 대해 말할 것이 별로 없다. 대신 나는 2부에서 한 가지 특정한 정신적 자질에 집중했다. 의식적 이해, 구체적으로는 수학적 이해가 바로 그것이다. 내가 필요한 주장을 강력하게 제기할 수 있는 대상은 바로 이 정신적 자질이다. 구체적으로 말하자면, 그런 자질이 단지 컴퓨팅적 활동에서 생겨나는 일은 본질적으로 불가능하며 컴퓨팅은 그런 자질을 적절히 시뮬레이션할 수조차 없다는 말이다. 아울러 강조하자면, 이와 관련하여 수학적 이해가 다른 종류의 이해와 특별히 다를 것도 없다. 결론을 내리자면, 어떤 두뇌 활동이 의식을 담당하든지 간에(적어도 두뇌가 행하는 특정한 의식 현상에서는) 그것은 컴퓨팅적인 시뮬레이션을 넘어서 있는 물리학을 바탕으로 해야만 한다는 것이다. 2부는 컴퓨팅의 한계를 넘어서는 적절한 물리적 활동을 과학의 틀 속에서 찾고자 하는 시도이다. 우리가 직면하고 있는 심오한 사안들을 요약하는 차원에서, 나는 서로 다른 세 가지 세계 그리고 이들 세계 각각을 다른 세계들과 관련시키는 세 가지 심오한 불가사의의 관점에서 이야기를 풀어나가겠다. 이 세계들은 포퍼(Popper)의 것과 어느 정도 관련되어 있지만(포퍼와 이클레스(Eccles)의 1977년 문헌 참고) 내가 강조하는 점은 아주 다르다.

우리가 가장 직접적으로 아는 세계는 우리가 의식적으로 지각하는 세계이지만, 그것은 정밀한 과학적 견지에서 보자면 우리가 가장 모르는 세계이기도 하다. 그 세계는 행복과 고통 그리고 색깔에 대한 지각이 담겨 있다. 우리가 아주 어렸을 때의 기억도 죽음에 대한 우리의 두려움도 그 세계에는 담겨 있다. 사랑, 이해 그리고 수많은 사실들에 대한 지식과 더불어 무지와 복수도 담겨 있다. 의자와 책상에 대한 정신적 이미지를 담고 있는 세계이며 아울러 냄새와 소리 그리고 모든 종류의 감각이 우리의 사고 및 행동을 위한 우리의 결정과 함께 섞여 있는 세계이다.

우리가 또한 인식하고 있는 다른 두 세계가 있는데, 이 두 세계는 우리가 지각하는 세계보다 덜 직접적이지만 우리는 현재 그 두 세계에 대해 많은 것을 알고 있다. 둘 중 하나는 이른바 물리적 세계이다. 실제 의자와 책상, 텔레비전 수상기와 자동차, 인간, 인간의 두뇌 그리고 신경 활동이 그 세계에 담겨 있다. 이 세계에는 태양과 달과 별들이 있다. 또한 구름, 허리케인, 바위, 꽃 그리고 나비가 있으며, 깊은 수준에서는 분자와 원자, 전자와 광자 그리고 시공간이 있다. 게다가 세포골격과 튜불린 이합체 그리고 초전도체가 있다. 왜 우리가 지각하는 세계가 물리적 세계와만 관련되어야 하는지는 좀체 명확하지 않지만, 그렇다는 점은 분명하다.

마지막으로 한 가지 세계가 더 있는데, 많은 사람들은 그것이 실제로 존재한다고 인정하기를 어려워한다. 바로 수학적 형태들의 플라톤적 세계이다. 거기에는 자연수 0, 1, 2, 3, …과 복소수에 관한 대수가 있다. 거기에는 모든 자연수가 네 사각수의 합이라는 라그랑주 정리가 있다. 유클리드 기하학의 피타고라스 정리(직각삼각형의 변들의 길이의 제곱에 관한 정리)가 있다. 자연수의 임의의 쌍에 대해 $a \times b = b \times a$라는 명제가 있다. 이 플라톤적 세계에는 바로 앞 문장의 결과가 어떤 다른 종류의 '수'에는 더 이상 적용되지 않는다는 사실 또한 존재한다(가령 §5.15에서 언급한 그라스만곱). 이 플라톤적 세계에는 유클리드 기하학 이외의 기하학도 담겨 있는데, 거기에서는 피타고라스 정리가 적용되지 않는다. 아울러 이 세계에는 무한한 수들과 계산 불가능한 수들 그리고 재귀적 서수들과 비재귀적 서수들이 있다. 신탁 기계와 더불어 결코 멈추지 않는 튜링 기계 활동이 있다. 폴리오미노 타일 깔기 문제와 같이 계산으로 풀 수 없는 수학 문제 부류들도 많이 존재한다. 또한 그 세계에는 맥스웰의 전자기 방정식과 더불어 아인슈타인의 중력 방정식 그리고 이런 방정식들을 만족시키는 수없이 많은 이론적 시공간들(물리적으로 실현될 수 있는 것인지와 무관하게)이 있다. '가상현실'에서 사용되고 있듯이 의자와 책상에 관한 수학적 시뮬레이션이 있으며, 블랙홀과 허리케인에 대한 시뮬레이션도 있다.

플라톤적 세계가 실제로 하나의 '세계', 즉 다른 두 세계가 존재한다고 말할 때와 동일한 의미에서 '존재'하는 세계라고 어떤 근거에서 말할 수 있는가? 독자들에게는 수학자들이 때때로 내놓는 것이 추상적인 개념의 잡동사니들일 뿐인 것처럼 보일지 모른다. 하지만 그 세계의 존재는 개념들의 심오하고 시간과 무관하며 보편적인 속성 그리고 그 개념들의 법칙이 그것을 발견하는 사람들과 무관하다는 사실에 바탕을 두고 있다. 자연수는 인간 또는 지구상의 여느 생명체가 있기 이전에 존재했으며 모든 생명이 소멸한 다음에도 여전히 남아 있을 것이다. 각각의 자연수는 네 사각수의 합임은 언제나 참이었으며 라그랑주가 그 사실을 밝혀내기 전에도 그러했다. 너무 커서 상상 가능한 어떤 컴퓨터의 능력도 넘어서는 자연수라도 여전히 사각수의 합이다. 비록 이 특정한 사각수가 무언지를 찾을 가능성이 없더라도 말이다. 튜링 기계 활동이 멈출지 여부를 결정할 일반적인 컴퓨팅 절차가 없다는 점은 언제나 그러할 것이며, 튜링

이 컴퓨팅의 개념을 내놓기 이전에도 언제나 그러했을 것이다.

그럼에도 불구하고 많은 이들은 여전히 이렇게 주장할지 모른다. 즉, 수학적 진리의 절대적 속성이 수학적 개념과 수학적 진리에 '존재'를 부여해줄 근거가 되지는 못한다고 말이다. (나도 때때로 수학적 플라톤주의는 '구시대적'이라는 말을 들은 적이 있다. 물론 플라톤은 약 2340년 전에 죽었지만 그것이 결코 이유가 될 수는 없다! 좀 더 진지한 반론은 철학자들이 때때로 전적으로 추상적인 세계가 물리적 세계에 어떤 영향을 줄지를 논할 때 겪는 어려움이다. 이 심오한 문제는 우리가 조금 후에 다루게 될 불가사의들 중 하나다.) 사실 수학적 개념의 실재성은 그 세계의 경이와 신비를 탐구하는 데 시간을 쓸 행운을 얻지 못한 사람들보다는 수학자들에게 훨씬 더 자연스러운 생각이다. 하지만 당분간은 독자들이 수학적 개념이 물리적 세계, 정신적 세계와 비견되는 실재성을 지닌 '세계'를 구성한다고 인정하지 않아도 될 것이다. 수학적 개념들을 어떤 관점으로 바라볼지는 지금 우리들에게는 그다지 중요하지 않다. '수학적 형태들의 플라톤적 세계'는 단지 비유적 표현이라고 받아들이자. 하지만 여기서 우리의 설명을 위해 유용한 비유적 표현이라고 말이다. 이 세 가지 '세계'와 관련되는 세 가지 불가사의를 다룰 때 아마도 우리는 이 어법의 중요성을 알아차리게 될 것이다.

그렇다면 불가사의란 무엇일까? **그림 8.1**에 나와 있다. 왜 그러한 정밀하고 심오하게 수학적인 법칙들이 물리적 세계의 작동에 중요한 역할을 하는지에 관한 불가사의가 나타나 있다. 어찌된 셈인지 물리적 실재의 세계는 수학의 플라톤적 세계로부터 거의 불가사의하게 등장하는 듯하다. 오른편에 위치한 아래로 향하는 화살표가 플라톤적 세계로부터 물리적 세계로 이어지는 불가사의를 나타낸다. 그 다음에 두 번째 불가사의는 어떻게 지각적인 존재가 물리적 세계로부터 생길 수 있는가라는 문제이다. 불가사의하게도, 미묘하게 조직된 물질적 대상들이 어떻게 물질로부터 정신적 실체를 이루어낼 수 있을까? 물리

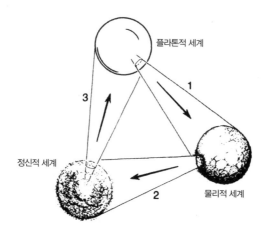

플라톤적 세계

3

1

정신적 세계

2

물리적 세계

그림 8.1 어떻게 보자면, 플라톤적인 수학적 세계, 물리적 세계 그리고 정신적 세계의 각각은 그 앞의 세계의 작은 일부로부터 — 또는 적어도 그것과 긴밀하게 관련하여 — 불가사의하게 '등장'하는 듯하다(세 세계는 서로 순환한다).

적 세계로부터 정신적 세계로 이어지는 **그림 8.1**의 아래쪽 화살표가 이를 나타낸다. 마지막으로 정신성이 일종의 정신적 모형으로부터 수학적 개념들을 '창조'할 수 있는가라는 불가사의가 있다. 우리의 정신적 세계가 갖추고 있는 듯한 이처럼 모호하고 신뢰하기 어렵고 종종 부적절한 정신적 도구들은 그럼에도 불구하고 불가사의하게 추상적인 수학적 형태들을 지어냄으로써 우리의 마음이 이해를 통하여 플라톤적인 수학적 세계로 들어갈 수 있게 해준다. 정신적 세계로부터 플라톤적 세계로 이어지는 불가사의는 왼편의 위쪽으로 향하는 화살표에 나타나 있다.

플라톤 자신도 이 화살표들 중 첫 번째 것에(그리고 또한 자신만의 방식으로 세 번째 것에도) 무척 관심이 컸으며, 완벽한 수학적 형태와 그것이 물리적 세계에 투사된 불완전한 '그림자'를 조심스럽게 구별했다. 그러므로 수학적인 삼각형(오늘날 유클리드 삼각형이라고 주의 깊게 부르는 것)은 세 각의 합이 정확히 180도이지만, 가령 나무로 만들어진 물리적 삼각형은 가능한 한 아주 정밀하게 만들면 그 값에 매우 가깝기는 하겠지만 그렇다고 결코 완벽히 그 값이 되지는 않는다. 플라톤은 그런 개념을 우화로 설명했다. 어떤 사람이 동굴에 갇혀 있는데, 사슬에 꽁꽁 묶여 있는 바람에 동굴 너머에 있는 사물의 완벽한 모양은 볼 수가 없고 동굴에 피워 놓은 불빛에 비치는 그림자만 본다. 보이는 것이라고는 사물의 불완전한 그림자일 뿐이고 이 또한 깜빡거리는 불빛 때문에 일그러져 보인다. 여기서 완전한 모양은 수학적 형태를 가리키고 그림자는 '물리적 실재'의 세계를 가리킨다.

플라톤 이후로 우리의 물리적 세계의 지각된 구조 및 실제 행동에 관해 수학이 차지하는 근본적인 역할은 엄청나게 커져왔다. 저명한 물리학자 유진 위그너는 1960년에 유명한 강연을 했는데, 제목이 '물리적 과학들에 있어서 수학이 갖는 비합리적 유효성'이었다. 여기서 그는 물리학자들이 실재를 기술하는데 있어서 줄곧 그리고 점점 더 알아차리게 되는 정교한 수학의 놀라운 정밀함과 미묘한 적용 가능성에 대해 자신의 의견을 피력했다.

내가 보기에 무엇보다도 가장 인상적인 사례가 바로 아인슈타인의 일반상대성이다. 심심찮게 듣게 되는 견해에 의하면, 물리학자들은 수학적 개념이 물리적 행동에 잘 적용되는 패턴들을 때때로 알아차릴 뿐이라고 한다. 따라서 물리학자들은 수학적 설명이 잘 통하는 방향으로 자신들의 관심을 편향되게 하므로, 물리학자들이 활용하는 설명에 수학이 잘 적용된다면 아무런 불가사의가 없다고 본다. 하지만 내가 보기에 그런 관점은 과녁에서 크게 빗나가 있다. 특히 아인슈타인의 이론이 물리적 세계의 작동과 수학 사이에 존재함을 밝혀낸 깊고 근본적인 일치를 전혀 설명해주지 못한다. 아인슈타인의 이론이 처음 나왔을 때는 굳이 관찰을 통해 그것이 맞는 이론인지를 알아낼 필요성조차 느껴지지 않았다. 뉴턴의 중력이론이 약 250년 동안 약 천만 분의 일 정도의 오차 범위 내에서(물리적 실재에 대한 깊은 수학적 바탕을 진지하게 받아들이기에 충분한 정도였다) 매우 정확했으니 말이다. 이상한 점이 수성의 운동에서 관찰된 적이 있긴 했지만 그렇다고 해서 뉴턴의 이론을 버릴 이유는 결코 되지 못했다. 하지만 아인슈타인은 깊은 물리학적 근거에서 중력 이론의 기본 틀을 바꾸는 편이 더 나을 수 있음을 알아차렸다. 아인슈타인의 이론이 나온 후 몇 년이 지나서도 그 이론을 지지하는 결과들은 겨우 몇 가지뿐이었으며, 뉴턴 이론보다 정밀도가 조금 더 높은 것은 부차적이라고 치부되었다. 하지만 그 이론이 처음 나온 지 거의 80년이 지난 현재에는 이론의 정밀도가 천만 배나 더 커졌다. 아인슈타인은 물리적 대상의 행동에서 '패턴 알아차리기'만을 했던 것이 아니었다. 그는 물리적 세계의 작동에 이전부터 숨어 있던 심오한 수학적 구조를 들추어냈던 것이다. 게다가 그는 훌륭한 이론에 딱 들어맞는 물리 현상을 그저 이리저리 찾아다니지 않았다. 대신에 그는 공간과 시간의 구조에서 정밀한 수학적 관계 ― 물리적 개념들 가운데서 가장 근본적인 관계 ― 를 찾아냈다.

기본적인 물리 과정에 대한 다른 성공적인 이론들에서도 언제나 바탕이 되는 수학적 구조, 즉 매우 정확함이 증명되었을 뿐 아니라 수학적으로도 정교한 구조가 있었다. (여기서 독자들은 뉴턴 이론과 같은 이전의 물리학 개념들을 '내던져야' 하겠다거나 이전의 개념들의 적합성이 더 이상 유효하지 않다고 여길지 모르겠다. 이를 방지하기 위해 나는 그렇지 않음을 분명히 밝혀두어야겠다. 갈릴레오와 뉴턴의 이론과 같이 훌륭한 옛 개념들은 여전히 건재하며 새로운 이론 내부에 그들의 자리를 갖고 있다.) 게다가 수학 자체도 자연의 세부적인 행동으로부터 뜻밖의 미묘한 영감을 받았다. 일반상대성 이론 및 맥스웰의 전자기 방정식뿐 아니라 양자론 ― 이 이론이 미묘한 수학과 밀접한 관계가 있다는 점은 이 책에 나왔던 내용만 훑어보더라도 명백하다고 본다 ― 도 수학의 발전에 엄청난 자극을 주었다. 하지만 그런 비교적 최근의 이론들에게만 해당되는 이야기는 아니다. 적어도 (미적분학을 낳은) 뉴턴 역학과 (기하학의 개념을 마련해준) 공간의 구조에 관한 그리스인들의 해석과 같은 더욱 옛날의 이론에도 해당된다. 물리적 행동을 설명해내는 수학의 놀라운 정확성(가령 양자전기역학의 11 내지 12도형(figure) 정확도)은 빈번하게 강조되어 왔다. 하지만 불가사의에는 이보다 더 많은 내용이 있다. 물리적 과정 속에 깃들어 있는 개념들에는 아주 놀라운 깊이, 미묘함 그리고 수학적 결실이 있다. 수학에 직접적인 관심이 있는 사람이 아니라면 쉽게 드러내 보이진 않지만 말이다.

꼭 짚어두어야 할 것으로, 수학자들의 실제 활동에 소중한 자극제가 되는 이 수학적 결실은 단지 수학 분야에서만 유행하는 사안이 아니다(물론 이 분야에 역할이 없지는 않지만 말이다). 물리적 세계의 작동에 대한 이해를 심화시킬 목적으로만 개발된 개념들도 이전에 전혀 별개의 이유로 관심을 받았던 수학 문제에 뜻밖의 심오한 통찰력을 던져주는 일이 흔히 있다. 최근의 가장 주목할 만한 사례들 중 하나가 바로 양-밀스 이론(물리학자들이 아원자 입자들 간에 일어나는 상호작용을 수학적으로 설명하기 위해 개발했던 이론)을 이용하여 옥스퍼드 대학의 사이먼 도널드슨(Simon Donaldson)이 사차원 다양체의 완전히 뜻밖의 성질들을 알아냈다.[8] 오랫동안 밝혀지지 않았던 성질이 드러난 것이다. 게다가 그런 수학적 성질들은 적절한 통찰이 이루어지기 전에는 인간이 전혀 예상하지 못한 것이었는데도 플라톤적 세계 속에 시간과 무관하게 깃들어 있었다. 그러한 불변의 진리들은 탐구자들의 재주와 통찰력이 자신을 발견해주기를 기다리고 있었던 셈이다.

나는 독자들이 플라톤적 수학적 세계와 물리적 세계 사이의 긴밀하고 진정한 관계 — 그래도 여전히 불가사의한 관계 — 를 알아차리기를 바란다. 아울러 이 놀라운 관계가 존재한다는 사실로 인해 플라톤을 추종하는 회의론자들이 이전보다 이 '세계'를 조금 더 진지하게 받아들이기를 바란다. 정말로 어떤 이들은 이 논의에서 내가 준비한 것보다 훨씬 더 나아갈지도 모르겠다. 아마 플라톤적 실재는 단지 수학적 개념이 아니라 다른 추상적 개념과 결부되어야 할지도 모른다. 플라톤 스스로도 '선' 내지 '미'에 대한 이상적 개념은 단지 수학적인 개념으로서가 아니라 하나의 실재로 여겨져야 한다고 주장했다(§8.3 참고). 개인적으로 나는 그런 가능성에 반대하지는 않지만 여기서 나의 고찰에는 그다지 중요하지 않다. 윤리, 도덕 그리고 미학의 사안들은 현재의 논의에는 중요한 역할을 맡지 않지만, 그렇다고 해서 그것들이 내가 다루고 있는 것들과 달리 근본적으로 '실재'가 아니라며 배척해야 할 이유는 없다. 분명 여기서 다루어야 할 중요한 별도의 사안들이 있긴 하지만 이 책에선 나의 특별한 관심사는 아니다.[9]

또한 이 책에서 나는 플라톤적인 수학적 세계가 물리적 세계에 대해서 갖는 난해한 역할의 특정한 불가사의(**그림 8.1**의 오른쪽 아래로 향하는 첫 번째 화살표)에도 그다지 관심이 없다. 대신 이보다 훨씬 이해도가 부족한 다른 두 불가사의에 관심이 큰 편이다. 1부에서 나는 주로 세 번째 화살로 인해 제기되는 질문들을 다루었다. 수학적 진리에 관한 우리의 지각이 갖는 불가사의, 즉 우리가 정신적 사고를 통해 어떻게 플라톤적 수학적 형태를 '떠올릴' 수 있는지를 다루었던 것이다. 그런데 완벽한 형태는 우리의 불완전한 사고가 그려낸 그림자뿐일지도 모른다. 플라톤적 세계를 이런 식으로 보는 것은 플라톤 자신의 개념과는 매우 상반되는 것일 테다. 플라톤이 보기에 완벽한 형태의 세계는 우선하며 시간과 무관하고 관찰자인 인간과도 독립되어 있다. 플라톤적 관점에서는 **그림 8.1**의 세 번째 화살은 위쪽이 아니라 아래쪽으로, 즉 완벽한 형태의 세계에서 우리가 지닌 정신성의 세계로 향해야 마땅하다. 수학적 세계가 우리 사고방식의 산물이라고 여기는 관점은 내가 여기서 지지하고 있는 플라톤적 관점이 아니라 칸트적 관점이다.

마찬가지로 어떤 이들은 다른 화살들의 방향도 반대라고 주장할지 모른다. 아마도 버클리 주교라면 내가 제시한 두 번째 화살이 정신적 세계에서 물리적 세계로 향하는 쪽을 선호했을 테다. 그의 견해에 따르면 '물리적 실재'는 단지 우리의 정신적 존재의 그림자일 뿐일 것이다. 또 다른 어떤 이들('명목론자')은 내가 제시한 첫 번째 화살도 방향이 반대라고 주장할 것이다. 즉, 수학적 세계가 물리적 실재의 세계의 측면들을 반영한 것에 지나지 않는다고 말이다. 이 책에서 명백히 드러나듯이 나로서는 첫 번째와 두 번째 화살표의 방향을 반대로 돌리는 것에 강하게 반대한다. **그림 8.1**에 나오는 세 번째 화살표를 '칸트적' 관점의 방향으로 돌리는 것에 대해서도 어느 정도 불편하긴 하지만 말이다. 내가 보기에 완벽한 형태의 세계가 우선이고(플라톤의 믿음과 마찬가지로) ─ 이 세계의 존재는 거의 논리적 필연이다 ─ 다른 두 세계는 모두 그것의 그림자이다.

그림 8.1의 세계들 가운데서 어느 것이 우선이고 어느 것이 부차적인지에 관한 이런 상이한 관점들이 있기에, 나는 독자들에게 이 화살표들을 다른 시각에서 볼 것도 권장하는 바이다. **그림 8.1**의 화살표에 관한 요점은 그 방향이라기보다는 각 경우에 그 화살표를 통해 한 세계의 작은 영역이 다른 세계 전체를 담아낸다는 점을 나타내는 것이다. 첫 번째 화살표에 관해서 나는 이런 말들을 종종 들었다. 즉, 지금까지 (수학자들의 활동으로 판단하건대) 수학적 세계의 가장 위대한 부분은 실제 물리적 행동과, 있다손 치더라도, 별로 관계가 없다고 말이다. 그러므로 물리적 우주의 구조를 떠받치는 것은 플라톤적 세계의 극히 일부일 뿐이라고 한다. 마찬가지로 두 번째 화살표도 우리의 정신적 존재는 물리적 세계의 극히 일부에서 나왔을 뿐이라는 사실 ─ 인간의 두뇌에서처럼 의식이 발현하는 데 필요한 매우 정교한 방식으로 조건들이 조직될 때에만 정신적 존재가 가능하다는 사실 ─ 을 나타낸다고 한다. 마찬가지로 세 번째 화살은 우리의 정신 활동의 극히 작은 부분, 즉 절대적이고 시간과 무관한 사안들, 특히 수학적 진리에 관한 부분을 가리킨다고 한다. 대체로 우리의 정신적 삶은 다른 문제들로 꽉 차 있는 셈이다!

각 세계가 선행하는 세계의 극히 작은 부분에서 '발생'한다고 보는 이 이야기에는 언뜻 보기에 모순적인 측면이 있다. 나는 이 모순을 강조하기 위해 **그림 8.1**을 그렸다. 하지만 화살표가 실제적인 '발생'을 나타낸다기보다는 단지 다양한 관련성들을 나타낸다고 여김으로써 나는 그 세계들 어느 것이 일차적이고 이차적 내지는 삼차적인지에 관해 섣부른 판단을 내리지 않고자 한다.

하지만 그렇더라도 **그림 8.1**은 나의 견해 내지는 선입견의 또 한 가지 측면을 반영한다. 나는 각각의 전체 세계가 정말로 그 이전 세계의 한 (작은) 부분 내에서 정말로 반영된다고 가정하고 있는 듯이 묘사했다. 어쩌면 수학적으로 정확히 기술할 수 없는 물리적 세계의 행동의 측면들도 있을 것이다. 어쩌면 (두뇌와 같은) 물리적 구조에 뿌리를 두고 있지 않는 정신적 삶도 있을 것이다. 어쩌면 원리상으로 인간의 이상과 통찰로는 접근할 수 없는 수학적 진리도 있을 것이다. 이런 대안적 가능성들을 담아내려면 **그림 8.1**을 다시 그려서 이들 세계 일부 또는 전부가 그 이전 화살표의 범위를 확장시킬 수 있도록 허용해야 할 것이다.

1부에서 나는 괴델의 유명한 불완전성 정리의 의미들 중 일부에 큰 관심을 보였다. 일부 독자들은 괴델 정리로 볼 때 원리상으로 인간의 이해와 통찰을 넘어서는 플라톤적 수학적 진리의 세계의 일부가 존재한다는 데 동의했을지 모른다. 나는 내 주장들이 그렇지 않다는 점을 분명히 피력했기를 바란다.[10] 괴델의 독창적인 주장에서 얻어진 구체적인 수학적 명제들은 인간이 접근할 수 있는 것들이다. 다만 그런 명제들이 수학적 진리를 평가하는 유효한 수단으로서 이미 인정된 수학적 (형식) 체계들로부터 만들어졌다면 말이다. 괴델의 주장은 인간이 접근 불가능한 수학적 진리를 편드는 것이 아니다. 한편 그의 주장이 실체로 편드는 것은 인간의 통찰이 형식적 논증을 넘어서고 컴퓨팅적 절차를 넘어서 있다는 점이다. 수학적 진리는 어떤 '인공적인' 형식체계의 규칙들에 의해 임의적으로 결정되지 않고 절대적인 속성을 지니며 그러한 특정한 규칙 체계를 넘어서 있다. (형식주의와 반대되는) 플라톤적 관점을 지지하는 일은 괴델의 원래 동기의 중요한 일부였다. 한편 괴델 정리에서 나온 주장들은 우리의 수학적 지각의 심오하고 불가사의한 속성을 드러내는 데 이바지한다.

우리는 이 지각을 형성하기 위해 단지 '계산'하지 않으며, 이 정신적 활동에는 어떤 다른 것이 깊이 관여한다. 어쨌거나 지각의 세계의 핵심인 의식적 인식이 없이는 불가능한 어떤 것이 말이다.

2부는 두 번째 화살과 관련된 질문들이 주된 관심사였다(비록 두 번째 화살은 첫 번째 화살을 어느 정도 언급하지 않고서는 적절히 다룰 수 없지만 말이다). 여기서는 구체적인 물리적 세계가 이른바 의식이라는 그림자 같은 현상을 어떻게 만들어낼 수 있는지를 살펴보았다. 의식이 물질, 공간 그리고 시간과 같은 무연해 보이는 요소들로부터 어떻게 생겨날 수 있을까? 우리는 답에 이르지는 못했지만 희망하건대 적어도 독자들이 물리 이론들이 작동하는 기본 틀이 되는 시공간과 마찬가지로 물질 자체도 불가사의하다는 점을 이해할 수 있었으면 좋겠다. 우리는 물리적 세계에서 의식적인 존재가 생기려면 어떤 종류의 조직이 있어야 하는지를 이해하는 데 필요한 정도로는 물질의 본질 그리고 물질을 관장하는 법칙들을 모른다. 게다가 우리가 물질의 본질을 더 깊이 탐구하면 할수록 물질 자체는 더 애매하고 불가사의하고 더 수학적으로 보이는 듯하다. 이렇게 물어볼 수도 있겠다. 과학이 제공할 수 있는 최상의 이론에 의할 때 물질이란 무엇인가? 그 답은 수학의 형태로 나올 텐데, 구체적으로는 방정식 형태라기보다는(물론 방정식도 중요하긴 하다.) 제대로 파악하는 데 오랜 시간이 걸릴 어떤 미묘한 수학적 개념의 형태로 나올 것이다.

만약 아인슈타인의 일반상대성이론이 공간과 시간의 본질에 대한 우리의 개념이 바뀌어야 하며 더욱 불가사의하고 수학적인 것임을 밝혀냈다고 한다면, 양자역학은 물질에 대한 우리의 개념이 그와 비슷한 운명을 겪었음을 자세히 밝혀낸 셈이다. 단지 물질만이 아니라 실제성에 대한 우리의 개념도 심오하게 변동을 겪었다. (실제로는 일어나지 않는) 어떤 것의 반사실적인 발생 가능성이 어떻게 실체로 일어나는 것에 결정적인 영향을 미칠 수 있는가? 양자역학이 작동하는 방식의 불가사의는 물리적 실재의 세계 내에서 정신성을 담아내는 데에 고전 물리학보다 훨씬 더 근접한 듯 보인다. 내가 보기에 분명히 언젠가 더 심오한 이론들이 얻어지면 물리적 이론과 관련한 마음의 지위는 오늘날처럼 애매모호하지는 않을 것이다.

§7.7과 §8.6에서 나는 어떠한 물리적 상황이 의식 현상에 적합할지를 파악하고자 했다. 하지만 꼭 짚어두어야 할 점으로서, 나는 의식이 단지 양자/고전 경계의 어떤 **OR** 이론에 따른 결맞은 덩어리 운동의 적절한 양의 문제는 아니라고 여긴다. 분명히 짚었는지는 모르겠지만, 그런 것은 우리가 지닌 현재의 물리적 설명의 한계 안에서 비컴퓨팅적인 활동의 적절한 단초를 마련해주는 것으로 충분할 것이다. 진정한 의식은 정성적으로 서로 다른 현상들의 무한한 다양성 — 가령, 잎의 초록색, 장미의 향기, 찌르레기의 지저귐 또는 고양이 털의 보드라운 촉감. 아울러 시간의 경과, 감정 상태들, 걱정, 경이로움 그리고 어떤 개념에 관한 이해 — 에 대한 인식을 포함한다. 그것은 희망, 이상 및 의도 그리고 그 의도를 실현시키기 위한 헤아릴 수 없이 많은 상이한 신체 운동에 관한 실제적인 의지 등을 포함한다. 신경해부학, 신경학적 장애, 정신의학 및 심리학에 대한 연구는 두뇌의 물리적 속성과 우리의 정신적 조건들 사이의 자세한 관계에 대해 많은 것들을 알려주었다. 단지 결맞은 덩어리 운동의 임계량에 대한 물리학으로는 그런 문제를 이해할 수 없다. 어떤 새로운 물리학의 도입 없이는 전적으로 컴퓨팅적인 물리학 또는 컴퓨팅적이면서 무작위적인 물리학이라는 임시방편 내에 우리는 갇힐 수밖에 없을 것이다. 그 임시방편 내에서는 의도성 및 주관적 경험에 대한 어떠한 과학적 역할을 기대할 수 없다. 그것을 넘어서야지만 적어도 우리는 그런 역할의 가능성에 도달할 것이다.

이에 동의하는 많은 사람들도 그러한 것들이 과학의 틀 안에서는 역할을 가질 수 없다고 주장할지 모른다. 이렇게 주장하는 사람들에게는 인내심을 가져달라고 부탁할 수밖에 없다. 과학이 향후 어떻게 진보할지 기다려 봐달라고 말이다. 나는 이미 어떤 조짐, 즉 양자역학의 경이로운 발전 덕분에 이전과 달리 정신성이라는 개념이 물리적 우주에 관한 우리의 전반적인 이해에 우리가 조금은 — 비록 조금일 뿐이긴 하지만 — 가까워졌다는 조짐이 나타났다고 믿는다. 필요한 새로운 물리학적 발전이 이루어질 때 이런 조짐들은 지금보다 훨씬 더 분명해질 것이다. 과학은 앞으로 발전할 길이 많이 남아 있다. 그렇다고 나는 확신한다!

더군다나 인간이 물질을 이해할 수 있다는 가능성은 의식이 우리에게 부여한 능력에 관해 어떤 것을 알려준다. 인정하건대 뉴턴이나 아인슈타인, 또는 아르키메데스, 갈릴레오, 맥스웰 또는 디랙 같은 사람들 — 또는 다윈, 레오나르도 다 빈치, 렘브란트, 피카소, 바흐, 모차르트 또는 플라톤 — 은 다른 사람들보다 특히나 진리 또는 아름다움을 '감지'할 수 있는 능력이 더 컸던 듯하다. 하지만 자연의 작동과의 일치는 우리 모두한테도 존재할 수 있으며 의식적 이해와 감수성이라는 우리의 능력들 속에서 드러난다. 어느 정도 수준으로 그런 능력이 발휘되는지와 무관하게 말이다. 우리의 의식적 두뇌의 각 부분은 미묘한 물리적 구성요소들로 짜여 있는데, 이들 요소는 수학이 근본 바탕을 이루는 우주의 심오한 조직을 어떻게든 활용할 수 있다. 그 덕분에 우리는 '이해'라는 플라톤적 자질을 통해 우리의 우주가 여러 상이한 수준에서 작동하는 방식에 직접적으로 접근할 수 있다.

이런 심오한 사안들에 대해 우리는 아직 설명할 준비가 한참 덜 되었다. 나는 이 모든 세계들의 상호 연관된 특징들이 함께 드러나기 전에는 결코 명백한 답이 나오지 않으리라고 본다. 이런 사안들 중 어느 것도 다른 것과 고립되어 해결되지는 않을 것이다. 나는 세 가지 세계 그리고 이들 세계를 다른 세계와 관련시키는 세 가지 불가사의를 언급했다. 의심할 바 없이 실제로는 세 가지가 아니라 하나의 세계, 즉 현재로서는 가늠하지도 못하는 하나의 진정한 본질이 있을 것이다.

에필로그

제시카는 아빠와 함께 동굴에서 나왔다. 이제 주위가 캄캄하고 고요했으며 밤하늘에는 별들이 선명하게 반짝이고 있었다. 제시카가 아빠에게 말했다.

"아빠, 음, 저는 밤하늘을 올려다볼 때면 지구가 실제로 움직인다고 믿기가 무척 어려워요. 시속 수천 킬로미터로 빙글빙글 돌고 있다는 게 실감이 안 나요. 비록 실제로는 틀림없이 그렇다고 알고 있긴 하지만요."

제시카는 발걸음을 멈추더니 잠시 밤하늘을 우두커니 올려다보았다.

"아빠, 별에 대해 이야기해……"

부록A

괴델화를 수행하는
구체적인 튜링 기계

주어진 알고리듬 절차 A가 어떤 컴퓨팅이 영영 멈추지 않음을 올바르게 알아내는 절차라고 가정하자. 이제 A를 토대로 삼아, A가 실패하는 특정한 컴퓨팅 C를 구성하는 매우 구체적인 절차를 내놓으려 한다. A가 실패하는데도 C는 실제로 멈추지 않음을 우리는 알 수 있을 것이다. C를 그처럼 구체적으로 표현하고 나서, 그 복잡도를 살펴 A의 복잡도와 견주어봄으로써 §2.6(**Q8** 참고)과 §3.20의 논변을 뒷받침할 수 있다.

이야기가 모호해지지 않도록, ENM에서 기술했던 특정한 튜링 기계를 가지고 풀어나가려 한다. 해당 기계와 관련된 내용을 자세히 알아보고 싶은 독자가 있다면 그 책을 참고하기 바라며, 여기서는 그저 현재의 목적에 들어맞는 내용만 최소한으로 설명한다.

튜링 기계의 경우 내부 상태의 개수는 유한하나 해당 기계의 활동 대상인 테이프는 무한하다. 이 테이프는 '상자'가 줄줄이 이어진 꼴이고, 각 상자에는 표시가 있거나 없을 수 있으며, 테이프 전체를 보았을 때 표시의 총 개수는 유한하다. 표시가 있는 상자는 기호 **1**로, 표시가 없는 상자는 기호 **0**으로 나타낸다. 이 기계에는 읽어 들이는 장치가 있는데, 그 장치는 표시를 한 번에 하나씩 살피고, 해당 튜링 기계의 내부 상태와 현재 살피고 있는 표시의 성질을 토대로 명확한 규칙에 따라 다음 세 가지를 결정한다. (i) 현재 살피고 있는 상자에 찍힌 표시를 바꿀지 아니면 내버려 둘지 여부, (ii) 기계의 새로운 내부 상태를 무엇으로 할지 여부, (iii) 장치가 테이프를 따라 오른쪽으로 한 단계 움직일지 (**R**로 나타낸다) 아니면 왼쪽으로 한 단계 움직일지(**L**로 나타낸다) 아니면 오른쪽으로 한 단계 움직이고서 정지할지(**STOP**으로 나타낸다) 여부. 이 기계가 마침내 정지할 때에는 그때까지 수행하던 컴퓨팅의 결과가 입력 장치의 왼쪽으로 나오며, 이 결과는 0과 1의 조합으로 이루어진다. 맨 처음에는 기계가 어떤 조작을 수행할지 구체적으로 정해주는 데이터(유한한 개수의 **1**과 **0**으로 이루어진 데이터)를 **빼면** 테이프에 아무것도 찍혀 있지 않다고 보아야 한다. 또한 읽어 들이는 장치의 첫 위치는 테이프에 찍혀 있는 여러 표시의 맨 왼쪽이다.

입력이든 출력이든 자연수 데이터를 테이프에 나타낼 때에는 확장 이진수 표기법을 활용하는 쪽이 나을 수 있는데, 그에 따르면 곧 평범한 이진법 표기를 바탕으로 삼되 이진수 '1'은 **10**으로, 이진수 '0'은 **0**으로 적는다. 그 규칙에 따라 일상적인 수를 확장 이진수 표기법으로 바꾸면 다음과 같다.

$$0 \leftrightarrow \mathbf{0}$$
$$1 \leftrightarrow \mathbf{10}$$
$$2 \leftrightarrow \mathbf{100}$$
$$3 \leftrightarrow \mathbf{1010}$$
$$4 \leftrightarrow \mathbf{1000}$$
$$5 \leftrightarrow \mathbf{10010}$$
$$6 \leftrightarrow \mathbf{10100}$$
$$7 \leftrightarrow \mathbf{101010}$$
$$8 \leftrightarrow \mathbf{10000}$$
$$9 \leftrightarrow \mathbf{100010}$$
$$10 \leftrightarrow \mathbf{100100}$$

$$11 \leftrightarrow \mathbf{1001010}$$

$$12 \leftrightarrow \mathbf{101000}$$

$$13 \leftrightarrow \mathbf{1010010}$$

$$14 \leftrightarrow \mathbf{1010100}$$

$$15 \leftrightarrow \mathbf{10101010}$$

$$16 \leftrightarrow \mathbf{100000}$$

$$17 \leftrightarrow \mathbf{1000010}$$

등.

위의 결과를 살펴보면 확장 이진수 표기법에서는 **1**이 연달아 나오는 일이 결코 없음을 알 수 있다. 그러므로 어떤 자연수를 지정할 때에는 **1**이 둘 또는 그 이상 연달아 나오게 함으로써 그 시작과 끝을 알릴 수 있다. 그렇게 정하고 나면 **110, 1110, 11110** 등의 수열을 활용하여 테이프에 다양한 종류의 명령을 나타낼 수 있다.

또한 테이프에 찍힌 표시를 활용하여 특정 튜링 기계를 규정할 수도 있는데, 보편 튜링 기계 U의 활동을 다룬다면 그런 길이 열려 있어야 한다. 보편 기계 U는 자신이 모방해야 할 어떤 특정 튜링 기계 T를 초입에 자세히 규정해둔 테이프 상에서 작동하기 시작한다. T가 작동하도록 마련된 데이터(T가 이 데이터 상에서 작동한다는 뜻-옮긴이)는 기계 T를 결정하는 부분의 오른쪽을 통해 U로 들어간다. 기계 T를 규정하기 위해, 우리는 **110, 1110** 그리고 **11110**이라는 수열을 이용하여 제각기 T의 읽어 들이는 장치에 내릴 다양한 명령들 ― 곧 테이프를 따라 한 단계 오른쪽으로 움직이라거나, 또는 왼쪽으로 한 단계 움직이라거나, 오른쪽으로 한 단계 움직인 뒤에 정지하라는 ― 을 나타내게 할 수 있다.

$$R \leftrightarrow 110$$

$$L \leftrightarrow 1110$$

$$STOP \leftrightarrow 11110.$$

그와 같은 명령이 나올 때에는 바로 앞에 기호 **0** 또는 수열 **10**이 있어, 읽어 들이는 장치로 하여금 그 장치가 방금 읽고 있던 기호가 무엇이든 그 대신에 각각 **0**이나 **1**을 찍어야 함을 지시한다. 방금 이야기한 **0** 또는 **10**의 바로 앞에는 그 명령을 수행했을 때 해당 튜링 기계의 다음 내부 상태가 무엇으로 바뀌어야 하는지를 나타내는 확장 이진수 표현이 자리 잡게 된다. (이 내부 상태는 개수가 유한하므로 연속적인 자연수 0, 1, 2, 3, 4, 5, 6, ···, N으로 나타낼 수 있다. 테이프 위에 부호화할 때에는 확장 이진수 표기법을 활용하여 이 수를 나타내게 된다.)

이 조작이 어떤 명령을 가리킬지를 결정하는 데에는 읽어 들이는 장치가 그 순간에 읽고 어쩌면 바꾸게 될 기호 **0** 또는 **1**과 더불어 해당 기계가 테이프를 읽기 직전의 내부 상태도 영향을 준다. 가령 T를 규정하는 내용 가운데 23**0**→17**1R**이라는 어떤 명령이 나올 수 있는데, 이를 풀어보면 '만일 T의 내부 상태가 23이고 읽어 들이는 장치가 테이프에서 **0**을 만난다면 그 자리에 **1**을 찍고 내부 상태를 17로 바꾼 뒤 테이프를 따라 오른쪽으로 한 단계 움직이라'는 뜻이다. 여기서 해당 명령의 '17**1R**'이라는 부분을 부호로 나타내면 **100001010110**이 된다. 이를 **1000010.10.110**으로 쪼개 살펴보면 첫 부분은 17의 확장 이진수 꼴이고, 둘째 부분은 테이프에 **1**을 찍으라는 부호이며, 셋째 부분은 '오른쪽으로 움직이라'는 명령을 나타내는 부호이다. 이전의 내부 상태(여기서는 내부 상태 23)와 그 순간 살피고 있는 표시(여기서는 **0**)는 어떻게 지정할까? 마음먹기에 따라 그 둘을 확장 이진수 꼴로 직접 표현할 수도 있다. 하지만 딱히 그럴 필요는 없는데, 전체 명령 가운데 해당 명령이 몇 번째인지 만으로도 (즉, 명령의 순서를 0**0**→, 0**1**→, 1**0**→, 1**1**→, 2**0**→, 2**1**→, 3**0**→, …와 같이 정하면) 충분히 같은 내용을 나타낼 수 있기 때문이다.

　ENM에 실린 튜링 기계 부호화의 핵심 내용은 방금 이야기한 대로이나, 빈틈없이 매듭지으려면 살펴보아야 할 점이 몇 가지 더 있다. 우선 내부 상태 하나마다 **0**과 **1**에 따라 작동하는 명령을 모두 빠짐없이 (다만 내부 상태에 매긴 수가 가장 클 때 **1**에 따라 작동하는 명령은 꼭 필요치 않을 때도 있다) 갖추어야 한다. 프로그램에 아예 나오지 않는 명령이 있다면 반드시 '더미(dummy)'라도 끼워 넣어 그 자리를 메워야 한다. 가령 프로그램을 실행하는 동안 내부 상태가 23일 때 **1**이라는 표시를 만날 일이 없다면 해당 명령은 23**1**→0**0**R과 같이 더미로 채워둘 수 있다.

　튜링 기계를 테이프에 부호로 기술할 때, 앞의 방식에 따르면 0**0**이라는 숫자 쌍은 수열 0**0**으로 나타내게 되지만, 줄여서 **0** 하나만 쓰더라도 헷갈림 없이 그 앞뒤에 오는 (둘 이상의) **1**로 이루어진 수열을 서로 구별 지을 수 있다.* 튜링 기계가 작동을 시작할 때의 내부 상태는 **0**이고, 읽어 들이는 장치는 첫 **1**을 만나기 전까지 이 내부 상태를 유지하면서 테이프를 따라 움직여간다. 이는 튜링 기계의 여러 명령 가운데 0**0**→0**0**R이라는 조작이 반드시 포함되어 있다고 가정하기 때문이다. 그러니 **0**과 **1**을 가지고 어떤 튜링 기계를 실제로 기술할 때 이 명령은 굳이 이야기하지 않아도 좋다. 대신 0**1**→**X**부터 시작하면 되며, 이때 **X**는 해당 기계가 활동을 시작하고 난 뒤에 수행하게 될 의미 있는 첫 조작, 곧 테이프에서 처음으로 **1**을 만났을 때 수행할 조작을 나타낸다. 이렇게 생

---

* 이 말은 튜링 기계를 부호화할 때 …11**0**011…이 나오는 곳은 모두 …11**0**11…로 바꿀 수 있음을 뜻한다. 나는 ENM에서 범용 튜링 기계를 기술하는 가운데 15군데나 (2장의 후주 7 참고) 이 처리를 빠뜨리고 말았다. 나로서는 참으로 괴롭기 이를 데 없는 노릇이었는데, 왜냐하면 그에 앞서 스스로 내놓았던 조치의 틀 안에서 해당 범용 기계를 두고 합당하게 이를 수 있는 가장 작은 수를 이끌어내려고 무척 애를 썼기 때문이다. 방금 이야기한 바와 같이 간단히 바꾸기만 해도 내가 제시한 결과보다 30,000배 넘게 더 작은 수가 나온다! 그처럼 내가 놓쳤던 점을 지적해주고, 또한 책에 실린 기술 내용이 실제로 범용 튜링 기계에 해당함을 독립적으로 확인해 준 스티븐 건하우스(Steven Gunhouse)에게 고마운 마음을 전한다.

각하고 보면 튜링 기계를 기술하는 수열의 첫머리에는 본디 늘 나타나게 마련이었을 수열 **110**(→0OR을 나타내는)은 빼도 된다. 뿐만 아니라 마지막 수열 **110**도 언제나 빼도 되는데, 이 또한 모든 튜링 기계에 공통으로 나타나기 때문이다.

그렇게 이끌어낸 **0**과 **1**로 이루어진 수열은 해당 기계를 (ENM 2장에 나와 있듯) n번 튜링 기계의 (정상적인, 즉 비확장의) 이진 부호화를 제공한다. 이를 가리켜 n번째 튜링 기계라고 부르고, $T = T_n$이라고 적는다. 끝에 **110**이라는 수열이 붙어 있다면 그런 이진수는 모두 **0**과 **1**로 이루어진 수열이돼 연달아 나오는 **1**의 개수가 넷을 넘지 않는다. 이를 만족하지 않는 어떤 수 n이 있다면 그에 해당하는 튜링 기계는 '엉터리(dud)'여서, 1의 개수가 넷을 넘는 '명령'을 만나자마자 동작 불능이 되고 만다. 그와 같은 'T_n'을 두고 올바르게 규정하지 않았다고 말하며, 해당 기계의 활동은 어떠한 테이프를 대상으로 삼더라도 끝나지 않는다고 여기기로 정의하고 있다. 마찬가지로 가령 한 튜링 기계가 추가적인 명령들을 지시하는 어떤 수보다 더 큰 수에 의해 규정되는 상태로 진행하라는 명령과 마주치면 역시 '막다른 골목'에 빠진다. 그런 기계는 '엉터리'라 보고, 해당 기계의 작동 또한 끝나지 않는다고 여긴다. (다양한 장치를 활용하여 이런 곤란한 문제를 없애는 일도 그리 어렵지는 않으나, 딱히 그렇게까지 할 필요는 없다. §2.6, **Q4** 참고)

주어진 알고리듬 A를 바탕으로 A가 실패할 수밖에 없는, 끝나지 않음이 명확한 컴퓨팅을 구성할 방법을 알아내야 한다면, A를 튜링 기계라고 보아야 한다. 이 기계는 두 자연수 p와 q를 부호화한 테이프 상에서 활동하는데, 컴퓨팅 $A(p, q)$가 끝이 난다면 q 상에서 벌이는 컴퓨팅 T_p의 작동은 영영 끝나지 않는다고 가정하게 된다. 만일 T_p를 올바르게 규정하지 않았을 경우 q의 값이 무엇이든 T_p가 q 상에서 벌이는 작동은 끝나지 않는다고 여겨야 함을 상기하자. 그렇듯 '허용할 수 없는' 임의의 p에 대해서는, $A(p, q)$의 결과가 무엇이든 간에 앞의 가정에 어긋나지 않는다. 그러고 보면 p가 T_p를 올바르게 규정하는 수일 때만을 살피면 된다. 그러니 테이프에 이진법으로 표현한 수 p 안에는 …**11111**…이라는 수열이 나타날 수 없다. 따라서 p를 테이프에 표현할 때에는 **11111**이라는 수열로 그 시작과 끝을 표시할 수 있다.

하지만 q에 대해서도 똑같은 처리를 해야 하는데, q는 딱히 그런 유형의 수로 한정지을 수가 없다. 이 때문에 내가 원래 제시했던 튜링 기계 조치로 다루기는 기술적으로 까다로워진다. 그래서 p와 q라는 수를 사실상 오진법으로 바꿔 적어주는 장치를 활용함으로써 그런 문제를 피해 가면 편리하겠다. (오진법이란 '10'이 십진수 5를 나타내고, '100'은 십진수 25를, '44'는 십진수 24를 나타내는 식의 표기법을 가리킨다.) 하지만 나는 오진법으로 나타낼 수의 각 자리에 0, 1, 2, 3, 4를 써넣기보다는 그 각각에 해당하는 테이프 수열 **0, 10, 110, 1110, 11110**을 활용하고자 하며, 그 결과는 다음과 같다.

0을 나타내는 수열은		**0**
1	〃	**10**
2	〃	**110**
3	〃	**1110**
4	〃	**11110**
5	〃	**100**
6	〃	**1010**
7	〃	**10110**
8	〃	**101110**
9	〃	**1011110**
10	〃	**1100**
11	〃	**11010**

12	〃	**110110**
13	〃	**1101110**
14	〃	**11011110**
15	〃	**11100**
16	〃	**111010**
…		…
25	〃	**1000**
26	〃	**10010**

등등.

여기서는 올바르게 규정한 튜링 기계 T_r을 'C_p'로 표기할 텐데, 이때 r은 그 값을 일반적인 이진법 표현으로 나타낸 뒤 끝에 **110**이라는 수열을 이어 붙이면 곧 p를 방금 기술한 대로 오진법으로 표현한 수이다. 컴퓨팅 C_p가 작동하는 수 q(C_p가 이 수 q 상에서 작동함)도 오진수 표기법으로 표현된다. 컴퓨팅 $A(p, q)$는 p, q라는 수 한 쌍을 부호화하여 담은 테이프 상에서 작동하는 튜링 기계로 기술된다. 테이프에 담은 이 부호화 결과는 다음과 같은 모습을 띠는데

$$\cdots\textbf{00111110p111110q1111111000}\cdots$$

이때 **p**와 **q**는 p와 q를 각각 앞에서 다룬 대로 오진수로 표기한 결과를 가리킨다.

이제 $C_p(q)$가 끝나지 않게 하는 p와 q 가운데서 $A(p, q)$도 끝나지 못하게 되는 경우를 찾아내야 한다. §2.5에 나온 절차에서는 모든 n에 대해 n 상에서 작동하는 C_k가 정확히 $A(n, n)$인 수 k를 찾은 다음 $p = q = k$로 둠으로써 그 목

적을 달성한다. 같은 목적을 명쾌하게 이루어내고자 여기서는 튜링 기계 처방 $K(=C_k)$를 찾는데, 테이프에 표시한 K의 작동은 다음과 같다.

$$\cdots 00111110 \mathbf{n} 11111000 \cdots$$

(이때 $\mathbf{n}$은 n의 오진법 표현이다) 이는 A가 각각의 n에 대하여 다음 수 상에서 행하는 작동과 정확히 똑같다.

$$\cdots 00111110 \mathbf{n} 111110 \mathbf{n} 11111000 \cdots$$

그러니 K가 해야 할 일은 (오진수 표기법으로 적은) n을 가져다가 한 번 복사하는 작업이고, 그때 수열 111110은 두 $\mathbf{n}$을 서로 구별 짓는다. (그리고 테이프에 찍힌 표시로 이루어진 수열 전체는 그와 비슷한 수열로 시작하고 끝난다.) 그 뒤에 K는 이 결과가 담긴 테이프를 대상으로 삼아 A가 해당 테이프를 대상으로 벌였을 작동과 정확히 똑같은 작동을 보여야 한다.

A를 명확하게 수정하여 그와 같은 K를 이끌어내는 방법은 다음과 같다. 우선 A를 구체적으로 기술한 내용에서 가장 첫 명령인 $01 \rightarrow \mathbf{X}$를 찾은 뒤 이 '$\mathbf{X}$'가 실제로 무엇인지를 눈여겨 보아둔다. 이렇게 주목해둔 부분을 뒤에 나올 기술 내용의 '$\mathbf{X}$'에 치환하게 된다. 엄밀히 말하면 여기서 짚어둘 점이 한 가지 있는데, A는 일단 $01 \rightarrow \mathbf{X}$라는 명령을 수행하고 나면 A의 내부 상태가 다시는 0으로 바뀌는 일이 없도록 표현되어 있다고 가정해야 한다. A가 그런 꼴이어야 한다고 이야기하는 데에는 아무런 제약이 없다.* (더미 명령에서는 0을 이용해도 괜찮지만 다른 곳에서는 그렇지 않다.)

다음으로 A를 구체적으로 기술한 내용에서 내부 상태의 전체 개수 N(상태 0도 포함하며, 따라서 A의 내부 상태를 나타내는 수 가운데 가장 큰 수는 $N-1$

이 된다)을 알아내야 한다. A에 대한 구체적 기술 내용에 $(N-1)\mathbf{1}{\to}\mathbf{Y}$라는 꼴의 마지막 명령이 들어 있지 않다면 더미 명령 $(N-1)\mathbf{1}{\to}0\mathbf{0R}$을 끝에 이어 붙여야 한다. 끝으로 A에 대한 구체적 기술 내용에서 $0\mathbf{1}{\to}\mathbf{X}$를 빼고서 아래에 열거된 튜링 기계 명령들을 그 뒤에 이어 붙이되, 아래 목록에 나오는 각각의 내부 상태 수는 N만큼씩 키워야 하고, ϕ는 그 결과로 나타나는 내부 상태 0을 나타내며, 아래에서 '$\mathbf{11}{\to}\mathbf{X}$' 속의 '$\mathbf{X}$'는 위에서 언급했던 명령이다. (특히 아래 내용 가운데 첫 두 명령은 $0\mathbf{1}{\to}N\mathbf{1R}, N\mathbf{0}{\to}(N+4)\mathbf{0R}$이 된다.)

$$\phi\mathbf{1}{\to}0\mathbf{1R}, 0\mathbf{0}{\to}4\mathbf{0R}, 0\mathbf{1}{\to}0\mathbf{1R}, 1\mathbf{0}{\to}2\mathbf{1R}, 1\mathbf{1}{\to}\mathbf{X}, 2\mathbf{0}{\to}3\mathbf{1R},$$

$$2\mathbf{1}{\to}\phi\mathbf{0R}, 3\mathbf{0}{\to}55\mathbf{1R}, 3\mathbf{1}{\to}\phi\mathbf{0R}, 4\mathbf{0}{\to}4\mathbf{0R}, 4\mathbf{1}{\to}5\mathbf{1R}, 5\mathbf{0}{\to}4\mathbf{0R},$$

$$5\mathbf{1}{\to}6\mathbf{1R}, 6\mathbf{0}{\to}4\mathbf{0R}, 6\mathbf{1}{\to}7\mathbf{1R}, 7\mathbf{0}{\to}4\mathbf{0R}, 7\mathbf{1}{\to}8\mathbf{1R}, 8\mathbf{0}{\to}4\mathbf{0R},$$

$$8\mathbf{1}{\to}9\mathbf{1R}, 9\mathbf{0}{\to}10\mathbf{0R}, 9\mathbf{1}{\to}\phi\mathbf{0R}, 10\mathbf{0}{\to}11\mathbf{1R}, 10\mathbf{1}{\to}\phi\mathbf{0R},$$

$$11\mathbf{0}{\to}12\mathbf{1R}, 11\mathbf{1}{\to}12\mathbf{0R}, 12\mathbf{0}{\to}13\mathbf{1R}, 12\mathbf{1}{\to}13\mathbf{0R}, 13\mathbf{0}{\to}14\mathbf{1R},$$

$$13\mathbf{1}{\to}14\mathbf{0R}, 14\mathbf{0}{\to}15\mathbf{1R}, 14\mathbf{1}{\to}1\mathbf{0R}, 15\mathbf{0}{\to}0\mathbf{0R}, 15\mathbf{1}{\to}\phi\mathbf{0R},$$

$$16\mathbf{0}{\to}17\mathbf{0L}, 16\mathbf{1}{\to}16\mathbf{1L}, 17\mathbf{0}{\to}17\mathbf{0L}, 17\mathbf{1}{\to}18\mathbf{1L}, 18\mathbf{0}{\to}17\mathbf{0L},$$

$$18\mathbf{1}{\to}19\mathbf{1L}, 19\mathbf{0}{\to}17\mathbf{0L}, 19\mathbf{1}{\to}20\mathbf{1L}, 20\mathbf{0}{\to}17\mathbf{0L}, 20\mathbf{1}{\to}21\mathbf{1L},$$

$$21\mathbf{0}{\to}17\mathbf{0L}, 21\mathbf{1}{\to}22\mathbf{1L}, 22\mathbf{0}{\to}22\mathbf{0L}, 22\mathbf{1}{\to}23\mathbf{1L}, 23\mathbf{0}{\to}22\mathbf{0L},$$

$$23\mathbf{1}{\to}24\mathbf{1L}, 24\mathbf{0}{\to}22\mathbf{0L}, 24\mathbf{1}{\to}25\mathbf{1L}, 25\mathbf{0}{\to}22\mathbf{0L}, 25\mathbf{1}{\to}26\mathbf{1L},$$

$$26\mathbf{0}{\to}22\mathbf{0L}, 26\mathbf{1}{\to}27\mathbf{1L}, 27\mathbf{0}{\to}32\mathbf{1R}, 27\mathbf{1}{\to}28\mathbf{1L}, 28\mathbf{0}{\to}33\mathbf{0R},$$

$$28\mathbf{1}{\to}29\mathbf{1L}, 29\mathbf{0}{\to}33\mathbf{0R}, 29\mathbf{1}{\to}30\mathbf{1L}, 30\mathbf{0}{\to}33\mathbf{0R}, 30\mathbf{1}{\to}31\mathbf{1L},$$

$$31\mathbf{0}{\to}33\mathbf{0R}, 31\mathbf{1}{\to}11\mathbf{0R}, 32\mathbf{0}{\to}34\mathbf{0L}, 32\mathbf{1}{\to}32\mathbf{1R}, 33\mathbf{0}{\to}35\mathbf{0L},$$

* 사실 튜링의 원래 제안에는 기계의 내부 상태가 '0'이 아니었다가 '0'으로 다시 바뀐다면 기계를 정지시키도록 한다는 내용도 있었다. 그렇게 하면 앞에 나왔던 제약이 필요 없어질 뿐만 아니라 **STOP**이라는 명령도 생략할 수 있다. 덕분에 전반적으로 좀 더 간결해질 수도 있다. 왜냐하면 **11110**이 명령어로 쓰이지 않아도 되므로 **111110**을 대신하여 표지로 이용될 수 있기 때문이다. 이 경우 K에 대한 나의 조치는 상당히 짧아지고, 오진법 기수 체계 대신 사진법을 활용하게 된다.

$33\mathbf{1} \to 33\mathbf{1R},\ 34\mathbf{0} \to 36\mathbf{0R},\ 34\mathbf{1} \to 34\mathbf{0R},\ 35\mathbf{0} \to 37\mathbf{1R},\ 35\mathbf{1} \to 35\mathbf{0R},$

$36\mathbf{0} \to 36\mathbf{0R},\ 36\mathbf{1} \to 38\mathbf{1R},\ 37\mathbf{0} \to 37\mathbf{0R},\ 37\mathbf{1} \to 39\mathbf{1R},\ 38\mathbf{0} \to 36\mathbf{0R},$

$38\mathbf{1} \to 40\mathbf{1R},\ 39\mathbf{0} \to 37\mathbf{0R},\ 39\mathbf{1} \to 41\mathbf{1R},\ 40\mathbf{0} \to 36\mathbf{0R},\ 40\mathbf{1} \to 42\mathbf{1R},$

$41\mathbf{0} \to 37\mathbf{0R},\ 41\mathbf{1} \to 43\mathbf{1R},\ 42\mathbf{0} \to 36\mathbf{0R},\ 42\mathbf{1} \to 44\mathbf{1R},\ 43\mathbf{0} \to 37\mathbf{0R},$

$43\mathbf{1} \to 45\mathbf{1R},\ 44\mathbf{0} \to 36\mathbf{0R},\ 44\mathbf{1} \to 46\mathbf{1R},\ 45\mathbf{0} \to 37\mathbf{0R},\ 45\mathbf{1} \to 47\mathbf{1R},$

$46\mathbf{0} \to 48\mathbf{0R},\ 46\mathbf{1} \to 46\mathbf{1R},\ 47\mathbf{0} \to 49\mathbf{0R},\ 47\mathbf{1} \to 47\mathbf{1R},\ 48\mathbf{0} \to 48\mathbf{0R},$

$48\mathbf{1} \to 49\mathbf{0R},\ 49\mathbf{0} \to 48\mathbf{1R},\ 49\mathbf{1} \to 50\mathbf{1R},\ 50\mathbf{0} \to 48\mathbf{1R},\ 50\mathbf{1} \to 51\mathbf{1R},$

$51\mathbf{0} \to 48\mathbf{1R},\ 51\mathbf{1} \to 52\mathbf{1R},\ 52\mathbf{0} \to 48\mathbf{1R},\ 52\mathbf{1} \to 53\mathbf{1R},\ 53\mathbf{0} \to 54\mathbf{1R},$

$53\mathbf{1} \to 53\mathbf{1R},\ 54\mathbf{0} \to 16\mathbf{0L},\ 54\mathbf{1} \to \phi\mathbf{0R},\ 55\mathbf{0} \to 53\mathbf{1R}.$

이제 앞에서 얻어낸 K의 크기를 두고 그 한계를 A의 크기에 대한 함수로 정확히 이야기할 수 있는 입장이 되었다. §2.6에서 (**Q8**에 대한 응답의 끝 부분에) 정의한 '복잡도'로 이 '크기'를 재도록 하자. 구체적인 튜링 기계 T_m의 경우, m이라는 수를 이진법으로 표현했을 때 나오는 숫자의 개수가 곧 크기이다. 특정한 튜링 기계 활동 $T_m(n)$(가령 K 같은)을 두고 생각한다면, 크기는 m과 n 가운데 더 큰 쪽의 이진 자릿수 개수이다. a와 k'이 다음과 같이 주어진다 하고, 각각을 이진법으로 나타냈을 때의 자릿수 개수를 각각 α와 κ라고 두자. 여기서,

$$A = T_a \text{이고 } K = T_{k'}(= C_k).$$

A에는 (첫 명령을 빼면) 명령이 적어도 $2N - 1$개 들어 있고, 명령 하나하나를 이진법으로 표현하면 자릿수가 적어도 세 개씩은 되므로, 그에 대한 튜링 기계 수 a를 이진법으로 나타냈을 때 자릿수의 총 개수는 틀림없이 다음을 만족한다.

$$\alpha \geq 6N - 6.$$

K를 이끌어내는 데 필요한 추가 명령을 열거한 앞의 목록에는 N이라는 수를 더해주어야 하는 곳이 (화살표 오른쪽에) 105군데 있다. 그렇게 해서 나올 수는 모두 $N + 55$보다 작고, 따라서 확장 이진수로 표현한 자릿수는 $2 \log_2(N + 55)$를 넘지 않으니, 더 많은 내부 상태를 규정하는 데 필요한 이진 자릿수의 총 개수는 $210 \log_2(N + 55)$보다 적다. 여기에 **0**, **1**, **R**, **L**이라는 기호를 보태는 데 필요한 자릿수를 더해야 하고, 그 개수는 정리해보면 527(보태 넣을 여지가 있는 '더미' 명령 하나를 포함하고, **00**을 **0**으로 나타낼 수 있다는 규칙에 따라 **0** 가운데 여섯 개는 뺄 수 있음을 생각할 때)이며, 결국 K를 기술하는 데 필요한 자릿수가 A의 경우보다 $527 + 210 \log_2(N + 55)$ 이상 늘어나지는 않는다고 다음과 같이 확신할 수 있다.

$$\kappa < \alpha + 527 + 210 \log_2(N + 55).$$

여기에 앞에서 이끌어냈던 $\alpha \geq 6N - 6$이라는 관계를 활용하여 ($210 \log_2 6 > 542$임을 유념하면) 다음이 성립함을 알 수 있다.

$$\kappa < \alpha - 15 + 210 \log_2(\alpha + 336).$$

이제 이 절차로 얻어낼 $C_k(k)$라는 특정한 컴퓨팅의 복잡도 η를 알아내보도록 한다. $T_m(n)$의 복잡도는 m과 n이라는 두 수 가운데 더 큰 쪽의 이진 자릿수 개수로 정의했음을 상기하자. 현재는 $C_k = T_k$이므로 이 컴퓨팅에서 'm'의 이진 자릿수 개수는 그저 κ이다. 이 컴퓨팅에서 'n'의 이진 자릿수 개수가 몇이나 되는지 알아보려면 $C_k(k)$에 쓰이는 테이프를 살펴보면 된다. 이 테이프의 첫머리에는 **111110**이라는 수열이 있고, 곧바로 k'의 이진법 표현이 뒤따르며, 그 다음에는 **11011111**이라는 수열로 끝난다. ENM에서의 약속에 따르면 이 수열에서 마지막 숫자만 지운 뒤 그 전체를 이진수로 읽어야 $T_m(n)$이라는 컴퓨팅에서 해당 테이프의 번호에 해당하는 'n'을 얻을 수 있다. 그런 까닭에 이 특정한 'n'의 이진 자릿수 개수는 정확히 $\kappa + 13$이고, 따라서 $\kappa + 13$이 곧 $C_k(k)$의 복잡도 η이며, 결국 $\eta = \kappa + 13 < \alpha - 2 + 210 \log_2(\alpha + 336)$이 되므로, 이를 바탕으로 더 간단해 보이는 다음 식이 나온다.

$$\eta < \alpha + 210 \log_2(\alpha + 336).$$

이상의 논변에서 구체적인 세부 내용은 튜링 기계를 부호화할 때 어떤 방법을 택하는가에 따라 달라지는 특징이므로, 부호화 방법이 바뀌면 그 내용도 다소 달라진다. 그러나 근본 아이디어 자체는 무척 간단하다. 실은 λ-미적분학 형식을 택했다면 앞의 조작 전체가 어떤 면에서는 거의 대수롭지 않은 일이 되었을 테다. (ENM의 2장 끝부분에 처치의 λ-미적분학을 넉넉할 만큼 충실히 기술해 두었다. 처치의 1941년 문헌도 참고하자.) 생각하기에 따라서는 A를 정의하는 λ-미적분학 연산자 **A**가 있고 이 A가 다른 연산자 **P**와 **Q**를 대상으로 활동한다고 보아, 그런 연산을 (**AP**)**Q**라고 표현할 수도 있다. 이때 **P**는 컴퓨팅 C_p를 나타내고 **Q**는 앞에서 다루었던 수 q를 가리킨다. 그렇게 본다면 **A**는 그와 같은 **P**, **Q**에 대해 다음이 늘 성립한다는 조건을 만족해야 한다.

(**AP**)**Q**가 끝난다면 **PQ**는 끝나지 않는다.

끝나지 않으나 **A**로는 그 사실을 알아내지 못하는 λ-미적분학 연산은 손쉽게 구성해낼 수 있다. 그러려면 다음과 같이 두어

$$K = \lambda x.[(Ax)x]$$

모든 연산자 **Y**에 대해 **KY** = (**AY**)**Y**이도록 하면 된다. 그러고 나서 다음의 λ-미적분학 연산을 생각해보자.

$$KK.$$

이는 끝나지 않음이 명백한데, 왜냐하면 **KK** = (**AK**)**K**이고, 이것이 끝난다는 말은 A의 성질에 대한 가정에 비추어 보면 **KK**가 끝나지 않는다는 뜻이기 때문이다. 뿐만 아니라 (**AK**)**K**가 끝나지 않으므로 A는 그 사실을 알아내지 못한다. 만약 마땅히 갖추어야 할 속성을 A가 실제로 지녔다고 믿는다면, **KK**가 끝나지 않는다는 점도 믿을 수밖에 없다. 이 절차가 상당히 간결함에 주목하자. 가령 **KK**를 다음과 같은 형태로 적고 보면

$$KK = \lambda y.(yy)\,(\lambda x.[(Ax)x])$$

KK를 이루는 기호의 개수가 A라고 적을 때보다 고작 16개 더 많아질 뿐(점 두 개는 의미상 군더더기이므로 무시하자)임을 알 수 있다!

엄밀히 말하면 이 이야기는 온전히 타당하지는 않은데, 왜냐하면 '**x**'라는 기호가 **A**를 표현할 때에도 나타날 수 있기 때문이며, 그럴 때에는 대응책으로 어떤 조치를 취해야 한다. 또한 이 절차가 만들어내는 끝나지 않는 컴퓨팅이 자연수를 대상으로 한 연산의 형태를 띠지 않아서 (**KK**의 두 번째 **K**는 '수'가 아니므로) 어렵게 여기는 이들도 있을지 모르겠다. 사실 λ-미적분학은 구체적인 수치 연산을 다루는 데에는 그다지 알맞지 않고, 자연수에 적용하는 어떤 알고리듬 절차를 λ-미적분학 연산으로 표현해낼 방법을 알아내기란 쉽지 않

을 때가 많다. 그런 점들 때문에 앞의 논의에서는 튜링 기계를 바탕으로 이야기하는 쪽이 훨씬 직접적으로 적합할 뿐 아니라 필요한 결과를 더욱 명확히 이끌어낸다.

부록 B

12면체의
색칠 불가능성

§5.3에서 시작된 문제를 다시 떠올려보자. 한 12면체의 꼭짓점들을 색칠하는 경우, 인접하는 것 옆에 있는 두 꼭짓점 모두가 **흰색**이 되지는 않게 하고 아울러 반대편에 있는 꼭짓점들의 한 쌍에 인접하는 여섯 개의 꼭짓점들 모두가 검은색이 되지는 않게 하면서 모든 꼭짓점들을 **검은색** 또는 **흰색**으로 색칠할 수는 없다는 문제 말이다. 12면체의 대칭성은 많은 가능성들을 제거하는 데에 엄청나게 큰 도움이 된다.

그림 5.29에 나와 있는 대로 꼭짓점들을 표시하자. 여기서 A, B, C, D, E는 한 오각형 면의 꼭짓점들을 반시계 방향으로 표시한 것이고, F, G, H, I, J는 이들에 인접하는 점을 동일한 순서로 표시한 것이다. §5.18에서처럼, A*, ⋯, J*는 이 점들 각각의 대척지에 있는 점들이다. 우선, 두 번째 속성으로 인해 적어도 하나의 **흰색** 꼭짓점이 어딘가에 반드시 있어야 하는데, 그것이 A라고 가정할 수 있다.

당분간 가정하건대, **흰색** 꼭짓점 A는 바로 이웃한 꼭짓점으로서 또 하나의 **흰색** 꼭짓점을 가지며, 이것을 B라고 하자(**그림 5.29** 참고). 이제 이 둘을 감싸는 열 개의 꼭짓점들, 즉 C, D, E, J, H*, F, I*, G, J*, H는 반드시 전부 **검은색**이다. 왜냐하면 이들 꼭짓점 각각은 A 아니면 B에 인접한 것 옆에 있기 때문이다. 그 다음에 우리는 대척지 쌍 H, H* 둘 중 하나와 인접한 여섯 개의 꼭짓점들을 검사한다. 이들 여섯 개의 점들 중 반드시 하나의 **흰색**이 있어야 하므로, F* 아니면 C*(또는 이 둘 다)는 반드시 **흰색**이다. 대척지 쌍 J, J*도 마찬가지이므로 G* 아니면 E*는(또는 둘 다) 반드시 **흰색**이라는 결론이 나온다. 하지만 이것은 불가능한데, 왜냐하면 G*와 E*는 둘 다 F*과 C* 모두에 인접한 것 옆에 있기 때문이다. 이는 **흰색** 꼭짓점 A가 바로 이웃한 **흰색** 꼭짓점을 가질 수 있다는 가능성을 배제시킨다. 또한 대칭에 의해, 인접한 꼭짓점들의 어떠한 쌍도 **흰색**일 가능성을 배제시킨다.

그러므로 **흰색** 꼭짓점 A는 반드시 **검은색** 꼭짓점 B, C, D, E, J, H*, F, I*, G에 둘러싸여 있어야 마땅하다. 왜냐하면 이 꼭짓점들 각각은 A에 인접해 있거나 아니면 인접한 것 옆에 있기 때문이다. 자 이제 대척지 쌍 A, A* 중 하나에 인접한 여섯 개의 꼭짓점들을 검사하자. 그러면 다음 결론이 나온다. B*, E*, F* 중 하나는 반드시 **흰색**이며, 대칭성에 의해 어느 것이 **흰색**인지는 중요하지 않으니, F*이 **흰색**이라고 하자. 그러면 E*와 G*는 F*에 인접한 것 옆에 있으므로 둘 다 반드시 **검은색**이다. 그리고 H 또한 반드시 **검은색**인데, 왜냐하면 F*에 인접해 있기 때문이다. 그리고 앞서의 논의에 의해 우리는 또한 인접한 **흰색** 꼭짓점들을 배제할 수 있다. 하지만 이것은 불가능한데, 왜냐하면 대척지 꼭짓점인 J, J*는 이제 이들에 인접한 **검은색** 꼭짓점밖에 갖지 못하기 때문이다. 이상의 결론에 따라 마법 12면체를 고전적인 방식으로 색칠하는 것이 불가능함이 밝혀진다.

부록 C

일반적인 스핀 상태들 간의 직교성

일반적인 스핀 상태에 대한 마요라나 설명은 물리학자들에게 그다지 익숙하지 않다. 하지만 이를 통해 유용한 기하학적 설명이 가능하다. 여기서 나는 기본 공식들 및 이 공식들이 지닌 기하학적인 의미를 짧게 소개하고자 한다. 이로써 특히 마법 12면체의 기하학에 바탕이 되는 직교성 관계가 드러날 것이다. 이는 §5.18에서 필요했던 것이기도 하다. 내 설명은 마요라나가 처음에(1932년에) 제시한 것과는 확연히 다르며, 펜로즈(1994a) 그리고 짐바와 펜로즈(1993)의 설명과 매우 흡사하다.

기본 개념은 리만 곡면의 n개 점들로 이루어진 정렬되지 않은 집합을 고려하는 것이다. 이 집합을 차수 n의 한 복소 다항식의 n개 근으로 여기며, 아울러 (핵심적으로) 이 다항식의 계수들을 스핀 $(1/2)n$인 한 (거대한) 입자에 대한 스핀 상태의 $(n+1)$ 차원 힐베르트 공간의 좌표로 이용한다. 기반 상태(basis state)를 §5.10에서처럼 수직 방향의 스핀 측정에서 나올 수 있는 다양한 결과들로 택하면, 우리는 이를 다양한 항들로(아울러 이들 기반 상태들 각각이 단위 벡터가 되게 하는 적절한 표준화 요소와 함께) 아래와 같이 표현할 수 있다.

$$|\uparrow\uparrow\uparrow\uparrow\cdots\uparrow\uparrow\rangle \text{는 } x^n \text{에 대응하고}$$

$$|\downarrow\uparrow\uparrow\cdots\uparrow\uparrow\rangle\text{는 } n^{1/2}x^{n-1}\text{에 대응하고}$$

$$|\downarrow\downarrow\uparrow\uparrow\cdots\uparrow\uparrow\rangle\text{는 } \{n(n-1)/2!\}^{1/2}x^{n-2}\text{에 대응하고}$$

$$|\downarrow\downarrow\downarrow\uparrow\cdots\uparrow\uparrow\rangle\text{는 } \{n(n-1)(n-2)/3!\}^{1/2}x^{n-3}\text{에 대응하고}$$

$$\cdots$$

$$|\downarrow\downarrow\downarrow\downarrow\cdots\downarrow\uparrow\rangle\text{는 } n^{1/2}x\text{에 대응하고}$$

$$|\downarrow\downarrow\downarrow\downarrow\cdots\downarrow\downarrow\rangle\text{는 } 1\text{에 대응한다.}$$

(중괄호 안에 있는 표현들은 전부 이항계수들이다.) 그러므로, 아래 스핀 $(1/2)n$ 의 일반적인 상태

$$z_0|\uparrow\uparrow\uparrow\cdots\uparrow\rangle + z_1|\downarrow\uparrow\uparrow\cdots\uparrow\rangle + z_2|\downarrow\downarrow\uparrow\cdots\uparrow\rangle + z_3|\downarrow\downarrow\downarrow\cdots\uparrow\rangle + \cdots + z_n|\downarrow\downarrow\downarrow\cdots\downarrow\rangle$$

는 다음 다항식에 대응한다.

$$p(x) = a_0 + a_1 x + a_2 x^2 + a_3 x^3 + \cdots + a_n x^n$$

여기서

$$a_0 = z_0,\ a_1 = n^{1/2}z_1,\ a_2 = \{n(n-1)/2!\}^{1/2}z_2,\ \cdots,\ a_n = z_n.$$

$p(x) = 0$의 근 $x = \alpha_1,\ \alpha_2,\ \alpha_3,\ \cdots,\ \alpha_n$은 마요라나 설명을 정의하는 리만 구면 상의 n개 점들을 (다중도와 더불어) 제공한다. $x = \infty$(남극)일 때 주어지는 마요라나 점의 확률도 포함되는데, 이것은 다항식 $P(x)$의 차수가 이 점의 다중도에 의해 주어지는 양만큼 n에 모자랄 때 생긴다.

구의 회전은 어떤 변환에 의해 얻어지는데, 이 변환에 따라 아래 치환이 처

음 일어나며,

$$x \mapsto (\lambda x - \mu)(\bar{\mu}x + \bar{\lambda})^{-1}.$$

(여기서 $\lambda\bar{\lambda} + \mu\bar{\mu} = 1$). 이어서 분모는 전체 식에 $(\bar{\mu}x + \bar{\lambda})^n$을 곱하면 없어진다. 이로써 임의의 한 방향의 스핀 측정(가령 슈테른-게를라흐 측정)의 결과들에 대응하는 다항식이 얻어질 수 있으며, 다음의 형태로 표현된다.

$$c(\lambda x - \mu)^p(\bar{\mu}x + \bar{\lambda})^{n-p}.$$

μ/λ와 $-\bar{\lambda}/\bar{\mu}$에 의해 주어지는 점들은 리만 구면상의 대척지며, 이들은 스핀 측정의 방향 및 그 반대 방향에 대응한다. (이는 $|\uparrow\uparrow\uparrow\cdots\uparrow\rangle$, $|\downarrow\uparrow\uparrow\cdots\uparrow\rangle$, $|\downarrow\downarrow\uparrow\cdots\uparrow\rangle$, $|\downarrow\downarrow\downarrow\cdots\downarrow\rangle$ 상태들에 대한 위상을 적절하게 선택한 경우를 가정한다. 앞서 말한 성질들과 자세한 증명들은 2-스피너(spinor) 형식론에서 가장 잘 이해된다. 관심 있는 독자는 펜로즈와 린들러(1984년 문헌), 특히 162쪽 그리고 아울러 § 4.15를 참고하기 바란다. 스핀 $(1/2)n$에 대한 일반 상태는 대칭 n과 스피너에 의해 기술되며 마요라나 설명은 그것의 정규분해(canonical decomposition)로부터 스핀 벡터의 한 대칭화된 곱으로서 도출된다.)

구면 상의 임의의 점 α에 대한 대척점은 $-1/\bar{\alpha}$로 주어진다. 그러므로, 만약 아래 다항식의 근인 모든 마요라나 점들을 반사한다면,

$$a(x) \equiv a_0 + a_1 x + a_2 x^2 + \cdots + a_{n-1}x^{n-1} + a_n x^n.$$

구의 중심에서 우리는 아래 다항식의 근을 얻는다.

$$a*(x) \equiv \bar{a}_n - \bar{a}_{n-1}x + \bar{a}_{n-2}x^2 - \cdots - (-1)^n \bar{a}_1 x^{n-1} + (-1)^n \bar{a}_0 x^n.$$

만약 각각의 다항식 $a(x)$와 $b(x)$에 의해 주어지는 두 상태 $|\alpha\rangle$와 $|\beta\rangle$가 있다면,

$$b(x) \equiv b_0 + b_1 x + b_2 x^2 + b_3 x^3 + \cdots + b_{n-1} x^{n-1} + b_n x^n.$$

그렇다면 이들의 스칼라 곱은 다음과 같다.

$$\langle \beta | \alpha \rangle = \bar{b}_0 a_0 + \frac{1}{n} \bar{b}_1 a_1 + \frac{2!}{n(n-1)} \bar{b}_2 a_2 + \frac{3!}{n(n-1)(n-2)} \bar{b}_3 a_3 + \cdots + \bar{b}_n a_n.$$

이 표현은 위의 공식을 이용하여 직접 증명될 수 있듯이, 구의 회전에 대해 불변이다.

이 스칼라 곱 표현을 $b(x) = a*(x)$인 특별한 경우에 적용하자. 그렇다면 우리는 어느 한 상태의 마요라나 설명이 다른 상태의 대척점으로 정확히 이루어지는 두 상태에 관심을 갖게 된다. 이들의 스칼라 곱은 (기호에 따라) 다음과 같다.

$$a_0 a_n - \frac{1}{n} a_1 a_{n-1} + \frac{2!}{n(n-1)} a_2 a_{n-2} - \cdots - (-1)^n \frac{1}{n} a_{n-1} a_1 + (-1)^n a_n a_0.$$

이를 통해 알 수 있듯이, 만약 n이 홀수면 모든 항들이 상쇄되므로 다음 정리가 얻어진다. (마요라나 설명에서 P, Q, $\cdots$, S의 상태는 $|PQ\cdots S\rangle$로 표시한다. X의 대척점은 X*로 표시한다.)

C.1 만약 n이 홀수면, 상태 $|PQR\cdots T\rangle$는 $|P^*Q^*R^*\cdots T^*\rangle$와 직교한다.

스칼라 곱에 대한 일반적 표현으로부터 읽어낼 수 있는 두 가지 추가적 성질은 다음과 같다.

C.2 상태 $|PPP\cdots P\rangle$는 각 상태 $|P^*AB\cdots D\rangle$와 직교한다.

C.3 상태 $|QPP\cdots P\rangle$는 점 Q^*의 P^*로부터의 평사투영이 A, B, C, $\cdots$, D의 P^*로부터의 평사투영의 중심점(centroid)이라면 언제나 $|ABC\cdots E\rangle$와 직교한다.

(점들의 한 집합의 중심점이란 그 점들에 위치한 동일한 점 질량들의 구성의 중력 중심이다. 평사투영은 §5.10의 **그림 5.19**에서 설명했다.) C.3을 증명하기 위해, P^*이 남극에 이를 때까지 구를 회전한다. 그러면 상태 $|QPP\cdots P\rangle$는 다항식 $x^{n-1}(x-\chi)$에 의해 표현되고, 여기서 χ는 리만 구면의 점 Q를 정의한다. 마요라나 설명이 $\alpha_1, \alpha_2, \alpha_3, \cdots, \alpha_n$에 의해 주어지는 다항식 $(x-\alpha_1)(x-\alpha_2)(x-\alpha_3)\cdots(x-\alpha_n)$과의 스칼라 곱을 이루면, 아래 상태에서 이것이 사라짐을 알 수 있다.

$$1 + n^{-1}\overline{\chi}(\alpha_1 + \alpha_2 + \alpha_3 + \cdots + \alpha_n) = 0.$$

즉, $-1/\chi$가 $(\alpha_1 + \alpha_2 + \alpha_3 + \cdots + \alpha_n)/n$일 때인데, 이는 $\alpha_1 + \alpha_2 + \alpha_3 + \cdots + \alpha_n$에 의해 주어지는 점들의 복소평면 내에서의 중심점일 때이다. 이로써 C.3이 증명된다. C.2를 증명하려면 대신 점 P를 남극에 위치시킨다. 그러면 상태 $|PPP\cdots P\rangle$는 상수 1에 의해 표현되며, 차수 n인 다항식으로 고려된다. 이에 대응하는 스칼라 곱은 이제 다음 조건일 때 사라진다.

$$\alpha_1 \alpha_2 \alpha_3 \cdots \alpha_n = 0.$$

즉, α_1, α_2, α_3, $\cdots$, α_n의 적어도 하나가 사라질 때이다. 복소평면의 점 0은 북극 P*를 나타낸다. 이로써 C.2가 증명된다.

결과 C.2로 인해 우리는 마요라나 점들을 물리적 관점에서 해석할 수 있다. 이 결과가 지닌 의미가 무엇이냐면, 이 점들이 한 (슈테른-게를라흐 식의) 스핀 측정이 해당 측정과 완전 반대 방향으로 일어나는 결과의 확률이 0이 되는 그러한 방향을 정의한다는 것이다(ENM 273쪽(국내판 424, 425쪽 참고)). 특별한 경우로서, 스핀 1/2($n = 1$)일 경우 직교 상태가 마요라나 점들이 대척지에 있는 상태들일 경우도 포함된다. 결과 C.3 덕분에 우리는 스핀 1($n = 2$)인 경우에 직교성에 대한 일반적인 기하학적 해석을 추론할 수 있다. 주목할 만한 특별한 경우가 생길 때는 두 상태가 대척점들(이 점들을 잇는 선은 구의 중심을 통과하는 수직선)의 두 쌍으로 표현될 때이다. 스핀 3/2($n = 3$)인 경우, C.3은 (C.1과 더불어) 우리가 §5.18에서 필요한 모든 것을 제공해준다. (일반적인 경우에 대하여 직교성에 대한 기하학적인 해석은 다른 곳에서 제시하겠다.)

§5.18에서 필요한 C.3의 특정한 경우는 다음 상황에서 생긴다. 즉, P와 Q가 리만 구에 내접한 한 정육면체의 인접한 꼭짓점들이어서 PQ와 Q*P*가 이 정육면체의 반대편 모서리일 때이다. PQ*와 QP*의 길이는 PQ와 P*Q*의 길이의 $\sqrt{2}$ 배이다. C.3으로부터 단순한 대칭성에 의해 |P*PP⟩와 |Q*QQ⟩가 직교함이 도출된다.

1장

1. 특히 굿(Good)의 1965년 문헌, 민스키(Minsky)의 1986년 문헌, 모라벡의 1988년 문헌을 보기 바란다.

2. 모라벡의 1988년 문헌에서 이런 식의 시간 규모를 주장하며 든 근거는 피질 가운데 그가 고려 대상으로 삼은 부분(본질적으로 망막에 있는 부분)은 이미 모델링에 성공했다는 점과, 미래에 컴퓨터 기술이 발전해나갈 속도를 추정한 값이었다. 1994년 초반인 지금까지도 그는 당시의 추정치를 고수하고 있다. 모라벡의 1994년 문헌 참고.

3. 이 네 가지 관점은 가령 존슨-레어드(Johnson-Laird)의 1987년 문헌 가운데 252쪽에서 명쾌하게 기술하고 있다. (다만 한 가지 짚어두어야 할 점이 있다. 그가 이야기하는 '처치-튜링 명제'란 본질적으로 §1.6에서 내가 '튜링의 명제'라 부르는 내용 — '처치의 명제'가 아니라 — 을 가리킨다.)

4. 예컨대 D. 데닛, D. 호프스태터, M. 민스키, H. 모라벡, H. 사이먼(H. Simon)을 들 수 있다. 이들 용어에 대한 논의는 설의 1980년 문헌, 록우드(Lockwood)의 1989년 문헌을 보기 바란다.

5. 모라벡의 1988년 문헌을 보기 바란다.

6. 튜링의 1950년 문헌. ENM 5~14쪽(국내판 29~37쪽)을 보기 바란다.

7. 설의 1980년 문헌, 1992년 문헌을 보기 바란다.

8. 이 사안은 현재의 물리학이 이산적 (디지털) 작용이 아닌 연속적 작용에 바탕을 두고 있다는 점 때문에 복잡해진다. 심지어 이 맥락에서 '컴퓨팅 가능성'이 뜻하는 바조차도 갖가지 해석을 낳을 여지가 있다. 이에 얽힌 몇몇 논의를 살펴보려면 포럴의 1974년 문헌, 스미스(Smith)와 스티븐슨(Stephenson)의 1975년 문헌, 포럴과 리처즈(Richards)의 1979년, 1981년, 1982년, 1989년 문헌, 블룸(Blum)과 섭(Shub), 스메일(Smale)의 1989년 문헌, 루벌(Rubel)의 1988년, 1989년 문헌을 참고하자. 이 문제는 §1.8에서 다시 다룬다.

9. 이 멋진 표현은 BBC 라디오 4의 '날마다 한 생각(Thought for the Day)'에서 나왔다.

10. AI라는 주제의 실질적 출발점은 1950년대로서, 처음에는 비교적 아주 간단한 하향식 절차를 활용했다(가령, 그레이 월터(Grey Walter)의 1953년 문헌). 프랭크 로젠블랫(Frank Rosenblatt)의 1962년 문헌에 등장하는, 패턴을 인식하는 1959년의 '퍼셉트론(perceptron)' 은 '연결주의자(connectionist)' (인공 뉴럴 네트워크) 장치로서 첫 성공 사례였고, 이에 자극받아 상향식 기법에 대한 관심이 크게 일었다. 하지만 1969년에 마빈 민스키와 시모어 패퍼트(Seymour Papert)는 이 유형의 상향식 구조에 관한 몇몇 근본적 한계를 지적했다(민스키와 패퍼트의 1972년 문헌 참고). 뒤에 홉필드(Hopfield)의 1982년 문헌에서 이 한계를 극복했고, 지금 뉴럴 네트워크 형태의 인공 장치는 온 세계에 걸쳐 상당한 연구 활동이 이어지고 있는 주제이다. (예를 들어, 벡스(Beks)와 함커(Hamker)의 1992년 문헌과 저노스(Gernoth) 등의 1993년 문헌을 참고하면 고에너지 물리학의 몇몇 응용 사례를 볼 수 있다.) 하향식 AI 연구에서 중요한 업적으로는 존 매카시(John McCarthy)의 1979년 문헌과, 앨런 뉴얼(Alan Newell)과 허버트 사이먼(Herbert Simon)의 1976년 문헌을 꼽을 수 있다. 프리드먼(Freedman)의 1994년 문헌을 참고하면 이 모든 역사에 대한 극적인 설명을 접할 수 있다. AI에 얽힌 다양한 절차와 전망을 다룬 최근의 다른 논의를 살펴보려면 그로스버그(Grossberg)의 1987년 문헌, 바아즈(Baars)의 1988년 문헌을 보기 바란다. 이 주제를 고전적으로 공략한 사례를 보려면 드레퓌스(Dreyfus)의 1972년 문헌을, 그리고 AI 개척자의 최근 관점을 접하려면 걸런터(Gelernter)의 1994년 문헌을 참고하자. 그

밖에 브로드벤트(Broadbent)의 1993년 문헌과 칼파(Khalfa)의 1994년 문헌에 실린 다양한 글도 보기 바란다.

11. λ-미적분학에 대한 설명을 보려면 처치의 1941년 문헌과 클린의 1952년 문헌을 보기 바란다.

12. 이 사안을 다룬 다양한 문헌을 보려면, 가령 포럴의 1974년 문헌, 스미스와 스티븐슨의 1975년 문헌, 포럴과 리처즈의 1989년 문헌, 블룸과 섭, 스메일의 1989년 문헌을 참고하자. 이들 사안과 관련한 두뇌 활동에 얽힌 의문은 특히 루벨의 1985년 문헌에서 다룬 바 있다.

13. 타일 깔기 문제의 경우, 로버트 버거가 실제로 증명한 내용은 왕(Wang) 타일에 대한 타일 깔기 문제에 알고리듬적 일반해가 없다는 점이었다. (논리학자 왕 하오의 이름을 딴) 왕 타일은 모서리에 색을 입힌 단일 정사각형 타일들로 이루어져 있고, 타일과 타일이 맞닿는 곳에서는 색이 서로 맞아야 하며, 타일을 돌리거나 거울상을 취할 수는 없다. 하지만 특정한 왕 타일 집합이 평면을 메울 때에만 역시 평면을 메우는 해당 폴리오미노 집합을 고안하기란 쉬운 문제이다. 그러니 폴리오미노 타일 깔기 문제의 컴퓨팅적 불가해성은 왕 타일에 대한 해당 내용으로부터 곧바로 이끌어낼 수 있다.

폴리오미노 타일 깔기 문제와 관련하여 한 가지 짚어둘 점이 있다. 주어진 폴리오미노 집합이 평면을 메우는 데 실패한다면, 이 사실은 (어떤 튜링 기계의 활동이 멈출 때, 또는 어떤 디오판토스 연립방정식이 해를 지닐 때와 마찬가지로) 컴퓨팅적으로 알아낼 수 있는데, 해당 타일들로 $n \times n$ 정사각형 영역을 덮으려 시도하면서 n을 꾸준히 키워가다 보면 해당 타일들로는 전체 평면을 덮지 못한다는 점이 어떤 유한한 n값에서 드러나기 때문이다. 하지만 해당 타일들이 평면을 메우는지 여부는 알고리듬적으로 알아낼 도리가 없다.

14. AI 초기의 지나치게 낙관적인 몇몇 포부에 관한 이야기는 프리드먼의 1994년 문헌을 보기 바란다.

15. 이런 사안을 나에게 알려준 많은 이들, 특히 리 로에빙거(Lee Loevinger)에게 고마움을

전한다. 현재 우리가 행동하는 방식과 현대물리학 및 컴퓨팅 사이의 관련성을 다룬 놀라운 논의를 보려면 하지슨(Hodgeson)의 1991년 문헌을 참고하자.

16. 가령 스미더즈(Smithers)의 1990년 문헌을 보기 바란다.

17. 가령 1992년 문헌에서 슬로먼은 정의가 허술한 '의식'이라는 용어를 ENM에서 너무도 중시했다며 나를 힐난했다. 정작 그 자신은 (내가 보기에) 훨씬 더 허술히 정의된 용어인 '마음'을 자유롭게 언급하면서 말이다!

18. 설의 1980년, 1992년 문헌을 보기 바란다.

19. 호프스태터와 데닛의 1981년 문헌에서 372쪽에 실린 설의 1980년 글을 보기 바란다. 하지만 내가 보기에, 설이 지금 주장을 편대도 과연 $\mathscr{C}$가 아니라 $\mathscr{B}$에 찬성하는 입장일지는 분명치 않다.

20. 호프스태터의 1981년 문헌을 보면 이런 유형의 견해를 재미있게 제시한 내용이 나와 있다. ENM 21~22쪽(국내판 52~55쪽)도 참고.

21. '알고리듬적 복잡성'이라는 관념을 알기 쉽게 설명한 내용을 보려면 차이틴(Chaitin)의 1975년 문헌을 보기 바란다.

22. 슈(Hsu) 등의 1990년 문헌을 보기 바란다.

23. 프리드먼의 1994년 문헌을 보기 바란다.

24. 예를 들어, 모라벡의 1994년 문헌을 보기 바란다.

25. 루카스(Lucas)의 주장과 관련해서는 퍼트넘(Putnam)의 1960년 문헌, 스마트(Smart)의 1961년 문헌, 베나세라프(Benacerraf)의 1967년 문헌, 굿의 1967년, 1969년 문헌, 루이스(Lewis)의 1969년, 1989년 문헌, 호프스태터의 1981년 문헌, 보위(Bowie)의 1982년 문헌 참조. 루카스의 1970년 문헌도 참고. ENM 416~418쪽(국내판 630~633쪽)에 걸쳐 간략히 제시한 나의 변형 버전들도 다양한 문헌에서 공격받았다. 특히 슬로먼의 1992년 문헌과 『행동 · 두뇌 과학(Behavioral and Brain Sciences)』에 실린 많은 논객들의 문헌 ─ 불로즈(Boolos)의 1990년 문헌, 버터필드(Butterfield)의 1990년 문헌, 차머스(Chalmers)의 1990년 문헌, 데이비스의

1990년, 1993년 문헌, 데닛의 1990년 문헌, 도일(Doyle)의 1990년 문헌, 글라이머 (Glymour)와 켈리(Kelly)의 1990년 문헌, 하지킨(Hodgkin)과 휴스턴(Houston)의 1990년 문헌, 켄트리지(Kentridge)의 1990년 문헌, 맥레넌(MacLennan)의 1990년 문헌, 맥더못 (McDermott)의 1990년 문헌, 매니스터-레이머(Manaster-Ramer) 등의 1990년 문헌, 모텐 슨(Mortensen)의 1990년 문헌, 펄리스(Perlis)의 1990년 문헌, 로스키즈(Roskies)의 1990 년 문헌, 초초스(Tsotsos)의 1990년 문헌, 와일린스키(Wilensky)의 1990년 문헌 — 을 보기 바란다. 내가 답한 내용을 담은 펜로즈의 1990년, 1993년d 문헌과 구치오니(Guccione)의 1993년 문헌도 참고하자. 도드(Dodd)의 1991년 문헌, 펜로즈(Penrose)의 1991년 b문헌도 참고하자.

26. 영국의 한 TV 프로그램에서 — 아마도 1991년 12월에 방영한 「꿈의 기계(The Dream Machine)」일 텐데, BBC의 시리즈물 「생각하는 기계(The Thinking Machine)」에서 네 번째 이야기였다. 프리드먼의 1994년 문헌도 보기 바란다. AI '이해' 분야에서 근래에 있었던 진전, 특히 더글러스 레닛(Douglas Lenat)의 흥미진진한 '싸익(Cyc)' 프로젝트를 다룬 논 의가 실려 있다.

27. 생생하고 인기 있는 설명을 보려면 울리(Woolley)의 1992년 문헌을 보기 바란다.

28. 가령 1992년의 BBC 크리스마스 강의에서 리처드 도킨스가 그런 의견을 밝힌 바 있 다.

29. 가령 프리드먼의 1994년 문헌을 보기 바란다. 레닛과 다른 이들이 이런 방면으로 연 구한 내용에 대한 설명이 실려 있다.

2장

1. 이 이야기는 완벽히 '자명해' 보이기 쉽다. 딱히 수학자들 사이에서 논쟁거리가 될 법 하다는 생각은 들지 않을 수 있다! 하지만 커다란 무한집합을 생각해보면 '존재' 개념 에서 문제가 불거진다. (예컨대 스모린스키(Smorynski)의 1975년 문헌, 루커(Rucker)의

1984년 문헌, 무어(Moore)의 1990년 문헌 참고) 이런 문제는 특히 조심스럽게 다루어야 함을 러셀 역설이라는 사례를 통해 깨달은 바 있다.

어떤 집합이 반드시 존재한다고 여기려면 적어도 그 집합에 드는 것과 들지 않는 것을 규정하는 명백한 규칙(꼭 컴퓨팅 가능하지는 않아도 되는 규칙)이 있어야 한다는 관점도 있다. 그런데 이는 하필 선택공리가 알려주지 않는 내용이다. 선택공리에는 집합 모임의 각 구성원으로부터 어느 원소를 취할지 규정하는 규칙이 들어 있지 않으니 말이다. (선택공리에 담긴 의미 중에는 직관에 무척 어긋나는 — 거의 역설에 가까운 — 내용도 있는데, 아마 그 점도 논란의 실마리가 되는 듯하다. 나로서도 이 사안에 대한 내 자신의 입장이 무엇인지조차 잘 모르겠다!)

2. 1966년에 낸 저서의 마지막 장에서 코헨(Cohen)은, $\mathbb{ZF}$의 여러 절차에 따르면 연속체 가설은 결정 불가능임을 자신이 입증해보이기는 했으나, 그 가설이 실제로 참인지 여부에 대한 의문은 고스란히 남아 있음을 강조한다. 그리고 실제로 이 의문을 매듭지으려면 어떻게 실마리를 찾아야 할지에 대해 논의한다! 그 점에 비추어 보면 그가 연속체 가설의 수용 여부에 대해 온전히 각자 마음먹기 나름이라고 여기지 않음을 분명히 알 수 있다. 이는 괴델-코헨이 이끌어낸 결과에 담긴 의미를 두고 흔히들 이야기하는 견해, 곧 숱한 '대안적 집합론'이 존재하며 수학에 적용한다면 그 모두가 서로 등가적으로 '유효하다'는 견해와는 상반된다. 그와 같은 언급을 통해 코헨은 스스로가 괴델과 마찬가지로 플라톤주의자 — 수학적 참 거짓의 문제는 제멋대로가 아니라 절대적인 것임을 믿는 이 — 임을 드러내 보인다. 이 점은 나의 시각과도 무척 잘 들어맞는다. §8.7을 참고하자.

3. 가령 호프스태터의 1981년 문헌, 보위(Bowie)의 1982년 문헌을 보기 바란다.

4. 가령 『행동·두뇌 과학(Behavioral and Brain Sciences)』 **13**(1990년)의 643~705쪽에 실린 갖가지 논평을 보기 바란다.

5. 이 용어는 호프스태터의 1981년 문헌에서 처음 나왔다. 그런 비표준 모델들이 언제나 존재함을 알려주는 건 바로 괴델의 '다른' 정리 — 완전성 정리 — 이다.

6. 사실 이는 다양한 진술 가운데 과연 어느 것들을 여기서 '유클리드 기하학'이라 부르는

대상에 든다고 여기는가에 달렸다. 논리학자들이 보통 쓰는 용어에 따르면, '유클리드 기하학'이라는 체계에 들어 있는 것은 어떤 특정한 종류의 진술뿐이며, 그런 진술의 참 거짓은 결국 어떤 알고리듬적 절차를 토대로 가려낼 수 있다. 그래서 어떤 형식체계를 토대로 유클리드 기하학을 규정할 수 있다는 언명이 나온다. 하지만 이와 다르게 해석하는 이들은 평범한 '산수' 또한 '유클리드 기하학'의 일부로 여길 수 있다고 보며, 그 경우 알고리듬적으로는 참 거짓을 가려낼 수 없는 부류의 진술도 허용하게 된다. 가령 폴리오미노 타일 깔기 문제를 유클리드 기하학의 일부라고 여긴다면 그때도 이와 똑같은 이야기를 적용할 수 있는데, 무척 자연스러운 조치로 보일 것이다. 이런 점에 비추어 보면 유클리드 기하학을 산수보다 더 정식화하여 규정할 수는 없다!

7. 데이비스의 1993년 문헌에 실린 논평을 보기 바란다.

8. 크라이젤(Kreisel)의 1960년 문헌과 1967년 문헌, 굿(Good)의 1967년 문헌도 보기 바란다.

9. 다양한 컴퓨터 시스템이 '스스로' 수학을 해보려 애쓰다가 맞닥뜨린 문제점 가운데 몇몇을 다룬 프리드먼의 1994년 문헌을 보기 바란다. 대체로 그런 시스템은 상당히 많이 발전하지 못하는 실정이며, 인간이 꽤 많이 이끌어주어야 한다!

3장

1. 이 인용문은 러커(Rucker)의 1984년 문헌 그리고 왕(Wang)의 1987년 문헌에서 얻었다. 괴델의 1951년 깁스 강연의 일부인 듯하며 전체 텍스트는 괴델 선집 3권(1995년)에 나온다. 또한 다음을 보기 바란다. 왕(Wang)(1993년) 118쪽.

2. 다음을 보기 바란다. 하지스(1983년) 361쪽. 인용문은 튜링이 1947년 런던수학협회에 한 강연에서 얻은 것으로서 튜링의 1986년 문헌에 나온다.

3. 이 절차는 $\mathbb{ZF}$를 괴델-베르나이스 계 내에 포함시키는 것이다. 다음을 보기 바란다. 코헨(1966년) 2장.

4. 다음을 보기 바란다. 홀레트(Hallett)(1984년) 74쪽.

5. 우주 상태의 이 수 $10^{10^{123}}$ — 또는 그 근처 값 — 는 관찰 가능한 우리 우주 내의 물질의 양을 포함하는 한 우주의 (§6.11의 절대 단위로 측정된) 가능한 위상공간의 부피다. 이 부피는 해당 물질의 총질량으로 블랙홀의 엔트로피에 대해 베켄슈타인-호킹 공식을 사용하여, 그리고 §6.11의 절대 단위로 이 엔트로피의 지수를 취하여 추산할 수 있다. 다음을 보기 바란다. ENM 340~344쪽(국내판 523~530쪽).

6. 다음을 보기 바란다. 모라벡(1988, 1994년).

7. 가령 다음을 보기 바란다. 에클스(Eccles)(1973년) 그리고 ENM 9장.

8. 이 활동에 대한 대중적인 이야기는 다음을 보기 바란다. 글릭(Gleick)(1987년) 그리고 슈뢰더(Schroeder)(1991년).

9. 이것은 폰 노이만과 모르겐스테른의 고전적 이론(1944년)의 한 요소이다.

10. 다음을 보기 바란다. 글릭(1987년), 슈뢰더(1991년).

11. 이에 관한 대중적인 이야기는 다음을 보기 바란다. 스모린스키(Smorynski)(1975, 1983년), 러커(1984년)

12. 이것은 직접적인 방식으로 증명하기는 무척 어려운 평면 유클리드 기하학의 아주 흥미진진한(하지만 너무 복잡하지는 않은) 정리이다. 밝혀진 바로는, 이를 증명하는 한 방법은 훨씬 더 쉬운 적절한 일반화를 찾아서 원래 경우를 하나의 특별한 경우로서 이끌어내는 것이다. 이런 유형의 절차는 수학에서 매우 흔한 것이지만 컴퓨터 논증이 취하는 방식은 결코 아니다. 왜냐하면 적절한 일반화를 찾는 데에는 상당한 독창성과 통찰력이 필요하기 때문이다. 한편 컴퓨터 증명의 경우, 컴퓨터는 하향식 절차들로 이루어진 명백한 시스템을 제공 받아 이에 따라 엄청나게 빠른 속도로 그 절차들을 수행한다. 하지만 맨 처음에 그런 효과적인 하향식 규칙들을 고안하는 데 인간의 독창성이 상당히 투입되어야 할 테다.

13. 그러한 시도들에 대한 역사적인 내용은 프리드먼의 1994년 문헌을 보기 바란다.

14. 이 진술은 §1.8의 논의에 따라 검증되어야 한다. 이는 아날로그 시스템은 디지털 방식

으로 다루어질 수 있다는 일상적인 가정에 따른 것이다. 1장 후주 12의 참고 문헌을 보기 바란다.

15. 뉴런이 기존의 인식과 달리 단지 ON/OFF 스위치가 아닐지 모른다는 제안이 여러 상이한 분야에서 인기를 끌고 있는 듯하다. 가령 다음 책들을 보기 바란다. 스코트(Scott)(1977년), 해머로프(1987년), 에델만(Edelman)(1989년), 그리고 프리브람(Pribram)(1991년). 7장에서 우리는 해머로프의 아이디어 가운데 일부가 우리에게 매우 중요함을 알게 될 것이다.

16. 프뢸리히(Fröhlich)(1968, 1970, 1975, 1984, 1986년). 이런 아이디어들은 다음 후속 연구에서도 이어졌다. 마샬(Marshall)(1989년), 록우드(Lockwood)(1989년), 조하르(Zohar)(1990년) 등. 이들 연구도 우리에게 중요하다. §7.5를 참고할 것. 아울러 벡(Beck)과 에클스 (1992년)를 참고할 것.

17. 가령 다음을 보기 바란다. 스미스(Smith)와 스티븐슨(Stephenson)(1975년), 포럴과 리처즈(1989년), 블럼 등(1989년) 그리고 루벨(1989년).

18. 콘웨이의 '생명의 게임'에 관해 훌륭히 소개한 내용은 다음 문헌에 나온다. 가드너(Gardner)(1970년), 파운드스톤(Poundstone)(1985년) 그리고 영(Young)(1990년).

19. 가령 다음을 보기 바란다. 존슨-레어드(Johnson-Laird)(1983년), 브로드벤트(Broadbent)(1993년).

20. 다음에서 논의된 내용이다. 브로드벤트(1993년).

4장

1. 가령 다음을 보기 바란다. 데닛(1991년) 49쪽.

2. 그런 중요한 방정식의 하나가 바로 '열역학 제1법칙'이다. 이 법칙을 수식으로 표현하면 다음과 같다. $dE = TdS - pdV$. 여기서 E, T, S, p 그리고 V는 각각 기체의 에너지, 온도, 엔트로피, 압력 그리고 부피를 나타낸다.

3. 가령, 데닛(1991년).

4. 사하로프(Sakharov)(1967년), 미스너(Misner) 등(1973년) 428쪽 참고.

5. 열역학 제2법칙에 대한 매우 자세하지 않지만 그래픽적인 설명은 ENM 6장을 보기 바란다. 점점 커지는 정교함에 관한 이야기는 다음을 보기 바란다. 데이비스(Davies)(1974년) 및 O. 펜로즈(1970년).

5장

1. 펜로즈(1993*b*, 1994*a*), 짐비아 및 펜로즈(1993년).

2. 명확한 실험에 대한 첫 제안이 나온 것은 클라우저(Clauser)와 혼(Horne)(1974년) 그리고 클라우저, 혼 및 시모니(1978년).

3. 비국소적인 양자 예측들에 대한 긍정적 확인을 가리키는 최초의 실험은 프리드먼과 클라우저에 의해 이루어졌다(1972년). 그리고 몇 년 후에 더욱 확고한 결과들이 아스페, 그랭거 및 로저에 의해 얻어졌다(1982년). (또한 아스페와 그랭거(1986년) 참고).

4. 아스페 등이 지금껏 관찰한 특정한 EPR 효과에 대해서는 또 한 가지 유형의 '고전적' 설명이 가능하다. 이 설명 — 지연된 붕괴 — 은 유언 스콰이어스(Euan Squires)가 내놓은 것으로서(1992*a*), 서로 떨어진 곳에 위치한 검출기에 의한 측정의 실제 효과에는 상당한 시간 지연이 있을지 모른다는 사실을 이용한 것이다. 이 제안은 어떤 이론 — §6.9내지 §6.12에서 우리가 마주치게 될 것과 같은 색다른 이론 — 의 맥락에서 받아들여져야 하는데, 그 어떤 이론이란 각각의 두 양자 측정이 어떤 시간에 객관적으로 발생할지에 관해 결정적인 예측을 하는 것이다. 이 두 시간을 제어하는 무작위적 영향 때문에 두 검출기 중 하나가 다른 검출기보다 상당히 일찍 자신의 측정에 영향을 줄 가능성이 높다고 여겨진다. 사실은 매우 일찍 이 영향이 일어나는 터라 (지금껏 실시된 실험들에서) 이전 검출기로부터 광속으로 전파되는 신호가 나중 검출기에게 이전 신호 검출의 결과가 무엇이었는지를 알려 줄 시간이 충분하다는 것이다.

이 견해에 따르면, 양자 측정이 일어날 때면 언제나 측정 사건에서 바깥을 향해 광속으로 전파되는 '정보 파동'이 동반된다. 이런 식의 활동은 완벽하게 고전적인 상대성이론과 맞아떨어지는데(§4.4), 하지만 이것은 아주 먼 거리에 대한 양자론의 예측과는 일치하지 않는다. 특히, §5.3의 '마법 12면체'는 지연 붕괴로 설명할 수가 없다. 물론 그런 '실험'이 아직 실시된 적이 없기에, 양자론의 예측이 그런 환경에서 어긋나게 될 것이라고 볼 수도 있다. 하지만 더 심각한 반대 견해는 이것이다. 즉, 지연 붕괴는 다른 유형의 양자 측정들과 심각하게 상충되는 경우와 마주치게 될 것이며 모든 표준적인 보존 법칙들을 위반하게 될 것이다. 예를 들어, 붕괴하는 방사능 원자가 한 대전 입자 — 가령 α 입자 — 를 방출할 때, 충분히 멀리 떨어진 두 검출기는 동일한 α 입자를 수신할 수 있을 것이다. 에너지, 전하 및 바리온(소립자의 일종으로 중입자라고도 함–옮긴이) 수에 대한 보존 법칙 각각을 동시에 위반하면서 말이다! (아주 멀리 떨어져 있으면, 첫 번째 검출기에서 오는 '정보 파동'은 두 번째 검출기가 동일한 α 입자를 검출할 수 없도록 경고할 만한 충분한 시간을 벌지 못한다!) 하지만 이런 보존 법칙은 여전히 '평균적으로' 유지되며, 이에 반하는 어떠한 실제 관찰 결과도 나는 들어본 적이 없다. 지연 붕괴의 위상에 대한 최근의 평가가 궁금하다면, 홈(Home)의 1994년 문헌을 보기 바란다.

5. 아브너 시모니(Abner Shimony)에게 들은 바로는, 코헨과 슈페커가 이미 자신들의 사례에 대한 EPR 정식화를 알고 있었다고 한다.

6. 상이한 기하학적 구성을 보여주는 다른 사례들에 관해서는 페레스(1990년), 머민(1990년), 펜로즈(1994년 *a*)를 보기 바란다.

7. 가장 효율적인 '절반이 은도금된 거울'은 실제로 전혀 은으로 덮이지 않은 것일 테지만 빛의 파장과 관련하여 딱 맞는 두께의 투명한 재질의 얇은 조각일 것이다. 이 거울이 자신의 효과를 내는 까닭은 반복되는 내부 반사와 투과의 복잡한 조합 때문인데, 그리하여 최종적으로 투과된 빔과 반사된 빔은 세기가 동일하다. 최종적으로 투과된 빔과 반사된 빔 사이에 일어나는 변환의 '유니터리' 속성으로부터, 틀림없이 한 파장의 사분의 일만큼의 위상 변화가 생겨 'i' 요소가 필요해진다는 점이 도출된다. 클라인(Klein)과 푸르타

크(Furtak)의 1986년 문헌을 보면 더 완벽한 논의를 볼 수 있다.

8. 가령, 디랙(1947년), 데이비스(1984년).

9. 반사된 상태에 대해 도입한 위상 요소의 선택에는 어느 정도 임의적인 면이 있다. 부분적으로는 어떤 종류의 거울을 사용하느냐는 점과도 얼마만큼 관련되어 있다. 사실, 후주 7에 언급된 '절반이 은도금된' 거울과 달리(아마도 실제론 은이 조금도 덮여 있지 않은 거울) 우리는 이 두 거울이 실제로 전부 은으로 덮여 있다고 여길 수 있다. 여기서 내가 도입한 'i' 요소는 일종의 타협으로서 '절반이 은도금된' 거울에서 반사하는 경우에 얻은 요소와의 피상적인 일치를 위한 것이다. 사실 전부 은도금된 거울에서 반사하는 경우에 무슨 요소가 도입되는지는 실제로 그리 중요한 문제가 아니다. 두 해당 거울에 대한 우리의 측정이 서로 일관되기만 한다면 말이다.

10. 가령, 코헨과 슈페커(1967년) 그리고 후주 6의 참고 문헌.

6장

1. 어떤 의미에서 §5.16에서 언급된 광자의 '보손(boson)' 특성이 양자 얽힘의 한 사례로 간주될 수도 있다. 핸버리 브라운과 트위스(1954, 1956년)의 측정이 이를 긴 거리에 걸쳐 확인해준다(452쪽 각주 참고)

2. 에베렛(1957년), 휠러(1957년), 드위트(DeWitt) 및 그레이엄(Graham)(1973년), 게로치(Geroch)(1984년).

3. 스콰이어스(1990, 1992년 b).

4. 벨(1992년).

5. 파동함수의 객관적 실재성을 지지하는 다른 주장에 관해서는 아하로노프, 아나단 그리고 베이드먼(1993년)을 보기 바란다.

6. 가령 다음을 보기 바란다. 데스파냐(d'Espagnat)(1989년)

7. 다음을 보기 바란다. 데스파냐(1989년), 주레크(Zurek)(1991, 1993년), 파즈(Paz), 하빕

(Habib) 및 주레크(1993년)

8. 이것이 F. 드레이크(Drake)의 SETI 프로그램의 결론인 듯하다.

9. 내 자신의 제안은 비록 확고히 '중력적' 캠프 안에 있긴 하지만 최근까지는 그다지 구체적이지 않았다. 참고. 펜로즈(1993년 *a*, 1994년 *b*). 이 제안은 축소가 갑작스러운 불연속적인 과정이라는 지라르디-리미니-웨버의 원래 아이디어와 뜻을 같이 한다. 하지만 최근의 많은 활동은 펄(Pearle)의 첫 연구(1976년)에서와 같이 연속적인 (확률적인) 상태 축소 과정에 관심을 두고 있다. 다음을 보기 바란다. 디오시(1992년), 지라르디 등(1990년 *b*), 퍼시벌(1994년). 이 이론을 상대성이론과 일관되게 만드는데 관심을 둔 연구는 다음을 보기 바란다. 지라르디 등(1992년), 기싱(Gisin)(1989년), 기싱 및 퍼시벌(1993년).

10. 슈뢰딩거(1935년 *a*). 또한 다음을 참고. ENM 290~296쪽(국내판 452~461쪽).

11. 또한 다음을 보기 바란다. 디오시(1989년), 지라르디 등(1990년 *a*), 펜로즈(1993년 *a*).

12. 차일링거 등(1988년).

13. 웨버(1960년), 브라긴스키(Braginski)(1977년).

14. 하지만 ENM 7장에 나온 전반적인 동기는 여기서(그리고 펜로즈 1993년 *a*에서) 제시되고 있는 제안을 지지하는 듯하다. 그 동기가 ENM에 나오는 '한 중력 양자 기준'을 지지하는 것보다 더욱 명확하게 말이다. 관련성을 더욱 구체화하기 위해서는 추가적인 연구가 필요하다.

15. 다음을 보기 바란다. 펜로즈(1991년 *a*). 또한 ENM 220, 221쪽(국내판 346~349쪽).

7장

1. 가령 다음을 보기 바란다. 리스보아(Lisboa)(1992년).

2. 프렌치(French)(1940년), 겔버(Gelber)(1958년), 애플화이트(Applewhite)(1979년), 후쿠이와 아사이(1976년).

3. 드릴(Dryl)(1974년).

4. 해머로프와 와트(1982년), 해머로프(1987년), 해머로프 등 (1988년), 투진스키 (Tuszynski) 등이 실시한 최근의 연구(1996년)에 의하면, 그런 정보 처리는 'A 격자'에 따라 조직된 미세소관에서만 일어날 수 있다고 한다. **그림 7.4, 7.8** 그리고 **7.9**가 설명하고 있는 내용이 바로 그것이다. 반면에 미세소관의 길이 방향으로 '솔기'가 이어져 있는 'B 격자'라고 하는 더욱 흔한 조직(만델코프(Mandelkow)와 만델코프(1994년) 참고)에서는 그런 처리가 적합하지 않다.

5. 클라트린에 관한 입수 가능한 참고 문헌으로는 코루가 등(1993년)을 보기 바란다. 그리고 풀러린에 관한 대중적인 설명으로는 컬(Curl)과 스몰리(Smalley)의 1991년 문헌을 보기 바란다.

6. 다음을 보기 바란다. 스트레튼(Stretton) 등(1987년).

7. 가령 해머로프의, 튜블린 이합체에 대한 전환 시간은 프뢸리히의 주파수인 약 5×10^{10}Hz와 일치하는 듯하다.

8. 가령 다음을 보기 바란다. 이샴(Isham)(1989, 1994년), 스몰린(Smolin)(1993, 1994년).

9. 이 아이디어는 도이치 논문의 초기 원고(1991년)에서 발견되지만 출간된 논문에는 포함되지 않았다. 데이비드 도이치는 나에게 역설하기를, 자신이 최종 논문에서 이 부분을 뺀 까닭은 그 아이디어가 '틀렸기' 때문이 아니라 그것이 논문의 특정한 목적과 무관하기 때문이라고 말했다. 어쨌거나 나의 설명 목적상 그 아이디어의 가치는 그것이 양자 중력에 관한 기존의 틀 내에서 '옳으냐'에 있지 않고 — 왜냐하면 현재로서는 그런 일관된 틀이 존재하지 않으므로 — 그것이 향후의 발전을 시사해주느냐에 있다. 정말로 그러하긴 하지만!

'양자 컴퓨팅'의 비국소성에 관한 대안적인 접근법으로는 다음을 보기 바란다. 카스타놀리(Castagnoli) 등(1992년)

10. 어쨌든 시간에 대한 우리의 통상적인 표현은 미래로 향한 '흐름'과 과거로 향한 '흐름'을 구별하지 않는다. (하지만 열역학 제2법칙 때문에 '과거를 재현하기'는 역학 방정식의 시간 진행으로 사실상 얻을 수 있는 것이 아니다.)

11. 아울러 다음을 보기 바란다. 데닛(1991년).

스티븐 호킹의 인생과 그의 연구에 관한 영화 「시간의 역사」를 본 적이 있는 어떤 사람들은 시간의 진행과 의식을 관련시키는 나의 견해를 아주 이상하게 여길지 모른다. 나는 이번 기회를 빌어 사람들이 그렇게 여기는 까닭은 영화 장면이 매우 부적절하게 잘못 편집되었기 때문임을 지적하고 싶다.

12. 트위스터 이론에 관한 추가적인 정보는 다음을 보기 바란다. 펜로즈와 린들러(Rindler)의 1986년 문헌, 워드(Ward)와 웰스(Wells)의 1990년 문헌, 베일리(Bailey)와 베스턴(Baston)의 1990년 문헌.

8장

1. 가령 다음을 보기 바란다. 리스보아(1992년).

2. 이 아이디어는 조엘 드 로스니(Joel de Rosnay)가 설명했다.

3. 「코끼리들의 메아리(Echo of elephants)」(BBC, 1993년 1월).

4. 「비가 오지 않는다면(If the rains don't come)」(BBC, 1992년 9월).

5. 「대낮의 강도질(Daylight Robbery)」(BBC, 1993년 8월).

6. 뉴런에 중심소체가 흔히 들어 있지 않음을 떠올리는 이들도 있을지 모르겠다(365쪽 참고). 다른 유형의 개별 세포들의 세포골격은 중심체가 '제어 센터'(세포분열에 필요한)여야 함을 요구하는 듯 보인다. 하지만 뉴런의 세포골격은 아마도 더 전체적인 권위를 따르는 듯!

7. 마(Marr)(1982년). 그리고 가령 브래디(Brady)(1993년).

8. 도널드슨(1983년). 비전문적인 설명을 보려면 델빈(1988년) 10장 참고.

9. 포퍼(Popper)의 '세계 3'에는 이 확장된 플라톤적 세계에 거주하는 이들과 얼마간 비슷한 정신적 존재들이 있다. 포퍼와 이클레스(1997년)를 보기 바란다. 하지만 그의 세계 3은 우리 자신들의 독립적인 시간과 무관한 존재가 사는 세계가 아닌 데다, 물리적 실재의

구조를 뒷받침하는 세계도 아니다. 따라서 그 세계의 지위는 여기서 고려 중인 '플라톤적 세계'와는 판이하게 다르다.

10. 모스토프스키(Mostowski)는 자신의 책 서문(1957년)에서 분명히 밝히기를, 괴델 논증과 같은 주장들은 절대적으로 결정할 수 없는 수학적 질문들이 존재할지 여부와는 아무런 관련이 없다고 했다. 이 사안은 지금으로서는 입증이나 반박이 이루어지기 전까지는 완전히 열려 있는 것으로 보아야 한다. 이 질문은 다른 두 질문과 마찬가지로 순전히 믿음의 문제다!

참고문헌

Aharonov, Y. and Albert, D.Z. (1981). Can we make sense out of the measurement process in relativistic quantum mechanics? *Phys. Rev.*, **D24**, 359-70.

Aharonov, Y. and Vaidman, L. (1990). Properties of a quantum system during the time interval between two measurements. *Phys. Rev*, **A41**, 11.

Aharonov, Y., Anandan, J., and Vaidman, L. (1993). Meaning of the wave function. *Phys. Rev.*, **A47**, 4616-26.

Aharonov, Y., Bergmann, P.G., and Liebowitz, J. L.(1964). Time symmetry in the quantum process of measurement. In *Quantum theory and measurement* (ed. J. A. Wheeler and W. H. Zurek). Princeton University Press, 1983; originally in *Phys. Rev.*, **B134**, 1410-16.

Aharonov, Y., Albert, D., Z., and Vaidman, L.(1986). Measurement process in relativistic quantum theory. *Phys. Rev.*, **D34**, 1805-13.

Albert, D.Z. (1983). On quantum-mechanical automata. *Phys. Lett.*, **98A(5,6)**, 249-52.

Albrecht-Buehler, G. (1985). Is the cytoplasm intelligent too? *Cell and muscle Motility*, **6**, 1-21.

Albercht-Buehler, G. (1981). Does the geometric design of centrioles imply their function? *Cell Motility*, **1**, 237-45.

Albercht-Buehler, G. (1991). Surface extensions of 3T3 cells towards distant infrared light sources. *J. Cell Biol.*, **114**, 493-502.

Anthony, M. and Biggs, N. (1992). *Computational learning theory, an introduction*. Cambridge University Press.

Applewhite, P. B. (1979). Learning in protozoa. In *Biochemistry and physiology of protozoa*, Vol. 1(ed. M. Levandowsky and S. H. Hunter), pp. 341-55. Academic Press, New York.

Arhem, P. and Lindahl, B.I.B. (ed.) (1993). Neuroscience and the problem of consciousness: theoretical and empirical approaches. In *Theoretical medicine*, **14**, Number 2. Kluwer Academic Publishers.

Aspect, A. and Grangier, P. (1986). Experiments on Einstein-Podolsky-Rosen-type correlations with pairs of visible photons. In *Quantum concepts in space and time* (ed. R. PAENROSE and C. J. Isham). Oxford University Press.

Aspect, A., Granger, P., and Roger, G. (1982). Experimental realization of Einstein-Podolsky-Rosen-Bohm *Gedankenexperiment*: a new violation of Bell's inequalities. *Phys. Rev. Lett.*, **48**, 91-4.

Baars, B. J.(1988). *A cognitive theory of consciousness*. Cambridge University Press.

Bailey, T. N. and Baston, R. J. (ed.) (1990). *Twistors in mathematics and physics*. London Mathematical Society Lecture Notes Series, 156. Cambridge University Press.

Baylor, D. A., Lamb, T. D., and Yau, K.-W.(1979). Response of retinal rods to single photons. *J. Physiol.*, **288**, 613-34.

Beck, F. and Eccles, J. C. (1992). Quantum aspects of consciousness and the role of consciousness. *Proc. Nat. Acad. Sci.*, **89**, 11357-61.

Beck, K.-H. and Hemker, A. (1992). An artificial intelligence approach to data analysis. In *Proceedings of 1991 CERN School of Computing* (ed. C. Verkerk). CERN, Switzerland.

Bell, J. S. (1964). On the Einstaein Podolsky Rosen paradox. *Physics*, **1**, 195-200.

Bell, J. S. (1966). On the problem of hidden variables in quantum theory. *Revs. Mod. Phys.*, **38**,

447-52.

Bell, J. S. (1987). *Speakable and unspeakable in quantum mechanics*. Cambridge University Press.

Bell, J. S. (1990). Against measurement. *Physics World*, **3**, 33-40.

Benacerraf, P. (1967). God, the Devil and Gödel. *The Monist*, **51**, 9-32.

Benioff, P. (1982). Quantum mechanical Hamiltonian models of Turing Machines. *J. Stat. Phys.*, **29**, 515-46.

Bennett, C. H., Brassard, G., Breidbart, S., and Wiesner, S. (1983). Quantum cryptography, or unforgetable subway tokens. In *Advance in cryptography*. Plenum, New York.

Bernard, C. (1875). *Leçons sur les anesthésiques et sur l'asphyxie*. J. B. Bailliere, Paris.

Blakemore, C. and Greenfield, S. (ed.) (1987). *Mindwaves: thoughts on intelligence, identity and consciousness*. Blackwell, Oxford.

Blum, L., Shub, M., and Smale, S. (1989). On a theory of computation and complexity over the real numbers: NP completeness, recursive functions and universal machines. *Bull Amer. Math. Soc.*, **21**, 1-46.

Bock, G. R. and Marsh, J. (1993). *Experimental and theoretical studies of consciousness*. Wiley.

Boden, M. (1977). *Artificial intelligence and natural man*. The Harvester Press, Hassocks.

Boden, M. A. (1990). *The creative mind: myths and mechanisms*. Wiedenfeld and Nicolson, London. 『창조의 순간: 새로움은 어떻게 탄생하는가』(고빛샘 옮김, 21세기북스, 2010년)

Bohm, D. (1952). A suggested interpretation of the quantum theory in terms of 'hidden' variables, I and II. In *Quantum theory and measurement* (ed. J. A. Wheeler and W. H. Zurek). Princeton University Press 1983. Originally in *Phys. Rev.*, **85**, 166-93.

Bohm, D. and Hiley, B. (1994). *The undivided universe*. Routledge, London.

Boole, G. (1854). *An investigation of the laws of thought*. 1958, Dover, New York.

Boolos, G. (1990). On seeing the truth of the Gödel sentence. *Behavioural and Brain Sciences*, **13**(4), 655.

Bowie, G. L. (1982). Lucas' number is finally up. *J. of Philosophical Logic*, **11**, 279-85.

Brady, M. (1993). Computational vision. In *The simulation of human intelligence* (ed. D. Broadbent). Blackwell, Oxford.

Braginsky, V. B. (1977). The detection of gravitational waves and quantum non-disturbtive measurements. In *Topics in theoretical and experimental gravitation Physics* (ed. V. de Sabbata and J. Weber), p. 105. Plenum, London.

Broadbent, D. (1993). Comparison with human experiments. In *The simulation of human intelligence* (ed. D. Broadbent). Blackwell, Oxford.

Brown, H. R. (1993). Bell's other theorem and its connection with nonlocality. Part I. In *Bell's Theorem and the foundations of Physics* (ed. A. Van der Merwe and F. Selleri). World Scientific, Singapore.

Butterfield, J. (1990). Lucas revived? An undefended flank. *Behavioural and Brain Sciences*, **13**(4), 658.

Castagnoli, G., Rasetti, M., and Vincenti, A. (1992). Steady, simultaneous quantum computation: a paradigm for the investigation of nondeterministic and non-recursive computation. Int. *J. Mod. Phys. C*, **3**, 661-89.

Caudill, M. (1992). *In our own image. Building an artificial person*. Oxford University Press.

Chaitin, G. J. (1975). Randomness and mathematical proof. *Scientific American*, (May 1975), 47.

Chalmers, D. J. (1990). Computing the thinkable. *Behavioural and Brain Sciences*, **13**(4), 658.

Chandrasekhar, S. (1987). *Truth and beauty. Aesthetics and motivations in science*. The University of Chicago Press.

Chang, C.-L. and Lee, R. C.-T. (1987). Symbolic logic and mechanical theorem proving, 2nd edn (1st edn 1973). Academic Press, New York.

Chou, S.-C. (1988). Mechanical geometry theorem proving. Ridel.

Christian, J. J. (1994). On definite events in a generally covariant quantum world. Unpublished preprint.

Church, A. (1936). An unsolvable problem of elementary number theory. *Am. Jour. of Math.*, **58**, 345-63.

Church, A. (1941). *The calculi of lambda-conversion.* Annals of Mathematics Studies, No. 6. Princeton University Press.

Churchland, P. M., (1984). *Matter and consciousness.* Bradford Books, MIT Press, Cambridge, Massachusetts.

Clauser, J. F. and Horne, M. A. (1974). Experimental consequences of objective local theories. *Phys. Rev.*, **D10**, 526-35.

Clauser, J. F., Horne, M. A., and Shimony, A. (1978). Bell's theorem: experimental tests and implications. *Rpts. on Prog. in Phys.*, **41**, 1881-927.

Cohen, P. C. (1966). *Set theory and the continuum hypothesis.* Benjamin, Menlo Park, CA.

Conrad, M. (1990). Molecular computing. In *Advance in computers* (ed. M. C. Yovits), Vol. 31. Academic Press, London.

Conrad, M. (1992). Molecular computing: the lock-key paradigm. *Computer* (November 1992), 11-20.

Conrad, M. (1993). The fluctuon model of Force, Life, and computation: a constructive analysis. *Appl. Math. and Comp.*, **56**, 203-59.

Costa de Beauregard, O. (1989). In *Bell's theorem, quantum theory, and conceptions of the universe* (ed. M. Kafatos). Kluwer, Dordrecht.

Craik, K. (1943). *The nature of explanation.* Cambridge University Press.

Crick, F. (1994). *The astonishing hypothesis, The scientific searc for the soul.* Charles Scribner's

Sons, New York, and Maxwell Macmillan International.

Crick, F. And Koch, C. (1990). Towards a neurobiological theory of consciousness. *Seminars in the Neurosciences*, **2**, 263-75.

Crick, F. and Koch, C. (1992). The problem of consciousness. *Sci. Amer.*, **267**, 110.

Curl, R. F. and Smalley, R. E. (1991). Fullerenes. *Sciectific American*, **265**, No. 4, pp. 32-41.

Cutland N. J. (1980). *Computablity. An introduction to recursive function theory*. Cambridge University Press.

Davenport, H. (1952). *The higher arithmetic*. Hutchinson's University Library.

Davies P. C. W. (1974). *The physics of time asymmetry*. Surrey University Press, Belfast.

Davies P. C. W. (1984). *Quantum mechanics*. Routledge, London.

Davis, M. (ed) (1965). *The undecidable—basic papers on undecidable propositions, unsolvable problems and computable functions*. Raven Press, Hewlett, New York.

Davis, M. (1978). What is a computation? In *Mathematics today; twelve informal essays* (ed. L. A. Steen). Springer-Verlag, New York.

Davis, M (1990). Is mathematical insight algorithmic? *Behavioural and Brain Sciences*, **13(4)**, 659.

Davis, M. (1993). How subtle is Gödell's theorem? *Behavioural and Brain Sciences*, **16**, 611-12.

Davis, M. and Hersch, R. (1975). Hilbert's tenth problem. *Scientific American* (Nov 1973), 84.

Davis, P. J. and Hersch, R. (1982). *The mathematical experience*. Harvester Press. 『수학적 경험』(양영오 외 옮김, 경문사, 2006년)

de Broglie, L. (1956). *Tentative d'interprétation causale et nonlinéaire de la mécanique ondulatoire*. Gauthier-Villars, Paris.

Deeke, L., Grötzinger, B., and Kornhuber, H. H. (1976). Voluntary finger movements in man : cerebral potentials and theory. *Biol. Cybernetics*, **23**, 99.

del Giudice, E., Doglia, S., and Milani, M. (1983). Self-focusing and ponderomotive forces of coherent electirc waves—a mechanism for cytoskeleton formation and dynamics. In *Coherent excitations in biological systems* (ed. H. Fröhlich and F. Kremer). Springer-Verlag, Berlin.

Dennett, D. (1990). Betting your life on an algorithm. *Behavioural and Brain Sciences*, **13(4)**, 660.

Dennet, D. C (1991). *Consciousness explained*. Little, Brown and Company.『의식의 수수께 끼를 풀다』(유자화 옮김, 옥당, 2013년)

d'Espagnant, B. (1989). *Conceptual foundations of quantum mechanics*, 2nd edn. Addison-Wesley, Reading, Massachusetts.

Deutsch, D. (1985). Quantum theory, the Church-Turing principle and the universal quantum computer. *Proc. Roy. Soc. (Lond.)*, **A400**, 97-117.

Deutsch, D. (1989). Quantum computation networks. *Proc. Roy. Soc. Lond.*, **A425**, 73-90.

Deutsch, D. (1991). Quantum mechanics near closed time-like lines. *Phys. Rev.*, **D44**, 3197-217.

Deutsch, D. (1992). Quantum computation. *Phys. World*, **5**, 57-61.

Deutsch, D. and Ekert, A. (1993). Quantum communication moves into the unknown. *Phys. World*, **6**, 22-3.

Deutsch, D. and Jozsa, R. (1992). Rapid solution of problems by quantum computation. *Proc. R. Soc. Lond.*, **A439**, 553-8.

Devlin, K. (1988). *Mathematics: the New Golden Age*. Penguin Books, London.

DeWitt, B. S. and Graham, R. D. (ed.) (1973). *The many-worlds interpretation of quantum mechanics*. Princeton University Press.

Dicke, R. H. (1981). Interaction-free quantum measurements: a paradox? *Am. J. Phys.*, **49**, 925-30.

Diósi, L. (1989). Models for universal reduction of macroscopic quantum fluctuations. *Phys.*

Rev., **A40**, 1165-74.

Diósi, L. (1992). Quantum measurement and gravity for each other. In *Quantum chaos, quantum measurement*; NATO AS1 Series C. Math. Phys. Sci 357 (ed. P. Cvitanovic, I. C. Percival, A. Wirzba). Kluwer, Dordrecht.

Dirac, P. A. M. (1947). *The principles of quantum mechanics*, 3rd edn. Oxford University Press.

Dodd, A. (1991). Gödell, Penrose, and the possibility of AI. *Artificial Intelligence Review*, **5**.

Donaldson, S. K. (1983). An application of gauge theory to four dimensional topology. *J. Diff. Geom.*, **18**, 279-315.

Doyle, J. (1990). Perceptive questions about computation and cognition. *Behavioural and Brain Sciences*, **13(4)**, 661.

Dreyfus, H. L. (1972). *What computers can't do*. Harper and Row, New York.

Dummentt, M. (1973). *Frege: philosophy of language*. Duckworth, London.

Dustin, P. (1984). *Microtubules*, 2nd revised edn. Springer-Verlag, Berlin.

Dryl, S. (1974). Behaviour and motor responses in paramecium. In *Paramecium—a current survey* (ed. W. J. Van Wagtendonk), pp. 165-218. Elsevier, Amsterdam.

Eccles, J. C. (1973). *The understanding of the brain*. McGraw-Hill, New York.

Eccles, J. C. (1989). *Evolution of the brain: creation of the self*. Routledge, London.

Eccles, J. C. (1992). Evolution of consciousness. *Proc. Natl. Acad. Sci.*, **89**, 7320-4.

Eccles, J. C. (1994). *How the self controls its brain*. Springer-Verlag, Berlin.

Eckhorn, R., Randall, D., and Augustine, G. (1988). *Animal physiology. Mechanisms and adaptations*, Chapter 11. Freeman, New York.

Eckhorn, R., Bauer, R., Jordan, W., Brosch, M., Kruse, W., Munk, M., and Reitboeck, H. J. (1988). Coherent oscillations: a mechanism of feature linking in the visual cortex? *Biol. Cybern.*, **60**, 121-30.

Edelman, G. M. (1976). Surface modulation and cell recognition on cell growth. *Science*, **192**, 218-26.

Edelman, G. M. (1987). *Neural Darwinism, the theory of neuronal group selection*. Basic Book, New York.

Edelman, G. M. (1988). *Topobiology, an introduction to molecular embryology*. Basic Books, New York.

Edelman, G. M.(1989). *The remembered present. A biological theory of consciousness*. Basic Book, New York.

Edelman, G. M. (1992). *Bright air, Brilliant fire: on the matter of the mind*. Alleen Lane, The Penguin Press, London. 『신경과학과 마음의 세계』(황희숙 옮김, 범양사, 2006년)

Einstein, A., Podolsky, P., and Rosen, N. (1935). Can quantum-mechanical description of physical reality be considered complete? In *Quantum theory and measurement* (ed. J. A. Wheeler and W. H. Zurek). Princeton University Press, 1983. Originally in *Phys. Rev.*, **47**, 777-80.

Elitzur, A. C. and Vaidman, L. (1993). Quantum-mechanical interaction-free measurements. *Found. of Phys.*, **23**, 987-97.

Elkies, Noam G. (1988). On $A^4 + B^4 + C^4 = D^4$. *Maths. of Computation*, **51**, (No. 184) 825-35.

Everett, H. (1957). 'Relative state' formulation of quantum mechanics. In *Quantum theory and measurement* (ed. J. A. Wheeler and W. H. Zurek). Princeton University Press 1983; Orignally in *Rev. of Mordern Physics*, **29**, 454-62.

Feferman, S. (1988). Turing in the Land of O(z). In *The universal Turing machine: a half-century survey* (ed. R. Herken). Kammerer and Unver-zagt, Hamburg.

Feynman, R. P. (1948). Space-time approach to non-relativistic quantum mechanics. *Revs. Mod. Phys.*, **20**, 367-87.

Feynman, R. P. (1982). Simulating Physics with computers. *Int. J. Theor. Phys.*, **21(6/7)**, 467-

88.

Feynman, R. P. (1985). Quantum mechanical computers. *Optics News*, Feb, 11-20.

Feynman, R. P. (1986). Quantum mechanical computers. *Foundations Of Physics*, **16(6)**, 507-31.

Fodor, J. A. (1983). *The modularity of mind*. MIT Press, Cambridge, Massachusetts.

Frank, N. P. and Lieb, W. R. (1982). Molecular mechanics of general anaesthesia. *Nature*, **300**, 487-93.

Freedman, D. H. (1994). *Brainmakers*. Simon and Schuster, New York.

Freedman, S. J. and Clauser, J. F. (1972). Experimental test of local hidden-variable theories. In *Quantum theory and measuarement* (ed. J. A. Wheeler and W. H. Zurek). Princeton University Press, 1983; originally *Phys. Rev. Lett.*, **28**, 938-41.

Frege, G. (1893) *Grundgesetze der Arithmetik, begriffsschriftlich abelgeleitet*, Vol 1. H. Pohle, Jena.

Frege G. (1964). *The basic laws of arithmetic*, translated and edited with an introduction by Montgomery Firth. University of California Press, Berkeley.

French J. W. (1940). Trial and error learning in paramecium. *J. Exp. Psychol.*, **26**, 609-13.

Fröhlich, H. (1968). Long-range coherence and energy storage in biological system. *Int. Jour. of Quantum. Chem.*, **II**, 641-9.

Fröhlich, H. (1970). Long range coherence and the action of enzymes. *Nature*, **228**, 1093.

Fröhlich, H. (1975). The extraordinary dielectric properties of biological materials and the action of enzymes, *Proc. Natl. Acad. Sci*, **72(11)**, 4211-15.

Fröhlich, H. (1984). General theory of coherent excitation on biological systems. In *Nonlinear electrodynamics in biological systems* (ed. W. R. Adey and A. F. Lawrence). Pleum Press. New York.

Fröhlich, H. (1986). Coherent excitations in active biological systems. In *Modern bioelectrochemistry* (ed. F. Gutmann and H. Keyzer). Plenum Press, New York.

Fukui, K. and Asai, H. (1976). Spiral motion of paramecium caudatum in small capillary glass tube. *J. Protozool.*, **23**, 559-63.

Gandy, R. (1988). The confluence of ideas in 1936. In *The universal Turing machine : a half-century survey* (ed. R. Herken). Kammerer and Unver-zagh, Hamburg.

Gardner, M. (1965). *Mathematical magic show.* Alfred Knopt, New York and Random House, Toronto.

Gaedner, M. (1970). Mathematical games : the fantastic combinations of John Conway's new solitaire game 'Life'. *Scientific American*, **223**, 120-3.

Gardner, M. (1989). *Penrose tiles to trapdoor ciphers.* Freeman, New York.

Gelber, B. (1958). Retention in paramecium aurelia. *J. Comp. Physiol. Psych.*, **51**, 110-15.

Gelernter, D. (1994). *The muse in the machine.* The Free Press, Macmillan Inc., New York and Collier Macmillan, London.

Gell-Mann, M. and Hartle, J. B. (1993). Classical equations for quantum systems,. *Phys. Rev.*, **D47**, 3345-82.

Gernoth, K. A., Clark, J. W., Prater, J. S., and Bohr, H. (1993). Neural network models of nuclear systematics. *Phys. Lett.*, **B300**, 1-7.

Geroch, R. (1984). The Everett interpretation. *Nous*, **4** (special issue on the foundations of quantum mechanics), 617-33.

Geroch R. and Hartle, J. B. (1986). Computability and physical theories. *Found. Phys.*, **16**, 553.

Ghirardi G. C., Rimini, A., and Weber, T. (1980). A general argument against superluminal transmission through the quanum mechanical measure-ment process. *Lett. Nuovo. Chim.*, **27**, 293-8.

Ghirardi G. C., Rimini, A., and Weber, T. (1986). Unified dynamics for microscopic and macroscopic systems. *Phys. Rev.*, **D34**, 470.

Ghirardi G. C., Grassi, R., and Rimmini, A. (1990a). Continuous-spontaneous-reduction model involving gravity. *Phys. Rev.*, **A42**, 1057-64.

Ghirardi, G. C., Grassi, R., and Pearle, P. (1990b). Relativistic dynamical reduction models: general framework and examples. *Foundations of Physics*, **20**, 1271-316.

Ghirardi, G. C., Grassi, R., and Pearle, P. (1992). Comment on 'Explicit collapse and superluminal signals'. *Phys. Lett.*, **A166**, 435-8.

Ghirardi G. C., Grassi, R., and Pearle, P. (1993). Negotiating the tricky border between quantum and classical. *Physics Today*. **46**, 13.

Gisin, N. (1989). Stochactic quantum dynamics and relativity. *Helv. Phys. Acta*, **62**, 363-71.

Gisin, N. and Percival, I. C. (1993). Stochastic wave equations versus parallel world components. *Phys. Lett.*, **A175**, 144-5.

Gleick, J. (1987). *Chaos. Making a new science*. Penguin Books.

Glymour, C. and Kelly, K. (1990). Why you'll never Know whether Roger Penrose is computer. *Behavioural and Brain Sciences*, **13**(4), 666.

Gödel. K. (1931). Über formal unentscheidbare Sätze per Principia Mathematica und verwandter Systeme I. *Monatshefte für Mathematik und Physik*, **38**, 173-98.

Gödel. K. (1940). *The consistency of the axioms of choice and of the generalized continuum-hypothesis with the axioms of set theory*. Princeton University Press and Oxford University Press.

Gödel. K.. (1949). An example of a new type of cosmological solution of Einstein's field equatations of gravitation. *Rev. of Mod. Phy.*, **21**, 447.

Gödel. K.. (1986). *Kurt Gödel, collected works*, Vol. I(publications 1929-1936) (ed. by S. Feferman et al.). Oxford University Press.

Gödel. K. (1990). *Kurt Gödel, collected work*, Vol II (publications 1938-1974) (ed. S. Feferman et al.). Oxford University Press.

Gödel. K.. (1995). *Kurt Gödel, collected work*, Vol III (ed. S. Feferman *et al.*). Oxford University Press.

Golomb, S, W. (1965). *Polyominoes*. Scribner and Sons.

Good, I. J. (1965). Speculations concerning the first ultraintelligent machine. *Advances in Computers*, **6**, 31-88.

Good, I. J. (1967). Human and machine logic. *Brit, J. Philos. Sci.*, **18**, 144-7.

Good, I, J. (1969). Gödel`s theorem is a red herring, *Brit. J. Philos. Sci.*, **18**, 359-73.

Graham, R. L. and Rothschild, B. L. (1971). Ramsey's theorem for n-parameter sets. Trans. *Am. Math. Soc.*, **59**, 290.

Grant, P. M. (1994). Another December revolution? *Nature*, **367**, 16.

Gray, C. M. and Singer, W. (1989). Stimulus-specific neuronal oscillations in orientation columns of cat visuar cortex. *Proc. Natl. Acad. Sci. USA*, **86**, 1689-1702.

Grangier, P., Roger, G., and Aspect, A. (1986). Experimental evidence for a aphoton anticorrelation effect on a beam splitter: a new light on single-photon interferences. *Europhysics Letters*, **1**, 173-9.

Green, D. G. and Bossomaier, T. (ed.) (1993). *Complex systems: from biology to computation*. IOS Press.

Greenberger, D.M., Horne, M. A., Shimony, A., and Zeilinger, A. (1989). Going beyond Bell's theorem. In *Bell's theorem, quantum theory, and conceptions of the universe* (ed. M. Kafatos) pp. 73-76. Kluwer Academic, Dordrecht, The Netherlands.

Greenberger, D. M., Horne, M. A., Shimony, A., and Zeilinger, A. (1990). Bell's theorem without inequalities. *Am. J. Phys.*, **58**, 1131-43.

Gregory, R. L. (1981). *Mind in science; a history of explanations in psychology and physics*. Weidenfeld and Nicholson Ltd. (also Penguin, 1884).

Grey Walter, W. (1953). *The living brain*. Gerald Duckworth and Co. Ltd.

Griffiths, R. (1984). Consistent histories and the interpretation of quantum mechanics. *J. Stat. Phys.*, **36**, 219.

Grossberg, S. (ed.) (1987). *The adaptive brain I*: *Cognition, learning, reinforcement and rhythm and The adaptive brain II*: *Vision, speech, language and motor control*. North-Holland, Amsterdam.

Grünbaum, B. and Shephard, G. C. (1987). *Tillings and Patterns*. Freeman, New York.

Grundler, W. and Keilmann, F. (1983). Sharp resonances in yeast growth proved nonthermal sensitivity to microwaves. *Phys. Rev. Letts.*, **51**, 1214-16.

Guccione, S. (1993). Minds the truth: Penrose's new step in the Gödelian argument. *Behavioural and Brain Science*, **16**, 612-13.

Haag, R. (1992). *Local quantum physics*: fields, particles, algebras. Springer-Verlag, Berlin.

Hadamard, J. (1945). *The psychology of invention in the mathmatical field*. Princeton University Press.

Hallett, M, (1984). *Cantorian set theory and limitation of size*. Clarendon Press, Oxford.

Hameroff, S. R. (1974). Chi: a neural hologram? *Am. J. Clin. Med.*, **2(2)**, 163-70.

Hameroff, S. R. (1987). *Ultimate computing. Biomolecular consciousness and nano-technology*. North-Holland, Amsterdam.

Hameroff, S. R. and Watt, R. C. (1982). Information in Processing in microtublues. *J. Theor. Biol.*, **98**, 549-61.

Hameroff, S. R. and Watt, R. C. (1983). Do anesthetics act by altering electro mobility? *Anesth. Analg.*, **62**, 936-40.

Hameroff, S. R., Rasmussen, S., and Masson, B. (1988). Molecular automata in microtubles: basic computational logic of the the living state? In *Artificial Life, SFI studies in the science of complexity* (ed. C. Langton). Addison-Wesley, New York.

Hanbury Brown, R. and Twiss, R. Q. (1954). A new type of interferomter for use in radio astronomy. *Phil. Mag.*, **45**, 663-82.

Hanbury Brown, R. and Twiss, R. Q. (1956). The question of correlation between photons in coherent beams of light. *Nature*, **177**, 27-9.

Harel, D. (1987). *Algorithmics. The spirit of computing.* Addison-Wesley, New York.

Hawking, S. W. (1975). Particle creation by Black Holes. *Commun. Math. Phys.*, **43**, 199-220.

Hawking, S. W. (1982). Unpredictability of quantom gravity. *Comm. Math. Phys.*, **87**, 395-415.

Hawking, S. W. and Israel, W. (ed.) (1987). *300 years of gravitation.* Cambridge University Press.

Hebb, D. O. (1949). *The organization of behaviour.* Wiley, New York.

Hecht, S., Shaler, S., and Pirenne, M. H. (1941). Energy, quanta and vision. *Journal of General Physiology*, **25**, 891-40.

Herbert, N. (1993). *Elemental mind. Human consciousness and the new physics.* Dutton Books, Penguin Publishing.

Heyting, A. (1956). *Intuitionism: an introduction.* North-Holland, Amsterdam.

Heywood, P. and Redhead, M. L. G. (1983). Nonlocality and the Kochen-Specker Paradox. *Found. Phys.*, **13**, 481-99.

Hodges, A. P. (1983). *Alan Turing: the enigma.* Burnett Books and Hutchinson, London; Simon and Schuster, New York.

Hodgkin, D. and Houston, A. I. (1990). Selecting for the con in consciousness. *Behavioural and Brain Sciences*, **13(4)**, 668.

Hodgson, D. (1991). *Mind matters: consciousness and choice in a quantum world.* Clarendon Press, Oxford.

Hofstadter, D. R. (1979). *Gödel, Escher, Bach: an eternal golden braid.* Harvester Press, Hassocks, Essex.

Hofstadter, D. R. (1981). A conversation with Einstein's brain. In *The mind's I* (ed. D. R. Hofstadter and D. Dennett). Basic Books; Penguin, Harmondsworth, Middlesex.

Hofstadter, D. R. and Dennett, D. C. (ed.) (1981). *The mind's I*. Basic Books; Penguin, Harmondsworth, Middlesex.

Home, D. (1994). A proposed new test of collapse-induced quantum nonlocality. Preprint.

Home, D. and Nair, R. (1994). Wave function collapse as a nonlocal quantum effect. *Phys. Lett.*, **A187**, 224–6.

Home, D. and selleri, F. (1991). Bell's Theorem and the EPR Paradox. *Rivista del Nuovo Cimento*, **14**, N.9.

Hopfield, J. J. (1982). Neural networks and Physical systems with emergent collective computational abilities. *Proc. Natl. Acad. Sci.*, **79**, 2554–8.

Hsu, F.-H., Anantharaman, T., Campbell, M., and Nowatzyk, A. (1990). A grandmaster chess machine. *Scientific American*, **263**.

Hugget, S. A. and Tod, K. P. (1985). *An introduction to twistor theory*. London Math . Soc. student texts. Cambridge University Press.

Hughston, L. P., Jozsa, R., and Wootters, W. K. (1993). A complete classification of quantum ensembles having a given density matrix. *Phys. Letters*, **A183**, 14–18.

Isham, C. J. (1989). Quantum gravity. In *The new phsics* (ed. P. C. W. Davies), pp. 70–93. Cambridge University Press.

Isham, C. J. (1994). Prima facie questions in quantum gravity. In *Canonical realativity: classical and quantum* (ed. J. Ehlers and H. Friedrich). Springer-Verlag, Berlin.

Jibu, M., Hagan, S., Pribram, K., Hameroff, S. R., and Yasue, K (1994). Quantum optical coherence in cytoskeletal microtubules: implications for brain function. *Bio. Systems* (in press).

Johnson-Laird, P. N. (1983). *Mental models*. Cambridge University Press.

Johnson-Laird, P. (1987). How could consciousness arise from the computations of the brain?

In *Mindwaves: thoughts on intelligence, identity and consciousness* (ed. C. Blakemore and S. Greenfield). Blackwell, Oxford.

Károlyházy, F. (1966). Gravitation and quantum mechanics of macroscopic bodies. *Nuo. Cim. A*, **42**, 390-402.

Károlyházy, F. (1974.). Gravitation and quantum mechanics of macroscopic bodies. *Magyar Fizikai Polyoirat*, **12**, 24.

Károlyházy, F., Frenkel, A., and Lukács, B. (1986). On the possible role of gravity on the reduction of the wave function. In *Quantum concept in space and time* (ed. R. Penrose and C. J. Isham). Oxford University Press.

Kasumov, A. Y., Kislov, N. A., and Khodos, I. I. (1993) Can the observed vibration of a cantilever of supersmall mass be explained by quantum theory? *Microsc. Microanal. Microstruct.*, **4**, 401-6.

Kentridge, R. W. (1990). Parallelism and patterns of thought. *Behavioural and Brain Sciences.*, **13(4)**, 670.

Khalfa, J. (ed.) (1994). *What is intelligence? The Darwin College lectures.* Cambridge University Press.

Klarner, D. A. (1981). My life among the Polyominoes. In *The mathematical gardner* (ed. D. A. Klarner). Prindle, Weber and Schmidt, Boston MA and Wadsworth Int., Belmont CA.

Kleene, S. C. (1952). *Introduction to metamathematics.* North-Holland, Amsterdam and van Nostrand, New York.

Klein, M. V. and Furtak, T. E. (1986). *Optics.* 2nd edn. Wiley, New York.

Kochen, S. and SpecKer, E. P. (1967). The problem of hidden variables in quantum mechanics. *J. Math. Mech.*, **17**, 59-88.

Kohonen, T. (1984). *Self-organisation and associative memory.* Springer-Verlag, New York.

Komar, A. B. (1969). Qualitative features of quantized gravitation *Int. J. Theor. Phys.*, **2**, 157-

60.

Koruga, D. (1974). Microtubule screw symmetry: packing of spheres as a latent bioinformation code. *Ann. NY. Acad. Sci.*, **466**, 953‒5.

Koruga, D., Hameroff, S., Withers, J., Loutfy, R., and Sundareshan, M. (1993). *Fullerene C_{60}. History, Physics, nanobiology, nanotechnology.* North-Holland, Amsterdam.

Kosko, B. (1994). *Fuzzy thinking: the new science of fuzzy logic.* Harper Collins. London.

Kreisel, G. (1960). Ordinal logics and the characterization of informal concepts of proof. *Proc. of the Internat. Cong. of Mathematics, Aug. 1958.* Cambridge University Press.

Kreisel, G (1967). Informal rigour and completeness proofs. In *Problems in the philosophy of mathematics* (ed. I. Lakatos), pp. 138‒86. North-Holland, Amsterdam.

Lauës, M., Xiao Ming Xie, Tebbji, H., Xiang Zhen Xu, Mairet, V., Hatterer, C., *et al.* (1993). Evidence suggesting superconductivity at 250K in a sequentially deposited cuprate film. *Science*, **262**, 1850‒1.

Lander, L. J. and Parkin, T. R. (1966). Couterexample to Euler's conjecture on sums of like powers. *Bull. Amer. Math. Soc.*, **72**, 1079.

Leggett, A. J. (1984). Schrödinger's cat and her laboratory cousins. *Contemp. Phys.*, **25**(6), 583.

Lewis, D. (1969). Lucas against mechanism. *Philosophy*, **44**, 231‒3.

Lewis, D. (1989). Lucas against mechanism II. *Can. J. Philos.*, **9**, 373‒6.

Libet, B. (1990). Cerebral processes that distinguish conscious experience from unconscious mental functions. In *The principles of design and operation of the brain* (ed. J. C. Eccles and O. D. Creutzfeldt), Experimental Brain research series 21, pp. 185‒205. Springer-Verlag, Berlin.

Libet, B. (1992). The neural time-factor in perception, volition and free will, *Revue de Métaphysique et de Morale*, **2**, 255‒72.

Libet, B., Wright, E. W., jr., Feinstein, B., and Pearl, D. K. (1979). Subjective referral of the timing for a conscious sensory experience. *Brain*, **102**, 193‒224.

Linden, E. (1993). Can animals think? *Time magazine* (March) 13.

Lisboa, P. G. L. (ed.) (1992). *Neural networks: current applications*. Chaman Hall, London.

Lockwood, M. (1989). *Mind, brain and the quantum*. Blackwell, Oxford.

Longair, M. S. (1993) Modern cosmology—a critical assessment. *Q. J. R. Astr. Soc.*, **34**, 157-99.

Loguest-Higgins, H. C. (1987). Mental processes: studies in cognitive science, Part II. MIT Press, Cambridge, Massachusetts.

Lucas, J. R. (1961). Minds, machines and Gödel. *Philosophy*, **36**, 120-4; reprinted in Alan Ross Anderson (ed.) (1964) *Minds and Machines*. Englewood Cliffs.

Lucas, J. R. (1970). *The freedom of the will*. Oxford University Press.

McCarthy, J. (1979). Ascribing mental qualities to machines. In *Philosophical perspectives in artificial intelligence* (ed. M. Ringle). Humanities Press, New York.

McCulloch, W. S. and Pitts, W. H. (1943). A logical calculus of the idea immanent in nervous activity. *Bull. Math. Biophys.*, **5**, 115-33. (Reprinted in McCulloch, W. S., *Embodiments of mind*, MIT Press, 1965.)

McDermott, D. (1990). Computation and consciousness. *Behavioural and Brain Sciences*, **13(4)**, 676.

MacLennan, B. (1990). The discomforts of dualism. *Behavioural and Brain Sciences*, **13(4)**, 673.

Majorana, E. (1932). Atomi orientati in campo magnetic variable. *Nuovo Cimento*, **9**, 43-50.

Manaster-Ramer, A., Savitch, W. J., and Zadrozny, W. (1990). Gödel redux. *Behavioural and Brain Science*, **13(4)**, 675.

Mandelkow, E.-M. and Mandelkow, F. (1994). Microtubule structure. *Curr. Opinions Structural Biology*, **4**, 171-9.

Marguils, L. (1975). *Origins of eukaryotic cells*. Yale University Press, New Haven, CT.

Markov, A. A. (1958). The insolubility of the problem of homeomorphy. *Dokl. Akad. Nauk. SSSR*, **121**, 218-20.

Marr, D. E. (1982). *Vision: a computational investigation into the human representation and processing of visual information*. Freeman, San Francisco.

Marshall, I. N. (1989). Consciousness and Bose-Einstein condensates. *New Ideas in Psychology*, 7.

Mermin, D. (1985). Is the moon there when nobody looks? Reality and the quantum theory. *Physics Today*, **38**, 38-47.

Mermin, D. (1990). Simple unified form of the major no-hidden-variables theorems. *Phys. Rev. Lett.*, **65**, 3373-6.

Michie, D. and Johnston, R. (1984). *The creative computer. Machine intelligence and human knowledge*. Viking Penguin.

Minsky, M. (1968). Matter, mind and models. In *Semantic information processing* (ed. M. Minsky). MIT Press, Cambridge, Massachusetts.

Minsky, M. (1986). *The society of mind. Simon and Schuster,* New York.

Minsky, M., and Papert, S. (1972). *Perceptrons: an introduction to computational geometry*. MIT Press, Cambridge, Massachusetts.

Minsner, C. W., Thorne, K. S., and Wheeler, J. A. (1973). *Gravitation*. Freeman, New York.

Moore, A. W. (1990). *The infinite*. Routledge, London.

Moravec, H. (1988). *Mind children: the future of robot and human intelligence*. Harvard University Press, Cambridge, Massachusetts.

Moravec, H. (1994). *The Age of Mind: transcending the human condition through robots*. In press.

Mortensen, C. (1990). The powers of machines and minds. *Behavioural and Brain Science*, **13(4)**, 678.

Mostowski, A. (1957). *Sentences undecidable in formalized arithmetic: an exposition of the theory of kurt Gödel*. North-Holland, Amsterdam.

Nagel, E. and Newman, J. R. (1958). *Gödel's proof,* Routledge and Kegan Paul. 『괴델의 증명 : 호프스태터가 서문을 쓰고 개정한(개정판)』(고중숙, 곽강제 옮김, 승산, 2010년)

Newell, A., and Simon, H. A. (1976). Computer science as empirical enquiry : symbols and search. *Communications of the ACM,* **19**, 113-26.

Newell, A., Young, R., and Polk, T. (1993). The approach through symbols. In *The simulation of human intelligence* (ed. D. Broadbent). Blackwell, Oxford.

Newton, I. (1687). *Philosophiae Naturalis Principia Mathematica*. Reprint : Cambridge University Press. 『프린시피아』(조경철 옮김, 서해문집, 2000년)

Newton, I. (1730). *Opticks*. 1952, Dover, New York.

Oakley, D. A. (ed.) (1985). *Brain and mind*. Methuen. London.

Obermayer, K., Teich, W. G., and Mahler, G. (1988*a*). Strutural basis of multistationary quantum systems. I. Effective single-partical dynamics. *Phys. Rev.,* **B37**, 8096-110.

Obermayer, K., Teich, W. G., and Mahler, G. (1988*b*). Structual basis of multistationary quantum systems. II. Effective few-particle dynamics. *Phys. Rev.,* **B37**, 8111-121.

Omnès, R. (1992). Consistent interpretations of quantum mechanics *Rev. Mod. Phys.,* **64**, 339-82.

Pais, A. (1991). *Neils Bohr's times*. Clarendon Press. Oxford.

Pauling L. (1964). The hydrate microcrystal theory of general anesthesia. *Anesth. Analog.,* **43**, 1.

Paz, J. P. and Zurek, W. H. (1993). Environment induced-decoherence, claccicality and consistency of quantum histories. *Phys. Rev.,* **D48(6)**, 2728-38.

Paz, J. P., Habib, S., and Zurek, W. H. (1993). Reduction of the wave packet : preferred observable and decoherence time scale. *Phys. Rev.,* **D47(2)**, 3rd Series, 488-501.

Pearle, P. (1976). Reduction of the state-vector by a nonlinear Schrödinger equation. *Phys. Rev.,*

D13, 857-68.

Pearle, P. (1989). Combining stochastic dynamical state-vector reduction with spontaneous localization. *Phys. Rev.*, **A39**, 2277-89.

Pearle, P. (1992). Relativistick model statevector reduction. In *Quantum chaos — quantum measurement*, NATO Adv. Sci. Inst. Ser. C. Math. Phys. Sci. 358 (Copenhagen 1991). Kluwer, Dordrecht.

Peat, F. D. (1988). *Superstrings and the serach for the theory of everything*. Contemporary Books, Chicago.

Penrose, O. (1970). *Foundations of statistical mechanics: a deductive treatment*. Pergamon, Oxford.

Penrose, O. and Onsager, L. (1956). Bose-Einstein condensation and liquid helium. *Phys. Rev.*, **104**, 576-84.

Penrose, R. (1980). On Schwarzschild casusality — a problem for 'Lorentz covariant' general realitivity. In *Essays in general relativity* (A. Taub Festschtift) (ed. F. J. Tipler), pp. 1-12. Academic Press, New York.

Penrose, R. (1987). Newton, quantum theory and reality. In *300 Years of gravity* (ed. S. W. Hawking and W. Israel). Cambridge University Press.

Penrose, R. (1990). Author's redponse, *Behavioural and Brain Science*, **13**(4), 692.

Penrose, R. (1991*a*). The mass of the classical vacuum. In *The Philosophy of vacuum* (ed. S. Saunders and H. R. Brown). Clarendon Press, Oxford.

Penrose, R. (1991*b*). Response to Tony Dodd's 'Gödel, Penrose, and the possibility of AI'. *Artificial Intelligence Review*, **5**. 235.

Penrose, R. (1993*a*). Gravity and quantum mechanics. In *General relativity and gravitation 1992. Proceedings of the Thirteenth International Conference on General Relativity and Gravitation held at Cordoba, Argetina 28 June 4 July 1992. Part 1: Plenary lectuers*. (ed. R.

J.Gleiser, C. N. Kozameh, and O. M. Moreschi). Institute of Physics Publications, Bristol.

Penrose, R. (1993*b*). Quantum non-locality and complex reality. In *The Renaissance of general relavity* (in honour of D. W. Sciama) (ed. G. Ellis, A. Lanza, and J. Miller). Cambridge University Press.

Penrose, R. (1993*c*). Setting the scene: the claim and the issues. In *The simulation of human intelligence* (ed. D. Broadbent). Blackwell, Oxford.

Penrose, R. (1993*d*). An emperor still without mind, *Behavioural and Brain Sciences*, **16**, 616-22.

Penrose, R. (1994*a*). On Bell non-locality without probabilities: some curious geometry. In *Quantum reflections* (in honour of J. S. Bell) (ed. J. Ellis and A. Amati). Cambridge University Press.

Penrose, R. (1994*b*). Non-locality in and objectivity in quantum state reduction. In *Fundamental aspects of quantum theory* (ed. J. Anandan and J. L. Safko). World Scientific, Sigapore.

Penrose, R. and Rindler, W. (1984). *Spinors and space-time*, Vol. 1: *Two-spinor calculus and relative fields*. Cambridge University Press.

Penrose, R. and Rinder, W. (1986). *Spinors and space-time*, Vol. 2: *Spinor and twistor methods in space-time geometry*. Cambridge University Press.

Percival, I. C. (1994). Primary state diffusion. *Proc. R. Soc. Lond.*, **A**, submitted.

Peres, A. (1985). Reversible logic and quantum computers. *Phys. Rev.*, **A32(6)**, 3266-76.

Peres, A. (1990). Incompatible result of quantum computers. *Phys. Lett.*, **A151**, 107-8.

Peres, A. (1991). Two simple proofs of the Kochen-Specker theorem, *J. Phys. A: Math. Gen*, **24**, L175-L178.

Perlis, D. (1990). The emperor's old hat. *Behavioural and Brain Science*, **13(4)**, 680.

Plank, M. (1906). *The theory of heat radiation* (trans M. Masius, based on lectures delivered in Berlin, in 1906/7). 1959, Dover, New York.

Popper, K. R. and Eccled, J. R. (1977). *The self and its brain*. Springer International.

Post, E. L. (1936). Finite combinatory processes-formulation I, *Jour. Symbolic Logic*, **1**, 103-5.

Poundstone, W. (1985). *The recursive universe: cosmic complexity and the limits of scientific knowledge*. Oxford University Press.

Pour-El, M. B. (1974). Abstract computability and its relation to the general purpose analog computer. (Some connections between logic, differential equations and analog computer.) *Trans. Amer. Math. Soc.*, **119**, 1-28.

Pour-El, M. B. and Richards, I. (1979). A computable ordinary differential equation which possesses no computable solution, *Ann. Math. Logic*, **17**, 61-90.

Pour-El, M. B. and Richards, I. (1981). The wave equation with computable initial data such that its unique solution is not computable. *Adv. in Math.*, **39**, 215-39.

Pour-El. M. B. and Richards, I. (1982). Noncomputability in models of physical phenomena. *Int. J. Theor. Phys.*, **21**, 553-5.

Pour-El. M. B. and Richards, J. I. (1989). *Computability in analysis and physics*. Springer-Verlag, Berlin.

Pribram, K. H. (1966). Some dimensions of remembering: steps toward a neuropsychological model of memory. In *Macromolecules and behavior* (ed. J. Gaito). pp. 165-87. Academic Press, New York.

Pribram, K, H. (1975). Toward a holonomic theory of perception. In *Gestalttheorie in der modern psychologie* (ed. S. Ertel), pp. 161-84. Erich Wengenroth, Köln.

Pribram K. H. (1991). *Brain and perception: holonomic and structure in figural processing*. Lawrence Erlbaum Assoc., New Jersey.

Puntnam, H. (1960). Minds and machines. In *Dimensions of mind* (ed. S. Hook), New York Symposium. Reprinted in *Minds and Machines* (ed. A. R. Anderson), pp. 43-59, Prentice-Hall, 1964: also reprinted in *Demensions of mind: a symposium* (*Proceeding of the third annual*

NYU institute of Philosophy), pp. 148-79, NYU Press. 1964.

Ramon y Cajal, S. (1955). *Studies on the cerebral cortex* (trans. L. M. Kroft). Lloyd-Luke, London.

Redhead, M. L. G. (1987). *Incompleteness, nonlocality, and realism*. Clarendon Press, Oxford.

Rosenblatt, F. (1962). *Principles of neurodynamics*. Spartan Books, New York.

Roskies, A. (1990). Seeing truth or just seeming true?, *Behavioural and Brain Science*, **13(4)**, 682.

Rosser, J. B. (1936). Extensions of some theorems of Göddel and Church *Jour. Symbolic Logic*, **1**, 87-91.

Rubel, L. A. (1985). The brain as an analog computer. *J. Theoret. Neurobiol.*, **4**, 73-81.

Rubel, L. A. (1988). Some mathematical limitations of the general-purpose analog computer. *Adv. in Appl. Math.*, **9**, 22-34.

Rubel, L. A. (1989). Digital simulation of analog computation and Church's thesis. *Jour, Symb. Logic.*, **54(3)**, 1011-17.

Rucker, R. (1984). *Infinity and the mind: the science and philosophy of the infinite*. Paladin Books, Granada Publishing Ltd., London. (First published by Harvester Press Ltd., 1982.)

Sacks, O. (1973). *Awakenings*. Duckworth, London. 『깨어남 : 폭발적으로 깨어나고 눈부시게 되살아난 사람들』(이민아 옮김, 알마, 2012년)

Sacks, O. (1985). *The man who mistook his wife for a hat*. Duckworth, London. 『아내를 모자로 착각한 남자』(조석현 옮김, 이마고, 2006년)

Sagan, L. (1967). On the origin of mitosing cells. *J. Theor. Biol.*, **14**, 225-74.

Sakharov, A. D. (1967). Vacum quantum fluctuations in curved space and the theory of gravitation. *Doklady Akad, Nauk SSSr*, **177**, 70-1. English translation: *Sov. Phys. Doklady*, **12**, 1040-1(1968).

Schrödinger, E. (1935a). 'Die gegenwaritge Situation in der Quantenmechanik'.

Naturwissenschaftenp, **23**, 807-12, 823-8, 844-9. (Translation by J. T. Trimmer (1980) in Proc. *Amer. Phil. Soc.*, **124**, 323-38.) In *Quantum theory and measurement* (ed. J. A. Wheeeler and W. H. Zurek). Princeton University Press, 1983.

Schrödinger, E. (1935*b*). Probability relations between separated systems. *Proc. Camb. Phil. Soc.*, **31**, 555-63.

Schrödinger, E. (1967). *'What is Life?'* and *'Mind and matter'* Cambridge University Press. 「생명이란 무엇인가·정신과 물질』(전대호 옮김, 궁리, 2007년)

Schroeder, M. (1991). *Fractals, chaos, power laws. Miutes from an infinite paradise*. Freeman, New York.

Scott, A. C. (1973). Information processing in dendritic trees. *Math. Bio. Sci*, **18**. 153-60.

Scott, A. C. (1977). *Neurophysics*. Wiley Interscience, New York.

Searle , J. R. (1980). Minds, brains and programs. In *The behavior and brain science*, Vol. 3. Cambridge University Press. (Reprinted in *The mind's I* (ed. D. R. Hofstadter and D. C. Dennett). Basic Books. Inc.; Penguin Books Ltd., Harmondsworth, Middlesex, 1981.)

Searle, J. R. (1992). *The rediscovery of the mind*. MIT Press, Cambridge, Massachusetts.

Seymore, J. and Norwood, D. (1993). A game for life. *New Scientist,* **139**, No. 1889, 23-6.

Sheng, D., Yang, J., Gong, C., and Holz, A. (1988). A new mechanism of high Tc superconductivity. *Phys. Lett.*, **A133**, 193-6.

Sloman, A. (1992). The emperor's real mind: review of Roger Penrose's The Emperor's New Mind. *Artificial Intelligence*, **56**, 355-96.

Smart, J, J, C. (1961). Gödel's theorem, Church's theorem and mechanism. *Synthèse*, **13**, 105-10.

Smith, R. J. O. and Stephenson, J. (1975). *Computer simulation of continuous systems*, Cambridge University Press.

Smith, S., Watt , R. C., and Hameroff, S. R. (1984). Cellular automata in cytoskeletal lattice proteins. *Physica D*, **10**, 168-74.

Smolin, L. (1993). What have we learned from non-pertubative quantum gravity? In *General relativity and gravitation 1992. Proceedings of the thirteenth international congerence on GRG, Cordoba Argentina* (ed. R. J. Gleiser, C. N. Kozameh, and O. M. Moreschi). Institute of Physics Publications, Bristol.

Smolin, L. (1994). Time, structure and evolution in cosmology. In *Temponelle scienziae filosofia* (ed. E. Agazzi). Word Scientific, Singapore.

Smorynski, C. (1975). *Handbook of mathematical logic*. North-Holland. Amsterdam.

Smorynski, C. (1983). 'Big' news from Archimedes to Friedman. Notices *Amer. Math. Soc.*, **30**, 251-6.

Smullyan, R. (1961). *Theory of Formal Systems*. Princeton University Press.

Smullyan, R. (1992). *Gödel's incompleteness theorem*, Oxford Logic Guide No. 19. Oxford University Press.

Squires, E. J. (1986). *The mystery of the quantum world*. Adam Hilger Ltd., Bristol.

Squires, E. J. (1990). On an alleged proof of the quantum probability law. *Phys. Lett.*, **A145**, 67-8.

Squires, E. J. (1992*a*). Explicit collapse and superluminal signals. *Phys. Lett.*, **A163**, 356-8.

Squires, E. J. (1992*b*). History and many-worlds quantum theory. *Found. Phys. Lett.*, **5**, 279-90.

Stairs, A. (1983). Quantum logic, realism and value-definiteness. *Phill. Sci.*, **50(4)**, 578-602.

Stapp, H. P. (1979). Whiteheadian approach to quantum theory and the generalized Bell's theorem. *Found. Phys.*, **9**, 1-25.

Stapp, H. P. (1993). *Mind, matter, and quantum mechanics*. Springer-Verlag, Berlin.

Steen, L. A. (ed.) (1978). *Mathematics today: twelve informal essays*. Springer-Verlag, Berlin.

Stoney, G. J. (1881). On the physical units of nature. *Phil. Mag.*, (Series 5) **11**, 381.

Stretton, A. O. W., Davis, R. E., Angstadt, J. D., Donmoyer, J. E., Johnson, C. D., and Meade, J. A. (1987). Nematode neurobiology using Ascaris as a model system. *J. Cellular Biochem.*, **511A**, 144.

Thorne, K. S. (1994). *Black holes & time warps: Einsterin's outrageous legacy*. W. W. Norton and Company, New York. 『블랙홀과 시간굴절』(박일호 옮김, 이지북 2005년)

Torrence, J. (1992). *The concept of nature. The Herbert Spener lectures*. Clarendon Press, Oxford.

Tsotos, J. K. (1990). Exactly which emperor is Penrose Talking about? *Behavioural and Brain Sciences*, **13(4)**, 686.

Turing, A. M. (1937). On computable numbers, with an application to the Entscheidungsproblem. *Proc. Lond. Math. Soc. (ser. 2)*, **42**, 230-65; a correction **43**, 544-6.

Turing, A. M. (1939). Systems of logic based on ordinals. *P. Lond. Marh. Soc.*, **45**, 161-228.

Turing A. M. (1950). Computing machinery and intelligence. *Mind*, **59** No. 236; reprinted in The *mind's I* (ed. D. R. Hofstadter and D. C. Dennet), Basic Books; Penguin, Harmondsworth, Middlesex, 1981.

Turing, A. M. (1986). Lecture to the London Mathematical Society on 20 February 1947. In *A. M. Turing's ACE report of 1946 and other papers* (ed. B. E. Carpenter and R. W. Doran). The Charles Babbage Institute, vol 10, MIT Press, Cambridge, Massachusetts.

Tuszńyski, J., Trpisová, B., Sept, D., and Sataric, M. V. (1996). Microtubular self-organization and information processing capabilities. In *Toward a science of consciousness: contributions from the 1994 Tucson conference*, (ed. S. Hameroff, A. Kasziak, and A. scott). MIT Press, Cambridge, Massachusetts.

von Neumann, J. (1932). *Mathematische Grundlagen der Quantenmechanik*, Springer-Verlag, Berlin; Engl, trans: *Mathematical foundations of quantum mechanics*. Princeton University Press, 1955.

von Neumann, J. and Morgenstern, O. (1944). *Theory of games and economic behavior*. Princeton University Press.

Waltz, D. L. (1982). Artificial intelligence. *Scientific American*, **247(4)**, 101-22.

Wang, Hao. (1974). *From mathematics to philosophy*. Routledge, London.

Wang, Hao. (1987). *Reflections on Kurt Gödel*. MIT Press, Cambridge, Massachusetts.

Wang, Hao. (1993). On physicalism and algorithmism; can machines think? *Philosophia mathematica* (Ser. III), pp. 97-138.

Ward, R. S. and Wells, R. O. Jr (1990). *Twistor geometry and field Theory*. Cambridge University Press.

Weber, J. (1960). Detection and generation of gravitational waves. *Phys. Rev.*, **117**, 306.

Weinberg, S. (1977). *The first three minutes: a modern view of the origin of the universe*. Andre Deutsch, London. 『최초의 3분 : 우주의 기원에 관한 현대적 견해』(신상진 옮김, 양문, 2005년)

Werbos, p. (1989). Bell's theorem; the forgotten loophole and how to exploit it. In *Bell's theorem, quantum theorem, and conceptions of the universe* (ed. M. Kafatos). Kluwer, Dordrecht.

Wheeler, J. A. (1957). Assessment of Everett's 'relative state' formulation of quantum theory. *Revs. Mod. Phys.*, **29**, 463-5.

Wheeler, J. A. (1975). On the nature of quantum geometrodynamics. *Annals of Phys.*, **2**, 604-14.

Wigner, E. P. (1960). The unreasonable effectiveness of mathematics. *Commun. Pure Appl. Math.*, **13**, 1-14.

Wigner, E. P. (1961). Remarks on the mind-body question. In *The scientist speculates* (ed. I. J. Good). Heinemann, London. (Reprinted in E. Wigner (1967), *Symmetries and reflection*. Indiana University Press, Bloomington; and in *Quantum theory and measurement* (ed. J. A.

Wheeler and W. H. Zurek) Princeton University Press, 1983.)

Wilensky, R. (1990). Computability, consciousness and algorithms, *Behavioural and Brain Science*, **13(4)**, 690.

Will, C. (1988). *Was Einstein right? Putting general relativity to the test*. Oxford University Press.

Wolpert, L. (1992). *The unnatural nature of science*. Faber and Faber, London.

Woodlley, B. (1992). *Virtual worlds*. Blackwell, Oxford.

Wykes, A. (1969). Doctor Cardano. *Physician extraordinary*. Frederick Muller.

Young, A. M. (1990). *Mathematics, physics and reality*. Robert Briggs Associates, Portland, Oregon.

Zeilinger, A., Gaehler, R., Shull, C. G., and Mampe, W. (1988). Single and double slit diffraction of neutrons. *Revs. Mod. Phys.*, **60**, 1067.

Zeilinger, A., Horne, M. A., and Greenberger, D. M. (1992). Higher-order quantum entanglement. In *Squeezed states and quantum uncertainty* (ed. D. Han, Y. S. Kim, and W. W. Zachary), NASA Conf. Publ. 3135. NASA, Washington. DC.

Zeilinger, A., Zukowski, M., Horne, M. A., Bernstein, H. J., and Greenberger, D. M. (1994). Einstein-Podolsky-Rosen correlations in higher dimensions. In *Fundamental aspects of quantum theory* (ed. J. Anandan and J. L. Safko). World Scientific, Singapore.

Zimba, J. (1993). Finitary proofs of contextuality and nonlocality using Majorana representation of spin-3/2 states, M. SC. Thesis, Oxford.

Zimba, J. and Penrose, R. (1993). On bell non-locality without probabilities: more curious geometry. *Stud. Hist. Phil. Sci.*, **24(5)**, 697-720.

Zohar, D. (1990). *The quantum self. Human nature and consciousness defined by the New Physics*. William Morrow and Company, Inc., New York.

Zuhar, D. and Marshall, I. (1994). *The quantum society. Mind, Physics and a new social vision*.

Bloomsbury, London.

Zurek, W. H. (1991). Decoherence and the transition from quantum to classical. *Physics Today*, **44** (No. 10), 36-44.

Zurek, W. H. (1993). Preferred states, predictability, classicality and the environment-induced decoherence. *Prog. of Theo. Phys.*, **89(2)**, 281-302.

Zurek, W. H., Habib, S., and Paz, J. P. (1993). Coherent states via decoherence. *Phys. Rev. Lett.*, **70(9)**, 1187-90.

찾아보기

대칭 시리즈

무한 공간의 왕

시오반 로버츠 지음 | 안재권 옮김

쇠퇴해가는 고전 기하학을 부활시켰으며, 수학과 과학에서 대칭의 연구를 심화시킨 20세기 최고의 기하학자 '도널드 콕세터'의 전기.

미지수, 상상의 역사

존 더비셔 지음 | 고중숙 옮김

인류의 수학적 사고의 발전 과정을 보여주는, 4000년에 걸친 대수학(algebra)의 역사를 명강사의 설명으로 읽는다. 대칭 개념의 발전 과정을 대수학의 관점으로 볼 수 있다.

아름다움은 왜 진리인가

이언 스튜어트 지음 | 안재권, 안기연 옮김

현대 수학과 과학의 위대한 성취를 이끌어낸 힘, '대칭(symmetry)의 아름다움'에 관한 책. 대칭이 현대 과학의 핵심 개념으로 부상하는 과정을 천재들의 기묘한 일화와 함께 다루었다.

대칭: 자연의 패턴 속으로 떠나는 여행

마커스 드 사토이 지음 | 안기연 옮김

수학자의 주기율표이자 대칭의 지도책, 『유한군의 아틀라스』가 완성되는 과정을 담았다. 자연의 패턴에 숨겨진 대칭을 전부 목록화하겠다는 수학자들의 야심찬 모험을 그렸다.

대칭과 아름다운 우주

리언 레더먼, 크리스토퍼 힐 공저 | 안기연 옮김

환론(ring theory)의 대모 에미 뇌터의 삶을 조명하며 대칭과 같은 단순하고 우아한 개념이 우주의 구성에서 어떠한 의미를 갖는지 궁금해 하는 독자의 호기심을 채워 준다.

우주의 탄생과 대칭

히로세 다치시게 지음 | 김슬기 옮김

우리 주변에서 쉽게 찾아볼 수 있는 대칭을 비롯하여 분자나 원자와 같은 미시세계를 거쳐, 소립자의 세계를 이해하는 데 매우 중요한 표준이론까지 소개한다. 또한 여러 차례의 상전이를 거쳐 오늘날과 같은 모습이 되기까지의 우주의 여정도 함께 확인할 수 있다.

열세 살 딸에게 가르치는 갈루아 이론

김중명 지음 | 김슬기, 신기철 옮김

재일교포 역사소설가 김중명이 이제 막 중학교에 입학한 딸에게 갈루아 이론을 가르쳐 본다. 수학역사상 가장 비극적인 삶을 살았던 갈루아가 죽음 직전에 휘갈겨 쓴 유서를 이해하는 것을 목표로 한 책이다. 사다리타기나 루빅스 큐브, 15 퍼즐 등을 도입하여 치환을 설명하는 등 중학생 딸아이의 눈높이에 맞춰 몇 번이고 친절하게 설명하는 배려가 돋보인다.

파인만 시리즈

파인만의 물리학 강의 Ⅰ~Ⅲ

리처드 파인만 강의 | 로버트 레이턴, 매슈 샌즈 엮음
박병철, 김충구, 정무광, 정재승 등 옮김

40년 동안 한 번도 절판되지 않았던, 전 세계 이공계
생들의 필독서, 파인만의 빨간 책.
2006년 중3, 고1 대상 권장 도서 선정

파인만의 과학이란 무엇인가

리처드 파인만 강의 | 정무광, 정재승 옮김

'과학이란 무엇인가?' '과학적인 사유는 세상의 다른
많은 분야에 어떻게 영향을 미치는가?'에 대한 기지
넘치는 강연이 생생하게 수록되어 있다. 아인슈타인
이후 최고의 물리학자로 누구나 인정하는 리처드 파
인만의 1963년 워싱턴대학교에서의 강연을 책으로
엮었다.

파인만의 물리학 길라잡이: 강의록에 딸린 문제 풀이

리처드 파인만, 마이클 고틀리브, 랠프 레이턴 지음
박병철 옮김

파인만의 강의에 매료되었던 마이클 고틀리브와 랠
프 레이턴이 강의록에 누락된 네 차례의 강의와 음
성 녹음, 그리고 사진 등을 찾아 복원하는 데 성공하
여 탄생한 책으로, 기존의 전설적인 강의록을 보충
하기에 부족함이 없는 참고서이다.

퀀텀맨: 양자역학의 영웅, 파인만

로렌스 크라우스 지음 | 김성훈 옮김

파인만의 일화를 담은 전기들이 많은 독자에게 사랑
받고 있지만, 파인만의 물리학은 어렵고 생소하기만
하다. 세계적인 우주 물리학자이자 베스트셀러 작가
인 로렌스 크라우스는 서문에서 파인만이 많은 물리
학자들에게 영웅으로 남게 된 이유를 물리학자가 아
닌 대중에게도 보여주고 싶었다고 말한다. 크라우스
의 친절하고 깔끔한 설명으로 쓰여진 『퀀텀맨』은 독
자가 파인만의 물리학으로 건너갈 수 있도록 도와주
는 디딤돌이 될 것이다.

일반인을 위한 파인만의 QED 강의

리처드 파인만 강의 | 박병철 옮김

가장 복잡한 물리학 이론인 양자전기역학을 가장 평
범한 일상의 언어로 풀어낸 나흘간의 여행. 최고의
물리학자 리처드 파인만이 복잡한 수식 하나 없이
설명해 간다.

파인만의 여섯 가지 물리 이야기

리처드 파인만 강의 | 박병철 옮김

파인만의 강의록 중 일반인도 이해할 만한 '쉬운' 여
섯 개 장을 선별하여 묶은 책. 미국 랜덤하우스 선정
20세기 100대 비소설 가운데 물리학 책으로 유일하
게 선정된 현대과학의 고전.
간행물윤리위원회 선정 '청소년 권장 도서'

파인만의 또 다른 물리 이야기

리처드 파인만 강의 | 박병철 옮김

파인만의 강의록 중 상대성이론에 관한 '쉽지만은
않은' 여섯 개 장을 선별하여 묶은 책. 블랙홀과 웜
홀, 원자 에너지, 휘어진 공간 등 현대물리학의 분수
령인 상대성이론을 군더더기 없는 접근 방식으로 흥
미롭게 다룬다.
간행물윤리위원회 선정 '청소년 권장 도서'

발견하는 즐거움

리처드 파인만 지음 | 승영조, 김희봉 옮김

인간이 만든 이론 가운데 가장 정확한 이론이라는 '
양자전기역학(QED)'의 완성자로 평가받는 파인만.
그에게서 듣는 앎에 대한 열정.
문화관광부 선정 '우수학술도서'
간행물윤리위원회 선정 '청소년을 위한 좋은 책'

Great Discovery 시리즈

불완전성: 쿠르트 괴델의 증명과 역설

레베카 골드스타인 지음 | 고중숙 옮김

괴델의 정리와 그 현란한 귀결들을 이해하기 쉽도록 펼쳐 보임은 물론 괴팍하고 처절한 천재의 삶을 생생히 그렸다.
간행물윤리위원회 선정 '청소년 권장 도서', 2008 과학기술부 인증 '우수과학도서' 선정

너무 많이 알았던 사람

데이비드 리비트 지음 | 고중숙 옮김

소설가의 감성으로 튜링의 세계와 특출한 이야기 속으로 들어가 인간적인 면에 대한 시각을 잃지 않으면서 그의 업적과 귀결을 우아하게 파헤친다.

신중한 다윈씨

데이비드 쾀멘 지음 | 이한음 옮김

데이비드 쾀멘은 다윈이 비글호 항해 직후부터 쓰기 시작한 비밀 '변형' 공책들과 사적인 편지들을 토대로 인간적인 다윈의 초상을 그려 내는 한편, 그의 연구를 상세히 설명한다.
한국간행물윤리위원회 선정 '2008년 12월 이달의 읽을 만한 책'

아인슈타인의 우주

미치오 카쿠 지음 | 고중숙 옮김

밀도 높은 과학적 개념을 일상의 언어로 풀어내는 카쿠는 이 책에서 인간 아인슈타인과 그의 유산을 수식 한 줄 없이 체계적으로 설명한다. 가장 최근의 끈이론에도 살아남아 있는 그의 사상을 통해 최첨단 물리학을 이해할 수 있는 친절한 안내서이다.

열정적인 천재, 마리 퀴리

바바라 골드스미스 지음 | 김희원 옮김

저자는 수십 년 동안 공개되지 않았던 일기와 편지, 연구 기록, 그리고 가족과의 인터뷰 등을 통해 신화에 가려졌던 마리 퀴리를 드러낸다. 이 책은 퀴리의 뛰어난 과학적 성과, 그리고 명성을 치러야 했던 대가까지 눈부시게 그려낸다.

수학 명저

괴델의 증명

어니스트 네이글, 제임스 뉴먼 지음
곽강제, 고중숙 옮김

『타임』지가 선정한 '20세기 가장 영향력 있는 인물 100명'에 든 단 2명의 수학자 중 한 명인 괴델의 불완전성 정리를 군더더기 없이 간결하게 조명한 책. 괴델은 '무모순성'과 '완전성'을 동시에 갖춘 수학 체계를 만들 수 없다는, 즉 '애초부터 증명 불가능한 진술이 있다'는 것을 증명하였다.

오일러 상수 감마

줄리언 해빌 지음 | 고중숙 옮김

수학의 중요한 상수 중 하나인 감마는 여전히 깊은 신비에 싸여 있다. 줄리언 해빌은 여러 나라와 세기를 넘나들며 수학에서 감마가 차지하는 위치를 설명하고, 독자들을 로그와 조화급수, 리만 가설과 소수 정리의 세계로 안내한다.
2009 대한민국학술원 '우수학술도서' 선정

리만 가설

존 더비셔 지음 | 박병철 옮김

수학의 역사와 구체적인 수학적 기술을 적절하게 배합시켜 '리만 가설'을 향한 인류의 도전사를 흥미진진하게 보여 준다. 일반 독자들도 명실공히 최고 수준이라 할 수 있는 난제를 해결하는 지적 성취감을 느낄 수 있다.
2007 대한민국학술원 '우수학술도서' 선정

뷰티풀 마인드

실비아 네이사 지음 | 신현용, 승영조, 이종인 옮김

MIT에 재학 중이던 21세 때 완성한 게임 이론으로 46년 뒤 노벨경제학상을 수상한 존 내쉬의 영화 같았던 삶. 그의 삶 속에서 진정한 승리는 정신분열증을 극복하고 노벨상을 수상한 것이 아니라, 아내 앨리사와의 사랑으로 끝까지 살아남아 성장했다는 점이다.
간행물윤리위원회 선정 '우수도서', 영화 『뷰티풀 마인드』 오스카상 4개 부문 수상

영재수학 시리즈

소수의 음악: 수학 최고의 신비를 찾아

마커스 드 사토이 지음 | 고중숙 옮김

소수, 수가 연주하는 가장 아름다운 음악! 이 책은 세계 최고의 수학자들이 혼돈 속에서 질서를 찾고 소수의 음악을 듣기 위해 기울인 힘겨운 노력에 대한 매혹적인 서술이다.

경시대회 문제, 어떻게 풀까

테렌스 타오 지음 | 안기연 옮김

세계에서 아이큐가 가장 높다고 알려진 수학자 테렌스 타오가 전하는 경시대회 문제 풀이 전략! 정수론, 대수, 해석학, 유클리드 기하, 해석 기하 등 다양한 분야의 문제들을 다룬다. 문제를 어떻게 해석할 것인가를 두고 고민하는 수학자의 관점을 엿볼 수 있는 새로운 책이다.

문제해결의 이론과 실제

한인기, 꼴랴긴 Yu. M. 공저

입시 위주의 수학교육에 지친 수학 교사들에게는 '수학 문제해결의 가치'를 다시금 일깨워 주고, 수학 논술을 준비하는 중등 학생들에게는 진정한 문제 해결력을 길러주는 수학 탐구서.

유추를 통한 수학탐구

P.M. 에르든예프, 한인기 공저

수학은 단순한 숫자 계산과 수리적 문제에 국한되는 것이 아니라 사건을 논리적인 흐름에 의해 풀어나가는 방식을 부르는 이름이기도 하다. '수학이 어렵다'는 통념을 '수학은 재미있다'로 바꿔주기 위한 목적으로 러시아, 한국 두 나라의 수학자가 공동저술한, 수학의 즐거움을 일깨워주는 실습서.

평면기하학의 탐구문제들 1, 2

프라소로프 지음 | 한인기 옮김

이 책에 수록된 평면기하학의 정리들과 문제들은 문제해결자의 자기주도적인 탐구활동에 적합하도록 체계화했기 때문에 제시된 문제들을 스스로 해결하면서 평면기하학 지식의 확장과 문제해결 능력의 신장을 경험할 수 있을 것이다.

The Princeton Companion to Mathematics

마이클 아티야, 알랭 콘, 테렌스 타오 등 지음
티모시 가워스 등 엮음

1998년 필즈 메달 수상자 티모시 가워스를 필두로 수학 각 분야를 선도하는 전문가들의 글을 엮은 『The Princeton Companion to Mathematics』가 드디어 한국어판으로 출간된다. 1,000여 쪽에 달하는 방대한 분량으로, 기본적인 수학 개념을 비롯하여 위대한 수학자들의 삶과 현대 수학의 발달 및 수학이 다른 학문에 미치는 영향에 대해 매우 자세히 다룬 양서이다. 수학을 사랑한다면, 진정한 수학자라면, 수학책의 왕좌에 오를 이 책에서 마르지 않는 기쁨의 샘을 발견할 것이다.

Cycles of Time:
An Extraordinary New View of the Universe

로저 펜로즈 지음 | 이종필 옮김

로저 펜로즈는 이 책을 통해 영원히 가속 팽창하는 우리 우주의 예상되는 운명이 어떻게 실제로 새로운 빅뱅을 시작하게 될 조건으로 재해석될 수 있는지를 보여준다. 다양한 표준적/비표준적 우주론 모형, 우주배경복사의 근본적인 역할, 다른 무엇보다 중요한 블랙홀, 그리고 현재 물리학의 다른 기본적인 구성요소들을 설명하면서 우리 우주의 근저에 깔려 있는 기본원리들을 세세하게 훑고 있다. 우리 시대 가장 위대한 수학자이자 사상가 중 한 명인 로저 펜로즈는 이 책을 통해 우리가 우주를 이해하는 데 새로운 지평을 열어준다.

The Irrationals:
A Story of the Numbers You Can't Count On

줄리언 해빌 지음 | 권혜승 옮김

무리수는 고대 그리스 시대 때 발견되었지만 19세기까지 제대로 정의되지 못했으며, 오늘날에도 무리수에 숨겨진 비밀의 많은 부분이 드러나지 않은 상태이다. 줄리언 해빌의 『The Irrationals』에는 왜 무리수를 정의하는 것이 그토록 어려운지에 대한 탐구와 무리수를 둘러싼 많은 질문에 대한 명쾌한 해설이 담겨 있다. 수학과 그 뒤에 감춰진 역사를 사랑하는 독자라면 누구나 이 책에 매료될 것이다.

**마음의
그림자**

1판 1쇄 인쇄 2014년 4월 2일
1판 1쇄 발행 2014년 4월 14일

지은이   로저 펜로즈
옮긴이   노태복
펴낸이   황승기
마케팅   송선경
편집   최형욱
디자인   김슬기

펴낸곳   도서출판 승산
등록날짜   1998년 4월 2일
주소   서울시 강남구 역삼2동 723번지 혜성빌딩 402호
대표전화   02-568-6111
팩시밀리   02-568-6118
웹사이트   www.seungsan.com
전자우편   books@seungsan.com
ISBN   978-89-6139-055-2   93400

값 28,000원

이 도서의 국립중앙도서관 출판시도서목록(CIP)은
서지정보유통지원시스템 홈페이지(http://seoji.nl.go.kr)와
국가자료공동목록시스템(http://www.nl.go.kr/kolisnet)에서 이용하실 수 있습니다.
(CIP제어번호: CIP2014008951)